Martin Voss (Hrsg.)

Der Klimawandel

Martin Voss (Hrsg.)

Der Klimawandel

Sozialwissenschaftliche Perspektiven

VS VERLAG FÜR SOZIALWISSENSCHAFTEN

Bibliografische Information der Deutschen Nationalbibliothek
Die Deutsche Nationalbibliothek verzeichnet diese Publikation in der
Deutschen Nationalbibliografie; detaillierte bibliografische Daten sind im Internet über
<http://dnb.d-nb.de> abrufbar.

1. Auflage 2010

Alle Rechte vorbehalten
© VS Verlag für Sozialwissenschaften | GWV Fachverlage GmbH, Wiesbaden 2010

Lektorat: Katrin Emmerich | Marianne Schultheis

VS Verlag für Sozialwissenschaften ist Teil der Fachverlagsgruppe Springer Science+Business Media.
www.vs-verlag.de

Das Werk einschließlich aller seiner Teile ist urheberrechtlich geschützt. Jede Verwertung außerhalb der engen Grenzen des Urheberrechtsgesetzes ist ohne Zustimmung des Verlags unzulässig und strafbar. Das gilt insbesondere für Vervielfältigungen, Übersetzungen, Mikroverfilmungen und die Einspeicherung und Verarbeitung in elektronischen Systemen.

Die Wiedergabe von Gebrauchsnamen, Handelsnamen, Warenbezeichnungen usw. in diesem Werk berechtigt auch ohne besondere Kennzeichnung nicht zu der Annahme, dass solche Namen im Sinne der Warenzeichen- und Markenschutz-Gesetzgebung als frei zu betrachten wären und daher von jedermann benutzt werden dürften.

Umschlaggestaltung: KünkelLopka Medienentwicklung, Heidelberg
Druck und buchbinderische Verarbeitung: Ten Brink, Meppel
Gedruckt auf säurefreiem und chlorfrei gebleichtem Papier
Printed in the Netherlands

ISBN 978-3-531-15925-6

Inhalt

Martin Voss
Einleitung: Perspektiven sozialwissenschaftlicher Klimawandelforschung 9

Arved Fuchs
Klima und Gesellschaft 41

Klimadiskurs

Jan-Hendrik Passoth
Diskurse, Eisbären, Eisberge:
Material-Semiotische Verwicklungen und der Klimawandel 49

Stephan Lorenz
Das Klima erkennen, verhandeln, prozessieren –
Ein Einblick und Vorschlag zur transdisziplinären Diskussion 61

Fritz Reusswig
Klimawandel und Gesellschaft. Vom Katastrophen-
zum Gestaltungsdiskurs im Horizont der postkarbonen Gesellschaft 75

Klimawandel-Governance

Jobst Conrad
Sozialwissenschaftliche Analyse von Klimaforschung, -diskurs
und -politik am Beispiel des IPCC 101

Christian Holz
Möglichkeiten und Grenzen der Partizipation –
CDM-Kritik in den UN-Klimaverhandlungen 117

Larry Lohmann
Climate Crisis: Social Science Crisis 133

Klaus Eisenack
Die ökonomische Rahmung der Adaptation an den Klimawandel 155

Angela Oels
Die Gouvernementalität der internationalen Klimapolitik:
Biomacht oder fortgeschritten liberales Regieren? 171

Klimagerechtigkeit

Josef Bordat
Ethik in Zeiten des Klimawandels 189

Sivan Kartha, Paul Baer, Tom Athanasiou, Eric Kemp-Benedict
The right to development in a climate constrained world:
The Greenhouse Development Rights framework 205

Felix Ekardt
Recht, Gerechtigkeit, Abwägung und Steuerung im Klimaschutz –
Ein 10-Punkte-Plan für den globalen und europäischen Klimaschutz 227

Wahrnehmung des Klimawandels

Katharia Beyerl
Der Klimawandel in der psychologischen Forschung 247

Falk Schützenmeister
Hybrid oder autofrei? – Klimawandel und Lebensstile 267

Cristina Besio, Andrea Pronzini
Unruhe und Stabilität als Form der massenmedialen Kommunikation
über Klimawandel 283

Bernd Rieken
Wiederentdeckung des teleologischen Denkens?
Der anthropogene Klimawandel aus ethnologisch-psychologischer und
wissenschaftsgeschichtlicher Perspektive 301

Alejandro Pelfini
Endogenes oder exogenes Lernen? Globale Wege zur Problematisierung
des Klimawandels am Beispiel Argentiniens und Deutschlands 313

Anpassung an den Klimawandel

W. Neil Adger
Social Capital, Collective Action, and Adaptation to Climate Change 327

Christoph Görg
Vom Klimaschutz zur Anpassung:
gesellschaftliche Naturverhältnisse im Klimawandel 347

Inhalt 7

Klaus Wagner
Der Klimawandel als Auslöser eines rapiden Wandels
im „Naturgefahrenmanagement"..363

E. Lisa F. Schipper
Religion as an integral part of determining and reducing Climate Change
and Disaster Risk: An agenda for research..377

Verzeichnis der Autorinnen und Autoren..395

Einleitung: Perspektiven sozialwissenschaftlicher Klimawandelforschung

Martin Voss

1 Einleitung

Als der schwedische Chemiker und Physiker Svante Arrhenius (1859-1927) im April des Jahres 1896 seine Überlegungen zum Einfluss von Kohlenstoffdioxid (CO_2) auf die Temperatur auf der Erdoberfläche veröffentlichte, war die Welt alles andere als erschrocken. Die überschaubare Zahl akademischer Kollegen, die seine Schrift zur Kenntnis nahmen, fand darin nichts Spektakuläres. Hinweise etwa auf menschengemachte Veränderungen des Weltklimas, die schon der Generation seiner Ur-Ur-Enkel zur ernsthaften Bedrohung werden könnten, entnahm der Leser dem Text keinesfalls.

Über einhundert Jahre später liest sich der so häufig als „Geburtsschrift" der „Treibhaustheorie" zitierte Arrhenius-Text ganz anders. Spätestens seit dem Erscheinen der sog. *Stern-Review* des britischen Ökonomen Nicholas Stern im Jahr 2006, der die Kosten eines ungebremsten Klimawandels für die Weltwirtschaft vorrechnete und des vierten Sachstandberichtes des Intergovernmental Panel on Climate Change (IPCC, auch *Weltklimarat* genannt) im Jahr 2007, wird der Mensch als zentrale treibende Kraft im für den Menschen existenziell bedrohlich gewordenen Klimageschehen gesehen. Drastisch warnt das IPCC: „Eine Erwärmung des Klimasystems ist eindeutig (…). Die weltweiten Treibhausgasemissionen sind aufgrund menschlicher Aktivitäten seit der vorindustriellen Zeit angestiegen (…). Der größte Teil des beobachteten Anstiegs der mittleren globalen Temperatur seit Mitte des 20. Jahrhunderts ist *sehr wahrscheinlich* durch den beobachteten Anstieg der anthropogenen Treibhausgaskonzentrationen verursacht" (IPCC 2007a: 2, 5, 6, Hervorhebung im Original).

Die entscheidenden Annahmen über das Klimageschehen, die diesen Warnungen zugrunde liegen, fanden sich bereits in der Publikation Svante Arrhenius' aus dem Jahr 1896. Seine Überlegungen zu den wichtigsten Determinanten für historische Schwankungen der oberflächennahen mittleren Durchschnittstemperatur (englisch: global mean temperature, GMT) sind bis heute klimawissenschaftlich weitgehend anerkannt. So gelangte Arrhenius bereits zu dem Schluss, dass es in erdgeschichtlich relativ kurzer Zeit – gedacht ist hier noch in Zeiträumen von einigen tausend Jahren – zu großen quantitativen Veränderungen der CO_2-Konzentration und dadurch zur Ein- und Ausleitung von Eiszeiten kommen konnte und dass dafür verschiedene Prozesse ausschlaggebend gewesen sein könnten; auch die mechanisch-industrielle Freisetzung von CO_2 bspw. durch die Verbrennung von Kohle kommt in dieser Bilanz vor (Arrhenius 1896: 270-272). Zehn Jahre später wird Arrhenius sogar postulieren, „dass der (…) Kohlensäuregehalt der Atmosphäre durch die Einwirkung der Industrie im Laufe *von einigen Jahrhunderten* merkbar verändert werden kann" (Arrhenius 1908: 49, Original 1906, Hervorhebung M.V.). In einem wichtigen Punkt lag Arrhenius allerdings aus heutiger Sichtweise „daneben": Die wichtigste Quelle für CO_2-Emissionen vermutete er in vulkanischen Aktivitäten (1896: 272, 1908: 49).

Es scheint, als wäre Arrhenius bereits vor über 100 Jahren ganz nah an der heutigen „unbequemen Wahrheit" (Al Gore) gewesen. Er hatte die wichtigsten Einflussgrößen bereits im Blick, die auch heute noch im Mittelpunkt der Diskussionen stehen, er konnte nur die Dynamik der technologisch-industriellen Entwicklung des 20. Jh.s nicht erahnen. So hatte er keine Vorstellung davon, wie drastisch sich die Emissionen bis zum Ende des ersten Jahrzehntes im 21. Jh.s erhöhen und dadurch in unwahrscheinlich kurzer Zeit zu einem entscheidenden Faktor im Klimageschehen werden würden. Im Jahr 1896 wurden nach heutigen Schätzungen weltweit etwa 1,7 Mrd. Tonnen CO_2 emittiert.[1] Heute sind es etwa 28 Mrd. Tonnen pro Jahr (Sterk 2009).

Spätestens zur Mitte des 20. Jhs. war dieser Trend jedoch durchaus bereits ersichtlich. Warum also dauerte es noch bis zum Beginn des 21. Jh.s, bis aus dem lange vorhandenen „Wissen" ein „Alarm" wurde? Im Grunde verbergen sich hinter dieser einen zwei Fragen: Auf welcher Wissensbasis treffen Gesellschaften für sie existenziell bedeutende Entscheidungen? Und unter welchen Bedingungen gelangen sie zu Handlungen? Es braucht offensichtlich mehr als fundierte Theorien und empirische Belege, um aus Messwerten einen Impuls für Reflexionen und Handlungen zu machen. Die für diesen Schritt relevanten Bedingungen sind vornehmlich im Sozialen zu suchen. Probleme und Problemsichten sowie die Bereitschaft zur Handlung konstituieren sich im sozialen Raum, in der *Interaktion* von Menschen in ihren jeweiligen Umwelten. So ist es an den Sozialwissenschaften, zum Verständnis dieser Konstitutionsprozesse beizutragen und anderen gesellschaftlichen Akteuren für deren Entscheidungen relevantes Hintergrundwissen bis hin zu konkreten Lösungsansätzen zur Verfügung zu stellen.

Die sozialwissenschaftliche Klimawandelforschung – sowohl die bereits etwas ältere Forschung zum Klimaschutz (Mitigation) als auch die sehr junge, vielleicht erst seit dem Jahr 2007 bedeutend werdende Anpassungsforschung (Adaptation) – befindet sich noch in ihren Anfängen. Grundlagenforschung ist erforderlich, mittels derer sich die Sozialwissenschaften ein eigenes, kritisch aufgeklärtes Verständnis des hyperkomplexen, unscharfen, bedeutungsüberschüssigen Phänomens Klimawandel erarbeiten und sich zu den IPCC-Berichten (die für sich beanspruchen, den gegenwärtigen internationalen Forschungsstand zum Klimawandel zusammen zu führen) ins Verhältnis setzen. Doch auch die anwendungs- bzw. handlungsorientierte sozialwissenschaftliche Forschung zum Klimawandel steht vor vielen Fragestellungen, deren Konturen sich erst abzeichnen. Dieser Band soll – nicht mehr, aber auch nicht weniger – einen Eindruck von der Vielfalt der sozialwissenschaftlichen Klimawandelforschung vermitteln. Er versammelt dazu Beiträge aus Politikwissenschaft, Philosophie, Psychologie, Soziologie, Volkskunde, Ökonomie, Medienwissenschaften und Disziplinen übergreifenden Forschungsfeldern. Die Beiträge fokussieren auf sehr unterschiedliche Facetten des Klimawandels. Sie untersuchen diskursive Prozesse der Konstruktion des Klimawandels und daraus abgeleiteter Handlungsoptionen, sie analysieren die Genese der Wissensbasis, sie hinterfragen die institutionellen Rahmenbedingungen und politischen Konsequenzen, sie suchen nach Kriterien zur sozio-ökonomischen Bewertung

---

[1] Arrhenius ging von jährlich 900 Mio. Tonnen verfeuerter Kohle für das Jahr 1904 aus, was nach heutigen Berechnungen einer CO_2-Emission von ca. 2,4-2,9 Mrd. Tonnen entsprochen hätte (1908: 49). Der Wert von etwa 28 Mrd. Tonnen für 2009 umfasst lediglich verbrennungsbedingte CO_2-Emissionen.

seiner Ursachen und seiner Folgen, sie diskutieren normative Fragen, sie richten den Blick auf soziale Ungleichheit, Lebensstile, Kognition, Glauben u.a.

Den hier versammelten Beiträgen wird im Folgenden eine kleine Geschichte der Treibhaustheorie sowie eine knappe Skizze des Forschungsstandes nach dem „IPCC-Konsens" vorangestellt. Dabei werden die zu dessen Verständnis wichtigsten Begriffe, Abkürzungen, Formeln usw. eingeführt. Vor diesem Hintergrund lassen sich dann einige grundlegende Fragestellungen an sozialwissenschaftliche Klimawandelforschung benennen, die die abschließend im Einzelnen vorzustellenden Beiträge rahmen.

2 Vom Klimadeterminismus zur ersten „Treibhaustheorie"

Über das „Klima" im weitesten Sinne reflektiert der Mensch spätestens seit der „neolithischen Revolution", also seitdem er – begünstigt bspw. durch die beginnende Warmzeit im vorderen Orient vor ca. 11.500 Jahren – Ackerbau und Viehzucht betreibt. Hippokrates (um 460-370 v. Chr.) und Aristoteles (384-322 v. Chr.) spekulierten darüber, dass der Mensch und seine Organisationsformen im Wesentlichen durch das Klima geprägt seien (dazu Hippocrates 1934; Aristoteles 1990: 251). Dieser „Klimadeterminismus" wurde in der Zeit der Aufklärung etwa durch Montesquieu (1689-1755) oder Hume (1711-1776) nochmals untermauert und war bis zur Mitte des 20. Jh.s weit verbreitet (von Storch/Stehr 1997). Doch auch die Annahme, dass der Mensch seinerseits das Klima relevant beeinträchtigen könnte, ist keineswegs so neu, wie häufig angenommen. Bereits Christoph Columbus (1451-1506) soll nach Berichten seines Sohnes überzeugt gewesen sein, dass es einen Zusammenhang zwischen der Kultivation von Forstbeständen und Niederschlagsmengen gebe (Thompson 1980: 47). In seiner Historie des Klimawandels nennt James R. Fleming einen Text aus dem Jahr 1634 als ein frühes schriftlich überliefertes Beispiel für die These vom menschlichen Einfluss auf das Klima (1998: 27). Die ersten amerikanischen Siedler waren davon überzeugt, dass sie durch Ackerbau, Trockenlegung von Sümpfen und Waldrodung das Klima zu ihren Gunsten (wärmer, weniger variabel, gesünder) beeinflussen könnten (ebd.). Doch zum Ende des 18. Jh.s gerieten die bislang eher subjektiven, literarisch gehaltenen Empfindungsberichte gegenüber empirischen Messungen und experimentell gewonnenen physikalischen „Fakten" in die Defensive. Damit begann der wissenschaftliche, genauer, der *physikalische* Abschnitt der Vorgeschichte der Klimaforschung im heutigen Verständnis.

Jean Fouriers Schrift „Remarques Générales Sur Les Températures Du Globe Terrestre Et Des Espaces Planétaires" aus dem Jahr 1824 wird häufig genannt, wenn es um die Frage des „Ersten" geht, der den Begriff des Treibhauses (bzw. „Hothouse") verwendete. Dabei wies Fourier selbst auf weit frühere Quellen hin, insbesondere auf eine Publikation von Edme Mariotte aus dem Jahr 1681 (nach Fleming 1998: 64). Mariotte stellte darin den Vergleich an, dass das Sonnenlicht und die von der Sonne ausgehende Wärme wie in einem Treibhaus ungehindert durch Glas und transparente Materialien dringe, Hitze, die von anderen Quellen ausginge (oder bspw. von der Erde reflektiert werde), hingegen nicht. Die erste, auch nach heutigem Verständnis noch weitgehend korrekte Theorie des Temperaturausgleichs zwischen Erdoberfläche und Atmosphäre lieferte Claude S. M. Poillet im Jahr 1838. Er entwickelte sie auf Basis von Experimenten Horace Bénédict de Saussures aus dem Jahr 1774, die bereits Fourier zu der Idee gebracht hatten, dass sich Unterschiede im Absorptionsverhalten der Atmosphäre auf die Temperatur auswirken könnten (ebd.: 59; auch van der Veen 2000).

Unklar blieb für Fourier noch, wie sich das unterschiedliche Absorptionsverhalten von Wärme erklären ließe. Mit dem ersten Differenzspektrometer (ratio spectrophotometer) bewies John Tyndall dann im Jahr 1859 (publiziert 1861) die Theorie Fouriers, dass Wärme (Infrarotstrahlung) durch atmosphärische Gase absorbiert werden kann (Fleming 1998: 69). Er entdeckte, dass die in der Atmosphäre nur in geringer Masse vorkommenden Gase Wasserdampf, CO_2 und Ozon dabei eine weit bedeutendere Rolle spielten als andere (wie bspw. Stickstoff, Sauerstoff und Argon, die den weitaus größten Anteil ausmachen). Dies führte ihn zu der Überlegung, dass Änderungen der Wasserdampf- und der CO_2-Konzentration die Temperatur auf der Erdoberfläche beeinträchtigen müssen.

In seiner Schrift aus dem Jahr 1896 konnte Svante Arrhenius also bereits auf eine längere Diskussion um die Erklärung von Temperaturschwankungen und das Zustandekommen von Eiszeiten rekurrieren. Der Einfluss von Strahlungsabsorption durch Gase auf das Klimageschehen war seit längerem Thema der wissenschaftlichen Debatten (siehe auch Brückner 1890, Stehr/von Storch 2000). Svante Arrhenius' globaler Blick beeindruckt noch heute: Er führte Messdaten aus aller Welt zusammen, verglich Temperaturschwankungen über der Arktis mit der über den Ozeanen und gelangte derart zu der Hypothese, dass die GMT bei etwa 15 °C liege, ein Wert, der heute noch gilt. Es beeindruckt andererseits auch die Vielzahl der bereits Ende des 19. Jh.s diskutierten Prozesse und Wechselwirkungen[2] – etwa Wolkenbildung, Schnee- und Eisdecke, die Aufnahmekapazitäten des Ozeans, Mineralien oder Botanik –, dies alles ganz ohne Unterstützung durch Hochleistungsrechner. Arrhenius gelangte zu dem Schluss, dass es in relativ kurzer Zeit zu großen quantitativen Veränderungen der CO_2-Konzentration und dadurch zur Einleitung von Eiszeiten hat kommen können. Die wichtigste Quelle für CO_2 Emission sah er, wie bereits gesagt, jedoch in vulkanischen Aktivitäten (Arrhenius 1896: 272).

Arrhenius war mit seiner 1896er-Schrift also nicht der „Entdecker" der Treibhaustheorie, wohl aber war er derjenige, der das verstreute Datenmaterial seiner akademischen Kollegen zusammentrug, es kritisierte, kommentierte, eigene Messungen und Rechnungen ergänzte und alles in die Form eines gesetzmäßigen Zusammenhanges zwischen CO_2-Konzentration in der Atmosphäre und Oberflächentemperatur komprimierte. So gelangte er zu seiner Berechnung, dass eine Reduktion des CO_2-Gehaltes in der Atmosphäre um 50 Prozent eine Temperaturverringerung von 4 bis 5 °C bewirken würde, was dem Einbrechen einer Eiszeit entspräche. Eine Verdreifachung des CO_2-Gehaltes hätte hingegen einen Temperaturanstieg um 8 °C zur Folge (Arrhenius 1903: 171). In seiner ebenfalls berühmten Schrift „Das Werden der Welten" formulierte Arrhenius im Jahr 1906 (deutsch: 1908) seine „Treibhaustheorie" sehr prägnant:

---

2   Arrhenius zitiert dazu „seinen Freund" Högbom: „Carbonic acid is supplied to the atmosphere by the following processes: (1) volcanic exhaltations (…); (2) combustions of carbonaceous meteorites (…); combustion and decay of organic bodies; (4) decompositions of carbonates; (5) liberation of carbonic acid mechanically inclosed in minderals (…). The carbonic acid of the air is consumed chiefly by the following processes: (6) formation of carbonates from silicates on weathering; and (7) the consumption of carbonic acid by vegetative processes. The ocean, too, plays an important role as a regulator of the quantity of carbonic acid in the air by means of the absorptive power of its water, which gives off carbonic acid as its temperature rises and absorbs it as it cools. The processes named under (4) and (5) are of little significances, so that they may be omitted (…)" (Högbom zitiert nach Arrhenius 1896: 272).

„Daß die Lufthülle eine gegen Wärmeverlust schützende Wirkung ausübt, wurde schon um 1800 herum von dem großen französischen Physiker Fourier angenommen. Seine Ideen wurden nachher von Pouillet und Tyndall weiter entwickelt. Ihre Theorie wird die Treibhaustheorie genannt, weil sie annehmen, dass die Atmosphäre auf dieselbe Art wie das Glas eines Treibhauses wirkt. Glas besitzt nämlich die Eigenschaft, sogenannte helle Wärme durchzulassen, d.h. Wärmestrahlen, die unser Auge auffassen kann; dagegen nicht dunkle Wärme, zum Beispiel solche, wie sie von einem warmen Kachelofen oder einer erwärmten Erdmasse ausstrahlt. Die Wärme der Sonne ist zum größten Teil hell, sie dringt durchs Glas des Treibhauses und erwärmt die Erde darunter. Die Strahlung von dieser ist dagegen dunkel und kann daher nicht durch Glas dringen, das also gegen Wärmeverlust schützt, ungefähr wie ein Überrock den Körper gegen allzustarke Ausstrahlung schützt" (ebd.: 46f.).

Die Wissenschaftsgeschichte erscheint retrospektiv oft gleichsam als linearer Fortschritt. All die Kontroversen, gesellschaftlichen Rahmenbedingungen und kulturellen „Leitplanken", die Diskurse über Kanäle zu Flüssen zusammenführen und so bestimmte Entwicklungen und Debatten forcieren, geraten allmählich in Vergessenheit, verblassen, verstummen. Übrig bleibt ein Felsen gleich dem Cathedral Rock in Arizona, dem nicht mehr anzusehen ist, was ihn einst umgab, der vielmehr dasteht, als wäre er direkt in den Himmel gewachsen um genau so zu sein, wie er eben heute erscheint. Arrhenius schrieb in einen anhaltenden Diskurs hinein, nämlich jenen um das Zustandekommen historischer Eis- und Warmzeiten, an dem sich eine (wenngleich überschaubare) Reihe seiner Fachkollegen seit Jahren abarbeitete. So konnte er zurückgreifen auf die Arbeiten anderer, die ihre mehr oder weniger genauen Erkenntnisse im Lichte der jeweiligen kulturellen Denkgewohnheiten und technisch-experimentellen Möglichkeiten gewannen. Er rezipierte, was seiner Argumentation entgegen kam, er kritisierte zwecks Konturierung seiner Thesen, er suchte und fand Verbündete, die seine Ideen stützten. Er ging damit vor wie seine namhaften Wissenschaftlerkollegen auch; Wissenschaft ist seit jeher ein Arbeiten entlang bestimmter wissenschaftskulturell gerahmter Verfahren und Praktiken (siehe bspw. Robert K. Mertons Schrift dazu aus dem Jahr 1938, siehe ders. 2001). Arrhenius war kein einsamer Genius, er war nicht bloß Schöpfer. Arrhenius war auch ein Geschöpf seiner Zeit und so sah er, was ihn seine Zeit zu sehen lehrte, auf die Art und Weise wie man eben zu dieser Zeit die Welt betrachtete. Heutige (Klima-)Wissenschaftler arbeiten unter anderen wissenschaftskulturellen Rahmenbedingungen, die wesentlich in ihre Befunde einfließen, sie konturieren, strukturieren und stilisieren.

Dann wiederum ähneln die Diskussionen von heute jenen um das Jahr 1896 zum Teil doch sehr. So sah sich Arrhenius mit Skeptikern konfrontiert, die den Kern der Theorie anzweifelten. Sein Zeitgenosse Knut Johan Ångström stritt bspw. mit Arrhenius über die Bedeutung der Gasdichte für das Absorptionsverhalten von Gasen (Ångström 1901: 172f.). Vor allem aber kritisierte er Arrhenius' Berechnung der Absorptionswerte,[3] bei der er zu gänzlich anderen Werten gelangte (Ångström 1900: 731f., nochmals bekräftigt in 1901: 173, dazu Arrhenius 1909: 2). Verschiedene Zeitgenossen folgten dieser Kritik und sahen Arrhenius wiederlegt. Clemens Schäfer führte experimentell den „Beweis", dass „Änderungen des atmosphärischen Kohlensäuregehalts überhaupt keinen Einfluss auf die Erdtemperatur haben, solange die Abnahme der Kohlensäure unter 80 Prozent der bisherigen Menge bleibt" (Schäfer 1905, zitiert nach Arrhenius 1909: 2). Robert W. Wood bezweifelte im

---

3   „Dass (…) die [Arrhenius'sche] Berechnung der quantitativen Werte der Absorption sehr fehlerhaft ausfallen muss, ist ziemlich klar" (Ångström 1900: 731).

Jahr 1909: „It seems to me very doubtful if the atmosphere is warmed to any great extent by absorbing the radiation from the ground, even under the most favourable conditions." Wilhelm Eckardt veranlassten ein Jahr später die Ergebnisse Ångströms und Schäfers ebenfalls zu einem Abgesang auf die Klimalehre Arrhenius':

> „Eine Zeitlang erblickte man in dem wechselnden Gehalt der Atmosphäre an Kohlensäure die Hauptursache der Änderungen des Klimas im Laufe der geologischen Epochen (…). Wenn nun auch an sich kein triftiger Grund gegen eine zeitweise in der Atmosphäre in größerem Maße vorhandene Kohlensäuremenge angeführt werden kann, so ist doch auf Grund exakter Forschungen nachgewiesen [eben durch Ångström und Schäfer]: Erst wenn der Kohlensäuregehalt unter 1/5 seines jetzigen Betrages stände, würde sich ein Einfluss in negativem Sinne auf das Klima geltend machen können, jede weitere Zunahme des Betrages an diesem Gase aber würde vollkommen wirkungslos bleiben" (Eckardt 1910: 92f.).

Im Umfeld dieser Kritiken musste Arrhenius bestehen. Eckardts Abgesang erwies sich später als unfundiert, er basierte auf einem falschen Experimentaufbau und daraus resultierenden fehlerhaften Messdaten Ångströms; Arrhenius konnte sich zu seiner Zeit dessen jedoch keinesfalls gewiss sein.

Bis in die 1930er Jahre hinein erfuhr die „Treibhausthese" keine nennenswerte Beachtung. Zu den wenigen früheren Studien, die die Arrhenius'schen Befunde bekräftigten, gehörte eine kaum beachtete Schrift Edward O. Hulburts aus dem Jahr 1931.[4] Hulburt nutzte die noch sehr junge Quantenmechanik zum detaillierteren Studium von Absorptionsprozessen. Er bezog sich explizit auf die Studien von Fourier und Arrhenius und bekräftigte die dort gemachten Grundannahmen. Seine Conclusio lautete, „(…) the carbon dioxide theory of the ice ages is at least a possible one, and that objections which have been raised against it by some physicists are not valid." Hulburt wies zugleich darauf hin, dass es „fruitless" wäre, über die exakten Konsequenzen eines Anstieges der GMT um ein paar Grad zu spekulieren, weil zu viele Faktoren zusammenwirken würden.

Sieben Jahre später, im Jahr 1938 also, korrelierte Guy S. Callendar Daten zur Temperaturentwicklung und zur atmosphärischen CO_2-Konzentration. Er stellte fest, dass die CO_2-Konzentration über die vergangenen 100 Jahre um 10 Prozent zugenommen hatte und glaubte, dass dies den in den ersten drei Dekaden des 20. Jh.s beobachteten Temperaturanstieg erklären könnte. Auch Callendar fand darin allerdings noch nichts Bedrohliches: er hielt einen Temperaturanstieg von 2 °C besonders der kälteren Weltregionen bei einer Verdoppelung der CO_2-Konzentration über die nächsten Jahrhunderte für möglich, und er sah, wie Arrhenius 30 Jahre zuvor (1909), darin nur Gutes:

> „In conclusion it may be said, that the combustion of fossil fuel (…) is likely to prove beneficial to mankind in several ways, besides the provision of heat and power. For instance the (…) small increase of temperature would be important at the northern margin of cultivation (…)" (Callendar 1938: 236).

---

4 Eine interessante Erklärung dafür, dass dieser Text weitgehend unbeachtet blieb, findet sich bei Weart (2009: 5): „Hardly anyone noticed this paper. Hulburt was an obscure worker at the U.S. Naval Research Laboratory, and he published in a journal, the Physical Review, that few meteorologists read. Their general consensus was the one stated in such authoritative works as the American Meteorological Society's 1951 Compendium of Meteorology: the idea that adding CO_2 would change the climate 'was never widely accepted and was abandoned when it was found that all the long-wave radiation [that would be] absorbed by CO_2 is [already] absorbed by water vapour' (Brooks 1951)."

Callendar wurde in den folgenden Jahren zwar gelegentlich referiert, doch überwog die Kritik an den von ihm verwendeten Datensätzen, insbesondere was den postulierten atmosphärischen CO_2-Gehalt betraf; vorgeworfen wurde ihm aber auch die Vernachlässigung von Konvektion (dem Wärmeaustausch zwischen verschiedenen Komponenten des Klimasystems) und dass er den Einflusses der sich im Zuge der Erwärmung verändernden Wolkenbildung nicht adäquat berücksichtigt habe.[5] Spätere Forschungen zeigten in der Tat, dass der von ihm beobachtete Temperaturanstieg auf andere Prozesse zurückgeführt werden kann. Die wissenschaftliche Qualität dieser heute häufig als wegweisend genannten Arbeit aus dem Jahr 1938 war demnach nicht unbedingt herausragend.[6] Und doch hielt Callendar damit die Diskussion am Laufen und er gab – auf Basis unkorrekter Annahmen – den Anstoß für eine stärkere Fokussierung auf den „menschlichen Anteil" am Klimageschehen (Weart 2009: 6f.; auch Fleming 2007). In späteren Arbeiten (1949, 1958, 1961) stützte Callendar die Arrhenius'sche Hypothese allerdings durch weitere, noch heute anerkannte Analysen (IPCC 2007b: 101; Jones/Henderson-Sellers 1990: 7).

1941 hielt auch Hermann Flohn für möglich, dass der Mensch „Ursache einer erdumspannenden Klimaänderung" sein könnte[7], während sechs Jahre später Hans Ahlmann auf Basis von Langzeituntersuchungen ausschließlich natürliche Fluktuationen als Ursache für Klimaschwankungen ins Feld führte, die obendrein auch nicht global, sondern lediglich regional zu beobachten seien (Ahlmann 1947; Sörlin 2009: 243). Keineswegs vertrat Ahlmann die Ansicht, wie im vierten IPCC-Report (2007b: 105) zu lesen ist, dass die von ihm seit dem 19. Jh. beobachtete Temperaturerhöhung von 1,3 °C in der Arktis auf Treibhausgase zurückzuführen wäre. Für Ahlmann spielten diese keine Rolle. Er sah im verstärkten Zufluss tropischer Luft in Richtung der Pole in den vorangegangenen Dekaden den zentralen Grund für Temperaturanstieg und Gletscherschmelze. Er teilte allerdings mit Arrhenius, Callendar und anderen Treibhaustheoretikern auch in späteren Publikationen in den 1950er Jahren noch den Optimismus, dass sich die beobachteten Änderungen überwiegend günstig auf das europäische Klima auswirken würden (Sörlin 2009: 243f.).

In den 1950er Jahren dann kamen erstmals elektronische Rechner zum Einsatz. Gilbert Plass kalkulierte mit deren Unterstützung im Jahr 1956, dass durch die Verbrennung fossiler Brennstoffe jährlich 6 Mrd. Tonnen CO_2 in die Atmosphäre gelangten. Er bekräftigte die Befunde Callendars, dass weitere Abholzung und andere menschliche Aktivitäten bis zum Ende des 20. Jh.s zu einer Gesamtsteigerung der atmosphärischen CO_2-Konzentration um 30 Prozent führen würden, wodurch die GMT in diesem Zeitraum um 1,1 °C steigen könnte (Plass 1956: 384). Eine Verdoppelung der CO_2-Konzentration könnte ohne Berücksichtigung anderer Prozesse wie Wolkenbildung, verändertes Absorptionsverhalten der Ozeane usw. sogar einen Anstieg um 3,6 °C zur Folge haben (ebd.: 377). Er schlussfolgert:

> „The carbon dioxide theory (…) predicts that the temperature must continue to rise for at least several centuries over the entire world. The accumulation of carbon dioxide in the atmosphere from continually expanding industrial activity may become a real problem in several genera-

---

[5] Die Bewertung von Konvektion und Wolkenbildung ist auch heute noch umstritten, siehe dazu Gliederungspunkt 3 weiter unten.
[6] Im vierten IPCC-Report (IPCC 2007b) findet die Kritik an Callendars „Pionierarbeit" aus dem Jahr 1938 keine Erwähnung.
[7] „Dabei müssen wir drei Gruppen von *anthropogenen Klimafaktoren* unterscheiden: *Bauwerke jeder Art, Land- und Forstwirtschaft* sowie die *Verbrennungsvorgänge* auf primitiver und höchster Kulturstufe" (Flohn 1941: 14, Hervorhebungen im Original gesperrt).

tions. If at the end of this century, measurements show that the carbon dioxide content of the atmosphere has risen appreciably and at the same time the temperature has continued to rise throughout the world, it will be firmly established that carbon dioxide is an important factor in causing climatic change" (ebd.: 387).[8]

Was Plass noch weitgehend ausklammerte wurde dann in den Folgejahren mit zunehmenden Rechnerkapazitäten zum expliziten Forschungsgegenstand, nämlich die Frage der Rück- bzw. Wechselwirkungen zwischen verschiedenen Einflussgrößen, die den durch eine erhöhte CO_2-Konzentration zu erwartenden Temperaturanstieg positiv oder negativ beeinflussen (Jones/Henderson-Sellers 1990: 7). Zeitgleich gelang es besonders Charles D. Keeling Ende der 1950er Jahre, mit viel persönlichem Engagement, Mittel für umfangreiche und kostspielige Messungen auf der Mauna Loa Base auf Hawaii einzuwerben und damit die Datenlage zur Entwicklung der CO_2-Konzentration maßgeblich zu verbessern (Weart 2008). Die ersten eindimensionalen Klimamodelle (Möller 1963; Manabe/Wetherald 1967) konnten somit mit genaueren CO_2-Messdaten rechnen, die relative Luftfeuchtigkeit und Wolkenbildung waren jedoch noch nicht dynamisch kalkulierbar. Damit kamen sie zu Schätzungen zwischen 1,5 °C und 2,4 °C Temperatursteigerung bei einer Verdoppelung der CO_2-Konzentration. In den 1970er Jahren gerieten Aerosole (ein Gemisch aus kleinsten Schwebeteilchen und Gas, das natürlichen und anthropogenen Ursprungs sein kann) und andere „Treibhausgase" wie Methan (CH_4), Stickstoff-Monoxid (Lachgas, N_2O) und Fluorchlorkohlenwasserstoffe (FCKW's) langsam ins Visier der Forschung (zu denen bis heute allerdings bei weitem keine so umfangreichen Messreihen vorliegen, wie für das CO_2). So wurde seither diskutiert, wie der Einfluss der verschiedenen Gase zu gewichten ist und inwiefern der vornehmlich industriell bedingte enorme Anstieg des atmosphärischen Aerosolgehaltes die Erwärmung bremsen würde (das sog. „Global Dimming", vgl. zum aktuellen Forschungsstand Ramanathan 2007). Mit weiterentwickelten Modellierungstechniken konnten zunehmend auch Wolken- und Wasserdampfbildung als Feedback-Mechanismen berücksichtigt werden (zuerst Kaplan 1960 zur Wolkenbildung und Möller 1963 zum Einfluss von Wasserdampf). 1983 wiesen Ramanathan/Pitcher/Malone et al. darauf hin, dass unterschiedliche Wolkentypen und -lagen sehr unterschiedliche Einflüsse auf atmosphärische Prozesse haben. Seit dem Ende der 1980er Jahre fanden Eis-Albedo (Wärmerückstrahlung) und ozeanische Dynamiken Berücksichtigung in den nun durch Supercomputer gewaltig ausgeweiteten Modellierungen, in den 1990er Jahren dann auch dynamische Vegetationsprozesse.

3 Zum klimawissenschaftlichen Forschungsstand nach dem „IPCC-Konsens"

An dieser Stelle kann eine ausführliche Rezeption des klimawissenschaftlichen Forschungsstandes nicht erfolgen.[9] Ein knapper Blick *auf* diesen erscheint aber geboten, schließlich bilden die klimawissenschaftlichen Untersuchungen und insbesondere deren Normierung in den Sachstandsberichten des IPCC eine zentrale Referenz auch für sozialwissenschaftliche Studien. Freilich kann dies hier nur höchst begrenzt aus der Sicht eines

---

8   Dieses Zitat findet sich gekürzt auch im vierten IPCC-Sachstandbericht (2007b: 105). Weil dort der erste Zitatteil fehlt, liest es sich dort wie eine konkrete Warnung.
9   Zum Forschungsstand siehe IPCC 2007b, ein „Update" zum aktuellen Forschungsstand gibt UNEP 2009a, als Einführung in die Klimawandelforschung zu empfehlen ist bspw. Latif 2009.

Sozialwissenschaftlers erfolgen, der nicht mit jenem geochemischen und geophysikalischen Fachwissen formulieren kann, das der Klimawissenschaftler mitbrächte. Geübter ist der Sozialwissenschaftler darin, „Wissenstatbestände" in gesellschaftliche Bezüge hinein zu denken.

Den Ausgangspunkt aller klimawissenschaftlichen Überlegungen bildet der „natürliche Treibhauseffekt" ohne den die Temperatur der Erdoberfläche für höhere Lebewesen zu niedrig wäre. Die globale Durchschnittstemperatur, die gegenwärtig etwa 15 °C beträgt, läge um etwa 33 °C tiefer, also bei etwa -18 °C, wenn zwischen der Wärme ausstrahlenden Sonne und der Wärme empfangenden Erde ein Vakuum herrschte. Die Temperatur war in der Vergangenheit stets großen Schwankungen unterworfen, von extremen Eiszeiten mit einer globalen Schneebedeckung bis zu Warmzeiten mit einem vollständig eisfreien Nordpolarmeer. Im Mittel sorgte die Atmosphäre jedoch für die günstigen Lebensbedingungen, die den Evolutionsprozess der Arten einschließlich der Entwicklung des Homo sapiens ermöglichten. Zum groben Verständnis des natürlichen Treibhauseffektes reicht es an dieser Stelle, die freilich eigentlich weitaus komplexer aufgebaute Atmosphäre als ein Konglomerat aus Wolken, Wasserdampf, Kohlendioxid, Methan und anderen hier weniger relevanten Gasen zu denken. Die Sonne strahlt kurzwellig in Richtung Erde. Diese Strahlung wird von der Erde teilweise aufgenommen und teilweise, nun allerdings langwellig als Wärmestrahlung zurückgestrahlt. Diese langwellige Strahlung wird von Wolken und Gasen anteilig und in unterschiedlicher Intensivität absorbiert, so dass sich die Atmosphäre erhitzt. Zugleich schirmt die Atmosphäre z.B. durch Wolken den bodennahen Bereich gegen die kurzwellige Einstrahlung der Sonne ab, was den Erwärmungseffekt abmildert und die Temperatur auf jene durchschnittlichen 15 °C reguliert.

Dieses Schema des natürlichen Treibhauseffektes (der genau genommen anders funktioniert als die Erwärmung in Treibhäusern, Fouriers Benennung war also eigentlich irreführend, siehe z.B. Plimer 2009: 365) ist nun nicht mehr als eine grobe phänomenologische Matrix, die sich zeitlich und räumlich unendlich fortschreiben lässt. Andere Matrizen wie bspw. theologische oder naturphilosophische wären denkbar. Doch seit Jahrhunderten hat sich dieses physikalisch-chemische Schema – zumindest im Kulturbereich des Industriekapitalismus – gegenüber anderen behauptet. Einer grundlegenden Kritik bspw. ihrer metaphysisch-epistemologischen Implikationen war diese Matrix wohl seit Anfang bzw. Mitte des 19. Jh.s nicht mehr ausgesetzt. Das grundlegende physikalisch-objektivistische Erkenntnismuster ist seither kulturell eingebettet und eng mit anderen gesellschaftlich-technologischen Entwicklungen verwoben. Bereits Arrhenius arbeitete, wie oben gezeigt, mit diesem Schema und gelangte so zu seiner Hypothese, dass Veränderungen der atmosphärischen CO_2-Konzentration Temperaturänderungen zur Folge haben könnten. Seither wird diese Matrix mit allgemeinen physikalischen Grundsätzen auf die verschiedensten Teilkomponenten des übergreifenden Klimasystems aufgegliedert und mit Beobachtungen, Messungen und mathematischen Kalkulationen zu komplizierten physikalischen Zusammenhängen unterfüttert.

Finalisieren lässt sich dieser Prozess prinzipiell nicht. Der Untersuchungsgegenstand der erst knapp 40 Jahre jungen, weitgehend physikalisch geprägten Klimawissenschaften ist ein Paradefall eines komplexen, dynamischen und nichtlinearen Systems. Es ist nicht möglich, solche Systeme jemals vollständig zu beschreiben, weil minimale Änderungen im Verlauf bei gleichen Ausgangsbedingungen wie auch geringfügige Unterschiede in den Anfangsbedingungen leicht zu qualitativ vollständig anderen weiteren Entwicklungen und

Systemzuständen führen können (der sog. „Schmetterlingseffekt"). Mindestens ebenso wichtig wie eine solide Kenntnis der zugrunde liegenden Größen ist daher das Verständnis der dynamischen Prozesse, die diese Größen miteinander und gegeneinander über Zeit und Raumskalen hinweg durchlaufen – und: welche Rolle der Mensch dabei spielt.

Atmosphärische Größen, wie Änderungen der Temperatur und des Niederschlags, stehen mit anderen Komponenten des Erdsystems wie den Ozeanen und dem Wasserkreislauf, Eis und Schnee, Tieren und Vegetation, Boden und Gestein und schließlich mit den Handlungen von heute fast sieben Milliarden Menschen in komplexen Wechselwirkungen. Die verschiedenen Komponenten entwickeln sich mit stark unterschiedlichen Geschwindigkeiten und in sehr verschiedenen räumlichen Ausprägungen. So verändern sich Oberflächentemperaturen über den Tagesverlauf in relativ begrenzten Räumen während sich das Eis der Antarktis über Jahrtausende veränderten klimatischen Faktoren anpasst und dabei selbst wiederum Einfluss auf deren Entwicklung nimmt, bspw. auf die Temperatur in anderen Weltregionen. Die Dynamik gesellschaftlicher Entwicklung gewann erst in den letzten Jahrhunderten derart an Einfluss, dass gleichsam von einem „neuen" Faktor gesprochen werden muss. Die Komponenten, die das Klima beeinflussen, sind also unterschiedlich träge und auch in ihrem Zusammenwirken verschieden flexibel. So können Veränderungen periodisch ausfallen, andere können den Zustand des ganzen Klimasystems grundlegend und ggf. irreversibel verändern. Ein Setting aus vielen verschiedenen Faktoren kann sich über sehr lange Zeiträume in einem dynamischen Gleichgewicht halten und schließlich durch eine einzige, vielleicht bis dahin unbekannte weitere Einflussgröße (wie eben bspw. durch den Menschen) radikal ändern. Positive und negative Rückkopplungen verstreuen, vermitteln und potenzieren Impulse in die eine oder die andere Richtung. Man muss sich diese Eigenschaften komplexer Systeme vergegenwärtigen, denn das Ziel der am IPCC-Konsens orientierten klimawissenschaftlichen Forschung zum *anthropogenen* Klimawandel ist es, Abweichungen von der *natürlichen* Entwicklung dieses komplexen Geo-Ökosystems durch menschliche Einflüsse nachzuweisen und deren möglicherweise destruktiven und somit politisch relevanten Konsequenzen aufzuzeigen.

Selbst wenn man dem Klimageschehen unter Ausklammerung des Faktors Mensch *lineares* Verhalten unterstellte, man also die erdgeschichtlich immer vorhandene Möglichkeit plötzlicher Veränderungen von Systemzuständen und Skalensprüngen ausklammerte, wäre die Komplexität nicht einzuholen. Bspw. mögen immer mehr Messdaten in geographisch und zeitlich variierender Dichte und Qualität zusammengetragen werden und die Scientific Community mag sich für eine sukzessive Qualitätssteigerung im Sinne wissenschaftlicher Gütekriterien einsetzen. Mittels paläoklimatischer Methoden wie der Analyse mariner Sedimente oder von Pollen oder der Eiskern-Stratigraphie wird sich das Netz, das Klimawissenschaftler über die reale Komplexität werfen, nach und nach verdichten. Angesichts der Vielzahl miteinander über Zeit und Raum in Wechselwirkung stehender Einflussgrößen wird dabei jedoch das Problem des „Rauschens" bleiben oder gar an Bedeutung gewinnen: Das für die zukünftige Entwicklung bedeutungsvolle Signal muss aus der wachsenden Masse an Daten herausgefiltert werden. Das ist v. a. deshalb so problematisch, weil die Bedeutung des Signals, nach dessen Ausprägung und Einfluss dann geforscht wird, immer schon im Vorhinein zumindest rudimentär definiert sein muss, andernfalls wüsste man nicht, wonach zu suchen ist.

Nur ist das Klima kein lineares, sondern ein *dynamisches* komplexes System. Was im IPCC-Report von 2007 weitgehend ausgeklammert bleibt, ist die Möglichkeit von abrupten

Skalensprüngen und plötzlichen Vorzeichenwechseln von Einflussgrößen bei Erreichen von weitgehend unbekannten kritischen Schwellenwerten („Tipping Points"/Threshold) und den (Rück-)Wirkungen dieser abrupten Änderungen auf die Temperaturentwicklung. Beispielhaft seien Ausschnitte aus möglichen „Katastrophenszenarien" skizziert: Der die Steigerung der GMT verursachte Rückgang von Eisschildern, Meereis, Permafrost und Schneegrenze reduziert den Albedo-Effekt, es wird weniger Sonneneinstrahlung reflektiert und mehr absorbiert. Dadurch heizen sich zum einen die Ozeane schneller auf, es fließt zusätzliches Süßwasser in die Ozeane, der Salzgehalt und die Schichtung des Meerwassers verändert sich zum einen mit der Folge der Verschiebung von Lebensräumen, etwa des Planktons, zum anderen mit ggf. abrupten katastrophalen Folgen für die thermohaline Zirkulation. Die Dichte des Oberflächenwassers verringert sich in Folge der Zunahme von Niederschlägen und der Wassererwärmung. Durch die Erwärmung der Ozeane und durch die wachsende Konzentration des bereits aufgenommenen CO_2 nimmt deren CO_2-Aufnahmekapazität schneller ab. Die Erwärmung der Meere führt zugleich zur Steigerung der Wasserdampfkonzentration in der Atmosphäre, dem laut IPCC wichtigsten Treibhausgas überhaupt (zu dessen Erwärmungspotenzial [eng.: Global Warming Potential, GWP] sich allerdings in den Berichten keine Zahlenangabe finden lässt).[10] Außerdem steigt die Wahrscheinlichkeit der ggf. katastrophalen abrupten Freisetzung großer Methanvorkommen – wobei angenommen wird, dass emittiertes Methan zwischen 21 (IPCC 1995) und 25 (IPCC 2007b) mal so stark zum Treibhauseffekt beiträgt wie CO_2 (vgl. kritisch zu diesen Umrechnungen von Treibhausgasen in sog. CO_2-Äquivalente MacKenzie 2009 und Lohmann 2009, ders. in diesem Band).

Heutige Modelle können die Schwellenwerte, die einen abrupten Phasenübergang einleiten könnten, nicht adäquat berechnen. Sie sind bei Klimaprojektionen „(...) auf numerische Simulationen angewiesen, die in einer Art Ersatzrealität das hochkomplexe Klimasystem, seine interne Dynamik und den Einfluss von externen Faktoren, wie den des Menschen, darzustellen versuchen" (Latif 2009: 162). Die Lage der „Tipping Points" lässt sich aus diesen linear ausgerichteten Modellierungen nicht ablesen. Allerdings darf nicht unerwähnt bleiben, dass die Komplexität und Dynamik des Klimasystems auch „Anastrophenszenarien" bereithält. Wenn auch in den IPCC-Reports davon ausgegangen wird, dass die positiven Rückkopplungen die negativen klar überwiegen und somit Negativszenarien für wesentlich wahrscheinlicher gehalten werden, könnte es theoretisch auch aus Sicht des IPCC-Konsens über negative Rückkopplungen (z.B. den Düngeeffekt durch CO_2 oder eine

---

10 Es ist dem nicht klimawissenschaftlich geschulten Autor nicht gelungen, einen CO_2-Äquivalenzwert für H_2O zu recherchieren, weder in den IPCC-Berichten, noch in anderen Quellen. Jedoch heißt es im vierten Sachstandsbericht: „Water vapour is the most abundant and important greenhouse gas in the atmosphere. However, human activities have only a small direct influence on the amount of atmospheric water vapour. Indirectly, humans have the potential to affect water vapour substantially by changing climate. For example, a warmer atmosphere contains more water vapour. Human activities also influence water vapour through CH_4 emissions, because CH_4 undergoes chemical destruction in the stratosphere, producing a small amount of water vapour" (IPCC 2007b: 135) und weiter: „Uncertainties for the indirect GWPs [= Global Warming Potential] are generally much higher than for the direct GWPs. The indirect GWP will in many cases depend on the location and time of the emissions. For some species (e.g., NOx) the indirect effects can be of opposite sign, further increasing the uncertainty of the net GWP. (...) Thus, the usefulness of the global mean GWPs to inform policy decisions can be limited" (ebd.: 214). An dieser Stelle sei nochmals hervorgehoben, dass keine der hier gemachten Äußerungen zum klimawissenschaftlichen Forschungsstand als Beitrag zum selbigen, sondern allein als Versuch der für sozialwissenschaftliche Klimaforschung relevanten Skizze der klimawissenschaftlichen Problembehandlung mit allen damit verbundenen fachlichen Unzulänglichkeiten gesehen werden sollte.

vermehrte Wolken-Albedo durch die zusätzliche Emission von Wasserdampf) zur Selbstregulation des Klimasystems kommen.

4 Fragen an die Sozialwissenschaften

Es ist freilich nicht möglich, das ganze Spektrum sozialwissenschaftlicher Klimawandelforschung in einem einzigen Sammelband abzubilden, dazu sind zu viele Disziplinen mit abermals sehr vielen unterschiedlichen Zugängen in diesem – ja auch trans- und interdisziplinär – gleichsam entgrenzten Forschungsfeld engagiert. Die folgenden Fragen an sozialwissenschaftliche Klimawandelforschung können daher nicht mehr sein als ein Versuch, einige aus Sicht des Herausgebers zentrale Themenfelder quer zu den hier versammelten Beiträgen, aber auch über diese hinausgehend, zu fokussieren und damit auf die im Anschluss vorzustellenden Beiträge einzustimmen.

4.1 Umgang mit Unsicherheit

Massenmedial, aber auch in Fachartikeln wird spätestens seit dem Erscheinen des vierten IPCC-Sachstandsberichtes der Eindruck vermittelt, dass das Problem Klimawandel heute hinreichend belegt ist und seine wichtigsten *Ursachen* in ihren zentralen Parametern bekannt sind. Die globale mittlere Temperatur steigt analog, wenn auch zeitversetzt, zum Anstieg der Treibhausgaskonzentration (THG), dabei insbesondere der Kohlenstoffdioxidkonzentration (CO_2) in der Atmosphäre. So richten sich die Aufmerksamkeiten v.a. auf mögliche Wege zur Reduktion der Emissionen, um den Temperaturanstieg zu drosseln und einen „gefährlichen Klimawandel" (eine Temperatursteigerung von über 2 °C gegenüber der vorindustriellen GMT, siehe bspw. IPCC 2007c, insbes. Kap. 4 und 19; Schellnhuber/Jaeger 2006) zu verhindern. Allerdings bestehen auch aus Sicht der an den IPCC-Berichten beteiligten Klimawissenschaftler große Unsicherheiten (z.B. den Einfluss von Wolkenbildung oder von Aerosolen betreffend; vgl. zu den vom IPCC genannten Unsicherheiten insbes. IPCC 2007b: 81-91). Wie sind diese, von den Autoren des „IPCC-Konsens" selbst gelisteten Unsicherheiten zu bewerten?

Wer die Annahme eines relevanten anthropogenen Einflusses auf die Temperaturentwicklung heute immer noch nicht teilt – die Kritik ist freilich keinesfalls verstummt (siehe bspw. U. S. Senate Minority Report 2009) – hat es im Kreise der „akademischen Community" sehr schwer (Yearley 2009). Uneinigkeit besteht allerdings nach wie vor auch unter jenen, die diese Grundannahme teilen, über das *Ausmaß* des Problems: Haben wir uns auf eines der vier im letzten (2007) IPCC-Bericht skizzierten Szenarien einzustellen, die unterschiedliche Annahmen über Entwicklungen bspw. von Bevölkerung, Technologie, Ökonomie und Konsumverhalten zugrunde legen und auf dieser Basis zu dem Spektrum eines erwartbaren Temperaturanstiegs zwischen 1,1 °C und 6,4 °C bzw. gemittelt zwischen 1,8 °C und 4,0 °C gelangen? Ist dabei von einem linearen Verlauf des Temperaturanstiegs auszugehen, wie in allen IPCC-Szenarien angenommen? Oder wie ist die Möglichkeit „katastrophischer Skalensprünge" zu gewichten, die zur sprunghaften Temperaturänderung auch fern der vom IPCC erwarteten Werte führen könnten?

Ein wesentlicher Unsicherheitsfaktor bei diesen Projektionen ist die gesellschaftlich-technologische Entwicklung. Svante Arrhenius konnte die Entwicklungsdynamik des 20.

Jh.s nicht absehen. Heute, im Globalisierungszeitalter, ist es um die Prognose gesellschaftlicher Prozesse eher noch schlechter bestellt (zum Prognoseproblem grundlegend Clausen 1994: 169-180). Aus sozialwissenschaftlicher Sicht muss jedenfalls bezweifelt werden, dass sich sozio-ökonomische Entwicklungen für das 21. Jh. oder auch nur für die kommenden drei Jahrzehnte annähernd vorhersagen ließen. Fehler in der Einschätzung damit zusammenhängender Parameter könnten die heutigen Szenarien jedoch schnell hinfällig werden lassen und so besteht das Risiko, einer falschen Vorstellung von der Zukunft anzuhängen. Ohne Projektion bliebe die Zukunft wiederum gänzlich im Dunklen, man wüsste nicht, wo Handlungen heute ansetzen sollten – Handlungen blieben im Zweifelsfall angesichts verbreiteter Kurzsichtigkeit politischer Akteure vielleicht einfach aus. Die den Szenarien zugrunde gelegten Annahmen haben wiederum selbst Einfluss auf Mitigation und Anpassung. Bspw. könnten optimistische Annahmen über die technische Entwicklung zu einer Verlagerung der Kosten in die Zukunft verleiten (zu der hier angesprochenen Diskontierungsfrage siehe bspw. Stern 2009: 110ff.) – umgekehrt würden pessimistische Annahmen eine stärkere Belastung der heute lebenden Menschen einfordern. Somit ist es von großer Relevanz zu hinterfragen, wie und von wem unter Einfluss welcher Interessen diese Parameter ermittelt werden.

4.2 Wahrnehmung und Bewertung des Klimawandels

Die gesellschaftliche Entwicklung ist also – wie der Klimawandel – mit großen Unsicherheiten behaftet. Entsprechend wage bleibt auch das Bild möglicher Zukünfte, nach dem wir heutige Handlungen ausrichten. Werden Gesellschaften zur Mitte des 21. Jh.s über die Ressourcen und politischen Institutionen verfügen, die wir ihnen heute – vor dem Hintergrund der Entwicklung der vergangenen Prosperitätsjahrzehnte – bei der Projektion unterstellen? Wenn dies nicht als sicher gelten kann, könnte alles auch viel schlimmer kommen, und wie wären für diesen *pessimalen* Fall die heute vorhandenen Ressourcen einzusetzen? Könnten sich nicht auch selbstregulativ, ohne menschliches Zutun also, Prozesse einstellen, die den Anstieg des CO_2-Gehalts bremsen oder gar zu einem Ausgleich führen? Wenn doch noch Unsicherheiten bestehen, sollten wir angesichts knapper Ressourcen doch lieber noch innehalten, dem postmodern-hedonistischen Lebensstil weiter frönen und damit zugleich „Arbeitsplätze sichern", und allenfalls technologische Entwicklungen forcieren? Welche Maßnahmen sind unter diesen unsicheren Bedingungen zu empfehlen, um den Ursachen des Klimawandels zu begegnen und so den Temperaturanstieg zu bremsen, ohne dabei kontraindizierte Effekte zu bewirken? Und welche ökonomischen, materiellen, sozialen und kulturellen Ressourcen *wollen* Gesellschaften (und wer wären dann *„die Gesellschaften"*?) dafür aufbringen, wenn es doch keine eindeutige, unumstrittene Lagebeurteilung gibt? Sind diese Mittel optimal eingesetzt oder sollten sie doch lieber dort hin fließen, wo heute ersichtlich großer Bedarf besteht, etwa in die Bekämpfung von Mangelernährung oder von Krankheiten (z.B. HIV-AIDS), wie bspw. im „Copenhagen Consensus" gefordert (bspw. Lomborg 2001, 2007a, 2007b)? Was ist der Gesellschaft also die Bekämpfung der vom IPCC identifizierten Ursachen des Klimawandels im ökonomischen, aber auch im kulturellen und sozialen Sinne im Verhältnis zu anderen drängenden Problemen *wert*?

4.3 Wissenschaft im Klimawandel

Wie der Klimawandel wahrgenommen wird, wird entscheidend durch die Wissenschaften geprägt. Die Struktur wissenschaftlicher Forschung hat sich seit dem Erscheinen des Arrhenius-Artikels im Jahr 1896 grundlegend geändert. Verfasste der spätere Nobelpreisträger seinen Text noch unter den Bedingungen einer Wissenschaft, die sich seit Jahrzehnten darum bemühte, sich von den „Verblendungen" durch Glauben, Ideologien und Politik zu befreien, ist heute kaum überhaupt noch die Rede von „freier Forschung" – geschweige denn, dass für sie gestritten würde. Forschung ist zu Beginn des 21. Jh.s, wie es Helmut Krauch bereits 1970 ausdrückte, mehr denn je „organisierte Forschung". Sie wird weitgehend von Drittmittelgebern und politischen Programmen „geplant" (van den Daele/Krohn/Weingart 1979). Dies gilt gerade auch im Bereich der Klimawandelforschung (Halfmann/Schützenmeister 2009). Können sich Gesellschaften unter diesen Rahmenbedingungen darauf verlassen, das „Richtige" zu beobachten, wenn sie sich doch, wie es zumindest scheint, immer weniger an der Welt in ihrem So-Sein abarbeiten, sondern entlang ökonomischer, politischer und technologischer, also innergesellschaftlich generierter Entwicklungsdynamiken und Programme, die gleichermaßen einengen, *was Gesellschaften sehen wollen*, wie sie Pfade vorzeichnen, *wie Gesellschaften das Gesehene bewältigen wollen*? Woher nehmen sie die Gewissheit, dass sie den Klimawandel als vielleicht existenzielle Herausforderung heute adäquat deuten, dass Gesellschaften im 21. Jh. also dieses mal vollbrächten, was ihnen in der Vergangenheit allzu häufig nicht gelang, nämlich eine beobachtete Bedrohung nach dem *Bedrohungspotenzial* zu beurteilen anstatt nach den gesellschaftlich vorhandenen Problemlösungen? Was wollen und was dürfen Gesellschaften von ihrer Wissenschaft erwarten, welche Rolle kann Wissenschaft im Klimawandel spielen (dazu Hulme 2009)?

Die Praxis der Forschung wirkt wiederum auf die Struktur der Wissenschaften zurück. Auch die Beobachtung dieser Dynamik gehört in den Untersuchungsbereich der Sozialwissenschaften. Wird im Zuge der Klimawandeldiskussion eine Polarisierung in schlecht ausgestattete Grundlagenforscher auf der einen und besser budgetierte Politikberatungsforschung auf der anderen Seite forciert? Oder kann sich die Wissenschaft eine kritische Distanz bewahren, allem „Post-Demokratischen Populismus" (Swyngedouw 2009) zum Trotz, der sich der „Ecology of Fear" (Davis 1998) bedient, um soziale Ungleichheiten und gesellschaftliche Strukturprobleme zu übertönen? Ist die Wissenschaft also in der richtigen Verfassung?

Mit der Frage nach der „Verfassung" der Wissenschaft(en) stellen sich freilich weitere Fragen danach, wer oder vielleicht auch was über die „Richtigkeit" einer Beobachtung oder eines Forschungsansatzes, über den Abschluss eines Forschungsprozesses (wann halten gilt unter der Bedingung fundamentaler Unsicherheit etwas für „bewiesen" oder „wahr"?), darüber, was populistischer Alarmismus ist oder wohlbegründeter begründeter Alarm (Risbey 2008), aber auch über den Einsatz von Methoden und von Ressourcen zur Problemlösung zu *entscheiden* hat. Ist dies den Geophysikern und -chemikern zu überlassen, den Modellierern unter den Klimawissenschaftlern, dem IPCC, der Politik? Kann sich die multikulturelle Weltgesellschaft im Angesicht der IPCC-Szenarien gleichsam „basisdemokratische" Aushandlungs- und Reviewverfahren im wissenschaftlichen Forschungsprozess leisten? Oder bedarf es dieser, in Form eines „Parlaments der Dinge" etwa, wie von Bruno

Latour (2001) vorgeschlagen vielleicht sogar mehr denn je angesichts der Tragweite der mit der Problemdiagnose verbundenen gesellschaftlichen Konsequenzen?

4.4 Klimawandel Governance

Das einleitende Beispiel des Svante Arrhenius sollte veranschaulichen, dass aus empirischen Forschungsbefunden, also einem *abgeschlossenen* Forschungsprozess (auch oder vielmehr *gerade* unter der Bedingung der geplanten oder organisierten Forschung) noch nicht folgt, wie Ergebnisse gesellschaftlich zu interpretieren und welche politischen und handlungspraktischen Folgerungen aus ihnen zu ziehen sind. Wie sind unter den Bedingungen des Klimawandels Forschung und politische Entscheidungsfindung zu organisieren? Es muss gewährleistet sein, dass hinreichend „Resonanz" für die Folgen der ergriffenen Handlungen erzeugt wird und es müssen, sofern erforderlich, müssen Korrekturen der Prozesse ohne größere Verzögerung vorgenommen werden können. Gibt es einen Steuerungsmodus für die Weltgesellschaft, eine „World Governance", die die Möglichkeit berücksichtigt, dass aufgrund der weiterhin bestehenden zahlreichen Unsicherheiten und der übergroßen Komplexität des Problems alles ganz anders kommen kann als erwartet? Ist das gegenwärtig insbesondere von den Industriestaaten favorisierte freiheitlich liberale, demokratische und marktorientierte Modell gesellschaftlicher (Nicht-)Steuerung grundsätzlich in der Lage, die mit dem Klimawandel (als „single issue", wesentlich reduziert auf die Reduktion von CO_2 und einigen Äquivalenten), mehr noch mit dem Globalen Wandel insgesamt (als „multidimensional issue") aufkommenden Problemfelder institutionell abzuarbeiten (Sheaman/Smith 2007; auch Leggewie/Welzer 2009a, 2009b)? Hat nicht genau dieses Modell zum Klimawandel als der größten „tragedy of the commons" (Hardin 1968) und dem „größten Marktversagen aller Zeiten" (Stern 2006) geführt? Und lässt sich der Ruf nach einer breiten Bürgerbeteiligung bei der Erforschung und Gestaltung des gesellschaftlichen Umweltverhältnisses mit der oftmals gerade von NGOs vorgetragenen Forderung nach regide-autoritärem Durchregieren (á la „Kohleförderung einstellen, sofort!") vereinbaren?

Die Sozialwissenschaften sollten dabei auch kritisch ihre eigene Rolle reflektieren, denn das von ihnen erarbeitete Orientierungswissen ist immer auch Verfügungswissen für andere, zu deren instrumentellem Gebrauch. Bspw. birgt Forschung zur Migration unter der Ägide des Klimawandels stets auch politische Implikationen, eignet sich dieser Zusammenhang doch auch, die Aufmerksamkeit von sozialen Ursachen in Richtung „Natur" zu lenken. Welchen Einfluss werden bspw. politische Strategien auf die Humanitäre Hilfe haben, die im Klimawandel insbesondere das Risiko von Migration (vornehmlich in Süd-Nord-Richtung) und von Konflikten um knapper werdende Ressourcen (bspw. um Wasser, siehe Bittner 2007; Welzer 2008) sehen? Wird der Klimawandel im Schatten eines erstmals umfassend globalisierten Umweltregimes (Meyer/John Frank/Hironaka et al. 2005) so zum Dreh- und Angelpunkt einer globalen „Securitization" (Brzoska 2008)? Und waren das Elbehochwasser 2002, der Hitzesommer 2003, Hurrican Katrina 2005 oder die katastrophalen Waldbrände in Griechenland 2007 Vorboten des Klimawandels? Oder waren Ursachen und Auswirkungen in Landnutzungsänderungen, Bebauung, Korruption, politischem „short-termism", einer sich wandelnden Altersstruktur usw., kurzum: in gesellschaftlichen Regulations- und Organisationsdefiziten zu suchen? Handelt es sich bei der beobachteten Synchronizität des Anstieges von atmosphärischer CO_2-Konzentration und Temperatur wirklich um einen kausalen Zusammenhang, oder könnte auch ein ganzes Set an sich unter den Bedingungen der Globalisierung synchron verändernden Variablen Ursache für beide Trends sein?

Eröffnet die Klimawandel-Denke also neue Perspektiven, ebnet sie Verhandlungswege, fördert sie die Bereitschaft zum Umdenken, führt sie zur Sensibilisierung auf den verschiedenen gesellschaftlichen Ebenen, zu mehr „Nachhaltigkeit"? Oder werden in der Summe die Realkomplexitäten und die ihnen zugrunde liegenden *sozialen* Prozesse eher verschleiert? Wäre dies vielleicht sogar in Kauf zu nehmen, wenn nur die Auswirkungen des Klimawandels abgemildert werden könnten? Oder sind es gerade jene diskursiven Verschleierungen, die den Klimawandel erst zu einer Bedrohung werden lassen, werden damit die tiefer reichenden, strukturellen, sogar epistemisch bedingten Ursachen globaler Krisen im beginnenden 21. Jh. eher perpetuiert?

4.5 Anpassung und Lastenverteilung

Während lange Zeit vornehmlich darüber gestritten wurde, wie sich der Klimawandel aufhalten oder doch zumindest vermindern ließe (Mitigation), rückt seit einigen Jahren die Forschungsfrage in den Fokus, welche Maßnahmen der Mensch ergreifen muss, um sich an die heute bereits für unabwendbar gehaltenen Veränderungen anzupassen (Adaptation). Die Debatte bewegt sich dabei auf einer sehr allgemeinen, grobskaligen Ebene, was in der Regel mit noch unzureichenden Kenntnissen des kleinräumigeren Klimageschehens und dadurch bedingten Projektionsunsicherheiten begründet wird. Die Auswirkungen der Klimaänderungen sind aber auch aufgrund der in den verschiedenen IPCC-Szenarien gemachten unterschiedlichen Annahmen umstritten. Sie reichen von einer relativ moderaten Zunahme an extremen Wetterereignissen (Hitzeperioden und Trockenheit, Starkniederschläge, Stürme, Meeresspiegelanstieg und Überschwemmungen) über den Wandel von Ökosystemen und ihren Tier- und Pflanzenarten und damit einhergehend der dynamischeren Entwicklung und Ausbreitung von Krankheitserregern bis hin zum historisch größten Artensterben, der Verwüstung ganzer Kontinente, massenhafter Migration, dem Tod von Millionen oder gar Milliarden von Menschen, also dem Ende der „technologischen Zivilisation", wie wir sie heute kennen, mit drastischen Auswirkungen auf Produktion, Mobilität, Konsumtion usw.

Von den Sozialwissenschaften wird – den Unsicherheiten zum Trotz – bereits heute ein konkreter Beitrag zum Verständnis der Handlungsbedingungen im Klimawandel und dessen sozialen und kulturellen Auswirkungen erwartet (Heidbrink/Leggewie/Welzer 2007). Fast sieben Milliarden Menschen leben heute in sehr unterschiedlichen klimatischen Regionen. Sie haben ihre gesellschaftlichen Kräfte auf ihre jeweilige Umwelt im Allgemeinen und ihr lokales Klima im Besonderen in den historischen Variationen in der Regel ganz gut eingestellt. Die allermeisten Herausforderungen, die das Klima für die in ihm lebenden Menschen bedeutet, werden gleichsam routiniert, den Alltag kaum oder überhaupt nicht beeinträchtigend bewältigt – diese Organisationsleistung wird oft erst dann ersichtlich, wenn sie extrem heraus- oder überfordert wird. Außerdem ist Wandel grundsätzlich erst einmal „normal", er trifft daher keine Kultur jemals *völlig* unvorbereitet. Gesellschaften sind mit anderen Worten immer schon in hohem Maße resilient im Sinne von anpassungsfähig und robust. Wie sehr eine Gesellschaft, eine Kultur, eine „Community" usw. vom Klimawandel betroffen sein wird, lässt sich nur im Bezug auf ihre Bewältigungskapazitäten beurteilen und ihre Anfälligkeit (Vulnerabilität) gegenüber einem erhöhten Anpassungsdruck bzw. -stress lässt sich nur effektiv durch Anpassung und Erweiterung der *bestehen-*

den Kapazitäten reduzieren. Die Entwicklung von Strategien zur Anpassung an den so weithin unbestimmten Klimawandel erfordert deshalb gute Kenntnisse der *existierenden* kulturellen Praktiken und alltäglichen Strategien der Anpassung an sich fortwährend wandelnde gesellschaftliche und Umweltbedingungen. Diese Praktiken und Strategien sind so vielfältig wie die Kontexte, in denen sie entwickelt und tradiert werden. Sie reichen von kognitiven Strategien (Religion, Glaube, Transzendenz) über instrumentelle Schutzvorkehrungen bis hin zu kollektiv-rituellen Formen der Verarbeitung des Außergewöhnlichen.

Diese Strategien werden vom Klimawandel in zweierlei Form erfasst: über die tatsächliche Veränderung der Temperatur oder den Meeresspiegelanstieg *und* über die Klimapolitik und ihre Konsequenzen. Die projektierten Temperaturveränderungen, wie der Meeresspiegelanstieg, werden die lokalen Bewältigungsstrategien in Abhängigkeit vom Ausmaß und der Geschwindigkeit des Klimawandels unter mehr oder weniger großen „Stress" setzen, sie also außergewöhnlich umfassend und in außergewöhnlich kurzer Zeit zur Neujustierung zwingen. Bereits heute werden Auswirkungen von Klimaveränderungen auf diese Strategien beobachtet. Es ist an den Sozialwissenschaften, den gesellschaftlichen Umgang sowohl mit den gegenwärtigen als auch mit den erwarteten Veränderungen zu untersuchen.

Doch „Stress" geht auch von der Klimapolitik selbst aus. Ganz unabhängig von den naturwissenschaftlich konstatierten Unsicherheiten bezüglich der regionalspezifischen Auswirkungen des – je nach Szenario unterschiedlich ausfallenden – Klimawandels stellt sich deshalb für die Sozialwissenschaften bspw. bereits heute die Frage, wie die sozial und kulturell sehr unterschiedlich verteilten *projektierten*, also unsicheren zukünftigen *Lasten* in *gegenwärtige Kosten* für Mitigation und Adaptation transferiert und verteilt werden. Wer muss heute was zahlen, wer muss welche Entwicklungshemmnisse in Kauf nehmen bzw. zu welchem Preis und mit welcher Begründung? Welche normativ-ethischen Standards liegen dieser Diskussion zugrunde, wie werden sie ausgehandelt und in den Debatten verankert? Geht es bspw. um *Gerechtigkeit* und *Verantwortung* und wenn ja, wie werden diese bemessen und in ökonomisches „Soll" und „Haben" *übersetzt*? Werden Kosten und Nutzen demnach *gerecht* verteilt oder die Lasten auf die sozial und kulturell Schwächeren abgewälzt, während die mit dem „Green New Deal" (UNEP 2009b, 2009c) erwirtschafteten Profite genau jenen überdurchschnittlich zugute kommen, die für die Ursachen überdurchschnittlich große *Verantwortung* zu tragen hätten? Ruft die gesellschaftliche Reaktion auf einen projektierten Klimawandel ungleich verteilt Opfer hervor, *bevor* es überhaupt zur bedeutenden Schaden generierenden Temperaturveränderung gekommen ist? Wird der Klimawandel zum letztendlichen Schaden für Gesellschaft und Umwelt instrumentalisiert?

4.6 Klimadiskurs

All diese weitreichenden Fragestellungen richten sich insbesondere an die Sozialwissenschaften. Dies impliziert einerseits, dass die Sozialwissenschaften im Rahmen der Klimawandelforschung herausgefordert sind, wie vielleicht überhaupt noch nie und dass sie sich – sofern neben der Drittmittelforschung dafür Raum bleibt – erneut vor *Grundsatzfragen* gestellt sehen werden, die sie lange umtrieben, etwa in den Debatten um Realismus und Konstruktivismus, Naturalismus und Soziologismus. Andererseits machen diese Fragen auch deutlich, dass alle Wissenschaften gleichermaßen gefordert sind und eine Arbeitsteilung nach der Art „Natur- und Ingenieurswissenschaften first" und die Sozialwissenschaften für die „letzte Meile" ungeeignet ist, diese Art von Problemstellung anzugehen. Dies schon deshalb, weil Ursachenforschung niemals außerhalb von Gesellschaft und somit auch niemals fern von Politik betrieben wird.

Michel Foucault sah die Aufgabe der Sozialwissenschaften darin, die historische Singularität vermeintlich positiver Wissensbestände und -ordnungen aufzuarbeiten. Es gehe darum, die Wissenselemente vom Anschein des Objektiven, von der „Natürlichkeit" zu befreien, ihre Bedingtheit zu offenbaren. Sie fußten, so Foucault sinngemäß, auf keinem Apriori, auf keinem Naturgesetz, sie sind keine Universalien, deren Innerstem Wesen sich der Wissenschaftler nach und nach nähere. Positivitäten gleich welcher Art mögen eine lange Geschichte hinter sich haben, die Kette derer, die sie mit Theorien und Experimenten stützen, mag sich über die ganze Menschheitsgeschichte erstrecken, doch folgt aus dieser noch so langen Tradition kein Naturgesetz und auch keine naturgegebene Handlungsnotwendigkeit. Es ist vielmehr gerade diese Geschichte in ihrer Singularität, die der Positivität erst ihr heutiges, so natürlich erscheinendes Antlitz verleiht (Foucault 1992: 33-37).

„Den" Klimawandel als eine vom Menschen unabhängige Positivität, die sich mit den Methoden und Instrumenten der Naturwissenschaften in der Welt „dort draußen" nachweisen ließe, kann es aus Sicht der Sozialwissenschaften nicht geben. Keine Tatsache in der klimawissenschaftlichen Diskussion besitzt eine Aussagekraft unabhängig von sozialdiskursiven Bezügen. Der Nachweis der statistisch signifikanten Korrelation zwischen dem Anstieg der CO_2-Konzentration und äquivalenten Treibhausgasen und der GMT erhält erst durch das Geschichts- und Kulturwesen Mensch etwas Bedrohliches. Aufzuzeigen, welches Netz von globalen Institutionen, Wissenschaftlern und Politikern, Messgeräten, Interessen usw. jene Szenarien hervorgebracht hat, wie sie sich im IPCC-Bericht aus dem Jahr 2007 finden und die in weiteren Berichten fortgeschrieben werden, hat demnach etwas Aufklärerisches und als solches einen eigenen Wert als Beitrag zur kritisch-reflektierten Urteilsbildung. Solch Aufklärung ist umso wichtiger, je mehr auf Basis heutiger Wissensbestände Zukünfte gestaltet werden; denn mehr noch als für das Klimasystem gilt für Gesellschaften in ihren Umwelten, dass kleinste Fehler (die freilich auch Fehler im Kulturverstehen sein können) in den Ausgangsannahmen nicht-antizipierte Entwicklungen mit möglicherweise katastrophalen Konsequenzen möglich werden lassen. So wirken die IPCC-Projektionen alarmierend, sie konkretisieren die bis heute abstrakten zukünftigen Entwicklungen und stellen lebensweltliche Bezüge her und machen den Klimawandel derart greifbar. Doch schränken sie auch Erwartungspfade und Aufmerksamkeiten ein. Es ist wichtig, die für den Klimawandel relevanten physikalischen und chemischen Prozesse zu erklären. Verstehen und bewerten lässt sich der Klimawandel aber erst im Rahmen des übergreifenden globalen Wandels einschließlich diskursiver Dynamiken und Konstruktionen, der die Weltgesellschaft im Laufe des 21. Jh.s vielleicht vor weitere, in ihren Dimensionen vergleichbar existenzielle Herausforderungen stellen wird.

5 Die Sozialwissenschaften im Klimawandel – Die Beiträge im Überblick

Es ist das Anliegen des vorliegenden Bandes, die ganze Breite „sozialwissenschaftlicher Perspektiven" zum Klimawandel zu veranschaulichen, wenn dies auch freilich nur in Andeutungen und selektiv erfolgen kann. Ein solcher Rundumschlag macht es nicht leicht, die Beiträge zu gliedern. Eine grobe, wenn auch notgedrungen konstruierte Aufteilung ergibt die folgende Reihung: Vorangestellt wird ein Beitrag des Polarabenteurers Arved Fuchs, der als „Experte der Praxis" geben wurde, sein auf zahlreichen Expeditionen in die Polregionen gewonnenes Bild vom Klimawandel zu beschreiben und vor diesem Hintergrund zu schildern, was er sich von sozialwissenschaftlicher Klimawandelforschung erhoffe – eine Bitte, die im Übrigen an alle Autorinnen und Autoren gerichtet wurde. Es folgen sodann drei diskurstheoretische Beiträge. Der dritte Abschnitt lässt sich unter einem sehr weit gefassten Begriff von Governance fassen. Daran schließen Beiträge an, die sich mit normativ-ethischen Fragestellungen auseinandersetzen. Im fünften Abschnitt sind Beiträge zur Wahrnehmung des Klimawandels und den durch diese geprägten Handlungsperspektiven versammelt. Im abschließenden Block wird nach strukturellen Bedingungen von Anpassung an den Klimawandel gefragt.

Für *Arved Fuchs* steht außer Frage, dass der Klimawandel bereits zu drastischen Veränderungen insbesondere in der von ihm vielfach bereisten Arktis geführt hat. Seine persönlichen Eindrücke anlässlich einer Reise im Jahr 2003, bei der er erstmals die nahezu eisfreie Nordostpassage durchqueren konnte, haben ihn zu einem „Klimaaktivisten" gemacht. In Vorträgen oder Interviews – wie zuletzt, vor der Nordostküste Kanadas liegend, von seinem Haikutter der „Dagmar Aaen" – berichtet er vom beunruhigenden Tempo, mit dem das Packeis in der Region schrumpfe (DK 2009). In seinem Beitrag in diesem Band schildert er eindringlich, wie sich die Lebensgrundlage der Menschen wie den Inuipat in den Siedlungen an der Küste Alaskas verändert. Fuchs sieht dafür die Industrienationen als Hauptverursacher des Klimawandels in besonderer Verantwortung. Sie müssten beim Klimaschutz Beispiel sein und bspw. ihren Lebensstil hinterfragen (SUVs, Billigflüge). Wissenschaftliches Expertentum und akademische Lagerbildung hätten seiner Ansicht nach einen aktiven Klimaschutz lange verzögert. Erst durch Al Gores Film „Eine unbequeme Wahrheit" sei die breite Öffentlichkeit auf den Klimawandel aufmerksam geworden. Ohne das Engagement jedes Einzelnen sei Klimaschutz jedoch nicht zu machen. Die Frage nach seinen Erwartung an die Sozialwissenschaften beantwortet Fuchs somit mit der Forderung nach der Überwindung disziplinärer Gräben und einer breiten Einbindung der Öffentlichkeit, also bspw. auch der „Experten der Praxis", denn, so Fuchs' Fazit: „Zur Lösung dieses Problems bedarf es aller gesellschaftlicher Kräfte".

Jan-Hendrik Passoth teilt die Meinung Fuchs', dass der Klimawandel nicht adäquat entlang der überlieferten disziplinären Gräben erforscht werden könne. So untersucht Passoth „material-semiotische Verwicklungen" des Klimawandels aus der Perspektive der Akteur-Netzwerk-Theorie (ANT), die sich der Vermittlung von „Natur-" und „Gesellschafts-" Wissenschaften verschrieben hat. Auf den Spuren des Eisbären, der in den vergangenen Jahren zu einer „Ikone des Klimawandels" avancierte, nimmt Passoth den Klimawandel als „matter of concern" (Bruno Latour) in den Blick. Er zeichnet den Aufwand, die Techniken, Praktiken und Verfahren nach, mittels derer der Eisbär zu einem bedeutenden „Aktanten", einem Knotenpunkt im Klimadiskurs wurde, *ohne* den unser Bild vom Klimawandel heute ein anderes wäre. Der Klimawandel, so Passoth, ließe sich nach diesem Muster als „Assemblage" aus einer Vielzahl miteinander verwobener Erzeugungspraktiken, Einrichtungen und Strategien, Visualisierungen und Narrationen beschreiben. Die Sozial- und Kulturwissenschaften sollten sich, so seine Argumentation, nicht auf die Untersuchung der *Folgen* des Klimawandels beschränken, wozu sich dieser Ansatz durchaus ebenso eignen würde. Den material-semiotischen Verwicklungen nachzugehen verspräche einen wichtigen Beitrag gerade auch zur Klärung der *Ursachen* des Klimawandels.

Stephan Lorenz greift partiell ebenfalls auf das begriffliche Inventar der ANT zurück, auch er plädiert mit Blick auf die Klimawandeldiskussion für eine Modifizierung des in der Vergangenheit zunehmend auf disziplinäre Arbeitsteilung ausgerichteten Wissenschaftsbetriebes. Lorenz beginnt seinen Beitrag mit einer kurzen Vorstellung und Kommentierung von acht Beiträgen zur Klimadebatte aus Natur- und Sozialwissenschaften. Dies führt ihn zu der These, dass Ursachen- und Folgenforschung gleichermaßen Aufgabe von Natur- und Sozialwissenschaften seien und sich beide Forschungsbereiche allenfalls dadurch voneinander unterschieden, dass sich die Aufmerksamkeit der Naturwissenschaften primär auf physische, die der Sozialwissenschaften hingegen auf soziokulturelle Aspekte richte. Zwischen diesen Bereichen gäbe es allerdings zahlreiche Überschneidungen und Wechselwirkungen. Gemeinsam sei beiden Forschungsperspektiven das Problem der Verhältnisbestimmung von Erkennen und Handeln. Grundsätzlich kämen dazu, so Lorenz, zwei Modelle in Frage: Entweder würden Erkennen und Handeln als zwei getrennte Seinsbereiche behandelt. Dies impliziere den Vorteil analytischer Schärfe und deutlicherer Handlungsorientierung, brächte jedoch das Problem mit sich, dass es zwischen Erkennen und Handeln grundsätzlich einer „Übersetzung" bedürfe. Das von ihm favorisierte Modell sei hingegen das „Verhandlungsparadigma", das davon ausgeht, dass Ergebnisse grundsätzlich, also auf Seiten der Erkenntnis wie auf Seiten der Handlungspraxis, ausgehandelt würden. Ausgehend von dem von Bruno Latour in dessen Schrift „Das Parlament der Dinge" skizzierten Vorschlag für ein Verfahren formuliert Lorenz schließlich einen Vorschlag für eine „prozedural-transdisziplinäre Methodologie" für die Verhandlung des Klimawandels.

Auch *Fritz Reusswig* ist um Vermittlung bemüht: Das Klima sei als „Hybridobjekt" oder „Mischwesen aus Natur und Gesellschaft" sowohl ein mess- und rekonstruierbares Objekt als auch eine soziale Konstruktion. Der Klimawandel ließe sich nicht vollständig in seiner „transdisziplinären Komplexität" begreifen, wenn man sich jeweils auf nur eine der beiden Erscheinungsformen des Phänomens beschränke. Deshalb bedürfe es einer systemisch-integrativen Perspektive auf den Klimawandel. Reusswig skizziert zunächst die natürlichen Zusammenhänge im Klimageschehen und bespricht anschließend drei Aspekte des Sozialen, die den anthropogenen Klimawandel besonders beträfen: das Soziale (1) als „Ausgangs- und Treibergröße der Treibhausgas-Emissionen", (2) als „Eingangs- und Rezeptorgröße" der Klimaänderungen und (3) als „Wahrnehmungs-, Bewertungs- und Handlungsrahmen" für das Klimasystem. Entlang der sechs Dimensionen (Rahmen, Kernfragen, Risikofokus, Hauptakteure, Hauptkonflikte, Leitwissenschaft) rekonstruiert Reusswig daraufhin den Klimadiskurs der letzten 25 Jahre und gelangt so zu der Hypothese, dass sich seit einigen Jahren – als Marksteine werden das Erscheinen der Stern-Review (2006) und die Veröffentlichung des IPCC-Reports (2007) genannt – ein Phasenübergang vollziehe: „vom Katastrophendiskurs zum Gestaltungsdiskurs im Horizont der postkarbonen Gesellschaft". Dieser qualitative Wandel des Diskurses, in dessen Zuge das Klimaproblem als Entscheidungsproblem neu gerahmt werde, brächte einen Bedeutungsgewinn für die Sozialwissenschaften mit sich. Mit Blick insbesondere auf die Soziologie konstatiert Reusswig allerdings, dass diese für die sich stellenden Aufgaben noch keineswegs gerüstet scheine, bei denen es nicht (mehr) bloß um Interpretation gehe, sondern auch darum, mittels dieser Interpretationen Veränderungen anzustoßen und diese kritisch zu begleiten.

Man kann in gewisser Hinsicht sagen, sozialwissenschaftliche Klimawandelforschung wäre im Wesentlichen „Global Governance"-Forschung. So ist in der Diskussion um die „Wissensgesellschaft" (Giddens 1995, 1996; Krohn 2001) die Ansicht verbreitet, dass die methodisch spezialisierte Erzeugung und Verbreitung von Wissen (Bechmann/Beck 2003: 5; auch Krohn/van den Daele 1998) nicht mehr nur Sache der Wissenschaften, sondern zunehmend aller Funktionsbereiche der Gesellschaft ist. Dadurch wird der Prozess der Wissensgenese politischer – politische Entscheidungsfindung und Wissensgenese diffundieren (Gibbons 2008; Nowotny/Scott/Gibbons 2008; Funtowicz/Ravetz 1993) und Fragen nach den strukturellen und rahmenden Bedingungen von Entscheidungsfindung und Regulation rücken in den Forschungsfokus: Wie (wenn überhaupt) gelangen Gesellschaften angesichts erodierter Systemgrenzen zwischen Wissenschaft und Politik zu kollektiv legitimierten Entscheidungen? Wie regulieren sie gesellschaftliche Problemstellungen vor dem Hintergrund einer *gesellschaftlich* konstituierten, zumindest aber überformten, und eben nicht mehr in einer unstrittig objektiven Außenwelt fundierten Wissensbasis? Das alles lässt sich mit einem sehr weiten analytischen Begriff von *Governance* fassen. Mit dem Präfix „Good" (-Governance) wird dann oft aus der scheinbar „wertfreien" Governance-Forschung die offen normativ-programmatische Forschung, die im Falle des Klimawandels in der Regel auf den „IPCC-Konsensus" ausgerichtet ist – die Grenze zwischen „wertfreier" Governance und normativer Governance Forschung verschwimmt in der Praxis allerdings häufig. Mit einem derart weit gefassten Begriffsverständnis können die im Folgenden vorgestellten fünf Beiträge als Beiträge zum Governance-Diskurs gesehen werden, die sich hier exemplarisch auf politisch-wissenschaftliche Institutionen bzw. „Grenzorganisationen" und deren Verfahren sowie auf den klassischen Träger politischer Entscheidungsfindung, den Staat, richten.

Jobst Conrad erörtert am Beispiel des IPCC Möglichkeiten sozialwissenschaftlicher Klimawandelforschung. Conrad skizziert einleitend die Grundstruktur des IPCC als zwischen Wissenschaft und Politik vermittelnder Grenzorganisation. Er widerspricht dabei der Hypothese von der Diffundierung der „sozialen Funktionssysteme Wissenschaft und Politik". Die „Erfolgsgeschichte des IPCC" illustriere vielmehr gerade die Funktionalität der Arbeitsteilung mit Blick auf eine globale Herausforderung wie den Klimawandel. So sei es dem IPCC gelungen, politische Interventionen abzublocken, im gleichen Zuge an Legitimität zu gewinnen und durch „mind framing" zwar Einfluss auf die Akteure der Klimapolitik zu nehmen, ohne damit jedoch bereits klimapolitische Entscheidungen maßgeblich zu prägen. Sozialwissenschaftliche Klimawandelforschung könne nun, wie Conrad an Beispielen erörtert, auf Basis des Durkheimschen Paradigmas, wonach Soziales durch Bezug auf Soziales zu erklären sei, einerseits zur Analyse und Entwicklung von Verminderungs- und Anpassungsstrategien beitragen, sie könne aber andererseits auch die Struktur und Entwicklungsdynamik von Klimaforschung, Klimadiskursen und Klimapolitik erklären.

Christian Holz untersucht die Möglichkeiten zur zivilgesellschaftlichen Partizipation an den Verhandlungen zur Klimarahmenkonvention der Vereinten Nationen (UNFCCC) im Bereich des „Clean Development Mechanism" (CDM, deutsch: Mechanismus zur umweltverträglichen Entwicklung). Der CDM erlaubt bspw. Industrien, die zur Reduktion ihrer Treibhausgasemissionen verpflichtet wären, ihrer Verpflichtung durch Projekte zur Reduktion von Emissionen in den sog. Entwicklungsländern nachzukommen. Der insbesondere im Rahmen der Umsetzung des Kyoto-Protokolls zu einem zentralen Instrument des Klimaschutzes gewordene Handel mit Emissionsrechten sieht sich grundsätzlicher Kritik ausgesetzt (siehe dazu auch den folgenden Beitrag von *Lohmann*), die Holz in seinem Beitrag ebenso erörtert wie die Zweifel an der Wirksamkeit des sog. „Offset-Handels" (als Verrechnung von Emissionsreduktionen zwischen Ländern mit und ohne Reduktionsverpflichtungen) und des CDM im Speziellen. Der Beitrag geht nun der Frage nach, inwieweit die von sehr unterschiedlichen zivilgesellschaftlichen Akteuren geäußerten Kritiken am CDM nicht nur theoretisch, sondern faktisch in die UN-Klimaverhandlungen eingebracht werden können. So machten es bspw. finanzielle Belastungen oder institutionelle Anforderungen an Beobachterorganisationen, aber auch strukturelle Exklusionsformen verschiedenen, v.a. aus mittelärmeren Weltregionen kommenden zivilgesellschaftlichen Akteuren praktisch unmöglich, ihre Positionen in den Verhandlungen zu vertreten.

Für *Larry Lohmann* zeigen überzogene Erwartungen an Marktmechanismen, wie den Zertifikatehandel, die Notwendigkeit kritischer sozialwissenschaftlicher Forschung zum Klimawandel auf. Es sei von größter Bedeutung gerade mit Blick auf die Ursachen des Klimawandels, den historischen und gegenwärtigen gesellschaftlichen Bezug des Menschen zum Klimageschehen zu verstehen. Aus einer solchen Perspektive heraus ließen sich die ökonomischen Mechanismen im Wesentlichen als Mechanismen zur Verschleierung heutigen Nichthandelns kritisieren. Doch hätten sich die Sozialwissenschaften in den vergangenen Jahren weitgehend auf das „neue neoliberale Projekt der Klima-Kommodifizierung" eingelassen. Sie seien darüber hinaus häufig in der Beratung von Politik und Industrie engagiert, was ein kritisch-distanziertes Hinterfragen des Kerns dieses Ansatzes ebenso unterbinde wie die engagierte Suche nach wirklich effektiven, nicht marktförmigen Lösungen. Diesen Reduktionismus in der sozialwissenschaftlichen Klimaforschung sieht Lohmann als Zeichen für eine Krise der Sozialwissenschaften, die sich gegenwärtig kaum bemühten, Alternativen außerhalb des neoklassischen Rahmens zu denken.

Klaus Eisenack geht in seinem Beitrag zunächst der Frage nach, warum Anpassung (Adaptation) an den Klimawandel erst seit jüngster Zeit zum Gegenstand ökonomischer Ansätze wurden. Der Autor macht dafür die etablierte umweltökonomische Rahmung des Klimawandels verantwortlich. Demnach läge der Forschungsschwerpunkt auf der Suche einerseits nach einem optimalen, also aus ökonomischer Sicht effizienten Emissionsniveau unter Berücksichtigung von Vermeidungskosten und Schäden sowie andererseits nach institutionellen Arrangements, mittels derer uneffizient hohe Emissionen auf ein optimales Niveau abgesenkt werden könnten. Die ökonomische Analyse von Anpassungskosten befände sich hingegen mit den von Eisenack vorgestellten Ansätzen erst in den Anfängen, in der Regel spiele Anpassung allenfalls am Rande eine Rolle. Eisenack führt eine Reihe von ökonomischen Barrieren an, die Adaptation bislang unattraktiv machten. Kritisiert wird aber insbesondere der in der bisherigen ökonomischen Rahmung des Klimawandels verbreitete Glaube, dass Anpassung ausreichend durch private Akteure betrieben werden würde, weil angenommen wird, dass sich für diese daraus ein unmittelbarer Nutzen ergäbe und sie daher unmittelbar motiviert sein müssten.

Für *Angela Oels* ist die von Lohmann und Eisenack angesprochene dominante umweltökonomische Rahmung Teil einer spezifischen Rationalität des Regierens, einer Gouvernementalität (Michel Foucault), mittels derer das Problem Klimawandel in einem Zuge hervorgebracht und regierbar gemacht wird. Es habe sich, so Oels, seit den 1990er Jahren ein Wandel in der internationalen Klimapolitik von der „Biomacht" zu einer Form „neoliberalen Regierens" vollzogen. Zur Erörterung dieser These wird zunächst Foucaults Gouvernementalitätskonzept als Analyserahmen skizziert und das Konzept dann mit Blick auf jüngere Entwicklungen von Regierungspraktiken fortentwickelt. Historisch ließen sich demnach, so Oels, fünf Phasen der Gouvermentalitätsentwicklung (souveräne Macht, Disziplinarmacht, Biomacht, liberales Regieren und neoliberales Regieren) differenzieren. Die in westlichen Industrieländern seit dem Zweiten Weltkrieg dominante Gouvernementalität des neoliberalen Regierens habe allerdings heute eine mit dem Begriff von Nicholas Rose als „fortgeschritten liberales Regieren" bezeichnete extreme Form angenommen, die gewissermaßen eine sechste Phase kennzeichne. Unter der Biomacht wurde der Klimawandel auf Basis naturwissenschaftlichen Wissens als globales Ökosystem-Problem konzipiert, das die Menschheit als „Hirte der Erde" moralisch herausfordere. Dies habe den Klimawandel zu einer staatlichen Regulierungsaufgabe gemacht. Hingegen seien unter der Gouvernementalität des fortgeschrittenen liberalen Regierens, das seinen Ausdruck insbesondere im Kyoto-Protokoll findet, vornehmlich Märkte geschaffen worden, auf denen die in Form von Zertifikaten kommodifizierten Emissionen gehandelt werden. Der Klimawandel sei dadurch von einem moralischen zu einem wirtschaftswissenschaftlichen Effizienzproblem geworden. Dadurch, so Oels' kritisches Fazit, habe sich die Bandbreite politischer Handlungen auf Technologieförderung eingeengt.

Im dritten Block geht es dann vornehmlich um jene normativ-ethischen Aspekte, die laut Oels unter der Gouvernementalität des fortgeschritten liberalen Regierens geringe Durchsetzungschancen haben: Gefragt wird nach den Umrissen einer Klimawandelethik (Bordat), nach Recht und Gerechtigkeit (Ekardt) und schließlich danach, wie insbesondere den sog. Entwicklungsländern ein „Recht auf Entwicklung" verbrieft werden kann (Kartha/Baer/Athanasiou/Kemp-Benedict).

Verantwortungsethische Ansätze werden im Beitrag von *Josef Bordat* auf die besonderen mit dem Klimawandel verbundenen Fragestellungen hin angepasst bzw. in Richtung einer Klimawandelethik fortgeschrieben. Der Klimawandel erfordere eine „neue" Form einer Verantwortungsethik, die Verantwortung nicht regional begrenzt, sondern global fasst und sie auch nicht nur von Individuen, sondern auch von Organisationen (wie bspw. den Vereinten Nationen) und Institutionen (bspw. dem Kyoto-Protokoll) einfordert. Dabei müssten Handlungen nicht allein danach beurteilt werden, ob sie an sich, sondern auch danach, ob sie aufgrund ihrer kurz- und langfristigen, zukünftige Generationen betreffenden Folgen unmoralisch seien. Schließlich habe sich eine solche Verantwortung nicht nur auf das soziale Geschehen zu richten, sie müsse vielmehr auch die Natur einbeziehen, für die der Mensch Verantwortung zu tragen habe, so Bordat. Der Beitrag geht detailliert auf die vielfältigen Ansprüche und Probleme einer Klimaethik ein und skizziert anschließend mit Bezug insbesondere auf die Schriften Hans Jonas' und Michael Meyer-Abichs ihren Rahmen.

Ein von Bordat hervorgehobener Aspekt einer Klimaethik ist die Frage danach, wie sich Klimaschutz mit den Prinzipien globaler sozialer Gerechtigkeit vereinbaren lasse. Für *Sivan Kartha, Paul Baer, Tom Athanasiou* und *Eric Kempt-Benedict* ist Gerechtigkeit im Klimaschutz jedoch gar nicht allein ein moralisches oder ethisches Gebot. Gerechtigkeit sei vielmehr die Bedingung für einen effektiven Klimaschutz. Angesichts der sozialen und ökonomischen Bedingungen in vielen nicht zur Reduktion ihrer Treibhausgase verpflichteten sog. Entwicklungsländern wären diese weder willig noch in der Lage, die Reduktion von Treibhausgasemissionen prioritär anzugehen, wenn sich dadurch die Bewältigung der aktuell drängenden Probleme des Alltags (Unterernährung, Krankheiten usw.) abermals erschwert. In ihrem Beitrag entwickeln die Autoren einen Referenzrahmen für ein gerechtes und motivierendes Klimaregime. Dazu wird ein Schwellenwert im Pro-Kopf-Einkommen definiert, der oberhalb der Kosten zur Befriedigung der Grundbedürfnisse liegt. Von Personen mit einem Pro-Kopf-Einkommen unterhalb dieses Niveaus wird kein Beitrag zum Klimaschutz erwartet (etwa 2/3 der Weltbevölkerung) – sie seien weder verantwortlich (responsibility) für das Klimaproblem noch in der Lage (capacity), für die Kosten aufzukommen. Wer jedoch über ein größeres Einkommen verfüge, habe sein „Recht auf Entwicklung" bereits verwirklicht und müsse relational zum Einkommen einen entsprechenden Beitrag leisten. Mit diesem „Greenhouse Development Rights Framework" (GDR) könnten, wie an verschiedenen Zahlenbeispielen veranschaulicht wird, die Lasten des Klimaschutzes gerecht berechnet und verteilt werden.

Der Beitrag von *Felix Ekardt* nimmt die beiden vorangegangenen Argumentationsstränge in vielerlei Hinsicht auf. Wie Bordat und Kartha et al. sieht auch Ekardt im Klimawandel eine existenzielle Gefahr, die seiner Meinung nach zunächst als Bedrohung der vitalen Grundlagen menschlicher Freiheit in Erscheinung tritt. Dies zu erörtern begibt sich der Autor zunächst in die Analyse der Ursachen der bisherigen „Nicht-Nachhaltigkeit" im Klimaschutz, die er im Wesentlichen im habitualisierten individuellen Denken, Fühlen und Handeln verortet. Die Steuerung des Klimawandels gerät somit einerseits notwendig in den Konflikt mit der individuellen Freiheit, müsste doch hier regulierend eingegriffen werden. Die Steuerungsnotwendigkeit wirft andererseits noch zuvor die Frage nach der Bewertungsgrundlage auf, denn, so Ekardt, aus einem wie auch immer (etwa durch das IPCC) empirisch belegten Zustand folge noch keine normative Handlungsdirektive. Es ließen sich jedoch durchaus dialogkonstituierende Universalien benennen und daraus universale Gerechtigkeitsprinzipien ableiten, nämlich zuvörderst die Achtung vor der Autonomie der Individuen (Menschenwürde) und „eine gewisse Unabhängigkeit von Sonderperspektiven" (Unparteilichkeit). Darauf fußend müsste die Regulation des Klimawandels als Regulation von Konflikten unter Berücksichtigung verschiedener (intergenerationeller und interkultureller) Freiheiten und deren Voraussetzungen (Existenzminimum in Form von Gesundheit und Ressourcen) gedacht werden. Dies führt Ekardt – ähnlich wie Kartha et al. – zu der Forderung nach einer Pro-Kopf-Zuweisung von Emissionsrechten nach dem Motto „one human, one emission right" und darauf aufbauend zu einem „10-Punkte-Plan" für den Klimaschutz.

Der nun anschließende Block spannt einen weiten Bogen, der ansetzt bei der Frage nach der Wahrnehmung des Klimawandels. Wie der Klimawandel wahrgenommen wird, so verhält sich der Mensch zu ihm – das Bewusstsein prägt gleichsam das Sein. In der Sorglosigkeit des industriegesellschaftlichen Umgangs mit der Umwelt gab es kaum Beschränkungen des individuellen Bedürfnisses nach Selbstinszenierung im ressourcenintensiven Lebensstil. Dies schlägt sich nun zunehmend in der Öko- und Klimabilanz nieder. Umgekehrt prägt aber auch das Sein das Bewusstsein bzw. die Wahrnehmung: Die Art zu leben macht uns sehend oder blind gegenüber abstrakten Risiken, die zwar wahrscheinlich sind, aber doch heute noch kaum konkret wahrnehmbar. Die Wahrnehmung wird sodann durch eine Reihe weiterer Faktoren strukturiert, wie bspw. durch die massenmediale Berichterstattung, die neuzeitliche Exklusion teleologischer Erklärungsmuster aus den Wissenschaften, die räumlich, sozial, kulturell und ökonomisch geprägte Perspektive, aus der heraus der Klimawandel betrachtet wird. Wie die Welt wahrgenommen wird, so geht der Mensch mit ihr um. Ist der Klimawandel also gewissermaßen die – aus Sicht des Menschen gleichsam pathologische – Antwort der Umwelt auf die Art und Weise, wie der Mensch die Umwelt beobachtet?

Der erste Beitrag in diesem Rahmen fokussiert auf psychische Aspekte, auf Kognition, Kommunikation und Verhalten in Bezug auf Mitigation und Anpassung. Für die Klimawandelforschung seien, so *Katharina Beyerl*, bspw. Ergebnisse psychologischer Forschung zum Umgang mit komplexen Sachverhalten relevant. Deren Komplexität werde über mentale Modelle reduziert, die die Grundlage für die kognitive und affektive Ebene bilden und den Umgang mit unmittelbar nicht zugänglichen Phänomenen ermöglichen und prägen. Mentale Modelle tendieren jedoch dazu, einfache, monokausale Erklärungen gegenüber der realen Komplexität vielleicht angemessenerer Erklärungen vorzuziehen, nicht-lineare Zeitverläufe wären kognitiv schwer zu fassen und der durch mentale Modelle geleitete Mensch sei nicht gewohnt, in Ursache-Wirkungs-Netzen zu denken usw. Aufgrund dieser Tendenzen werde die Problematik von Umweltproblemen von Fachexperten wie von den sog. „Laien" häufig unterschätzt. „Klimakommunikation" müsse daher am Umwelt- bzw. Klimabewusstsein ansetzen, wenn man dem Klimawandel effektiv begegnen und individuelles Engagement auch mit Blick auf Anpassung fördern wolle. Dafür seien Kenntnisse zu individuellen Motiven und Kapazitäten erforderlich, die umweltschützendes Verhalten fördern oder hemmen.

Motive und Kapazitäten im Umgang mit ökologischen Ressourcen spielen auch im Beitrag von *Falk Schützenmeister* eine zentrale Rolle, die er allerdings weniger im Mentalen, sondern primär in Praktiken verortet. Lebensstile resultierten seiner Ansicht nach einerseits aus dem individuellen Streben nach sinnvoll geordneter Lebensführung. Als hochgradig stabile Formen des kulturellen Ausdrucks gäben sie ihrem Träger Halt und repräsentieren die Identität eines Individuums in einer materiell-symbolischen Form. Konsumentscheidungen würden heute anderseits gleichsam kulturindustriell geprägt, zugleich würden Konsumobjekte aber auch von den Konsumenten gemäß ihrer jeweiligen materiellen und kulturellen Ressourcen angeeignet und stilisiert werden. Es sei daher zu kurz gegriffen, Lebensstile auf Konsummuster zu reduzieren. Vielmehr, so erörtert Schützenmeister am Beispiel der Bedeutung des Autos als Lebensstilelement, müssten in einem integrierten Lebensstilkonzept verschiedene Dimensionen berücksichtigt werden, wie bspw., welcher Lebensstil mit welchem Ressourcenverbrauch einhergeht oder welche Lebenschancen und welche sozialen Funktionen mit bestimmten Lebensstilen verbunden sind. Auch alternative Lebensstile könnten, so Schützenmeister, ökologisch kontrainduzierte Effekte hervorrufen. Die Förderung wirklich nachhaltiger Lebensstile lasse sich daher zumindest nicht allein über die Stärkung des Umweltbewusstseins erreichen, vielmehr müsste den verschiedenen Dimensionen von Lebensstilen Rechnung getragen werden.

Die gesellschaftliche Wahrnehmung des Klimawandels und die Praxis des Umwelt- und Konsumverhaltens werden wesentlich massenmedial geprägt. Im Beitrag von *Cristina Besio* und *Andrea Pronzini* wird die Rolle der Massenmedien anhand einer empirischen Untersuchung des medialen Diskurses in zwei Tageszeitungen analysiert. Die Massenmedien würden, so die Autoren, den Klimawandel als Risiko und somit als ein Entscheidungsproblem inszenieren und zugleich die Rollen der Akteure (Entscheider/Betroffene, Helden/Versager) definieren. Sie strukturieren derart das „gesellschaftliche Gedächtnis": sie verbreiten Interpretationsmuster in die Gesellschaft, ohne dabei aber konkrete Handlungsanweisungen zu geben. Die Massenmedien prägen bzw. „framen" also gleichsam die mentalen Modelle der Individuen. Aus besonderen Anlässen, wie bspw. Veröffentlichungen von IPCC-Klimaberichten oder UN-Klimakonferenzen, wird der Klimawandel für einen bestimmten Zeitraum in das Zentrum der gesellschaftlichen Aufmerksamkeit gerückt. Aus systemtheoretischer Sicht sorgen die Massenmedien durch dieses „Agenda Setting" einerseits für eine gewisse Unruhe, was gerade beim Klimawandel angesichts der damit verbundenen weiterhin bestehenden Unsicherheiten funktional sein kann. Andererseits spielen sie dabei wiederkehrende „Frames" ein und sorgen damit für ein gewisses Maß an Kontinuität und Stabilität gesellschaftlicher (Selbst-)Beobachtung.

Die wissenschaftliche Form der Beobachtung unterscheidet sich von der massenmedialen in vielerlei Hinsicht. Doch lassen sich auch in der Wissenschaftsgeschichte wiederkehrende Strukturen erkennen. So sei, wie *Bernd Rieken* erörtert, eine Begleiterscheinung des neuzeitlichen Strebens nach der Befreiung der Objekte von allem Subjektiven gewesen, dass innerhalb der Wissenschaften nicht länger gefragt wurde, wozu (Zweck- oder Zielursache, Causa finalis), sondern nur mehr danach, warum (Beweg- oder Wirkursache, Causa efficiens) etwas geschah. Aus wissenschaftlicher Perspektive sei es zunächst in der Tat auch nicht sinnvoll, nach dem Zweck bspw. eines ICE-Unglückes wie das in Eschede im Jahr 1998 zu fragen, wohl aber aufgrund welcher Ursachen der Radreifen brach. Für das menschliche Fühlen, Denken und Handeln habe die Frage nach dem Zweck, dem bewussten oder unbewussten Sinn, jedoch auch heute große Bedeutung, wie sich insbesondere bei Katastrophen, nun aber auch mit Blick auf den Klimawandel zeige, wo dem Menschen das Gefühl der Kontrolle über die ihn bedrohenden Abläufe abhanden zu kommen droht. Die „theozentrische Ursachenzuschreibung" – heute nicht mehr auf Gott oder andere höhere Mächte, sondern auf die strafende Natur – könne dem scheinbar sinnlosen Geschehen einen Sinn geben und so kompensierend auf aufkommende Minderwertigkeitsgefühle einwirken. Auch Wissenschaftler seien, wie Rieken am Beispiel des Hurrikans Katrina erörtert, keineswegs unempfänglich für derlei sinnstiftende Konstruktionen, schlummere doch auch in ihnen ein „magischer Bodensatz". In der Klimawandeldebatte verschwämmen nun einerseits Subjekt und Objekt (der Mensch als Ursache „natürlicher" Prozesse) wieder. Andererseits gewönne möglicherweise die Perspektive der Causa finalis als Korrektiv zur offenbar unzureichenden Perspektive der Causa efficiens wieder an Bedeutung.

Nicht nur in historischer, auch in kulturvergleichender Perspektive unterscheiden sich Gesellschaften dahingehend, ob sie nach der Zweckursache fragen und welche Bedeutung sie Wirkursachen beimessen, und erst recht darin, welche handlungsleitenden Schlussfolgerungen sie ziehen. Mit anderen Worten: Kulturen nehmen unterschiedlich wahr, wie der Beitrag von *Alejandro Pelfini* zeigt, und dies führt zu sehr unterschiedlichen Reaktionen auf eine aus naturwissenschaftlicher Perspektive „objektive" Tatsache wie den Klimawandel. Pelfini untersucht am Beispiel eines Vergleichs der Klimapolitiken von Argentinien und Deutschland zwei in vielerlei Hinsicht unterschiedliche „Frames" auf die Strukturen und den Verlauf kollektiver Lernprozesse. Während Deutschland, so Pelfini, den Klimawandel sehr früh und proaktiv auf die politische Agenda gesetzt und dadurch Klimapolitiken anderer Länder initiiert oder beeinflusst hat (endogenes Lernen), setzte die Auseinandersetzung mit dem Klimawandel in Argentinien erst recht spät und reaktiv unter dem Einfluss eines bereits fortentwickelten globalen Klimaregimes ein (exogenes Lernen). Die Gründe für diese Unterschiede findet Pelfini in unterschiedlichen Adressaten des kollektiven Lernens (in Deutschland insbesondere der Industriesektor, in Argentinien vornehmlich das Agrobusiness), in ihren Akteurskonstellationen und ihrem jeweiligen Niveau der Transnationalisierung. Diese unterschiedlichen gesellschaftlichen Kontexte führten zu unterschiedlichen Problemdefinitionen und Handlungsperspektiven, doch ließe sich bei einer differenzierteren Betrachtung keineswegs eindeutig sagen, welche der Konstellationen letztlich lernförderlicher sei.

Unterschiedliche Kontexte führen – ganz gleich ob „natürlich" oder innergesellschaftlich initiiert – zu unterschiedlichen Problemdefinitionen und damit auch zu unterschiedlichen Handlungsperspektiven. Die Beiträge des abschließenden Blocks fokussieren auf diese epistemisch und sozialräumlich geprägten Handlungsperspektiven, wobei die ersten drei Beiträge die Bedingungen vorbeugenden Handelns (Adaptation) und der abschließende Beitrag die institutionellen und kulturellen Kontexte von „Nachsorge" für radikal gescheiterte Anpassungsversuche – für die Katastrophe also – untersuchen.

Von der Wahrnehmung des Klimawandels hängt ab, wie im vorangegangenen Block diskutiert, welche Anpassungsmaßnahmen ergriffen werden. Entscheidend ist dabei, so *W. Neil Adger*, wie und in welchem institutionellen und normregulierten Setting sich Kollektive organisieren, wie sie Informationen austauschen, wie sie Entscheidungsmacht und Ressourcen verteilen, und schließlich: wer aus diesen Prozessen ausgeschlossen wird. Zur Umschreibung dieser Determinanten kollektiver Handlungen und somit auch von Anpassung an den Klimawandel, so Adger, eigne sich der Sozialkapitalansatz, der darauf fokussiere, wie Individuen ihre wie auch immer gearteten „Beziehungen" zu anderen Akteuren zu ihrem eigenen, aber auch zum kollektiven Wohl nutzen. Adger leitet den Ansatz zunächst detailliert her, um dann zwei verschiedene, mit Blick auf Anpassung an den Klimawandel relevante Formen von Sozialkapital voneinander zu differenzieren: „bindendes Sozialkapital" (bonding social capital) und „vernetzendes Sozialkapital" (networking social capital), wobei ersteres für verwandtschaftliche oder freundschaftliche Beziehungen zum lokalen Umfeld stehe, während letzteres bspw. ökonomische, über den lokalen Rahmen hinausgehende Beziehungen bezeichne. Die Anpassungskapazitäten einer Community hingen nun wesentlich von der jeweiligen Kombination von bonding und networking social capital in ihrer sozialräumlichen Einbettung ab. Am Beispiel von vier idealtypischen Staatskonstellationen und zwei empirischen Untersuchungen argumentiert Adger, dass die Bewertung von Sozialkapital differenziert und relational insbesondere zur staatlichen Regulierungskapazität erfolgen müsse; im einen Fall könne Sozialkapital bspw. synergetisch zum staatlichen Handeln wirken, im anderen Fall könne es als ambivalentes Substitut für ehemals staatliche Steuerungsleistungen in Erscheinung treten, mit jeweils sehr unterschiedlichen Konsequenzen für die Anpassungskapazität.

Ob bzw. in welchem Maße eine Gesellschaft in der Lage sein wird, sich an den Klimawandel anzupassen, hängt Adger zufolge nicht allein von dem Zustand des politischen Entscheidungsapparates ab, sondern auch von der kollektiven Handlungsfähigkeit und Handlungsbereitschaft. Diese Bedingungen aber werden ihrerseits durch den epistemischen Rahmen strukturiert, in dem der Klimawandel wahrgenommen, konstruiert, kommuniziert wird. Für *Christoph Görg* reicht das sich im Klimawandel zeigende Problem über die Frage der Organisation kollektiver Handlung hinaus, vielmehr stünde die Art und Weise zur Disposition, wie sich Gesellschaften zur Natur positionieren. Anpassung an den Klimawandel hieße im ersten Schritt, das „gesellschaftliche Naturverhältnis" und das darauf bauende Entwicklungsmodell grundlegend zu hinterfragen und zu transformieren. Das Klimawandelproblem sei einerseits diskursiv hegemonial machtförmig konstruiert, andererseits stünden Mensch und Natur jedoch auch vielfältig miteinander in biophysikalischer Wechselwirkung. Um dem Klimawandel nachhaltig zu begegnen und sich effektiv an den unvermeidbaren Wandel anzupassen, müssten daher die diskursiven Prozesse der Problemkonstruktion ebenso berücksichtigt werden wie die menschlichen Einflüsse auf die „natürliche" Umwelt und die Rückwirkungen dieser Umwelt auf die Gesellschaft – und dies in all den verschiedenen lokalräumlichen Kontexten und differierenden Betroffenheiten. So zeige etwa das Beispiel der Bioenergie, dass Strategien zur Bekämpfung des Klimawandels auch zur Verstärkung von Vulnerabilitäten und zur Schwächung bestehender Anpassungskapazitäten führen können. Das Beispiel veranschauliche außerdem, wie sehr Machtverhältnisse in die globalen Naturverhältnisse eingeschrieben seien. Klimawandelregulation bzw. -governance könne daher nur dann erfolgreich sein, wenn die unterschiedlichen damit verwickelten Interessen verstanden seien.

Das „gesellschaftliche Naturverhältnis" der Neuzeit kann als ein historisches Deutungsmuster verstanden werden, das sich in wesentlichen Grundannahmen von früheren Deutungsmustern unterscheidet. Durch den Klimawandel, so *Klaus Wagner*, gerate das moderne Deutungsmuster unter außergewöhnlichen Anpassungsdruck. Dieser Druck sei bereits heute besonders im Naturgefahrenmanagement zu spüren, wenn auch die Praxis dem Bewusstsein hinterher eile – viele Akteure wüssten zwar bereits um die Notwendigkeit eines grundlegenden Umdenkens, doch bleibe der Wandel bislang inkrementell und im Rahmen des neuzeitlichen Deutungsmusters. Die Zusammenführung zweier theoretischer Ansätze, zur Erklärung langfristiger (Lars Clausens FAKKEL-Modell) und kurzfristigerer (das Modell des „punctuated equilibriums" von Frank R. Baumgartner und Bryan D. Jones) Wandlungsdynamiken und der Rückblick auf die Herausbildung des modernen Naturgefahrenmanagements – von der „Sündenökonomie" (christliches Deutungsmuster) zur „Gefahrenabwehr" (naturwissenschaftliches Deutungsmuster) – führen Wagner zu der These, dass nun jedoch ein radikaler Wandel bevorstünde. Anhand verschiedener Beispiele zeigt er, dass zwar der Schwerpunkt in der Praxis des Naturgefahrenmanagements noch immer auf technischen Schutzmaßnahmen liegt – ein Merkmal des seit Beginn des 19. Jh.s etablierten Deutungsmusters „Naturgefahrenabwehr" –, doch nähmen die Konflikte zwischen zuständigen Eliten und den sog. „sekundären Laien" zu, was auf einen bevorstehenden radikaleren Umbruch hindeute. So sei es in den vergangenen 30 Jahren bereits zu einem Wandel der eingesetzten Politikinstrumente gekommen, es habe eine Ökologisierung des Naturgefahrenmanagements stattgefunden und Vorsorge- und Schutzmaßnahmen hätten sich in Richtung eines integralen Naturgefahrenmanagements diversifiziert.

Wo den Menschen Katastrophen ereilen, haben nacheilende religiös-magische Sinnkonstruktionen Konjunktur – dies lässt sich in modernen Industriegesellschafen (etwa bei Hurrikan Katrina 2005) ebenso immer wieder beobachten wie in den sog. Entwicklungs- oder Schwellenländern. *E. Lisa F. Schipper* untersucht in ihrem Beitrag die Bedeutung von Glauben und Religion im Umgang mit Katastrophenrisiken am Beispiel El Salvadors und skizziert dabei eine breit angelegte Forschungsagenda. Mit Blick auf die Debatte um den Klimawandel fällt generell auf, dass Glaubensfragen und religiöse Perzeptionen kaum thematisiert werden. Die Debatte wird praktisch ausschließlich naturwissenschaftlich geführt, obwohl sich wenigstens 6 Mrd. Menschen einer Religion zugehörig fühlen, der Welt also religiös geprägt begegnen. Schipper argumentiert, dass die Wahrnehmung von Risiken und die Bereitschaft zu präventivem Verhalten durch verschiedenste Glaubensformen und -praktiken entscheidend determiniert werde. Allerdings sei eine differenzierte Analyse erforderlich: Religion könne bspw. gleichermaßen proaktives Verhalten wie fatalistische Passivität fördern. Der Vulnerabilitätsansatz, der in den vergangenen Jahren breit diskutiert wurde, müsse um die Religionsperspektive erweitert werden: Die Ursachen des Klimawandels wie die Verletzlichkeit einer Gesellschaft gegenüber den Folgen des Klimawandels hingen einerseits eng mit der religiös geprägten Wahrnehmung der menschlichen Umwelt und andererseits mit der Einschätzung der eigenen Handlungskapazität im Verhältnis zu höheren Mächten zusammen.

An alle Autorinnen und Autoren ging, wie gesagt, die Bitte, aus ihrer jeweiligen (Fach-) Perspektive heraus zu skizzieren, was sie von sozialwissenschaftlicher Klimawandelforschung erwarten bzw. was diese ihrer Meinung nach zu leisten vermag. Die Antworten auf diese Frage sind so vielfältig, dass eine Zusammenfassung oder gar ein Fazit an dieser Stelle unangemessen erscheint. Es ist die Meinung des Herausgebers, dass der Klimawandel nur dann effektiv angegangen werden kann, wenn sich Öffentlichkeit, Forschung und Politik fortwährend der vielen, dynamischen und miteinander verwobenen Facetten des Phänomens erinnern. Kurze und einfache Antworten auf den Klimawandel gibt es nicht. Das Problem ist geradezu ungeheuerlich, die damit verbundenen Herausforderungen sind vermutlich historisch einmalig. So hat der Klimawandel das Potenzial einer allgemeinen narzisstischen Kränkung die uns lehrt, dass sich die Welt dem menschlichen Ordnungs- und Beherrschungsstreben doch immer wieder entzieht, sie ihm doch letztendlich unbestimmt bleibt.

Die Moderne scheute Unbestimmtheit wie der Teufel das Weihwasser. Aus der Katastrophensoziologie ist aber bekannt, dass maximales Scheitern dann am wahrscheinlichsten wird, wenn im Angesicht einer Bedrohung auch der Letzte die Augen vor der beängstigend unbestimmten Realität verschließt und der Wunsch nach einfachen Lösungen jede problemadäquate Analyse verdrängt. Die Sozialwissenschaften haben diese Gefahr stets thematisiert, etwa im Methodenstreit, hier besonders in der Kontroverse um Erklären vs. Verstehen. Heute scheint dieser Streit von der Realität überholt. Wie die Beiträge in diesem Band zeigen, greifen erklärende und verstehende Ansätze ineinander, beide Perspektiven bedingen einander komplementär. So sind sich die Autorinnen und Autoren dieses Bandes in einem Punkt einig: *Ohne* intensive sozialwissenschaftliche Forschung bliebe der Klimawandel *unverstanden*. Um ihn zu verstehen, reicht es nicht, ihn in Formeln zu bringen. Verstehen ist vielmehr ein hermeneutischer Prozess, zu dem die Autorinnen und Autoren in diesem Band vielfältige Impulse geben.

Literatur

Ångström, Knut (1900): Ueber die Bedeutung des Wasserdampfes und der Kohlensäure bei der Absorption der Erdatmosphäre. Drudes Annalen der Physik 308 (12), 720-732.
Ångström, Knut (1901): Ueber die Abhängigkeit der Absorption der Gase, besonders der Kohlensäure, von der Dichte. Drudes Annalen der Physik 3 (9), 163-173.
Ahlmann, Hans (1947): Warming Arctic climate melting glaciers faster, raising ocean level, scientist says. The New York Times 30 May 1947.
Aristoteles (1990): Politik. Hamburg: Meiner (Philosophische Bibliothek, 7).
Arrhenius, Svante (1896): On the Influence of Carbonic Acid in the Air upon the Temperature of the Ground. In: The London, Edinburgh and Dublin Philosophical Magazine and Journal of Science 41 (5), 237-276.
Arrhenius, Svante (1903): Lehrbuch der kosmischen Physik. Leipzig: Hirzel.
Arrhenius, Svante (1908): Das Werden der Welten. Leipzig: Akademische Verlagsgesellschaft m.b.H.
Arrhenius, Svante (1909): Die vermutliche Ursache der Klimaschwankungen. Uppsala: Almqvist & Wiksells u.a.
Bechmann, Gotthard/Beck, Silke (2003): Gesellschaft als Kontext von Forschung. Neue Formen der Produktion und Integration von Wissen. Klimamodellierung zwischen Wissenschaft und Politik. Karlsruhe: Forschungszentrum Karlsruhe 2003 (Wissenschaftliche Berichte FZKA 6805).

Beck, Ulrich/Giddens, Anthony/Lash, Scott (Hrsg.) (1996): Reflexive Modernisierung. Eine Kontroverse. Frankfurt a.M.: Suhrkamp.

Bittner, Jochen (2007): Die Klima-Kriege. In: Die Zeit, v. 03.05.2007, http://www.zeit.de/2007/19/Klimawandel (15.09.2009).

Boykoff, Max/Frame, Dave/Randalls Sam (2009): Stabilize it! the Discourse of 'Climate Stabilization' became and remains entrenched in climate science-policy-practice-interactions. In: Journal of the American Association of Geographers, im Erscheinen, http://www.eci.ox.ac.uk/research/climate/discourses.php#stabilization (15.09.2009).

Brand, Ulrich/Brunnengräber, Achim/Schrader, Lutz et al. (2000): Global Governance: Alternative zur neoliberalen Globalisierung? Münster: Westfälisches Dampfboot.

Brooks, Charles Ernest Pelham (1951): Geological and Historical Aspects of Climatic Change. In: Compendium of Meteorology. Boston: American Meteorological Association, 1004-1018.

Brzoska, Michael (2008): Securitization of Climate Change and the Power of Conceptions of Security. Paper presented at the annual meeting of the ISA's 49th Annual Convention, Bridging Multiple Divides, Hilton San Francisco, San Francisco, CA, USA, http://www.allacademic.com/meta/p253887_index.html (17.09.2009).

Callendar, Guy Stewart (1938): The artificial production of carbon dioxide and its influence on temperature. In: Quarterly Journal of the Royal Meteorological Society 64, 223-240.

Capelle, Wilhelm (Hrsg.) (1959): Hippokrates – Fünf auserlesene Schriften. Frankfurt a.M.: Fischer.

Clausen, Lars (1994): Krasser sozialer Wandel. Opladen: Leske + Budrich (Kieler Beiträge zur Politik und Sozialwissenschaft, 8).

Davis, Mike (1998): Ecology of fear. Los Angeles and the imagination of disaster. New York: Metropolitan Books.

Eckardt, Wilhelm Richard (1910): Paläoklimatologie. Leipzig: Göschen.

Fleming, James R. (1998): Historical perspectives on climate change. New York: Oxford University Press.

Fleming, James R. (1999): Joseph Fourier, the 'greenhouse effect', and the quest for a universal theory of terrestrial temperatures. In: Endeavour 2 (23), 72-75.

Fleming, James R. (2007). The Callendar Effect. The Life and Work of Guy Stewart Callendar (1898-1964), the Scientist Who Established the Carbon Dioxide Theory of Climate Change. Boston, MA: American Meteorological Society.

Flohn, Hermann (1941): Die Tätigkeit des Menschen als Klimafaktor. In: Zeitschrift für Erdkunde 9, 13-22.

Forry, Samuel (1842): The climate of the United States and its endemic influences. Based chiefly on the records of the Medical Department and Adjutant General& APOs United States Army. New-York: J. & H.G. Langley.

Foucault, Michel/Seitter, Walter (1992): Was ist Kritik? Berlin: Merve-Verlag.

Fourier, Jean (1824): Remarques Générales Sur Les Températures Du Globe Terrestre Et Des Espaces Planétaires. In : Annales de Chimie et de Physique 27, 136-167.

Funtowicz, Silvio O/Ravetz, Jerome R. (1993): Science for the post-normal age. In: Futures 25 (7), 735-755.

Gibbons, Michael (2008): The new production of knowledge. The dynamics of science and research in contemporary societies. Reprinted. London: SAGE Publications.

Giddens, Anthony (1995): Konsequenzen der Moderne. Frankfurt a.M.: Suhrkamp.

Giddens, Anthony (1996): Risiko, Vertrauen und Reflexivität. In: Beck, Ulrich/Giddens, Anthony/Lash, Scott (Hrsg.) (1996): Reflexive Modernisierung. Eine Kontroverse. Frankfurt a.M.: Suhrkamp, 316-337.

Halfmann, Jost/Schützenmeister, Falk (2009): Organisationen der Forschung. Der Fall der Atmosphärenwissenschaft. 1. Aufl. Wiesbaden: VS-Verlag für Sozialwissenschaften.

Hardin, Garrett (1968): The Tragedy of the Commons. In: Science 162 (3859), 1243-1248.

Heidbrink, Ludger/Leggewie, Claus/Welzer, Harald (2007): Von der Natur- zur sozialen Katastrophe. Wo bleibt der Beitrag der Kulturwissenschaften zur Klima-Debatte? Ein Aufruf. In: Die Zeit 45, v. 01.11.2007, http://www.zeit.de/2007/45/U-Klimakultur (17.09.2009).

Hippocrates (1934): Luft, Wasser und Ortslage. In: Kapferer, Richard (Hrsg.): Die Werke des Hippocrates. Teil 6. Stuttgart: Hippokrates-Verlag.

Hippocrates, Capelle Wilhelm (1991): Von der Umwelt. Fünf auserlesene Schriften. Frankfurt a.M.: Büchergilde Gutenberg.

Hulburt, Edward Olson (1931). The Temperature of the Lower Atmosphere of the Earth. Physical Review 38, 1876-90.

Hulme, Mike (2009): Why we disagree about climate change. Understanding controversy, inaction and opportunity. New York: Cambridge University Press.

IPCC (1995): Climate Change 1995: The Science of Climate Change. Contribution of Working Group I to the Second Assessment of the Intergovernmental Panel on Climate Change. Cambridge: Cambridge University Press.
IPCC (2007a): Klimaänderung 2007. Deutschsprachige Übersetzung von IPCC (2007): Climate Change 2007: Synthesis Report. Contribution of Working Groups I, II and III to the Fourth Assessment Report of the Intergovernmental Panel on Climate Change. Cambridge: Cambridge University Press, http://www.de-ipcc.de/_media/AR4_SynRep_Gesamtdokument.pdf (25.09.2009).
IPCC (2007b): Climate Change 2007: The Physical Science Basis. Contribution of Working Group I to the Fourth Assessment Report of the Intergovernmental Panel on Climate Change. Cambridge: Cambridge University Press.
Jones, M.D.H./Henderson-Sellers, Ann (1990): History of the greenhouse effect. In: Progress in physical geography 14 (5), 1-19.
Krauch, Helmut (1970): Die organisierte Forschung. Neuwied: Luchterhand.
Krohn, Wolfgang/van den Daele, Wolfgang (1998): Science as an Agent of Change: Finalization and Experimental Implementation. In: Social Science Information 37 (1), 191-222.
Krohn, Wolfgang (2001): Knowledge Societies. In: Smelser, Neil J./Baltes, Paul B. (Hrsg.) (2001): International encyclopedia of the social & behavioral sciences. Amsterdam: Elsevier, 8139-8143.
Lal, Munn/Ramanathan, Veerbhadran (1984): The Effects of Moist Convection and Water Vapor Radiative Processes on Climate Sensitivity. In: Journal of Atmospheric Sciences 41 (14), 2238-2249.
Latour, Bruno (2001): Das Parlament der Dinge. Für eine politische Ökologie. Frankfurt a.M.: Suhrkamp.
Latour, Bruno (2002): Wir sind nie modern gewesen. Versuch einer symmetrischen Anthropologie. Frankfurt am Main: Fischer-Taschenbuch-Verlag.
Leggewie, Claus/Welzer, Harald (2009): Können Demokratien den Klimawandel bewältigen? In: Transit 36, 27-45.
Leggewie, Claus/Welzer, Harald (2009): Das Ende der Welt, wie wir sie kannten. Klima, Zukunft und die Chancen der Demokratie. Frankfurt a.M.: Fischer.
Lohmann, Larry (2009): Toward a Different Debate in Environmental Accounting: The Cases of Carbon and Cost-Benefit. In: Accounting, Organizations and Society. Elsevier 34 (3-4), 499-534.
Lomborg, Bjørn (2001): The sceptical environmentalist. Measuring the real state of the world. Cambridge: Cambridge University Press.
Lomborg, Bjørn (2007a): Solutions for the world's biggest problems. Costs and benefits. Cambridge: Cambridge University Press.
Lomborg, Bjørn (2007b): Cool it. The sceptical environmentalist's guide to global warming. New York: Knopf (A Borzoi Book).
MacKenzie, Donald (2009): Making things the same: Gases, emissions rights and the politics of carbon markets. In: Accounting, Organizations and Society 34 (3-4), 440-455.
Manabe, Syukuro/Wetherald, Richard T. (1967): Thermal Equilibrium of the Atmosphere with a Given Distribution of Relative Humidity. In: Journal of the Atmospheric Sciences 24 (3), 241-59.
Mariotte, Edme and Oeuvres de Mariotte (1681): Traite de la nature des couleurs 2 vols in 1. The Hague, 288.
Merton, Robert K. (2001): Science, technology & society in seventeenth-century England. New York: Howard Fertig. Zuerst erschienen in: Osiris 4 (2) (1938), Bruges: St. Catherine Press, 360-632.
Möller, Fritz (1963): On the Influence of Changes in the CO_2 Concentration in Air on the Radiation Balance of the Earth's Surface and on the Climate. In: Journal of Geophysical Research 68 (13), 3877-86.
Meyer, John W./John Frank, David/Hironaka, Ann et al. (2005): Die Entstehung eines globalen Umweltschutzregimes von 1870-1990. In: Meyer, John W. (Hrsg.) (2005): Weltkultur. Wie die westlichen Prinzipien die Welt durchdringen. Frankfurt am Main: Suhrkamp, 235-299.
Nowotny, Helga/Scott, Peter/Gibbons, Michael (2008): Re-thinking science. Knowledge and the public in an age of uncertainty. Reprinted. Oxford: Polity Press u.a.
Parson, Talcott (1951): The social system. New York: The Free Press.
Plass, Gilbert (1956): Effect of Carbon Dioxide Variations on Climate. In: American Journal of Physics 5 (24), 376-387.
Plimer, Ian (2009): Heaven and earth. Global warming, the missing science. Ballan, Vic.: Connor Court Publishing.
Popper, Karl Raimund (1997): Widerlegungen. Tübingen: Mohr (Vermutungen und Widerlegungen, Teilbd. 2).
Rahmstorf, Stefan/Schellnhuber, Hans Joachim (2007): Der Klimawandel. Diagnose, Prognose, Therapie. München: C. H. Beck.

Ramanathan, Veerbhadran/Pitcher, Eric J./Malone Robert C. et al. (1983): The Response of a Spectral General Circulation Model to Refinements in Radiative Processes. In: Journal of the Atmospheric Sciences 40 (3), 605–630.

Ramanathan, Veerabhadran (2007): Global Dimming by Air Pollution and Global Warming by Greenhouse Gases: Global and Regional Perspectives. In: C.D. O'Dowd and P.E. Wagner (Hrsg.) (2007): Nucleation and Atmospheric Aerosols: 17th International Conference Galway, Ireland, 473-483.

Risbey, James S. (2008): The new climate discourse: Alarmist or alarming? In: Global Environmental Change-Human and Policy Dimensions, 18 (1), 26-37.

Schaefer, Clemens (1905): Ultrared absorption spectrum of carbonic acid in its dependence to pressure. Annalen der Physik Band 16 (1), 93-105.

Schellnhuber, Hans Joachim/Jaeger, Carlo (2006): Gefährlichen Klimawandel abwenden. In: WWF/BVI: Carbon Disclosure. Project Bericht 2006, 11-15, http://www.klimaktiv.de/media/docs/Studien/cdp4_germany_report.pdf (17.09.2009).

Schönwiese, Christian-Dietrich (2003): Klimatologie. Stuttgart: Ulmer.

Shearman, David/Smith, Joseph Wayne (2007): The climate change challenge and the failure of democracy. Westport, Conn.: Praeger (Politics and the environment).

Smelser, Neil J./Baltes, Paul B. (Hrsg.) (2001): International encyclopedia of the social & behavioral sciences. Amsterdam: Elsevier.

Sörlin, Sverker (2009): Narratives and counter-narratives of climate change: North Atlantic glaciology and meteorology, c.1930-1955. In: Journal of Historical Geography 35 (2), 237-255.

Stehr, Nico/von Storch, Hans (Hrsg.) (2000): Eduard Brückner. The sources and consequences of climate change and climate variability in historical times. Dordrecht: Kluwer Academic Publishers.

Sterk, Wolfgang (2009): Vorschläge des Wuppertal Instituts für ein effektives und gerechtes Klimaschutzabkommen (31.05.2009), Wuppertal Institut für Klima, Umwelt, Energie GmbH, http://www.wupperinst.org/uploads/tx_wibeitrag/Pol_Paper_Kopenhagen.pdf.

Stern, Nicholas (2006): The economics of climate change. The Stern review. Pre-publication edition. London: HM Treasury.

Stern, Nicholas Herbert (2009): The global deal. Climate change and the creation of a new era of progress and prosperity. 1. ed. New Youk: PublicAffairs.

Storch, Hans von/Stehr, Nico (1997): The case for the social sciences in climate research. In: Ambio 26 (1), 66-71.

Suchanek, Andreas (1999): Kritischer Rationalismus und die Methode der Sozialwissenschaften. In: Leschke, Martin/Pies, Ingo (Hrsg.) (1999): Karl Poppers kritischer Rationalismus. Tübingen: Mohr-Siebeck, 85-104.

Swyngedouw, Eric (2009): Climate Change as Post-Political and Post-Democratic Populism. Vortrag gehalten auf dem Kongress der Deutschen Vereinigung für Politische Wissenschaft (DVPW), 21.-25.09.2009 in Kiel, https://www.dvpw.de/fileadmin/docs/Kongress2009/Paperroom/2009 OEkonomie2-pSwyngedouw.doc (25.09.2009).

Thompson, Kenneth (1980): Forest and climate change in America: Some early views. In: Climatic Change 3 (1), 47-64.

Tyndall, John (1861): On the Absorption and Radiation of Heat by Gases and Vapours, and on the Physical Connexion of Radiation, Absorption, and Conduction. In: Philosophical Transactions of the Royal Society of London 151 (1), 1-36.

UNEP (2009a): Climate Change Science Compendium 2009. McMullen, Catherine/Jabbour, Jason, United Nations Environment Programme. Nairobi: EarthPrint.

UNEP (2009b): Rethinking the Economic Recovery: A Global Green New Deal. Report prepared by Edward E. Barbier for the Economics and Trade Branch, Division of Technology, Industry and Economics, United Nations Environment Programme, http://www.unep.org/compendium2009/PDF/compendium2009.pdf (17.09.2009).

UNEP (2009c): Green New Deal. An Update for the G20 Pittsburgh Summit, http://www.unep.org/greeneconomy/LinkClick.aspx?fileticket=ciH9RD7XHwc%3d&tabid=1371&language=en-US (17.09.2009).

U. S. Senate Minority Report (2009): More Than 700 International Scientists Dissent Over Man-Made Global Warming. Claims Scientists Continue to Debunk Consensus in 2008 & 2009, http://epw.senate.gov/public/index.cfm?FuseAction=Files.View&FileStore_id=83947f5d-d84a-4a84-ad5d-6e2d71db52d9 (17.09.2009).

van den Daele, Wolfgang/Krohn, Wolfgang/Weingart, Peter (1979): Geplante Forschung. Vergleichende Studien über den Einfluß politischer Programme auf die Wissenschaftsentwicklung. Frankfurt a.M.: Suhrkamp.

van der Veen, Cornelis (2000): Fourier and the greenhoue effect. In: Polar Geography 2 (24), 132-152.

Weart, Spencer R. (2005): The Discovery of Global Warming; extended version, http://www.aip.org/history/climate (15.09.2009).

Klima und Gesellschaft

Arved Fuchs

Die Nordostpassage, jener legendäre Seeweg entlang der Nordküste Sibiriens ohne nennenswerte Eisfelder – das war eine Vorstellung, die nicht in mein Weltbild passte. Dreimal waren wir in den neunziger Jahren mit unserem Segelschiff „Dagmar Aaen" am Eis gescheitert. Drei Sommer, in denen wir auf ziemlich drastische Art und Weise lernten, dass Hochmut vor dem Fall kommt. Trotzdem – wenn auch ein wenig kleinlauter – versuchten wir es im Jahre 2002 ein viertes Mal. Es gelang auf Anhieb. Dort wo zuvor undurchdringliche Eisfelder gelegen hatten, gab es offenes Wasser – die Passage lag nahezu frei vor uns. Wir kamen aus dem Staunen kaum heraus. Alles nur Zufall, eine Laune der Natur, die uns durchschlüpfen ließ? Oder bereits Anzeichen eines sich immer deutlicher abzeichnenden Klimawandels, vor dem damals noch mit leisen Tönen von einigen Wissenschaftlern und Gremien gewarnt wurde? Ich war jedenfalls misstrauisch geworden und beschloss intensiver zu recherchieren.

Die alt gedienten Eismeerkapitäne der Moskauer „Verwaltung des Nördlichen Seeweges" – so die offizielle Bezeichnung – waren sich jedenfalls einig. „Alles nur Panikmache, ihr habt einfach Glück gehabt. Wartet mal ab, in den nächsten Jahren wird alles wieder so wie es früher war!" Aber das Jahr 2002 war kein „Einreißer", keine Laune der Natur, wie damals viele meinten. Es zeichnete sich eine Tendenz ab, die natürlich auch regionalen Schwankungen unterworfen war, aber dennoch unmissverständlich in ihrer Aussage war: Das arktische Meereis nahm sowohl in der Ausdehnung wie auch in der Mächtigkeit ab. Auswirkungen auf die küstennahen Anrainerstaaten wie Alaska, Sibirien, Grönland und Kanada waren inzwischen unverkennbar. Während man in Europa noch zaghaft das Problem zur Kenntnis nahm, waren die Folgen des Klimawandels in der Lebenswirklichkeit zahlreicher indigener Völker längst angekommen.

Sensibilisiert durch die Erfahrungen der Nordostpassage, entschlossen wir uns 2003 erneut durch die Nordwestpassage zu fahren, die wir bereits 1993 erstmals bereist hatten. Die Nordwestpassage ist sozusagen das Pendant zur russischen Nordostpassage. Sie führt nördlich entlang der amerikanischen und kanadischen Küste. 100 Jahre nach dem Erstbefahrer Roald Amundsen, der noch drei Jahre für die Durchfahrt benötigt hatte, und zehn Jahre nach unserer eigenen Erstbefahrung wollten wir Vergleiche anstellen, ob sich für uns feststellbar etwas verändert hatte. Sollten wir vorher noch Zweifel an den Auswirkungen des Klimawandels gehabt haben, dann wurden diese im Sommer 2003 gründlich ausgeräumt. Unsere Eindrücke mögen nach wissenschaftlichen Maßstäben nicht repräsentativ gewesen sein. Aber es gibt schließlich unterschiedliche Formen der Wahrnehmung: Zum einen die auf Untersuchungen und Messreihen basierenden stringenten Computersimulationen und die der subjektiven, aber deshalb ja nicht minder richtigen Beobachtungen. Wir waren Beobachter mit einem fast 30- jährigen Erfahrungshorizont im arktischen Raum. Das mag zwar erd- oder klimageschichtlich nicht einmal ein Wimpernschlag sein – aber umso erschreckender ist schließlich der Umstand, mit welcher Rasanz die Veränderungen eintreten.

Da sind beispielsweise die kleinen Siedlungen und Ortschaften an der Küste Alaskas, die verzweifelt um die Existenz ihrer Dörfer kämpfen. Der Permafrostboden, auf denen ihre Siedlungen seit tausenden von Jahren stehen, taut auf und verwandelt den Untergrund in einen breiigen Morast. Gleichzeitig bildet sich das Eis auf dem Meer später im Jahr, es bricht im Frühjahr früher auf und erreicht nicht mehr seine gewohnte Stärke. Über dem eisfreien Meer baut sich bei Stürmen Seegang auf, der als Brandung auf die aufgetauten Küsten prallt und der Erosion Tür und Tor öffnet. Die Siedlungen Shismareff und Kivalina müssen umgesiedelt werden – andere werden folgen. In Barrow bemüht man sich verzweifelt mit Sandsäcken die schwindende Steilküste zu befestigen – eine Art Donquichoterie, aber was sollen die Menschen machen? Die im Umgang mit dem Packeis erfahrenen Jäger geraten immer häufiger in lebensbedrohliche Situationen, weil sie sich auf immer dünnerem Eis bewegen müssen. Die Arktis erwärmt sich derzeit etwa doppelt so stark wie der Rest der Welt. Das was dort heute geschieht wird mit einiger Verzögerung auch bei uns eintreten. Wenn man aber die Auswirkungen des Klimawandels auf das soziale Gefüge einer kleinen Siedlung sieht, kann man durchaus erahnen, was das im großen Stile weltweit bewirken wird. Während nahezu unbeachtet von der Weltöffentlichkeit die Inupiat Alaskas um ihre Dörfer und um ihre Lebensgrundlage kämpfen, führt man in den reichen Industriegesellschaften eine eher akademische und bisweilen recht abgehobene Diskussion über die Ursachen des Klimawandels, deren mögliche Auswirkungen auf die Umwelt und die dort lebenden Menschen. In ungezählten Diskussionen höre ich die Einwände der Klimaskeptiker, die allen wissenschaftlichen Erkenntnissen zum Trotz auf der Position beharren, dass das alles nur Panikmache sei und überhaupt „Klimawandel habe es schließlich schon immer gegeben!" Ob die gleichen Skeptiker wohl genauso argumentieren würden, wenn plötzlich europäische Städte und Niederungen von einem Anstieg des Meeresspiegels betroffen wären? Die Gefahr scheint eben weit weg zu sein und den „paar Eskimos" muss man eben helfen, aber davon geht die Welt doch nicht unter. Diese Einstellung ist nicht nur zynisch und menschenverachtend, sie ist vor allen Dingen auch weltfremd. Was derzeit in der Arktis bereits passiert, ist gar nicht so weit weg von uns. Laut neuesten Berechnungen wird sich der Weltmeeresspiegel bis zum Ende dieses Jahrhunderts um bis zu einem Meter erhöhen. Ein Umstand, der drastische Auswirkungen auch auf unsere Landstriche haben wird.

Die Kinder, die heute geboren werden, werden nicht nur wohlwollend auf ihre Erzeuger und deren Ahnen blicken. Was wir heute an Maßnahmen versäumen, wird die nächste Generation auszubügeln haben. Es gilt letztlich das Verursacherprinzip. Wir Industrienationen müssen als gutes Beispiel vorangehen, bevor man erwarten kann, dass die Schwellenländer dem Beispiel folgen werden. Aber wer gibt schon gerne lieb gewordene Gewohnheiten auf? Doch genau die stehen plötzlich auf dem Prüfstand. Brauchen wir eigentlich die so genannten „SUV's", drei Tonnen schwere Automobile, um damit zum Einkaufen zu fahren? Müssen wir wirklich für 15 € nach Mallorca fliegen? Der Spaßfaktor ist eben ein nicht zu unterschätzender Faktor. Energie einsparen – die einfachste und zugleich kostengünstigste Maßnahme – ist unpopulär trotz der steigenden Preise. Weil sie Verzicht bedeutet.

Der Wechsel in der öffentlichen Wahrnehmung fand erst mit dem 4. IPCC Reports des UN Weltklimarates im Jahre 2007 statt. Wohlgemerkt dies war der vierte seiner Art – die anderen waren zwar in der wissenschaftlichen Welt eifrig und kontrovers diskutiert worden, den Weg an das Licht der Öffentlichkeit schafften die drei vorangegangenen Berichte kaum, oder aber nur unzureichend. Sie verkümmerten zu einer Randnotiz in der Medienlandschaft, dabei gab es wohl kaum ein anderes Thema, das alle Menschen landauf landab und auf jedem Flecken dieser Erde gleichermaßen angeht wie der Klimawandel. Mit Ausnahme einiger namhafter Klimaforscher, die sich immer wieder unverdrossen an die Öffentlichkeit wenden und sich mahnend in den Medien zur Sache äußern, wachten andere Naturwissenschaftler und Forschungseinrichtungen geradezu eifersüchtig darüber, dass dieses Thema auf rein akademischer Ebene diskutiert wurde. Jegliche Einmischungsversuche von außen wurden lange Zeit energisch als „unqualifiziert" abgeschmettert. Es war so eine Art Lagerbildung zu beobachten. Die Betroffenen rümpften die Nasen über die „Theoretiker", einige Naturwissenschaftler hingegen übten sich darin, Formulierungen zum Klimawandel so vorsichtig und butterweich zu formulieren, dass anschließend keiner mehr wusste, ob es ihn noch gibt oder nicht. Den Mut es klar auszusprechen hatten anfangs nur wenige. In der der Öffentlichkeit verdichtete sich daher der Eindruck, dass die Experten ja gar nicht sicher sind ob es: (a) einen Klimawandel gibt und (b) dass er von uns Menschen verursacht ist. Diese Haltung wurde auch von den Klimaskeptikern immer wieder ins Gefecht geführt, nach dem Motto: „Das ist doch wissenschaftlich noch gar nicht bewiesen, wie kannst du dann behaupten es gebe einen Klimawandel?". Dass die Klimaskeptiker in den meisten Fällen selbst keine ausgewiesenen Experten waren, änderte an der Sachlage wenig. Die allgemeine Stimmungslage in der Bevölkerung ließ sich am besten mit einem Satz wiedergeben: „Wenn die da oben sich nicht einig sind, dann brauchen wir uns auch keine Gedanken zu machen oder gar unser Verhalten zu ändern".

Das Problem Klimawandel fristete in der Öffentlichkeit weiterhin seinen Dornröschenschlaf. Der 4. IPCC Report (IPCC 2007) änderte an der Situation einiges, da plötzlich das mediale Interesse an dem Thema erwacht war. In der Erklärung des Weltklimarates hatte man sich auf folgende Formulierung einigen können: „Es ist sehr wahrscheinlich, dass der größte Anteil der beobachteten Erwärmung seit Mitte des zwanzigsten Jahrhunderts von den Menschen ausgelösten verstärkten Freisetzung von Treibhausgasen verursacht wird" (Mueller/Fuentes 2007: 43).

Eine andere zur Diskussion stehende Formulierung, nach der die Ursachen des Klimawandels anthropogenen Ursprungs sind, mit *„nahezu sicher"* zu bezeichnen, scheiterte am Einspruch von China und den USA. Die Politik der betreffenden Regierungen fand darin ihren Niederschlag und trotzdem ist die Aussage an Deutlichkeit nicht zu überbieten. Wer würde schon mit einem Flugzeug fliegen von dem mit über 90%iger Sicherheit feststeht, dass es abstürzen wird? Und trotzdem hangelten sich Skeptiker immer wieder an den wenigen Prozenten entlang, die an der hundertprozentigen Zustimmung fehlten. „Die Wissenschaftler sind sich ja gar nicht sicher", ein viel gehörtes Argument der Klimaskeptiker. Dass selbst die Bush Administration und auch China der Resolution letztlich zugestimmt hatten, änderte an der Einstellung der Skeptiker wenig. Doch die Medien hatten endlich die Zeichen der Zeit erkannt und das Thema aufgegriffen, jede auf die ihr eigene Art und Weise. Es wurde plötzlich allerorts auf die drohende „Klimakatastrophe" hingewiesen.

Der schon im Jahre 2004 entstandene Katastrophenfilm „The Day after Tommorrow" ließ beim Betrachter noch ein wohlig schauriges Kribbeln im gut geheizten Kino aufkommen – hatte aber wohl mehr Unterhaltenswert als das Bedürfnis kritische Zukunftsszenarien zu entwerfen. In der Öffentlichkeit rumorte es, ein wenig widerwillig setzte man sich zumindest ansatzweise gedanklich mit dem Problem auseinander. Während es für einige geradezu ein Sakrileg war, dass plötzlich und in aller Öffentlichkeit über den Klimawandel diskutiert wurde, war es für andere der lang ersehnte Durchbruch. Als das Thema „Klimawandel" auch noch den Weg auf die Tagesordnung des G8-Gipfels in Heiligendamm fand, war es endgültig enttabuisiert. Fortan nahmen sich nicht nur die Medien sondern auch die Politik des Themas an. Klimaschutz war plötzlich en vogue, was aber wenig daran änderte, dass den meisten Menschen ein wenig schwindelig wurde ob der unterschiedlichen Positionen. Der Titel von Al Gore's Film „Eine unbequeme Wahrheit" traf den Nagel auf den Kopf. Von den Klimaskeptikern, die unverdrossen versuchten mit nebulösen Argumentationen die Diskussion im Keime zu ersticken, wurde Gore sogleich als Selbstdarsteller, eben ein Politiker, dargestellt und sein Film als populistisches Machwerk gegeißelt. Dabei war der Film genau das, was die Öffentlichkeit brauchte: Er übersetzte nämlich die Inhalte, die von Wissenschaftlern hinter geschlossenen Türen in dem ihnen eigenen Duktus diskutiert wurden, erstmals in eine Sprache, die auch von Nichtakademikern und besonders auch von Kindern und Jugendlichen verstanden wurde. Der Film machte betroffen, weckte Emotionen. Er zeigte Bilder, plötzlich war der Eisbär zu einer Symbolfigur des Klimawandels geworden. Auch wenn Emotionen in der Arbeitswelt von Forschungseinrichtungen nichts zu suchen haben mögen – gesellschaftliche Veränderungen lassen sich nicht durch Publikationen in Fachzeitschriften erzielen – dazu bedarf es Emotionen. Und Bilder! Es ist für den Bürger der sich nicht ständig mit der Klimathematik auseinandersetzt schwer zu verstehen, warum eine Erwärmung von 2 °C oder gar 5 °C im globalen Mittel so gravierende Auswirkungen haben soll. Ein bisschen wärmer ist doch gut, so das allgemeine Credo. Emissionshandel, CO_2 Sequestrierung bei Kraftwerken, Abgasnomen bei Fahrzeugen wecken nicht unbedingt das allgemeine Interesse. Da gibt es womöglich interessantere Themen. Nein, der Kampf um den Klimawandel wird nicht in Instituten gewonnen – dort werden die wissenschaftlichen Grundlagen erarbeitet, auf denen die Diskussion öffentlich geführt werden kann. Fakten also auf denen sich Politiker stützen können (und müssen!), deren Wahlversprechen von einer hoffentlich erwachten Öffentlichkeit an ihren Taten gemessen werden. Ohne Öffentlichkeit ist aber alles nichts. Ohne sie übt sich alles in einem kollektiven Faulenzen. Wir selbst sind es, die den Wandel wollen müssen. Das Delegieren von Verantwortung führt unweigerlich in die Sackgasse. Es gibt genügend Konzerne, die Profiteure eines Klimawandels sind. Man vermutet, dass rund ein Viertel der noch verbliebenen fossilen Brennstoffe im arktischen Ozean lagern. Da möchte man natürlich gerne ran. Vor diesem Hintergrund muss auch die Konferenz des so genannten „Arktischen Rats" verstanden werden. Dieser Zusammenschluss der arktischen Anrainerstaaten besteht aus Kanada, USA, Grönland vertreten durch Dänemark, Russland und Norwegen, sowie aus zwei Staaten, die nicht stimmberechtigt sind. Auf den Konferenzen geht es nicht nur um die negativen Folgen des Klimawandels, sondern auch um die wirtschaftlichen Vorteile. Es werden so sensible Themen wie zukünftige Grenzziehungen, wirtschaftliche Nutzungsrechte und -zonen etc. diskutiert. Es herrscht so etwas wie Goldgräberstimmung, wobei jede Nation versucht, für sich einen möglichst großen Claim abzustecken.

Woher soll denn die Bereitschaft bei einem Bauherrn eines Einfamilienhauses herrühren, besser auf Erdwärme als auf Erdöl oder Erdgas zu setzen, wenn nicht durch die Erkenntnis, langfristig in die Zukunft zu investieren? Wenn der Vorstandssprecher eines großen deutschen Automobilherstellers in einem Interview mit dem „Hamburger Abendblatt" (HA 2007) sagt: "Wir sind keine Sozialhilfestation, wir sind ein Wirtschaftsunternehmen. (…) Das Thema CO_2 ist nun hinreichend plattgetreten in der Öffentlichkeit, die Gesellschaft wird in einigen Wochen wieder auf den Boden der Realität zurückkehren", dann hat dieser Mann offenbar nicht nur etwas nicht verstanden – wir die Kunden müssen ihn fragen, wo denn die innovativen Technologien bei den Automobilen sind? Immer schneller, immer größer, immer schwerer kann doch nicht die Zukunftsperspektive sein – das ist die Vergangenheit. Nur wenn wir das wollen – und dazu bedarf es eines wachsenden öffentlichen Bewusstseins, dann wird es auch die entsprechenden Produkte geben. Mit denen lässt sich dann auch trefflich Geld verdienen, was der Sache nur zuträglich ist. Klimaschutz muss sich lohnen und es muss sich im Bewusstsein der Menschen verankern. Wenn argumentiert wird, dass es für das Klima nichts bringt, wenn wir in Deutschland oder Europa CO_2 einsparen weil in China jede Woche ein neues Kohlekraftwerk ans Netz geht, dann ist das ja nur die halbe Wahrheit. Wir Europäer emittieren pro Kopf immer noch etwa fast dreimal soviel CO_2 wie ein Chinese. Bei den Amerikanern liegt der Faktor bei der Zahl 6. Also macht das Einsparen sehr wohl Sinn! Die USA nehmen knapp 5 % der Weltbevölkerung ein und verursachen nahezu sogar 25 % der weltweiten CO_2-Emissionen. Aber Schuldzuweisungen helfen wenig. Nur ein radikales Umdenken und die Bereitschaft zu grundlegenden Veränderungen auch in den Wertvorstellungen schaffen die notwendigen Grundlagen. Um diesen Prozess einzuleiten bedarf es den Einsatz aller gesellschaftlichen Kräfte. Es muss jedem klar werden, dass wenn wir die Chance nicht nutzen die uns noch bleibt, uns die Konsequenzen überrollen werden. Bei einer ungebremsten Entwicklung wird der Begriff „Klimakatastrophe" tatsächlich zutreffen. Schon jetzt rechnet die WHO mit 150.000 Klimatoten weltweit jedes Jahr. Den Begriff „Klimaflüchtling" gibt es in der internationalen Rechtsprechung nicht. De facto gibt es ihn aber schon längst. Warum sonst setzen sich wohl Afrikaner der Gefahr für Leib und Leben aus mit zerbrechlichen Booten von der afrikanischen Westküste zu den kanarischen Inseln zu fahren, oftmals unter Zurücklassung der Familien? Das sind keine abenteuerlustigen Emigranten die auf einen Job und das schnelle Geld hoffen. Diese Menschen sind verzweifelt und haben keine andere Wahl. Deshalb gehen sie das Risiko ein. Sie haben nichts zu verlieren und das macht sie entschlossen. Wie geht unsere Gesellschaft mit einem anwachsenden Flüchtlingsstrom um? Ich wage zu behaupten, dass wir überhaupt nicht darauf vorbereitet sind. Wir dürfen es deshalb gar nicht erst dazu kommen lassen. Wir müssen handeln, indem den betroffenen Menschen geholfen wird. Das schließt mit aller gebotenen Dringlichkeit Maßnahmen ein, die zur Verringerung der weltweiten Treibhausgasemissionen führt. Der Klimawandel verursacht Konfliktsituationen, auf die wir in keiner Weise vorbereitet sind. Auch dazu ein konkretes Beispiel, das deshalb geeignet ist weil es überschaubar ist: Der Kapitän eines Schiffes ist nach internationalem Recht verpflichtet, Schiffbrüchigen zu helfen. Das ist guter, alter Seemannsbrauch. Wenn ein solcher Kapitän aber auf hoher See auf halbvoll gelaufene und völlig überfüllte Flüchtlingsboote trifft, wird ihm die Entscheidung nicht leicht gemacht. Eigentlich ist er zur Hilfeleistung verpflichtet. Nimmt er aber die in Lebensgefahr befindlichen Personen an Bord, hat er im nächsten Hafen ein Problem. Die Behörden verwahren sich nämlich gegen einen wachsenden Flüchtlingsstrom. Man will die Geretteten nicht. Es gibt langwierige Untersuchungen, man erhebt möglicherweise Anklage gegen den Kapitän wegen Schleuserei und legt das Schiff vielleicht noch an die Kette, was der Reederei wiederum ein Vermögen kostet. Böse interpretiert könnte man sagen, man möchte die Kapitäne und Besatzungen zum „Wegschauen" ermutigen, denn darauf läuft es letztlich hinaus. Den „Schwarzen Peter" hat in jedem Fall die Schiffsführung. Aber das Problem wird uns alle natürlich ungeachtet solcher Verfahrensweisen einholen. Im Fall der Siedlung Kivalina in Alaska, die wegen der Küstenerosionen ebenfalls umgesiedelt werden muss, gibt es erste juristische Aktivitäten, verbunden mit enormen Schadenersatzforderungen. Ähnlich der Klagen gegen die Zigaretten- und Tabakindustrie in den neunziger Jahren, in denen nachgewiesen wurde, dass die Unternehmen um die gesundheitlichen Risiken des Rauchens wussten, und von den Geschädigten Schadenersatzforderungen erhoben wurden, geht es hier auch um Folgeschäden bzw. um Schadenersatzansprüche für Schäden, die durch den Klimawandel verursacht werden. Angeklagt sind Unternehmen wie BP America, Chevron, Peabody Energy, Duke Energy und die Southern Company, die – so der Vorwurf - aufgrund ihrer Emissionen den Klimawandel verursachen oder beschleunigen und um dessen Auswirkungen die Konzerne sehr wohl wissen. Wenn solche Prozesse für den Kläger – in diesem Fall Kivalina, dessen Umsiedelung rund 400 Millionen Dollar kosten soll – stattgegeben wird, dann wird das eine ganze Prozesslawine lostreten. Die Opfer des Klimawandels werden sich formieren und versuchen ihr Recht juristisch durchzusetzen.

Es ist gelegentlich die Rede von der „Dritten industriellen Revolution" die ansteht. Ich denke das ist nicht übertrieben. Rund 1,4 Milliarden Menschen leben in Gebieten mit Wasserknappheit. Bis zum Jahr 2025 werden es vermutlich 2,5 Milliarden Menschen sein. Die Zahlen sind so abstrakt, dass ihnen dadurch die Begreifbarkeit abhanden kommt. Auch die Zahlen, die im so genannten „Stern Report" (2006) genannt werden, nachdem der Klimawandel uns 5,5 Billionen Euro kosten wird, wenn wir nicht rechtzeitig reagieren, ist zu weit entfernt als dass man ihn verstehen könnte. Aber das entspricht rund 20% der Weltwirtschaftskraft.

Die Zeit der drei großen „D"'s (Deny – Delay – Do nothing), die laut Klaus Töpfer in den internationalen Foren lange Jahre die Verhandlungsstrategien bestimmten, sind unwiderruflich vorbei. Und vorbei ist auch die Zeit der verbalen Scharmützel und des sich gegenseitigen Abgrenzens. Wir können es uns einfach nicht leisten. Die Uhr tickt und wir sind ohnehin im Verzug. Die Bildung von akademischen Lagern, die sich wiederum in die jeweiligen Disziplinen aufgliedern und abgrenzen ist in jeder Hinsicht kontraproduktiv. Das Problem des Klimawandels kann nur interdisziplinär und unter Einbeziehung einer möglichst großen Öffentlichkeit gelöst werden, denn es setzt letztlich auch einen großen Konsens voraus. Zur Lösung dieses Problems bedarf es aller gesellschaftlichen Kräfte.

Literatur

IPCC (2007): Climate Change 2007: Synthesis Report. Contribution of Working Groups I, II and III to the Fourth Assessment Report of the Intergovernmental Panel on Climate Change. Geneva: IPCC.
Fuentes, Ursula/Kohl, Harald/Müller, Michael (Hrsg.) (2007): Der UN – Weltklimareport: Berichte über eine aufhaltsame Katastrophe. Köln: Kiepenheuer & Witsch Verlag.
Stern, Nicholas (2007): The economics of climate change: the Stern review. Cambridge u.a.: Cambridge University Press.
HA (2007): Audi-Chef Stadler: Das Thema CO_2 ist nun plattgetreten. In: Hamburger Abendblatt, 01.03.2007. http://www.abendblatt.de/wirtschaft/article453224/Audi-Chef-Stadler-Das-Thema-CO2-ist-nun-plattgetreten.html (16.06.2009).

Klimadiskurs

Diskurse, Eisbären, Eisberge: Material-Semiotische Verwicklungen und der Klimawandel

Jan-Hendrik Passoth

1 Eine kleine Geschichte und eine Vorbemerkung

Eine einsame Eisscholle schwimmt inmitten des dunklen und kalten arktischen Meeres, auf dieser Scholle steht ein noch einsamerer Eisbär. Trotz seiner imposanten Erscheinung wirkt er schwach und hilflos, er wirkt verloren auf seinem schmelzenden, kalten Floß. Weit weg ist er vom Ufer, kann nicht mehr zurück, wenn nicht endlich jemand kommt, jemand eingreift – jemand, der ihm hilft. In Berlin und in Nürnberg hingegen sitzen die beiden jungen Eisbärchen Knut und Flocke feist in ihren Gehegen, ihre um sie bemühten Pfleger und ihre noch bemühteren politischen Paten beschützen sie vor ihren leiblichen Eltern und vor den Touristenmassen, vor Ihresgleichen und vor dem Menschen schlechthin. Wenn sie erwachsen ist, soll schließlich die kleine Flocke ein starker Botschafter für den Klimaschutz werden und sie soll uns helfen bei der größten Aufgabe, die wir zu bewältigen haben: Sie soll unser Partner sein bei unserem Versuch, uns selbst vor den Folgen unseres Tuns zu bewahren. Wiederum weit weg in der Arktis brechen derweil große Eisblöcke ab, fallen ins Wasser und treiben umher. Bald, das wissen wir, werden diese Blöcke schmelzen, den Meeresspiegel steigen lassen und Küstenabschnitte auf der ganzen Welt unter Wasser setzen. Wir haben kaum mehr Zeit, sie aufzuhalten, sie sind schließlich bereits unterwegs. Sie haben sich aus der fernen arktischen Landschaft aufgemacht, sind dort emigriert und bereits auf dem Weg, unsere Küsten und Grenzen zu erobern.

Neben dieser kleinen Geschichte möchte ich diesem Beitrag vorausschicken, wie es zu ihm kam. In einem Gebiet sozialwissenschaftlicher Forschung, in dem ich mich besser auskenne als in der Klimaforschung, in der Wissenschafts- und Technikforschung nämlich, kommt uns eine Trennung zwischen der harten Natur der Dinge und der weichen Kultur des Diskurses fast vor wie ein Relikt aus vergangenen Zeiten. Schon gar nicht mehr so aktuelle Debatten – immerhin werden sie dort (ebenso aber auch in aktuelleren Theoriedebatten um Semiotik und poststrukturalistische Sozialwissenschaften) seit fast 30 Jahren geführt – drehen sich konzeptionell, methodologisch und methodisch vor allem darum, wie es möglich ist, eine solche Unterscheidung nicht als theoretische Vorannahme einzubauen, sondern statt dessen die Entstehung und Stabilisierung von harten und weichen Tat-Sachen in ihren ganzen material-semiotischen Verwicklungen zu untersuchen. Diese Debatten im Kopf hatte ich in einer Diskussion um Heidbrinks, Leggewies und Welzers Zeit-Artikel „Von der Natur- zur sozialen Katastrophe" (Heidbrink/Leggewie/Welzer 2007) mich sehr verwundert gezeigt. Wir Sozial- und Kulturwissenschaftler sollten, so die drei Autoren, „(...) aus der Welt der Diskurse und Systeme zurück[zu]finden zu den Handlungen und Strategien, mit denen soziale Wesen ihr Dasein zu bewältigen suchen" (ebd.). Meine Verwunderung resultierte aus der Selbstverständlichkeit, mit der hier ein entweder/oder von Klimadiskurs und Klimawandel postuliert wurde. Die Alternative, die der relationale Materialismus (Law

1994) offen legt, liegt dagegen geradezu darin, das entweder/oder (Klimawandel/Klimadiskurse) hinter sich zu lassen. Stattdessen geht es darum, die vielen Modes of Ordering, die lang- und kurzfristigen material-semiotischen Verwicklungen zu untersuchen, mit denen Klimadiskurse und Klimawandel zugleich erzeugt werden. Wie das geht, will ich an dieser Stelle zu erörtern.

Ich werde daher in diesem Beitrag versuchen, eine Perspektive zu skizzieren, die sozusagen die „hard facts" des Klimadiskurses in den Mittelpunkt des Interesses setzt. Diskurse über das Klima sind nicht nur Gerede, Diskurse sind Orte der Hervorbringung relevanter Gegenstände (Foucault 1981: 74), Orte ihrer Erzeugung und Bekräftigung, aber auch ihrer Veränderung. Die Natur, das Klima, Eiskappen und Meeresströmungen sind – wie es Latour so schön ausdrückte – „matters of concern", nicht „matters of fact" (2004). Es ist ein kurzer Text, den ich hier darüber zu schreiben versuche und deshalb wäre es vermessen zu behaupten, ich könnte nun auf diesen wenigen Seiten nachzeichnen, welche Netze, welche Assoziationen gebildet werden, um all die Naturen zusammenzusetzen, mit denen wir es beim Klimawandel zu tun haben. Ich werde mich stattdessen nach einem kurzen Aufriss der zugrunde liegenden Perspektive nur auf einen kleinen Bereich des Versammelns von Aktanten beziehen: nämlich darauf, wie Eisbären überhaupt zu Ikonen des Klimawandels werden konnten. Abschließend werde ich in Auseinandersetzung mit der These von Heidbrink, Leggewie und Welzer das Argument stark machen, dass sozial- und kulturwissenschaftliche Klimaforschung viel mehr kann, als sich mit den sozialen Folgen des Klimawandels zu beschäftigen. Sie kann vielmehr die Verfahren, die Techniken, die materialen Konstruktionen untersuchen, die den Klimawandel diskursiv wie nicht-diskursiv erst hervorgebracht haben.

2 Eine moderate Soziologie. Oder: Elemente eines material-semiotischen Ansatzes

Genauso bescheiden, wie meine Möglichkeiten, in einem kleinen Aufsatz etwas Substantielles über das Klima zu sagen, ist der Anspruch, der überhaupt mit material-semiotischen Ansätzen wie der ANT oder der Soziologie der Assoziationen und Übersetzungen verbunden ist. Diese Soziologien sind, wie Law so treffend sagte, „relatively modest" (1994: 9). Sie sind es deshalb, weil sie als analytisches Framework sozusagen nur ein Grundgerüst von Infrabegriffen und heuristischen Prinzipien anbieten (Latour 2007). Diese heuristischen Prinzipien, konzeptionelle Suchscheinwerfer sozusagen, haben es dennoch in sich, auch wenn material-semiotische Ansätze ohne die Fälle, über die sie in Detailstudien jeweils sprechen, nicht Substantielles über mögliche Gegenstände aussagen.

Die Soziologien, um die es hier geht, entstanden in den 1980er Jahren im Bereich der Wissenschafts- und Technikforschung, entwickelt vor allem von Michel Callon (1986a, 1987: 419f.), Bruno Latour (1987) und John Law (2002). Dort vor allem als Aktor-Network-Theorie bezeichnet (von Callon (1986b) aber auch als Soziologie der Übersetzungen) erlangten sie Prominenz wegen ihrer unorthodoxen Erweiterung des Bloorschen Symmetrieprinzips (1973). Hatte dieser mit Symmetrie die Behandlung von Wissenschaftserfolgen und -fehlschlägen (als von als wahr und als falsch angenommenen Ergebnissen) mit den gleichen analytischen Mitteln und Methoden gemeint, dehnt die ANT die Symmetrie auf alles aus, was bei der Entstehung und Stabilisierung von Forschungsergebnissen eine Rolle spielt. In den Laboren, die Latour und Woolgar (1979) und andere beschrieben, waren nicht nur Forscher, sondern auch Instrumente, Geräte, Texte und Techniker am Werk. Und die Beiträge, die sie jeweils leisteten, hatten nur Sinn und Bedeutung im Zusammenhang mit allen anderen Beiträgen von menschlichen und nichtmenschlichen Entitäten, die zur Erzeugung einer wissenschaftlichen Tatsache führten. Die Beiträge addierten oder aggregierten nicht: vielmehr war die Bedeutung jedes einzelnen Beitrags nur in Relation zu allen anderen Beiträgen überhaupt zu beschreiben. „In this heterogeneous world everything plays its part, relationally" (Law 2007:12).

Eben wegen diesem Bestehen auf Relationalität gegenüber jeder Annahme einer zuvor schon bestimmbaren Substanzialität sind die Aktor-Network-Theorie und alle Ansätze, die seit den 1990er Jahren auf ihr aufbauen, im Kern semiotische Ansätze.[1]

> „Semiotics is the ethnomethodology of texts. Like ethnomethodology, it helps replace the analyst's prejudiced and limited vocabulary by the actor's activity of world. To be sure, one cannot stop at the study of one text in isolation – but when adding other documents, other sources, other methods, the lessons learned from semiotics must be retained. There are mediators all the way down, and adding sources will only add more mediations, none of them being reducible to mere ‚document' or ‚information'" (Latour 1993: 131).

Wie Law (in Law/Hussard 1999) polemisch behauptet und Høstaker (2005) so klar gezeigt haben, sind ANT nahe Ansätze Erweiterungen und unbeirrbare Anwendungen semiotischer Konzepte auf multi-modale Materialien: Alle Arten von Dingen, Menschen, Texten und Mechanismen stehen in einem relationalen, semiologischen Verhältnis zueinander, ohne unbedingt auf linguistische Formen beschränkte Prozesse der Bedeutungskonstitution zurückgreifen zu müssen.

Dazu beschreiben material-semiotische Ansätze die vielen Relationierungen – Enrollments in Callons Terminologie – die Aktanten oder Aktoren unterschiedlichster Art zu Ketten und Netzen verweben und zu Assemblagen stabilisieren. Ein Aktant, das also, aus dem die Netze der ANT sich aufspannen, ist ganz im Greimas'schen Sinne „that which accomplishes or undergoes an act, independently of all other determinations" (Greimas/Courtés 1982: 5). Ein Aktant ist, auch wenn die Bezeichnung Aktor-Netzwerk-Theorie etwas anderes verspricht, gerade kein Akteur im sozialtheoretischen Sinne, sondern ein Knotenpunkt der vielen Verwicklungen, aus denen Handlungen oder Praktiken sich zusammensetzen. So kann man auch nichtmenschliche – vor allem technische – Entitäten als Aktoren verstehen, denn es kommt für ihren Handlungsbeitrag eben gerade nicht darauf an, ob sie wissen oder wollen, was sie zu einer Praxis beitragen. Ganz heterogene Elemente werden so zusammen gewoben - oder besser: Aktor-Netzwerke werden in ganz unterschiedlichen Materialien in Kraft gesetzt.

Material-*semiotische* Ansätze sind daher nicht deshalb *material*-semiotisch, weil sie sich für Materialien interessieren, in denen sich Strukturen realisieren, die stabil und fest sozusagen hinter dem Rücken der unterschiedlichen Realisierungen stehen. Vielmehr interessieren sie sich für die vielen Übersetzungen (im Sinne Serres, 1992) von einer materialen Realisierung in eine andere. Wie schon bei Sprachen Übersetzungen nie vollständige und geräuschlose Übertragungen sind, sondern immer vieles transformiert, verschoben, verändert wird, so ist das bei Übersetzungen von einem Material ins andere geradezu zwangsläu-

---

[1] Schon Latours und Woolgars Ethnographie des Salk-Laboratoriums (1979) enthielt mindestens so viel Greimas wie Garfinkel.

fig der Fall. Eines der bekanntesten Beispiele ist das des Schlüsselanhängers (Latour 2004). Die Bitte: „Lassen Sie den Schlüssel bei Abreise an der Rezeption" kann ausgesprochen oder aufgeschrieben, sie kann aber auch an einen dicken, schweren Anhänger delegiert werden – was viel wirksamer ist. Nur ist die Bitte, wenn sie der Schlüssel samt Anhänger ausspricht, eigentlich eine andere, vielleicht so etwas wie: „Renn doch nicht mit so schweren Dingen in der Tasche rum." Das ist geradezu ein Paradebeispiel für verschiebende Übersetzungen: der Schlüssel sagt eigentlich nichts mehr, er hängt mit seiner ganzen Schwere in dünnen Hosentaschen, zerreist dort den Stoff und ist auch sonst eine Last.

Annemarie Mol (2002) ging in ihrer Studie in einem holländischen Krankenhaus noch einen Schritt weiter. Ausgehend von der Untersuchung von Übersetzungen könnte man nun annehmen, dass erfolgreiche Übersetzungen einheitliche und kohärente Netzwerke erzeugten. Mol zeigt hingegen, dass auch Kohärenz gar nicht von mehr oder weniger gelungener Übersetzung abhängt, sondern selbst wieder zusätzlich mit weiteren Übersetzungen hergestellt werden muss. Die meiste Zeit werden zeitgleich Multiplizitäten erzeugt, in Mols Studie sehr unterschiedliche Versionen so einer trivialen Sache wie einer Arterienverkalkung. Um sie zu behandeln, bedarf es eines ungeheuren Aufwands zur Koordinierung, damit sie temporär zu einer stabilen Diagnose zusammen gezurrt bleiben, nur um sogleich in den unterschiedlichen Behandlungsräumen wieder in Vielheit auseinander zufallen.

Diese Multiplizität nehmen material-semiotische Ansätze wie die ANT zur Grundvoraussetzung aller weiteren Beschreibungen. Um es zu betonen: das meint nicht generelle Unordnung oder Unstrukturiertheit, lediglich meint es, dass es, wie Law (1994) es nennt, multiple „modes or ordering" gibt, die genau deshalb so gut funktionieren, weil sie nicht aufeinander reduzierbar oder voneinander ableitbar sind. In der großen Forschungseinrichtung, die Law untersucht, sind in den meisten Situationen zeitgleich so unterschiedliche Ordnungen wie die formale Hierarchie der Institutsorganisation, die informelle stratifizierte Ordnung in Forscher, Techniker und Hilfskräfte, die chronologische Ordnung der Erfolgsgeschichte des Instituts wie die ebenfalls chronologische, aber flexible Ordnung der Projekte, ebenso aber auch die antagonistische Ordnung des Wettstreits am Werk. Und viel Arbeit wird darauf verwendet, sie mal aufeinander abzustimmen oder sie ein anderes mal gegeneinander auszuspielen.

Das heißt nun aber nicht, dass bei all der Multiplizität Stabilitäten, Eindeutigkeiten oder Fixierungen uninteressant sind – nur sind sie es nicht als Ausgangspunkt, sondern als Endpunkt einer detaillierten Analyse. Erinnern wir uns nur daran, wie ANT anfing: als Analyse der Konstruktion wissenschaftlicher Fakten und technischer Artefakte. „Opening the Blackbox", quasi eine material-semiotische Variante dekonstruktiven Lesens, war schon zu Beginn methodischer Imperativ. Aber wie auch sonst Dekonstruktion nicht die Zerlegung eines Textes in seine Einzelteile, sondern die Nachzeichnung der Prozesse seiner Schreibung meint, ist das Öffnen schwarzer Kisten kein Selbstzweck detailverliebter Technikforscher, sondern der Versuch der Beschreibung der unglaublichen Anstrengungen, mit denen sie gepackt und schwarz gestrichen wurden.

Material-semiotische Ansätze sind, entgegen einer geläufigen Reaktion, eigentlich bescheidene Soziologien. Sie hüten sich davor, mit dem konzeptuellen Framework bereits substantielles vorzuentscheiden, das erst aus empirischer Analyse sich ergeben kann: wer oder was sind Aktoren, wer oder was sind beteiligte Entitäten, was ist eine Handlung, eine Praxis, was sind die Ordnungsmodi? Penibel achten sie darauf, möglichst offene und symmetrische Begriffe und Konzepte zu verwenden und richten diese dann prinzipiell auf Relationalität aus. Etwas, das beschrieben werden soll, ist nur in Bezug auf Anderes etwas Beschreibbares. Und Anderes, dass kann alles mögliche sein, die Netze haben ganz heterogene Materialitäten. Beim Verweben der material-semiotischen Netze, bei den vielen Übersetzungen kommen in der Regel keine stabilen Dinge heraus, sondern vielmehr komplexe Multiplizitäten. Kohärenzen, Zusammenspiele, Widersprüche und Antagonien ergeben sich nicht einfach so: auch sie werden mit viel Mühe errichtet. Material-semiotische Ansätze beschreiben daher die Entstehung, die Aufrechterhaltung und den Zusammenbruch von Multiplizitäten ebenso wie die von stabil erscheinenden Singularitäten. Worauf könnte aber eine material-semiotische Analyse des Klimawandels abzielen?

3 Was hat das mit dem Klima und mit Eisbären zu tun?

Kehren wir zu der kleinen Geschichte zurück, die ich an den Beginn dieses Textes gestellt habe. Spätestens seit Al Gores „An Inconvenient Truth" kennen wir diese Bilder von einsamen, verängstigten Eisbären auf ihren Eisschollen. Es ist ein komischer Zufall, wir denken, sie seien verängstigt – wissen wir doch dass es nicht an ihrer Mimik liegen kann, dass wir davon überzeugt sind. Für uns aber ist der Eisbär fast schon zum Gesicht des Klimawandels geworden. Findige Geschichtenerzähler hätten das Bild kaum besser inszenieren können: die Eisscholle steht für die abschmelzenden Polkappen, ihr Herumtreiben auf dem Meer für eine unkontrollierbare Situation, der Eisbär für ein Tier, dass seinen Lebensraum verliert, dazu noch ist es ein gewaltiges und mächtiges Tier. Aber es ist kein Zufall, dass es ausgerechnet der Eisbär ist.

Es ist 1973, von Knut, Flocke und Willbär noch keine Spur, als Kanada, Dänemark, Norwegen, die UdSSR und die USA sich auf den Schutz der Polarbären verständigten. Zuvor hatte es einen Anstieg der Zahl getöteter Eisbären in den 1960er Jahren und die Eisbärjagd war zum hedonistischen Freizeitsport geworden (Prestrud/Stirling 1994), was den Anstoß für diesen Vertrag gab. In der UdSSR gab es zur Bärenjagd schon seit den späten 1950er Jahren Regelungen, die meisten anderen Staaten kannten solche jedoch bislang nicht. Der Bär trat als ein wildes Tier in den Disput ein, eingebettet in ein Ökosystem, dessen Stabilität bedroht wurde durch den Eingriff menschlicher Jäger – aus welchen Gründen auch immer.

Vor dem Abkommen hatte es bereits zwei von der *International Union for Conservation of Nature and Natural Resources* (IUCN 1966, 1970) ausgerichtete wissenschaftliche Treffen gegeben. Von eigentlich allen Vertretern anerkannt wurde das Problem, dass man über Populationgröße, Lebensräume, Wanderungen und die Reproduktion der Bären nur sehr wenig wusste. Die beteiligten Wissenschaftler hatten recht gute Zahlen, wie viele Bären erlegt und wie viele lebend gefangen wurden, jedenfalls existierten recht detaillierte Schätzungen darüber. Es herrschte jedoch Einigkeit, dass man eigentlich nicht so genau sagen konnte, ob das, in Bezug auf die Gesamtpopulation viel oder wenig war. Bekannt war hingegen, dass nur ein verschwindend geringer Teil für den Verbleib in Zoos gefangen wurde und dass es in den 1960er Jahren eine touristische Aktivität geworden war, Bären zu schießen. Die Aufforderung an die Polaranrainerstaaten, die aus dem zweiten Treffen 1970 hervorging, zielte so auch darauf, unkontrolliertes Jagen zumindest solange zu stoppen, bis bessere Kenntnisse über das Leben und die Lebensbedingungen der Bären gewonnen werden konnten.

Der Eisbär trat also als ein Unbekannter auf, von dem man eigentlich nicht viel mehr wusste, als dass man auf die Jagd nach ihm ging – aus Spaß, zur Verwendung seines Fleisches und seines Fells oder aus traditionellen Gründen. In den Zusammenhängen wissenschaftlichen Forschens nun wurde zweierlei getan: Auf der einen Seite machte man den arktischen Raum zum Labor, ersann die unterschiedlichsten Techniken zur Messung von Populationsgrößen, Wanderungsbewegungen und des Verhaltens der Bären gegenüber anderen Bären, anderen Spezies und gegenüber Menschen. Man versuchte es mit wiederkehrender Beobachtung vor Ort, indem man aus den unbekannten Populationen mittels Plastikschildern und Lippentatoos, Farbmarkierungen und Radioempfängern individuelle, zählbare und beobachtbare Bären machte. Man versuchte es mit Infrarotmessungen aus Flugzeugen und mit satellitengestüter telematischer Überwachung und mit Beobachtungen der Aufzucht von Kleintieren. Man band den Bären in all diese Netze ein und beteiligte ihn so an einem Prozess, aus dem er als bewahrenswerte Natur hervorging.

Auf der anderen Seite brachte man einige von Ihnen in die Labore der Industriestaaten: Tierparks und Zoos, wo man sie gezielt zu vermehren und zu halten versuchte. Man kreuze sie mit Braunbären, Amerikanischen Schwarzbären und anderen Bärenspezies und man stellte fest, dass sie sich zwar vermehren ließen, dass die Aufzucht kleiner Bären aber häufig scheiterte. Eisbärenmütter verstießen ihre Jungen oder fraßen sie auf und um ein Aufwachsen unter künstlichen Bedingungen zu gewährleisten, entschied man sich zuweilen für die Handaufzucht mit der Flasche. Besondere Bekanntheit erlangte dabei 1985 Andy Bear aus dem Zoo in Atlanta, dessen Aufzucht durch seine Pfleger zur Geschichte eines beliebten Kinderbuchs wurde. Herausgelöst aus seiner natürlichen Umgebung, das wusste man nun, konnte der Eisbär nur durch menschliche Pflege überleben. Er war vor menschlichem Einfluss schützenswerte Natur, und wo deren Gleichgewicht gestört wurde, half wiederum nur noch menschlicher Eingriff – durch Regelungen des Fangs oder durch aufpeppelnde Hände.

Mit dem Klimawandel hat das alles noch überhaupt nichts zu tun. Zwar versucht man schon früh, den Einfluss unterschiedlicher – natürlicher – klimatischer Bedingungen auf Populationsgröße und Wanderungen zu untersuchen. Das Wetter, der Wind und die Temperaturen gehörten aber einfach zu den Ökosystemen, die das Gleichgewicht der Natur ausmachten, welcher der Bär angehörte. 1993 aber war der Bericht der 11. Konferenz der *IPCC Polar Bear Specialist Group* plötzlich gespickt mit Verweisen auf die Gefahren des Klimawandels. Ein neuer Aktor war erzeugt worden, an anderer Stelle, aber mit viel Aufwand: Veränderungen des Wetters, der Winde, der Temperaturen waren nicht mehr *natürliche* Variationen. Wie war das passiert?

1979 organisierte die *World Meterological Organization* die erste *World Climate Conference*, die versuchte, mit der These umzugehen, dass die weitreichende Ausweitung menschlicher Aktivitäten für das je lokale, aber auch für das globale Klima Auswirkungen haben könnte. Es dauerte bis 1988, bis das *Intergovernmental Panel on Climate Change* ins Leben gerufen wurde und auch dem IPCC ging es vor allem um die Erklärung von Klimaveränderungen. Das IPCC definierte Klimawandel als statistisch signifikante Variation entweder des Durchschnittsklimas oder der Variation des Klimas über einen andauernden Zeitraum in Folge natürlicher Veränderungen oder durch externe Einflüsse. Als in Rio de Janeiro 1992 dann das UNFCC verabschiedet wurde, der Vorgänger des Kyoto Protokolls, definierte dieses Abkommen Klimawandel als einen Wandel des Klimas, der direkt oder indirekt aus menschlicher Aktivität zugeschrieben werden kann. Und erneut hat die Trennung der beiden Varianten – Klimaveränderung und Klimawandel – mit der Einrichtung von Messverfahren, mit der Errichtung von Laboren und mit dem Transport von Proben in Labore zu tun: mit einem Nachweis eines deutlichen Zusammenhanges eines regelmäßige Temperaturanstiegs mit dem Anstieg von CO_2 durch Eisbohrungen, mit geochemischen Analysen und anderen Verfahren auf der einen Seite, mit dem Nachweis des enormen Anstiegs an CO_2 durch menschliche Aktivitäten andererseits. Eisbohrungen, Gasmessungen und fossile Blätter wurden zusammengebunden, um den Klimawandel als neuen Aktor einzuführen.

1997 schließlich, 10 Monate vor Kyoto, ist der Klimawandel neben der Verschmutzung der Meere durch giftige Chemikalien der zweite Hauptgrund, warum sich der Schutz der Polarbären so erschwert. Auch wenn sich kaum einer der Berichte zur IPCC Konferenz 1997 tatsächlich inhaltlich mit Klimawandel und seinen direkten oder indirekten Konsequenzen befasst: in vielen der Papiere ist ein Verweis auf die Gefahren des Klimawandels mitgeführt. Auch 2001 – der Klimawandel ist zur Hauptbedrohung für die Bären in einer großen Anzahl von Statements und Papieren geworden – ist die Anzahl tatsächlich präsentierter Studien zur Lebenssituation der Bären unter veränderten klimatischen Bedingungen nahezu gleich null. Was es gibt sind Verweise wie dieser: Weil es einen festgestellten signifikanten Zusammenhang gibt zwischen dem Zustand weiblicher Bären und dem Aufbrechen des Eises im Frühling, und weil es eine wärmebedingte Vorverlegung des Eisbrechens zu bemerken gibt, muss angenommen werden, dass sich die Fortpflanzungsbedingungen verändern werden. Interessanterweise gibt es 2005, auf der nächsten IPCC Konferenz, den Beitrag von Rosing-Asvid, der genau diesen Zusammenhang bestreitet, indem er aufzeigt, dass sich durch das frühe Aufbrechen des Eises die Nahrungssituation der Bären stark verbessert. Aber Rosing-Asvid ist nicht erfolgreich mit diesem Argument – der Bericht nimmt in einem Statement zur anschließenden Diskussion die These sofort zurück und verweist darauf, dass „(…) one should probable be cautious about strong statements that a warming climate will be beneficial in the long term" (IUCN 2006: 23).

Genaue Studien zum Einfluss des Klimawandels auf die Bären sind für den enormen Anstieg der Verweise auf die Gefahren des Klimawandels auch gar nicht erforderlich. War doch zuvor der Bär schon längst eng verwoben mit seinen sehr spezifischen Lebensbedingungen, die, wenn man sie ihm wie im Zoo nimmt, zu seiner Gefährdung führt. Eine Natur war erzeugt worden, die aus ihrem je spezifischen Gleichgewicht nur durch menschlichen Einfluss – Entnahme der Bären durch Jagd oder Lebendfang – kommen konnte. Mit dem Klimawandel als Inbegriff der Bedrohung natürlicher Gleichgewichte kam so noch eine starke Kraft hinzu, die für den Schutz der Bären rekrutiert werden konnte. Dazu braucht man keine Daten über den Einfluss des Klimas auf die Bären, dazu musste man nur einen wichtigen Aktor des Klimawandel-Arrangements in das Netzwerk des Eisbärenschutzes einbinden: die schmelzenden Eiskappen der Pole. Das passierte durch ganz unterschiedliche Dinge. So wechselte etwa das Titelbild der Proceedings der IPCC Konferenzen signifikant: zeigen die Bilder bis vor 2001 vor allem die Tiere, illustriert das Bild von 2001 eine Gruppe von verschieden alten Bären auf einer Eisfläche, neben der weitere Schollen treiben. 2005 zeigt es einen Bär an Land und einen weiteren auf einer winzigen, treibenden Scholle. Diese Visualisierung: Bär auf Eisscholle schmückt außerdem seit 1996 eine Seite der Kanadischen Zweidollarmünze. Zudem wird die Verbindung Eisbär-Treibeis-Klimawandel im WWF Papier *Polar Bears at Risk* von 2002 gestärkt.

So ist es kein besonderes Wunder, dass ausgerechnet der Eisbär auf seiner Scholle zum globalen Symbol des Klimawandels geworden ist. Dass nahezu zeitgleich die schmelzenden Polkappen, die herunterfallenden Eisbrocken und das kleiner werdende Treibeis mit ganz anderen Assoziationen zusammengebunden werden, möchte ich hier nur andeuten. Emmerichs *The Day after Tomorrow* ist nur Hollywoods Adaption dieser wirkmächtigen material-semiotischen Verknüpfung. Und so holt man sich mit dem Einweben der schmelzenden Pole in die Netze des Artenschutzes eine Verknüpfung zu einer Natur dazu, die uns bedroht, eben weil sie wiederum mit riesigen Flutwellen, mit Stürmen und mit der Erwärmung der Meere verwoben ist.

Das relationale Verhältnis all dieser heterogenen Elemente: Eisbären, Forscher, Jäger, Packeis, Klimawandel und Zoos (und noch vieler mehr) habe ich hier nur angedeutet. In den Eisbären kreuzen sich diverse Netze und nur die Kreuzung dieser Netze gibt uns einen kleinen Blick darauf, wie wir uns das Verhältnis von Natur und menschlichem Einfluss zurechtweben. Auf der einen Seite erzeugen wir so eine natürliche Natur, eine, die im Gleichgewicht mit sich ist und die geschützt und behütet werden muss. Auf der anderen Seite eine Natur, die, von uns lange genug gereizt, mit Macht und Wucht zurückschlagen wird. Letztlich noch eine in Reservarten gehegte und gepflegte kultivierte Natur, bei der wir das fehlende Ökosystem künstlich ersetzen müssen: Knut, Flocke und Wildbär sind die Gewährbären dieser Natur. Unsere Naturen sind nicht eindeutig und auch nicht immer stabil. Eisbären sind in all diese Naturen verwoben: sie sind – je nach Situation – bedroht, bedrohlich und pflegebedürftig zugleich. Gerade diese Einbindung in ganz heterogene Netze wird dem Bären auch zum Verhängnis. Als im Juni 2008 an der Küste Grönlands Eisbären auf ihren Eisschollen antrieben, wurden sie erschossen – es war nicht klar, ob sie bedroht waren oder selbst bedrohten.

4   Ergibt sich daraus ein sinnvoller Beitrag zur Klimadebatte?

Sieht man sich den Beitrag von Heidbrink, Leggewie und Welzer in der Zeit noch einmal genauer an, dann fällt auf, dass er nicht nur den fehlenden Beitrag der Sozial- und Kulturwissenschaften zur Klimadebatte konstatiert, sondern dass er vielmehr auch eine Lösungsidee hat, wie sie beitragen könnten. Dabei beruht diese Idee auf einer simplen wie fatalen Annahme, die, wenn wir sie befolgten, dazu führt, dass wir nur noch wie in einem Feldlazarett die Wunden notdürftig verbinden und uns darauf konzentrierten, uns vom Klimawandel getroffen die Köpfe zu tätscheln und uns den Umgang mit dem Unausweichlichen einfacher zu machen. Heidbrink, Leggewie und Welzer (2007) schreiben, dass

> „(...) die Verbindung protestantischer Gewissensethik mit deutscher Ingenieurkunst suggeriert, der Klimawandel sei abzuwenden und die Katastrophe zu verhindern, indem man an den richtigen Stellschrauben politischer Technologie dreht."

Und wenige Absätze später: „Der Klimawandel ist hinsichtlich seiner Genese und der möglichen Projektionen ein Gegenstand der Naturwissenschaften, aber hinsichtlich der Folgen ein Gegenstand der Sozial- und Kulturwissenschaften." Paraphrasiert: Lassen wir doch endlich den Gedanken fallen, wir könnten noch etwas ändern. Überlassen wir lieber den Naturwissenschaften die Aufgabe, ihn zu erklären und zu prognostizieren (wohlgemerkt: nicht die Aufgabe, Wege zu finden, ihn aufzuhalten). Wir Sozialwissenschaftler können derweil untersuchen, was er im Alltag der Menschen bedeutet, welche Machtverhältnisse er fördert und welche Ungleichheiten er bringt, damit wir wenigstens gut mit ihm umgehen können. Wir können beitragen, indem wir helfen, „kosmische Gefahren in regionale und lebensweltliche Parameter" zu übersetzen.

Die Annahmen, die eine solche Empfehlung leiten, sind extrem einseitig gedacht und sie widersprechen sogar den naturwissenschaftlichen Expertisen, auf die wir uns doch verlassen sollen: Erstens nämlich könnte man kaum deutlicher sagen, dass der Klimawandel ein nicht-soziales Phänomen sei, etwas, über dessen Genese uns Sozial- und Kulturwissenschaften nichts sagen können. Zum anderen, und das ist noch ärgerlicher, dass Politiker wie die Menschen auf der Straße sozial- und kulturwissenschaftlicher Vermittlung bedürften, um mit den sozialen Folgen dieses nicht-sozialen Phänomens umgehen zu können. Wir müssen die Ergebnisse der Naturwissenschaften nicht in eine Soziale-Folgen-Spache übersetzen. Vermittelt wird ständig – einige dieser Vermittlungen und Übersetzungen, die sehr differenzierte und zuweilen auch inkongruente Naturen erzeugen, habe ich mit Verweis auf kleine und erschossene Eisbären, Eisschollen und Klimawandel versucht, im Mittelteil dieses Beitrags zu illustrieren. Nicht-menschliche und menschliche Handlungsbeiträge sind überall zu inkongruenten Aussagen über unser Verhältnis zur Natur verwoben. Was wir aber tun können, ist ein „Parlament der Dinge" (Latour 2001) einzuberufen und uns mit der Vermittlung dieser Inkongruenzen beschäftigen.

Dazu müssen auch die ganzen nicht-menschlichen Aktanten zum Sprechen gebracht werden und dazu ist eine ganze Menge Arbeit nötig. Dass dazu symmetrische Begriffe, ein in Bezug auf den Beitrag nicht-menschlicher Entitäten möglichst vorurteilsfreies Vokabular, die Suche nach Differenzen, Vielheiten, Kongruenzen und Inkongruenzen sowie ein streng relationistischer Blick sinnvoll sein können, haben in den letzten Jahren diverse material-semiotische Analysen gezeigt. Gute Beispiele dafür gibt es viele: Sarah Bells Dissertation (2003) über Nachhaltigkeit und ein Projekt zur Gewinnung von grüner Energie aus Eukalyptus in Australien etwa, in der sie aufzeigt, wie im Verlauf dieses Projektes Nachhaltigkeitskontroversen nicht aufgelöst, sondern wie Nachhaltigkeit als Ordnungsmodus eine komplexe und heterogene Situation beständig zu stabilisieren und zu ordnen versucht; David Demeritts Arbeiten über Naturverhältnisse, globale Risiken und Flutvorhersagen (2001, 2006), in denen er die vielen Verwicklungen und Kontroversen, in denen um die wissenschaftlichen Fakten gerungen wurde, und er so als „matters of concern" nachzeichnet; oder Donald MacKenzies Analyse der Einrichtung von Berechnungsverfahren, Kalkulierungs- und Klassifikationstools und Emissionsrechten zur Etablierung von „Carbon Markets" (MacKenzie 2008, 2009; [siehe auch Lohmann in diesem Band, Anm. d. Hrsg.]).

Als Sozial- und Kulturwissenschaftler hat man also nicht lediglich die Möglichkeit, die sozialen Folgen eines Naturphänomens zu untersuchen. Gerade die Genese des Klimawandels ist ein lohnendes Forschungsfeld. All die Techniken und Praktiken seiner industriellen und alltäglichen Erzeugung, all die Werkzeuge und Verfahren seiner Registrierung, die Einrichtungen und Strategien, mit denen er externalisert wurde sowie die ganzen Visualisierungen und Narrationen, mit denen er medial aufbreitet, bekämpft, unterstützt und bestritten wird, können beschrieben werden. Wenn das gelingt, dann gibt es tatsächlich einen substantiellen Beitrag der Sozial- und Kulturwissenschaften zur Klimadebatte.

Literatur

Bell, Sarah (2003): Researching Sustainability. Material Semiotics and the Oil Mallee Project. Dissertation: Murdoch University, Australia.
Bijker Wiebe E./Hughes Thomas P./Pinch Trevor (Hrsg.) (1987): New Directions in the Social Studies of Technology. Cambridge: MIT Pres.
Bloor, David (1976): Knowledge and Social Imagery. London/Boston: Routledge & Kegan Paul.
Callon, Michel (1986a): Mapping the Dynamics of Science and Technology. Sociology of Science in the Real World. Houndmills: Macmillan.
Callon, Michel (1986b): Some Elements of a Sociology of Translation. Domestication of the Scallops and Fishermen of Sr. Brieuc Bay. In: Law, John (Hrsg.) (1986): Power, Action and Belief: A New Sociology of Knowledge, London: Routledge, 196-233.
Callon, Michel (1987): Society the Making; the Study of Technology as a Tool for Sociological Analysis. In: Bijker Wiebe E./Hughes Thomas P./Pinch Trevor (Hrsg.) (1987): New Directions in the Social Studies of Technology. Cambridge: MIT Press.
Demeritt, David (2001): The Construction of Global Warming and the Politics of Science. In: Annals of the Association of American Geographers 91 (2), 307-337.
Demeritt, David (2006): Science Studies, Climate Change, and the Prospects for Constructivist Critique. In: Economy and Society 35 (3), 453-479.
Foucault, Michel (1981). Archäologie des Wissens. Frankfurt a.M.: Suhrkamp.
Greimas, Algirdas Julius/Courtés, Joseph (1982) Semiotics and Language: An Analytic Dictionary. Bloomington: Indiana University Press.
Heidbrink, Ludger/Leggewie, Claus/Welzer, Martin (2007): Von der Natur- zur sozialen Katastrophe. In: Die Zeit 45, v. 01.11.2007.
Høstaker, Roar (2005): Latour – Semiotics and Science Studies. In: Science Studies 18 (2), 5-25.
IUCN (1966): Proceedings of the First International Scientific Meeting on the Polar Bear in 1965, IUCN (International Union for Conservation of Nature and Natural Resources). US Department of the Interior and University of Alaska, Governement Printing Office.
IUCN (1970): Proceedings of the Second Working Meeting Of The Polar Bear Specialist Group in den IUCN (International Union for Conservation of Nature and Natural Resources) Headquartes, Morges, Schweiz 1970. IUCN Publications New Series Supplementary Papers 29.
IUCN (1972): Proceedings of the Third International Scientific Meeting on the Polar Bear in 1972. IUCN (International Union for Conservation of Nature and Natural Resources) Headquartes, Morges, Schweiz. IUCN Publications New Series Supplementary Papers 35.
IUCN (1976): Proceedings of the Fifth Working Meeting Of The Polar Bear Specialist Group in den IUCN (International Union for Conservation of Nature and Natural Resources) Headquartes, Morges, Schweiz 1976. IUCN Publications New Series Supplementary Papers 42.
IUCN (1980): Polar Bears. Proceedings of the Seventh Working Meeting of the IUCN (International Union for Conservation of Nature and Natural Resources) Polar Bear Specialist Group in Copenhagen, Dänemak 1979 & Proceedings of the Sixth Working Meeting of the IUCN Polar Bear Specialist Group in den IUCN Headquartes, Gland, Schweiz 1976. IUCN Publications New Series Supplementary Papers 45.
IUCN (1981): Proceedings of the Eighth Working Meeting Of The IUCN (International Union for Conservation of Nature and Natural Resources)/SSC Polar Bear Specialist Group im Norwegischen Umweltministerium in Oslo 1981, IUCN Publications, Cambridge University Press.
IUCN (1986): Proceedings of the Ninth Working Meeting Of The IUCN (International Union for Conservation of Nature and Natural Resources)/SSC Polar Bear Specialist Group in Edmonton, Kanada 1985. IUCN Publications, Cambridge University Press.
IUCN (1988a): Polar Bears. Proceedings of the Tenth Working Meeting Of The IUCN (International Union for Conservation of Nature and Natural Resources)/SSC Polar Bear Specialist Group in Sochi, UdSSR 1988. Occasional Papers of the IUCN Species Survival Commission (SSC) 7.
IUCN (1988b): Polar Bears. Proceedings of the Eleventh Working Meeting Of The IUCN (International Union for Conservation of Nature and Natural Resources)/SSC Polar Bear Specialist Group in Kopenhagen, Dänemark 1988. Occasional Papers of the IUCN Species Survival Commission (SSC) 10.
IUCN (1997): Polar Bears. Proceedings of the Twelfth Working Meeting Of The IUCN (International Union for Conservation of Nature and Natural Resources)/SSC Polar Bear Specialist Group in Oslo, Norwegen 1997. Occasional Papers of the IUCN Species Survival Commission (SSC) 19.

IUCN (2001): Polar Bears. Proceedings of the 13th Working Meeting Of The IUCN (International Union for Conservation of Nature and Natural Resources)/SSC Polar Bear Specialist Group in Nuuk, Grönland 2001. Occasional Papers of the IUCN Species Survival Commission (SSC) 26.
IUCN (2006): Polar Bears. Proceedings of the 14th Working Meeting Of The IUCN (International Union for Conservation of Nature and Natural Resources)/SSC Polar Bear Specialist Group in Seattle, USA 2005. Occasional Papers of the IUCN Species Survival Commission (SSC) 32.
Latour, Bruno/Woolgar, Steve (1979): Laboratory life. The social construction of scientific facts. Newbury Park: Sage.
Latour, Bruno (1987): Science in Action. How to follow scientists and engineers through society. Milton Keynes: Open University Press.
Latour, Bruno (1993): Pasteur on Lactic Acid Yeast: A Partial Semiotic Analysis. In: Configurations 1 (1), 129-145.
Latour, Bruno (1994): Der Berliner Schlüssel. Berlin: Wissenschaftszentrum für Sozialforschung.
Latour, Bruno (2001): Das Parlament der Dinge. Frankfurt a.M.: Suhrkamp.
Latour, Bruno (2004): Why has Critique Run out of Steam? From Matters of Fact to Matters of Concern. In: Critical Inquiry 30 (2), 225-248.
Latour, Bruno (2007): Eine neue Soziologie für eine neue Gesellschaft. Frankfurt a.M.: Suhrkamp.
Law, John (Hrsg.) (1986): Power, Action and Belief: A New Sociology of Knowledge, London: Routledge.
Law, John (1994): Organizing Modernity. Oxford: Blackwell.
Law, John (2002): Aircraft Stories: Decentering the Object in Technoscience. Durham: Duke University Press.
Law, John (2007): Actor Network Theory and Material Semiotics. 25.04.2007, http://www.heterogeneities.net/publications/Law-ANTandMaterialSemiotics.pdf (18.08.2009).
Law, John/Hussard, John (1999): Actor Network Theory and After. Oxford: Blackwell.
MacKenzie, Donald (2007): Finding the Ratchet: The Political Economy of Carbon Trading. Entwurf für das London Review of Books, http://www.sps.ed.ac.uk/__data/assets/pdf_file/0015/3417/DMacKenzieRatchet16.pdf (18.08.2009).
MacKenzie, Donald (2009): Making things the same: Gases, emissions rights and the politics of carbon markets, Accounting, Organizations and Society 34 (3-4), 440-455.
Mol, Annemarie (2002): The Body Multiple: Ontology in Medical Practice. Durham/London: Duke University Press.
Norris, Stefan/Rosentrater, Lynn/Martin Eid, Pål (2002): Polar Bears at Risk. World Wildlife Fund WWF Status Report. Gland: World Wide Fund for Nature, http://www.worldwildlife.org/climate/Publications/WWFBinaryitem4927.pdf (18.08.2009).
Prestrud, Pal/Stirling, Ian (1994): The International Polar Bear Agreement and the current status of polar bear conservation. In: Aquatic Mammals 20 (3), 113-124.
Serres, Michael (1992) Hermes III. Übersetzung. Berlin: Merve.

Das Klima erkennen, verhandeln, prozessieren – Ein Einblick und Vorschlag zur transdisziplinären Diskussion

Stephan Lorenz

Die Essener Kulturwissenschaftler Ludger Heidbrink, Claus Leggewie und Harald Welzer (2007) formulierten in der Wochenzeitung „Die Zeit" einen Aufruf zur Beteiligung der Kultur- und Sozialwissenschaften an der Klimadebatte. Da die öffentlich geführte Debatte stark naturwissenschaftlich geprägt ist, fordern sie damit sowohl eine Verhältnisbestimmung zwischen Natur- und Sozialwissenschaften als auch zwischen Wissenschaften und Öffentlichkeit bzw. Praxis. Es geht, allgemeiner gesprochen, um die Möglichkeiten sozialwissenschaftlicher Beiträge im Rahmen transdisziplinärer Problemanalysen und Problembearbeitungen.

Um einen Zugang zu dem so aufgespannten Problemfeld zu gewinnen, werde ich in gebotener Kürze einige Klima-Debattenbeiträge zwischen Naturwissenschaften, Sozialwissenschaften und Öffentlichkeit/Praxis vorstellen und kommentieren

1. Die ausgewählten Texte sind „Original"-Beiträge, d.h. solche, die prominente Positionen in der Klimadebatte wiedergeben. Es sind Expertenbeiträge, die aber ein breiteres Fach- wie interessiertes Laienpublikum, jenseits eigener Expertenkreise, ansprechen. Diese Positionierungen werden dann anhand der Fragen nach Erkennen und/ oder Handeln im Klimawandel idealtypologisch systematisiert
2. Ich präferiere einen der gewonnenen Typen, nämlich den, der sich zentral auf ein *Ver*handlungsverständnis stützt, und schlage dafür eine methodologische Fundierung vor
3. Die Frage, wo Sozial- und Kulturwissenschaften zur Klimadebatte beitragen können, wird so wie folgt beantwortet: überall, wo es um Verhandlungen, um Aushandlungsprozesse geht – also grundsätzlich überall. Denn es wird hier behauptet, dass wissenschaftliche Ergebnisse, sozial- genauso wie naturwissenschaftliche, ebenso als ausgehandelte aufzufassen sind wie öffentliche und politische Positionierungen. Auf diese Weise lässt sich ein eigenes Verständnis von Transdisziplinarität postulieren. Methodologisch muss freilich anzugeben sein, wie Verhandlungsprozesse grundsätzlich vorzustellen und zu rekonstruieren sind, nämlich entlang von Verfahrensschritten und Verfahrensanforderungen, also grundlegend verfahrensförmig oder: prozedural.
4. Deshalb wird eine *prozedurale Methodologie* (Lorenz 2007, 2008) vorgeschlagen, die folglich ein *prozedurales Verständnis von Transdisziplinarität* formuliert und damit einen integrativen Rahmen für die Klimadebatte abgeben könnte.

1 Acht exemplarische Positionen in der Klimadebatte

Der Auswahl der folgenden Debattenbeiträge kam entgegen, dass die Zeitschrift Politische Ökologie (106/107) im September 2007 dem Klimawandel einen eigenen Themenschwerpunkt widmete, womit eine ganze Reihe relevanter Positionierungen im genannten Sinne versammelt vorliegen. Aus diesem Fundus wurden allein sechs Texte herangezogen, zwei weitere Artikel erschienen in Tages- bzw. Wochenzeitungen. Vor allem naturwissenschaftlich argumentieren Rahmstorf/Schellnhuber (2007) vom Potsdam-Institut für Klimafolgenforschung und Reichholf (2007). Auch Sachs/Santarius (2007) vom Wuppertal-Institut haben eine starke naturwissenschaftliche Basis, die sie allerdings mit Gerechtigkeitsfragen verbinden. Behringer (2007) widmet sich dem Thema als Historiker und die übrigen Beiträge von Schillmeier (2007), Altvater (2007), Baecker (2007) sowie der o.g. Aufruf von Heidbrink/Leggewie/Welzer (2007) argumentieren sozial- und kulturwissenschaftlich. Damit ist ein breites Feld im oben eröffneten Spektrum zwischen Naturwissenschaften, Sozialwissenschaften und Öffentlichkeit aufgespannt. Die Publikationsforen zwingen die Experten, in wenigen Worten ihre Position mehr oder weniger allgemeinverständlich zu verdeutlichen, was wiederum den Vergleich befördert. Der Vergleich wird in besonderer Weise die Frage fokussieren, die sich – mal implizit mal expliziter – durch die Beiträge zieht, nämlich die danach, wie sich die jeweils präsentierten Erkenntnisse zu Handlungsoptionen im Klimawandel verhalten.

1.1 Klimawandel als Verteilungskonflikt

Wolfgang Sachs und Tilman Santarius (2007) argumentieren, dass (1) der „Umweltraum" endlich ist, d.h. es natürliche Grenzen für Gesellschaft gibt, (2) heutige faktische Übernutzungen gesellschaftliche Anpassungsleistungen erfordern, wobei einem hohen Verursacheranteil der Industrieländer am Klimawandel die hauptsächlichen Folgeprobleme in armen „Südländern" entgegenstehen. Daraus resultiert (3) ein Verteilungskonflikt, den die Autoren auf die Formel Menschenrechte vs. Wohlstandsrechte bringen. Die erhobene Gerechtigkeitsforderung lautet: globale Orientierung am Verursacherprinzip und an Pro-Kopf-Nutzungsrechten am Umweltraum. Dies soll über internationale Verhandlungslösungen zwischen Staaten erreicht werden.

Nicht thematisiert wird, wie mit Erkenntnisunsicherheit zum Klimawandel umzugehen ist. Auch führt das ökologische Entwicklungsszenario zwar zu moralisch-politischen Änderungsforderungen. Es bleibt aber weitgehend unklar, wer das wie umsetzt.

1.2 Bedrohungsszenarien des Wandels

Stefan Rahmstorf und Hans Joachim Schellnhuber (2007) präsentieren beispielreich Bedrohungsszenarien für Lebensbedingungen bei wahrscheinlichen klimatischen Änderungen (Trends), sowohl bezogen auf langfristigen Wandel als auch auf Anzahl und Intensität von Extremereignissen. Zwar sehen sie Schwierigkeiten direkter kausaler Aussagen, erwarten aber einen Temperaturanstieg, der im historischen Vergleich tendenziell stärker und schneller verläuft. Außerdem verstärkt der Klimawandel andere Prozesse der Naturschädigung (z.B. Waldzerstörung). Zugleich sind regionale Differenzen in den Auswirkungen zu erwarten: für Industriestaaten (Verursacher) sind sogar Vorteile möglich (z.B. höhere landwirtschaftliche Erträge).

Die Unklarheiten oder Auslassungen dieser Position entsprechen weitgehend denen des ersten Beitrags, so dass die Positionierung tendenziell voluntaristisch ausfällt.

1.3 Erfolgsmodell Moderne

Wolfgang Behringer (2007) beobachtet historisch, dass der seit dem 14. Jahrhundert einsetzende klimatische Wandel im Zuge der Kleinen Eiszeit tradierte Lösungsstrategien für kurze „schlechte Zeiten" überforderte. Religiöse Deutungen führten zunächst zu Schuldzuschreibungen (Leprakranke, Muslime, Juden, Hexen) und Verhaltensdisziplinierungen (gegen Luxus, Unmäßigkeit, Rebellion). Erst Aufklärung und Industrialisierung schafften Abhilfe mit Hygiene, verbessertem Anbau und Infrastruktur, letztlich mit „distanzierten Betrachtungsweisen von Krisen als Verwaltungs-, Verteilungs- oder Versicherungsproblem" (ebd.: 26): das Erfolgsmodell der Moderne.

Auch der Autor selbst betrachtet es allerdings als unklar, inwiefern Erfahrungen mit den relativ geringen historischen Temperaturänderungen (ca. -1 °C) für die Bewältigung heutiger Probleme tatsächlich weiter helfen. Außerdem muss gefragt werden, ob nicht die historisch erneute Temperaturerhöhung wesentlicher Bestandteil des Erfolges war, man die Erfolge jedenfalls nicht allein den modernen Umgangsweisen zuschlagen kann? (So stellt etwa Reichholf (2007: 28) im folgenden Beitrag fest: „Mais und Kartoffeln (…) konnten sich klimabedingt erst Ende des 18. Jahrhunderts etablieren".) Und noch grundsätzlicher ist zu fragen, inwiefern sich wirklich von einem Erfolgsmodell sprechen lässt, wenn daraus z.T. destruktivere Folgen resultieren (u.a. heutiger Klimawandel, Weltkriege etc.; vgl. auch Schillmeier unten)?

1.4 Wärmer ist besser

Josef H. Reichholf (2007: 27) pointiert: „Warmzeiten waren historisch meist gute Zeiten. Die Angst vor der Erderwärmung ist unbegründet." Dafür führt er eine Reihe von historischen Beispielen an. Klimaschwankungen sind normal und kein Grund zur Besorgnis vor Verlusten. „Belastbare Regionalmodelle, aber keine Untergangsszenarien" (ebd.: 28) wären die geeignete Handlungsgrundlage.

Unklar bleibt der Sinn der selbst erklärten „Provokation": wen und v.a. wozu will Reichholf provozieren? Gibt es schon zuviel gefährlichen Klima-Aktionismus? Bezogen auf seine Argumentation ist u.a. zu fragen: Was heißt „gute Zeiten"? Sind die genannten Beispiele, etwa die Ausbreitung von Großreichen oder Bevölkerungszunahme, wirklich Indikatoren für gute Zeiten? Inwiefern und: gut für wen oder was?

1.5 Krisenmodell Moderne

Laut Michael Schillmeier (2007) stellt der Klimawandel das europäische Modernisierungsmodell in Frage, insbesondere die für dieses Modell zentrale Unterscheidung von Natur und Gesellschaft, da Ursachen wie Folgen des Klimawandels nicht eindeutig natürlich oder sozial zuzuschreiben sind. Die Konsequenzen des (wissenschaftlichen, technischen, ökonomischen) Erfolges dieses Modells sind, wie der Klimawandel zeigt, jedenfalls problematischer als seine Problemlösungen. Gefordert wird insbesondere eine wissenschaftliche Problem- statt Disziplinenorientierung.

Es wird allerdings nicht deutlich, ob die Natur-Gesellschaft-Unterscheidung grundsätzlich aufgegeben oder einzelne „Naturen-Kulturen-Netzwerke" oder „kosmopolitische Ereignisse" (wie z.B. Klimawandel) als „Drittes" anerkannt werden sollen. Auch ist fraglich, ob der Klimawandel tatsächlich zu etwas „zwingt" (ebd.: 31f.). Das würde heißen: Differenzen „verschwinden" zwangsläufig „von selbst" – dann müssten „wir" aber nichts ändern oder einfordern. Überhaupt: Wer ist (nach Aufgabe der Unterscheidung Natur/Gesellschaft) das im Text genannte „wir/uns" und die „Gesellschaft", die aufgefordert wird, etwas zu ändern, z.B. „den ausgeschlossenen anderen" etwas „zurückzu*geben*" (ebd.: 32f.) – statt z.B. selbst etwas zu lernen?

1.6 Unbezahlbare Verluste

Elmar Altvater (2007) nimmt Bezug auf Kostenschätzungen zum Klimawandel (Stern-Report, IPCC), wonach Vermeidungskosten deutlich geringer als Folgekosten sind. Wichtiger ist ihm aber die qualitative Differenz zwischen heutiger Vermeidung und späterer Folgenbekämpfung: letzteres bedeutet immer irreversible Verluste (z.B. ausgestorbene Arten), die auch nicht mit (viel) mehr Geld zu bezahlen, sondern unwiederbringlich verloren sind (Preis vs. Wert). Die kapitalistische Ökonomie orientiere sich ohnehin nicht an potenziell erhöhten Kosten, sondern gewinne durch *aktuell* externalisierte Kosten, also das Nicht-Aufkommenmüssen für Schäden bei der Nutzung von Umwelt („harte" Interessen). Daraus folgt für Altvater, dass Klimaprobleme sich nicht geldförmig, nicht kapitalistisch lösen lassen.

Jenseits des Kapitalismus werden von ihm nur Andeutungen für Ursachen gemacht („fossile Energieträger und industrielle Produktion", ebd.: 43). Die Frage nach dem *relativen* Anteil des Kapitalismus am Klimawandel (z.B. gegenüber historischem Sozialismus) bleibt unbeantwortet. Auch die Handlungsalternativen bleiben recht unspezifisch: „Dezentralisierung von Arbeit und Leben", „im Einklang mit den natürlichen Räumen und Zeiten" (ebd.: 44) – was heißt das, wer bestimmt das und wie?

1.7 Handlungskoordination von Kängurus

Dirk Baecker (2007) thematisiert explizit eine Differenz von Problemerkenntnis und angemessenem Handeln. Zwar sind sich alle darüber einig, dass es ein Umwelt- (Klima-) Problem gibt, aber kaum jemand handele entsprechend. Einsicht und Moral helfen nicht, weil sie sich nicht als allgemeinverbindliches Handeln organisieren lassen. Die Gesellschaft ist differenziert, geradezu fragmentiert in Teilsysteme mit je eigenen Operationslogiken und deshalb ist eine gemeinsame Handlungsgrundlage illusorisch. Als Lösung bietet Baecker eine veränderte Wahrnehmung an. Teilsysteme haben „gute Gründe" in ihrem Sinne zu funktionieren („Ebene erster Ordnung"), was bei Änderungsforderungen berücksichtigt werden muss („Ebene zweiter Ordnung"). Deshalb sind Interventionen höchstens in Form von „Moderation" zu empfehlen.

Schon die Diagnose, in der Umweltbewusstseinsforschung bereits seit langem als „Kluft zwischen Einstellung und Verhalten" diskutiert, wird bei Baecker am Beispiel der Zwergkängurus schief eingeführt. Zwergkängurus befrieden ihren Streit, indem sie sich nicht mehr gegenseitig ansehen, sondern alle gemeinsam die Umwelt („ein Stück Wiese, ein paar Büsche") betrachten. Will heißen, der Blick auf die Umwelt eint und beruhigt. Aber zum einen hat der Blick auf den Klimawandel nichts Beruhigendes (eher: Kängurus blicken auf ein näher kommendes Buschfeuer – beruhigend?). Zum anderen sind die Deutungen durchaus verschieden und es fragt sich, wie ein „alle sehen dasselbe" (systemtheoretisch) überhaupt möglich ist.

Entschiedener noch muss nachgefragt werden: Wenn der Übergang von Erkennen zu Handeln das Problem ist – kann dann verändertes Erkennen die Lösung sein? Und kann Moderation massive Interessenkonflikte (vgl. auch Altvater oben) bewältigen?

1.8 Soziale Folgenforschung

Ludger Heidbrink, Claus Leggewie, Harald Welzer (2007) verfassten einen Aufruf zu kulturwissenschaftlichen Beiträgen zur Klimadebatte. Sie beklagen die „Körper- und Raumlosigkeit sozial- und kulturwissenschaftlicher Theorien" und wollen „aus der Welt der Diskurse und Systeme zurückfinden zu den Handlungen und Strategien". Außerdem problematisieren sie eine Debattenverengung auf Extremereignisse und lenken den Blick stärker auf Fragen der Entwicklung risikobewusster, lernfähiger Umgangsweisen im langfristigen Wandel. Themen kulturwissenschaftlicher Beiträge sollten sein: historische Analyse, Zeitdiagnose, individuelles vs. kollektives Handeln, kulturelle Problemdeutungen. Schließlich postulieren sie:

> „Der Klimawandel ist hinsichtlich seiner Genese und der möglichen Projektionen ein Gegenstand der Naturwissenschaften, aber hinsichtlich der Folgen ein Gegenstand der Sozial- und Kulturwissenschaften. Denn seine Folgen sind sozial und kulturell, nichts anderes" (ebd.).

Eine nahe liegende Frage im Anschluss an den Aufruf ist sicher, ob Sozialwissenschaften zu Klima- bzw. Umwelt- oder Nachhaltigkeitsproblemen tatsächlich zu wenig beitragen oder ob die vorhandenen Beiträge, nicht zuletzt von den Autoren selbst, zu wenig wahrgenommen und wirkmächtig werden. Eine genauere Bilanz und Analyse naturwissenschaftlicher Dominanz wäre wünschenswert. Problematisch ist jedenfalls die vorgeschlagene Arbeitsteilung zwischen Natur- und Kultur-/Sozialwissenschaften: Liegt die Erkenntnis bei Naturwissenschaften – das Handeln bei Sozialwissenschaften? Haben Sozialwissenschaften, gerade beim Klimawandel, nichts zur *Ursachen*analyse beizutragen (Industriegesellschaft, Naturverständnis etc.)? Und sind umgekehrt die *Folgen* nicht auch physische?

2 Thesen zur Systematisierung: Erkennen, Handeln, Verhandeln

- Im Verhältnis von Naturwissenschaften zu Kultur- und Sozialwissenschaften besteht weder Anlass zu Unterordnung noch zu Überheblichkeit. Grundsätzlich richten sich sowohl Natur- als auch Sozialwissenschaften auf *Ursachen, Folgen und Umgangsweisen mit* dem Klimawandel. Der Unterschied liegt darin, dass Naturwissenschaften die physischen Aspekte zum Gegenstand haben (Temperaturen, Wasserstände, Windstärke etc.), während die Sozialwissenschaften ihre Analysen auf soziokulturelle Aspekte richten (gesellschaftliche Konstruktionen und Deutungen, Institutionen, ökonomische Dynamik etc.).

- Dass es zwischen diesen Gegenstandsbereichen mindestens Wechselwirkungen gibt, ist gerade an der Klimaproblematik offensichtlich; historisch neu ist vor allem die globale Dimension. Wenn einerseits natürliche Entwicklungen soziale Anpassungen erfordern oder Grenzen sozialer Entfaltung bilden (und schließlich menschliches Leben erst ermöglichten), so gilt umgekehrt, dass soziale Prozesse (z.B. ökonomisch-industrielle Dynamik) als „anthropogene Ursachen" wesentlich auf die physische Welt einwirken.
- Ein Theorie-Praxis-Problem haben prinzipiell Natur- *und* Sozialwissenschaften, da sich (immer reduzierte bzw. abstrahierende) wissenschaftliche Erkenntnis nicht umstandslos anwenden lässt. Ungebremster Anwendungsoptimismus ist ebenso rücksichtslos gegenüber konkreten Besonderheiten wie ignorant gegenüber theoretischen Grundlagen; theoretisierter Skeptizismus oder Selbstgenügsamkeit verschließen sich drängenden Handlungsproblemen. *(Die theoretischen Grundlagen können dabei sowohl auf natur- als auch sozialwissenschaftlicher Seite konstruktivistisch/relationalistisch oder substantialistisch/realistisch sein.)*
- Ein gemeinsames Problem ist deshalb, wie die Diskussion der Beiträge zeigte, die Frage nach dem *Verhältnis von Erkennen und Handeln*. Es resultieren folgende Möglichkeiten:
    a. *Verbindungen zwischen dem grundsätzlich Getrennten schaffen*: Hierfür spricht, dass damit eine unabhängige Beobachtungs- und Reflexionsinstanz – eben Wissenschaft – aufrechterhalten wird. Auf Seiten des Erkennens wird Handlungsdruck genommen – und gerade dadurch werden potenziell alternative Sichtweisen und Handlungsoptionen ermöglicht. Auf Seiten des Handelns wird man nicht ständig durch Fragen irritiert und aufgehalten. Der Nachteil ist, dass immer ein Übersetzungs- oder Anwendungsproblem bestehen bleibt, weil Wissenschaft dann eben per definitionem unpraktisch ist. Deshalb könnte es auch attraktiv sein, die Differenz prinzipiell zu überwinden...
    b. *Differenzen verhandeln*: Ergebnisse werden in den Naturwissenschaften wie den Sozialwissenschaften, aber auch gesellschaftlich grundsätzlich *ausgehandelt* (in weitem Sinne von Diskurs über Experiment bis Krieg). Damit verschieben sich die Fragen, ob es unterschiedliche Wissenschaften (Natur- vs. Sozialwissenschaften) gibt und ob man die Kluft zwischen Erkennen und Handeln überwinden kann dahingehend, wie die (Konstruktions-) Verhandlungsprozesse jeweils aussehen, wer oder was, wie und woran beteiligt ist oder nicht.

Ein besonderer Vorzug dieses „Verhandlungsparadigmas", welches ich insbesondere mit Latours (2001) „Parlament der Dinge" verbinde, ist es, dass man hilfreiche Unterscheidungen wieder setzen und damit arbeiten kann. Selbst von Latour vehement angegriffene Unterscheidungen, wie die zwischen Subjekt und Objekt, Natur und Gesellschaft, lässt er als Verhandlungs*ergebnis* durchaus zu. Es spricht also nichts gegen die Verwendung dieser Unterscheidungen, zumal es immer Unterscheidungen geben muss. Man darf sie nur dann nicht als letztgültig gegebene betrachten, sondern als gesetzte und deshalb prinzipiell auch anders setzbare.

Tabelle 1: Eine idealtypologische Übersicht zum Verhältnis von Erkennen und Handeln

	Erkennen >	*> Verbinden <*	*< Handeln*	*> Verhandeln <*
Wissenschafts-Paradigma	*Konstruktivismus*	*i.d.R. ungeklärt*	*Realismus*	*Prozeduralität*
Theorie-Praxis	*Grundlagen*	*(Additive) Inter-/ Transdisziplinarität*	*Anwendung*	*„demokratische" Verfahren*
Normativität, Kritik	*Wertfreiheit*	*Normative Rahmenkonzepte*	*(politische) Vorgaben/ Auftragsforschung*	*(kritische) Methodologie*
Beispiel		*„Fair Future"*		
Öffentlichkeit	*Abstinenz*	*Qualifizierte Intervention*	*Intervention*	*Politische Ökologie*

Diese idealtypologisch gedachten Unterscheidungen zum Problem Erkennen und/oder Handeln lassen sich anhand oben diskutierter Beiträge erläutern, wohl wissend dass diese kurzen, für die Publikationsforen zugeschnittenen Artikel eine begrenzte Funktion und Ausarbeitung wiedergeben. Besonders nah an einer „reinen" *Erkenntnis*position findet sich der Beitrag Baeckers, da er vor allem für veränderte Wahrnehmung und minimale Intervention eintritt. Da damit, wenn man so will, auch eine Handlungsempfehlung gegeben wird, nämlich die, möglichst wenig zu tun, ist die Differenz zur *Handlungs*position gar nicht so deutlich, wie sie auf den ersten Blick scheint. Am nächsten dort ist der Artikel von Reichholf zu sehen, der letztlich genau diese negative (im Sinne von *Nicht*-Handeln) Option vorträgt. Dies ist offensichtlich wesentlich in der gewählten rhetorischen Figur der „Provokation" begründet.

Die *Verbindung* zwischen Erkennen und Handeln sehe ich in besonderer Weise bei Sachs/Santarius realisiert. Unter dem normativen Rahmen der Menschenrechtsidee werden naturwissenschaftliche Erkenntnisse zu Gerechtigkeits- und politischen Fragen in Beziehung gesetzt. Mit der zugrunde liegenden Arbeit „Fair Future" des Wuppertal Institut (2005) und deren zusätzlicher Publikation in der Schriftenreihe der Bundeszentrale für politische Bildung wurde außerdem ein wichtiger Schritt in die öffentliche Debatte unternommen.

Für die *Verhandlungs*position ist sicherlich der Beitrag von Schillmeier, der auch Latoursche Argumentationen stark macht, ein Kandidat. Allerdings werden dafür die im Titel exponierten „Turbulenzen" hier zu sehr betont. D.h., es wird die Bedeutung der Auflösung bestimmter Unterscheidungen hervorgehoben. Zu einer vollständigen Verhandlung gehört allerdings zwingend mehr dazu. Es müssen insbesondere zwei Erkenntnisse, die Latour in „Das Parlament der Dinge" (2001) entwickelt, ernst genommen werden. Erstens gibt es in diesem „Parlament", also in den verfahrensgeleiteten Verhandlungen, neben der einbeziehenden auch eine ordnende Gewalt: Gefragt sind nicht nur die Auflösung von Unterscheidungen und die Vermehrung der Diffusitäten, sondern es müssen genauso neue Angebote gemacht, Zusammenhänge hergestellt, *Unterscheidungen getroffen* und der Bewährung ausgesetzt werden. Zweitens sind nicht die Wissenschaften für die Konfusion und Hinterfragung zuständig, während etwa Politik oder allgemein Praxis die Unterscheidungen trifft und verwendet. Vielmehr sind alle, wie es bei Latour heißt, „Berufsstände" (Wissenschaften, Politik, Ökonomie, Moral) mit je spezifischen Kompetenzen für *alle* Aufgaben im Verhandlungsprozess – von der Hinterfragung bis zur Neuordnung – zuständig, *auch* die Wissenschaften.

„Verhandlung" zum integrierenden Bezugspunkt zu machen hat im Übrigen nichts Idealisierendes oder Beliebiges. Gestritten werden kann grundsätzlich auch auf kriegerische Weise. Zur Verhandlung gehören immer die Fragen danach, wer daran beteiligt, wer ausgeschlossen wird, wie sich Macht- und Ressourcengefälle auf den Verhandlungsverlauf auswirken, welche Verfahrensformen etabliert werden können, wie demokratisch sie sind bzw. genutzt werden und schließlich wie legitim und wirkmächtig Verhandlungen und deren Ergebnisse „verrechtlicht" und durchgesetzt werden können. Da Latour ein allgemeines Verfahrensmodell für – der Möglichkeit nach – umfassend demokratische Prozessverläufe anbietet, lässt sich dieses besondere Verhandlungsmodell des „Parlaments der Dinge" als ein *prozedurales* Konzept bezeichnen. Damit wird vielleicht noch deutlicher, dass es nicht um Beliebigkeit geht. Auch wenn das Verhandlungskonzept besagt, dass Ergebnisse immer verhandelte sind, also prinzipiell neu verhandelt werden können, ist dies doch eine sehr abstrakte Aussage. Sie hat als methodologische Kontingenzunterstellung hohen Wert. Demgegenüber muss aber betont werden, dass tatsächliche Verhandlungen zum einen an Verfahrensschritte gebunden sind, wenn sie zu Resultaten führen sollen, und zum anderen konsequenzenreich sind, in einem prinzipiellen Sinne vielleicht sogar immer irreversibel.

Auch die Abgrenzung zwischen Verbinden und Verhandeln ist eine idealtypische und wird sich nicht immer eindeutig treffen lassen. Zieht man etwa zusätzlich zum Artikel von Sachs/Santarius die genannte Arbeit „Fair Future" (Wuppertal Institut 2005) heran, so nehmen politische und rechtliche Aspekte dort einen sehr viel umfassenderen Stellenwert ein.[1] Da auch im Verhandlungstypus Unterscheidungen und Festlegungen getroffen werden müssen, ist die Differenz letztlich vielleicht nur die, dass die Unterscheidungsprozesse transparenter gehalten werden. Möglicherweise ist es mitunter „nur", wie Latour (2001) postuliert, die *theoretische* Fassung der politischen Ökologie, die „Verhandlungssprache" wenn man so will, die einer durchaus häufiger bereits anzutreffenden politisch-ökologischen Praxis noch fehlt.

---

1   Ich halte diese wichtige Arbeit politischer Ökologie (im weiteren Sinne) also keineswegs bloß für ein Gegenbeispiel zum Verhandlungsansatz, den ich hier betone und zu dem ich (s.o.) selber arbeite. Die Aussage ist eher: *wenn* im Sinne von Verbinden, dann müsste man es ungefähr so machen. Das soll umgekehrt nicht heißen, dass es an dieser Studie in sozialwissenschaftlicher Hinsicht nicht einiges zu kritisieren gäbe, bis in die grundlegende Begrifflichkeit hinein. So ist m.E. der zentral stark gemachte Begriff der *Ressourcengerechtigkeit* eher irritierend. Die Argumentation, die „Fair Future" vorträgt, lässt sich etwa so konzentrieren: (1) die natürlichen Ressourcen sind endlich, (2) bevor diese Endlichkeit zum drängendsten Problem wird, wird der Ressourcenverbrauch bereits die natürlichen Lebensbedingungen (die „Gastlichkeit") zerstört haben, (3) bevor die Lebensbedingungen für *alle* ungastlich werden, werden sie es für *einige*. Deshalb sind ökologische Gerechtigkeitsfragen im Grunde wichtiger als Ressourcenknappheit. „Ressourcengerechtigkeit" lässt aber immer die verkürzte Ressourcenfrage in den Vordergrund rücken: wer bekommt wie viel vom knappen Gut ab?

3 Methodologie einer prozeduralen Transdisziplinarität

Präferiert man das Verhandlungsverständnis, wie es oben von anderen Positionierungen in der Klimadebatte abgegrenzt wurde, erfordert dies vor allem eine methodologische Fundierung. Ich habe bereits an anderer Stelle eine prozedurale Methodologie vorgeschlagen (Lorenz 2007, 2008), die das Potenzial hat, einen integrativen Rahmen für problembezogene Forschung unterschiedlicher Disziplinen zu bieten. Sie stützt sich dabei auf eine methodologische Interpretation des oben bereits genannten Verfahrensmodells, welches von Bruno Latour (2001) als „Parlament der Dinge" konzipiert wurde. Sie findet damit Anschluss sowohl an bewährte Methoden der (qualitativen) Sozialforschung[2] als auch an neuere Entwicklungen der Gesellschaftstheorie.[3]

Das Problem an inter- oder transdisziplinärer Forschung sind nicht unbedingt die Disziplinen. In mancher Hinsicht ist die gelungene Kooperation eher eine Frage der Forschungskultur bzw. des Paradigmas. Die Idee einer *qualitativen* Sozialforschung beispielsweise ist in Soziologie ebenso wie in Psychologie, Ethnologie oder Erziehungswissenschaft zu finden. Die Forschungsausrichtung „qualitativ" rückt die Forschungen näher zusammen[4] als es das Fach selbst könnte, sodass innerhalb des eigenen Faches viel tiefere Gräben bestehen können, wie die altbekannten Auseinandersetzungen einerseits, die Ausgleichsbemühungen andererseits zwischen „Qualitativen" und „Quantitativen" häufig genug gezeigt haben.[5] Als wichtiger als die Frage nach dem Fach, der Forschungskoordination oder -organisation kann sich deshalb die Frage nach einer geteilten methodologischen Fundierung erweisen (Brunzel/Jetzkowitz 2004).

Dies gilt auch in Bezug auf die beiden üblichen Deutungen von Transdisziplinarität. Das eine Verständnis betont vor allem das Aufbrechen wissenschaftlicher Grenzen, also die Öffnung für Kooperationen von Wissenschaft und außerwissenschaftlichen Akteuren zu gemeinsamen Problemstellungen. Das konkurrierende Modell sieht in Transdisziplinarität vor allem die theoretische Abstraktionsleistung über die Disziplinen hinweg, wie dies insbesondere die Systemtheorie vorgemacht hat.[6] Prozedural-methodologisch besteht hier aber kein Entweder-oder-Widerspruch, sondern es wird *sowohl* ein allgemeiner methodologischer Rahmen formuliert *als auch* dessen problembezogene Eignung postuliert. Damit liegt ein eigenes, *prozedurales Verständnis von Transdisziplinarität* vor.

Die Grundlage bildet ein allgemeines Wissenschaftsverständnis, das einem allgemeinen Wirklichkeitsverständnis korrespondiert, sich diesem entlehnt. Das ist der Kern jeder Rekonstruktionsmethodologie, wie sie in der qualitativen Sozialforschung verbreitet sind

---

2   Vgl. insbesondere die Bezüge zur Grounded Theory (Strauss 1994) und zur Objektiven Hermeneutik (Oevermann 2000) in Lorenz (2006, 2007).
3   Vgl. die Bezugnahme auf Gesellschaftstheorie im Zusammenhang der Frage des Umgangs mit Unsicherheit in Lorenz (2007) und expliziter zu Boltanski/Chiapello (2003) und Habermas (1994) in Lorenz (2008).
4   Zum Beispiel in einem gemeinsamen Forum, wie es das Forum Qualitative Sozialforschung/Forum: Qualitative Social Research (www.qualitative-research.net/fqs) bildet.
5   Freilich ist „die qualitative Forschung" mittlerweile in sich selbst soweit differenziert, dass kaum von einer Einheit gesprochen werden kann. Vgl. zum Stand dieser Debatte Reichertz (2007) und die vielstimmige Diskussion seines Artikels in Erwägen Wissen Ethik 18 (2). Vgl. außerdem Mey (2008). Aus Sicht der prozeduralen Methodologie ist die Gegenüberstellung von quantitativ und qualitativ wenig treffsicher (vgl. Lorenz 2007).
6   Vgl. dazu Schaller (2004) und Völker (2004) sowie Daschkeit/Simon (2006). Im Kontext von Umwelt- und Nachhaltigkeitsforschungen wird die Kooperation über die Grenzen von Natur- und Sozialwissenschaften hinweg besonders betont.

(Meuser 2006). Die Sozialforschung geht dabei von sinnhaften Konstruktionsleistungen aus, die es zu *re*-konstruieren gilt. Mit Latour lässt sich dieses konstruktivistische Verständnis über die Grenzen des Sozialen hinaus behaupten. Es ist von einem vollständig relationalen Wirklichkeitsverständnis auszugehen, in Natur wie Gesellschaft. Genau deshalb und in dieser Hinsicht ist auch die Natur-Gesellschaft-Unterscheidung in der Akteur-Netzwerk-Theorie nicht länger als quasi-unhintergehbare Festlegung zu halten. Diese Relationalität und Prozesshaftigkeit im Wirklichkeitsverständnis wirft die Frage auf, wie es dann zur Bildung von Strukturen oder Entitäten oder „Dingen", ja überhaupt von irgendetwas kommen kann. Hier setzt das Verhandlungskonzept, in einem weiten Sinne, an. Verhandlungsprozesse konstituieren (nicht nur soziale) Wirklichkeit. Methodologisch ist dies noch unbefriedigend, weil man mehr darüber sagen können muss, wie solche Verhandlungs*prozesse* auch tatsächlich gelingen *können*, statt das relationale oder „konnexionistische" oder „vernetzte" (Boltanski/Chiapello 2003) Chaos nur *beliebig* zu vervielfachen. Die Antwort, die die prozedurale Methodologie darauf gibt, wofür sie sich auf das Modell des „Parlaments der Dinge" beruft, ist: es sind Verfahrensschritte und -anforderungen zu benennen, die die Konstitutionsprozesse strukturieren und deren Rekonstruktion anleiten. Die Verfahrensaufgaben, die Latour (2001) formuliert, bilden, methodologisch interpretiert, in ihrem rekursiv-verfahrensförmigen Zusammenhang den Kern der prozeduralen Methodologie (Lorenz 2007). Sie reichen von der Offenheit für Neues über verschiedenste Verhandlungen bis zur Einordnung des Neuen in die bereits bestehenden Erkenntnisse. Dieser Prozess muss außerdem dokumentiert werden, um die Zwischenergebnisse festzuhalten und so kumulatives Lernen erst zu ermöglichen – die Einordnung wird dadurch zur Neuordnung des Ganzen.

Üblicherweise werden Verfahrensmodelle bezogen auf rechtliche oder politische Entscheidungs- und Legitimationsfragen angewandt. Die demokratischen Ansprüche, die Latour für das „Parlament der Dinge" formuliert, erhalten die Relevanz dieser Aspekte. Es geht aber nicht nur um Legitimation, sondern auch um Konstitution. Verhandlungen, die zu etwas führen, konstituieren *Versammlungen*,[7] z.B. das Klima.[8] Wenn diese sich unter Einhaltung der Verfahrensschritte konstituieren und die Verfahrensaufgaben erfüllen, dann kann von einer „demokratisch legitimierten Versammlung" gesprochen werden. Ein Vorzug – und das kritische Potenzial – der prozeduralen Methodologie ist, dass man die Einhaltung des Verfahrens prüfen und folglich bei Nichteinhaltung Demokratiedefizite rekonstruieren kann.

---

7   Latour spricht üblicherweise auch von Kollektiven. Die Versammlung ist gewissermaßen die Operationsform in einer relational-vernetzt verstandenen Welt. Im Kontrast zu Boltanski/Chiapello (2003), die von einer Netz-Projekt-Ordnung ausgehen, wobei das Projekt die Operationsform in der vernetzt-konnexionistischen Welt bildet, lässt sich bei Latour von einer Netz-Versammlungs-Ordnung sprechen. Ich weise darauf noch einmal hin (vgl. Lorenz 2008), weil in der Akteur-Netzwerk-Theorie in der Regel eine Konfusion zweier Netzbegriffe herrscht, insofern man dort gewissermaßen von einer Netz-Netz-Ordnung ausgeht (statt von Netz-Versammlung/Netz-Projekt).

8   Das Klima als Verhandlungsresultat wird von Voss (2008) auf Basis der Akteur-Netzwerk-Theorie und an empirischen Beispielen diskutiert. Während er dort Regeln herausarbeitet, die die Klimadiskurse von einer demokratischen Konstituierung bislang *abhalten*, will die prozedurale Methodologie (Verfahrens-) Regeln benennen, die eine demokratisierte Konstituierung *ermöglichen* können.

4 Resümee: Sozialwissenschaftliche Beförderung einer Demokratisierung der Klimadebatte

Ich habe einige Beiträge zur Klimadebatte – zwischen Natur- und Sozialwissenschaften einerseits, Wissenschaften und Öffentlichkeit andererseits – diskutiert, die unterschiedliche Positionierungen erkennen ließen. Zu der aus dieser Diskussion zentral resultierenden Frage nach Erkennen versus Handeln habe ich vier typische Optionen herausgestellt. Damit ist eine Orientierung angeboten, Positionierungen zu unterscheiden oder selbst einzunehmen. Entsprechend wird dann die Beantwortung der von Ludger Heidbrink, Claus Leggewie und Harald Welzer (2007) aufgeworfenen Frage nach sozialwissenschaftlichen Beiträgen zur Klimadebatte ausfallen.

Den Vorzug des prozeduralen oder Verhandlungs-Konzepts sehe ich darin, grundlegend *mögliche* Verbindungen aufzeigen zu können, sowohl zwischen Natur- und Sozialwissenschaften als auch zwischen Wissenschaften und deren Beteiligung an der Bearbeitung der Klimaproblematik als gesellschaftliche Handlungsaufgabe. Damit sollen keineswegs alle Differenzen einfach aufgegeben werden, sie sollen nur *nicht als unüberbrückbare Gegensätze festgeschrieben* werden. Dann könnte eine kooperative Problembearbeitung gelingen. Politik und Moral (also politisch-öffentliche ebenso wie normative Fragen) sind, nach Latour (2001), vor *dieselben* Anforderungen im Verfahrensverlauf gestellt wie die Wissenschaften – sie bringen aber jeweils spezifische *Kompetenzen* zu deren Bearbeitung mit.

Der besondere Beitrag der Sozialwissenschaften wird dann darin liegen, die Verhandlungsprozesse selbst transparenter zu machen und deren Demokratisierung zu befördern: Rekonstruktion von Verhandlungspositionen, Interessenkonflikten, Verfahrensverläufen, Legitimitätsansprüchen; Umsetzungs- und Demokratisierungsvorschläge; Folgenabschätzung, Entwicklungsoptionen, Beteiligungsmöglichkeiten. Dazu bedarf es letztlich eines geeigneten Verständnisses von Transdisziplinarität und einer integrierenden Methodologie, die dieses Verständnis realisieren lässt. In diesem Sinne habe ich den Vorschlag einer prozeduralen Methodologie und eines korrespondierenden prozeduralen Transdisziplinaritätsverständnisses unterbreitet.

Literatur

Altvater, Elmar (2007): Im Bann des Geldfetischs. Klimapolitik und Kapitalismus. In: Politische Ökologie 106/107, 41-44.
Baecker, Dirk (2007): Die große Moderation des Klimawandels. In: die tageszeitung, v. 17.02.2007, 21, http://www.taz.de/index.php?id=archivseite&dig=2007/02/17/a0227&type=98 (17.08.2009).
Behringer, Wolfgang (2007): Den strafenden Wettergott besänftigen. Kulturgeschichte des Klimas. In: Politische Ökologie 106/107, 25-26.
Bohnsack, Ralf/Marotzki, Winfried/Meuser, Michael (Hrsg.) (2006): Hauptbegriffe Qualitativer Sozialforschung. 4. Aufl. Opladen/Farmington Hill: Verlag Barbara Budrich/UTB.
Boltanski, Luc/Chiapelle, Ève (2003): Der neue Geist des Kapitalismus. Konstanz: UVK.
Brand, Frank/Schaller, Franz/Völker, Harald (Hrsg.) (2004): Transdisziplinarität. Bestandsaufnahme und Perspektiven. Göttingen: Universitätsverlag Göttingen.
Brunzel, Stefan/Jetzkowitz, Jens (2004): Transdisziplinäre Umweltforschung als methodologische Aufgabe. Reflexionen einer Forschungskooperation von Biologie und Soziologie. In: Technikfolgenabschätzung - Theorie und Praxis 13 (1), 61-70.
Daschkeit, Achim/Simon, Karl-Heinz (2006): Transdisziplinäre Nachhaltigkeitsforschung – Sackgasse oder Königsweg problemorientierter Forschung? In: Glaeser, Bernhard (Hrsg.) (2006): Fachübergreifende Nachhal-

tigkeitsforschung. Stand und Visionen am Beispiel nationaler und internationaler Forscherverbünde. München: oekom verlag, 339-357.
Glaeser, Bernhard (Hrsg.) (2006): Fachübergreifende Nachhaltigkeitsforschung. Stand und Visionen am Beispiel nationaler und internationaler Forscherverbünde. München: oekom verlag.
Habermas, Jürgen (1994 (1992)): Faktizität und Geltung. Beiträge zur Diskurstheorie des Rechts und des demokratischen Rechtsstaats. 4. Aufl. Frankfurt a.M.: Suhrkamp.
Heidbrink, Ludger/Leggewie, Claus/Welzer, Harald (2007): Von der Natur- zur sozialen Katastrophe. Wo bleibt der Beitrag der Kulturwissenschaften zur Klima-Debatte? Ein Aufruf. In: Die Zeit 45, v. 01.11.2007, http://www.zeit.de/2007/45/U-Klimakultur (17.08.2009).
Kraimer, Klaus (Hrsg.) (2000): Die Fallrekonstruktion. Sinnverstehen in der sozialwissenschaftlichen Forschung. Frankfurt a.M.: Suhrkamp.
Latour, Bruno (2001): Das Parlament der Dinge. Für eine politische Ökologie. Frankfurt a.M.: Suhrkamp.
Lorenz, Stephan (2006): Potenziale fallrekonstruktiver Sozialforschung für transdisziplinäre Umweltforschung. In: Voss, Martin/Peuker, Birgit (Hrsg.) (2006): Verschwindet die Natur? Die Akteur-Netzwerk-Theorie im umweltsoziologischen Diskurs. Bielefeld: Transcript, 111-127.
Lorenz, Stephan (2007): Fallrekonstruktionen, Netzwerkanalysen und die Perspektiven einer prozeduralen Methodologie [41 Absätze]. In: Forum Qualitative Sozialforschung/ Forum: Qualitative Social Research 9 (1), Art. 10, http://nbn-resolving.de/urn:nbn:de:0114-fqs0801105 (17.08.2009).
Lorenz, Stephan (2008): Von der Akteur-Netzwerk-Theorie zur prozeduralen Methodologie: Kleidung im Überfluss. In: Stegbauer, Christian (Hrsg.) (2008): Netzwerkanalyse und Netzwerktheorie. Ein neues Paradigma in den Sozialwissenschaften. Wiesbaden: VS-Verlag für Sozialwissenschaften, 579-588.
Meuser, Michael (2006): Rekonstruktive Sozialforschung. In: Bohnsack, Ralf/Marotzki, Winfried/Meuser, Michael (Hrsg.) (2006): Hauptbegriffe Qualitativer Sozialforschung. 4. Aufl. Opladen/Farmington Hill: Verlag Barbara Budrich/ UTB, 140-142.
Mey, Günter (2008). Review Essay: Die neue Übersichtlichkeit. Lexika, Glossare und Wörterbücher zu qualitativer Forschung, 1) Bloor, Michael/Wood, Fiona (2006): Keywords in Qualitative Research. A Vocabulary of Research Concepts, 2) Bohnsack, Ralf/Marotzki, Winfried/Meuser, Michael (Hrsg.) (2006): Hauptbegriffe Qualitativer Forschung, 3) Jupp, Victor (Hrsg.) (2006): The SAGE Dictionary of Social Research Methods, 4) Schwandt, Thomas A. (2007): Dictionary of Qualitative Inquiry [46 Absätze]. *Forum Qualitative Sozialforschung / Forum: Qualitative Social Research*, 9 (2), Art. 5, http://nbn-resolving.de/urn:nbn:de:0114-fqs080258 (17.08.2009).
Oevermann, Ulrich (2000): Die Methode der Fallrekonstruktion in der Grundlagenforschung sowie der klinischen und pädagogischen Praxis. In: Kraimer, Klaus (Hrsg.) (2000): Die Fallrekonstruktion. Sinnverstehen in der sozialwissenschaftlichen Forschung. Frankfurt a.M.: Suhrkamp, 58-148.
Rahmstorf, Stefan/Schellnhuber, Hans Joachim (2007): Die Vorboten ernst nehmen. Klimawandel und die Folgen. In: Politische Ökologie 106/107, 16-20.
Rehberg, Karl-Siegbert (Hrsg.) (2008): Die Natur der Gesellschaft. Verhandlungen des 33. Kongresses der Deutschen Gesellschaft für Soziologie in Kassel 2006. Frankfurt a.M./New York: Campus Verlag.
Reichholf, Josef H. (2007): Prima Klima. Warum Warmzeiten die guten Zeiten sind. In: Politische Ökologie 106/107, 27-28.
Reichertz, Jo (2007): Qualitative Sozialforschung – Ansprüche, Prämissen, Probleme. In: Erwägen Wissen Ethik 18 (2), 195-208.
Sachs, Wolfgang/Santarius, Tilman (2007): Ein Menschenrecht auf Klimaschutz. Globale Gerechtigkeit. In: Politische Ökologie 106/107, 11-14.
Schaller, Franz (2004): Erkundungen zum Transdisziplinaritätsbegriff. In: Brand, Frank/Schaller, Franz/Völker, Harald (Hrsg.) (2004): Transdisziplinarität. Bestandsaufnahme und Perspektiven. Göttingen: Universitätsverlag Göttingen, 33-45.
Schillmeier, Michael (2007): Riskante Routinen. Die Weltgesellschaft in Klimaturbulenzen. In: Politische Ökologie 106/107, 30-33.
Stegbauer, Christian (Hrsg.) (2008): Netzwerkanalyse und Netzwerktheorie. Ein neues Paradigma in den Sozialwissenschaften. Wiesbaden: VS-Verlag für Sozialwissenschaften.
Strauss, Anselm L. (1994): Grundlagen qualitativer Sozialforschung. Datenanalyse und Theoriebildung in der empirischen und soziologischen Forschung. München: Wilhelm Fink Verlag/UTB.
Völker, Harald (2004): Von der Interdisziplinarität zur Transdisziplinarität? In: Brand, Frank/Schaller, Franz/Völker, Harald (Hrsg.) (2004): Transdisziplinarität. Bestandsaufnahme und Perspektiven. Göttingen: Universitätsverlag Göttingen, 9-28.

Voss, Martin (2008): Globaler Umweltwandel und lokale Resilienz am Beispiel des Klimawandels. In: Rehberg, Karl-Siegbert (Hrsg.) (2008): Die Natur der Gesellschaft. Verhandlungen des 33. Kongresses der Deutschen Gesellschaft für Soziologie in Kassel 2006. Frankfurt a.M./New York: Campus Verlag, 2860-2876.

Voss, Martin/Peuker, Birgit (Hrsg.) (2006): Verschwindet die Natur? Die Akteur-Netzwerk-Theorie im umweltsoziologischen Diskurs. Bielefeld: Transcript.

Wuppertal Institut (Hrsg.) (2005): Fair Future. Begrenzte Ressourcen und globale Gerechtigkeit. Bonn: Bundeszentrale für politische Bildung.

Klimawandel und Gesellschaft. Vom Katastrophen- zum Gestaltungsdiskurs im Horizont der postkarbonen Gesellschaft

Fritz Reusswig

1 Einleitung

Während der anthropogene Klimawandel für die Naturwissenschaften einfach ein komplexes Faktum darstellt, bemühen sich die Sozialwissenschaften um eine Rekonstruktion der Art und Weise, wie soziale Systeme und Akteure Klima als soziales Faktum herstellen und verändern. Die Schwierigkeit des gegenseitigen Verständnisses und der – leider noch immer zu seltenen – transdisziplinären Zusammenarbeit zwischen diesen beiden großen Wissenschaftskulturen besteht nicht zuletzt darin, dass viele Naturwissenschaftler in dem spezifisch sozialwissenschaftlichen Zugang zur Klimaproblematik rasch deren „Auflösung" in allerlei tendenziell als willkürlich und irrelevant eingestufte Idealismen bzw. Nebenfragen verstehen, während viele Sozialwissenschaftler oft an der sozialen „Blindheit" und politischen „Naivität" der Naturwissenschaften verzweifeln.

So berechtigt im Einzelfall derlei Diagnosen und Schuldzuweisungen sein mögen, sie stehen einer fruchtbaren Zusammenarbeit im Wege und verstellen überdies den Blick auf die sozial-ökologische Doppelnatur der Sache selbst. Der anthropogene Klimawandel ist nämlich schlicht und einfach beides: ein mess- und rekonstruierbares Phänomen „da draußen", *und* eine soziale Konstruktion. In diesem Beitrag wird versucht, dem aus sozialwissenschaftlicher Perspektive Rechnung zu tragen.

Dazu werde ich *erstens* den Stand der interdisziplinären Klima(folgen)forschung so zu rekonstruieren versuchen, dass dabei sowohl die erwähnte Doppelnatur als auch die Notwendigkeit einer genuin sozialwissenschaftlichen Perspektive deutlich wird. Dazu bediene ich mich einer systemischen Perspektive. Ich werde dann in einem *zweiten Schritt* versuchen, die neuere qualitative Änderung des gesellschaftlichen Klimadiskurses zu rekonstruieren, bevor ich *drittens* dann einige Umrisse einer post-karbonen Gesellschaft und den zukünftigen Aufgaben der Soziologie skizziere.

2 Klima und Gesellschaft

Das Klima der Erde ist, wie diese selbst als physich-biologisches System, zunächst kein Gegenstand der klassischen Soziologie gewesen. Es konnte als unproblematischer Hintergrund vorausgesetzt werden. Selbstverständlich, so sinngemäß Max Weber, sind natürliche Tatsachen und Gesetze für das soziale Handeln und dessen institutionelle Verdichtungen an sich von höchster Bedeutung. Naturgesetze bieten jene „Verläßlichkeit (…), ohne die gar keine Absicht je handelnd verwirklicht werden könnte" (Spaemann 1983: 35). Ohne das Gravitationsgesetz keine Notwendigkeit für die Flugsicherung, ohne die Notwendigkeit der täglichen Energiezufuhr für den menschlichen Organismus kein Lebensmitteleinzelhandel, und ohne den die letzte Eiszeit beendenden (natürlichen) Klimawandel keine neolithische Revolution, kein Ackerbau, keine urbane Zivilisation. Aber Weber wird nicht müde zu betonen, dass natürliche Fakten und Zusammenhänge spezifisch „sinnfremde Vorgänge und Gegenstände" darstellen, die eben nicht durch die verschränkte Intersubjektivität individueller Orientierungen des Einstellens und Verhaltens zustande kommen, sondern nur als „Anlaß, Ergebnis, Förderung oder Hemmung menschlichen Handelns in Betracht" kommen (Weber 1976: 3).

Genau diese klare Unterscheidbarkeit von sinnfremder Natur und sinnhafter Gesellschaft (ob als Handeln, wie bei Weber, oder als Kommunikation, wie bei Luhmann) steht mit dem Faktum des anthropogenen globalen Klimawandels zur Disposition. Das Klima der Erde ist aus einer als konstant ansetzbaren Hintergrundbedingung zu einem vom menschlichen Handeln beeinflussbaren Faktor geworden. Dies gilt in doppelter Hinsicht: Zum einen werden Klimaänderungen als ungeplante (aber ggf. in Kauf genommene) Nebenfolgen planvollen menschlichen Handelns deutlich, zum anderen zeigt sich die Abhängigkeit von Gesellschaften von ihrer Naturgrundlage in Gestalt von Klimafolgen und Anfälligkeit für Klimaänderungen. Eine systemisch-integrative Perspektive auf den Klimawandel ist notwendig, wenn dieser in seiner transdisziplinären Komplexität begriffen werden soll. Dies darf aber gerade nicht reduktionistisch verfahren. Klima lässt sich nicht auf Handeln (oder eine Handlungsfolge) reduzieren, sondern stellt ein Hybridobjekt (Latour 1998) dar, also ein Mischwesen aus Natur und Gesellschaft (Fischer-Kowalski/Weisz 1999; Schiller 2009).[1]

Mit Blick auf die Probleme des anthropogenen Klimawandels können viele Aspekte des natürlichen Klimasystems ausgeklammert werden, die in rein naturwissenschaftlicher (z.B. meteorologischer) Perspektive unverzichtbar wären. Die drei aus der naturwissenschaftlichen Klimaforschung aufzugreifenden Stellgrößen, die jeder sinnvolle, d.h. auf adäquates Problemverständnis und gesellschaftliche Handlungsfähigkeit zielende Klimadiskurs berücksichtigen muss, sind *Emission*, *Konzentration* und *Temperatur*. Sie entscheiden über die zentralen Fragen: Gibt es einen anthropogenen Klimawandel überhaupt? Wie hoch ist er bisher und in absehbarer Zukunft? Welche Folgen wird er haben? Soll und kann er aufgehalten oder abgemildert werden – und bis wann ist das realistischerweise möglich?

Alle drei Größen sind messbar, d.h. sie setzen keinerlei Klimamodelle voraus.[2] Letztere sind allerdings notwendig, um die Systemdynamik zu verstehen sowie um Szenarien

---

[1] Das Klima der Erde ist handlungs- und entscheidungs*abhängig* geworden, ohne dadurch vollständig *determiniert* zu sein. Dies gilt sowohl für den langfristigen Trend der Treibhausgasemissionen, die ja auf deren natürlich vorhandener Konzentration gleichsam aufgesattelt wird, aber auch für die Konsequenzen für das jeweilige Wettergeschehen, dem eine stochastische Komponente (trotz einer zunehmenden Wahrscheinlichkeit etwa für Wetterextreme) inhärent bleibt. Darum unterläuft der anthropogene Klimawandel sowohl die Luhmann'sche Dichotomie von Risiko und Gefahr (Luhmann 1991) als auch die Beck'sche „Eingemeindung" in die Welt der selbsterzeugten Risiken (Beck 1986). Ich übernehme Latours Deskription des Klimawandels als Hybridobjekt, nicht aber die analytischen und theoretischen Konsequenzen, die die Akteur-Netzwerk-Theorie (ANT) daraus zieht (vgl. dazu kritisch Collins/Yearley 1992).

[2] Dies gilt mit der Einschränkung, dass alle Beobachtung (also auch alle Messung) in wechselndem Maße theorieabhängig ist, und dass speziell die Messung der globalen Mitteltemperatur Modelle insofern voraussetzt, als anders die faktische Datenfülle im Einzelfall weder generiert noch global gemittelt werden könnte. Dies ist aber aus wissenschaftstheoretischer Sicht weder besonders selten noch besonders problematisch (Edwards 2001). Wichtig ist nur – und darauf zielt die Hauptaussage – dass kein besonderes Klimamodell einschließlich seiner Unsicherheiten den Wert der Beobachtung zur vergangenen Entwicklung der globalen Mitteltemperatur einschränkt.

(hypothetische Prognosen) zu generieren, die für Bewertungs- und Entscheidungsfragen unverzichtbar sind. Im Alltagsverständnis des Klimas (einem Spezialfall des *public understanding of science*) gehen diese Größen jedoch oft durcheinander bzw. werden fälschlich als linear voneinander abhängig und als reversibel gesehen: Der Anstieg der Treibhausgas (THG)-Emissionen führt zu einer erhöhten THG Konzentration in der Atmosphäre, diese wiederum zu einer Erhöhung der globalen Mitteltemperatur (GMT), diese wiederum zu (unerwünschten) Klimafolgen. Umgekehrt können deshalb in dieser Wahrnehmung die Klimafolgen dadurch vermieden werden, dass die Emissionen „heruntergedreht" werden – ganz analog zum Raumthermostaten in einer Wohnungsheizung.

Leider sind die drei Stellgrößen des Klimasystems weder auf diese Weise linear miteinander verknüpft, noch sind sie über die Zeit symmetrisch reversibel. Ihre Kopplung erfolgt vielmehr auf komplexe und von weiteren Komponenten des Erdsystems signifikant modifizierte Weise, und sie erweist sich als nicht-linear auch in dem Sinne, dass nach Überschreiten bestimmter Schwellwerte eine einfache Rückkehr zum Ausgangszustand nicht oder nur nach sehr langen Zeiträumen (und nach deutlichen Klimaänderungen) wieder möglich ist.

Die derzeit gemessene Änderung der GMT um +0,76 °C gegenüber dem vorindustriellen Niveau (IPCC 2007a) – und darauf beschränkt sich zunächst der bisher gemessene Klimawandel – erscheint zunächst als recht unbedeutsam. Fast jeder alltägliche Ortswechsel eines Menschen ist mit deutlich höheren Temperaturschwankungen verbunden. Man muss sich allerdings klar machen, dass das statistische Konstrukt GMT eine Mittelung über alle Weltregionen, Tages- und Jahreszeiten beinhaltet. Damit sich also die GMT um 0,76 °C erhöht, muss in der Temperatur-„Realität" des Planeten schon sehr viel geschehen sein. Das wird deutlich, wenn man bedenkt, dass uns temperaturmäßig von der letzten Eiszeit nur -4- 6 °C trennen – eine Zeit also, in der aufgrund eines ca. 50 Meter niedrigeren Meeresspiegels Großbritannien keine Insel mehr war.[3]

Jahrelange Forschung – unter Einschluss von Modellrechnungen ebenso wie unter Auswertung paläoklimatischer Daten – hat ergeben, dass die Erhöhung der THG-Konzentration in der Atmosphäre zwar nicht den einzigen, wohl aber den entscheidenden Einfluss auf den Anstieg der GMT hat (IPCC 2007a; Rahmstorf/Schellnhuber 2006; Walker/King 2008).[4] Und da wir den Ausstoß der THG durch Verbrennungsprozesse und Landnutzungsänderungen (z.B. Entwaldung) ziemlich genau berechnen können, wissen wir auch, wie hoch der Beitrag des Menschen zur Klimaänderung ist. Leider ist dieser Zusammenhang weder einfach zu bestimmen noch linear. Der wichtigste Grund dafür ist, dass die Konzentration von THG in der Atmosphäre von weiteren dynamischen Komponenten des Erdsystems beeinflusst wird, insbesondere aus der CO_2-Bilanz der terrestrischen und marinen Biosphäre. Im erst in jüngster Zeit weitgehend verstandenen globalen Kohlenstoffkreis-

---

3 Aufgrund von Systemträgheiten hat das durch die GMT gekennzeichnete Klimasystem seinen Gleichgewichtszustand noch nicht erreicht, d.h. es sind – heutige Emissionen und nachfolgende Stabilisierung vorausgesetzt – noch weitere +0,6 °C „in der Pipeline", also unvermeidlich selbst dann, wenn ein instantaner Erfolg von Klimaschutz gelänge, wovon wir bekanntlich weit entfernt sind. Nicht zuletzt darum ist es ebenso unvermeidlich wie klug, von Anpassung an Klimawandel, nicht nur von Vermeidung seiner Antriebe zu sprechen.

4 Anders als viele sog. „Klimaskeptiker" behaupten, lehrt uns die *très longue durée* der Klimageschichte nicht, dass Klimawandel nicht anthropogen sein kann, weil es ja vor einer Million Jahren bekanntlich noch keine Menschen gab, sondern vor allem dies, dass das in der Tat sehr instabile Erdklima sensitiv auf Änderungen des Treibhausgasgehalts der Atmosphäre reagiert hat. Und dass der Mensch seit Kurzem massiv und rasch an dieser Stellgröße des Erdsystems dreht, ist unbestritten.

lauf nimmt letztere einen deutlich größeren Platz ein als die relativ rasch reagierende Atmosphäre (Canadell/Le Quere/Raupach et al. 2007). Zudem wird der Kohlenstoffkreislauf durch andere globale biogeochemische Kreisläufe (z.B. Wasser, Stickstoff) beeinflusst. Diese Zusammenhänge sind mit Blick auf Klimapolitik und Erdsystemmanagement sehr bedeutsam, eröffnen sie doch zum einen weitere Handlungsspielräume, zum anderen aber auch neue Risikoketten. Würde es z.b. gelingen, die globale Entwaldung zu begrenzen, könnte die biologische Senkenkapazität des Planeten gesteigert, die Atmosphärendeposition von THG-Emissionen reduziert und damit auch die Notwendigkeit einer schnellen Reduktion der Emissionen gemildert werden. Umgekehrt trägt der Anstieg der CO_2-Emissionen zu einer wachsenden Versauerung der Ozeane bei, was wiederum dessen Speicherkapazität für CO_2 beeinträchtigt – neben dem Verlust an Habitaten für viele (z.B. Kalkaufbau betreibende) Meeresorganismen. Die Eisendüngung von Ozeanen könnte deren CO_2-Speicherfähigkeit deutlich erhöhen, aber um den Preis weitläufiger und bisher noch kaum abgeschätzter ökosystemarer Folgen.[5] Diese und weitere Zusammenhänge machen deutlich, dass wir auf dem Wege sind, die kognitiven Voraussetzungen für ein umfassendes Erdsystemmanagement zu schaffen (Rahmstorf/Schellnhuber 2007), ohne diese jedoch vollständig (Risikoanalyse!) zu Ende geführt noch auch sozial hinreichend begriffen zu haben.

Bislang war nur von den mehr oder weniger natürlichen Teilkomponenten des Klimasystems die Rede. Der Fokus auf anthropogenen Klimawandel erzwingt jedoch die explizite Thematisierung der sozialen Seite. Diese kommt hauptsächlich an drei Punkte ins Spiel: Erstens natürlich als Ausgangs- und Treibergröße der THG-Emissionen, zweitens als Eingangs- und Rezeptorgröße der im Wesentlichen durch die GMT gesteuerte Klimaänderungen, und drittens – quer zu beiden Aspekten – als Wahrnehmungs-, Bewertungs- und Handlungsrahmen für das mittlerweile handlungsfolgenmäßig überformte (und in diesem Sinne hybride) Klimasystem insgesamt.

Die beiden erstgenannten Aspekte sind relativ einfach zu verstehen und werden auch von transdisziplinär arbeitenden Naturwissenschaftlern aufgegriffen. Naturwissenschaftliche „Befürworter" eines anthropogen verursachten Klimawandels (als Gegenbegriff zu „Klimaskeptiker" bzw. „Leugner") müssen geradezu *per definitionem* auf den sozialwissenschaftlichen Beitrag setzen. Wie anders sollten die vielfältigen Antriebskräfte (als *drivers* bzw. *underlying causes*) auch ermittelt und ggf. reguliert werden, bzw. wie anders sollte Anpassung an unvermeidlichen Klimawandel möglich sein?

Der dritte Aspekt ist weniger eingängig, aber für die sozialwissenschaftliche Analyse des Klimasystems nicht minder entscheidend: Gesellschaften *repräsentieren* das Klimasystem als Ganzes sowie die beiden erwähnten Schnittstellen. Sie können gar nicht anders, als sich über gesellschaftssystemspezifische Medien hindurch das Klimasystem als Ganzes sowie die gesellschaftlichen Interaktionen damit zu repräsentieren. Anders als durch diese spezifischen Repräsentationsformen hindurch hat das „objektive" Klima gleichsam gar keine Chance, gesellschaftlich „aufzutauchen". Auch scheinbar „nackte" physische Impacts müssen nämlich durch Akteure als solche *interpretiert*, im Gesellschaftssystem *bewertet* und bestimmten Teilsystemen als gegebenenfalls zu bearbeitendes Problem *zugeordnet*

---

5 Die sich abzeichnenden ökosystemaren Gefahren dieser Option hält eine ganze Reihe von Wissenschaftlern und Unternehmen allerdings nicht davon ab, hier bereits recht großmaßstäbliche „Realexperimente" (Gross/Hoffmann-Riem 2005) durchzuführen, insbesondere in der völkerrechtlich geringer geregelten offenen See.

werden.⁶ Zudem darf nicht vergessen werden, dass die privilegierte Sprecherposition für scheinbar objektive Zusammenhänge im Klimasystem von den Naturwissenschaften besetzt ist; das Wissenschaftssystem ist aber selber Teil der Gesellschaft.

Die häufig anzutreffende naturwissenschaftliche Ablehnung der sozialwissenschaftlichen Grund-These von der sozialen „Konstruktion" des Klimas rührt in der Regel aus einer abstrakten und fehlgeleiteten Wahrnehmung gesellschaftlicher Akteure und Systeme als „physischer Objekte", die in irgendwelchen Kausalketten mit Naturprozessen verbunden sind. Das sind sie zwar auch, aber nur sekundär, oder nur aus der Perspektive der „einfachen Hermeneutik" (Giddens 1992) der Naturwissenschaften, die (physikalische, biologische...) Objekte und Zusammenhänge im Kontext wissenschaftlicher Beobachtungs-, Deutungs- und Überprüfungssysteme rekonstruieren. Geistes- und Sozialwissenschaften haben es demgegenüber mit Objekten zu tun, die ihrerseits über bewusste Intentionalität verfügen (weshalb sie handeln statt sich bloß zu verhalten) und Deutungen über sich und die Welt hegen – Deutungen, die gesellschaftlich vermittelt sind, keineswegs im Sinne einer „Privatsprache" (Wittgenstein) generiert werden können, und die für das (weitere) Handeln folgenreich sind. Intentionen und Deutungen sind keineswegs marginale Eigenschaften von ansonsten durch einfache Hermeneutik analysierbaren Objekten – darum kann es keine im strengen Sinn natur- oder auch verhaltenswissenschaftliche Fundierung von Sozialwissenschaften geben –, sondern *konstitutive* Eigenschaften dieser Objekte, die dadurch zu sozialen Subjekten werden. Nur aufgrund ihrer Intentionalitäts- und Deutungseigenschaft, also der Fähigkeit, Sinn zu generieren und handelnd zu prozessieren, treten soziale Akteure und Systeme aus dem Naturzusammenhang als gesonderter Objektbereich heraus. Kraft ihrer Fundierung in einer doppelten Hermeneutik unterscheiden sich die Sozial- von den Naturwissenschaften.⁷

Das Klima der Erde ist von daher – aus der Perspektive der einfachen Hermeneutik der Naturwissenschaften – ein komplexes Objekt, dessen Verbindungen mit Mensch und Gesellschaft ebenfalls so betrachtet werden können, als habe man mit Gesellschaften quasi-natürliche Gegenstände vor sich, auf die es irgendwelche „Impacts" gibt. Diese Betrachtungsweise stellt aber eine Reduktion – und das heißt auch: eine abgeleitete Redeform – der *vorgängigen* Tatsache dar, dass Gesellschaften ihr Verhältnis zum Klima (bzw. zur Natur insgesamt) immer schon im Horizont ihrer deutungsleitenden Sinnbezüge repräsentiert, bewertet und formiert haben.⁸ Dies schließt eine *Anpassung* an die (interpretierten) natürlichen Gegebenheiten menschlicher (Re-)Produktion ebenso wenig aus wie das Auftreten

---

6   Zwar „gibt" es selbstverständlich jede Menge Auswirkungen von Klimaänderungen auf natürliche Systeme, aber diese werden nur dann gesellschaftlich relevant, wenn sie auch sozial in irgendeiner Form bewertet und bearbeitet werden. Innerhalb der Soziologie ist es insbesondere Luhmann gewesen, der auf diese konstitutive, keineswegs marginale Bedeutung gesellschaftlicher Deutung und Zuordnung von „Umweltstimuli" zu systemspezifischen „Informationen" bestanden hat (Luhmann 1986). Das zwingt einen aber keineswegs dazu, das gesamte Theorieprogramm der Luhmannschen Systemtheorie zu übernehmen. Die hier hervorgehobene Bedeutung eines systemisch-integrativen Ansatzes geht im Gegenteil davon aus, dass sich dieser nur *gegen* zentrale Annahmen Luhmanns etablieren lässt.

7   Geht man mit Kuhn (1976) und Hesse (1973) davon aus, dass auch die Naturwissenschaften eine Geschichte haben, weil sie paradigmen- und damit interpretationsabhängig sind, dann erstreckt sich der Geltungsanspruch der geisteswissenschaftlichen Methodik sogar auf die Naturwissenschaften (Gadamer 1960).

8   So wie Konstatierung und Bewertung weder in der sozialen Wirklichkeit noch auch in wissenschaftlichen bzw. philosophischen Begründungsdiskursen isoliert voneinander auftreten und verstehbar sind, obwohl Positivismus und Szientismus im 20. Jahrhundert uns dies immer wieder einreden wollten (McDowell 1998; Putnam 2002), so wenig kommt die gesellschaftliche Konstruktion des Klimas ohne Wertungen aus.

von *Fehlanpassungen* bzw. von *Naturkatastrophen* (Diamond 2005). Aber gerade die Erforschung von Naturkatastrophen zeigt, wie abhängig von institutionell und organisatorisch folgenreichen Deutungsmustern der Grad der Anfälligkeit für Naturereignisse verschiedener Gesellschaften ist (Hewitt 1983; Murphy 2009). Wenn derselbe Hurrikan in Haiti 300 Todesopfer fordert, in Kuba oder Jamaika aber nur fünf, dann wird klar, dass die objektiv messbare Wirkung von „Naturkatastrophen" ganz wesentlich von gesellschaftlichen Faktoren abhängt, ohne dass man deshalb Gesellschaft aus ihren Naturbezügen lösen müsste (Reusswig 2008b).[9]

Die soziale Konstruktion des Klimas basiert auf interpretierten Interaktionen damit, und sie wird von Akteuren und Systemen vorgenommen, die immer auch ein natürliches Substrat besitzen, an dem sie überhaupt für Naturprozesse „erreichbar" sind, das also die beiden Wirkrichtungen „Natur auf Gesellschaft" und „Gesellschaft auf Natur" überhaupt etabliert. Das gilt zuallererst für den menschlichen Körper als das biologische Korrelat des Leibes und seiner Repräsentanz, das gilt aber auch für allerlei Artefakte und Infrastrukturen, die sich Gesellschaften über die Zeit geschaffen haben, um ihr kollektives (Über-)Leben zu sichern, z.B. Häuser, Städte, Maschinen, Leitungssysteme etc. Und es gilt natürlich für das Verhältnis von Klima und Gesellschaft insgesamt. Auch es muss repräsentiert und symbolisiert werden, um sozial „da" zu sein.[10]

Sowohl die Ausgestaltung und Bedeutung natürlicher Substrate als auch der Grad ihrer Einbindung in den Naturkontext (Naturbeherrschung ist eine besondere Form dieser Einbindung) wandeln sich im Laufe der Geschichte. Gemäß meiner sozialontologischen Prämisse vom basalen Charakter von Sinn für soziale Akteure und Systeme soll dieser Wandel als Wandel des gesellschaftlichen Klimadiskurses interpretiert werden.

3 Vom Katastrophen- zum Gestaltungsdiskurs: ein idealtypischer Wandel

Obwohl die Beschäftigung mit dem anthropogenen Klimawandel historisch gesehen etwas sehr Neues ist, hat sich die Menschheit seit ihrem Hervortreten aus dem Evolutionszusammenhang mit dem Klima befasst. Den „Ort" dieses Befassens möchte ich als „Klimadiskurs" bezeichnen; in ihm ist das Klima als natürlicher wie als hybrider, gesellschaftlich vermittelter Tatbestand überhaupt erst da. Mit dem Ausdruck „Klimadiskurs" soll keineswegs nur das Verhältnis von klimabezogenen Redeäußerungen bzw. Texten zueinander begriffen werden, sondern thematische „Aussagegeflechte" (Jung 2006) zusammen mit ihrer Einbettung in soziale Interaktionen und Systeme, an denen mit materiellen und symbolischen Ressourcen (z.B. auch: Macht) sowie begrenzter Rationalität und Interessen ausgestattete soziale Akteure (Individuen, Organisationen) strukturierend und (re-) produzierend beteiligt sind. Das Ziel der am Diskurs beteiligten Akteure ist in der Regel, andere Akteure bzw. auch die Rahmenbedingungen des Diskurses (z.B. Gesetzeslagen, die öffent-

---

9 Grundmann und Stehr (2000) haben mit Recht betont, dass gerade am Beispiel der Klimaextreme die wechselseitige Vermitteltheit von Natur und Gesellschaft ablesbar wird. Ich würde nur hinzufügen, dass dies auch im „Normalfall" gilt (vgl. auch Stehr/von Storch 1995; von Storch/Stehr 1997). Eine hinreichend dialektisch organisierte Entfaltung des hier thetisch Hingesetzten würde möglicherweise zeigen, dass der umweltsoziologische Gegensatz zwischen Konstruktivisten und Realisten aufhebbar ist.

10 Man könnte hier auch die „hybride" Welt der Nutztiere aufführen (Fischer-Kowalski/Weisz 1999). Die häufig beklagte „Naturvergessenheit" der Soziologie weist erstaunliche Parallelen zur Unterschätzung der soziologischen Relevanz von technischen Artefakten und Infrastrukturen auf (Linde 1972).

liche Meinung) so zu beeinflussen, dass die eigenen Interessen und Weltdeutungen eine höhere Chance auf Durchsetzung bzw. legitime Geltung haben.[11]

Ich klammere hier die beiden großen „Stellungen des Gedankens zur Objektivität" (Hegel) des Klimas aus, die der jüngsten Wendung des Klimadiskurses historisch vorangegangen sind. Die erste ist der Klimadeterminismus, der erstmals in der griechischen Antike (Hippokrates 1991), dann modifiziert wieder in der Aufklärung (Montesquieu 1989) und „szientistisch" gehärtet bei Huntington (1924) auftaucht. Diese Formation wird abgelöst von der modernen Klima-Ignoranz, die sich als Folge der Industriegesellschaft und ihrem Umschwenken auf fossile Energieträger und weit gefächerte Umwandlungstechnologien einstellt. Die Naturgrenze scheint aufgehoben, das Klima wird unwichtig.

Dass der Mensch das Klima ändern könnte wird als Folge der Industriegesellschaft von Naturwissenschaftlern im Laufe des 19. Jahrhunderts zunächst nur vermutet, verdichtet sich dann in der zweiten Hälfte des 20. Jahrhunderts zur auch messbaren Gewissheit (Conrad 2008; Weart 2003). Die Einrichtung des *Intergovernmental Panel on Climate Change* (IPCC) im Jahr 1988, einer problemorientierten Wissenschafts-Community mit Politikberatungsfunktion, markiert dies auch gleichsam institutionell. Der Klimadiskurs der letzten rd. 25 Jahre ist durch die wechselseitig sich bedingenden Pendelbewegungen von Katastrophismus und Skeptizismus geprägt (Viehöver 2003; Weingart/Engels/Pansegrau 2002), übrigens nicht nur in Deutschland (Ereaut/Segnit 2006). Diese antithetische Konstellation wurde durch eine Reihe von Faktoren angetrieben, z.B. auch durch die Verfasstheit der massenmedialen Berichterstattung (Boykoff/Boykoff 2004), nicht zuletzt aber auch durch die Begrenztheit des gesicherten Wissens über die genauen Mechanismen und Folgen des Klimawandels am Beginn dieser Phase. Die Behauptung dieses Abschnitts ist, dass wir nunmehr seit etwa 2006/2007 in eine neue Phase des Klimadiskurses eingetreten sind, deren Umrisse sich allmählich abzeichnen. Im Folgenden möchte ich diese Behauptung durch die idealtypische Gegenüberstellung von „altem" und „neuem" Klimadiskurs zu belegen versuchen.[12]

Marksteine des neuen Klimadiskurses, den ich als Gestaltungsdiskurs bezeichnen möchte, sind der Bericht einer Arbeitsgruppe unter Leitung des britischen Ökonomen Sir Nicholas Stern (2007), der Vierte Sachstandsbericht des IPCC (2007), sowie eine Reihe anderer Publikationen, massenmedialer Resonanzen und – last but not least – politischer Beschlüsse.

Ich möchte zunächst überblickshaft beide Phasen in ihren Hauptmerkmalen einander gegenüberstellen (vgl. Tab. 1), um anschließend einige illustrative Belege dafür beizubrin-

---

11 Der hier skizzierte Diskursbegriff knüpft an Foucault an, reformuliert ihn aber handlungstheoretisch und ohne Übernahme seines ebenso ausufernden wie unscharfen Machtbegriffs sowie unter Verzicht auf den immer wieder auftauchenden strukturalistischen Versuch, den Diskurs selbst zum Subjekt zu stilisieren (vgl. dazu ausführlicher Keller 2005, 2006; Knoblauch 2006; Schwab-Trapp 2006).

12 Man kann den Diskurs natürlich stets noch feiner untergliedern. Weingart, Engels und Pansegrau (2002) etwa haben das für die dritte Phase getan. Außerdem haben sie die Sub-Diskurse Wissenschaft, Politik und Massenmedien gesondert betrachtet. Der qualitative Wandel zur letzten Phase liegt jedoch jenseits ihres Betrachtungshorizonts (ebenso wie bei Grundmann 2007, der den deutschen mit dem U.S.-amerikanischen Klimadiskurs in Phase 3 vergleicht). Selbstverständlich gibt es weiterhin Sub-Diskurse (ich gehe weiter unten auch auf sie ein). Aber wichtig ist mir hier, die Einheit des gesellschaftlichen Klimadiskurses als Bezugspunkt historischer Formationsverlagerungen zu wählen.

gen, dass wir es in der Tat mit einem qualitativen Wandel und nicht bloß mit einer unbedeutenden Fluktuation des Klimadiskurses zu tun haben.[13]

Tabelle 1: Alter und neuer Klimadiskurs in der Übersicht

Dimension	**Alter Klimadiskurs**	**Neuer Klimadiskurs**
Rahmen	Erdsystemanalyse	Entscheidungsunterstützung
Kernfragen	Gibt es (anthropogenen) Klimawandel? Wie sicher ist das? Wann und wie werden natürliche und soziale Systeme betroffen sein?	Was ist gefährlicher Klimawandel? Wie kann eine kosteneffiziente und gerechte Stabilisierung des Klimasystems erreicht werden? Wer muss wann was tun oder zahlen?
Risikofokus	Impaktrisiken	Handlungsrisiken
Hauptakteure	Naturwissenschaften, Umweltbewegung, Umweltpolitik, Massenmedien	Transdisziplinäre Wissenschaft, Politik allgemein, Teile des Unternehmenssektors, Umweltbewegung, kritische Öffentlichkeit, Massenmedien
Hauptkonflikte	Katastrophismus versus Skeptizismus Minderung versus Anpassung Werte versus Tatsachen	Gewinner versus Verlierer Kosten-Nutzen-Analyse versus Portfoliomanagement Optimaler Mix Mitigation/Anpassung Explizite Wertkonflikte
Leitwissenschaften	Physik, Meteorologie, andere Naturwissenschaften (▶IPCC Working Group I).	Ökonomie, Integrierte Modelle, andere Sozialwissenschaften (▶ IPCC Working Group III)

---

13 Grundlage der Gegenüberstellung sind zum einen Presseauswertungen zum Klimawandel (Fachpresse und Tageszeitungen) der Jahre 1996-2009. Zum anderen zahlreiche Gespräche, die ich als Mitarbeiter des Potsdam-Instituts für Klimafolgenforschung in den letzten Jahren mit Klimaforschern, Politikern, Unternehmern, NGO-Mitarbeitern sowie Medienvertretern führen konnte. Der Schwerpunkt der Analyse liegt auf Deutschland, wenngleich der quantitative Aufschwung des Klimathemas als solcher in nahezu allen Massenmedien weltweit zu beobachten war (ECI 2007).

(1) *Rahmen.* Das primär Bedeutsame am jüngsten Diskurswandel ist die neue Rahmung des Klimawandels vom Wissens- zum Entscheidungsproblem. Voraussetzung dafür war die im Vierten Sachstandsbericht des IPCC erfolgte diskursive Schließung der Ursachenfrage sowie die von der Klima-Ökonomie nunmehr mehrheitsfähig gemachte Position, wonach Klimaschutz kostengünstiger ist als Abwarten. Nunmehr konzentriert sich alles auf die Entscheidungs- und Handlungsfragen, die sich aus dem Faktum eines bislang ungebremsten anthropogenen Klimawandels ergeben. Selbst gestandene Naturwissenschaftler addressieren in ihren jüngeren Publikationen das Klimaproblem in erster Linie als Entscheidungsproblem (Rahmstorf/Schellnhuber 2006; Walker/King 2008). Die hier relevanten Unsicherheiten betreffen weniger das Klimasystem als vielmehr Fragen der Änderung von Lebensstilen und der politischen Steuerung einer De-Karbonisierung der Gesellschaft als Ganzer.

(2) *Kernfragen.* Die Leitfrage lautet nicht mehr „Gibt es einen Klimawandel und ist er anthropogen verursacht?". Sie ist mit hinreichender Sicherheit beantwortet; verbleibende Unsicherheiten werden gleichsam normalwissenschaftlich kleingearbeitet. Die neue Leitfrage lautet: „Wer soll was und zu welchen zumutbaren Kosten tun, um gefährlichen Klimawandel zu vermeiden und einen angemessenen Mix aus Vermeidung und Anpassung herbeizuführen?".

Der Bewertungs- und Entscheidungscharakter dieser etwas komplexeren Frage wird bereits durch den Ausdruck „gefährlicher Klimawandel" deutlich, der sich auf Artikel 2 der UN Klimarahmenkonvention (UNFCCC) aus dem Jahr 1992 stützt und den Zweck dieses völkerrechtlich verbindlichen Abkommens definiert. Was gefährlicher Klimawandel genau sein soll, kann weder rein wissenschaftlich noch rein gesellschaftlich bzw. politisch definiert werden, sondern lässt sich nur in wechselseitigen Informations-, Bewertungs- und Aushandlungsprozessen (reversibel) festlegen (Risbey 2006; Schneider 2001; Schneider/Mastrandrea 2005). Die *scientific community* der Klimafolgenforschung hat im Zusammenspiel mit politischen Entscheidungsträgern das Ziel ausgegeben, den Klimawandel auf +2 °C gegenüber dem vorindustriellen Niveau zu begrenzen. Die Wissenschaft kann nur über mögliche Folgen berichten, diese aber weder ökonomisch noch moralisch bewerten. Soziale und politische Akteure können zwar solche Bewertungen vornehmen und tun dies auch ständig, benötigen dazu aber hinreichende Sachinformationen, da sich der alltagsweltlich verständliche Wunsch, „gefährlichen" Klimawandel zu vermeiden, nur unter Rückgriff auf wissenschaftliches Wissen in die zentralen Kenngrößen des Klimasystems – Temperatur, Konzentration, Emissionen, Wirkungen – übersetzen lässt (Meinshausen 2008; Schellnhuber/Cramer/Nakicenovic et al. 2006). Das von EU und Bundesregierung gleichermaßen akzeptierte Zwei-Grad-Ziel stellt damit ein prominentes Beispiel für die Koproduktion von Wissenschaft und Gesellschaft vor, also für die wechselseitige „Herstellung" von handlungsrelevanten und behandelbaren komplexen Sachverhalten (Jasanoff 2004a).

Da Politik weder die GMT noch die THG-Konzentration direkt steuern kann, sondern einzig an den Emissionen anzusetzen vermag, ist die jüngste Klimadebatte durch ein hohes Maß an Interdisziplinarität unter Führung klimaökonomischer Fragen und Modelle gekennzeichnet: Was kostet ein bestimmtes Stabilisierungsszenario, wieviel klimapolitische Verzögerung ist ökonomisch und ethisch vertretbar, welche technologischen Pfade sind wann und zu welchen Kostenverläufen verfügbar, welche klimapolitischen Steuerungsinstrumente sind am effektivsten, welche haben die höchsten positiven Nebeneffekte usw. Damit deutet sich – wissenschaftspolitisch gesehen – eine Gewichtsverteilung zugunsten der Sozialwissenschaften an, die das ursprünglich von den Naturwissenschaften entdeckte und lange dominant von ihnen behandelte Thema Klimawandel nunmehr unter gezielter Inanspruchnahme naturwissenschaftlichen Wissens bearbeiten.

Nur angedeutet werden kann hier, dass das Thema einer *gerechten* Nutzen- und Lastenverteilung für den zukünftigen Klimadiskurs ganz entscheidend ist. Obwohl Gerechtigkeitsfragen im alten Klimadiskurs durchaus nicht fehlten, stehen sie nunmehr im Zentrum der Debatte. Das gilt sowohl für die internationale Dimension als auch für die nationale. Im alten Klimadiskurs wurde die Unterscheidung zwischen „Nord" (Industrieländer) und „Süd" (Entwicklungsländer) als Referenzpunkt gewählt. Mit der Ausdifferenzierung der Gruppe der Entwicklungsländer, die auch klimapolitisch bedeutsam ist, differenziert sich auch die Debatte (Reusswig/Gerlinger/Edenhofer 2004). China hat mittlerweile die USA als größten Emittenten abgelöst. Auch die kumulierten Emissionen, also die historische „Kohlenstoffschuld" der Industrieländer, bleiben angesichts des Wachstums der Schwellenländer nicht auf Dauer erhalten. Im Jahr 2021 wird China auch hier die USA ablösen, in 2031 wird Indien Japan abgelöst haben (Botzen/Gowdy/van den Bergh 2008).[14] Daneben darf nicht vergessen werden, dass auch innerhalb einzelner Länder ganz unterschiedliche Milieus und Lebensstilgruppen existieren, die die Atmosphäre mit z.T. erheblichen Niveauunterschieden (Faktor 4 und mehr) belasten (Weber/Perrels 2000), wodurch sich eine bislang unterschätzte Frage ökologischer Gerechtigkeit innerhalb nationaler Gesellschaften stellt (Schlüns 2007).

(3) *Risikofokus*. Auch der Risikodiskurs hat sich geändert. Standen in der vorherigen Phase des Klimadiskurses die Impaktrisiken im Vordergrund, kommen nun mehr und mehr die Handlungsrisiken in den Blick, die sich auf der Grundlage einer Impakt-Abschätzung und unter einer schrittweisen Einbeziehung der Risikokomplexität moderner Gesellschaften ergeben.[15] Denn auch wenn sich immer mehr Gewissheiten auf der Seite des Klimasystems forschungsbedingt eingestellt haben, hört die Wahrscheinlichkeit des Eintretens von Gefahren ja nicht auf. Im neuen Klimadiskurs wird die Risikowahrnehmung des alten Diskurses als Folge von Nichthandeln aufgehoben (also: welche Klimafolgen sind zu erwarten, wenn wir keine Emissionsreduktionen vornehmen und auch anpassungsmäßig nichts tun?) und den Kosten (soweit abschätzbar) und Risiken des Handelns gegenübergestellt. Die Studien von Stern et al. (2007) oder Kemfert (2007) zeigen – anders als viele klimaökonomische Berechnungen in der vorherigen Phase –, dass die Kosten des Nichthandelns wahrscheinlich deutlich größer sein werden als die des Handelns. Gleichzeitig fächert sich die Option „Handeln" auf, sowohl mit Blick auf die sozial-geographische Verteilung der Akteure als auch mit Blick auf den politischen Instrumentenmix sowie die zeitliche Staffelung der Maßnahmen. Auch Klimaschutz ist kein „free lunch", sondern ein Optionenset mit Opportunitätskosten und Nebenfolgen.[16] Es zeichnet sich ab, dass Klimapolitik ohne eine an-

---

14 Verschiedene Vorschläge für ein Post-Kyoto-Regime werden diskutiert, und die Frage, welche Dimension und welche Maßstäbe die anerkanntermaßen „gemeinsame Verantwortung" (UNFCCC) für das Weltklima nun tatsächlich prägen sollen, führt zu neuen Konflikten (Bhushan/D´Souza/Narain et al. 2008; Ott/Heinrich-Böll-Stiftung 2008; Santarius 2007).

15 Aufmerksame Beobachter der vorhergegangen Klimadiskurse haben bemerkt, dass bereits dort Risikofragen als (implizite) Entscheidungsprobleme auftraten (Kopfmüller/Conen 1997), damals aber durch den Schwerpunkt auf die Attribuierungsfrage (Natur oder Gesellschaft) verdeckt wurden. Mit Hegel gesprochen: im jetzigen Klimadiskurs wird das *gesetzt*, was im vorherigen schon *an sich vorhanden* war.

16 Das beste Beispiel dafür aus jüngster Zeit war das Schicksal der Biokraftstoffpolitik und ihrer öffentlichen Kommunikation (Beneking 2009). Man kann das Klima „retten", dabei aber andere Teilkomponenten des Erdsystems ruinieren (z.B. tropische Regenwälder) sowie Armut und Hunger vergrößern. „Hartes" Geoen-

spruchsvolle Einbettung in „Risk Governance" (Bischof 2006; Renn 2008), also den interdisziplinären und integrativen Umgang mit Risiken, welcher die verknüpften Komponenten Risikobewertung und -beurteilung, Risikomanagement und Risikokommunikation umfasst, nicht zu haben sein wird.

Ein besonders in der Klimaforschung wichtiger Teil der Risikobewertung betrifft die Frage der *Unsicherheit*. Beide Zentralparameter der klassischen Risikodefinition – Eintrittswahrscheinlichkeit und Schadenshöhe – sind im Falle zukünftiger Klimawandel mit Unsicherheiten behaftet.[17] In der vom Disput zwischen Katastrophismus und Skeptizismus geprägten Diskursphase wurde immer wieder darauf hingewiesen, dass es noch Unsicherheiten gebe, die den handlungsrelevanten Schluss, gefährlicher anthropogener Klimawandel sei der Fall, noch nicht – und vielleicht sogar niemals – zuließen.[18] Innerhalb des klimaskeptischen Diskurses wurde dabei mehr oder weniger implizit unterstellt, Unsicherheiten funktionierten nur in eine Richtung, deren Beseitigung durch gesicherte wissenschaftliche Erkenntnisse würde uns mithin von der geringen Dramatik der Lage überzeugen. Unsicherheiten funktionieren aber nach beiden Seiten, und seit dem Vierten Sachstandsbericht des IPCC häufen sich die Evidenzen dafür, dass in einigen Punkten die Lage noch gefährlicher ist, als wir bislang annehmen durften (Canadell/Le Quere/Raupach et al. 2007; Harvey 2006, 2007; Meinshausen/Meinshausen/Hare et al. 2009; Risbey 2008; Schneider 2009; Smith/Schneider/Oppenheimer et al. 2009).[19]

(4) *Hauptakteure*. Der Kreis der Teilnehmer am Klimadiskurs hat sich im Übergang von der dritten zur vierten Phase deutlich erweitert. Noch in den 1990er Jahren waren die wichtigsten Protagonisten in den Naturwissenschaften und in den Massenmedien sowie der Umweltpolitik zu finden. Mittlerweile hat sich die Akteurspalette deutlich vergrößert. Besonders hervorzuheben sind dabei zum einen wirtschaftliche Akteure, zweitens die Politik allgemein, drittens die kritische Öffentlichkeit. Dass Unternehmen aus dem „grünen Sektor" (z.B. Hersteller von Windkraftanlagen) den Klimawandel anders diskutieren als etwa Anbieter von Kohlekraftwerken ist an sich nicht überraschend. Hinzugekommen ist eine Verbreiterung des Problemhorizonts quer durch die Unternehmenswelt.

Man hat versucht, den jüngsten Umschwung des Klimadiskurses mit Rückgriff auf Luhmann als Übersetzung eines Problems des Wissenschaftssystems in die „Sprache der

---

gineering (etwa Eisendüngung der Ozeane zur Steigerung der CO_2-Senkenkapazität der Ozeane) ist ebenfalls voller Beispiele dafür. Auch die möglicherweise unvermeidliche Option des *Carbon Capturing and Storage* (CCS) steckt voller Risiken (Verschlusssicherheit der unterirdischen Anlagen, Kosten bei Unfällen etc.), die eingehend – ganz gemäß der klassischen Technikfolgenabschätzung – geprüft werden müssen, bevor sie ins Portfolioset einer sinnvollen Klimapolitik aufgenommen werden können. Andere Maßnahmen sind weniger risikoreich, weil sie mit bereits eingeführten und bewährten Technologien operieren (Pacala/Socolow 2004).

17 Es kann hier nicht diskutiert werden, inwiefern die frequentistische Wahrscheinlichkeitsauffassung angesichts des einmaligen und noch gar nicht abgeschlossenen Ereignisses „anthropogener Klimawandel" überhaupt trägt (vgl. kritisch zum klassischen Risikobegriff Jaeger/Renn/Rosa et al. 2001).

18 Insbesondere an der Schnittstelle Wissenschaft-Öffentlichkeit wurden unzulässige Ausblendungen von wissenschaftlichen Unsicherheiten moniert (Lehmkuhl 2008), die im Zuge einer mehr oder weniger bewussten Rollenverletzung der Klimaforschung (Pielke Jr. 2007) vorgekommen seien.

19 Die Klimasensitivität, also die Veränderbarkeit der GMT durch die THG Emissionen, stellt eine entscheidende Stellgröße des Klimasystems dar. Lange Jahre ging der IPCC davon aus, dass diese ungefähr bei 2-2,5 °C liegen würde (= jede Verdopplung der THG-Konzentration führt zu einem Anstieg von 2-2,5 Grad). In seinem Vierten Sachstandsbericht geht der IPCC aber nunmehr davon aus, dass sie eher bei 2,5-3 °C liegt. Auch hier besteht Unsicherheit, aber sie wurde von der neueren Forschung eher in Richtung „höheres Risiko als bisher angenommen" verschoben.

Wirtschaft" (Egner 2007) zu beschreiben, aber diese Deutung ist weder präzise noch vollständig (Reusswig 2008a). Es kommt auch darauf an, was in dieser Sprache gesagt wird – und welche wirtschaftlichen Akteure daraus welche Schlussfolgerungen ziehen. Und dieser Prozess verläuft weder einheitlich in „der" Wirtschaft, noch geht er konfliktfrei vonstatten. Um die auftretenden gesellschaftlichen Unterschiede und Konflikte zu verstehen, ist es zwar notwendig, aber nicht hinreichend, auf die Interessen der beteiligten Akteure – z.B. Politiker oder Wirtschaftsunternehmen – einzugehen. Notwendig deshalb, weil der Klimadiskurs – in erster Linie als Vermeidungs-, in zweiter aber auch als Anpassungsdiskurs – das Potenzial birgt, bestehende Handlungsressourcen und Interessen moralisch zu delegitimieren und ökonomisch zu entwerten (Luhmann 2008; vgl. für die USA in den 1990er Jahren: McCright/Dunlap 2003).

Aber das Verhältnis von Klimadiskurs und sozialen Interessen ist komplizierter. Es gibt durchaus *keine* prästabilisierte Disharmonie zwischen Klimawandel und Wirtschaft. Wirtschaftliche Interessen dienen nicht nur als Filter für die Bewertung wissenschaftlicher Befunde, sie werden im Lichte neuer Erkenntnisse auch stets neu interpretiert, und der abstrakte bzw. bislang wohl definierte Handlungsraum eines Akteurs wird – im Lichte dieser Neu-Interpretation – auf mögliche Zukunftschancen hin abgesucht. Im Ergebnis kann sich das Optionsportfolio deutlich ändern – und damit auch die Interessenlage.[20]

Neben dem mehr oder weniger deutlichen Strategiewechsel von Einzelunternehmen ist für den neuen Klimadiskurs auch charakteristisch, dass sich übergreifende Initiativen bilden, die sich im Klimadiskurs als proaktiv positionieren wollen oder gar Maßnahmen ergreifen, um unternehmensbezogene Emissionen zu senken.[21] Die schon länger propagierte ökologische Betrachtungsweise des Wirtschaftens ebenso wie das ökologische Produkt-Design haben durch den Klimawandel einen deutlichen Anschub erfahren (Braungart/McDonough 2008).

Eine markante Änderung im Klimadiskurs lässt sich auch daran ablesen, dass sich das Thema aus einem sektoralen zu einem Politikproblem mit Querschnittscharakter verallgemeinert hat. Zwar bleibt das Bundesumweltministerium (BMU) ein Schlüsselministerium, u.a. mit der Zuständigkeit für internationale Klimaverhandlungen. Aber auch im BMU selbst ist es zu einer Neurahmung des Klimaschutzes im Sinne einer Industriepolitik für das 21. Jahrhundert gekommen (BMU 2008). Zudem belegt das 2007/08 beschlossene Integrierte Energie- und Klimaschutzprogramm (IEKP) der Bundesregierung mit seinem 40%-Reduktionsziel (2020 gegenüber 1990), in welchem Maß auch viele andere Schlüsselressorts sich des Themas angenommen haben, ja – zumindest auf publizistisch-rhetorischer Ebene –, in eine Art Wettbewerb „Wer ist am wichtigsten für den Klimaschutz" getreten sind.

---

20 Wie Max Weber schon feststellte sind es Ideen und Interessen, die in ihrem Zusammenspiel, nicht in Isolation voneinander, das wirtschaftliche Geschehen beherrschen (Lepsius 2009). Märkte – auch die Zukunftsmärkte für Emissionen und neue Energien – sind sozial eingebettete Institutionen mit konkreten Trajektorien, keine keimfreien Kräftegleichgewichts-Maschinen (Beckert 2007). Abstrakte Erwägungen über Codes und Resonanzen können bestenfalls als metaphorische Umschreibungen einer genaueren Analyse von Akteuren, ihren Interessen und Ideen, sowie den systemischen Randbedingungen und Interferenzen den Weg bereiten. Schlimmstenfalls verdrängen sie diese durch schematische Glasperlenspiele (Haller 2003).

21 Beispiel für die Diskurspositionierung ist die *Zwei-Grad-Initiative der Deutschen Wirtschaft* (http://www.initiative2grad.de, 15.09.09), Beispiele für eine emissionsbezogene Initiative wären das weltweite *Carbon Disclosure Project* (http://www.cdproject.net, 15.09.09) oder das *Product Carbon Footprint Pilotprojekt Deutschland* (http://www.pcf-projekt.de, 15.09.09).

Die *Massenmedien* waren und bleiben Hauptakteure des Klimadiskurses in der „Mediengesellschaft". Im alten Klimadiskurs waren sie häufig genug Motor oder zumindest Verstärker der Pendelbewegung zwischen Katastrophismus und Skeptizismus (Boykoff/Boykoff 2004; Lehmkuhl 2008; Weingart/Engels/Pansegrau 2002; [auch Besio/Pronzini in diesem Band, Anm. d. Hrsg.]). Das ändert sich aber im neuen Diskurs. Zwar hat der Hagel insofern seine Unschuld verloren, als jedes Wetterextrem von jetzt an unter den besonders für Massenmedien auflageträchtigen Generalverdacht gestellt werden kann, Folge des Klimawandels zu sein. Aber es zeigt sich auch, dass – speziell in den seriöseren Medien – eine deutliche Versachlichung eingetreten ist, die nicht zuletzt auf den internen Kompetenzaufbau zurückzuführen ist. Der von Weingart, Engels und Pansegrau (2002: 127 ff., ebenso Gramelsberger 2007) befürchtete Schwenk zum öffentlichen Skeptizismus ist jedenfalls bisher nicht eingetreten. Der Mainstream der deutschen Medienberichterstattung zum Klimawandel bewegt sich entlang der vom IPCC vorgegebenen Linien (Peters/Heinrichs 2008).[22] Selbst in den USA, während der 1990er Jahre und teilweise bis heute Hort des auch massenmedial verbreiteten „Klimaskeptizismus", hat sich die öffentliche Berichterstattung über den Klimawandel merklich geändert; insbesondere der „balance as bias" (Boykoff/Boykoff 2004) Effekt ist einer sachlichen und zudem – die Wahl von Barack Obama zum U.S. Präsidenten 2008 macht dies ebenfalls deutlich – dem Klimaschutz gegenüber sehr viel aufgeschlosseneren Haltung gewichen (Moser/Dilling 2008; Ward 2008).

Aufgrund dieser enormen Ausweitung des Akteursspektrums ist der neuere Klimadiskurs weniger anfällig gegenüber Relevanz- und Aufmerksamkeitsschwankungen bei einer einzelnen Akteursgruppe. Insbesondere die breitere Verankerung von Klimawandel als Entscheidungsproblem in Teilen der Wirtschaft und der Politik verhindert, dass sich normale Medienzyklen (a) einfach einstellen und (b) direkt negativ auf die Einstellungen der Bevölkerung auswirken.[23]

(5) *Hauptkonflikte*. Während der alte Klimadiskurs um die Attributionsfrage zentriert war und diese in einer Reihe von dichotomisierten Konfliktlinien diskutierte („Mensch oder Natur", „Anpassung oder Ursachenbekämpfung", „Werte oder Tatsachen"), stellt sich der neue Diskurs nach Beantwortung der Attributionsfrage der Frage der gesellschaftlichen Zuordnung und den politisch-ökonomischen Konsequenzen. Es ist wichtig zu sehen, dass auch und gerade die Neurahmung des Klimawandels als Entscheidungsproblem keineswegs mit der Überwindung sozialer Konflikte einhergeht, sondern diese in einer neuen Form zum Tragen bringt. Dabei hat auch die dichotome Form keineswegs ausgedient. Eine wichtige Konfliktlinie rührt etwa aus der Frage, wer zu den Gewinnern und wer zu den Verlierern

---

22 Es ist nicht ohne Ironie – und ohne Dialektik wahrscheinlich nicht zu begreifen –, dass die vor allem vom Sozialkonstruktivismus so betonte Rolle der Massenmedien, ohne die der Klimawandel gesellschaftlich angeblich nicht „da" wäre, dadurch gekennzeichnet ist, dass die Positionen eines Gremiums übernommen werden, das mehrheitlich der Meinung ist, der Klimawandel sei eine wissenschaftlich konstatierbare (positive) Tatsache. Die Massenmedien konstruieren den Klimawandel so, dass er als Tatsache erscheint, die im für Wahrheitsfragen zuständigen Wissenschaftssystem ermittelt wird.

23 Die Quellen für die öffentliche Berichterstattung zum Klimawandel verbreitern sich, indem die beinahe exklusive Rolle der Wissenschaften durch Wirtschaft und Politik deutlich erweitert wird. Webseiten und Blogs (virtuell) kritischer Konsumenten – wie z.B. die „Lifestyles of Health and Sustainability" (LOHAS, http://www.lohas.de, 15.09.2009) – machen zudem deutlich, dass wir auch einen gewissen Grad gesellschaftlicher Selbst-Aktivierung feststellen können. Von daher sind auch die skeptischen Bewertungen, die sich zum Klimabewusstsein der Deutschen treffen lassen (Weber 2008), im Rahmen des neueren Klimadiskurses als weniger dramatisch zu bewerten. Im Übrigen sind die empirischen Befunde zum Klimabewusstsein in Deutschland gar nicht so entmutigend (BMU/UBA 2008; Kuckartz/Rheingans-Heitze 2006).

zählen wird. Im alten Klimadiskurs, unter der Ägide des Impaktrisikos, war dies bereits als Frage nach den Gewinnern/Verlieren des Klimawandels virulent. Die Mehrheitsmeinung lautete damals, es seien die Entwicklungsländer die Verlierer. Heute tritt mehr und mehr die Frage hinzu, wie es um die differentielle Betroffenheit durch Klimapolitik steht.[24] Hinzu kommt, dass es Anzeichen für eine Vulnerabilität auch der Industrieländer für direkte Klimafolgen gibt, wie der Hitzesommer 2003 mit seinen rd. 70.000 Toten in ganz Europa (Beniston/Diaz 2004; Robine/Cheung/Le Roy et al. 2007; Schär/Jendritzky 2004) oder der Hurrikan Katrina in den USA 2005 gezeigt haben. Umgekehrt können Entwicklungsländer auch Gewinner von Klimapolitik sein, zumindest in begrenztem Maße, wie dies etwa mit Blick auf den Clean Development Mechanism (CDM) des Kyoto-Protokolls der Fall ist.[25] Kompliziert wird dieser Konflikt zwischen Gewinnern und Verlierern durch die bereits erwähnte Tatsache, dass es keine „geborenen" Gewinner oder Verlierer gibt, sondern sich durch strategische Umorientierungen ein Wechsel vornehmen lässt.

Ein bislang noch unterschwelliger Konflikt wird im neuen Klimadiskurs an Bedeutung gewinnen: der zwischen Kosten-Nutzen-Optimierung einerseits und einem umfassenderen Portfolio-Management andererseits. Neoklassisch inspirierte Studien zu den Kosten des Klimaschutzes (z.B. McKinsey & Company 2007) operieren in einer Welt einfacher Gleichgewichte und geringer Kostenunsicherheit. Dies entspricht aber immer weniger den Tatsachen. Wenn multiple Gleichgewichte die Regel werden und die interdependenten Unsicherheiten steigen, ändern sich die Kosten- und die Gewinnschätzungen u.U. erheblich.

Im alten Klimadiskurs wurde zwischen Ursachenbekämpfung (*mitigation*) und Anpassung (*adaptation*) ein bisweilen ideologisch aufgeladener Weltanschauungskonflikt ausgetragen, der mit dem Konflikt zwischen Katastrophismus und Skeptizismus verbunden war (Heinrichs/Grunenberg 2009; Ziegler 2008). Wir erleben auch in der neuen Phase des Klimadiskurses einen Nachhall dieser Debatte, wenn (ehemalige) Skeptiker uns heute raten, wir sollten den ohnehin aussichtslosen Klimaschutz unterbleiben lassen und alles auf ebenso kostengünstige wie politisch leichter durchsetzbare Anpassung setzen. Aber dabei handelt es sich um Nachhutgefechte. Tatsächlich hängen Kosten und politische Durchsetzbarkeit von Anpassung ganz entscheidend an der Frage, an welchen Klimawandel (wie viel Grad mehr) man sich eigentlich anpassen soll. Je stärker der Klimawandel, desto höher die Kosten und desto geringer die Durchsetzbarkeit (man denke nur an Umsiedlungsmaßnahmen im Rahmen von Meeresspiegelanstieg) (Parry/Lowe/Hanson 2009). Erfolgreiche Anpassung setzt daher erfolgreiche Vermeidung voraus, nicht kann sie als ihr Substitut gehandelt werden. Diese Einsicht greift mehr und mehr Platz – also auch die, dass Vermeidung *allein* angesichts der Trägheiten von Erdsystem und Menschheit nicht helfen wird. Von daher wird die Auseinandersetzung in Zukunft immer stärker um die Frage gehen, wie ein

---

24 In einer interessanten Studie für den Bundesverband der Deutschen Industrie hat die Deutsche Bank Research (Heymann 2007) für verschiedene Wirtschaftsbranchen genau diese doppelte Betroffenheit (Gewinner und Verlierer von Klimawandel *und* von Klimapolitik) untersucht. Dies unterstreicht erneut auch den oben behaupteten Querschnittscharakter der Klimapolitik in der vierten Diskursphase sowie die gewachsene Bedeutung wirtschaftlicher Akteure.

25 Der CDM erlaubt es den Industrieländern (Unternehmen dort), Reduktionsmaßnahmen, die sie in Entwicklungsländern (Non-Annex-I-Ländern) durchführen, als Reduktion ihrer eigenen „Kohlenstoffschuld" sich anrechnen zu lassen. Die dabei in den Süden fließenden Mittel sind allerdings bescheiden; zudem bestehen erheblich Zweifel an der wirtschaftlichen Seriosität sowie am klimapolitischen Sinn von CDMs (Dechezleprêtre/Glachant/Ménière 2009; Wara 2006; [auch Lohmann und Eisenack in diesem Band, Anm. d. Hrsg.]).

optimaler Mix aus Anpassung und Vermeidung aussehen kann, und wer in welchem Zeitraum und mit welchen finanziellen Ressourcen (aus welchen Quellen) dafür einzustehen hat. Neue wissenschaftliche Erkenntnisse können dabei erhebliche Effekte haben, insbesondere wenn sie die Frage der Haltbarkeit oder Unhaltbarkeit des Zwei-Grad-Ziels betreffen, das derzeit von der scientific community am heftigsten diskutiert wird (Meinshausen/Meinshausen/Hare 2009).

(6) *Leitwissenschaften.* Im alten Klimadiskurs dominierten die Naturwissenschaften, und speziell die „reineren" oder „höheren" Naturwissenschaften wie Physik oder Atmosphärenchemie, wie sie in der Arbeitsgruppe I des IPCC vertreten sind, der seine Publikationen bezeichnenderweise unter dem Titel *„The Scientific Basis"* veröffentlicht (IPCC 2007b). Mit der Neurahmung des Klimaproblems als Entscheidungsproblem gewinnen die Sozialwissenschaften im inter- und transdiszplinären Konzert an Bedeutung. Innerhalb der IPCC-Welt ist das die Arbeitsgruppe III. Wie die Naturwissenschaften diese „narzisstische Kränkung" verarbeiten, bleibt offen. Die Versuchung ist groß, auf die verbleibenden bzw. sich immer auch neu ergebenden Unsicherheiten zu pochen und dort die eigentliche Forschungsfront zu postulieren. Denkbar aber auch, dass die Naturwissenschaftler ihre Transformation von der „Herrin" zur „Magd" der Sozialwissenschaften mittragen – so, wie die Mehrzahl von ihnen im Zuge der diskursiven Schließung der Klimadebatte 2006/2007 öffentlichkeitswirksam bekundeten, es sei jetzt genug geforscht worden, nun müsse gehandelt werden.

Es ist nicht ganz richtig, hier von „den Sozialwissenschaften" zu sprechen. Auch im neuen Klimadiskurs spielt die Ökonomie eine herausgehobene Rolle – sie ist gleichsam der Hegemon innerhalb des sozialwissenschaftlichen Spektrums. Das erklärt sich zum einen daraus, dass die Politik ein in Geldwerten berechnetes Ergebnis viel besser verarbeiten und verkaufen kann als eines, das ohne sie daherkommt. Die hegemoniale Stellung der Ökonomie ist aber auch Folge der Tatsache, dass sie aus disziplin-internen Gründen eine viel höhere Affinität zu einer Welt berechenbarer und modellierbarer systemischer Gleichgewichte entwickelt hat, die für viele Modelle naturwissenschaftlicher Provinienz leicht anschlussfähig ist (Edenhofer/Carraro/Köhle et al. 2006). Wenn meine These aber zutrifft, dass explizite Wertkonflikte und eine Welt multipler Gleichgewichte im neuen Klimadiskurs unentrinnbar sind, dann kann die hegemoniale Rolle der Ökonomie nicht länger aufrecht erhalten werden – zumindest bedarf es eines anderen Typs der Ökonomie, in welchem heterogene Akteure, dynamische Gleichgewichte, interdependente Präferenzen, wertabhängige Präferenzen etc. vorkommen können. Auch hier muss derzeit offen bleiben, ob das sich etablierende Feld der Klimaökonomie zu dieser Selbstransformation fähig ist, oder ob sie der Versuchung nicht widerstehen kann, als quasi positive Wissenschaft vom gesellschaftlichen Mechanismus das Erbe der naturwissenschaftlichen „Meisterdenker" anzutreten. Nur im ersten Fall bestehen für die anderen Sozialwissenschaften ernsthafte Chancen, in den – dann allerdings transformierten – Kern der sozialwissenschaftlichen Politikberatung vorzudringen.

4 Die Umrisse einer postkarbonen Gesellschaft und die zukünftigen Aufgaben der Soziologie

Was sich in der aktuellen vierten Phase des Klimadiskurses abzeichnet, sind die Umrisse einer kohlenstoffarmen Gesellschaft. Genauer gesagt: diese Umrisse zusammen mit (a) unterschiedlichen Ausgestaltungen derselben sowie (b) den grundsätzlichen Konfliktlinien hinsichtlich der Frage, ob es zu einer solchen postkarbonen Gesellschaft kommt oder nicht. Eine postkarbone Gesellschaft ist eine Gesellschaft, die ihre bio-physischen Interaktionen mit dem Erdsystem so modifiziert hat, dass ihr Prozessieren in der Zeit keinen „gefährlichen Klimawandel" (UNFCCC, Art. 2) zur Folge hat (Rifkin 2009; Stern 2009). Dies geschieht entweder dadurch, dass über das natürliche Senkenpotenzial hinaus keinerlei THG (z.B. aus fossilen Quellen) entstehen (bzw. in die Atmosphäre entweichen)[26], oder dadurch, dass die natürliche Senkenkapazität des Erdsystems für THG künstlich so erhöht wird, dass Kohlenstoffneutralität (*carbon neutrality*) gewährleistet ist. Die Erhöhung der Senkenkapazität erfordert mehr oder weniger harte Geoengineering-Maßnahmen in planetarer Größenordnung und ist mit teilweise unwägbaren, teilweise klar negativen Nebenfolgen verbunden.[27] Der Umbau des Energiesystems im Sinne einer De-Karbonisierung kann auf im Prinzip bereits heute verfügbare Technologien zurückgreifen (Pacala/Socolow 2004) und ist von daher die risikoärmere (keineswegs: risikofreie) Strategie. Sie besitzt im Wesentlichen drei „Hebel", die ihrerseits als Sub-Strategien (Huber 2004) bezeichnet werden können:

1. *Konsistenz*: Die Umstellung des Energiesystems der Erde von fossilen auf erneuerbare Träger.
2. *Effizienz*: Die Einsparung von Energie pro Produktions- oder Konsumeinheit durch technische und/oder Verhaltensänderungen.
3. *Suffizienz*: Die Minderung der absoluten Höhe der Energienachfrage durch Mentalitäts- und Verhaltensänderungen.

Angesichts der Größe der Herausforderung – das Erreichen des 2-Grad-Ziels in einer global gerechten Weise setzt eine Reduktion der THG-Emissionen um ca. 80% bis spätestens 2050 voraus und diese Reduktion sollte möglichst vor 2020 dauerhaft einsetzen (Meinshausen/Meinshausen/Hare 2009) – ist keiner einzelnen Strategie allein, sondern nur ihrem klugen Mix der Erfolg zuzutrauen (Agnolucci/Ekins/Iacopini et al. 2009; Huppes/Ishikawa 2009; Strachan/Foxon/Fujino 2008; York 2007).

Daraus wird auch deutlich, dass der Übergang zu einer postkarbonen Gesellschaft keineswegs ein rein technologisch-ökonomisches Problem darstellt, sondern dieses zusammen mit seiner politischen wie kulturellen Einbettung. Ein radikaler (im Unterschied zu einem graduellen) sozialer Wandel ist mithin Bedingung für eine klimafreundliche Gesellschaft. Das geforderte soziale Lernen geht damit ebenfalls über – in jedem Fall notwendige! – technologische Innovationen hinaus (Dolata 2008; Hourcade/Crassous 2008; Miller 2008). Damit

---

26 Die Abscheidung und Einlagerung von CO_2 (*Carbon Capturing and Storage*, CCS) bietet die Möglichkeit, weiterhin fossile Brennstoffe in großem Maßstab (in stationären Einrichtungen) zu nutzen ohne die THG der Atmosphäre zu erhöhen. CCS wird derzeit in kleineren Versuchsanlagen erprobt, wird aber voraussichtlich recht kostspielig sein und bleibt zudem mit nicht unerheblichen Umwelt- und Gesundheitsrisiken verbunden (Radgen/Cremer/Warkentin et al. 2006).

27 Neben der eher „weichen" Maßnahme großflächiger Wiederaufforstung können die künstliche Einbringung von Aerosolen in die Stratosphäre oder die Eisendüngung der Ozeane als Beispiele für ein „hartes" Geoengineering gelten.

ist eine soziologische „Großbaustelle" der näheren Zukunft bezeichnet, für die der Mainstream der Soziologie – also die soziologischen Theoriebildung nebst den wichtigsten soziologischen Subdisziplinen – bislang noch keineswegs gerüstet scheint. In der Umweltsoziologie und anderen Teilbereichen liegen einige Bruchstücke für diese neue und wichtige Aufgabe einer kritischen Begleitung eines gesellschaftlichen (Selbst-) Transformationsprozesses zwar bereit, bedürfen aber ihrerseits der Fortentwicklung, der theoretischen Integration, der praktischen Orientierung und der produktiven Verbindung zu den „klassischen" Fragestellungen (z.B. sozialer Wandel, soziale Ungleichheit, Innovation, Technologie, Wissen...) (Redclift 2009; Yearley 2009).

Die Fragen, die sich im Übergang zu einer post-karbonen Gesellschaft stellen, lassen sich aber rein umweltsoziologisch gar nicht beantworten. Sie bedürfen des Zusammenwirkens vieler verschiedener soziologischer Forschungsrichtungen und Methoden, die freilich von der Umweltsoziologie, ihrer Geschichte (Groß 2001) und der vielfach subkutanen Rolle von Natur für die Soziologie überhaupt (Groß 2006) viel lernen kann.

Welches sind diese Fragen? Ohne Anspruch auf Vollständigkeit sehe ich folgende Liste als dringlich an:

- Welche sozialen Mechanismen der Akzeptanz oder gar der Wünschbarkeit von erneuerbaren Energieträgern lassen sich identifizieren und in verschiedenen sozialen und räumlichen Kontexten (z.B. Städte) replizieren?
- Wie entwickeln und nutzen wir Gebäude in Zukunft so, dass sie aus Energiesenken zu Energiequellen werden? Welches Nutzerverhalten, welche Gebäudesprache brauchen wir dafür?
- Welche technologischen und sozialen Optionen haben hochentwickelte Industriegesellschaften mit Blick auf ihr Stromversorgungs- und -verteilungssystem? Kann sich – analog zum Internet – eine dezentrale und digitalisierte Netzkultur entwickeln?
- Wie sieht die klimafreundliche Stadt der Zukunft aus, und welche Änderungen des städtischen Lebens bringen Anpassungs- und Vermeidungsmaßnahmen mit sich?
- Welche kulturellen Leitbilder und Deutungsmuster verbinden sich – jenseits technisch-ökonomischer Parameter – mit einer post-karbonen Gesellschaft? Wird diese eher durch eine kulturelle Angstkommunikation oder durch positive Visionen vorangetrieben – und wie könnten diese aussehen?
- Wie entstehen und diffundieren sozio-technische Innovationen, und wie verlernen wir die fossile Kultur?
- Welche sozial-ökologischen Folgen ergeben sich aus sozio-technischen „Lösungen" des Klimaproblems?
- Wie könnten soziologisch gehaltvolle Modelle und Szenarien für zukünftige Emissionspfade aussehen?
- Welchen Grad an Partizipation, welchen an Governance, welchen an simpler Regierungskunst müssen wir voraussetzen und fortentwickeln, um die genannten Herausforderungen zu bewältigen?

Wie gesagt, der Katalog ist nicht vollständig, und auch die genannten Fragen müssten präzisiert und mit tentativen Hypothesen orchestriert werden, um tatsächliche Forschung anzuregen. Dennoch scheinen sie mir wichtig. Ihnen allen ist eine klare Parteinahme für den Übergang zu einer post-karbonen Gesellschaft eigen, sie folgen mithin aus einem an Werten orientierten Forschungsinteresse an Zukunftsfragen, nicht aus einer wertfreien Beobachtung gegenwärtiger und vergangener Ereignisse/Strukturen.

Damit sind zwei zentrale Hindernisse angesprochen, die einer stärkeren Einmischung der Soziologie in den aus meiner Sicht notwendigen Übergang in eine postkarbone Gesellschaft entgegenstehen: (1) die Stilisierung als reine Beobachtung (zweiter Ordnung), sowie (2) die Zukunfts- und Praxisabstinenz der Soziologie (Lever-Tracy 2008). Die Selbstbeschränkung auf Beobachtung kann als die spezifisch systemtheoretische Fassung von Webers Werturteilspostulat verstanden werden.

Aber die Webersche Variante des ethischen Non-Kognitivismus schafft den angeblichen Dezisionismus von Wertdiskursen (bei Weber ja eigentlich: von irrationalen Wert*entscheidungen*) allererst, von dem er sich abgrenzt (Ambrus 2001; Daniel 2000; Ott 1997). Mit Kant und gegen Weber muss auf der rationalen Führbarkeit von moralischen Wertdiskursen bestanden werden. Und da Fakten und Werte sehr viel enger verkoppelt sind, als selbst Weber konzediert (McDowell 1998; Putnam 1990, 2002), hat Soziologie nicht nur als beschreibende Wissenschaft Bewertungen schon vorausgesetzt, sie kann umgekehrt auch Beschreibungen beibringen, um Werte zu erläutern und kritisch zu diskutieren. Das eröffnet einer pragmatisch orientierten soziologischen Wissensbildung (Stehr 1991) einen sehr viel größeren, wenngleich auch etwas riskanteren Spielraum. Eine durch Fakten motivierte (nicht: begründete) Wertentscheidung für eine postkarbone Gesellschaft ist von daher keine soziologische Irrationalität.

Soziologie kann, wie Schelsky (1958) bereits sah, als „indirekte Morallehre" aufgefasst werden, als kritisches Wissen und Gewissen einer Gesellschaft, die im Business-as-usual-Modus der eigenen Nicht-Fortführbarkeit entgegenläuft (Diamond 2005; Latour 2007). Soziologische Phantasie und exemplarisches Lernen (Negt 1968) sind gefragt, um den komplexen Transformationsprozess in die sich abzeichnende postkarbone Gesellschaft als eine öffentliche Wissenschaft (Burawoy 2005) herbeiführen zu helfen. Andere soziotechnische Welten sind möglich, ja dringend erwünscht, aber die in den 1990er kultivierte Haltung des abgeklärten Beobachters kann sie nicht liefern. Eine Neuauflage der 1970er/80er Kultur des gutgemeinten Weltverbesserns wird und sollte es freilich in der bekannten Form auch nicht geben. Mittlerweile aufgelaufenes Systemwissen ist – neben den klassischen Tugenden wissenschaftlicher (Selbst-)Kritik (Hammersley 2005) – durchaus gefordert. Aber wenn es nicht zum Transformationswissen transformiert wird – wozu braucht man es dann? Die Soziologie hat „eine Mitverantwortung für die Gesellschaft, in der sie steht" (Soeffner 2009: 67). Die Soziologie hat die Welt lange Zeit nur interpretiert. Es kommt darauf an, diese Interpretationen zu nutzen, um Veränderungen anzustoßen – und kritisch zu begleiten. Denn dass die postkarbone Gesellschaft eine konfliktfreie und sozial einfache „Solarutopie" sein wird, steht nicht zu erwarten.

Literatur

Agnolucci, Paolo/Ekins, Paul/Iacopini, Giorgia et al. (2009): Different scenarios for achieving radical reduction in carbon emissions: A decomposition analysis. In: Ecological Economics 68 (6), 1652-1666.
Albert, Hans (2000): Kritischer Rationalismus. Tübingen: Mohr Siebeck.
Ambrus, Valer (2001): Max Webers Wertfreiheitspostulat und die naturalistische Begründung von Normen. In: Journal for General Philosophy of Science 32 (2), 209-236.
Bechmann, Gotthard/Beck, Silke (2003): Gesellschaft als Kontext für Forschung. Neue Formen der Produktion und Integration von Wissen - Klimamodellierung zwischen Wissenschaft und Politik. Wissenschaftliche Berichte FZKA 6805. Karlsruhe: Forschungszentrum Karlsruhe (ITAS).
Beck, Ulrich (1986): Risikogesellschaft. Umrisse einer anderen Moderne. Frankfurt a.M.: Suhrkamp.
Beckert, Jens (2007): The Social Order of Markets. Discussion Paper 07/15. Cologne: MPIfG.
Beneking, Andreas (2009): Biokraftstoffe in Deutschland. Analyse der Entstehung, Durchführung und Wirkungen eines politischen Versuchs. Magisterarbeit im Fach Politikwissenschaft an der Wirtschafts- und Sozialwissenschaftlichen Fakultät der Universität Potsdam. Unveröffentlicht.
Beniston, Martin/Diaz, Henry F. (2004): The 2003 heat wave as an example of summers in a greenhouse climate? Observations and climate model simulations for Basel, Switzerland. In: Global and Planetary Change 44 (1-4), 73-81.
Bhushan, Chandra/D´Souza, Mario/Narain, Sunita et al. (2008): A curtain raiser on the climate negotiations in Poznan, Poland. In: Down To Earth 17 (20081215), 14ff., http://www.indiaenvironmentportal.org.in/node/267229 (23.09.2009).
Bischoff, Hans-Jürgen (2008): Risks in modern society. Berlin u.a.: Springer.
BMU (Hrsg.) (2008): Die dritte industrielle Revolution – Aufbruch in ein ökologisches Jahrhundert. Dimensionen und Herausforderungen des industriellen und gesellschaftlichen Wandels. Berlin: BMU (Bundesministerium für Umwelt, Naturschutz und Reaktorsicherheit).
BMU/UBA (2008): Umweltbewusstsein in Deutschland 2008. Berlin/Dessau: BMU (Bundesministerium für Umwelt, Naturschutz und Reaktorsicherheit)/Umweltbundesamt.
Botzen, Wouter J.W./Gowdy, John M./van den Bergh, Jeroen C.J.M. (2008): Cumulative CO_2 emissions: shifting international responsibilities for climate debt. In: Climate Policy 8 (6), 569-576.
Boykoff, Maxwell T./Boykoff, Jules M. (2004): Balance as bias: global warming and the US prestige press. In: Global Environmental Change 14 (2), 125-136.
Braungart, Michael/McDonough, William (Hrsg.) (2008): Die nächste industrielle Revolution. Die Cradle to Cradle-Community. Hamburg: Europäische Verlagsanstalt.
Burawoy, Michael (2005): The Critical Turn to Public Sociology. In: Critical Sociology 31 (3), 313-326.
Canadell, Josep G./Le Quere, Corinne/Raupach, Michael R. et al. (2007): Contributions to accelerating atmospheric CO_2 growth from economic activity, carbon intensity, and efficiency of natural sinks. In: Proceedings of the National Academy of Sciences of the USA (PNAS) 104 (47), 18866-18870.
Clausen, Lars/Geenen, Elke/Macamo, Elísio (Hrsg.) (2003): Entsetzliche soziale Prozesse. Theorie und Empirie der Katastrophen. Münster: Lit.
Collins, Harry M./Yearley, Steven (1992): Epistemological chicken. In: Pickering, Andrew (Hrsg.) (1992): Science as Practice and Culture. Chicago: University of Chicago Press, 301-326.
Conrad, Jobst (2008): Von Arrhenius zum IPCC: Wissenschaftliche Dynamik und disziplinäre Verankerungen der Klimaforschung. Münster: Monsenstein und Vannerdat.
Daniel, Ute (2000): Auf Gänsefüßchen unterwegs im Wertedschungel. Eine Lektüre von Max Webers 'Wissenschaftslehre'. In: Tel Aviver Jahrbuch für deutsche Geschichte 29, 183-206.
Dechezleprêtre, Antoine/Glachant, Matthieu/Ménière, Yann (2009): Technology transfer by CDM projects: A comparison of Brazil, China, India and Mexico. In: Energy Policy 37 (2), 703-711.
Diamond, Jared (2005): Kollaps – Warum Gesellschaften überleben oder untergehen. Frankfurt a.M.: S. Fischer.
Dolata, Ulrich (2008). Soziotechnischer Wandel, Nachhaltigkeit und politische Gestaltungsfähigkeit. In: Lange, Helmuth (Hrsg.) (2008): Nachhaltigkeit als radikaler Wandel. Die Quadratur des Kreises? Wiesbaden: VS-Verlag für Sozialwissenschaften, 261-286.
ECI (Environmental Change Institute) (2007): Carbonundrums: Making sense of climate change reportings around the world. Oxford: Oxford University Environmental Change Institute.
Edenhofer, Ottmar/Carraro, Carlo/Köhler, Jonathan et al. (Hrsg.) (2006): Endogenous Technological Change and the Economics of Atmospheric Stabilization. In: The Energy Journal 27, special issue.
Edwards, Paul N. (2001): Representing the Global Atmosphere: Computer Models, Data, and Knowledge about Climate Change. In: Miller, Clark A./Edwards Paul N. (Hrsg.) (2001): Changing the Atmosphere. Expert Knowledge and Environmental Governance. Cambridge/London: The MIT Press, 31-65.

Egner, Heike (2007): Überraschender Zufall oder gelungene wissenschaftliche Kommunikation: Wie kam der Klimawandel in die aktuelle Debatte? In: GAIA 16 (4), 250-254.

Ereaut, Gill/Segnit, Nat (2006): Warm Words. How are we telling the climate story and can we tell it better? London: Institute for Public Policy Research.

Fischer-Kowalski, Marina/Weisz, Helga (1999): Society as hybrid between material and symbolic realms. In: Advances in Human Ecology 8, 215-251.

Gadamer, Hans-Georg (1960): Wahrheit und Methode. Grundzüge einer philosophischen Hermeneutik. Tübingen: Mohr Siebeck.

Giddens, Anthony (1992): Die Konstitution der Gesellschaft. Grundzüge einer Theorie der Strukturierung. Frankfurt a.M./New York: Campus.

Gramelsberger, Gabriele (2007): Berechenbare Zukünfte. Computer, Katastrophen und Öffentlichkeit. Eine Inhaltsanalyse futurologischer und klimatologischer Artikel der Wochenzeitschrift „Der Spiegel". In: Communication Cooperation Participation (CCP) 1, 28-51, http://www.ccp-online.org (15.09.2009).

Gross, Matthias/Hoffmann-Riem, Holger (2005): Ecological restoration as a real-world experiment: designing robust implementation strategies in an urban environment. In: Public Understanding of Science 14 (3), 269-284.

Groß, Matthias (2001): Die Natur der Gesellschaft. Eine Geschichte der Umweltsoziologie. Weinheim und München: Juventa.

Groß, Matthias (2006): Natur. Bielefeld: transcript.

Grundmann, Reiner/Stehr, Nico (2000): Social science and the absence of nature: uncertainty and the reality of extremes. In: Social Science Information 39 (1), 155-179.

Grundmann, Reiner (2007): Climate change and knowledge politics. In: Environmental Politics 16 (3), 414-432.

Haller, Max (2003): Soziologische Theorie im systematisch-kritischen Vergleich. Wiesbaden: Verlag für Sozialwissenschaften.

Hammersley, Martyn (2005): Should Social Science Be Critical? In: Philosophy of the Social Sciences 35 (2), 175-195.

Harvey, L.D. Danny (2006): Uncertainties in global warming science and near-term emission Policies. In: Climate Policy 6 (5), 573-584.

Harvey, L.D. Danny (2007): Dangerous anthropogenic interference, dangerous climatic change, and harmful climatic change: non-trivial distinctions with significant policy implications. In: Climatic Change 82 (1-2), 1-25.

Heinrichs, Harald/Grunenberg, Heiko (2009): Klimawandel und extreme Hochwasserereignisse. Perspektive Adaptionskommunikation. Wiesbaden: VS-Verlag für Sozialwissenschaften.

Hesse, Mary (1973): In Defence of Objectivity. Annual Philosophical Lecture. In: Proceeds of the British Academy LVIII, 275-292.

Hewitt, Kenneth (1983): Interpretations of Calamity. London: Routledge.

Heymann, Eric (2007): Klimawandel und Branchen: Manche mögen's heiß. Deutsche Bank Research. Aktuelle Themen 388, 04.06.2007. Frankfurt a.M.: DB Research.

Hippokrates (1991): Von der Umwelt. Fünf auserlesene Schriften. Eingeleitet und neu übertragen von Wilhelm Capelle. Zürich/München: Artemis.

Hourcade, Jean-Charles/Crassous, Renaud (2008): Low-carbon societies: a challenging transition for an attractive future. In: Climate Policy 8 (6), 607-612.

Huber, Joseph (2004): New Technologies and Environmental Innovation. Cheltenham: Edward Elgar.

Huntingfort, Chris/Fowler, David (2008): Climate change: seeking balance in media reports. In: Environmental Research Letters 3 (2), 17-20.

Huntington, Ellsworth (1924): Civilization and Climate. New Haven: Yale University Press.

IEA (International Energy Agency) (2008): World Energy Outlook. Paris: IEA.

IPCC (2007a): Climate Change 2007: Synthesis Report. Contribution of Working Groups I, II and III to the Fourth Assessment Report of the Intergovernmental Panel on Climate Change. Geneva, Switzerland: IPCC.

IPCC (2007b): Climate Change 2007: The Physical Science Basis. Contribution of Working Group I to the Fourth Assessment Report of the Intergovernmental Panel on Climate Change. Cambridge: Cambridge University Press.

Jaeger, Carlo C./Renn, Ortwin/Rosa, Eugene A. et al. (2001): Risk, Uncertainty, and Rational Action. London/Sterling, VA: Earthscan.

Jasanoff, Sheila (2004a): Ordering Knowledge, Ordering Society. In: Jasanoff, Sheila (Hrsg.) (2004b): States of Knowledge. The Co-Production of Science and Social Order. London: Routledge, 13-45.

Jasanoff, Sheila (Hrsg.) (2004b): States of Knowledge. The Co-Production of Science and Social Order. London: Routledge.

Jung, Matthias (2006): Diskurshistorische Analyse – eine linguistische Perspektive. In: Keller, Reiner/Hirseland, Andreas/Schneider, Werner et al. (Hrsg.) (2006): Handbuch Sozialwissenschaftliche Diskursanalyse. Bd. 1: Theorien und Methoden. 2. Aufl. Wiesbaden: Verlag für Sozialwissenschaften, 31-53.

Keller, Reiner (2005): Wissenssoziologische Diskursanalyse. Grundlegung eines Forschungsprogramms. Wiesbaden: VS-Verlag für Sozialwissenschaften.

Keller, Reiner (2006): Wissenssoziologische Diskursanalyse. In: Keller, Reiner/Hirseland, Andreas/Schneider, Werner et al. (Hrsg.) (2006): Handbuch Sozialwissenschaftliche Diskursanalyse. Bd. 1: Theorien und Methoden. 2. Aufl. Wiesbaden: Verlag für Sozialwissenschaften, 115-146.

Keller, Reiner/Hirseland, Andreas/Schneider, Werner et al. (Hrsg.) (2006): Handbuch Sozialwissenschaftliche Diskursanalyse. Bd. 1: Theorien und Methoden. 2. Aufl. Wiesbaden: VS-Verlag für Sozialwissenschaften.

Kemfert, Claudia (2007): Klimawandel kostet die deutsche Volkswirtschaft Milliarden. In: Wochenbericht des DIW Berlin 74 (11), 165-169.

Knoblauch, Hubert (2006): Diskurs, Kommunikation und Wissenssoziologie. In: Keller, Reiner/Hirseland, Andreas/Schneider, Werner et al. (Hrsg.) (2006): Handbuch Sozialwissenschaftliche Diskursanalyse. Bd. 1: Theorien und Methoden. 2. Aufl. Wiesbaden: VS-Verlag für Sozialwissenschaften, 209-226.

Kopfmüller, Jürgen/Coenen, Reinhard (Hrsg.) (1997): Risiko Klima. Der Treibhauseffekt als Herausforderung für Wissenschaft und Politik. Frankfurt a.M./New York: Campus.

Kuckartz, Udo/Rheingans-Heintze, Anke (2006): Trends im Umweltbewusstsein. Umweltgerechtigkeit, Lebensqualität und persönliches Engagement. Wiesbaden: VS-Verlag für Sozialwissenschaften.

Kuhn, Thomas S. (1976): Die Struktur wissenschaftlicher Revolutionen. Frankfurt a.M.: Suhrkamp.

Lange, Helmuth (Hrsg.) (2008): Nachhaltigkeit als radikaler Wandel. Die Quadratur des Kreises? Wiesbaden: VS-Verlag für Sozialwissenschaften.

Latour, Bruno (1998): Wir sind nie modern gewesen. Versuch einer symmetrischen Anthropologie. Frankfurt a.M.: Suhrkamp.

Latour, Bruno (2007): A Plea for Earthly Sciences. Keynote lecture for the annual meeting of the British Sociological Association, East London, April 2007.

Lehmkuhl, Markus (2008): Weder Zufall noch Erfolg: Vorschläge zur Deutung der aktuellen Klimadebatte. In: GAIA 17 (1), 9-11.

Lepsius, M. Rainer (2009): Interessen, Ideen und Institutionen. 2. Aufl. Wiesbaden: VS-Verlag für Sozialwissenschaften.

Lever-Tracy, Constance (2008): Global Warming and Sociology. In: Current Sociology 56 (3), 445-466.

Linde, Hans (1972): Sachdominanz in Sozialstrukturen. Tübingen: Mohr Siebeck.

Luhmann, Hans-Jochen (2008): Klimasensitivität, Leben und die Grenzen der Science-Kultur: zum vierten IPCC-Sachstandsbericht. In: GAIA 17 (1), 25-30.

Luhmann, Niklas (1986): Ökologische Kommunikation. Kann die moderne Gesellschaft sich auf die ökologische Gefährdung einstellen? Opladen: Westdeutscher Verlag.

Luhmann, Niklas (1991): Soziologie des Risikos. Berlin/New York: de Gruyter.

McCright, Aaron M./Dunlap, Riley L. (2003): Defeating Kyoto: The Conservative Movement's Impact on U.S. Climate Change Policy. In: Social Problems 50 (3), 348-373.

McDowell, John (1998): Mind, Value, and Reality. Cambridge: Harvard University Press.

McKinsey & Company (2007): Kosten und Potenziale der Vermeidung von Treibhausgasemissionen in Deutschland. Frankfurt a.M.: McKinsey.

Meinshausen, Malte (2008): Eine kurze Anmerkung zu 2 °C-Trajektorien. In: Ott, Hermann E. (2008): Wege aus der Klimafalle: Neue Ziele, neue Allianzen, neue Technologien - was eine zukünftige Klimapolitik leisten muss. München: oekom verlag, 19-30.

Meinshausen, Malte/Meinshausen, Nicolai/Hare, William et al. (2009): Greenhouse-gas emission targets for limiting global warming to 2 °C. In: Nature 458 (7242), 1158-1163.

Miller, Clark A./Edwards Paul N. (Hrsg.) (2001): Changing the Atmosphere. Expert Knowledge and Environmental Governance. Cambridge/London: The MIT Press.

Miller, Max (2008): Discourse Learning and Social Evolution. London: Routledge.

Montesquieu, Charles de (1989): Vom Geist der Gesetze. Stuttgart: Reclam.

Moser, Susanne C./Dilling, Lisa (2004): Making Climate Hot. Communicating the Urgency and Challenge of Global Climate Change. In: Environment 46 (10), 32-46.

Moser, Susanne C./Dilling, Lisa (Hrsg.) (2008). Creating a Climate for Change. Communicating Climate Change and Facilitating Social Change. Cambridge: Cambridge University Press.

Murphy, Raimund (2009): Leadership in Disaster. Learning for a Future with Global Climate Change. Montreal/Kingston: McGill-Queen's University Press.

Negt, Oskar (1968): Soziologische Phantasie und exemplarisches Lernen. Zur Theorie der Arbeiterbildung. Frankfurt a.M.: Europäische Verlagsanstalt.
Ott, Hermann E. (2008): Wege aus der Klimafalle: Neue Ziele, neue Allianzen, neue Technologien – was eine zukünftige Klimapolitik leisten muss. München: oekom verlag.
Ott, Konrad (1997): IPSO FACTO. Zur ethischen Begründung normativer Implikate wissenschaftlicher Praxis. Frankfurt a.M.: Suhrkamp.
Pacala, Stephen W./Socolow, Robert H. (2004): Stabilization wedges: Solving the climate problem for the next 50 years with current technologies. In: Science 305 (5686), 968-972.
Parry, Martin/Lowe, Jason/Hanson, Claire (2009): Overshoot, adapt and recover. In: Nature 458 (7242), 1102-1103.
Peters, Hans Peter/Heinrichs, Harald (2005): Öffentliche Kommunikation über Klimawandel und Sturmflutrisiken. Bedeutungskonstruktion durch Experten, Journalisten und Bürger. Jülich: Forschungszentrum Jülich.
Pickering, Andrew (Hrsg.) (1992): Science as Practice and Culture. Chicago: University of Chicago Press.
Pielke, Roger Jr. (2007): The Honest Broker: Making Sense of Science in Policy and Politics. Cambridge: Cambridge University Press.
Putnam, Hilary (1990): Vernunft, Wahrheit und Geschichte. Frankfurt a.M.: Suhrkamp.
Putnam, Hilary (2002). The Collapse of the Fact/Value Dichotomy. And other Essays. Cambridge: Harvard University Press.
Radgen, Peter/Cremer, Clemens/Warkentin, Sebastian et al. (2006): Assessment of technologies for CO_2 capture and storage. Dessau: Umweltbundesamt.
Rahmstorf, Stefan/Schellnhuber, Hans-Joachim (2006): Der Klimawandel. München: C. H. Beck.
Redclift, Michael (2009): The Environment and Carbon Dependence. Landscapes of Sustainability and Materiality. In: Current Sociology 57 (3), 369-387.
Rehberg, Karl-Siegbert (Hrsg.) (2008): Die Natur der Gesellschaft. Verhandlungen des 33. Kongresses der Deutschen Gesellschaft für Soziologie in Kassel 2006. Teil 2. Frankfurt a.M.: Campus.
Renn, Ortwin (2008): Concepts of Risk: An Interdisciplinary Review. Part 2: Integrative Approaches. In: GAIA 17 (2), 196-204.
Reusswig, Fritz (2008a): Strukturwandel des Klimadiskurses – Ein soziologischer Deutungsvorschlag. In: GAIA, 17 (3), 274-279.
Reusswig., Fritz (2008b): Alles Große steht im Sturm – alles Kleine aber auch. Differentielle Vulnerabilität und gesellschaftliche Reaktionsmuster auf Klimaextreme in der weiteren Karibik. In: Rehberg, Karl-Siegbert (Hrsg.) (2008): Die Natur der Gesellschaft. Verhandlungen des 33. Kongresses der Deutschen Gesellschaft für Soziologie in Kassel 2006. Teil 2. Frankfurt a.M.: Campus, 875-888.
Reusswig, Fritz/Gerlinger, Katrin/Edenhofer, Ottmar (2004): Lebensstile und globaler Energieverbrauch. Analyse und Strategieansätze zu einer nachhaltigen Energiestruktur. PIK-Report Nr. 90. Potsdam: PIK http://www.pik-potsdam.de/forschung/publikationen/pik-reports/summary-report-no-90 (15.09.2009).
Risbey, James S. (2006): Some dangers of 'dangerous' climate change. In: Climate Policy 6 (5), 527-536
Risbey, James S. (2008): The new climate discourse: Alarmist or alarming? In: Global Environmental Change 18 (1), 26-37.
Robine, Jean-Marie/Cheung, Siu Lan/Le Roy, Sophie et al. (2007): Report on excess mortality in Europe during summer 2003. EU Community Action Programme for Public Health, Grant Agreement 2005114, 28.02.2007, http://ec.europa.eu/health/ph_projects/2005/action1/docs/action1_2005_a2_15_en.pdf (15.09.2009).
Santarius, Tilman (2007): Klimawandel und globale Gerechtigkeit. In: Aus Politik und Zeitgeschichte 24/2007, 18-24.
Schär, Christoph/Jendritzky, Gerd (2004): Climate change: Hot news from summer 2003. In: Nature 432 (7017), 559-560, http://www.nature.com/nature/journal/v432/n7017/full/432559a.html (15.09.2009).
Schellnhuber, Hans-Joachim/Cramer, Wolfgang/Nakicenovic, Nebojsa et al. (Hrsg.) (2006): Avoiding Dangerous Climate Change. Cambridge: Cambridge University Press.
Schelsky, Helmut (1958): ‚Einführung' zu: David Riesman: Die einsame Masse. Reinbek bei Hamburg: Rowohlt, 7-19.
Schiller, Frank (2009): Linking material and energy flow analyses and social theory. In: Ecological Economics 68 (6), 1676-1686.
Schlüns, Julia (2007): Umweltbezogene Gerechtigkeit in Deutschland. In: Aus Politik und Zeitgeschichte 24, 25-31.
Schneider, Stephen H. (2001): What is 'dangerous' climate change? In: Nature 411 (6833), 17-19.
Schneider, Stephan H. (2009): The worst-case scenario. In: Nature 458 (7242): 1104-1105.

Schneider, Stephen H./Mastrandrea, Michael D. (2005): Probabilistic assessment of "dangerous" climate change and emissions pathways. In: Proceedings of the National Academy of Sciences of the USA (PNAS) 102 (2), 15728-15735.

Schwab-Trapp, Michael (2006): Diskurs als soziologisches Konzept. Bausteine für eine soziologisch orientierte Diskursanalyse. In: Keller, Reiner/Hirseland, Andreas/Schneider, Werner et al. (Hrsg.) (2006): Handbuch Sozialwissenschaftliche Diskursanalyse. Bd. 1: Theorien und Methoden. 2. Aufl. Wiesbaden: VS-Verlag für Sozialwissenschaften, 263-285.

Smith, Joel B./Schneider, Stephen H./Oppenheimer, Michael et al. (2009): Assessing dangerous climate change through an update of the Intergovernmental Panel on Climate Change (IPCC) "reasons for concern". In: Proceedings of the National Academy of Sciences of the USA (PNAS) 106 (11), 4133-4137, http://www.pnas.org/cgi/doi/10.1073/pnas.0812355106 (15.09.2009).

Soeffner, Hans-Georg (2009): Die Kritik der soziologischen Vernunft. In: Soziologie 38 (1), 60-71.

Spaemann, Robert (1983): Philosophische Essays. Stuttgart: Reclam.

Stehr, Nico (1991): Praktische Erkenntnis. Frankfurt a.M.: Suhrkamp.

Stehr, Nico/von Storch, Hans (1995): The social construct of climate and climate change. In: Climate Research 5 (2), 99-105.

Stehr, Nico/von Storch, Hans (Hrsg.) (2000): The Sources and Consequences of Climate Change and Climate Variability in Historical Times. Dordrecht: Kluwer.

Stern, Nicholas (Hrsg.) (2007): The Economics of Climate Change: The Stern Review. Cambridge: Cambridge University Press.

Stern, Nicholas (2009): The Global Deal: Climate Change and the Creation of a New Era of Progress and Prosperity. London: Public Affairs.

Storch, Hans von/Stehr, Nico (1997): Climate research: the case for the social science. In: Ambio 26 (1), 66-71.

Strachan, Neil/Foxon, Tim/Fujino, Junichi (Hrsg.) (2008): Modelling Long-Term Scenarios for Low-Carbon Societies. In: Climate Policy 8, Supplement.

Viehöver, Willy (2003): Die Klimakatastrophe als ein *Mythos* der reflexiven Moderne. In: Clausen, Lars/Geenen, Elke/Macamo, Elísio (Hrsg.) (2003): Entsetzliche soziale Prozesse. Theorie und Empirie der Katastrophen. Münster, 247-286.

Walker, Gabrielle/King, Sir David (2008): The Hot Topic. What We Can Do About Global Warming. Orlando u.a.: Harvest Harcourt.

Wara, Michael (2006): Measuring the Clean Development Mechanism's Performance and Potential. Working Paper No. 56. Stanford: Program on Energy and Sustainable Development, Center for Environmental Science and Policy.

Ward, Bud (2008): Communicating on Climate: An Essential Resource for Journalists, Scientists, and Educators. Edited by S. Menezes. Narragansett: Metcalf Institute for Marine & Environmental Reporting, University of Rhode Island.

Weart, Spencer R. (2003): The Discovery of Global Warming. Cambridge: Harvard University Press.

Weber, Christoph/Perrels, Adriaan (2000): Modelling lifestyle effects on energy demand and related emissions. In: Energy Policy 28 (8), 549-566.

Weber, Max (1976): Wirtschaft und Gesellschaft. Studienausgabe. Tübingen: J.C.B. Mohr (Paul Siebeck).

Weber, Melanie (2008): Alltagsbilder des Klimawandels: Zum Klimabewusstsein in Deutschland. Wiesbaden: VS-Verlag für Sozialwissenschaften.

Weingart, Peter/Engels, Anita/Pansegrau, Petra (2002): Von der Hypothese zur Katastrophe. Der anthropogene Klimawandel im Diskurs zwischen Wissenschaft, Politik und Massenmedien. Opladen: Leske + Budrich.

Yearley, Steven (2009): Sociology and Climate Change after Kyoto. What Roles for Social Science in Understanding Climate Change? Current Sociology 57 (3), 389-405.

York, Richard (2007): Demographic trends and energy consumption in European Union Nations, 1960-2025. In: Social Science Research 36 (3), 855-872.

Ziegler, Hansvolker (2008): Adaptation versus mitigation. Zur Begriffspolitik in der Klimadebatte. In: GAIA 7 (1), 19-24.

Klimawandel-Governance

Sozialwissenschaftliche Analyse von Klimaforschung, -diskurs und -politik am Beispiel des IPCC

Jobst Conrad

1   Einleitung

Der Zweck dieses Beitrags ist weniger eine detaillierte Analyse des Intergovernmental Panel on Climate Change (IPCC) als vielmehr thesenartig und illustrativ nach den Möglichkeiten, Grenzen und Ergebnissen sozialwissenschaftlicher Analyse von Klimaforschung, -diskurs und -politik am *Beispiel* des IPCC zu fragen. Dies geschieht, indem ich (2) die Geschichte, Entwicklung und Struktur des IPCC – einschließlich der sozialwissenschaftlichen Komponente in den Folgen des und Anpassungs- und Minderungsstrategien gegenüber dem Klimawandel betreffenden IPCC-Berichten der Arbeitsgruppen II und III – resümiere, (3) die Ergebnisse sozialwissenschaftlicher Analysen des IPCC zusammenfasse und (4) darauf basierend verallgemeinerte Aussagen über die Potenziale und Grenzen sozialwissenschaftlicher Analyse von Klimaforschung, -diskurs und -politik mache.[1] Im Kern geht es mir dabei insbesondere darum, diesbezüglich eine substanziell und methodologisch wohlbegründete Position zu verdeutlichen und zu belegen, die auf ein modifiziertes und erweitertes soziologisches Grundparadigma abhebt, nämlich dass soziale Tatbestände nur durch unterschiedliche genuin sozialwissenschaftliche (psychologische, soziologische, rechtliche, politische, ökonomische, kulturelle, ethnologische), auch Sinn implizierende Kategorien erklärt werden können (Conrad 1998).

2   Hauptmerkmale des IPCC – Geschichte, Entwicklung und Struktur

Zunächst seien die wesentlichen Kennzeichen der Entwicklung, Struktur und Rolle des Weltklimarats IPCC skizziert. Das ursprüngliche Mandat des IPCC von 1988 war breit gefasst und richtete sich auf

> „(a) Identification of uncertainties and gaps in our present knowledge with regard to climate changes and its potential impacts, and preparation of a plan of action over the short-term in filling these gaps; (b) Identification of information needed to evaluate policy implications of climate change and response strategies; (c) Review of current and planned national/international policies related to the greenhouse gas issue; (d) Scientific and environmental assessments of all aspects of the greenhouse gas issue and the transfer of these assessments and other relevant in-

---

[1]   Diese Vorgehensweise setzt somit eine gewisse Kenntnis des IPCC voraus; sie unterscheidet deutlich zwischen sozialwissenschaftlichen Aussagen im Rahmen der Arbeiten und Berichte des IPCC und solchen über es, seine Strukturen, Bestimmungsfaktoren oder Gestaltungsmöglichkeiten, ohne diese sämtlich genauer ausführen oder auch nur zitieren zu können; auch können die einzelnen substanziellen (methodologischen) Aussagen und Schlussfolgerungen nur (pointiert) vorgestellt, nicht aber – wie im Prinzip wünschenswert – im Einzelnen näher begründet und damit in ihrer Richtigkeit belegt werden.

formation to governments and intergovernmental organizations to be taken into account in their policies on social and economic development and environmental programs" (IPCC 2007a: 118; Pachauri 2004: 2).

Die Grundstruktur des IPCC ist durch seine institutionelle Einbettung in UNEP und WMO, durch seine Aufteilung in drei Arbeitsgruppen und durch die breite Fundierung seiner Berichte durch verantwortliche Autoren, mitwirkende Autoren, Reviewer und Experten gekennzeichnet (Alfsen/Skodvin 1998). Formal ist das IPCC als eine Hybrid- oder Grenzorganisation zwischen Wissenschaft und Politik einzustufen mit der Aufgabe, (1) den Stand des Wissens in Klimaforschung und in Bezug auf die (ökologischen und sozialen) Folgen des Klimawandels und mögliche Anpassungs- und Bewältigungsstrategien gegenüber dem Klimawandel verbindlich zusammenzufassen[2], (2) daraus (in einem getrennten Prozess) in den Plenarsitzungen der Arbeitsgruppen und des IPCC-Gesamtplenums mit dem Plazet der von den Regierungen entsandten Vertreter in einem „Summary for Policymakers" politikrelevante Informationen Wort für Wort zu destillieren und (3) in diesem Kontext auch politikrelevante Schlussfolgerungen zu ziehen.[3] Während der Einfluss der Klimapolitik in den letzteren Punkten wächst, führen im Wesentlichen Wissenschaftler die eigentliche Arbeit des IPCC durch, wissenschaftliches Wissen einem Review-Prozess zu unterziehen und zusammenzufassen.[4] Dem IPCC gelang es, allmählich eine hohe Reputation und Legitimation sowohl innerhalb der (Klima)Wissenschaft als auch in der Klimapolitik zu gewinnen, die größer als in den meisten anderen Wissenschaftsgebieten ist und diejenige anderer (vergleichbarer) wissenschaftlicher Beratungs- und Expertenkommissionen übertrifft.

Dieser Erfolg, der trotz massiver, auf Delegitimation zielender Kritiken und Angriffe insbesondere seitens der US-Administration erreicht wurde, beruht vor allem auf rigorosen und transparenten, im Laufe der Zeit verbesserten Review-Prozeduren, der Förderung und Ermutigung zu globaler Mitwirkung der scientific community, was eine selbstverstärkende Dynamik induzierte, der Nominierung von Bert Bolin mit seinen außergewöhnlichen Fähigkeiten als Wissenschaftler, Organisator und Diplomat als ersten Vorsitzenden des IPCC, und der praxisrelevanten Anerkennung und Berücksichtigung der Wichtigkeit des Kommunikationsprozesses zwischen Wissenschaft und Politik, wenn z.B. die Sitzungen und Konferenzen organisiert werden, auf denen das „Summary for Policymakers" Wort für Wort erörtert und entschieden wird.[5]

---

2   Dass IPCC-Berichte Reviews von Reviews darstellen, impliziert, dass ihre Aussagen vorrangig den anerkannten, ca. ein/zwei Jahre alten und nur selten den aktuellen Stand der Klimaforschung wiedergeben.
3   Das Mandat des IPCC ist laut Eigendarstellung „(...) to assess on a comprehensive, objective, open and transparent basis the latest scientific, technical and socio-economic literature produced worldwide relevant to the understanding of the risk of human-induced climate change, its observed and projected impacts and options for adaptation and mitigation. IPCC reports should be neutral with respect to policy, although they need to deal objectively with policy relevant scientific, technical and socio economic factors. They should be of high scientific and technical standards, and aim to reflect a range of views, expertise and wide geographical coverage" (Homepage des IPCC, http://www1.ipcc.ch/about/index.htm, 08.10.2009).
4   Das IPCC führt somit keine eigene Forschung durch und ist nicht in die Erhebung aktueller klimarelevanter Daten involviert, gibt jedoch über seine Berichte Anstöße für neue, klimarelevante Erkenntnisse versprechende Forschungsprojekte und wirkt aufgrund seines rund sechsjährigen Berichtszyklus als Schrittmacher für den Rhythmus der Klimaforschung, z.B. bei der Entwicklung von neuen Klimamodellen (Gramelsberger 2007).
5   „An important point which is often overlooked is that the IPCC was the product of an intensely political process within the US, and the UN system. The specific purpose for setting it up was also political: to engage governments worldwide in climate change decisionmaking. Thus, it is somewhat of a paradox that the

Als eine Ironie der Geschichte sei zu dieser „Erfolgsgeschichte" festgehalten, dass das IPCC 1988 vor allem aufgrund des Drucks der US-Regierung gegründet und organisiert wurde, um die stärker im Umfeld der UNEP agierende Advisory Group on Greenhouse Gases (AGGG) zu ersetzen und eine bessere politische Kontrolle über ein internationales Panel wissenschaftlicher Experten zu haben (Agrawala 1997; Weart 2005). In der Folge scheiterten jedoch viele bis in die jüngste Vergangenheit reichende Versuche, insbesondere der US-Regierung, die IPCC-Berichte in ihren Aussagen abzuschwächen und zu delegitimieren. Auch wenn die IPCC Assessments mittlerweile weithin als maßgebliche Darstellung des wissenschaftlichen Wissens über den Klimawandel angesehen werden, kann die zukünftige Unabhängigkeit und Effektivität des IPCC jedoch keineswegs als gesichert unterstellt werden.

Die drei Arbeitsgruppen des IPCC bestehen aus Wissenschaftlern aus recht unterschiedlichen Disziplinen und Forschungsfeldern: im Wesentlichen Naturwissenschaftler verschiedener Disziplinen in der Arbeitsgruppe I (science of climate change/Wissenschaftliche Grundlagen), vor allem Ökonomen und Ökologen in der Arbeitsgruppe II (impacts, adaptation, and vulnerability/Auswirkungen, Anpassungen und Verwundbarkeiten), und eine gewisse Dominanz von Ökonomen und Ingenieuren in der Arbeitsgruppe III (mitigation of climate change/Verminderung des Klimawandels). Vier Charakteristika zeichnen die Arbeitsgruppen II und III des IPCC (IPCC 2007b-c) aus: (1) die Heterogenität ihrer Aufgabenstellung, (2) die Vagheit und „Trivialität" ihrer Ergebnisse, (3) ihre vorrangig technisch-ökonomische Perspektive und technical-fix Orientierung und (4) ihre in sozialwissenschaftlicher Hinsicht mangelhafte methodologische Fundierung.[6,7]

Nicht unerwartet sind daher sowohl die Kommunikationsfähigkeit als auch das Kommunikationsinteresse dieser Arbeitsgruppen untereinander aufgrund unzureichender wechselseitiger Rezeption und Anerkennung von Forschungsergebnissen, stark differierender disziplinärer Orientierungen und Mentalitäten, und der heterogenen Zusammensetzung und Aufgabenstellung der Arbeitsgruppen II und III gering ausgeprägt.[8] Während die verschiedenen, disziplinär und problembezogen unterschiedlich zusammengesetzten Arbeitsgruppen wechselseitig überwiegend wenig interagieren und ihre jeweiligen Ergebnisse nur eingeschränkt rezipieren, kam es etwa bei der Erstellung des Spezialberichts über die klimatischen Auswirkungen der Luftfahrt (IPCC 1999) durchaus zu einem problembezogenen stärkeren Austausch.[9]

IPCC managed to attract and sustain the participation of high caliber scientists and has consistently produced reports that carry credibility in scientific circles" (Agrawala 1997: 24).

6 So fehlt etwa den als geeignet vorgeschlagenen institutionellen und entscheidungsbezogenen prozeduralen Arrangements zumeist eine hinreichende theoretische Fundierung. Demgegenüber basieren einige derartige Assessments wie WBGU 2008 durchaus auf ausgearbeiteteren Sozialtheorien.

7 Aus Platzgründen können diese Aussagen nicht näher belegt werden.

8 Während Ökonomen häufig ebenso wie Naturwissenschaftler gern mit formalen (mathematischen) Modellen arbeiten, sind sie weniger als die Klimaforscher an Instabilitäten, sondern vor allem an Gleichgewichtsmodellen interessiert, in denen das Klimaproblem nur eine Randbedingung darstellt. Genuine Sozialwissenschaftler sind in der Arbeitsgruppe III in der Minderheit und primär bemüht, die übrigen Mitglieder davon zu überzeugen, bei der Erarbeitung von Strategien zur Begrenzung und Bewältigung des Klimawandels maßgebliche soziokulturelle und soziopolitische Aspekte adäquat zu konzeptualisieren und nicht zu vernachlässigen.

9 Insofern sie bei der Entwicklung umfassenderer Klimamodelle und -projektionen verstärkt wechselseitig aufeinander angewiesen sind, steigt allerdings der systematische Druck zu stärkerer Kooperation und Abstimmung (Meehl/Hibbard 2007).

Im Ergebnis betreffen die Unabhängigkeit des IPCC und die Glaubwürdigkeit seiner Berichte im Wesentlichen allein die primär atmosphärenwissenschaftlichen Assessments der Arbeitsgruppe I, und weit weniger diejenigen der Arbeitsgruppen II und III. Deren auf Folgen des und Anpassungs- und Minderungsstrategien gegenüber dem Klimawandel ausgerichtete Fragestellungen sind viel schwerer zu beantworten, es sind deutlich weniger Daten und Belege verfügbar, es ist eine größere Vielfalt disziplinärer Perspektiven und Ansätze zu vermitteln und zu integrieren, und es sind längere Kausalketten zu analysieren.[10] Infolgedessen ist ein autoritativer konsensueller Bericht über den Stand relevanten wissenschaftlichen Wissens in diesen Bereichen weit schwieriger zu erreichen als in den Atmosphärenwissenschaften. Angesichts dieser Gegebenheiten ist die (politische) Wirksamkeit der IPCC-Berichte der Arbeitsgruppen II und III wie zu erwarten weit schwächer als diejenige der Arbeitsgruppe I (Dessler/Parson 2006: 150).

3 Sozialwissenschaftliche Analysen des IPCC

Abgesehen von der genuinen Analyse der Kennzeichen und Entwicklung des Weltklimarats nutzen sozialwissenschaftliche Untersuchungen des IPCC diesen vielfach als Beispiel, um bestimmte Probleme, Strukturen und Dynamiken zu demonstrieren, die für ihre jeweilige, im Vordergrund stehende Forschungsfrage typisch sind. Infolge des Grenz- bzw. Hybridcharakters des IPCC, zwischen Wissenschaft und Politik zu vermitteln, stehen dabei die Möglichkeit und tatsächliche Praxis des IPCC im Vordergrund, derartige Anliegen erfolgreich zu organisieren und zu managen. Entsprechend untersuchen und erörtern diese Studien (bspw. Agrawala 1997, 1998a, 1998b; Alfsen/Skodvin 1998; Böhmer-Christiansen 1993; Edwards/Schneider 2001; Hecht/Tirpak 1995; Pielke 2005; Poloni 2009; Siebenhüner 2003; Skodvin 1999; Weart 2005) insbesondere

1. die Angemessenheit des Konzepts der Grenzorganisation, um die Rolle und Eigenschaften solcher Hybridorganisationen zu erklären und die Interaktion, Konflikte und Kompromissbildung der bestehenden wissenschaftlichen und politischen (und ökonomischen) Perspektiven, Ziele und Interessen zu analysieren,
2. Wege, Möglichkeiten und Implikationen, wissenschaftlichen Konsens zu organisieren, zu gestalten und zu erreichen,
3. die Realisierbarkeit von Selbstbestimmung, Eigenregulierung (self-governance) und Peer Review in wissenschaftspolitischen Beratungsorganen und Berichten,
4. den direkten und indirekten (strukturellen) Einfluss nichtwissenschaftlicher (politischer) Interessen, Konzepte und Politiken auf solche Beratungsorgane und
5. die subtileren langfristigen Impacts und Folgewirkungen wissenschaftlicher Assessments und der Veränderungen im Interaktionsmuster von Wissenschaft und Politik – unter Einschluss grundlegender Entwicklungstendenzen wie einer zunehmenden Verwissenschaftlichung der Gesellschaft, einer wachsenden (Re-)Orientierung der Wissenschaft in Richtung auf problemorientierte Forschung und korrespondierender Finalisierung, oder einer vermehrten Ausrichtung wissenschaftlicher Forschung hin zu einer paradigmatischen epistemischen Kultur

---

10 „For example, socio-economic trends make emissions make global climate change make regional climate change make diverse impacts on ecosystems, resources, and human societies" (Dessler/Parson 2006:150).

der Simulation (Clark/The Social Learning Group 2001; Edwards 2000, 2008; Elzinga 1996; Elzinga 1997; Farrell/Jäger 2006; Gramelsberger 2007, 2008; Miller 2004, 2005; Mitchell/Clark/Cash et al. 2006; Weingart/Engels/Pansegrau 2002; Winsberg 1999; Winsberg 2003).

Insgesamt weisen die Ergebnisse dieser Studien auf einige Merkmale des IPCC hin, die im Folgenden erörtert werden. Ein zentrales Kennzeichen ist die *gezielte Aufrechterhaltung der Trennung von Wissenschaft und Politik*. Von daher können politische Interventionen zugunsten erwünschter Assessment-Resultate kontraproduktive Folgen zeitigen. So verzögerten die teils massiven Versuche in den USA, selbst anerkannte Klimawissenschaftler unter Druck zu setzen als auch den anthropogen induzierten Klimawandel zu leugnen, und damit die Notwendigkeit, substanzielle klimapolitische Maßnahmen in die Wege zu leiten, zu delegitimieren – mit dem Ziel, kostenträchtige Anpassungs- und Vermeidungsstrategien zu vermeiden – zweifellos deren Entwicklung und Umsetzung. Indirekt trugen diese Versuche jedoch zu weiteren Verbesserungen in den prozeduralen Arrangements zur Erstellung der IPCC-Berichte bei, und unterstützten dadurch die Autonomie des IPCC und seine Verantwortlichkeit, die Validität der Ergebnisse der Klimaforschung als entscheidende Instanz zu überprüfen. Damit trugen sie auch zur Klärung noch offen stehender wesentlicher klimawissenschaftlicher Fragen und zur Auflösung diesbezüglicher wissenschaftlicher Kontroversen bei.

Der Erfolg des IPCC, politische Interventionen abzublocken und die Kontrolle über seine Arbeit und Ergebnisse innerhalb einer noch sehr heterogenen Gemeinschaft der Klimawissenschaftler zu behalten, dabei dennoch wachsende Legitimität zu erringen, die bloße Instrumentalisierung seiner Resultate zu vermeiden und in Form von *mind framing* erkennbar Einfluss auf die Akteure und Expertengemeinschaften (epistemic communities) der Klimapolitik zu nehmen, war nicht zu erwarten und beruht auf dem vorteilhaften Zusammenspiel einer Reihe fördernder Faktoren. So sind im Bereich des Klimawandels geeignete prozedurale Arrangements und eine adäquate Organisation der Erstellung der IPCC-Berichte entscheidend für die Aufrechterhaltung der Grenze zwischen Wissenschaft und Politik, wie nachfolgende Aussagen indizieren:

„Four functions the institutional framework should be able to serve in order to enhance the effectiveness of the science-policy dialogue: (1) maintain the scientific autonomy and integrity of participating scientists, (2) ensure a certain level of involvement between science and politics, (3) ensure the geo-political representativity of the process, (4) provide mechanisms for conflict resolution" (Skodvin 1999: 14).

„This differentiation between roles and functions at different decision-making levels enables the institutional apparatus to serve a set of seemingly incompatible functions. This explains, in particular, the difficult combination, achieved within the IPCC, of both separating and integrating science and politics" (Skodvin 1999: 28).

„Any move to reduce political involvement in the IPCC would weaken the panel and deprive it of its political clout (…). If governments were not involved, then the documents would be treated like any old scientific report. They would end up on the shelf or in the waste bin" (Houghton 1996, zitiert nach Alfsen/Skodvin 1998).

In diesem Zusammenhang ist

> „(…) the leadership provided by individual actors (.), in a sense, the ‚glue' of the system. As it seems, the explanatory power of institutional design for the outcome of this process is entirely dependent upon the capacity of individual actors to provide leadership, both in the development of the assessment, its transformation into decision premises for policy decisions and in boundary roles between the scientific and the policy dominated decision-making levels of the institution" (Skodvin 1999: 31).

So illustriert der Fall des IPCC, dass die Hypothese einiger Sozialwissenschaftler (Funtowicz/Ravetz 1993a, 1993b; Gibbons/Limges/Nowotny et al. 1994; Nowotny/Scott/Gibbons 2001), dass die institutionalisierte Grenzziehung der sozialen Funktionssysteme Wissenschaft und Politik dabei sei, sich aufzulösen, und erstere sich in eine postnormale Wissenschaft transformiere, durch empirische Untersuchungen nicht bestätigt wird.[11] Zwar können auf wissenschaftlicher Expertise beruhende Assessments politisch und gesellschaftlich wirkungsvoll sein, wie die vergleichende Untersuchung von Umweltprobleme behandelnden Assessments ergeben hat (Farrell/Jäger 2006; Mitchell/Clark/Cash et al. 2006), doch ist dies eher die Ausnahme als die Regel und ihr Einfluss typischerweise indirekter Natur. Dabei beurteilen unterschiedliche Adressaten und Auditorien sie nach unterschiedlichen Kriterien.[12] Ob wissenschaftliche Beratung in Form von (in Auftrag gegebenen) Assessments Einfluss gewinnt, hängt von ihrer Relevanz[13], Glaubwürdigkeit[14] und Legitimität[15] ab, wobei zwischen diesen Kriterien häufig trade-offs bestehen. Hierbei spielt die (prozedurale) Gestaltung des Assessment-Prozesses mit der weit gefassten Einbeziehung und Beteiligung möglichst vieler Stakeholder zu Beginn (geeigneter Fokus und Förderung der Glaubwürdigkeit) und am Ende (nutzerorientierte Rahmung der Outputs) eine wichtige Rolle, was dem IPCC weitgehend gelungen ist. Design und Management von Institutionen, wie die wissenschaftliche Abgesichertheit ihrer Programme und Verlautbarungen, haben Einfluss darauf, wie die Menschheit globale Umweltprobleme wie den Klimawandel bewältigen kann (Young 2007). In diesem Zusammenhang finden Lernprozesse statt oder können stattfinden, die Verbesserungen im Gestaltungsprozess und der (politischen) Wirksamkeit zukünftiger Assessments erlauben.

---

11 „The organization and operations of the IPCC are similar to the highly successful scientific assessment panel previously established for stratospheric ozone, although with the important difference that governments maintain official control over the IPCC. Although this odd hybrid status of the IPCC – partly a scientific body, but partly under governmental control – initially generated confusion and conflict, the IPCC has subsequently developed procedures that have successfully clarified and managed the boundary between its scientific and governmental aspects. Under these procedures, governmental control has little or no effect on the detailed work of the assessment, where expert scientific writing teams have full control over the actual report and its technical summary. Governmental control matters most in formal plenary sessions, where nation representatives negotiate the Summary for Policymakers – the shortest and most widely circulated product of each assessment report – line by line" (Dessler/Parson 2006: 147f.).
12 So können auch unterschiedliche nationale Diskurse und Regierungen in verschiedenen Ländern signifikante Effekte zeitigen, wie z.B. der Vergleich von Deutschland und den USA in Bezug auf Perzeption und Einfluss der IPCC-Berichte deutlich macht (Grundmann 2007; Skolnikoff 1997; Vogel 2003).
13 Fokussiert das Assessment auf Fragen, die für Entscheidungsträger relevant sind?
14 Ist das Assessment wissenschaftlich abgesichert? Üblicherweise wird seine Glaubwürdigkeit durch rigorose Anbindung an den Peer Review Prozess als gegeben angesehen.
15 Wurden die verschiedenartigen Stakeholder-Interessen im Prozess des Assessments in fairer Weise berücksichtigt?

Das IPCC stellt somit ein prototypisches Beispiel dafür da, wie wissenschaftlicher Konsens über die Richtigkeit der Hypothese eines anthropogen induzierten Klimawandels auf der Grundlage vieler übereinstimmender Belege und der rigorosen Prüfung alternativer (theoretischer) Erklärungen erreicht und abgesichert werden kann (Dessler/Parson 2006; Oreskes 2007). Dies eben kennzeichnet das IPCC als Grenzorganisation. Grenzorganisationen müssen zweierlei Aufgaben erfüllen: zwischen ihren sozialen Referenzsystemen und -institutionen zu vermitteln und zugleich zwischen ebendiesen Bereichen Grenzen zu ziehen.

„Strategien der Grenzziehung stellen ein wichtiges Element der wissenschaftlichen Definitionsmacht dar und erweisen sich als funktional, um die Kontrolle von Experten über ihre Domäne zu sichern und ihre funktionale Zuständigkeit zu erhöhen und auf diese Weise außerwissenschaftliche Akteure daran zu hindern, wissenschaftliche Geltungsansprüche in Frage zu stellen. Diese Strategien tragen gleichzeitig dazu bei, Experten die notwendige politische Akzeptanz und Autorität zu verleihen. Formen der Politisierung als auch der Hybridisierung kollidieren mit den Idealen der Reinheit, der Objektivität, der Wertfreiheit und der Unparteilichkeit, auf welchen die wissenschaftliche Autorität traditionell beruht und die mit der strikten Trennung von Fakten und Werten einher geht. Strategien der Grenzziehung bieten eine Legitimationsstrategie, um diesen wissenschaftlichen Geltungsanspruch nachträglich aufrechtzuerhalten. Sie erweisen sich als umso effektiver, je unumstößlicher die Grenzen zwischen den respektiven Domänen Wissenschaft und Politik gezogen werden"[16] (Bechmann/Beck 2003: 29f.).

Bei der verstärkten Berücksichtigung sozialer (gesellschaftlicher) Aspekte und Dimensionen (human dimension) der Klimaproblematik in seinen Berichten privilegiert das IPCC allerdings Erklärungsmuster und -ansätze, die sich am Ideal der klassischen Naturwissenschaften orientieren und quantitativ verfahren, um die Härte und damit die Validität seiner Wissensbasis zu demonstrieren. Im Hinblick auf die Integration von Disziplinen impliziert dies die problematische Tendenz, „(...) wissenschaftliches Wissen mit naturwissenschaftlich-technischem ‚Faktenwissen' und politisch relevantes Wissen mit einer ‚numerical bottom line' der Politik gleichzusetzen" (Bechmann/Beck 2003: 31), was mit den im vorigen Abschnitt dargestellten Defiziten genuin sozialwissenschaftlicher Analyse und Substanz in den IPCC-Berichten der Arbeitsgruppen II und III einhergeht. Letztendlich verdeutlichen die diversen Untersuchungen des IPCC, dass valide Erklärungen seiner Prozesse und Entwicklung ins Detail und in die Tiefe gehende Analysen (in-depth analysis) erfordern, die über die einfache Anwendung verfügbarer konzeptioneller Erklärungsschemata hinausreichen.

Zusammengefasst gelangen die meisten verfügbaren sozialwissenschaftlichen Untersuchungen des IPCC eher zu komplementären und kaum zu kontroversen Erklärungen seiner Rolle, Struktur, Entwicklung und Erfolge. Bei aller intellektueller Verfeinerung und Differenziertheit stimmen sie in der Tendenz weitgehend mit der Wahrnehmung von im IPCC maßgeblich involvierten Wissenschaftlern überein (Bolin 1994; Bolin 1997; Bolin 2007; Houghton 1997; Pachauri 2004), dass es dem IPCC nach anfänglichen Kontroversen über die Validität und Legitimität seiner Aussagen gelang, gemäß seinen eigenen Intentionen zu einem innerwissenschaftlich allgemein anerkannten Review-Organ zu werden. Seine wissenschaftlichen Veröffentlichungen werden als Stand der Klimaforschung durchweg

---

16 Auch deshalb ist zwischen wissenschaftlichen und politischen Diskursen über den Klimawandel zu unterscheiden, die verschiedenen Logiken folgen und mit unterschiedlichen kommunikativen Risiken verbunden sind (Weingart/Engels/Pansegrau 2002).

respektiert[17], und seine Summaries for Policymakers werden im politischen System vergleichsweise aufmerksam und zustimmend zur Kenntnis genommen und tragen damit zum *mind framing* der außerwissenschaftlichen Akteure bei, natürlich ohne deshalb bereits klimapolitische Entscheidungen maßgeblich zu prägen. Die Vielzahl der hier nicht im Einzelnen sämtlich zitierbaren Studien arbeitet dabei mit typischen sozialwissenschaftlichen Analysekategorien wie z.B. Grenzziehung, Autonomie, Hybrid- und Grenzorganisation, Selbstregulierung, Vermittlung, Konsensbildung, Lernprozesse, wissenschaftliche Politikberatung, Wissenstransfer. Dies belegt, dass die Nutzung sozialwissenschaftlicher (und psychologischer) Begriffe, Konzepte und Theorien das Design und die Erklärungsmuster dieser Studien bestimmt und anderweitige Theoriebezüge als Lieferanten theoriebasierter Erklärungen praktisch keine Rolle spielen.

4 Perspektiven, Potenziale und Grenzen sozialwissenschaftlicher Analyse von Klimaforschung, -diskurs und -politik

Wenn man vor dem Hintergrund solch sozialwissenschaftlicher Analysen des IPCC nun allgemeiner nach den Möglichkeiten und Grenzen sozialwissenschaftlicher Analyse und Erklärung von Klimaforschung, -diskurs und -politik fragt, dann ist zunächst die methodologisch zentrale Bedeutung des leicht modifizierten (Durckheimschen) Grundparadigmas der Soziologie zu betonen, dass Soziales nur durch auf Soziales bezogene sozialwissenschaftliche Analysen und Theoreme erklärt werden kann.[18] Es handelt sich um ein Theorem in Bezug auf (wissenschaftliche) Theorien und nicht über (soziale) Realitäten; denn die seitens einer spezifischen (soziologischen) Theorie beobachtbaren und beschreibbaren (empirischen) Sachverhalte lassen sich innerhalb ihres Rahmens grundsätzlich nur mithilfe der in ihr zur Verfügung stehenden (auf Soziales rekurrierenden) theoretischen Kategorien und Aussagen erklären.[19] Die für die Soziologie konstitutive Frage nach der Möglichkeit von Sozialität macht das Soziale zu einer Analyseebene und -kategorie *sui generis*, das sich durch andere, analytisch davon unterschiedene Kategorien nicht hinreichend begreifen lässt. Darum muss die soziologische/sozialwissenschaftliche Erklärung sozialer Phänomene notwendig auf eine Begrifflichkeit sozialer Kategorien abstellen[20] und nichtsoziale (physische) Einflussfaktoren methodologisch als zu berücksichtigende Randbedingungen einstufen. Damit wird nicht die Bedeutsamkeit nichtsozialer Einflüsse auf soziale Prozesse

---

17 „Each of the full assessments is a huge undertaking. The reports involve hundreds of scientists from dozens of countries as authors and peer reviewers, including many of the most respected figures in the field. These groups work over several years to produce each full assessment, and their reports are subjected to an exhaustive, publicly documented, multi-stage review process. In view of the number and eminence of the participating scientists and the rigor of their review process, the IPCC assessments are widely regarded as the authoritative statements of scientific knowledge on climate change" (Dessler/Parson 2006 :44).
18 Damit sind etwa naturwissenschaftliche Erklärungen sozialer Phänomene im Rahmen der Soziologie grundsätzlich ausgeschlossen.
19 Jenseits (theorieorientierter) Grundlagenforschung gilt das Grundparadigma im Kontext problemorientierter (transdisziplinärer) Erklärungsmodelle allenfalls innerhalb der jeweils theoriespezifischen Analysen der hierzu beitragenden einzelnen Disziplinen.
20 Welche Grundkategorien dem zentralen Begriff des Sozialen dabei in verschiedenen Sozialtheorien zugrunde gelegt werden, kann durchaus variieren: Kollektivbewusstsein bei Durckheim, Arbeit bei Marx, Geselligkeit bei Simmel, soziales Handeln bei Max Weber, symbolische Interaktion bei Mead, soziale Handlungssysteme bei Parsons, kommunikatives Handeln/Sprache bei Habermas, (formelle) Kommunikation bei Luhmann.

bestritten, sondern lediglich die Notwendigkeit ihrer Transformation in sozial bedeutsame Größen und Kategorien behauptet.[21] Auch die Übernahme (formaler) Modelle aus anderen Disziplinen impliziert noch keine Infragestellung des Grundparadigmas, sondern nur die Notwendigkeit ihrer Generalisierung und genuin soziologischen Respezifizierung (Mayntz 1991).

Somit ist sozialwissenschaftliche Analyse im Prinzip in der Lage, Struktur und Entwicklungsdynamik von Klimaforschung, Klimadiskursen oder Klimapolitik in den Kategorien sozialwissenschaftlicher Theorien zu erklären, die sich etwa in der Wissenschafts- und Techniksoziologie, in Diskurstheorien oder in der Politikanalyse finden lassen.[22] Die nachfolgende Skizzierung zentraler Merkmale von Klimaforschung, Klimadiskurs und Klimapolitik illustriert ebendies. So lassen sich zwei unterschiedliche Dynamiken in der seit dem 19. Jahrhundert beobachtbaren Entwicklung der Klimaforschung ausmachen, die jeweils vor und nach ca. 1970 vorherrschten (Conrad 2007, 2008a).

Für die erste Entwicklungsdynamik der Klimaforschung ist kennzeichnend, dass eine kognitiv und sozial ausdifferenzierte Klimaforschung jenseits der traditionellen Klimatologie noch gar nicht existierte, genuin klimawissenschaftliche Erkenntnisse eher Abfallprodukte einer sich ausweitenden meteorologischen Forschung waren und einem globalen Klimakonzept erst in den 1960er Jahren der Durchbruch gelang. Bei geringem gesellschaftlichem Interesse wurde sie durch eigens für sie vorgesehene Fördermittel nur wenig gestützt. Die vorhandenen und vor allem im Hinblick auf bessere Wetterprognosen neu entwickelten Untersuchungsinstrumente und -verfahren lieferten noch vergleichsweise unzureichende Messdaten, sodass die verfügbare empirische Datenbasis nicht ausreichend war, um über die Geltung unterschiedlicher, teils spekulativer Theorien und Modelle entscheiden zu können. Infolgedessen weist diese Entwicklungsdynamik einen eher indirekten und teils zufälligen Charakter auf.

Die zweite, seit den 1970er Jahren wirksame Entwicklungsdynamik der Klimaforschung resultierte aus dem positiven, sich wechselseitig verstärkenden Zusammenspiel verschiedener, auf unterschiedlichen Ebenen angesiedelter Einflussfaktoren, wie Communitybildung[23], eine expandierende Forschungsförderung[24], große Forschungsprogramme, enorme Computerkapazitäten, teure extensive Messkampagnen, das (politische) Engagement prominenter Klimaforscher und ein öffentlicher Klimadiskurs. Dieses Zusammenspiel in-

---

21 „So lassen etwa erst die gesellschaftliche Wahrnehmung, Interpretation und Bearbeitung von Umweltrisiken diese sozial wirksam werden. Ohne die (wie auch immer verzerrte) Kenntnisnahme real bestehender Umweltrisiken bleiben diese sozial irrelevant. Und ihre Wahrnehmung durch lediglich einzelne Individuen, etwa Wissenschaftler, wie z.B. diejenige eines möglichen Treibhauseffekts bereits 1896 durch Arrhenius, veröffentlicht in einem allgemein zugänglichen Zeitschriftenartikel, führt ebenfalls noch keineswegs notwendig zu sozialer Relevanz. Zudem garantiert die einmal etablierte gesellschaftliche Wahrnehmung von Umweltrisiken noch keineswegs ihre Dauerhaftigkeit" (Conrad 1998: 39f.).

22 Dies beinhaltet keinen Anspruch, reale Weltphänomene mithilfe dieser sozialwissenschaftlichen Kategorien vollständig zu erklären, sondern lediglich über theoriebasierte Konzepte und Modelle zu verfügen, die deren Haupteigenschaften zu verstehen helfen.

23 Vor allem wissenschaftsintern von wachsende Ausdifferenzierung und Institutionalisierung einer eigenständigen Klimaforschung von zentraler Bedeutung, die mit der Bildung einer zwar segmentierten, aber durch ein gemeinsames Erkenntnisinteresse und den übergreifenden Problembezug des Klimawandels verbundenen wissenschaftlichen Community und Problemgemeinschaft mit entsprechender kognitiver Vernetzung einherging, deren Mitglieder sich zwar weiterhin in ihren jeweiligen Herkunftsfächern verankert, aber auch zunehmend als Klimawissenschaftler fühlten.

24 So vervielfachten sich die jährlichen Fördermittel von weltweit geschätzt 40 Mio. € um 1970 über 1 Mrd. € um 1990 auf 4 Mrd. € bis 2000 (Conrad 2008a).

duzierte eine selbsttragende Forschungsdynamik mit der problemorientierten Zusammenarbeit verschiedener Disziplinen und Fächer (im Wesentlichen Teilgebiete der Physik, Chemie, Mathematik, Biologie sowie Meteorologie, Ozeanografie, Geologie, Bodenkunde, Glaziologie, Paläoklimatologie) und unterschiedlicher Analyseformen (theoretische Erklärung, Ballon-, satellitengestützte und In-situ-Messungen, Gewinnung von Proxydaten, Klimasimulationen). Diese Forschungsdynamik fokussierte auf anthropogen induzierten Klimawandel als zentralen Referenzpunkt, vermochte grundlegende wissenschaftliche Kontroversen in diesem Bereich zu klären und abzuschließen, institutionalisierte die Klimaforschung als eigenständiges Forschungsfeld und vermutlich zukünftig auch als ein eigenes Fach und führte zur Etablierung dauerhafter Grenzorganisationen wie das IPCC und zu regelmäßigen Climate (Impact) Assessments (Halfmann/Conrad/Schützenmeister et al. 2008).

In modernen Gesellschaften finden in den verschiedenen sozialen Funktionssystemen wie Wissenschaft, Politik, Medien unterschiedliche parallele Diskurse statt, die unterschiedliche Diskursprofile und -dynamiken aufweisen und sich durch Diskursinterferenzen wechselseitig beeinflussen können. Entsprechend unterscheiden sich die Rezeptions- und Verarbeitungsmuster von Kommunikation in verschiedenen sozialen Funktionssystemen, weil die Diskurse unterschiedliche kommunikative Risiken wie solche des Glaubwürdigkeitsverlusts, des Legitimationsverlusts oder des Verlusts von Marktchancen generieren (Keller 1997; Weingart/Engels/Pansegrau 2000, 2002).[25] Somit wiesen und weisen Klimadiskurse in Wissenschaft und Politik nicht nur erwartungsgemäß unterschiedliche Formen auf, sondern führten auch zu in der Sache differierenden Kontroversen (Mahlman 1998; Rahmstorf/Schellnhuber 2006; Schneider/Rosencranz/Niles 2002; Thompson/Rayner 1998; Wolfson/Schneider 2002).[26]

Sozialwissenschaftliche Analyse vermag schließlich zu zeigen, dass die Interessenlagen wissenschaftlicher, wissenschaftspolitischer und klimapolitischer Akteure – in Verbindung mit der wachsenden (wellenförmigen) Thematisierung des Klimawandels im politischen und öffentlichen Diskurs (Downs 1972; McComas/Shanahan 1999; Trumbo 1995; Trumbo 1996; Ungar 1992; Ungar 1998) und im Gefolge des in den 1980er Jahren etablierten Ozonregimes – zunehmend verkoppelt werden. Diese Interessenkopplung entwickelte sich mit den klimapolitischen Intentionen und Aktivitäten renommierter Klimaforscher (Grundmann/Stehr 2002; Grundmann 2005), mit klimapolitischen Ambitionen von UNEP (United Nations Environmental Programme), WMO (World Meteorological Organization) und ICSU (International Council for Science), und mit der Vorbereitung und Etablierung

---

25 In Diskursen, die in einem thematisch zusammenhängenden Diskursstrang, einer *story line* verlaufen, geht es um die Geltung von Realitätsdefinitionen und somit um semantische Auseinandersetzungen um Deutungshoheit. Die Diskursteilnehmer konkurrieren um die Durchsetzung spezifischer Problemdeutungen und ringen von daher letztlich um Diskurshegemonie. Zu diesem Zweck gehen sie Diskurskoalitionen ein. Die sich dabei entfaltende Diskursdynamik hängt ab von erstens der kognitiven Akzeptierbarkeit von Argumenten, d.h. der faktischen Glaubwürdigkeit der Argumente, zweitens der Vertrauenswürdigkeit der Argumentierenden, und drittens der positionalen Akzeptierbarkeit der im Diskurs vermittelten Inhalte und Ziele, d.h. der Frage, inwiefern sie personelle/institutionelle Positionen bestärken oder bedrohen (Conrad 2008b; Dahinden 2006; Hajer 1995; Huber 2001; O'Donell 2000).

26 So konnte ein globaler Temperaturanstieg und seine anthropogene Verursachung bis zumindest 2005 in der Politik weiterhin bestritten werden, während der wissenschaftliche Diskurs bereits seit gut einem Jahrzehnt mit genaueren und differenzierteren Untersuchungen und Nachweismethoden, aber kaum mit der Validität dieser für ihn eindeutigen Tatbestände befasst war.

von Beratungs- und Untersuchungskommissionen (task force panels) und Grenzorganisationen zwischen Klimawissenschaft und Klimapolitik.[27]

Im Ergebnis kann sozialwissenschaftliche Analyse als Grundlagenforschung zur (umweltsoziologischen) Theoriebildung beitragen oder sich im Rahmen problemorientierter (sozialökologischer) Forschung an der erklärungsträchtigen (multidisziplinären) Kombination theoretischer Konzepte und Modelle in einem entsprechenden (mehrdimensionalen) Interpretationsrahmen beteiligen, wobei beide Modi im (praktischen) Forschungsprozess häufig parallel laufen und auch miteinander verknüpft sein dürften. Bei Verzicht auf das weit reichende Ziel umfassender substanzieller Theoriebildung und -integration[28] hängt die geeignete Selektion und Kombination von (subdisziplinären) Theoriemodulen von der situativen Problemstruktur und dem jeweiligen vorrangigen Erkenntnisinteresse ab. Hier unterscheidet sich die grundsätzliche Struktur von Modellen des Klimawandels nicht von derjenigen anderer Modelle von anderen (gesellschaftlich definierten) Problemlagen, wie Gesundheit, Armut, Sport etc.[29] In der modellbezogenen Verknüpfung unterschiedlicher (disziplinärer) Theorien zur Erklärung eben nicht disziplinär zu definierender (spezifischer) Umwelt- und Klimaprobleme können die jeweiligen, konzeptionell klar definierten Teilaspekte der Umweltproblematik zumeist durch die jeweiligen Disziplinen/Theorien genauer behandelt und bestimmt werden: sei es der gesellschaftliche Metabolismus mit entsprechenden Stoff- und Energieströmen durch auf physikalische und chemische Größen rekurrierende Bilanzierungsmodelle (Fischer-Kowalski/Haberl 2007), sei es der Anstieg der Meeresspiegel mithilfe von Klimamodellen und Klimaphysik (Church/White 2006; IPCC 2007a), sei es die Abschätzung und Berechnung der ökonomischen Kosten einer Minderung des Klimawandels im Vergleich mit Nichthandeln (Kemfert/Schumacher 2005; Stern 2007), sei es die Etablierung von Mediationsverfahren zur effektiven und demokratisch inspirierten Bewältigung lokaler Umwelt- und Klimaprobleme in Umweltrecht und Umweltpolitik (Biermann/Bauer 2005; Sands 1994; Young 1999; Young 2002), oder sei es die Umweltsoziologie, um die Dynamik und Struktur von Klimadiskursen zu analysieren und ökologische Kommunikation und Diskurse zu verbessern (Peters/Heinrichs 2005; Weingart/Engels/Pansegrau 2002).

Somit können die Sozialwissenschaften nicht nur zur Analyse und Entwicklung von Anpassungs- und Verminderungsstrategien in Bezug auf den Klimawandel beitragen, wie dies bereits geschieht, sondern auch

---

27 Wissenschaftliches Wissen spielt in Klimadiskurs und Klimapolitik eindeutig eine wichtige Rolle, wenn auch zum einen mit einer gewissen Zeitverzögerung und zum anderen in öffentlichen und politischen Kontroversen, die teils auf wissenschaftlich nicht mehr haltbaren Positionen und Argumenten beruhen. Die Wissensdiffusion aus der Klimaforschung hängt einerseits von der Validität und Eindeutigkeit als auch von der (gesellschaftlichen) Glaubwürdigkeit ihrer Ergebnisse ab, und beruht anderseits auf effektiver Lobby-Arbeit prominenter Klimawissenschaftler, auf passenden Rahmungsstrategien und der Anschlussfähigkeit des Wissens über den Klimawandel an aktuell relevante politische Themen, auf situativen Gegebenheiten wie heißen Sommern oder ausbleibenden (kalten) Wintern, und auf der Verfügbarkeit von Gelegenheitsfenstern (windows of opportunity).

28 Gerade die soziale und physische Dimension konzeptionell zu verbinden suchende Forschungsprogramme wie IHDP (International Human Dimensions Programme on Global Environmental Change) oder Forschungsprojekte wie IHOPE (Integrated History and Future of People on Earth) erweisen sich letztlich als separate disziplinäre (natur- und sozialwissenschaftliche) Theoriekombinationen und lassen bislang die Vergeblichkeit von Versuchen erkennen, sozial- und naturwissenschaftliche Theorien in komplexen Forschungsdesigns mehr als nur problembezogen zu verknüpfen.

29 „X ist Modell des Originals Y für den Verwender k in der Zeitspanne t bezüglich der Intention Z" (Stachowiak 1994: 219).

- wesentliche Merkmale, Entwicklungsmuster und Grenzen des Klimadiskurses,
- sozialen Kontext, Einbettung, Entwicklung und Optionen der Klimapolitik,
- Prozesse der Wissenserzeugung und Wissensdiffusion in der Klimaforschung
- und die (sich ändernde) Interaktionsdynamik von Klimaforschung, -diskurs und -politik untersuchen und erklären.

Dabei bleibt natürlich festzuhalten, dass dies für jede Forschungsfrage mit verschiedenen Ansätzen und Theorien geschehen kann, was abschließend auf die variierenden Konzeptualisierungen und Aspekte der Sozialdimension des Klimaproblems hinweist.

Literatur

Agrawala, Shardul (1997): Explaining the Evolution of the IPCC. Structure and Process". ENRP Discussion Paper E-97-05. Cambridge: Harvard University.

Agrawala, Shardul (1998a): Context and early origins of the Intergovernmental Panel on Climate Change. In: Climatic Change 39 (4), 605-620.

Agrawala, Shardul (1998b): Structural and process history of the Intergovernmental Panel on Climate Change. In: Climatic Change 39 (4), 621-642.

Alfsen, Knut S./Skodvin, Tora (1998): The Intergovernmental Panel on Climate Change (IPCC) and scientific consensus. Oslo: Cicero Policy Note 1998: 3. Center for International Climate and Environmental Research, University of Oslo.

Bechmann, Gotthard/Beck, Silke (2003): Gesellschaft als Kontext von Forschung. Neue Formen der Produktion und Integration von Wissen. Klimamodellierung zwischen Wissenschaft und Politik. Forschungszentrum Karlsruhe, Wissenschaftliche Berichte FZKA 6805.

Biermann, Frank/Bauer, Steffen (2005): A World Environment Organisation. Solution or Threat to Effective International Environmental Governance? Aldershot: Ashgate.

Böhmer-Christiansen, Sonja (1993): Science Policy, the IPCC, and the climate convention. In: Energy and Environment 4 (4), 362-406.

Bolin, Bert (1994): Science and policy making. In: Ambio 23 (4), 25-29.

Bolin, Bert (1997): Scientific assessment of climate change. In: Fermann, Gunnar (Hrsg.) (1997): International Politics of Climate Change: Key Issues and Critical Actors. Oslo: Scandinavian University Press, 83-109.

Bolin, Bert (2007): A History of the Science and Politics of Climate Change. The Role of the Intergovernmental Panel on Climate Change. Cambridge: Cambridge University Press.

Brand, Karl W. (Hrsg.) (1998): Soziologie und Natur. Theoretische Perspektiven. Opladen: Leske + Budrich.

Busch, Roger J./Prütz, Gernot (Hrsg.) (2008): Biotechnologie in gesellschaftlicher Deutung. München: Herbert Utz Verlag.

Church, John A./White, Neil J. (2006): A 20th century acceleration in global sea-level rise. In: Geophysical Research Letters 33 (1), L01602, doi: 10.1029/2005GL024826.

Clark, William C./The Social Learning Group (2001): Learning to Manage Global Environmental Risks. Cambridge: MIT Press.

Conrad, Jobst (1998): Umweltsoziologie und das soziologische Grundparadigma. In: Brand, Karl W. (Hrsg.) (1998): Soziologie und Natur. Theoretische Perspektiven. Opladen: Leske + Budrich, 33-52.

Conrad, Jobst (2007): Wissenschaftsdynamik, Community- und Disziplinbildungsprozesse in der Klimaforschung. Ms. Berlin.

Conrad, Jobst (2008a): Von Arrhenius zum IPCC. Wissenschaftliche Dynamik und disziplinäre Verankerungen der Klimaforschung. Münster: Monsenstein und Vannderdat.

Conrad, Jobst (2008b): Diskursdeterminanten und -wirkungen: Bedingungen und Grenzen von Wissenschaftskommunikation in der grünen Gentechnik. In: Busch, Roger J./Prütz, Gernot (Hrsg.) (2008): Biotechnologie in gesellschaftlicher Deutung. München: Herbert Utz Verlag, 29-57.

Dahinden, Urs (2006): Framing. Eine integrative Theorie der Massenkommunikation. Konstanz: UVK.

Dessler, Andrew E./Parson, Edward A. (2006): The Science and Politics of Global Climate Change. A Guide to Debate. Cambridge: Cambridge University Press.

DiMento, Josef F.C./Doughman Pamela M. (Hrsg.) (2007): Climate Change. What It Means for Us, Our Children, and Our Grandchildren. Cambridge: MIT Press.

Downs, Anthony (1972): Up and down with ecology – the ‚issue attention cycle'. The Public Interest 28 (2), 38-50.
Edwards, Paul N. (2000): The world in a machine: Origins and impacts of early computerized global systems models. In: Hughes, Thomas P./Hughes, Agatha C. (Hrsg.) (2000): Systems, Experts, and Computers. The Systems Approach in Management and Engineering, World War II and After. Cambridge: MIT Press, 221-254.
Edwards, Paul N./Schneider, Stephen H. (2001): Self-governance and peer review in science-for-policy: the case of the IPCC Second Assessment Report. In: Miller, Clark/Edwards Paul N. (Hrsg.) (2001): Changing the Atmosphere. Expert Knowledge and Environmental Governance. Cambridge: MIT Press, 219-246.
Edwards, Paul N. (2008): The World as a Machine: Computer Models, Data Networks, and Global Atmospheric Politics. Cambridge: MIT Press.
Elzinga, Aant (1996): Shaping worldwide consensus: The orchestration of global change research. In: Elzinga, Aant/Landström, Catharina (Hrsg.) (1996): Internationalism and Science. London: Taylor Graham Publishing, 223-255.
Elzinga, Aant/Landström, Catharina (Hrsg.) (1996): Internationalism and Science. London: Taylor Graham Publishing.
Elzinga, Aant (1997): The science-society contract in historical transformation: With special reference to epistemic drift. In: Social Science Information 36 (3), 411-445.
Farrell, Alexander E./Jäger, Jill (Hrsg.) (2006): Assessments of Regional and Global Environmental Risks. Designing Processes for the Effective Use of Science in Decision Making. Baltimore: RFF Press.
Fermann, Gunnar (Hrsg.) (1997): International Politics of Climate Change: Key Issues and Critical Actors. Oslo: Scandinavian University Press.
Fischer-Kowalski, Marina/Haberl, Helmut (Hrsg.) (2007): Socioecological Transitions and Global Change. Trajectories of Social Metabolism and Land Use. Cheltenham: Edward Elgar.
Funtowicz, Silvio O./Ravetz, Jerome R. (1993a): Science for the post-normal age. In: Futures 25 (7), 739-754.
Funtowicz, Silvio O./Ravetz, Jerome R. (1993b): The emergence of post-normal science. In: Schomberg, René von (Hrsg.) (1993): Science, Politics, and Morality. Scientific Uncertainty and Decision Making, 85-123.
Gibbons, Michael/Limges, Camille/Nowotny, Helga et al. (1994): The New Production of Knowledge. The Dynamics of Science and Research in Contemporary Societies. London: Sage.
Gramelsberger, Gabriele (2007): Computerexperimente in der Klimaforschung. Zwischenbericht. Berlin.
Gramelsberger, Gabriele (2009): Simulation – Analyse der organisationellen Etablierungsbestrebungen der epistemischen Kultur des Simulierens am Beispiel der Klimamodellierung. In: Halfmann, Jost/Schützenmeister, Falk (Hrsg.) (2009): Organisationen der Forschung. Der Fall der Atmosphärenwissenschaft. Wiesbaden: VS-Verlag für Sozialwissenschaften, 30-52.
Grundmann, Reiner/Stehr, Nico (2002): Klimawissenschaft als Akteur in der öffentlichen Arena. In: Hauser, Walter (Hrsg.) (2002): Klima. Das Experiment mit dem Planeten Erde. Begleitband und Katalog zur Sonderausstellung des Deutschen Museums vom 7.11.2002 bis 15.6.2003. München, 384-397.
Grundmann, Reiner (2005): Ozone and climate: scientific consensus and leadership. In: Science, Technology and Human Values 31 (1), 73-101.
Grundmann, Reiner (2007): Climate change and knowledge politics. In: Environmental Politics 16 (3), 414-432.
Grundmann, Reiner/Stehr, Nico (2002): Klimawissenschaft als Akteur in der öffentlichen Arena. In: Hauser, Walter (Hrsg.) (2002): Klima. Das Experiment mit dem Planeten Erde. Begleitband und Katalog zur Sonderausstellung des Deutschen Museums vom 07.11.2002 bis 15.06.2003. München, 384-397.
Hajer, Maarten A. (1995): The Politics of Environmental Discourse. Ecological Modernization and the Policy Process. Oxford: Clarendon Press.
Halfmann, Jost/Conrad, Jobst/Schützenmeister, Falk et al. (2008): Problemorientierte Forschung und wissenschaftliche Dynamik. Das Beispiel der Klimaforschung. Endbericht, Dresden.
Halfmann, Jost/Schützenmeister, Falk (Hrsg.) (2009): Organisationen der Forschung. Der Fall der Atmosphärenwissenschaft. Wiesbaden: VS-Verlag für Sozialwissenschaften.
Hauser, Walter (Hrsg.) (2002): Klima. Das Experiment mit dem Planeten Erde. Begleitband und Katalog zur Sonderausstellung des Deutschen Museums vom 07.11.2002 bis 15.06.2003. München: Deutsches Museum.
Hecht, Alan D./Tirpak, Dennis (1995): Framework agreement on climate change: A scientific and policy history. In: Climatic Change 29 (4), 371-402.
Hitzler, Ronald/Honer Anne (Hrsg.) (1997): Sozialwissenschaftliche Hermeneutik. Eine Einführung. Opladen: Leske + Budrich.
Houghton, John T. (1997): Global Warming: The Complete Briefing. Cambridge: Cambridge University Press.
Huber, Joseph (2001): Allgemeine Umweltsoziologie. Opladen: Westdeutscher Verlag.

Hughes, Thomas P./Hughes, Agatha C. (Hrsg.) (2000): Systems, Experts, and Computers. The Systems Approach in Management and Engineering, World War II and After. Cambridge: MIT Press.

IPCC (1999): Special Report on Aviation and the Global Atmosphere. Cambridge: Cambridge University Press.

IPCC (2007a): Climate Change 2007: The Physical Science Basis. Contribution of Working Group I to the Fourth Assessment Report of the Intergovernmental Panel on Climate Change. Cambridge: Cambridge University Press.

IPCC (2007b): Climate Change 2007: Impacts, Adaptation and Vulnerability. Contribution of Working Group II to the Fourth Assessment Report of the Intergovernmental Panel on Climate Change. Cambridge: Cambridge University Press.

IPCC (2007c): Climate Change 2007: Mitigation of Climate Change. Contribution of Working Group III to the Fourth Assessment Report of the Intergovernmental Panel on Climate Change. Cambridge: Cambridge University Press.

Jasanoff, Sheila (Hrsg.) (2004): States of Knowledge: The Co-Production of Science and Social Order. London: Routledge.

Keller, Reiner (1997): Diskursanalyse. In: Hitzler, Ronald/Honer Anne (Hrsg.) (1997): Sozialwissenschaftliche Hermeneutik. Eine Einführung. Opladen: Leske + Budrich, 309-335.

Kemfert, Claudia/Schumacher, Katja (2005): Costs of Inactions and Costs of Action in Climate Protection: Assessment of Costs of Inaction or Delayed Action of Climate Protection and Climate Change. Final Report; Projekt FKZ 904 41 362 for the Federal Ministry for the Environment. Berlin (DIW Berlin: Politikberatung kompakt 13).

Mahlman, Jerry D. (1998): Science and nonscience concerning human-caused climate warming. In: Annual Review of Energy and the Environment 23 (1), 83-106.

Mayntz, Renate (1991): Naturwissenschaftliche Modelle, soziologische Theorie und das Mikro-Makro-Problem. In: Zapf, Wolfgang (Hrsg.) (1991): Modernisierung moderner Gesellschaften. Frankfurt a.M.: Campus, 55-68.

McComas, Katherine/Shanahan, James (1999): Telling stories about global climate change. Measuring the impact of narratives on issue cycles. In: Communication Research 26 (1), 30-57.

Meehl, Gerald A./Hibbard, Kathy (2007): A Strategy for Climate Change Stabilization Experiments with AOGCMs and ESMs. Aspen Global Change Institute 2006 Session: Earth System Models: The Next Generation. WCRP Informal Report 3/2007. Geneva.

Miller, Clark (2004): Climate science and the making of a global political order. In: Jasanoff, Sheila (Hrsg.) (2004): States of Knowledge: The Co-Production of Science and Social Order. London: Routledge, 46-66.

Miller, Clark (2005): Standards and community among greenhouse gas scientists. Ms. Madison.

Miller, Clark/Edwards Paul N. (Hrsg.) (2001): Changing the Atmosphere. Expert Knowledge and Environmental Governance. Cambridge: MIT Press.

Mitchell, Ronald B./Clark, William C./Cash, David W. et al. (2006) (Hrsg.): Global Environmental Assessments: Information and Influence. Cambridge: MIT Press.

Nowotny, Helga/Scott, Peter/Gibbons, Michael (2001): Re-Thinking Science. Knowledge and the Public in an Age of Uncertainty. Cambridge: Polity Press.

O'Donell, Timothy M. (2000): Of loaded dice and heated arguments: Putting the Hansen-Michaels global warming debate in context. In: Social Epistemology 14 (2-3), 109-127.

Oreskes, Naomi (2007): The scientific consensus on climate change. How do we know we're not wrong? In: DiMento, Josef F.C./Doughman Pamela M. (Hrsg.) (2007): Climate Change. What It Means for Us, Our Children, and Our Grandchildren. Cambridge: MIT Press, 65-99.

Pachauri, Rajendra K. (2004): Intergovernmental Panel on Climate Change, 16 Years of Scientific Assessment in Support of the Climate Convention. IPCC, Genf.

Peters, Hans P./Heinrichs, Harald (2005): Öffentliche Kommunikation über Klimawandel und Sturmflutrisiken. Bedeutungskonstruktion durch Experten, Journalisten und Bürger. Jülich: Schriften des Forschungszentrums Jülich. Reihe Umwelt/Environment, Bd. 58.

Pielke, Roger A. (2005): IPCC: Honest broker or political advocate? Understanding the difference and why it matters. Ms. Boulder.

Poloni, Verena (2009): Das Intergovernmental Panel on Climate Change (IPCC) als boundary organization. In: Halfmann, Jost/Schützenmeister, Falk (Hrsg.) (2009): Organisationen der Forschung. Der Fall der Atmosphärenwissenschaft. Wiesbaden: VS-Verlag für Sozialwissenschaften, 250-271.

Rahmstorf, Stefan/Schellnhuber, Hans Joachim (2006): Der Klimawandel. Diagnose, Prognose, Therapie. München: C. H. Beck.

Rayner, Steve/Malone, Elizabeth L. (Hrsg.) (1998): Human Choice and Climate Change. The Societal Framework, Vol. 1. Columbus: Battelle Press.

Sands, Philippe (1994): Greening International Law. New York: The New Press.
Schomberg, René von (Hrsg.) (1993): Science, Politics, and Morality. Scientific Uncertainty and Decision Making. Dordrecht: Kluwer.
Schneider, Stephen H./Rosencranz, Armin/Niles, John O. (2002) (Hrsg.): Climate Change Policy. A Survey. Washington DC: Island Press.
Seiffert, Helmut/Radnitzky, Gerard (Hrsg.) (1994): Handlexikon zur Wissenschaftstheorie. München: Deutscher Taschenbuch Verlag.
Siebenhüner, Bernd (2003): The changing role of nation states in international environmental assessments: the case of the IPCC. In: Global Environmental Change 13 (2), 113-126.
Skodvin, Tora (1999): Science-policy interaction in the global greenhouse. In: Cicero Working Paper 3. Oslo: Cicero.
Skolnikoff, Eugene B (1997): Same science, differing policies: the saga of global climate change. MIT Joint Program on the Science and Policy of Global Change, Report no. 22. Cambridge: MIT Press.
Stachowiak, Herbert (1994): Modell. In: Seiffert, Helmut/Radnitzky, Gerard (Hrsg.) (1994): Handlexikon zur Wissenschaftstheorie. München: Deutscher Taschenbuch Verlag, 219-222.
Stern, Nicholas (2007) (Hrsg.): The Economics of Climate Change: The Stern Review. Cambridge: Cambridge University Press.
Thompson, Michael/Rayner, Steve (1998): Cultural discourses. In: Rayner, Steve/Malone, Elizabeth L. (Hrsg.) (1998): Human Choice and Climate Change. The Societal Framework, Vol. 1. Columbus: Battelle Press, 265-343.
Trumbo, Craig (1995): Longitudinal modeling of public issues: An application of the agenda-setting process to the issue of global warming. Journalism & Mass Communication Monographs 152, 1-57.
Trumbo, Craig (1996): Constructing climate change: Claims and frames in US news coverage of an environmental issue. In: Public Understanding of Science 5 (3), 269-283.
Ungar, Sheldon (1992): The rise and (relative) decline of global warming as a social problem. In: The Sociological Quarterly 33 (4), 484-501.
Ungar, Sheldon (1998): Bringing the issue back in: Comparing the marketability of the ozone hole and global warming. In: Social Problems 45 (4), 510-527.
Vogel, David (2003): The hare and the tortoise revisited: the new politics of consumer and environmental regulation in Europe. In: British Journal of Political Science 33 (4), 557-580.
WBGU (Wissenschaftlicher Beirat der Bundesregierung Globale Umweltveränderungen) (2008): Welt im Wandel: Sicherheitsrisiko Klimawandel. Berlin: Springer.
Weart, Spencer R. (2005): The Discovery of Global Warming; extended version, http://www.aip.org/history/climate (13.09.2009).
Weingart, Peter/Engels, Anita/Pansegrau, Petra (2000): Risks of communication: discourses on climate change in science, politics, and the mass media. In: Public Understanding of Science 9 (3), 261-283.
Weingart, Peter/Engels, Anita/Pansegrau, Petra (2002): Von der Hypothese zur Katastrophe. Der anthropogene Klimawandel im Diskurs zwischen Wissenschaft, Politik und Massenmedien. Opladen: Leske + Budrich.
Winsberg, Eric (1999): Sanctioning models: the epistemology of simulation. In: Science in Context 12 (2), 275-292.
Winsberg, Eric (2003): Simulated experiments: Methodology for a virtual world. In: Philosophy of Science 70 (1), 105-125.
Wolfson, Richard/Schneider, Stephen H. (2002): Understanding climate science. In: Schneider, Stephen H./Rosencranz, Armin/Niles, John O. (Hrsg.) (2002): Climate Change Policy. A Survey. Washington DC: Island Press, 3-51.
Young, Oran (1999) (Hrsg.): The Effectiveness of International Environmental Regimes: Causal Connections and Behavioral Mechanisms. Cambridge: MIT Press.
Young, Oran (2002): The Institutional Dimensions of Environmental Change. Fit, Interplay, and Scale. Cambridge: MIT Press.
Young, Oran (2007): Institutions and Environmental Change: The Scientific Legacy of a Decade of IDGEC Research. Draft version of the IDGEC Synthesis Volume, chapter 1. Ms. Santa Barbara.
Zapf, Wolfgang (Hrsg.) (1991): Die Modernisierung moderner Gesellschaften. Frankfurt a.M.: Campus.

Möglichkeiten und Grenzen der Partizipation – CDM-Kritik in den UN-Klimaverhandlungen

Christian Holz

1 Einleitung

In den politischen Anstrengungen zur Lösung der globalen Klimakrise im Rahmen der Vereinten Nationen sind die Stimmen der Zivilgesellschaft ausdrücklich erwünscht. Vor allem Umweltgruppen haben sich dementsprechend seit den Anfängen stark in diesen politischen Prozess eingebracht. In dem vorliegenden Beitrag wird untersucht, wie diese Partizipation in einem Bereich möglich ist, der innerhalb und außerhalb des politischen Rahmens der UN-Klimaschutzverhandlungen in unterschiedlichem Maße umstritten ist – dem *Clean Development Mechanismus* (CDM).

In einem ersten Schritt wird die Entwicklung der UN-Klimaschutzpolitik kurz dargestellt und in das Konzept des CDM eingeführt. In einem zweiten Schritt werden die Hauptströme der Kritik am Handel mit Emissionszertifikaten und speziell am CDM vorgestellt, wobei das Problem der „Zusätzlichkeit" von Emissionseinsparungen eine besondere Rolle einnimmt. Abschließend werden exemplarisch Möglichkeiten und Grenzen der Partizipation von Nichtregierungsorganisationen (NGOs) aus dem Umweltbereich am Beispiel dieser CDM-Kritik diskutiert[1].

2 Die UN-Klimaschutzpolitik und der Clean Development Mechanismus

Seit das Problem Klimawandel anlässlich der ersten Klimakonferenz 1979 in Genf erstmals explizit im Rahmen der internationalen Politik aufgegriffen wurde, ist durch zahlreiche politische und wissenschaftliche Gremien, Prozesse und Konferenzen versucht worden, Lösungen für den anthropogenen, das heißt den von der Menschheit verursachten, Treibhauseffekt zu finden. Zentrale Bedeutung erlangte dabei das UN-Klimarahmenübereinkommen (*United Nations Framework Convention on Climate Change, UNFCCC*), das 1992 auf der UN-Konferenz über Umwelt und Entwicklung, dem „Erdgipfel", in Rio de Janeiro verabschiedet wurde und in der Folge zur wichtigsten Institution wurde[2]. Seitdem

---

1 Der hier vorliegende Text basiert auf Daten der Promotionsforschung des Autoren, in der mittels teilnehmender Beobachtung auf den UN-Klimaschutzkonferenzen die Rolle von Nichtregierungsorganisationen in der UN-Klimapolitik untersucht wird. Als Mitglied der Delegation einer der Mitgliedsorganisationen des Climate Action Networks (CAN) wurden die UNFCCC-Konferenzen in Wien (August 2007), Bali (Dezember 2007), Bangkok (April 2008) und Bonn (Juni 2008) beobachtet. Die dabei gewonnenen Daten wurden durch meist informelle Interviews sowie offizielle UNFCCC Dokumente und Dokumente aus dem Umfeld der Umweltorganisationen ergänzt. Die Promotion wird an der University of Glasgow durchgeführt und vom britischen Economic and Social Research Council gefördert.

2 Neben dem eigentlichen Vertragswerk steht die Abkürzung UNFCCC insbesondere auch für das Institutionengefüge aus Klimasekretariat, den jährlichen Konferenzen der Vertragsparteien, den *Subsidiary Bodies* (von einer Mitarbeiterin des Klimasekretariats als die „Arbeitspferde" des UNFCCC Prozesses bezeichnet),

wurden die jährlichen Vertragsstaatenkonferenzen (*Conferences of the Parties*, oder COPs) Höhepunkte im politischen Ringen um eine Lösung des Klimaproblems und der Erfüllung des Hauptziels (*ultimate objective*) der Konvention, nämlich die „Stabilisierung der Treibhausgaskonzentrationen [...] auf einem Niveau [...], auf dem eine gefährliche anthropogene Störung des Klimasystems verhindert wird" (UN 1992: 5). Auf der dritten COP wurde im Dezember 1997 in Japan das Kyoto Protokoll verhandelt, was durch die Ratifizierung Russlands im November 2004 die notwendige Anzahl von Vertragsparteien erlangt hatte, um über sieben Jahre nach seiner Verabschiedung im Februar 2005 in Kraft zu treten. Im Kyoto Protokoll verpflichten sich die Staaten des Annex I[3], ihren kollektiven Kohlendioxidausstoß in den Jahren 2008 bis 2012 um durchschnittlich 5,2 % gegenüber 1990 zu senken. Im Vergleich zur Rahmenkonvention, die ihre Vertragsparteien zur Emissionsreduktion lediglich aufforderte, ist das Kyoto Protokoll insbesondere deshalb ein wichtiger Schritt, weil es die Reduktion der Treibhausgase in einen rechtlich verbindlichen Rahmen stellt.

Diese verbindliche Verpflichtung zur Emissionssenkung bedeutet allerdings nicht zwangsläufig, dass eine Senkung im eigenen Land durchgeführt werden muss. Das Kyoto Protokoll erlaubt den Ländern des Annex I, zur Erfüllung ihrer Reduktionsziele so genannte „flexible Mechanismen" anzuwenden. Da die Treibhauswirkung der vom Protokoll erfassten Gase unabhängig vom Ort ihres Ausstoßes weit gehend gleich ist, ist es für den Schutz des Klimasystems theoretisch auch von geringer Bedeutung, an welchem Ort Emissionsreduktionen stattfinden. Aus diesem Grunde bieten die flexiblen Mechanismen den Annex I Staaten die Möglichkeit, neben der Treibhausgasreduktion im eigenen Land, ihre Reduktionsziele durch a) den Emissionshandel, b) die gemeinsame Umsetzung von Reduktionsprojekten (*Joint Implementation* oder JI) oder c) durch Projekte im Rahmen des *Clean Development Mechanismus* (CDM) zu erfüllen. Diese flexiblen Mechanismen sollen u.a. dazu führen, dass Emissionsreduktionen zuerst dort durchgeführt werden, wo sie am einfachsten und billigsten ausgeführt werden können. Dies soll in allen drei Fällen dadurch erreicht werden, dass Emissionszertifikate ausgestellt und gehandelt werden. Ein jedes dieser Zertifikate berechtigt den Inhaber zur Emission einer Tonne Kohlendioxid[4], so dass – in Abhängigkeit des aktuellen Marktpreises dieser Emissionszertifikate – Emittenten in Annex I Ländern entscheiden können, ob es lohnender ist, selbst Treibhausgasreduktion zu betreiben oder stattdessen entsprechende Emissionsrechte zu erwerben.

Neben dieser grundsätzlichen Gemeinsamkeit, dass Reduktionsverpflichtungen durch den Kauf von Zertifikaten erfüllt werden können, unterscheiden sich Emissionshandel und JI auf der einen und CDM auf der anderen Seite hauptsächlich darin, dass bei den ersteren beide Handelspartner Industrieländer sind während CDM-Projekte in Entwicklungsländern durchgeführt werden (die im Zusammenhang mit dem CDM „Gastgeberländer" genannt werden), also in Ländern, die nicht im Annex I der Rahmenkonvention aufgeführt sind und

---

    diversen *Ad-Hoc* Arbeitsgruppen, dem CDM-Exekutivrat etc., welches durch die Konvention und das Kyoto Protokoll geschaffen wurde.

3   Die im Annex I der Klimarahmenkonvention aufgeführten Staaten sind die Industrienationen; konkreter diejenigen Staaten, die im Jahre 1992 Mitglieder des OECD waren sowie Länder, die sich zu dieser Zeit „im Übergang zur Marktwirtschaft" befanden, also die ehemaligen sozialistischen Staaten Mittel- und Osteuropas (UN 1992).

4   ... beziehungsweise zur Emission der Menge eines anderen Treibhausgases, die der Treibhauswirkung einer Tonne Kohlendioxid entspricht. Da Kohlendioxid das wichtigste Treibhausgas ist, werden alle anderen Gase entsprechend ihrer Treibhauswirkung in Kohlendioxid-Äquivalente umgerechnet.

dementsprechend auch keine eigenen Reduktionsverpflichtungen haben. Aus diesem Umstand leitet sich die unbedingte Notwendigkeit ab, dass die in den CDM-Projekten erzeugten Emissionszertifikate tatsächlich Emissionsreduktionen bedeuten, die ohne das CDM-Projekt nicht erzielt worden wären[5] – im CDM-Jargon spricht man dann davon, dass diese Projekte „zusätzlich" sind, also „Zusätzlichkeit" aufweisen: Da jedes CDM-Zertifikat den Inhaber zur Emission einer Tonne Kohlendioxid-Äquivalent berechtigt, würde jedes nicht zusätzliche Zertifikat einer Tonne entsprechen, die weder in den Industrienationen noch in den Entwicklungsländern eingespart wird und somit würde jede Fehleinschätzung der Zusätzlichkeit von CDM-Projekten zu einer Steigerung des weltweiten Treibhausgasausstoßes führen. Die korrekte Einschätzung der Zusätzlichkeit sowie der Höhe der zusätzlichen Einsparungen ist daher entscheidend dafür, dass CDM-Projekte tatsächlich im Rahmen der Reduktionsverpflichtung der Industriestaaten zu einer Senkung globaler Emissionen führen. Durch diese Ausgestaltung kann der CDM allerdings selbst im besten Falle – wenn also die Emissionsreduktionen tatsächlich zusätzlich sind – nur den Treibhausgasausstoß in den Industrienationen ausgleichen, ohne einen zusätzlichen Vorteil für das Erdklima bereitzustellen. Der südkoreanische Klimaverhandler Chung weist daher darauf hin, dass der CDM ein „,Emissionsverschiebemechanismus' und kein ‚Emissionreduktionsmechanismus'" ist (Chung 2007: 172). Neben der Einbeziehung der Entwicklungsländer in den Emissionshandel[6] und die Bemühungen um die Senkung des weltweiten Treibhausgasausstoßes, die auf diese Weise kostengünstig erreicht werden sollen, soll der CDM ausdrücklich durch Investitionen in nachhaltige Projekte auch zur nachhaltigen und vor allem emissionsarmen Wirtschaftsentwicklung in den Gastgeberländern beitragen, (UNFCCC 1998: 20).[7]

3 Hauptströmungen der Kritik am Emissionshandel und CDM

Während oft darauf hingewiesen wird, dass der CDM eine beispiellose Erfolgsstory sei – mit über 1000 registrierten Projekten in nur zweieinhalb Jahren seit seiner Gründung und geschätzten 2,7 Milliarden Emissionszertifikaten bis zum Jahr 2012[8] (UNFCCC 2008) – äußern sich auch zahlreiche kritische Stimmen. Die Kritikpunkte können in drei groben

---

5 Konkreter ausgedrückt ergibt sich diese Notwendigkeit aus dem Umstand, dass in Abwesenheit von verbindlichen Emissionszielen, die Einsparungen durch die CDM Projekte mittels einer hypothetischen *baseline* ermittelt werden, wie im Abschnitt 3.2 genauer ausgeführt wird.
6 Obwohl mit dem Begriff „Emissionshandel" ein bestimmtes Instrument des Kyoto Protokolls bezeichnet wird (dem Handel mit Zertifikaten, die überschüssig sind, weil in Ländern des Annex I das Kyoto Ziel übererfüllt wurde), wird der Begriff auch weitergehend als jeglicher Handel mit Emissionen bezeichnet, unabhängig von der Quelle der Zertifikate. Während hier bisher die erstere, engere Bedeutung verwandt wurde, wird im Folgenden der Begriff im weiteren Sinne verstanden.
7 Es wird daher oft von den „Zwillingszielen" (*twin objectives*) Treibhausgasreduktion und nachhaltige Entwicklung gesprochen. Im Artikel 12.2 des Kyoto Protokoll wird der Entwicklungsaspekt des CDM sogar noch vor der Funktion des Emissionsausgleichs für Industrienationen genannt und auch die Namensgebung (in der deutschen Fassung des Kyoto Protokolls ist vom „Mechanismus für umweltgerechte Entwicklung" die Rede) scheint nahe zulegen, dass der Entwicklungsaspekt eine bedeutende Rolle spielen soll. Es gibt dabei allerdings keine allgemeingültige Definition von Nachhaltigkeit, vielmehr obliegt die Einschätzung, ob ein Projekt zur nachhaltigen Entwicklung beiträgt, den Behörden des Gastgeberlandes.
8 Im Jahr 2012 läuft die erste Verpflichtungsphase des Kyoto Protokolls aus und Industriestaaten müssen über die Erreichung ihrer Reduktionsverpflichtungen Rechenschaft ablegen. Aus diesem Grund ist diese Jahreszahl auch wichtig für den CDM, da die bis dahin ausgestellten Emissionszertifikate von den Industriestaaten zur Verrechnung mit ihren Verpflichtungen erworben werden können.

Kategorien zusammengefasst werden, die weitgehend mit bestimmten Ansätzen zum Emissionshandel korrespondieren. Zunächst gibt es eher grundsätzliche Kritik, die sich in prinzipieller Opposition zum Emissionshandel befindet, unabhängig davon, ob alle Handelsparteien selbst Reduktionsverpflichtungen haben. Andere Kritiker räumen ein, dass Marktmechanismen eine Rolle bei der Lösung des Klimaproblems spielen könnten, stehen dem Konzept, dass Emissionszertifikate aus Ländern ohne eigene Verpflichtung in diesen Handel einbezogen werden sollen[9] jedoch kritisch gegenüber. Und schließlich wird von einer dritten Gruppe von Kritikern die konkrete derzeitige Umsetzung des CDM beanstandet, ohne daraus eine generelle Ablehnung gegenüber dem Handel mit Emissionszertifikaten mit Ländern ohne Emissionslimits abzuleiten[10]. Grenzen zwischen diesen Kategorien sind fließend, da zum Beispiel die Kritik an der derzeitigen Umsetzung des CDM auch benutzt wird, um die grundsätzliche Ablehnung von Offset- oder gar jeglichem Emissionshandel zu begründen (z. B. in Lohmann 2006 [und in dem vorliegenden Band, Anm. d. Hrsg.]; Kill 2007; Durban Group 2004; McCully 2008).

3.1 Prinzipielle Opposition zum Emissionshandel

In seinem „Kritischen Gespräch" über den Kohlenstoffmarkt setzt Lohmann (2006) die Ausstellung von Emissionsrechten mit dem *Enclosure Movement* gleich, in dem hauptsächlich im 18. und 19. Jahrhundert in Großbritannien der vormalig im Gemeinschaftsbesitz befindliche Boden in Privatbesitz gebracht wurde und weist auf die Machtimplikationen dieser Privatisierung hin, die schließlich zu Landflucht und Proletarisierung führten. Im Sinne dieser Analogie würde die, allen Menschen mit gleichgroßem Recht zustehende, gleichzeitig aber begrenzte Fähigkeit der Erdatmosphäre, Treibhausgase abzubauen, privatisiert, indem handelbare Nutzungsrechte für einen gewissen Anteil dieser Kapazität (also eine gewisse Menge Treibhausgas auszustoßen) ausgestellt werden. Diese Privatisierung stelle demnach ein neues *Enclosure Movement* dar.

Folglich werden Emissionsrechte auch deswegen kritisiert, weil sie Emittenten das *Recht* übertragen, ihre klimaschädigenden Praktiken weiter zu verfolgen, statt eine Reduktion der Verbrennung fossiler Brennstoffe und die dafür notwendigen strukturellen Transformationen und Lebensstilveränderungen in den Industrienationen voranzutreiben (Durban Group 2004; Lohmann in diesem Band). Vertreter solch prinzipieller Opposition sind der Auffassung, dass Emissionsbegrenzung, statt durch Handel mit Rechten, besser durch Regulierung von Emissionen und den grundsätzlichen Umbau von politischen, wirtschaftlichen und sozialen Institutionen erreicht werden kann.

Bezugnehmend auf die „Stern Review" der britischen Regierung über die wirtschaftlichen Aspekte des Klimawandels, in der der „Klimawandel [...] [als] das größte und weittragendste Versagen des Marktes [bezeichnet wird], das es je gegeben hat" (Stern 2006),

---

9   Da solche Zertifikate auch Offsets genannt werden, spricht man auch vom Offsethandel.
10 Als eine vierte Strömung könnte man jene Kritik auffassen, die sich gegen Emissionsausgleichsprojekte im freiwilligen Sektor richtet (also jene Angebote mit denen z. B. Privatpersonen ihre Urlaubsflüge auszugleichen suchen). Da hier aber vor allem der CDM betrachtet wird, soll diese vierte Richtung außen vorgelassen werden, zumal die Kritik an freiwilligen Projekten der CDM-spezifischen Kritik oft ähnelt, mit dem Hauptunterschied, dass bei freiwilligen Projekten die Kontrolle und Aufsicht der UNFCCC Organe fehlt und somit die beanstandeten Faktoren häufig noch stärker ausgeprägt sind (siehe z. B. Lang/Byakola 2006; Lohmann 2006; Smith 2007).

wird außerdem angemerkt, dass es nicht zielführend sei, die selben Marktkräfte mit der Lösung des Klimaproblems zu beauftragen, die für dessen Entstehung verantwortlich seien.

Gelegentlich wird auch auf eine weitere Folge der Grundidee des Emissionsmarktes hingewiesen[11], zuerst dort zu reduzieren, wo es am billigsten ist, nämlich in den Entwicklungsländern (im Jargon der Klimaverhandlungen wird oft vom „Pflücken der niedrig hängenden Früchte" gesprochen): Da es wahrscheinlich ist, dass in Zukunft auch Entwicklungsländer eigene Reduktionsziele haben werden, wird es dann für diese teurer werden, ihre „eigenen" Reduktionen zu erzielen, da die billigsten Reduktionsmöglichkeiten bereits in Form von gehandelten Zertifikaten exportiert und damit anderen Ländern angerechnet worden sind.

3.2 Generelle Kritik am Offset-Handel

Von „reinem Offset-Handel" kann man sprechen, wenn Emissionsreduktionen in Ländern ohne Reduktionsverpflichtung – also in der Regel Entwicklungsländern – gegen Emissionen in Ländern mit Reduktionsverpflichtungen direkt verrechnet (*offset*) werden. In den bereits erwähnten Worten von Chung (2007) würde solcher Handel im besten Fall nur einen „Emissionsverschiebemechanismus" darstellen.

Vor dem Hintergrund des Vierten Sachstandsberichtes des Weltklimarates, der neben der absoluten Reduktion in den Industrieländern auch „erhebliche Abweichung vom Referenzszenario" (IPCC 2007: 776) in den Entwicklungsländern für notwendig hält[12], wird klar, dass reiner Offsethandel allenfalls eine dieser beiden Forderungen erfüllen kann, da beide gegeneinander aufgerechnet werden. Auf der Grundlage dieser Beobachtung wird daher reiner Offsethandel als unzureichend kritisiert und von zukünftigen flexiblen Mechanismen im Rahmen des Emissionshandels wird gefordert, diese Schwäche zu überwinden[13].

Einige Umweltgruppen und -organisationen leiten aus diesem Verrechnen von Emissionsreduktionen eine grundsätzliche Ablehnung jeglichen Offsethandels ab; stattdessen fordern sie tief greifende Reduktionen in den Industrieländern, von denen durch den Offsethandel abgelenkt werde. Da eine der beiden Funktionen des derzeit am Weitesten verbreiteten Offsetmechanismus, des CDM, die Finanzierung nachhaltiger Entwicklung ist, geht mit der Ablehnung des Offsethandels meist auch die Forderung einher, Formen finanzieller Unterstützung dieser Entwicklung zu etablieren, die unabhängig vom Emissionshandel zuverlässige Finanzquellen bereit stellen können.

Das Problem der Zusätzlichkeit ist der wohl wichtigste Kritikpunkt am Offsethandel. Obwohl dieses Problem generell alle Offsetansätze betrifft, wird es oft exemplarisch am CDM dargestellt. Offsetprojekte generieren Emissionszertifikate, welche die Einsparungen

---

11 Dieser Hinweis wurde z. B. seitens der bolivianischen Delegation zur UN-Klimakonferenz im Juni 2008 in Bonn beim „Round Table on the Means to Reach Emission Reduction Targets" vorgetragen.

12 Diese Forderung bezieht sich auf die Erreichung einer Treibhausgaskonzentration, die ein Begrenzen der Erderwärmung auf unter 2 Grad zumindest möglich macht. Die hier angeführte Textstelle aus dem Bericht ist die viel zitierte Tabelle 13.7, auf die auch z. B. im Aktionsplan von Bali (*Bali Action Plan*, UNFCCC 2007) Bezug genommen wird, die also breite Unterstützung erhält.

13 Der Chef der Abteilung Klimastrategie der Europäischen Kommission, Runge-Metzger, forderte z. B. bei der Klimakonferenz im Juni 2008 in Bonn, dass zukünftige Mechanismen, die neben dem derzeitigen CDM im neuen Klimaabkommen für die Zeit nach 2012 enthalten sein sollen, über eine reine Offsetfunktion hinausgehen müssen (konkrete Vorschläge zur Erweiterung des CDMs – beispielsweise mit sektorweiten oder „*no lose*" Abrechnungen von Emissionskrediten – gibt es jedoch zu viele, um hier näher darauf einzugehen zu können).

repräsentieren sollen, welche durch das Projekt erzielt worden sind und welche dann zum Ausgleichen (*offset*) der Emissionen des Käufers benutzt werden können. Diese Einsparungen werden berechnet, indem die erwarteten zukünftigen Emissionen ohne das Stattfinden eines Projektes (die *baseline*) prognostiziert und im Anschluss mit den erwarteten Werten, die durch die Projektdurchführung erreicht würden, verglichen werden. Über die errechnete Differenz werden sodann Zertifikate (die *credits*) ausgestellt. Daher spricht man vom *baseline-and-credit*-Ansatz.

Nach Angabe der Kritiker ist diese *baseline* zwangsläufig hypothetisch[14]. Daher könne man grundsätzlich nicht davon ausgehen, dass die errechneten Einsparungen weniger hypothetisch sind. Da diese möglicherweise nicht faktischen Emissionseinsparungen allerdings gegen tatsächliche Emissionen in den Industriestaaten verrechnet werden, ergäbe sich in der Bilanz eine Erhöhung der Emissionen gegenüber einer Zukunft, in der das Projekt nicht stattgefunden hätte. Es besteht weitestgehend Einvernehmen – sowohl unter Kritikern als auch Befürwortern – dass dieses Problem der hypothetischen *baseline* und die damit einhergehende Unsicherheit der Zusätzlichkeit nicht gelöst, sondern durch die Ausgestaltung konkreter Offsetansätze sowie Regulierung und Überwachung der Umsetzung lediglich verringert werden kann. Unterschiede bestehen demnach in der Frage, ob man aus dieser Beobachtung eine grundsätzliche Ablehnung von Offsetansätzen ableitet[15], oder ob man versucht, durch die Gestaltung konkreter Mechanismen die Zusätzlichkeit so weit wie möglich sicherzustellen.

3.3 Spezifische Kritik am Clean Development Mechanismus

Wie bereits erwähnt, wird die generelle Kritik an der Zusätzlichkeit von Offsetansätzen oft mit Beispielen aus dem CDM illustriert. Zusätzlichkeit wird im CDM hauptsächlich mittels finanzieller Überlegungen beurteilt: Wenn ein Projekt ohne die zusätzlichen Einnahmen aus dem Zertifikatsverkauf nicht finanziell tragbar ist, durch diese zusätzlichen Einnahmen jedoch die Rentabilitätsgrenze überschreitet, dann wird angenommen, dass das Projekt (und

---

14 Zur Illustration sei hier ein Beispiel aus dem freiwilligen, d. h. nicht unter der Aufsicht des UNFCCC stehenden, Offsetmarkt angeführt: Die britische Offsetfirma Carbon Care verteilte im Jahre 2005 Energiesparlampen an Bewohner einer Kapstädter Stadtgemeinde, um dann auf Grundlage der Differenz zwischen den Emissionen die dem Stromverbrauch der Energiesparlampen entspricht und dem hypothetischen Verbrauch der herkömmlichen Lampen (*baseline*) die durch das Projekt eingesparten Emissionen zu errechnen und an ihre Kunden in Europa als Offsets zu verkaufen. Abgesehen von anderen Schwierigkeiten behauptet eine solche Berechnung implizit, voraussagen zu können, dass die Bewohner der Gemeinde während der Laufzeit des Projektes (typischerweise 5-10 Jahre) nicht aus anderen Gründen zu Energiesparlampen gewechselt hätten. In diesem konkreten Beispiel wird angeführt, dass wenige Monate nach der Verteilung der Lampen, der örtliche Stromanbieter selber Energiesparlampen verteilte, um die Belastung des Stromnetzes zu verringern; die hypothetische *baseline* wurde dadurch also widerlegt (Smith 2007).

15 Vertreter dieser Position würden z. B. auch anführen, dass die im CDM ausdrücklich erwünschte Suche der Projektentwickler nach den günstigsten Reduktionsmöglichkeiten und somit nach Schlupflöchern im Regelwerk jeden Versuch, die wahrgenommenen Missstände durch Regulierung zu beseitigen, von vornherein zum Scheitern verurteilt. Unterstützt werden solche Befürchtungen durch Äußerungen von Emissionshändlern, wie z. B. des Präsidenten der weltgrößten Emissionshandelslobbygruppe IETA zur UN-Klimakonferenz im April 2008 in Bangkok (Derwent 2008), der darauf hinwies, dass der private Sektor sich nicht für die Sicherung der ökologischen Integrität der Mechanismen verantwortlich fühle, sondern die Maximierung der erhaltenen Zertifikate im Rahmen der vorgegebenen Regeln anstrebe, während ein anderer Händler einen Vergleich mit einer Steuererklärung anstellt: „Man geht eben soweit wie man kann, innerhalb was man für einen sinnvollen Rahmen hält" (Stuart zitiert in Ball 2008).

damit auch mit dem Projekt verbundene Emissionsreduktionen) ohne den CDM nicht stattgefunden hätte und somit zusätzlich ist.

Allerdings wird von einigen Beobachtern die Glaubwürdigkeit dieses Instrumentes in Frage gestellt. McCully (2008) beschreibt exemplarisch den Fall des Baus eines Wasserkraftwerkes in der chinesischen Gansu-Provinz, welches in 2003 von der Asiatischen Entwicklungsbank als die günstigste Möglichkeit beschrieben wurde, die Stromversorgung in der Region zu erweitern. Zwei Jahre nach dem deshalb beschlossenen Baubeginn wurde das Kraftwerk dann zum CDM angemeldet und in den begleitenden Unterlagen von der Weltbank als finanziell sehr riskant beschrieben, weshalb es auf die zusätzlichen CDM-Umsätze angewiesen sei. Die Kritik an der Beurteilung von Zusätzlichkeit durch finanzielle Kriterien wird zudem auch durch die Ergebnisse einer Studie des Umweltbundesamtes unterstützt. Darin werden unter anderem Experten aus Emissionshandel, Politik und Nichtregierungsorganisationen zum CDM befragt. Demnach stimmen 86 % der Befragten (und immerhin 82 % wenn nur Befragte aus der Wirtschaft und deren Berater betrachtet werden) mit der Äußerung überein, dass „in vielen Fällen die Kohlenstoffumsätze das Tüpfelchen auf dem i [sind], aber nicht ausschlaggebend für die Investitionsentscheidung" seien (Umweltbundesamt 2007: 243).

In jüngster Zeit wurde versucht, die Fehlbeurteilungen bezüglich der Zusätzlichkeit des CDM in einigen Studien quantitativ zu erfassen. Trotz unterschiedlicher Ansätze in der Bewertung der Zusätzlichkeit werden erhebliche Mängel hinsichtlich dieses Kriteriums festgestellt: so schätzt Schneider (2007), dass bei ungefähr 40 % der bis 2007 registrierten CDM-Projekte, die ca. 20 % der insgesamt erwarteten Emissionszertifikate erhalten würden, die Zusätzlichkeit zumindest fragwürdig sei; während Victor (zitiert in Vidal 2008; siehe auch Wara/Victor 2008) von einem oder gar bis zu zwei Dritteln der Zertifikate ausgeht[16]. Wara und Victor führen als Beleg für die hohe Anzahl nicht-zusätzlicher Projekte beispielsweise an, dass derzeit jedes neue Wind-, Wasser- und Erdgaskraftwerk in China für den CDM angemeldet wird. Dies liefe auf die Behauptung hinaus, dass der „Wasser-, Wind- und Erdgasbereich des Stromsektors in China ohne die Hilfe des CDM überhaupt *nicht* wachsen würden" (Wara/Victor 2008: 14). Da die chinesische Regierung solche Projekte politisch, z. B. durch entsprechende Zielsetzung im derzeitigen Fünfjahresplan unterstützt, sei diese Aussage unplausibel.

Neben der Kritik an der Zusätzlichkeit, sich inhaltlich aber damit überschneidend, wird auch die Wirtschaftlichkeit des CDM kritisiert. Durch die generelle Eigenschaft von Märkten, den Weg zu finden, der bei Minimierung von Kosten zur Maximierung von Gewinnen führt, werden Emissionsreduktionen zum CDM angemeldet, die, so die Kritiker, mit anderen Mitteln als dem CDM viel billiger realisiert werden könnten. So wird zum Beispiel darauf hingewiesen, dass die Finanzierung der Zerstörung des Gases Fluoroform (auch HFC23) – ein Nebenprodukt der FCKW-Herstellung, welches durch seine extrem hohe Treibhauswirkung für ca. die Hälfte aller bisher ausgestellten CDM-Zertifikate verantwortlich ist – durch den CDM ungefähr 47 mal teurer ist, als wenn man die zur Vermei-

---

16 Zur Illustration: Bis zum Ende der ersten Verpflichtungsperiode des Kyoto Protokolls von 2008 bis 2012 wird erwartet, dass im Rahmen CDM 2,6 Milliarden Zertifikate ausgestellt werden (Wara/Victor 2008). Gemäß der Angaben von Schneider bzw. Victor wären zwischen 500 Millionen (20%) und 1,7 Milliarden (66%) davon nicht zusätzlich. Die letztere Zahl entspricht genau der gesamten Reduktionsverpflichtung der EU (8% unter dem Stand von 1990 von 4,3 Mrd. Tonnen auf 5 Jahre) während selbst Schneiders geringere Schätzung immer noch ausreichen würde, um ca. ein Drittel der Europäischen Reduktionen mit nicht zusätzlichen Zertifikaten abzudecken.

dung des Fluoroformausstoßes notwendigen Aufrüstungen der FCKW-Fabriken auf anderem Wege, zum Beispiel durch spezielle Projektfonds, bezahlen würde (Wara/Victor 2008). Ähnliche Beobachtungen stellt auch das Wallstreet Journal bezüglich der Vermeidung von Lachgas (N_2O), einem weiteren starken Treibhausgas, fest, auf die weitere 20 % der Zertifikate zurückzuführen sind und deren Kosten durch den Zertifikatehandel möglicherweise über 100 mal teurer seien als direkte Finanzierung (Forelle 2008)[17].

Ein weiterer Kritikpunkt besteht darin, dass das Zwillingsziel des CDM, nachhaltige Entwicklung in den Gastgeberländern zu fördern, bisher kaum realisiert worden ist. So finden Sutter und Parreño (2007) in ihrer Stichprobe zwar CDM-Projekte, die mit hoher Wahrscheinlichkeit dem Kriterium der finanziellen Zusätzlichkeit genügen sowie Projekte, die zur nachhaltigen Entwicklung im Gastgeberland beitragen – *keines* der untersuchten Projekte erfüllte hingegen beide Kriterien *gleichzeitig*.

In Verbindung mit der Kritik an der fehlenden Förderung nachhaltiger Entwicklung wird auch die verzerrte geographische Verteilung des CDM angeführt. So finden sich derzeit 75 % aller 1.080 registrierten Projekte in China, Indien, Brasilien oder Mexiko, während nur 16 (1.5 %) Projekte im subsaharischen Afrika (und davon 13 in Südafrika) registriert sind (UNEP Risø 2008). Das wird insbesondere als Problem wahrgenommen, da die Länder ohne Projekttätigkeit keinen Nutzen aus dem durch den CDM realisierten Finanztransfer ziehen können. Die Länder, die auf diese Weise benachteiligt werden, sind meist auch diejenigen Länder, die als erste und am stärksten von den Auswirkungen des Klimawandels betroffen sein werden.

Neben den bisher genannten Hauptkritikpunkten am CDM wird gelegentlich darauf aufmerksam gemacht, dass bei einigen der Projekte in der CDM-Pipeline Bedenken bezüglich Menschenrechtsverletzungen und des Schutzes der Rechte von Gemeinden bestehen, die durch die Projekttätigkeit beeinträchtigt werden könnten[18]. Ferner wird darauf hingewiesen, dass bestimmte wichtige Projekttypen im CDM strukturell benachteiligt sind. Zum Einen, weil die Preise der Emissionszertifikate nicht hoch genug sind, um z. B. bei vielen Projekten im Bereich erneuerbarer Energien den entscheidenden Unterschied in der Profitabilität zu erzeugen. Und zum Anderen, weil bestimmte, wichtige Sektoren wie zum Beispiel Verkehr oder Energieeffizienz durch den projektbezogenen Charakter des CDM nicht für den CDM geeignet sind (Sterk 2008) und deren Emissionen somit nicht durch den CDM adressiert werden können[19].

---

17 Die Treibhauswirkung von Fluoroform ist ca. 11.700 mal so hoch wie die von Kohlendioxid. Daher werden pro vermiedene Tonne Fluoroformausstoß 11.700 CDM-Zertifikate ausgestellt, die von Industrienationen anstelle der Verringerung der eigenen Emissionen erworben werden können. Laut der CDM-Datenbank des UNEP/Risø Centre (2008) sind rund 77 Millionen der bereits ausgestellten 152 Millionen Zertifikate auf Fluoroformzerstörung zurückzuführen.

18 So berichten Haya (2007) und die Organisation International Rivers (2008) von Staudammprojekten in Brasilien und Panama, die eine Registrierung zum CDM beantragt haben und bei denen gemäß Berichten des UN-Menschenrechtsrates und des UN-Sonderberichterstatters für die Menschenrechte Indigener Völker Bedenken hinsichtlich der Behandlung der vor dem Dammbau im Flutungsgebiet ansässigen Menschen bestehen. So weist der UN-Sonderberichterstatter beispielsweise darauf hin, dass die Angehörigen des Ngobe Volkes in Panama im Zusammenhang mit dem Staudammbau unter anderem körperlicher Gewalt, Erniedrigungen und Bedrohungen und der Zerstörung von Häusern und Feldfrüchten ausgeliefert gewesen seien (International Rivers 2008).

19 Der Vollständigkeit halber soll hier erwähnt werden, dass auch die Vertreter der Emissionshandelsfirmen dem CDM nicht kritiklos gegenüberstehen. Hier werden vor allem die hohen Verwaltungskosten bemängelt, die CDM-Projekte mit sich bringen, die langen Wartezeiten auf Registrierung durch den CDM-Exekutivrat und die Subjektivität der Zusätzlichkeitsprüfungen. Letztere sollen idealer Weise abgeschafft werden, was

Es sollte allerdings auch betont werden, dass dem CDM bei Weitem nicht nur mit Kritik begegnet wird. So wird darauf hingewiesen, dass der CDM der einzige vorstellbare Grund sei, warum es beispielsweise in den Entwicklungsländern bereits zu Emissionsreduktionen gekommen sei (Winkler 2008) oder warum das äußerst treibhauswirksame Fluoroform kaum mehr in die Atmosphäre gelangt ist (de Boer 2008). Ferner wird ausgeführt, dass der CDM in der relativ kurzen Zeit seiner Existenz bereits erhebliche Investitionen in den Gastgeberländern realisierte[20]. Da dieses Kapitel jedoch Grenzen und Möglichkeiten der Partizipation in den UN-Klimaverhandlungen am Beispiel der CDM-Kritik untersucht, wurde dieser Kritik hier erhöhte Aufmerksamkeit gewidmet.

4 CDM-Kritik und Partizipation im UNFCCC Prozess

Wie bereits zu Beginn erwähnt, sind die Stimmen der Zivilgesellschaft bei den UN-Klimakonferenzen ausdrücklich erwünscht (UN 1992: Art. 7 Abs. 6). Dementsprechend hat sich der Umfang der Beteiligung der Nichtregierungsorganisationen kontinuierlich gesteigert und seit einigen Jahren die Delegation der Vertragsparteien zahlenmäßig übertroffen[21]. Diese Bestimmungen sollen sicherstellen, dass alle relevanten gesellschaftlichen Stimmen innerhalb des Prozesses Gehör finden können. Im Folgenden sollen Möglichkeiten und Grenzen dieser Partizipation untersucht werden, wobei das Hauptaugenmerk auf den Umweltorganisationen liegen wird.

4.1 Genereller Zugang

Generell ist „jede Stelle, (…) staatlich oder nichtstaatlich" (UN 1992: 14) zur Teilnahme an den Verhandlungen zugelassen, jedoch müssen zur Registrierung recht umfangreiche Materialien vorgelegt werden, um die tatsächliche Akkreditierung zu erlangen. Obwohl möglicherweise einige interessierte Gruppen aus diesen Gründen von einer Bewerbung um Zulassung Abstand nehmen, kann angenommen werden, dass diese potentielle Barriere nur wenige hindert, sich in die Verhandlungen einzubringen.

Ein größeres Hindernis stellen jedoch die finanziellen Belastungen dar, die effektive und engagierte Mitarbeit in den Klimaverhandlungen mit sich bringen. So finden bereits in einem „normalen" Verhandlungsjahr zwei zweiwöchige Sitzungen statt; um unter dem derzeitigen erhöhten Verhandlungsdruck bis Ende des Jahres 2009 einen Konsens erarbeitet zu haben, ist die Anzahl der formalen Sitzungen auf vier (2008) angewachsen und wird vermutlich in 2009 noch weiter steigen. Die damit einhergehenden Kosten können für die oft unterfinanzierten NGOs generell ein Problem darstellen; für NGOs aus Entwicklungsländern wirken sie sich prohibitiv auf die Teilnahme aus. Zwar gibt es Förderprogramme

---

mit dem Wunsch nach *streamlining* und mit dem Hinweis auf vorherige Projektprüfung durch externe Validatoren begründet wird (siehe u. a. Derwent 2008; Ball 2008). Da sich dieser Beitrag jedoch mit der CDM-Kritik im Zusammenhang mit der Partizipation der Umweltorganisationen beschäftigt, soll auf diese Punkte nicht näher eingegangen werden.

20 Sterk (2008) gibt eine Summe von 7 Milliarden Dollar für 2006 an.
21 Im Sinne der Klimarahmenkonvention werden nicht nur Umweltorganisationen als Vertreter der Zivilgesellschaft betrachtet, sondern auch Lobbygruppen aus der Wirtschaft, Gewerkschaften, Vertreter von Forschungseinrichtungen, Organisationen der Indigenen Völker und die Interessenvertretungen der Regional- und Kommunalregierungen.

von Regierungen und NGOs, um Teilnehmern aus den Entwicklungsländern die Teilnahme zu ermöglichen, allerdings werden diese Programme hauptsächlich zu den Vertragsstaatenkonferenzen (COPs) aufgelegt, was bei COPs generell zu einer deutlich sichtbaren Veränderung des Verhältnisses von NGO-Teilnehmern aus Industrie- und Entwicklungsländern im Vergleich zu den übrigen Konferenzen führt. Die geringe Teilnahme von NGO-Delegierten aus Entwicklungsländern bei kleineren Konferenzen bedeutend jedoch, dass auf die vielen dort geführten Diskussionen und getroffenen Entscheidungen kein Einfluss genommen werden kann.

Obwohl die Teilnahme an den Konferenzen entscheidend ist, um Zugang zu Diskussionen und den Delegierten der Vertragsparteien zu haben, leitet sich aus der Teilnahme allein nicht die Berechtigung ab, in den Verhandlungen selbst zu sprechen. Die Vertreter von NGOs, die als Beobachter zugelassen sind, haben kein automatisches Rederecht. Auf Antrag und im eigenen Ermessen kann der Vorsitz einer jeden Sitzung den NGOs das Recht einräumen, meist am Ende der Sitzung eine kurze Erklärung zum Thema abzugeben. Während theoretisch jede Beobachterorganisation so Rederecht beantragen kann, wird in aller Regel diese Erlaubnis über die Organisation erteilt, die für die UNFCCC den Hauptansprechpartner der jeweiligen Interessengruppe[22] darstellt. Im Falle der Umweltorganisationen ist das meist das „Climate Action Network International" (CAN) – ein weltweiter Dachverband von über 400 NGOs, von denen die meisten ihren Schwerpunkten im Umweltbereich haben –, welches intern über die Inhalte der jeweiligen Beiträge und den eigentlichen Redner entscheidet. Dieses vom Klimasekretariat vorgegebene Arrangement bedeutet allerdings auch, dass Umweltgruppen, die nicht im CAN organisiert sind, faktisch sehr begrenzte Möglichkeit haben, in den Verhandlungen zu Wort zu kommen.

Weiterhin besteht generell für jede Beobachterorganisation die Möglichkeit, Ansichten zu den Tagesordnungspunkten der Verhandlungssitzungen schriftlich einzureichen. Diese Einreichungen werden dann in der Regel über die Internetseite der Klimakonvention verfügbar gemacht.

Seit der Etablierung des CDM nutzte CAN beide Möglichkeiten häufig, wobei sich der Fokus der Beteiligung im Zeitverlauf jedoch verschob: Während in den Anfängen des CDM vorrangig konkrete Ansichten zu dessen konkreter Ausgestaltung vorgetragen wurden, verschob sich das Hauptaugenmerk später im Wesentlichen auf die Kritik spezieller Projekttypen, zum Beispiel die Einbeziehung von Aufforstungsprojekten, Kernenergieanlagen, CCS-Projekten[23] oder auch die bereits erwähnte Flouroformzerstörung und Probleme mit der geografischen Verteilung. In jüngster Zeit hat sich der Fokus zunehmend auf die Rolle und Ausgestaltung der flexiblen Mechanismen in der Zeit nach 2012 konzentriert.

---

22 Diese Interessengruppen (*constituencies*) sind die bereits erwähnten Umweltorganisationen, Wirtschaftsverbände, Gewerkschaften und Forschungseinrichtungen. Jugendorganisationen und Organisationen Indogener Völker befinden sich im Prozess, als eigenständige Interessengruppen formal anerkannt zu werden.
23 CCS steht für *Carbon Capture and Storage* und beschreibt Vorhaben, das bei der Verbrennung von fossilen Brennstoffen erzeugte Kohlendioxid einzufangen und unterirdisch oder unterseeisch zu lagern. Diese Vorhaben sind generell sowohl bei NGOs als auch bei den Vertragsparteien unter anderem deshalb umstritten, weil bisher die technische Machbarkeit in der notwendigen Größenordnung nicht nachgewiesen ist.

4.2 Konsens in NGO-Netzwerken

Diese begrenzten Möglichkeiten zur Abgabe von Stellungnahmen in den Sitzungen der COPs und das generelle Anliegen, mit einer einheitlichen NGO-Stimme aufzutreten, bringt die Notwendigkeit mit sich, innerhalb des CAN Konsenspositionen zu erarbeiten. Definitionsgemäß erfordert Konsensbildung natürlich, dass ein Teil der Beteiligten von ihrer Meinung abrückt. Obwohl einige CAN-Mitglieder den CDM grundsätzlich ablehnen und folglich in eigenständigen Publikationen fordern, dass er abgeschafft wird (z. B. McCully 2008) findet man in gemeinsamen Stellungnahmen lediglich, dass man „ernsthafte Bedenken über die derzeitige Struktur und Arbeitsweise des CDM" habe (CAN 2008: 3) – im Wesentlichen aus den Gründen, die in den Abschnitten 3.2 und 3.3. dieses Kapitels ausgeführt worden sind. Auf der anderen Seite verzichten wiederum andere CAN-Mitglieder, die beispielsweise den Einschluss von CCS oder Aufforstung in den CDM befürworten, darauf, einen Konsens zu blockieren, der diese Projekttypen kritisiert und daher kritischer ist als die Position, die sie eigenständig vertreten würden.

Eine mitunter praktizierte Kompromisslösung, die jedoch nur eingesetzt wird, wenn keine Übereinstimmung gefunden wird, ist das Anbringen von Fußnoten, in denen sich einige Organisationen von der gemeinsamen Position distanzieren. Durch diese Distanzierungen kann sich unter Umständen der politische Rahmen der Diskussionen innerhalb des Dachverbandes erweitern – vor allem, wenn das Bedürfnis nach uneingeschränktem Konsens weiter besteht und somit ein starker Anreiz vorhanden ist, dass die Bedenken der sich distanzierenden Organisationen in zukünftigen Stellungnahmen einbezogen werden können. Eine weitere Strategie, die zur Erweiterung des politischen Rahmens führen kann, sind Bemühungen zum Beispiel seitens einer der Gruppen, in Stellungnahmen statt des Wortes „CDM" die Formulierung „jeglicher zukünftiger Mechanismus" zu verwenden, wenn über die Erwartungen der NGOs für die Zeit nach 2012 gesprochen wird. Dadurch soll verhindert werden, dass implizit dem Weiterbestehen des CDM zugestimmt wird.

Mitunter wird darauf hingewiesen (Wysham 2005), dass innerhalb der Umweltorganisationen die Befürchtung bestehe, dass zu harsche oder zu grundsätzliche Kritik am Emissionshandel den Gegnern des Kyoto Protokolls zu Pass käme, da es mit der Gefahr verbunden sei, diese Errungenschaft, die immerhin das einzige rechtlich bindende internationale Abkommen zur Emissionsbegrenzung ist, aufs Spiel zu setzen.

4.3 Der Gold Standard als CDM-Kritik und Befürwortung

Der Gold Standard, der unter der Federführung des WWF und unter breiter Beteiligung anderer Umweltgruppen entstanden ist, kann als ein pragmatischer Ansatz einer Umweltorganisation angesehen werden, die bei der Umsetzung des CDM identifizierten Hauptkritikpunkte anzugehen. Der CDM Gold Standard wirkt als eine zusätzliche, gemeinnützige Zertifizierungsstelle, die nach eigener Prüfung bereits durch den CDM-Exekutivrat offiziell registrierten CDM-Projekten ggf. auch die Gold Standard Kennzeichnung verleiht. Der Gold Standard unterscheidet sich vom normalen CDM-Registrierungspfad darin, dass er als Projekttypen nur Erneuerbare Energien und Energieeffizienz zulässt und „konservativere" Beurteilungen der Zusätzlichkeit und des Beitrages zur nachhaltigen Entwicklung im Gastgeberland anwendet.

Der Gold Standard kann somit gleichzeitig als Kritik und Befürwortung des CDM angesehen werden: Kritik wird einerseits dadurch geübt, dass der Gold Standard auf der Auffassung beruht, dass ein großer Teil der vom CDM-Exekutivrat registrierten Projekte einer stringenteren, und aus Sicht von Umweltorganisationen wünschenswerteren, Prüfung des Nutzens der Projekte für die ökologische Integrität des Kyoto Protokolls und für die nachhaltige Entwicklung im Gastgeberland nicht standhalten würde. Allerdings kann die aktive Teilnahme am CDM- und freiwilligen Offsetmarkt[24] auch als deutliches Signal verstanden werden, dass generell die Erwartung an diese Märkte, bei der Lösung des Klimaproblems eine wichtige Rolle einzunehmen, akzeptiert wird. Um gewisse Kritikpunkte, beispielsweise bezüglich der konkreten Ausgestaltung oder Einbeziehung einzelner Projekttypen, vortragen zu können, muss – so kann verallgemeinert werden – der CDM im Grundsatz akzeptiert werden.

Allerdings ist zu bedenken, dass der Anteil des Gold Standards am Gesamtvolumen des CDM eher verschwindend gering ist, so stehen den derzeit sieben registrierten Gold Standard Projekten 1.073 CDM-Projekte ohne dieses Siegel gegenüber. Gold Standard Projekte repräsentieren also nur ca. 0,6 % des Gesamtportfolio[25]. Auf dieser Grundlage ist auch die Einschätzung von Offsethändlern verständlich, die wegen der großen Diskrepanz zwischen der Nachfrage nach CDM-Zertifikaten und dem Angebot des Gold Standard diesem bescheinigen, eher ein Nischenangebot zu bleiben[26].

4.4 Interessenskonflikte

Wie bereits erwähnt wurde, ist einer der kritisierten Projekttypen im CDM die Aufforstung. Umweltgruppen haben sich praktisch kontinuierlich und mit weitgehender Einigkeit gegen diesen Projekttyp ausgesprochen. Die Bedenken haben sich – ohne das aus Platzgründen hier auf Details eingegangen werden kann – vorwiegend auf die Befürchtung bezogen, dass der CDM einen Anreiz für die Verdrängung von natürlichen Wäldern durch Monokulturplantagen schaffen könnte, und dass das Problem der Verlagerung von Emissionsquellen (*leakage*) schwer oder überhaupt nicht auf Projektebene zu lösen sei[27] (CAN 2003). Interessenskonflikte können daher dann auftreten, wenn Umweltorganisationen, die neben dem Klimaschutz als ihr Hauptanliegen den Waldschutz identifizieren, ihre Naturschutzprojekte durch Mittel des CDM zu finanzieren suchen und damit wegen der angedeuteten Bedenken

---

24 Im Rahmen des Gold Standard Programms werden neben CDM-Projekten auch Projekte aus dem freiwilligen Offsetmarkt zertifiziert werden, wenn sie die Anforderungen des Gold Standard erfüllen.
25 Dieses Verhältnis wird noch ungünstiger, wenn man die erwarteten Zertifikate gegenüberstellt: Die 7 Gold Standard Projekte werden bis 2012 geschätzte 1,7 Millionen Zertifikate erhalten, während die Gesamtzahl der von derzeit registrierten Projekten erwarteten Zertifikaten mit 1,3 Milliarden beinahe das tausendfache beträgt (eigene Berechnungen mit Daten von Gold Standard 2008 und UNEP Risø Centre 2008).
26 Anlässlich einer CDM-Konferenz im Oktober 2007 in Brüssel verglich daher Agus Sari von Ecosecurities, einer der größten Offsetfirmen, den Gold Standard mit einem Gourmetgericht, was zwar auch einen Markt hätte, aber kaum allgemein Verwendung finden würde, da die Mehrheit der Konsumenten aus Kosten- und Verfügbarkeitsgründen eher die „McDonalds Mahlzeit" des generellen CDM vorzöge.
27 *Leakage* tritt z. B. dann auf, wenn das Projekt Emissionen eher verlagert als verringert. Beispielsweise könnte ehemals bewaldetes Weideland wieder aufgeforstet werden und damit durch die Aufnahme des Kohlenstoffes durch die Bäume zum Klimaschutz beitragen, nur um die Weidefläche an anderer Stelle durch Abholzung wieder entstehen zu lassen (OECD/IEA 2003). Aus diesem Grunde wurde immer wieder gefordert, Emissionseinsparungen aus Forstprojekten allenfalls auf nationaler Ebene zu berechnen.

(insbesondere wegen des *leakage*-Problems) mit Forstprojekten im CDM die ökologische Integrität des Kyoto Protokolls gefährden könnten.

Eine ähnliche Quelle potentieller Interessenskonflikte ergibt sich im Bereich der Entwicklungsorganisationen, bei denen das Bedürfnis, durch den CDM Einnahmequellen für Entwicklungsprojekte zu erschließen, mit Bedenken über die möglicherweise mangelnde Zusätzlichkeit dieser Projekte in Konflikt stehen könnte. Als Beispiel dafür könnte das CDM-Projekt in Kuyasa, Südafrika stehen, bei dem 2.300 einkommensschwache Familien mit energieeffizienten Häusern ausgestattet wurden. Es gilt in vielerlei Hinsicht als Vorzeige-CDM-Projekt. So war Kuyasa das erste CDM-Projekt in Afrika und das erste Gold Standard Projekt überhaupt. Außerdem besteht auch über den Beitrag zur nachhaltigen Entwicklung und zur Verbesserung der Lebensumstände der örtlichen Bevölkerung kaum Zweifel. Allerdings wurde argumentiert, dass die CDM-Einnahmen für das Projekt nicht notwendig gewesen wären und somit Bedenken hinsichtlich der an finanziellen Kriterien gemessenen Zusätzlichkeit bestünden[28].

Ein weiterer Interessenskonflikt könnte aus der Aussicht einiger Entwicklungsländer auf erhebliche Investitionen[29] im Zusammenhang mit dem CDM, z. B. in ihre Energieinfrastruktur, resultieren. Umweltorganisationen könnten daher vor dem Dilemma stehen, sich mit Forderungen auf einen stark eingeschränkten CDM gegen diese Staaten zu stellen, deren umweltverträgliche und nachhaltige Entwicklung sie eigentlich befürworten und sogar als ein Recht dieser Staaten wahrnehmen.

5   Zusammenfassung

Im vorliegenden Kapitel wurden Aspekte der Partizipation von Nichtregierungsorganisationen aus dem Umweltbereich exemplarisch anhand der Kritik am Clean Development Mechanismus untersucht. Dabei ist deutlich geworden, dass trotz der ausdrücklichen Erwünschtheit der Teilnahme von NGOs und den sich daraus ergebenden Möglichkeiten zur politischen Einflussnahme und Mitgestaltung auch Grenzen in dieser Partizipation bestehen. Zum Beispiel können die institutionellen Anforderungen an Beobachterorganisationen, insbesondere aber die finanziellen Belastungen, die eine kontinuierliche Teilnahme an den Verhandlungen mit sich bringt, bestimmte Organisationen, besonders aus den Entwicklungsländern, faktisch ausschließen oder zumindest marginalisieren. Ferner erfordert das begrenzte Vorhandensein von Redemöglichkeiten eine breite Konsensbildung unter den Umwelt-NGOs, was gelegentlich zum Verzicht auf die Äußerung nicht konsensfähiger Meinungen führen kann. Die mitunter angewandte Praxis der ausdrücklichen Distanzierung

---

28   Sutter/Parreño (2007), die die Veränderung des internen Zinsfußes durch die CDM-Einnahmen betrachten, kommen z. B. zu dem Schluss, dass sich der interne Zinsfuß im Falle von Kuyasa durch die CDM-Teilnahme (hauptsächlich wohl durch die hohen Verwaltungskosten) sogar verschlechtert, was nahe legt, dass finanzielle Zusätzlichkeit sehr wahrscheinlich nicht gegeben ist. Lohmann führt unter Berufung auf Projektmitarbeiter aus, dass Kuyasa in erster Linie durch öffentliche Mittel finanziert worden sei und „in erster Linie ein Projekt [sei], dass Kyasa hilft und kein Kohlenstoffprojekt (…). Diese Finanzierung kann nicht aufrechterhalten werden" (Malgas zitiert in Lohmann 2006: 299).
In diesem Zusammenhang sind auch die Ausführungen von Sterk (2008) relevant, dass der CDM für bestimmte Projekttypen strukturell ungeeignet sei.

29   Das Wall Street Journal schätzte zum Beispiel im Juni 2008, dass der Wert des weltweiten Marktes von Emissionszertifikaten (von dem CDM allerdings nur einen Teil darstellen würde) bald alle anderen Warenmärkte übertreffen könnte und schon im Jahre 2020 drei Billionen Dollar betragen könnte (Harvey 2008).

von gemeinsamen Positionen durch einzelne Organisationen überkommt in Extremfällen dieses Problem. Dieses Vorgehen kann einerseits geeignet sein, den politischen Raum der Diskussion zu erweitern; birgt andererseits aber die Gefahr, durch den so erzeugten Eindruck ungeschlossenen Auftretens an Einfluss zu verlieren.

Mit dem CDM Gold Standard wurde ein Ansatz vorgestellt, pragmatisch mit den wahrgenommenen Unzulänglichkeiten des CDM umzugehen, indem eine weitere Ebene der Begutachtung von Projekten eingeführt wird, die Qualitätsstandards vorgibt, welche die des offiziellen CDM übertreffen und eher den Idealvorstellungen der Umweltorganisationen entspricht. Es wurde allerdings auch angemerkt, dass der Gold Standard bislang nur ein Nischendasein führt. Schließlich wurde auch auf potentielle Interessenskonflikte zwischen dem Klimaschutz und anderen Zielen von Organisationen am Beispiel von Aufforstung und Entwicklungsprojekten hingewiesen.

Da die Partizipation von Umwelt-NGOs (und der Zivilgesellschaft generell) gemeinhin als ein positiver Aspekt gesellschaftlicher Einflussnahme auf die politische Ausgestaltung von internationaler Klimaschutzpolitik angesehen wird, ist das Wissen um die möglichen Grenzen und Unzulänglichkeiten dieser Teilnahme notwendig, um bewusst und kreativ mit diesen Einschränkungen umgehen zu können. Der vorliegende Artikel versteht sich als Beitrag zu dieser Diskussion.

Literatur

Ball, Jeffrey (2008): Up in Smoke: Moguls Take a Hit in Carbon Market. In: The Wall Street Journal, v. 15.04.2008, 14-15.
CAN (Climate Action Network International) (Hrsg.) (2003): CAN Recommendations: Modalities for Including Afforestation and Deforestation Under Article 12, http://www.climnet.org/EUenergy/forests%20and%20 climate%20change/cop9sinksposition.pdf (22.09.2009).
CAN (Climate Action Network International) (Hrsg.) (2008): Views Regarding the Second Review of the Kyoto Protocol Under Article 9. Submission of the Climate Action Network International to the UNFCCC. 7. März, http://unfccc.int/resource/docs/2008/smsn/ngo/009.pdf (22.09.2009).
Chung, Rae Kwon (2007): A CER Discounting Scheme Could Save Climate Change Regime After 2012. In: Climate Policy 7 (2), 171-176.
de Boer, Yvo (2008): Through Scrutiny and Vetting We'll Avoid Abuses of the Carbon Market. In: The Guardian, v. 28.05.2008, 31.
Derwent, Henry (2008): Update on the Carbon Market and Business Perspectives on the Kyoto Mechanisms. Präsentation zur UN Climate Change Conference, Bangkok, Thailand, v. 31.03 - 4.04.2008.
Durban Group (Hrsg.) (2004): Klimagerechtigkeit jetzt! Die Durban-Erklärung zum Kohlenstoffhandel. Abschlusserklärung des Treffens in Durban, Südafrika: 04.-07.10.2004, http://www.sinkswatch.org/ pubs/2008%2002%20Durban%20Declaration%20DE.pdf (22.09.2009).
Forelle, Charles (2008): „French Firm Cashes in Under U.N. Warming Program". In: The Wall Street Journal, v. 23.07.2008.
Gold Standard (2008): Gold Standard CDM/JI Projects, https://gs1.apx.com/myModule/rpt/myrpt.asp?r=113 (22.09.2009).
Harvey, Fiona (2008): „Carbon Trading Set to Dominate Commodities". In: Financial Times, UK Edition, v. 26.06.2008.
Haya, Barbara (2007): Failed Mechanism. How the CDM is Subsidising Hydro Developers and Harming the Kyoto Protocol. Berkeley: International Rivers, http://irn.org/node/2470 (22.09.2009).
International Rivers (Hrsg.) (2008): Rip-Offsets: The Failure of the Kyoto Protocol's Clean Development Mechanism. Berkeley: International Rivers, http://irn.org/en/node/3498 (22.09.2009).
IPCC (2007): Climate Change 2007: Mitigation of Climate Change. Contribution of Working Group III to the Fourth Assessment Report of the Intergovernmental Panel on Climate Change. Cambridge: Cambridge University Press.

Kill, Jutta (2007): Präsentation zum Side Event „Carbon Trading: Who Profits and Who Pays", Konferenz der Vertragsparteien der Klimarahmenkonvention, Nusa Dua, Bali, Indonesien: 03.-14.12.2007.

Lang, Chris/Byakola, Timothy (2006): „A Funny Place to Store Carbon": UWA-FACE Foundation's Tree Planting Project in Mount Elgon National Park, Uganda. Montevideo: World Rainforest Movement, http://www.wrm.org.uy/countries/Uganda/book.html (22.09.2009).

Lohmann, Larry (2006): Carbon Trading: A Critical Conversation on Climate Change, Privatisation and Power. Development Dialogue No. 48, Dag Hammarskjöld Foundation, http://www.thecornerhouse.org.uk/summary.shtml?x=544225 (22.09.2009).

McCully, Patrick (2008): The Great Carbon Offset Swindle - How Carbon Credits are Gutting the Kyoto Protocol, and Why They Must Be Scrapped. In: Pottinger, Lori (Hrsg.): Bad Deal for the Planet: Why Carbon Offsets Aren't Working... And How to Create a Fair Global Climate Accord. Berkeley: International Rivers, http://www.irn.org/en/node/2826 (22.09.2009), 2-14.

OECD/IEA (Hrsg.) (2003): Forestry Projects: Lessons Learned and Implications for CDM Modalities, http://www.oecd.org/dataoecd/24/15/2956438.pdf (22.09.2009).

Pottinger, Lori (Hrsg.): Bad Deal for the Planet: Why Carbon Offsets Aren't Working... And How to Create a Fair Global Climate Accord. Berkeley: International Rivers, http://www.irn.org/en/node/2826 (22.09.2009).

Schneider, Lambert (2007): Is the CDM Fulfilling its Environmental and Sustainable Development Objectives? An Evaluation of the CDM and Options for Improvement. Berlin: Öko-Institut, http://www.oeko.de/oekodoc/622/2007-162-en.pdf (22.09.2009).

Smith, Kevin (2007): The Carbon Neutral Myth. Amsterdam: Transnational Institute, http://www.tni.org/reports/ctw/carbon_neutral_myth.pdf? (22.09.2009).

Sterk, Wolfgang (2008): From Clean Development Mechanism to Sectoral Crediting Approaches – Way Forward or Wrong Turn? Wuppertal: Wuppertal Institut für Klima, Umwelt und Energie, http://www.wupperinst.org/uploads/tx_wibeitrag/CDM_sect_crediting.pdf (22.09.2009).

Stern, Sir Nicholas (2006): Der wirtschaftliche Aspekt des Klimawandels. Zusammenfassung. London: Her Majesty's Treasury, http://www.hm-treasury.gov.uk/media/A/A/stern_longsummary_german.pdf (22.09.2009).

Sutter, Christoph/Parreño, Juan Carlos (2007): Does the Current Clean Development Mechanism (CDM) Deliver its Sustainable Development Claim? An Analysis of Officially Registered CDM Projects. In: Climatic Change 84 (1), 75-90.

Umweltbundesamt (Hrsg.) (2007): Langfristige Perspektiven von CDM und JI. Studie des Öko-Institutes im Auftrag des Umweltbundesamtes. Dessau: Umweltbundesamt, http://www.umweltdaten.de/publikationen/fpdf-l/3293.pdf (22.09.2009).

UN (Hrsg.) (1992): Rahmenübereinkommen der Vereinten Nationen über Klimaänderungen. Rio de Janeiro: Vereinte Nationen, http://unfccc.int/resource/docs/convkp/convger.pdf (22.09.2009).

UNEP Risø Centre (Hrsg.) (2008): CDM Pipeline Database (Datenstand 11.06.2008). Roskilde: UNEP Risø Centre, http://cdmpipeline.org/publications/CDMpipeline.xls (22.09.2009).

UNFCCC (Hrsg.) (1998): Protokoll von Kyoto zum Rahmenübereinkommen der Vereinten Nationen über Klimaänderungen. Bonn: Sekretariat der Klimarahmenkonvention, http://unfccc.int/resource/docs/convkp/kpger.pdf (22.09.2009).

UNFCCC (Hrsg.) (2007): Decision 1/CP.13. Bali Action Plan. Bonn: Sekretariat der Klimarahmenkonvention, http://unfccc.int/resource/docs/2007/cop13/eng/06a01.pdf (22.09.2009).

UNFCCC (Hrsg.) (2008): Kyoto Protocol Clean Development Mechanism Passes 1000th Registered Project Milestone. Pressemitteilung. Bonn: Sekretariat der Klimarahmenkonvention.

Vidal, John (2008): Billions Wasted on UN Climate Programme. In: The Guardian, v. 26.05.2008: Top Stories, 1.

Wara, Michael W./Victor, David G. (2008): A Realistic Policy on International Carbon Offsets. Working Paper #74. April. Stanford: Stanford University, Program on Energy and Sustainable Development, http://iis-db.stanford.edu/pubs/22157/WP74_final_final.pdf (22.09.2009).

Winkler, Harald (2008): CDM: The Good, the Bad and the Ugly. In: Engineering News Online, v. 23.05.2008, http://www.engineeringnews.co.za/article.php?a_id=133156 (22.09.2009).

Wysham, Daphne (2005): Carbon Trading: A Planetary Gamble. In: Ft. Worth Star-Telegram, v. 07.12.2005, http://carbontradewatch.gn.apc.org/index.php?option=com_content&task=view&id=176&Itemid=36, (22.09.2009).

Climate Crisis: Social Science Crisis

Larry Lohmann[1]

1 Introduction

"Billions wasted on UN climate programme" (Vidal 2008). "European Union's efforts to tackle climate change a failure" (Snow 2007). "Effort to curtail emissions in turmoil" (Ball 2008a). "(…) may slow the changes needed to cope with global warming" (Kanter 2007). "It isn't working" (Vencat 2007). "Not effective" (Wheelan 2007). "A charade" (Wall Street Journal 2007). "Will such systems ever work?" (Kanter 2008). "Time to ditch Kyoto" (Prins/Rayner 2007). "Beware the carbon cowboys" (Harvey 2007).

Such headlines may seem alarming. But they are becoming more and more commonplace, and reflect rising concern – even among many supporters of the Kyoto Protocol, the European Union Emissions Trading Scheme (EU ETS), and other flagship programmes to curb climate change – that, after 10 grueling years of seemingly earnest global efforts, things are not going according to plan. Whether or not current international climate agreements turn out in the end to be fixable, it is obvious that they have not worked so far in alleviating what former US President George W. Bush referred to as the "addiction to fossil fuels" that is chiefly responsible for global warming.

The headlines also point to serious gaps in the explanations most often offered for the failures of global climate policy. These explanations tend to stress a number of factors. Shorter-term political issues are said to be taking precedence over climate change. Fossil fuel-using lobbies are strong. The international legal regime is weak. Distrustful Southern governments are unlikely to buy into global solutions that appear to perpetuate colonialist inequalities (Roberts/Parks 2007). Various parties may abstain from stringent climate pacts in hopes of getting a "free ride" on others' actions. Above all, political leaders do not take what natural scientists are saying seriously enough, or are unable to accept that climate science's uncertainties are not an argument for inaction (Schneider 2001: 17), or are distracted by scientific fringe groups who deny that humans are changing the climate or that it would do any good to try to stabilize it. Thus Ex-president Bush has often been accused either of not "getting" climate science or of "censoring" it, and of denying US responsibility for global warming. Other leaders who do "get it" are meanwhile said to lack the "political will" to take meaningful action. The implication is that if the US paid more attention to climate science and climate history, and if political leaders in other countries took more initiative to seek equitable means of sharing the adjustment burden and agree on appropriate emissions targets, then more rapid progress could be made.

There are important truths scattered through these conventional assessments of the failures of international climate policy. But the problems pointed to by the headlines quoted at the start of this article go a good deal deeper. For example, the shortcomings of the cur-

---

[1] Thanks for help from Soumitra Ghosh, Kevin Smith, Jutta Kill, Tamra Gilbertson, Oscar Reyes and Michael K. Dorsey.

rent international climate regime can no longer be said to have significant roots in ignorance of the likely physical effects of climate change. Public awareness of, and scientific consensus about, the seriousness of climate change have grown impressively during the last few years, yet have not resulted in noticeably more effective policy actions. Nor are the particular failures cited in the headlines quoted above due to the United States's refusal to participate in the Kyoto Protocol, China's or India's exemption from the Protocol's emissions reduction obligations, "free rider" problems, the weakness of current emissions targets, or generic obstacles to forging international environmental agreements, however important all of these issues may be. Rather, they have to do with the carbon trading instruments that came to dominate policy responses to climate change during the late 1990s. Although it was United States politicians who pushed these instruments on the international community during the Kyoto Protocol negotiations (Searles 1998), using the justification that they would make emissions reductions more "cost-effective", they had been developed at an earlier stage by North American economists and commodities traders including the financial derivatives pioneer Richard L. Sandor of the Chicago Board of Trade (Coase 1988; Dales 1968; Chicago Climate Exchange 2008a; see also Lohmann 2006: 45-62). Indeed, possibly never before have social scientists – who are seldom passive in the shaping of new marketplaces (Callon 1998; Mitchell 2002; MacKenzie/Munies/Siu 2007) – participated in the construction of a market to the degree that neoclassical economists dominated the creation of today's climate policy instruments.

One superficial indication of the difficulties that have resulted is the failure to meet even the weak emissions targets that have already been negotiated. As Gwyn Prins and Steve Rayner point out, the Kyoto Protocol has produced "no demonstrable reductions in emissions or even in anticipated emissions growth" (Prins/Rayner 2007: 973). But this failure is a sign of deeper problems and is not a mere "problem of implementation" attributable to "teething pains" (Lohmann 2005). Rife with measurement impossibilities and property rights paradoxes (Lohmann 2006), the market instruments in question, singularly inappropriate for use with the global warming problem, tend to sacrifice the long-term environmental progress needed to address industrialized countries' contribution to global warming to a notion of short-term cost-effectiveness (Driesen 2008). In the process, decision-making about technology options and the earth's climatic future has increasingly passed into the hands of polluting corporations and big players in the financial markets. By and large, social scientists have failed not only to anticipate the problems that have resulted, but even to grasp them fully once they have occurred.

The more ambitious international climate agreements of the future are unlikely to bring about better results unless it is recognized that instead of aiding a transition away from fossil fuel mining and use, which must be the overriding goal of any coherent climate policy (Lohmann 2006: 17), the market instruments at the centre of today's international climate regime are designed in ways that actually entrench fossil fuel use and delay the changes that need to be initiated immediately. Future agreements will need to be based on an understanding not only of matters such as the maximum temperature increase that it would be desirable for international policymakers to aim at – a characteristic obsession of many climate change activists in industrialized countries – but also, more importantly, of how the type of historical change demanded by the climate crisis has actually taken place in the past and how such structural change might be mobilized today. In the intensive debate that will be needed to build this understanding, there is a deep need for social scientists critical of the neoclassical consensus to take a greater part than they have done to date. Not only must economics be subjected to more searching and informed criticism in climate policy discussions; other social sciences including sociology, history, anthropology and political science must also see their role expanded. It is less a lack of so-called "natural science" knowledge than a lack of "social science" knowledge that is damaging current efforts to come to grips with global warming – a failure attributable not only to governments, corporations and mainstream environmentalism, but also the institutions supporting social science research itself.

2 New Market Instruments and Historical Change

In what ways might contributions from a broader range of social scientists help correct a state of affairs in which climate change mitigation instruments are so ill-adapted to addressing the global warming problem? A necessary starting point – and the burden of this article – is to sketch the problems into which an overreliance on neoclassical economic thinking has plunged the international climate regime.

Like all new markets, the carbon markets associated with the Kyoto Protocol, the European Union Emissions Trading Scheme, and other, newer trading programmes strive both to establish property rights and to make a range of different things equivalent so that they can be exchanged. This is true of both aspects of carbon markets: cap and trade (or emissions trading) on the one hand, and offset trading (or trading in project-based carbon credits) on the other.

2.1 Cap and Trade

The theory of cap and trade is based on Equation 1 (see figure 1). A government imposes a cap on overall emissions (represented by the circle). One conventional way of achieving that cap is to dictate limits to how much each industrial installation covered by the scheme (represented by A and B) is allowed to pollute. If the overall cap on a sector's emissions is 100 tonnes annually, for example, the government might require A and B to limit their emissions to 50 tonnes a year each.

Emissions trading, however, promises to make achieving the overall cap cheaper for both A and B, and thus, so the theory goes, for society as a whole. Suppose, for example, that before the cap represented by either circle in Fig. 1 was imposed, A and B each produced 100 tonnes of pollution a year. Suppose further that it is expensive for A to reduce its emissions to 50 tonnes but cheap for B to do so. Suppose, in fact, that it is cheaper for B to reduce its emissions to zero than it is for A to reduce its emissions at all. In that case, why not allow B to make A's reductions for A? That is, why not allow A to continue pollution as usual provided that it pays B to reduce B's emissions to zero? Assuming that the price B charges for the necessary pollution permits is more than B's cost of reducing emissions to zero, yet less than A's cost of reducing emissions to 50 tonnes, B makes money off the deal at the same time that A saves money. Both come out ahead – yet the same environmental goal of limiting overall pollution to 100 tonnes a year is met. No matter what size the circle that government regulation draws, the cost of keeping pollution within that circle will be lowered by emissions trading. Governments will thus be able to ratchet down the emissions cap (that is, draw smaller and smaller circles) each year, believing that they are doing so in the cheapest way possible.

Cap and Trade

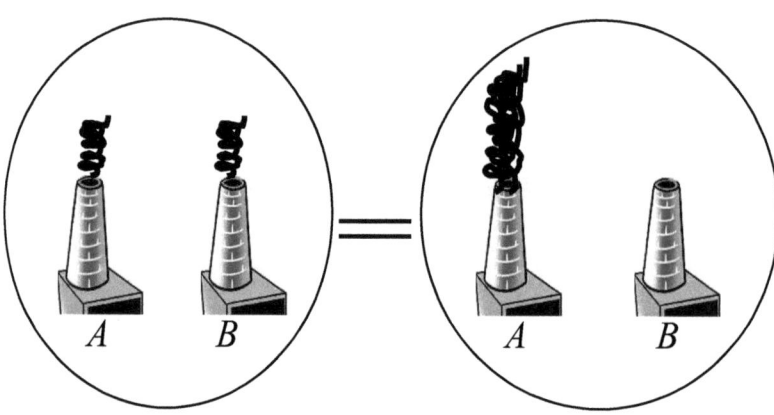

Figure 1:   Equation 1

The elegant equation of Figure 1, however, makes a market possible only by undermining the potential for effective long-term action against global warming.

Part of the problem lies in the assumption that setting a series of steadily more stringent emissions targets constitutes a plan for stabilizing the climate. It does not. Emissions reductions programmes can be set in motion without any steps being made that would ultimately result in ensuring that most remaining fossil fuels remain in the ground – the overriding goal of any rational climate policy. Numerical emissions targets, no matter how ambitious, are no substitute for historically-informed political programmes to set industrialized societies on pathways toward the required structural social and technological changes. Whether emissions reductions have anything to do with addressing global warming depends on *how* those reductions are made. This is precisely the question that cap and trade (and its variants such as cap and auction) are designed to ignore: cap and trade ignores the fact that cutting a hundred million tonnes of emissions through routine efficiency improvements that leave everything else as it was will have long-term emissions consequences very different from cutting a hundred million tonnes through investment in new renewable technologies or ways of organizing social life (Lohmann 2006: 101-121).

First, the theory pays no attention to what kind of industries A and B are. The "A" industries – the big carbon permit buyers – are likely to be the companies most locked into fossil fuel use and therefore also the ones where change is most necessary and most urgent.

Major electricity generators, for instance, are among the world's most important producers of greenhouse gases and a prime target for early action on climate change. They tend to have billions of dollars tied up in fossil fuel plant whose lifetime is measured in decades. That makes it particularly important that a start be made on greening the sector now rather than later. Once a fossil-fuelled plant is up and running, it becomes enormously expensive for it to switch to renewable generation. Cap and trade, however, is designed precisely in a way that gives such industries reasons for delaying structural change, not only because it provides them with the get-out clause of buying pollution permits, but also because 40-year price signals are, to put it tactfully, uncertain (Lohmann 2006: 114). In that way, cap and trade helps keep the wheels on the fossil fuel industry. Rather than the incentives for investment in systematic change in energy systems that accompany targeted regulation such as performance standards, renewable portfolio standards or feed-in tariffs, it provides incentives for business as usual. In this sense, cap and trade (as well as cap and auction) aims away from the target of climate mitigation, not toward it.

Of course, cap and trade also provides plentiful incentives for many "B" industries – including those that may be dirty now but have the advantage of being less structurally addicted to fossil fuels – to develop lower-carbon ways of doing business as fast as they can. It also gives independent businesses reasons to develop new low-carbon technologies to sell to the "A"s, the industries heavily addicted to fossil fuels. The increasing availability of superior technologies incentivized in this way, the argument goes, just might make up for the incentives for delay that are also built into cap and trade.

Sound business sense, however, virtually guarantees that the overall effect of cap and trade will be delays, together with less of the social or technological innovation of the crucial type than would be possible with more targeted forms of investment and regulation. Smart businesses that attempt to profit from selling carbon pollution rights will concentrate on realizing the cheapest opportunities for emissions reductions first, regardless of whether they lead to long-term structural change away from fossil fuels (Driesen 2008). Cap and trade's goal of reaching modest numerical emissions targets cheaply is simply not the same as the goal of mitigating global warming, which entails taking immediate steps (Kelbekken/Rive 2005) toward a radical structural break with the deeply rooted dependence industrialized societies have on fossil fuels. In economic jargon, cap and trade is indifferent to path dependence (Arthur 1999) or "lock-in" (Unruh 2000) and the resultant need to go beyond economic "optimisation" in addressing structural problems such as global warming. Insofar as cap and trade disincentivizes, not incentivizes, the social and technological changes needed, it can hardly be said to provide a cost-effective means for achieving those changes.

The US's pioneering cap and trade system for achieving cost savings in reducing sulphur dioxide – which was the model for the Kyoto Protocol and subsequent carbon trading systems – can offer policymakers an important lesson in this respect. The sulphur dioxide trade may or may not have saved money in attaining limited reduction goals, but one thing it did not do was foster technological innovation of the sort that will be crucial for tackling the climate crisis (Taylor 2005). Los Angeles's Regional Clean Air Incentives Market, for its part, appears actually to have sidelined developments in fuel cells, low-emitting burners and turbines that had previously been subsidised by a percentage of car registration fees, and the failure of at least one emerging method of reducing nitrogen oxides to break into the market can be attributed to the "spatial flexibility" provided by trading, which allowed emitters to ignore innovative but still expensive technology options (Moore 2003: 24). Innovations under the "bubbles" of early US pollution trading programs also tended merely to be rearrangements of conventional technologies rather than the invention, development or commercialisation of technologies likely to be useful for achieving a longer-term social or environmental goal (Liroff 1986: 100). The EU ETS, too, as Tony Ward of Ernst & Young notes, "has not encouraged meaningful investment in carbon-reducing technologies" (Harvey 2006). "[L]owering cost does not increase incentives for valuable innovation," concludes trading expert David Driesen. "[T]argeted regulatory programmes encourage renewable energy development better than global emissions trading programmes (...) [there is] a tradeoff between short-term cost effectiveness and investment in (...) long-term economic and environmental progress" (Driesen 2008: 56-8; see also Choi 2005). That a choice has to be made between cap and trade and climate effectiveness became increasingly clear in 2007, when leaked documents suggested that the British government is reluctant to subsidize renewable energy partly because it views it as a "more expensive way of reducing carbon emissions than the European Emissions Trading Scheme" (Seager/Milner 2007). The subtext was that going through with plans to support renewable energy could depress the carbon price and undermine the burgeoning London carbon exchanges as well as the nuclear industry. Among other things, the UK government's renewables strategy has no provisions for setting large scale energy producers on a different technological path, or even trying to reduce their emissions, because those producers "are covered by the EU Emissions Trading Scheme" (UK Department for Business, Enterprise and Regulatory Reform 2008: 20-1). In sum, a well-implemented cap and trade system might possibly help make a fossil fuel-dependent system a bit more efficient around the edges, but is not an appropriate instrument for incentivizing the fresh industrial path that the global warming problem requires. If the problem that it addresses is not the climate change problem, then whether it is "efficient" in addressing other goals is irrelevant.

Cap and trade's neglect of the importance of *how* cuts are made (as long as they are made as cheaply as possible) is not the only obstacle it is putting in the way of constructive climate action. Cap and trade is also designed to abstract from *where* those cuts are made. The idea of redistributing pollution around the landscape to "maximize cost-effectiveness" is embedded in its very design. But this "virtue" is also a vice: it strengthens environmental racism and other forms of discrimination, since the industries most firmly locked into fossil fuel exploitation or use, and most likely to be carbon permit buyers, tend disproportionately to affect poorer and disadvantaged communities (Drury/Belliveau/Kuhn et al. 1999). Again, the US sulphur dioxide cap and trade programme should have provided cautionary lessons. Although national sulphur dioxide emissions from power plants decreased by 10 per cent from 1995 to 2003 under the scheme, more than half of the US's dirtiest power plants increased their annual soot-forming SO_2 emissions over the period. As a result, "communities living in the shadows and downwind of these polluting power plants are actually breathing dirtier air" (US Public Interest Research Group 2005). Cap and trade's built-in insensitivity to the different ecological effects that pollution can have in different biomes creates additional environmental and social problems, which are likely to damage its case among still other constituencies.

It is often argued that reliance on a trading mechanism that discourages immediate steps toward a long-term transition away from fossil energy is the price that has to be paid for governments' ability to persuade corporations to accept emissions caps of reasonable severity. Without trading, it is suggested, serious regulation would be politically impossible, whereas with trading, governments will be able to impose caps that will create a cost for carbon – and possibly even some day to drive that price high enough to force the "A" industries of Fig. 1 to undertake long-term structural change.

There are two flaws with this argument, however. First, the claim that trading makes effective action on global warming politically easier, or is necessary for effective regulation, is not well substantiated. State action on environmental issues that does not involve trading has a thousand-year history (Lohmann 2006: 334) down to the present, when, for example, countries like Germany have been able to cut sulphur dioxide emissions from power plants far more than the US did, but without trading (Moore 2003: 7-8), and when even the US has succeeded in banning or limiting many pollutants without trading or even much concern with cost (Driesen 2008: 62). Including trading clauses may indeed have been necessary for getting the US to acquiesce in the Kyoto Protocol in 1997, but in the end the Kyoto Protocol itself has proved ineffective – and the US has abandoned it anyway.

In addition, emissions trading itself makes serious regulation politically difficult, since it sets up a destructive dynamic of rent-seeking. The Kyoto Protocol, the EU ETS, and all other cap and trade systems are "polluter earns" arrangements: the lion's share of pollution rights is simply given away free to the biggest private-sector emitters. Not surprisingly, business fights to get and keep as big a chunk of this windfall as possible. In the first phase of the EU ETS, for example, the largest industrial greenhouse gas emitters in Europe were granted, free of charge, more rights to emit greenhouse gases than they were already emitting. Even though the price of carbon subsequently crashed as a result, big electricity generators were able to make windfall profits by passing on to consumers the nominal "opportunity cost" of withholding their free carbon assets from the market. It is estimated that in five European countries, windfall profits for power generators from cap and trade will reach US$112 billion by 2012 (Point Carbon 2008c). Much of this revenue will be invested in fossil fuels, exacerbating the climate crisis. Environmental groups' attempts to limit this gift of excess pollution rights to Europe's worst greenhouse offenders have proved no match for industrial lobbies (Michaelowa/Butzengeiger 2005: 3-5; Grubb/Azar/Persoon 2005: 132-33), and years after the start of the scheme, caps remain ludicrously inadequate and carbon prices of no relevance to the project of achieving structural change away from fossil fuels. Worse, "holes" in Europe's caps have been opened which allow in a flood of extra carbon credits from abroad, in effect loosening, not tightening, the caps (see below), and provisions to bank permits for future use have made it still easier to avoid change. It is customary to suggest that banning extra "offset" credits and auctioning pollution rights instead of giving them away would get rid of these problems. Yet such a "fix", even if it were carried out, could not avoid the underlying political challenge that the biggest businesses and speculators would still seek political means of appropriating permit assets at the lowest cost, again requiring a strong political movement in opposition. As if this were not enough, carbon trading also adds to the necessary hard work of large-scale political organizing by shrouding the politics of climate change in a blizzard of numbers, acronyms and financial-market jargon that even environmentalists and specialist journalists typically cannot penetrate (Lohmann 2008).

A second flaw in the theory that trading makes climate action more feasible politically centres on the claim that once carbon gets a price, ensuring a historical shift away from fossil fuels is only a matter of crafting policies to drive it high enough (yet not so high that it bankrupts important corporations). Unfortunately, the notion that there must exist such an ideal range of prices, capable of satisfying such diverse requirements simultaneously – a conception with overtones of benevolent predestination that seems out of place in a secular, scientific age – is not only, again, unsubstantiated, but also highly implausible. So too is the notion that concrete historical pathways can be selected for merely by engineering such prices. While prices can give economic actors reasons for choosing one option rather than another, they are of less use if those options have not already been made available through dedicated public investment programmes, redirected research and development and the like. No matter how high petrol prices rise, for example, motorists will not switch to public transport unless an attractive and comprehensive public transport system is available. Prices are not omnipotent: they have never brought about the sweeping type of technological and social change needed to tackle the global warming crisis (Buck 2006). Even the highest prices are usually incapable of incentivizing technological change unless they are imposed toward the tail end of an extensive and lengthy background of development and social and political commitment (Lohmann 2006: 116). In California, for example, the price of permits to emit particulate matter approaches half a million dollars per kilogramme – a price high enough, seemingly, to constitute a serious clean-up incentive for fossil fuel-dependent electricity generators. But because power generation is still sufficiently "locked-in" to particulate-emitting technologies, individual corporations and their state benefactors are predictably seeking indirect ways out of having to pay permit costs. Hence the existence of a proposal to create a "reserve" of permits valued at hundreds of millions of dollars to give out free of charge to the offending corporations – in effect invalidating the entire rationale of the trading system. Even in the limited arena of particulate pollution, the idea that prices could be made high enough to incentivize serious changes, yet not so high that they would threaten to bring useful economic activities to a halt, proved to be an illusion. With respect to climate change, the message is even starker, as Jim Watson of the Energy Group at Sussex University points out:

> "The carbon price (…) is a very poor weapon in what is supposed to be a war to save humanity (…). Governments are relying way too much on the price of carbon to deliver everything (…). It has to go hand in hand with regulations and technological developments, and they are sadly lacking (…). The oil price shocks of the 1970s didn't wean us off oil, so why should we believe that a high carbon price will wean us off carbon?" (Lovell 2007).

Putting a price on carbon emissions through tradable permits or even a carbon tax, agrees Jeffrey Sachs of Columbia University in a recent *Scientific American*, will not deliver needed emissions reductions nor "lead to the necessary fundamental overhaul of energy systems" (Sachs 2008). Pollution trading, in sum, provides no short-cuts around political organizing for larger-scale social and technological restructuring.

In addition to being an inappropriate lead instrument for tackling global warming, cap and trade has technical requirements that simply cannot be met, demanding a far more sensitive, centralized and powerful system for measurement and enforcement than is needed for conventional regulation (Lohmann 2006: 94-101, 187-190; Bell 2006). Even in most industrialized countries, the emissions measurements needed to underpin trading, or even to detect compliance with Kyoto targets, are not being made, throwing the very existence of the carbon emissions commodity into doubt. As will be explained below, the situation with respect to carbon "offset" trading is even worse. There, measurements cannot be carried out even in principle, making carbon markets that mix the two types of pollution rights (emissions permits and offset credits) impossible in formal terms.

2.2 Carbon Offsets

The second component of carbon trading, carbon offsets, was devised to provide an additional source of pollution rights enabling wealthy industries and states to delay efforts to reduce their own emissions. Like cap and trade, it is justified by an innovative equation (Equation 2, see figure 2).

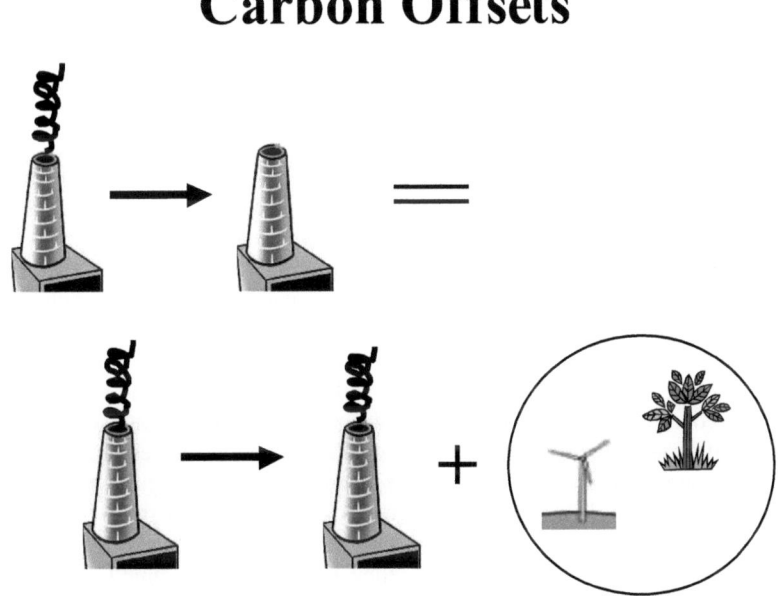

Figure 2:   Equation 2

Instead of cutting their emissions (top), industries, nations or individuals finance purportedly "carbon-saving" projects elsewhere (bottom right), which are generally cheaper to implement. Examples include tree plantation or ocean-fertilization projects (which are supposed to absorb carbon dioxide emissions) as well as hydroelectric dams, wind farms, efficiency schemes, and other projects that "displace" fossil energy or are argued to result in less greenhouse gases being released to the atmosphere than would otherwise be the case.

Just as cap and trade commodifies the earth's carbon-cycling capacity before parcelling it out to polluting industries, so offsets tend to commodify land, water, air, genes and community futures in new ways in order to "expand" that global capacity to allow more use of fossil fuels. Most sites for this new form of commodification are in the global South, particularly countries such as China, India, Korea and Brazil. That means that carbon trading affects less-industrialised countries like India not only indirectly, by hastening climate change, but also directly, by encouraging the development of "offset" projects designed to compensate for industrialised countries' emissions.

Take, for example, the principal strategy of German-based energy company RWE for meeting its pollution targets under the EU ETS. Instead of cutting its emissions significantly, RWE plans to invest in UN-backed "offset" projects destroying N_2O (a powerful greenhouse gas) at factories in Egypt and South Korea and HFC-23 (an even more powerful climate-forcing gas) at chemical plants in China. The company is also exploring the possibility of buying carbon credits from projects that would capture and burn methane (yet another harmful greenhouse gas) from landfills and coal mines in China and Russia, and another 90 million tonnes of CO_2 emission rights from a range of projects in India (Lancaster 2007). Overall, the European Union has proposed that member states be able to use offset credits to meet up to 25 per cent of their national emission reduction targets in the period leading up to 2020 (Point Carbon 2008a; Tanuro 2008). Through 2012, as energy consultants Wood MacKenzie point out, UN offset credits "(…) will easily exceed the shortage of carbon emissions permits within Europe, making it cheap for European firms to avoid cutting their own emissions at all" (Wynn 2007).

Even more obviously than cap and trade, then, offsets are designed in a way that helps entrench or even increase dependence on fossil fuels in the industrialised North. This is one reason that they are opposed, for example, by many Northern renewable energy developers and by Northern environmentalists seeking emissions reductions at home. California's environmental justice movements, for example, see carbon trading as a "charade to continue business as usual" (Roosevelt 2008). Carbon trading, they note, is threatening promising efforts to prevent the state from building 21 planned fossil-fuelled generating plants – all to be located in poorer, predominantly nonwhite communities – and set itself on the path to a greener economy. The California groups argue that carbon trading would channel funding into out-of-state carbon offsets at a time when it should go instead toward a renewable energy refit programme that would make large numbers of green jobs possible for underprivileged communities. If the state government decides to back carbon trading, wrote one state senator, "(…) it could very well harm low income residents, make fewer funds available for energy efficiency investments and renewables, and undermine Los Angeles' ability to reach its goals" (Padilla 2008).

Despite offsets' regressive role in climate change mitigation, they are often defended as a way of helping to finance the South's efforts to embark on a "greener" development path, and perhaps also provide a stimulus to Northern exporters to develop innovative renewable energy technologies. Yet the evidence indicates that, far from promoting greener energy paths in poorer countries, the bulk of offsets set up under the UN's carbon market reinforce a fossil-dependent industrial path there as well. Most Kyoto Protocol carbon offset credits are generated not by renewable energy but by projects that contribute nothing to the transition to a green economy (see Table 1). Many credits are produced by doing nothing more than bolting extra machinery onto existing factories in order to capture and destroy potent greenhouse gases such as HFC-23 or nitrous oxide, which are by-products of manufacturing processes and which, through the equations making trading possible, have been "made equivalent to" carbon dioxide in terms of their "global warming potential", generally on shaky empirical grounds (MacKenzie 2009). Many offset projects in the works would directly support fossil fuel industries, such as schemes to burn off methane from coal mines or use carbon dioxide to pump out the remaining sticky oil at the bottom of nearlyexhausted wells. The "offset" market, it turns out, is propping up fossil fuel dependence in the South as well as the North.

Table 1: CDM projects by type, November 2007

Project type	Credits issued	Number of credited projects	Number of projects in the pipeline
HFCs	42m	11	19
N_2O	16m	4	44
Biomass	7m	74	462
Energy efficiency (own generation)	6m	13	235
Hydropower	3m	41	612
Landfill gas	2m	11	177
Wind	2m	33	311
Agriculture	2m	29	177
Geothermal	0.1m	2	10
Solar	0	0	8
Tidal	0	0	1
TOTAL	83m	247	2551
2020 TOTAL (proj.)	***4.067b***		***5390***

It is sometimes claimed that once the market has picked "low-hanging fruit" such as HFC-23 projects from the offset orchard, it will seek out more difficult, expensive and useful schemes. The idea, again, is that although carbon trading admittedly brings about delays in needed reinvestment, eventually it will set things right by directing finance to the right places. However, this is to misunderstand the structure of the incentive that offset trading provides. That incentive favours ingenuity in coming up with ever-new ways of producing cheap pollution rights for individual economic actors, but not necessarily ingenuity in finding collective pathways to a non-fossil economy. As Guy Turner of New Carbon Finance admitted at a European Commission meeting in June 2007, "CDM is not like peak oil. We will not run out of cheap CDM options any time soon. People may think we will, but we won't".

The Kyoto offset market's structural bias in favour of fossil fuels is reinforced by the reality that the companies best equipped to navigate its complicated regulatory apparatus are larger, often fossil-dependent corporations with government connections and the money to hire carbon consultants and accountants. While it is no surprise that the biggest Northern buyers of carbon credits include such large-scale corporate greenhouse gas producers as Shell, BHP-Billiton, EDF, Endesa, Mitsubishi, Cargill, Nippon Steel, ABN Amro and Chevron, the roster of major carbon credit *sellers* comprises corporations of a strikingly similar bent in the South. These range from top Indian corporations such as the Tata Group, ITC, Birla, Reliance, Jindal, and so on to Korea's Hu-Chems Fine Chemical, Brazil's Votorantim and South Africa's Mondi and Sasol (UNFCCC 2008). Such well-financed companies use the carbon offset market not as a way of propelling their countries into a new green economy, but generally as a means for topping up finance for environmentally-damaging projects to which they are already committed. As a top official at the Asian Development

Bank, which itself has attempted to use the carbon market as a slush fund to help support unsustainable projects (Lohmann 2006: 147) admits,

> "When the CDM was introduced 10 years ago, there was much expectation from the developing countries that it would provide the necessary upfront financial and technical support for new sustainable development projects that would reduce greenhouse gas emissions. Today (...) it is mostly functioning to provide additional cash flow to projects that are already able to move forward with its [sic] own financing" (Schafer-Preuss 2008).

By contrast, community-based carbon-saving or renewable energy projects are poorly positioned to obtain finance from Northern credit buyers and their contractors and suppliers, who are looking for large blocks of low-cost, easy to obtain pollution licenses and are reluctant to involve themselves in projects involving sustainability considerations and local sensitivities. As one Rabobank official puts it, "few in this market can deal with communities". "The carbon market doesn't care about sustainable development," confirms Jack Cogen of Natsource, a leading credit buyer. "All it cares about is the carbon price" (Lohmann 2006: 115). As Louis Redshaw of the Emissions Trading Department of Barclays Capital explains, "we buy credits from many, many sources (...). We look at the market price. We don't look at any particular technology" (Sunday Times 2007). Organizations hoping to harness carbon finance for climate-friendly community work are frequently disappointed. As one veteran renewables activist and specialist in Africa put it, "When the company for which I worked for 10 years got into carbon trading, I became increasingly distraught. It was no longer about 'sustainable development', it was about tonnes of CO_2 on make-believe spread sheets" (Anon 2007).

The offset market is proving to be counterproductive in other ways as well, as the story of the Indian company SRF illustrates. SRF recently invested around $3 million in machinery enabling its refrigerant factory to capture and destroy a substance called HFC-23, which is an extremely powerful greenhouse gas. In order to provide "flexibility" to polluting corporations, the Kyoto Protocol's carbon market architects had decided to value one molecule of HFC-23 as "equivalent" to 11,700 molecules of carbon dioxide (they also formulated other equations for methane and other greenhouse gases; see Equation 3, figure 3). That allowed SRF, merely by destroying a very small quantity of HFC-23, to make US$600 million in sales of Kyoto carbon pollution licenses to companies such as Shell International Trading, Barclays Capital and Icecap, a London-based emissions trading company. SRF then invested the profits in a new plant that produces another potent greenhouse gas known as HFC-134a, whose designated "global warming potential" is 1,300 times that of carbon dioxide.

SRF's carbon deal is problematic on many levels. In addition to allowing industrialized countries to delay addressing their fossil fuel dependence, multiplying climate dangers and long-term mitigation costs, it does nothing to decarbonize India's own industrial pathway, and has even subsidized additional greenhouse gas releases. Furthermore, the market-driven stipulation of "equivalences" that allow HFC-23 reductions to be traded for CO_2 reductions are known to be gross oversimplifications, increasing the probability that the trade is actually worsening climate change. The effects and lifetimes of different greenhouse gases in different parts of the atmosphere are so complex and multiple that any straightforward equation is impossible; the original carbon dioxide equivalence figure for HFC-23 of 11,700 originally put forward by the Intergovernmental Panel on Climate

Change in 1995-1996 was revised in 2007 to 14,800, and the error band of this estimate is still a huge plus or minus 5,000 (MacKenzie 2009: 446). The SRF scheme also had local deleterious impacts. Residents of the area near the firm's installation have complained about chemical leaks which they claim have affected crops and water. Suresh Yadav, a local landowner, said: "Fifty per cent of my crops are damaged by the chemicals. Our eyes are pouring, we can't breathe, and when the gas comes, the effects last for several days" (Sunday Times 2007). As elsewhere in India and the global South, finally, the UN carbon offset market is probably providing incentives to government officials not to promulgate or enforce environmental laws. If their countries are allowed to remain "dirty" today, the reasoning goes, they will be able to make money by cleaning up tomorrow (Lohmann 2006: 176-77).

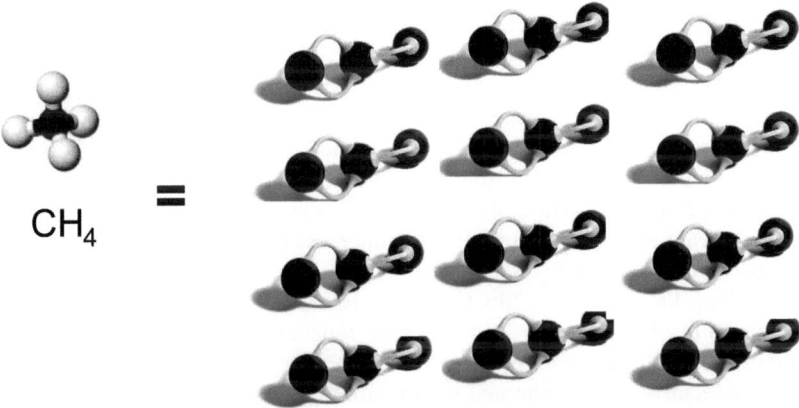

Figure 3: Equation 3: *Among the many new "equivalences" facilitating "flexible" market approaches to the climate crisis is this equation, taken from a recent presentation by Canadian financial market regulators (Drouin/West 2008) and based on a finding by the Intergovernmental Panel on Climate Change. A single methane molecule (left) is said to have the same "global warming potential" as nearly a dozen carbon dioxide molecules (right), despite the gross scientific oversimplifications involved.*

One reason why the carbon offset market has been shaken by so many scandals over the past few years (Harvey 2007; Davies 2007), and why it will continue to be so, is that the quantity of climate benefits or disbenefits associated with offsets is scientifically unverifiable. The carbon "savings" of an offset project can only be calculated by showing how much less greenhouse gas is entering the atmosphere as a result of its presence than would have been the case otherwise. That entails identifying a single, unique business-as-usual storyline to contrast with the storyline that contains the project. The market dictates, in other words, that without the offset, only a single world is possible – a claim that has no scientific basis. As many offset proponents themselves frankly acknowledge, a project baseline is something which "cannot be measured" (Fischer 2005: 1807) and is founded merely on a "value judgement" (Ball 2008). As Lambert Schneider of Germany's Öko-Institute put it at a recent conference, "If you are a good storyteller you get your project approved. If you are not a good storyteller you don't get your project through" (Schneider 2007). World Bank officials, accounting firms, financial analysts, brokers, regulators and carbon consultants themselves often admit privately that no ways exist to demonstrate that carbon finance is what made a project possible (Lohmann 2006: 145-152; Haya 2007: 9). Researcher Dan Welch sums up the difficulty: "Offsets are an imaginary commodity created by deducting what you hope happens from what you guess would have happened" (Welch 2007). This unverifiability makes it relatively easy for a skillful and well-paid carbon accountant whose work is largely shielded from public scrutiny (Brunnengräber 2006: 224-225) to help fabricate huge numbers of pollution rights for sale to Northern fossil fuel polluters. At the same time, it makes impossible any distinction between fraud and non-fraud, rendering any attempt at reform ultimately pointless (Lohmann 2008).

The risk that profiteering will be rife in offset trading without any climate gain is heightened by the conflicts of interest that run through the carbon markets and their regulatory apparatuses. This pattern has become increasingly evident as global warming has become a problem of capital management, and criteria used to gauge the effectiveness of climate mitigation policy are increasingly influenced by private carbon consultants, big permit buyers, bankers and hedge fund managers. Thus the World Bank benefits from financing fossil fuel development at the same time it takes a cut from carbon market transactions that are meant to help clean up the resulting mess (Redman 2008). Barclays Capital, a major investor in the carbon markets, boasts openly that "two of our team are members of the Methodology Panel to the UNFCCC CDM Executive Board", part of the UN carbon market's regulatory body (Leeds 2008). Lex de Jonge, head of the carbon offset purchase programme of the Dutch government, is also the vice chair of the Clean Development Mechanism Executive Board, charged with regulating the UN carbon offset market (Point Carbon 2008b). Back in 2000, the UN scientific panel responsible for setting out the basics of calculating how many carbon credits could be produced by trees was populated partly by experts whose business ventures were in a position to profit from the findings, or who went on to found such businesses (Lohmann 2001). More recently, the chair of the crucial Ad Hoc Working Group at the April 2008 UN climate conference in Bangkok was Harald Dovland, senior adviser since September 2007 to Econ Poyry, a private firm involved in carbon markets as well as a subsidiary of a company providing technical and professional services for pulp and paper mills contributing directly to deforestation (Econ Poyry 2008; Lang 2003). The head of the Indonesian branch of EcoSecurities, a carbon firm that has helped put together one in ten of all Southern-based offset projects approved so far by the UN, was appointed as a special adviser to the president of the 2007 UN climate conference, whose deliberations would materially affect the profitability of the firm. The private sector carbon auditors approved by the UN, meanwhile, due to their strong interest in gaining future contracts from the companies that hire them to review their offset schemes, are unlikely to be unduly critical; the head of the board responsible for the UN's offset programme confirms that there is a "clear and perceived risk of collusion" between the two. Not surprisingly, between the start of the market and the end of 2006, auditors passed over 92 per cent of the South-based projects that were proposed to them (Ball 2008b). In 2006, the UN's Clean Development Mechanism Board approved 96 per cent of the projects proposed to it and 91 per cent in 2007.

Within the insular, tightly-knit climate mitigation community, experts or "carbocrats" (Lohmann 2001) are constantly passing through revolving doors between private carbon trading consultancies, government, the UN, the World Bank, environmental organizations, official panels, trade associations and energy corporations. For example, James Cameron, an environmental lawyer who helped negotiate the Kyoto Protocol, now benefits from the market he helped create in his position as Vice Chairman of Climate Change Capital, a boutique merchant bank. Henry Derwent, a former director of international climate change at the UK's Department for Environment, Food and Rural Affairs, who was responsible for domestic and European climate change policies, is now president and chief executive of the International Emissions Trading Association, an industry alliance. Kate Hampton, former climate chief at Friends of the Earth, and Jon Sohn, formerly of World Resources Institute, are also now at Climate Change Capital, which Ken Newcombe, who set up the World Bank's carbon finance business, joined as well before becoming head of the US carbon trading desk at Goldman Sachs. Sir Nicholas Stern, author of the British government's Stern Report on Climate Change, joined IDEAcarbon, another private firm in the carbon trade, in August 2007, and Axel Michaelowa, who has a long history of working with the CDM Executive Board, helped form the firm Perspectives GmbH, another carbon consultancy. When not only buyers, sellers, consultants and brokers, but also many putative market watchdogs, have an interest in maintaining or increasing the number of carbon credits in circulation, the possibility of meaningful checks and balances, already marginal due to the scientific unverifiability of carbon crediting, virtually disappears. While of long standing, this crucial aspect of the political economy of climate policy remains uninvestigated by social scientists.

The commercial carbon boom is not merely a financial opportunity and a distraction from genuine climate action, however. It has also had severe negative effects on the ground in countries such as India, which already boasts hundreds of offset projects contributing to the appropriation of local land, water and air. In the flat farmland outside Raipur, for example, factories producing sponge iron for export to China pumps out smoke that dims the sun and blackens trees, soil and workers' faces alike. Yet in return for documents claiming that they are making part of their operations more energy-efficient, many of the owners are selling carbon pollution licenses to the North through the UN. Local activists are concerned: with or without efficiency improvements, Chhattisgarh's largely coal-fired iron works will continue to spoil farmland and crops, usurp local groundwater, displace villagers, and damage the health of local residents. Farmers that are displaced are rarely hired to work in the factories, which are staffed mostly by labourers brought in from outside. Many displaced women are forced into prostitution. Closure orders were slapped on several of the plants for pollution violations in December 2006. To the activists, the firms' carbon schemes look like little more than opportunism on the part of a dirty and exploitative industry. Twenty kilometers away from the biggest complex of factories, many residents of Chauranga village would agree: they resorted to vigilante action to keep a nearby factory from operating for fear their livelihoods would be lost.

Figure 4: *Highly-polluting sponge iron factories encroach on the rice fields of Chhattisgarh state in India. Most such installations are seeking extra finance for their operations from sales of carbon pollution rights to buyers in industrialized countries under Kyoto Protocol rules.*

In Maharashtra, meanwhile, the Sayadhri Range of the Western Ghats has been profoundly affected by wind energy development at the hands of Suzlon, Bharat Forge and other companies. As the plateau has become cluttered with wind energy generators, power lines and fences, the villages below have found themselves barred from the common lands they once used for grazing and gathering, and much wildlife has disappeared. As investigations by Nishant Mate of the National Forum of Forest Peoples and Forest Workers have revealed, when one village, Kadve Kurd, where villagers hold documents dating back to colonial times attesting to their land rights, tried to stop generators from going up on the plateau, they were intimidated by police (Ghosh/Kill forthcoming). The wind generating company involved tried to force one villager to sell his land to the project for Rs. 50,000, then made death threats, compelling him to leave his village for two months, and also tried to derail his attempts to use the courts to hold on to his land; company agents burned village records he was using as evidence of possession. Several companies involved in the wind developments have requested carbon finance from the UN's Clean Development Mechanism, including Tata Auto, Bajaj Auto, ENERCON and Bharat Forge. One local activist noted that "the windmills protect the polluting companies" by boosting their green credentials. Villagers are not supplied with electricity from the windmills.

A third example is from the Bhilangana river in Uttaranchal, near the village of Sarona. There, Swasti Power Engineering Ltd. is benefiting from Clean Development Mechanism money in its development of a 22.5 megawatt run-of-the-river hydroelectric project that would devastate local farmers' finely-tuned (and extremely low-carbon) customary terraced irrigation system that provides them with rice, wheat, mustard, fruits and vegetables. A survey for the project conducted over ten years ago reported that there were no villages near the project; Sarona residents were never consulted and first learned about the project only in 2003, when construction machines arrived. Older women in the village led the first actions of opposition, and in March 2005, 120 villagers were jailed for four days, and another 79 arrested in July. In November 2006, at least 29 people were arrested and forced to sign a document that they would cease resistance. One village woman told Tamra Gilbertson of Carbon Trade Watch, "The children were at school and they took us all to jail. I was so worried for the children being alone for so long, but the older children cared for the younger ones and they made food together." In police raids since, people have had their clothes torn off and been beaten, and women in the village have been assaulted, dragged by their hair and tortured. Yet the villagers continue to embrace nonviolent tactics. One villager stated, "We did not put sand in the petrol tanks – we are non-violent, and want an honest fight" (Gilbertson 2008). In the mountainous river valleys of Uttaranchal, some 146 such dam projects are proposed or underway, and hundreds of hydroelectric schemes in India are seeking carbon finance. The thousands of such offset projects now underway worldwide continue to be underinvestigated by independent social scientists and even by non-government organizations (Michaelowa/Michaelowa 2007: 4).

3 Conclusion

Some two decades ago, carbon trading seemed to the small clique of US traders, economists and non-governmental organisations that had begun developing the idea (Lohmann 2006: 45-62) to have the potential to recruit industry to the cause of fighting global warming, since it was designed to save costs for fossil fuel-intensive corporations and give them breathing space before they would have to cut their emissions. In Kyoto in 1997, the idea was successfully pushed onto UN climate negotiators by the US delegation, and a cluster of world carbon markets today constitutes the major international response to global warming.

The enormous commercially-oriented social and political infrastructure that has resulted has not only diverted resources toward reinforcing richer societies' addiction to fossil fuels, undermining innovation and constructive climate action, and redistributing more of the world's goods from poor to rich. It has also dangerously narrowed the range of social science research and discussion topics concerning climate change that are considered to be either fundable or "politically correct." Today, most social scientists involved in global warming issues, like many environmentalists, operate within the conceptual universe of the new neoliberal project of climate commodification and trading. Many work with or advise governments or the growing carbon-trading sector, or aspire to do so. Independent academics too tend to concentrate more heavily on chronicling or proposing refinements to price instruments than on lending a hand with the more urgent project of studying effective means for addressing climate change. Even engaged scholars with progressive or political economy orientations often wind up awkwardly attempting to effect a marriage between an egalitarian philosophy and neoliberal market environmentalism (Boyce/Riddle 2007; Foundation for the Economics of Sustainability 2008; Baer/Athanasiou/Kartha 2007; Brewer/Lakoff n.d.; for a critique of a parallel effort in a non-climate field see Mitchell 2007). Instead of investigating the emerging politics of keeping fossil fuels in the ground, the possibilities for building new movements for public investment, the mysteries of societal and technological innovation, available resources for alliances between climate movements and other social movements, existing knowledge of low-carbon technologies and ways of life, ways of supporting community or regional projects for the reform of energy and transport infrastructure, and so on, many concerned social scientists restrict themselves to studying theoretical market refinements such as "sustainable offsets", improved North-South technology transfer financed by carbon trading revenues, trading-with-auctioning, cap-and-dividend, cap-and-share and so forth. Social scientists who are critical of other aspects of neoliberalism may meanwhile shy away from studying its role in climate politics out of a sense that "the environment" is "not our department". It is one sign of the narrowing of debate that has resulted that even among many on the left in industrialized countries who are sceptical of carbon trading, climate action has come to be seen as nothing more than a choice between trading and another market instrument, carbon taxes.

To attribute the extraordinary shrinkage of the space for political thinking that afflicts today's climate change debate simply to the ascent of "market ideology" over the past 40 years takes one only so far. Michel Callon (2007) has tantalizingly suggested that it may be more fruitful to look for a parallel in the *énoncé collectif* represented, for example, in the collaborative medieval prescription *vox Dei, vox populi*, which, as historian Alain Boureau has argued, "played an important role in mobilizing and stabilizing debate around the building of the English nation between the 8th and 12th centuries." For Boureau, such an *énoncé collectif* is a "verbal or iconic fragment that creates around itself a certain convergence of languages and thoughts, through the play of a structural fuzziness that allows the capture of an implicit thematic and welcomes the most diverse projections and appropriations" (1992: 1072). Yet however the narrowing of debate is to be described, it represents a challenge for climate movements and social science alike. Gwyn Prins and Steve Rayner, two social scientists who have bucked the current conformism, acknowledge freely that

> "(...) those advocating the Kyoto regime will be reluctant to embrace alternatives because it means admitting that their chosen climate policy has and will continue to fail. But the rational thing to do in the face of a bad investment is to cut your losses and try something different" (Prins/Rayner 2007: 975).

That may also be a condition for getting critical social science back on track in a way that can better serve a human future.

References

Wall Street Journal (2007): Cap and Charade: The Political and Business Self-Interest behind Carbon Limits. Anonymus. In: Wall Street Journal, 03.03.2007.
Anonymus (2007): Personal communication.
Arthur, W. Brian (1999): Increasing Returns and Path Dependence in the Economy. Cambridge: Cambridge University Press.
Baer, Paul/Athanasiou, Tom/Kartha, Sivan (2007): The Right to Development in a Climate Constrained World. Berlin: Heinrich Boll Foundation.
Ball, Jeffrey (2008a): UN Effort to Curtail Emissions in Turmoil. In: Wall Street Journal, 12.04.2008, A1.
Ball, Jeffrey (2008b) Up In Smoke: Two Carbon-Market Millionaires Take a Hit as U.N. Clamps Down – EcoSecurities Sees Shares Slide 70 Per Cent. In: Wall Street Journal, 14.04.2008.
Bell, Ruth Greenspan (2006): Market Failure. In: Environmental Forum 23 (2), 28-33.
Boureau, Alain (1992): L'Adage Vox Populi, Vox Dei et l'Invention de la Nation Anglaise (VIIIème-XIIème Siècle). In: Annales ESC 4-5, 1071-1089.
Brewer, Joe/Lakoff, George (2008): Comparing Climate Proposals: A Case Study in Cognitive Policy. Unpublished paper. Rockridge Institute.
Brunnengräber, Achim (2006): The Political Economy of the Kyoto Protocol. In: Panitch, Leo/Leys, Colin (2006): Socialist Register 2007: Coming to Terms with Nature. London: The Merlin Press, 213-230.
Buck, Daniel (2006): The Ecological Question: Can Capitalism Prevail? In: Panitch, Leo/Leys, Colin (2006): Socialist Register 2007: Coming to Terms with Nature. London: The Merlin Press, 60-71.
Callon, Michel (1998): The Laws of the Markets. Oxford: Blackwell.
Callon, Michel (2007): Personal communication.
Chicago Climate Exchange (2008): Staff: Richard L. Sandor, http://www.chicagoclimateexchange.com/content.jsf?id=122 (26.07.2009).
Choi, Inho (2005): Global Climate Change and the Use of Economic Approaches: The Ideal Design Features of Domestic Greenhouse Gas Emissions Trading with an Analysis of the European Union's CO_2 Emissions Trading Directive and the Climate Stewardship Act. In: Natural Resources Journal 45 (4), 865-936.
Coase, Ronald H. (1988): The Firm, the Market and the Law. Chicago: University of Chicago Press.
Dales, John H. (1968): Land, Water and Ownership. In: Canadian Journal of Economics 1 (4), 791-804.
Driesen, David M. (2008): Sustainable Development and Market Liberalism's Shotgun Wedding: Emissions Trading under the Kyoto Protocol. In: Indiana Law Journal 83 (1), 21-69.
Drouin, Nathalie G./West, Derek (2008): Oversight of the Montréal Climate Exchange. Presentation to the CFTC International Enforcement Meeting, Montreal, 11.06.2008.
Drury, Richard Toshiyuki/Belliveau, Michael E./Kuhn, J. Scott et al. (1999): Pollution Trading and Environmental Injustice: Los Angeles' Failed Experiment in Air Quality Policy. In: Duke Environmental Law and Policy Forum 9 (2), 231.
Econ Poyry (2008): Company Information, http://www.econ.no/modules/module_123/proxy.asp?I=2648&C=13&D=2&mnusel=a185a253a (17.09.2009).
Fischer, Carolyn (2005): Project-Based Mechanisms for Emissions Reductions: Balancing Trade-Offs with Baselines. In: Energy Policy 33 (14), 1807-1832.
Foundation for the Economics of Sustainability (2008): Cap and Share, http://www.capandshare.org (17.09.2009).
Ghosh, Soumitra/Kill, Jutta (forthcoming): The Carbon Market in India. Kolkata: National Forum of Forest Peoples and Forest Workers.
Gilbertson, Tamra (2008): The Offsets Market in India: Confronting Carbon Colonialism. Carbon Trade Watch, http://www.carbontradewatch.org/photoessays/index.html (17.09.2009).
Grubb, Michael/Azar, Christian/Persoon, U. Martin (2005): Allowance Allocation in the European Emissions Trading System: A Commentary. In: Climate Policy 5 (1), 127-136.
Seager, Ashley/Milner, Mark (2007): Revealed: cover-up plan on energy target. In: The Guardian, 13.08.2007, 1.
Harvey, Fiona (2006): Emissions Scheme Receives Severe Blow. In: Financial Times, 12.05.2006.
Harvey, Fiona (2007): Beware the Carbon Offsetting Cowboys. In: Financial Times, 25.04.2007.
Kanter, James (2007): 'Carbon Footprint' Offsets: False Sense of Satisfaction? In: International Herald Tribune, 19.02.2007, 1.
Kanter, James (2008): Europe's Carbon Market Holds Lessons for the US. In: International Herald Tribune, 18.06.2008, 1.
Kalbekken, Steffen/Rive, Nathan (2005): Why Delaying Climate Action is a Gamble. Centre for International Climate and Environmental Research, http://www.stabilisation2005.com/30_Steffen_Kallbekken.pdf (17.09.2009).

Lancaster, Robin (2007): Mitigating Circumstances. In: Trading Carbon, December 2007, 36-37.
Lang, Chris (2003): Jaakko Poyry Company Profile, http://chrislang.org/2003/10/01/company-profile-jaakko-poyry/ (17.09.2009).
Leeds, Chris (2008): Carbon Markets and Carbon Trading: Greener and More Profitable. Presentation, 13.06.1986.
Liroff, Richard A. (1986): Reforming Air Pollution Regulation: The Toil and Trouble of EPA's Bubble. Washington, DC: Conservation Foundation.
Lohmann, Larry (2001): Democracy or Carbocracy? Carbon Trading and the Future of the Climate Debate. The Corner House, http://www.thecornerhouse.org.uk/subject/climate (17.09.2009).
Lohmann, Larry (2005): Marketing and Making Carbon Dumps: Commodification, Calculation and Counterfactuals in Climate Change Mitigation. In: Science as Culture 14 (3), 203-235.
Lohmann, Larry (2006) (ed.): Carbon Trading: A Critical Conversation on Climate Change, Privatization and Power. Uppsala: Dag Hammarskjold Foundation.
Lohmann, Larry (2009): Toward a Different Debate in Environmental Accounting: The Cases of Carbon and Cost-Benefit. Accounting, Organisations and Society. In: Accounting, Organizations and Society. Elsevier 34 (3-4), 499-534.
Lohmann, Larry (2008): Carbon Trading, Climate Justice and the Production of Ignorance: Ten Examples. In: Development 51 (3), 359-365.
Roosevelt, Margot Times (2008): Groups vow to fight carbon emissions cap-and-trade plan. In: Los Angeles Times, 20.02.2008.
Lovell, Jeremy (2007): Carbon Price is Poor Weapon against Climate Change. Reuters, 25.09.2007.
MacKenzie, Donald/Munies, Fabian/Siu, Lucia (2007): Do Economists Make Markets? On the Performativity of Markets. Princeton: Princeton University Press.
MacKenzie, Donald (2009): Making things the same: Gases, emissions rights and the politics of carbon markets, Accounting, Organizations and Society 34 (3-4), 440-455.
Michaelowa, Axel/Butzengeiger, Sonja (2005): EU Emissions Trading: Navigating between Scylla and Charybdis. In: Climate Policy 5 (1), 1-9.
Michaelowa, Axel/Michaelowa, Katharina (2007): Does Climate Policy Promote Development? In: Climatic Change 84 (1), 1-4.
Mitchell, Timothy (2002): Rule of Experts: Egypt, Technopolitics, Modernity. Berkeley: University of California Press.
Moore, Curtis A. (2003): RECLAIM: Southern California's Failed Experiment with Air Pollution Trading. Health and Clean Air, http:// www.healthandcleanair.org/emissions/reclaim.pdf (17.09.2009).
Padilla, Alex (2008): Letter to Commissioner Timothy Simon. California Public Utilities Commission, 19.02.2008.
Panitch, Leo/Leys, Colin (2007): Socialist Register 2007: Coming to Terms with Nature. London: The Merlin Press.
Point Carbon (2008a): CDM and JI Monitor 6 (1), 09.01.2008.
Point Carbon (2008b): CDM Market in Good Shape: Official, 02.04.2008.
Point Carbon (2008c): Polluting EU Power Firms to Reap Billions of Euros in Windfall Profits: WWF, 07.04.2008.
Prins, Gwyn/Rayner, Steve (2007): Time to Ditch Kyoto. In: Nature 449 (7165), 973-975.
Redman, Janet (2008): World Bank: Climate Profiteer. Washington, DC: Institute for Policy Studies.
Sachs, Jeffrey D. (2008): Technological Keys to Climate Protection. In: Scientific American 298 (4), 22.
Schäfer-Preuss, Ursula (2008): Speech, Asian Development Bank, http://www.adb.org/Documents/Speeches/2008/ms2008014.asp (17.09.2009).
Searles, James H. (1998): Analysis of the Kyoto Protocol to the UN Framework Convention on Climate Change. In: International Environmental Reporter 21, 131-133.
Schneider, Lambert (2007): Presentation at conference on Review of the EU ETS, Brussels, 15.06.2007.
Schneider, Stephen H. (2001). What is 'Dangerous' Climate Change? In: Nature 411 (6833), 17-19.
Snow, Jon (2007): European Union's Efforts to Tackle Climate Change a Failure. Channel 4 Evening News, London, 07.03.2007.
Sunday Times (London) (2007): Indians Make Cool £300m in Carbon Farce, 22.04.2007.
Tanuro, Daniel (2008): Fundamental Inadequacies of Carbon Trading for the Struggle against Climate Change. 23.03.2008, http://climateandcapitalism.com/?p=377 (17.09.2009).
Taylor, Margaret/Rubin, Edward S./Hounshell, David A. (2005): Regulation as the Mother of Invention: The Case of SO2 Control. In: Law and Policy 27 (2), 348-378.
UK Department for Business, Enterprise and Regulatory Reform (2008): UK Renewable Energy Strategy: Consultation Document 2008, Executive Summary. London: UK Stationery Office, 20-21.

United Nations Framework Convention on Climate Change (UNFCCC) (2008): Clean Development Mechanism, http://unfccc.int/kyoto_protocol/mechanisms/clean_development_mechanism/items/2718.php (17.09.2009).

US Public Interest Research Group (2005): Pollution on the Rise: Local Trends in Power Plant Pollution. Washington: US PIRG.

Unruh, Gregory C. (2000): Understanding Carbon Lock-In. In: Energy Policy 28 (12), 817-30.

Wheelan, Hugh (2007): Soros Slams Emissions Trading Systems: Market solution is 'Ineffective' in Fighting Climate Change. In: Responsible Investor, 18.10.2007.

Vencat, Emily Flynn (2007): The Carbon Folly. In: Newsweek International, 12.03.2007.

Vidal, John (2008): Billions Wasted on UN Climate Programme. In: The Guardian, 26.05.2008, 1.

Wall Street Journal (2007): Cap and Charade: The Political and Business Self-Interest behind Carbon Limits, 03.03.2007.

Welch, Dan (2007): A Buyer's Guide to Offsets. In: Ethical Consumer 106, May/June.

Wynn, Gerard (2007): Glut of European Carbon Permits Likely. Reuters, 26.09.2007.

Die ökonomische Rahmung der Adaptation an den Klimawandel

Klaus Eisenack[1]

1 Einleitung

Die politische Debatte zum Umgang mit dem Klimawandel konzentrierte sich bislang auf technische Mitigationsmaßnahmen (etwa erneuerbare Energien und Energieeffizienz) und ökonomische Instrumente zur Transformation unserer Energiesysteme. Nach den Definitionen des IPCC versteht man unter Mitigation „Technological change and substitution that reduce resource inputs and emissions per unit of output. (…) mitigation means implementing policies to reduce GHG emissions and enhance sinks" (IPCC 2007c: 818). Im Gegensatz dazu bezeichnet Adaptation „adjustment in natural or human systems in response to actual or expected climatic stimuli or their effects, which moderates harm or exploits beneficial opportunities" (IPCC 2007b: 869). Die dritten Teile des Sachstandsberichtes des Weltklimarates IPCC (2001, 2007c) sind ausschließlich der Mitigation gewidmet. Die zweiten Teile der Sachstandsberichte räumen Adaption einen Platz ein, sie konzentrieren sich jedoch im Wesentlichen auf die Zusammenschau von (zu großen Teilen naturräumlichen) Klimafolgen. Die Analyse von technischen, ökonomischen und institutionellen Handlungsmöglichkeiten bleibt weit hinter der zur Mitigation zurück: „A wide array of adaptation options is available, but more extensive adaptation than is currently occurring is required to reduce vulnerability to future climate change. There are barriers, limits and costs, but these are not fully understood" (IPCC 2007a: 19).

Im Mediendiskurs zum Klimawandel spielte die Abwägung zwischen verschiedenen Handlungsoptionen (etwa zwischen Emissionszertifikaten und -steuern) in den 1990er Jahren oft nur eine untergeordnete Rolle. Der Klimawandel wurde überwiegend als Kontroverse über seine anthropogene Verursachung inszeniert (Weingart/Engels/Pansegrau 2002), und damit weitgehend von einer naturwissenschaftlich-technischen Sicht geprägt. Adaptation spielt dabei keine Rolle. Bemerkenswert ist hier die aktuelle Zuschreibung, der Klimawandel sei „hinsichtlich seiner Genese und der möglichen Projektionen ein Gegenstand der Naturwissenschaften, aber hinsichtlich der Folgen ein Gegenstand der Sozial- und Kulturwissenschaften" (Heidbrink/Leggewie/Welzer 2007). Auch Unterrichtsmaterialien und populärwissenschaftliche Darstellungen vermitteln häufig vor allem die naturwissenschaftlichen Grundlagen. Die öffentliche Aufmerksamkeit lag insbesondere auf dem ersten Teil der Sachstandsberichte des IPCC, der naturwissenschaftlichen Zusammenhänge, Befunde und Projektionen zusammenstellt.

---

1   Ich danke Micha Steinhäuser für Hilfe bei Recherchearbeiten, und Matthias Lüdeke für eine klärende Diskussion. Carsten Walther und Jürgen Kropp haben für die Definition der Konsequenzen von Barrieren der Adaptation wichtige Anregungen geliefert.

Einen Wendepunkt in der öffentlichen Wahrnehmung markiert das Erscheinen des „Stern Review" (2007), der in einer umfassenden Kosten-Nutzen-Analyse die durch den Klimawandel anfallenden Kosten mit denen des Klimaschutzes abwägt. Obwohl derartige *integrated assessments* nicht neu sind (s.u.), rückt der Stern Review die ökonomische Sicht auf verschieden Handlungsoptionen stärker in den öffentlichen Mittelpunkt. Auch hier bleibt die Rolle der Adaptation marginal, obwohl die Debatte an Wichtigkeit gewinnt (Pielke/Prins/Rayner et al. 2007). Bereits im Protokoll von Kyoto angelegte institutionelle Verankerungen haben sich verstetigt (z.B. der Auftrag für die Ausgestaltung eines globalen Adaptationsfonds, Bali 2007, das Deutsche Zentrum für Klimafolgen und Anpassung, KomPass seit 2006, oder das Europäische Grünbuch zur Anpassung, 2007). Inzwischen ist das Thema im deutschen Feuilleton angekommen (Schramm 2008).

Vor diesem Hintergrund soll in diesem Beitrag den folgenden drei Fragen nachgegangen werden: Wie unterscheiden sich Adaptation und Mitigation aus ökonomischer Sicht? Erklären diese Unterschiede das Ausmaß gegenwärtiger Adaptations- und Mitigationsmaßnahmen? Wo ist die etablierte ökonomische Analyse möglicherweise unterkomplex? Hierzu wird im nächsten Abschnitt zunächst die gängige Analyse grob eingeführt. Ein weiterer Abschnitt verfeinert die Betrachtung durch einen Überblick wichtiger *integrated assessment* Modelle (IAM). Daraufhin wird auf Basis einer Literaturstudie der Befund erhärtet, dass die gängige Analyse die oft spärlich ausfallenden Adaptationsbemühungen nicht erklären kann. Daher werden danach Hypothesen über Barrieren der Adaptation in systematischer Weise aufgestellt.

2 Die umweltökonomische Grundanalyse

Der Klimawandel wird in der Umweltökonomie klassisch als ein Problem externer Effekte charakterisiert (Samuelson/Nordhaus 2005: 377; Hanley/Shogren/White 1997: 43; Endres 2007: 211). Von einem externen Effekt spricht man, wenn die Konsumption oder die Produktion eines Gutes den Nutzen bzw. die Kosten eines anderen Gutes beeinflussen, ohne dass dies am Markt berücksichtigt wird. Der Klimawandel führt zu wirtschaftlichen Schäden, etwa in Folge einer zunehmenden Frequenz von Extremereignissen. Da sich Treibhausgase physikalisch schnell in der Atmosphäre mischen, verursachen die Emissionen (etwa der OECD-Staaten) Schäden bei entfernten Akteuren. Die Verursacher müssen diesen Schaden nicht in ihre Kalkulation einbeziehen. Dies ist erst durch geeignete institutionelle Arrangements möglich. Externe Effekte sind Paradebeispiele für so genanntes Marktversagen. Dies ist zentral, da sich unter recht allgemeinen Voraussetzungen zeigen lässt, dass ein unregulierter Markt bei Abwesenheit von externen Effekten, Preisrigiditäten und Informationsasymmetrien eine gesamtwirtschaftlich optimale Allokation von Gütern garantiert (Arrow/Debreu 1954). Das Vorliegen externer Effekte rechtfertigt aus ökonomischer Sicht also staatliches Handeln, um Effizienz sicher zu stellen. Dies erlaubt es Stern, den Klimawandel das „größte Marktversagen der Geschichte" zu nennen (Stern 2006).

Etwas spezieller wird der Klimawandel als ein Problem (globaler) öffentlicher Güter aufgefasst. Allgemein nennt man ein Gut öffentlich, wenn (1) dessen Nutzung dieses Gut nicht verbraucht (Nicht-Rivalität oder Nicht-Subtrahierbarkeit) und (2) niemand von dessen Nutzung ausgeschlossen werden kann (Nicht-Exklusivität). Damit lässt sich die Reduktion von Schäden durch Senkung von Treibhausgasemissionen als Bereitstellung eines öffentlichen Gutes auffassen. Von sinkenden Schäden profitiert jedermann, da niemand von einem „stabilen" Klima ausgeschlossen werden kann. Nicht-Rivalität liegt vor, da der Schadensreduktion für einen Akteur unabhängig vom Schaden für andere Akteure ist. Mit öffentlichen Gütern sind jedoch einige Schwierigkeiten verbunden. Aufgrund des zweiten Charakteristikums profitieren auch Akteure, die das Gut nicht erwerben, die Zahlungsbereitschaft bricht also zusammen. In der Konsequenz gibt es keinen Anreiz mehr, das Gut am Markt bereitzustellen. Erschwerend kommt hinzu, dass es sich um ein *globales* öffentliches Gut handelt. Damit ist ein Rekurs auf den Staat zur Sicherstellung des Klimaschutzes nicht zielführend: Es liegt ein Verhandlungsproblem im Bereich der internationalen Beziehungen vor.

Die bisherige Betrachtung stellt Emissionen von Treibhausgasen in den Mittelpunkt. Genau dies ist die etablierte, umweltökonomische Rahmung des Klimaproblems. Untersucht wird, welches Emissionsniveau unter Berücksichtigung von Vermeidungskosten und Schäden optimal ist, und mit welchen institutionellen Arrangements die infolge externer Effekte uneffizient hohen Emissionen auf ein optimales Niveau abgesenkt werden können. Es geht also um die Bestimmung von Mitigationsstrategien. Spätestens in Anbetracht der Schwierigkeiten der internationalen Klimapolitik werden jedoch Adaptationen als weitere Handlungsoption plausibel. Eine zweite Motivation ergibt sich aus der Pfadabhängigkeit des Klimawandels. Wenn bereits Klimaveränderungen eingetreten sind, bzw. wenn sich Klimaveränderungen selbst bei einer konsequenten Mitigationspolitik nicht mehr vollständig vermeiden lassen, wird Adaptation unvermeidbar.

Umfassende ökonomische Analysen der Adaptation sind bislang selten. Nordhaus (1990: 202) gibt diesem Aspekt stellvertretend für den (ökonomischen) Diskurs aus folgenden Gründen nachrangige Priorität: (1) Die Zeitskalen, auf denen sich Klimawandel vollzieht, sind wesentlich länger als die der meisten Adaptationen, (2) frühzeitige Adaptation birgt das Risiko von Fehlinvestitionen, da starke Veränderungen auf Finanz-, Produkt und Arbeitsmärkten schnell neue Bedingungen schaffen, die Erwartungen über die Wirkungen des Klimawandels aber noch unzutreffend sein können. Als Ausnahmen kommen nur solche Adaptationen in Betracht, die entweder einen sehr langen Vorlauf benötigen, oder die auch ohne Klimaveränderungen sinnvoll sind, oder die bei Verzögerung zu großen Nachteilen führen. Verbunden mit dieser Analyse ist die optimistische Einschätzung, dass private Akteure als Reaktion auf geänderte Preise, Einkommen oder Umweltbedingungen mehr oder weniger „automatisch" adaptieren würden. Damit wird die Rolle von Regierungen darauf beschränkt, für entsprechende Preissignale zu sorgen. Dieses ökonomische *caveat* zur Beschäftigung mit Adaptation scheint damit charakteristisch für den weiteren Diskurs gewesen zu sein. Wie unten gezeigt wird, werden Adaptationen in integrierten Modellen zwar bereits seit langem berücksichtigt, aber meist nur sehr randständig und vereinfacht.

In jüngerer Zeit sind jedoch einige Arbeiten erschienen, die bestimmten Aspekten der Adaptation stärkere ökonomische Aufmerksamkeit schenken. Hallegatte/Hourcade/Dumas (2007) untersuchen die wirtschaftlichen Folgen von Extremereignissen im Rahmen eines Ungleichgewichts-Modells in Abhängigkeit verschiedener Parameter, die sich als Adaptive Kapazität auffassen lassen. Lecocq und Shalizi (2007) zeigen ökonomische Barrieren der Adaptation auf. Ingham/Ma/Ulph (2005) untersuchen für verschiedene Modellannahmen, unter welchen Bedingungen Adaptation und Mitigation Substitute oder Komplemente sind, d.h. ob geringere Kosten einer Strategie dazu führen, dass die andere Strategie weniger oder mehr verfolgt wird. Sie kommen zu dem Ergebnis das beide Strategien im Wesentlichen nur dann komplementär sind, wenn Mitigation mehr Zeit für Adaptationen schafft.

Die vorstehende Argumentation impliziert, dass bei lokalen, regionalen oder betrieblichen Akteuren Adaptationen Vorrang vor Mitigationen haben. Da nicht nur die Kosten von Adaptationen bei diesen Akteuren anfallen, sondern auch deren Vorteile, nämlich vermiedene Schäden, besteht ein hoher Anreiz, das optimale Adaptationsniveau zu erreichen. Wo erforderlich werden sich Betroffene also entweder zügig und autonom anpassen, oder, wenn dies nur mit längerem Zeithorizont möglich ist, entsprechende Vorbereitungen treffen. Zumindest sollten entsprechendes Problembewusstsein und Kommunikationsprozesse vorliegen. Mitigationen sind dagegen nur bei hinreichend starkem staatlichen Handeln zu erwarten. Durch die Anreize zum Trittbrettfahren sind freiwillige Mitigationen individuell nicht rational.

3 Ökonomische Modellierung von Klimafolgen

Im Folgenden soll betrachtet werden, wie die ökonomische Grundanalyse in umfassendere Modelle eingeflossen ist, und welche Rolle Adaptation dabei jeweils spielt. Globale Schätzungen der Kosten des Klimawandels werden häufig mit so genannten *integrated assessment models* (IAM) durchgeführt. Ein solches Modell koppelt in der Regel Klima- und Ökonomie-Modelle. Es wird angestrebt, die gesamte kausale Schleife über anthropogene Ursachen, Klimaveränderungen, Klimafolgen (insbesondere Schäden), und gesellschaftliche Reaktionen einzubeziehen. Rechnerisch werden dann z.B. zukünftige Emissionspfade bestimmt, die gemäß einer Kosten-Nutzen-Abwägung die Kosten des Klimawandels minimieren. Eine alternative Variante ermittelt kostenoptimale Strategien um ein politisch definiertes Klimaschutzziel zu erreichen.

Nordhaus (1990) macht eine erste Abschätzung für die US-Amerikanische Wirtschaft auf Basis einer Studie der *Environmental Protection Agency* und klassifiziert Wirtschaftssektoren nach ihrer Verletzlichkeit. Indirekte Folgeschäden auf andere Sektoren werden nicht betrachtet. Die Bewertung nicht-wirtschaftlicher Schäden, etwa für Umweltqualität, wird auf ad-hoc basis monetarisiert. Es liegt die Annahme zugrunde, dass ein jeweils optimales Adaptationsniveau gewählt wird, ohne dass dies jedoch explizit modelliert ist. Cline (1992) schätzt die Folgen für den Agrarsektor für eine Verdopplung des atmosphärischen CO_2-Gehalts und eine Zunahme der globalen Mitteltemperatur um 2,5 °C. Er berücksichtigt auch den so genannten Düngeeffekt durch CO_2. Für andere Emissionsszenarien ermittelt er eine aggregierte Schadensfunktion durch Interpolation zwischen heutigen und projizierten Werten, bei der wirtschaftliche Einbußen leicht überproportional zunehmen. Fankhauser (1993) unternimmt eine globale Schadensschätzung für fünf verschiedene Weltregionen. Er vernachlässigt den Düngeeffekt, berücksichtigt dafür aber Marktreaktionen (was sich damit als Adaptation auffassen lässt). Tol (1996) führt in das IAM FUND sektorale Schadensfunktionen ein, die nicht nur von der globalen Mitteltemperatur abhängen (linear), sondern auch von deren Änderungsrate (quadratisch). Die Schäden aufgrund der Änderungsrate klingen exponentiell aufgrund implizit angenommener Adaptationen ab.

Die globalen Auswirkungen einer Verdopplung der Treibhausgaskonzentration auf die Landwirtschaft werden von Rosenzweig und Perry (1994) für verschiedene Grade der Adaptation geschätzt. Die Studie verknüpft regionalisierte Klimamodelle mit Produktionsfunktionen für landwirtschaftliche Erträge, die nicht nur von klimatischen Faktoren und dem Düngeeffekt, sondern auch von landwirtschaftlichen Praktiken abhängen. Landwirte können sich entweder gar nicht adaptieren, kleine Änderungen der Anbauweise vornehmen (z.B. Änderungen der Aussaat), oder stärkere (z.B. Entwicklung neuer Varietäten). Die Adaptationen auf den Stufen werden jedoch nicht endogen bestimmt, sondern von wissenschaftlichen Experten vorgeschlagen. Die Kosten der Maßnahmen werden nicht berücksichtigt. Ziel der Adaptation ist keine Optimierung, sondern eine Stabilisierung der Erträge auf dem Niveau des Referenzszenarios ohne Klimawandel.

Im Leitplankenansatz (WBGU 1996; Petschel-Held/Schellnhuber/Bruckner et al. 1999) werden normative Beschränkungen für eine künftige Entwicklung des Klimas gesetzt und mit einer inversen Methode alle Emissionspfade bestimmt, die die Einhaltung der Leitplanken garantieren. Hierzu werden ein naturräumliches Klimamodell sowie geographisch explizite, prozessbasierte Modelle für Klimafolgen verwendet (Füssel/Toth/Minnen et al. 2003; Kleinen/Petschel-Held 2007).

Nordhaus und Boyer (2000) untersuchen regionale Klimaschäden mit dem globalen IAM DICE und seiner regionalisierten Version RICE. Es werden quadratische sektorale und regionale Schadensfunktionen angenommen, die von der globalen Mitteltemperatur abhängen. Der Gesamteffekt des Klimawandels wird optimistischer eingeschätzt als in früheren Arbeiten. Obwohl Adaptation nicht explizit berücksichtigt wird, wird dies mit wirkungsvolleren Adaptationen in den zur Kalibrierung verwendeten Studien begründet. Mendelsohn/Morrison/Schlesinger et al. (2000) berücksichtigen Marktwirkungen des Klimawandels in verschiedenen Sektoren. Durch Adaptation nehmen die Schäden zusätzlich mit der Zeit wieder automatisch und kostenfrei ab. Kalibriert an US-Daten wird der Schaden für andere Regionen auf Basis der Unterschiede im BIP angepasst. Insgesamt ergibt sich bei einer globalen Erwärmung um 2 °C für einige Sektoren sogar ein Zugewinn. Das IAM PAGE (Hope 2006) wurde für den Stern Review (2007) verwendet. Die Schadensfunktion ist an IPCC-Schätzungen kalibriert. Einige Parameter sind durch Adaptation beeinflussbar (etwa tolerable Temperaturniveaus und Änderungsraten). Zusätzlich werden großskalige Katastrophen (wie etwa ein Abbruch des Westantarktischen Eisschildes) berücksichtigt. Die Adaptationsmöglichkeiten werden als stetige Variable modelliert, letztlich aber für verschiedene Szenarien exogen gesetzt.

Nordhaus (2006) untersucht den statistischen Zusammenhang zwischen geographisch (auf einem globalen Raster) attributiertem BIP und verschiedenen Geoparametern, etwa Temperatur und Niederschlag. Ausgehend von der Annahme, die jeweilige Wirtschaft sei optimal an die klimatischen Bedingungen angepasst, ließe sich somit eine Schätzung der langfristigen Folgen des Klimawandels bestimmen, wenn die Ergebnisse der Multiregression auf klimatische Projektionen angewendet werden.

Die Kosten des Meeresspiegelanstiegs werden – regional aufgelöst – mit dem interaktiven DIVA-Tool bestimmt (Vafeidis/Nicholls/McFadden et al. 2008). Eine breite Palette von Klimafolgen wird unter Berücksichtigung der jeweiligen Küstenstruktur für verschiedene Klimaszenarien ermittelt. Das statistische Schutzniveau für Sturmfluten wird explizit als Variable geführt. Damit werden die Kosten der Schutzmaßnahmen von den residualen Erwartungsschäden (Schäden durch Extremereignisse, die das Schutzniveau überschreiten) unterschieden. Beide Kostenarten lassen sich für ein politisch vorgegebenes Schutzniveau bestimmen, es kann aber auch das optimale Schutzniveau endogen bestimmt werden. Damit wird in diesem Partialmodell die Adaptation systematisch als dynamische Größe integriert.

Die Zerlegung in Adaptationskosten und Residualschaden wird auch im IAM AD-DICE verwendet (De Bruin/Dellink/Tol 2008), so dass der Grad der Adaptation auch hier zu einer politikrelevanten Entscheidungsgröße wird. Hierzu werden die Schadensfunktionen von DICE (Nordhaus/Boyer 2000) modifiziert, und ad-hoc Annahmen über die funktionale Form der Adaptationskosten getroffen. Kalibriert werden die Funktionen an denjenigen von DICE und FUND (Tol 1996) unter der Annahme, dass sie bei einem optimalen Adaptationsgrad übereinstimmen. Die Kosten des Klimawandels werden für einen kompletten Verzicht auf Adaptation und einen kompletten Verzicht auf Mitigation verglichen.

Nach diesem Überblick möchte ich die Aufmerksamkeit zusammenfassend auf folgende drei Aspekte lenken:

1. Adaptation an den Klimawandel wird in etablierten Modellen nur selten explizit berücksichtigt. Kosten der Adaptation fehlen häufig oder sind unterschiedlich definiert (EEA 2007). Wirkungen der Adaptation sind nicht explizit berücksichtigt (Tol/Fankhauser/Smith 1998). Dies wird dann oft als Berücksichtigung autonomer Adaptation bezeichnet, was letztlich meint, dass die Modellierung implizit eine optimale Adaptation voraussetzt.
2. Wenn Adaptation detailliert abgebildet wird, ist sie in der Regel nicht als endogene Politik- oder Entscheidungsgröße, sondern als exogene Variable modelliert, die also unabhängig von der Dynamik „von außen festgelegt" wird, nicht aber Gegenstand modellierter Entscheidungen ist (Dickinson 2007).
3. In den wenigen Ausnahmen ist die optimale Wahl dieser Größe eine wesentliche Annahme.

4 Die Praxis der Adaptation

Im Kontrast zur etablierten ökonomischen Modellierung des Klimawandels wird in diesem Abschnitt ein Einblick in die Praxis und Empirie der Adaptation gegeben. So werden bspw. in einer umfassenden Studie (Lemmen/Warren 2004) Klimarisiken und -chancen sowie Adaptationsmöglichkeiten in verschiedenen kanadischen Wirtschaftssektoren aufgezeigt. Im Wassersektor gibt es demzufolge regionale Beispiele, in denen Klimaprojektionen eine Rolle in Planungsprozessen spielen. Ganz überwiegend werden jedoch keine Adaptationen vorgenommen, allenfalls gehen sie von der öffentlichen Hand aus. Insgesamt enthält der Bericht v.a. Empfehlungen. Für Adaptation auf der kommunalen Ebene konstatieren die Autoren ein fehlendes Problembewusstsein als Hauptbarriere.

Das deutsche Basisschutzkonzept für (öffentlich relevante) kritische Infrastrukturen (BMI 2005) gibt generelle Empfehlungen für den Schutz vor natürlichen Ereignissen, menschlichem und technischem Versagen sowie kriminelle Handlungen. Generell wird betont, dass die Umsetzung von Schutzkonzepten in den Verantwortungsbereich der jeweiligen Infrastrukturbetreiber fällt. Der Klimawandel wird mit keinem Wort erwähnt.

Die Studie von Zebisch/Grothmann/Schröter et al. (2005) betrachtet Adaptation an den Klimawandel in verschiedenen Sektoren Deutschlands. Interviews zeigen ein hohes Problembewusstsein, aber auch umfassende Wissenslücken. Nur wenige Adaptationen sind bereits implementiert, sofern sie an bestehende Handlungsfelder anknüpfen (etwa im Hochwasserschutz). Doch auch hier wird in der Regel der Klimawandel nicht systematisch berücksichtigt. Der Klimawandel werde von Entscheidungsträgern fast nur als Mitigationsproblem gesehen, Adaptation sei im Bewusstsein aber stark unterrepräsentiert.

Firth und Colley (2006) ermitteln die Risikowahrnehmung und Adaptationsbereitschaft der 350 britischen Unternehmen mit der höchsten Marktkapitalisierung. Die hohe Betroffenheit in einigen Sektoren spiegelt sich dort nicht im umgesetzten Risikomanagement wieder. Nur ein kleiner Bruchteil der Unternehmen berichtet, Klimafolgen zu berücksichtigen. Die Klimarisiken werden oft nur dürftig beschrieben. Das Verständnis von Mitigationsoptionen ist klarer als das von Adaptationen. Ähnliche Ergebnisse zeigt eine Analyse von Selbstberichten durch Großunternehmen hinsichtlich der Chancen und Risiken des Klimawandels (KPMG 2008). Im Vergleich von Risikowahrnehmung und Handlungsbereitschaft weisen einige Sektoren ein sehr ungünstiges Verhältnis auf. Die letztgenannte Studie bezieht sich jedoch fast Ausschließlich auf Mitigationsbemühungen der Unternehmen. Als wichtigstes Risiko wird staatliche Regulation genannt, dann folgen erst biophysische Risiken, Reputationsverlust und Schadensersatzansprüche.

Eisenack/Tekken/Kropp (2007) stellen zum Stand der Adaptation in Kommunen des Ostseeraumes fest, dass trotz hohem Problembewusstsein noch Schwierigkeiten bestehen, Adaptation begrifflich zu fassen. Grundwissen fehlt, und der Mangel wird schlecht artikuliert. Der Klimawandel wird überwiegend als Mitigationsproblem eingruppiert: Viele von kommunalen Behörden genannte „Adaptationen" referieren auf Klimaschutz. Klimafolgen werden in etablierte Denkmuster über Naturgefahren oder Küstenschutz eingeordnet.

Ein Bericht der UN-Klimarahmenkonvention zur Adaptation in Entwicklungsländern (UNFCCC 2007) stellt fest, dass das Bewusstsein für klimabezogene Risiken gewachsen ist. Dennoch sei das Wissen über adäquate Adaptationen weiterhin in einem Anfangsstadium. Die Gesamtzahl von laufenden oder geplanten Projekten, die explizit Adaptation als Ziel haben, ist jedoch sehr begrenzt. Die Informationsbasis und die Kapazitäten für den Schritt von der Planung zur Umsetzung von Maßnahmen sind oft problematisch. Positivbeispiele kommen oft durch internationale bilaterale oder multilaterale Unterstützung zu Stande.

In einem umfangreichen Survey in zehn afrikanischen Staaten untersucht Maddison (2007), inwieweit Landwirte Klimaveränderungen wahrnehmen, und ob sie bereits Adaptationen benennen. Die Wahrnehmung ist insbesondere durch Erfahrung, das Handeln dagegen durch Bildung statistisch erklärt. Die Unterschiede zwischen den Ländern sind nicht nur hinsichtlich der Klimafolgen, sondern auch des Umfangs bestehender Adaptationen sehr groß (zwischen 0% und 42). Es wird eingeräumt, dass die verwendete Methode u.U. zu einer Überschätzung der Adaptation führt.

Der Europäische Kongress der Gemeinden der Regionen verleiht der Betroffenheit durch den Klimawandel auf lokaler Ebene durch eine Resolution Ausdruck (COE 2008). Adaptationsmaßnahmen sind eine unerlässliche Ergänzung zur bereits unternommenen Mitigationsstrategien, aber erst selten implementiert. Als hauptsächliche Triebkräfte für Adaptationen werden Initiativen auf nationalstaatlicher oder supra-nationaler Ebene benannt.

Ott und Richter (2008) zeigen Chancen und Risiken der Adaptation für deutsche Unternehmen auf. Trotz der Belege und Argumente, die sie für die Notwendigkeit und auch die Marktmöglichkeiten von Adaptation anführen, ist „(…) eine signifikante Nachfrage privater Akteure (…) noch nicht festgestellt worden" (ebd.: 21). Im Gegensatz dazu führen sie einige Beispiele für Adaptationen durch staatliche und überstaatliche Institutionen an.

Reckien/Eisenack/Hoffmann (2008) geben einen Literaturüberblick zum Stand der Adaptation im Verkehrssektor und der hierfür relevanten Akteure. Sie stellen fest, dass wenig unternommen wird, obwohl Risiken durchaus gesehen werden. Die meisten Adaptationen bewegen sich auf der Ebene bloßer Vorschläge und sind oft zu vage oder unkonkret, um umgesetzt werden zu können. Barrieren der Adaptation werden häufig nicht berücksichtigt oder sind den Entscheidern unklar.

Eine Studie zum Verkehrssektor an der US-Amerikanischen Golfküste (Savonis/Burkett/Potter 2008) stellt die hohe Verwundbarkeit durch den Klimawandel fest. Klimaprojektionen haben in den Entscheidungen, etwa zum Ausbau von Infrastruktur, bislang kaum Eingang gefunden. Es wird konstatiert, dass sich Empfehlungen und Praktiken zur Adaptation im Verkehrssektor generell noch in einem frühen Stadium befinden. Ausnahmen sind generalisierte Handlungsempfehlungen staatlicher Institutionen auf nationaler Ebene. Die Forschung habe sich bislang überwiegend auf Mitigationsstrategien konzentriert. Zu einer ähnlichen Aussage über den Stand der Forschung gelangt der Bericht eines US-amerikanischen Verkehrsverbandes (TRB 2008). Verkehrsplaner oder das *National Flood Insurance Program* sind nicht zu Kalkulationen verpflichtet, die den Klimawandel berücksichtigen. Der Bericht enthält in erster Linie Analysen von Klimafolgen und lediglich Vorschläge für mögliche Adaptationen.

Zum Vergleich werden nun noch kurz lokale Mitigationsstrategien betrachtet. Unter dem Stichwort des „Schwarzenegger-Effektes" geht Urpelainen (2008) der Frage nach, wie es sich angesichts der oben erläuterten theoretischen Erwartung, dass Klimaschutz nur durch globale Kooperationen zustande kommen kann, erklären lässt, dass lokaler Klimaschutz verstärkt an Nationalen Regierungen vorbei befördert wird (etwa durch Kalifornien in den USA). Er macht insbesondere lokale *co-benefits* der Mitigation aus, so etwa durch sichtbare Prestigeprojekte und bauliche oder technische Großmaßnahmen. In der Tat schließen sich seit einigen Jahren Städte zu teilweise globalen Klimaschutzinitiativen zusammen. Die C40 (seit 2005) repräsentiert 40 der weltweit größten Städte, die sich dazu verpflichtet haben, Klimaschutz zu betreiben. Im *US Mayors Climate Protection Center* (MCPC, seit 2007) haben sich bislang rund 500 US-amerikanische Kommunen verpflichtet, bis 2012 ihre Treibhausgasemissionen um 7% gegenüber 1990 zu senken. Diese Organisationen haben zusammen mit weiteren lokalen Initiativen eine Übereinkunft für den Klimaschutz verabschiedet (Cities Alliance 2007).

Die vorstehende Literatur lässt folgenden Eindruck entstehen:

1. In vielen Sektoren werden substantielle Klimarisiken gesehen, die zum Teil jetzt schon bemerkbar sind.
2. Mitigationsbemühungen spielen bereits eine große Rolle, teilweise aufgrund staatlicher oder überstaatlicher Regelungen, aber auch aufgrund lokaler Initiativen.
3. Adaptationen werden kaum bewusst durchgeführt oder diskutiert. Die stärksten Impulse gehen von nationalstaatlichen Einrichtungen aus und haben oft nur Aufforderungscharakter.

5 Barrieren der Adaptation

Im Folgenden soll versucht werden, systematische Ursachen für den aufgezeigten Befund zu benennen, dass Adaptation in der Praxis (derzeit) im Vergleich zur Mitigation eine untergeordnete Rolle spielt, obwohl obige ökonomische Argumente das Gegenteil erwarten lassen. Dreh- und Angelpunkt ist eine Vorschlagsliste von ökonomischen Hauptbarrieren der Adaptation, die aus verschiedenen Charakteristika von Klimafolgen begründet werden, und Adaptationen im Vergleich zu Mitigationsmaßnahmen erschweren.

Die Konsequenzen der Barrieren lassen sich einteilen nach folgenden Typen: (a) kein Operator vorhanden; (b) Operatoren sind vorhanden, es liegen aber keine Vorschläge für Adaptationen vor; (c) Vorschläge für Adaptationen liegen vor, die notwendigen Mittel sind aber nicht verfügbar; (d) die notwendigen Mittel sind zwar verfügbar, werden aber nicht eingesetzt; (e) Adaptationen werden durchgeführt, haben aber nicht den geplanten Effekt.

Hierbei gehe ich von folgenden Begriffen aus. Ein Operator ist ein individueller oder kollektiver Akteur, der eine Adaptation ausführt oder ausführen will. Hierzu müssen Mittel eingesetzt werden (z.B. Budgets, rechtliche Instrumente oder Produktionsfaktoren), um bestimmte Zwecke (d.h. intendierte Effekte) zu erreichen. Der Zweck bezieht sich entweder auf den Operator selbst, oder auf andere (kollektive) Akteure, soziale oder bio-physische Systeme, zusammengefasst als Rezeptoren der Adaptation bezeichnet. Rezeptoren können von Klimaveränderungen betroffen sein (dann werden sie Exponierte Einheiten genannt), dies ist aber nicht zwingend gefordert. Klimaveränderungen werden auch als Stimulus bezeichnet. Von einem Impakt wird gesprochen, wenn Stimuli auf Exponierte Einheiten treffen.

Diese Definitionen beschreiben Adaptation als eine spezifische Form von Handlungen, und fußen auf dem etablierten *action frame of reference* (Parsons 1937). Demzufolge werden Handlungen analysiert nach Akteur, Zweck, Situation und nach dem Modus der Beziehung zwischen diesen Komponenten. Unter der Situation werden zum einen die Randbedingungen verstanden (die der Akteur nicht beeinflussen kann), und die Mittel (die eingesetzt werden können). Adaptationen von natürlichen Systemen sind hierdurch indes ausgeschlossen. Die Konsequenzen (a) bis (e) orientieren sich grob entlang eines etablierten linearen Modells des Politikprozesses (z.B. Birkland 2001) mit den Schritten *issue emergence, agenda setting, alternative selection, enactment, implementation* und *evaluation*. Der Begriff der Exponierten Einheit wird in Anlehnung an das DPSIR-*Framework* verwendet (siehe etwa OECD 1993; EEA 1999), mit dem sich die Folgen des Klimawandels entlang der Kette Zustandsänderung – Impakt – Reaktion beschreiben lassen.

Nach dieser Vorrede seien nun einige wesentliche Charakteristika von Klimafolgen hervorgehoben.

1. *Neuheit des Problems*: Obwohl sich die Menschheit schon immer an neue Umweltbedingungen angepasst hat, geht es bei der Adaptation in modernen Gesellschaften um die planende Reaktion auf ein Problem, das in hohem Maße wissenschaftlich konstruiert ist. Für etablierte Institutionen und im öffentlichen Bewusstsein stellt dies eine neuartige Herausforderung dar. Dieses Charakteristikum trifft auch auf Mitigation zu.
2. *Unsicherheit*: Dies resultiert nicht nur aus den Grenzen globaler Klimamodelle, sondern vielmehr aus der fehlenden Vorhersagbarkeit zukünftiger Abkommen

und Politiken zur Mitigation. Für Adaptationen ist zusätzlich eine Verfeinerung von Klimaprojektionen auf lokale Skalen wichtig, die aber z.B. bei Extremereignissen noch extrem schwierig ist.

3. *Räumliche Diversität*: Klimaveränderungen sind räumlich sehr verschieden und treffen auf sehr unterschiedliche lokale bio-physische und soziale Bedingungen. Damit können sie sehr verschiedene Wirkungen haben.
4. *Naturräumliche Komplexität*: Eine große Vielfalt an Exponierten Einheiten ist auf verschiedene Weise und in anderem Ausmaß betroffen. Dies ist im Unfang und der Vielgestaltigkeit der Wechselwirkungen zwischen naturräumlich-klimatischen und gesellschaftlichen Bedingungen begründet. Für Mitigationsmaßnahmen ist an der Schnittstelle zwischen Natur und Gesellschaft im Wesentlichen nur die überschaubare Zahl relevanter Treibhausgase zu betrachten.
5. *Soziale Komplexität*: Die große Zahl und Vielfalt der Exponierten Einheiten, die in modernen Gesellschaften zusätzlich mit vielen weiteren Akteuren verknüpft sind, bedingt eine umfassende Komplexität des Handlungskontextes. Maßnahmen einzelner Akteure beeinflussen viele anderer Akteure direkt oder indirekt. Im Gegensatz dazu sind die Hauptemittenten von Treibhausgasen zumindest dem Akteurstyp nach wesentlich überschaubarer.
6. *Verschiedene Zeitskalen*: Zum einen treten Klimaveränderungen im Zeitraum von Dekaden bis Jahrhunderten auf. Zum anderen haben betroffene Exponierte Einheiten Planungshorizonte von Tagen bis hin zu Dekaden und Jahrhunderten.
7. *Betroffenheit von gesellschaftlichen Grundfunktionen*: Viele Klimafolgen betreffen essentielle Bedürfnisse (etwa Trinkwasser, Ernährung, Gesundheit, Wohnen) und kritische Infrastrukturen (z.B. Energiesysteme, Verkehr und Versicherungswesen).
8. *Verknüpfung mit Extremereignissen*: Einige Klimafolgen werden nicht kontinuierlich vermittelt, sondern durch Ereignisse mit katastrophalem Charakter, bzw. genau genommen durch deren statistische Eigenschaften.

Aus diesen Charakteristika lassen sich verschiedene ökonomische Barrieren der Adaptation begründen, die z.T. bereits in der Literatur diskutiert werden (IPCC 2007b: 378; Lecocq/Shalizi 2007; UNFCCC 2007; Eisenack/Tekken/Kropp 2007). Ich möchte folgende Liste der bedeutendsten Barrieren vorschlagen:

1. *Sehr hohe Transaktionskosten*: Die Entwicklung, Bewertung und Umsetzung von Adaptationen erfordert einen hohen Planungs- und Kommunikationsaufwand. Dies ergibt sich aus der sozialen Komplexität und der räumlichen Diversität, die die Berücksichtigung und Koordination vieler Akteure verschiedenen Typs erfordert.
2. *Sehr viele und vielgestaltige Externalitäten*: Aufgrund der naturräumlichen und sozialen Komplexität sind Adaptationen häufig mit umfassenden und mehrfachen externen Effekten verbunden. Manche Akteure profitieren von Adaptationen anderer Akteure, die unter Umständen vollständig andere Präferenzen setzen. Umgekehrt kommt es zu Konflikten, wenn Adaptationen Klimarisiken für andere Akteure erhöhen.

3. *Hohe Informations- und Lernkosten*: Problemverständnis und -analyse von Klimafolgen sowie Entwicklung und Bewertung von Adaptationen sind mit hohem Aufwand in der Informationsbeschaffung, umfassenden Daten- und Prognoselücken sowie einem hohen Aufwand der Umgestaltung von Entscheidungs- und Handlungsprozessen konfrontiert. Durch die Neuheit des Problems kann nur auf wenige etablierte Routinen zurückgegriffen werden. Unsicherheiten erschweren die Bereitstellung von Daten. Trends in Extremereignissen sind statistisch nur mit großer zeitlicher Verzögerung zu belegen und zu quantifizieren. Die räumliche Diversität und naturräumliche Komplexität erschweren es, von anderen Beispielen zu lernen.
4. *Hohe politische und psychosoziale Kosten*: Viele Maßnahmen erfordern einen umfassenden gesellschaftlichen Diskurs, der aufgrund der Neuheit des Problems erschwert ist. Durch die fehlende Passung der Zeitskalen wird die Etablierung auf der Agenda erschwert, wenn (langfristige) Zuständigkeiten unklar sind oder fehlen. Dies verschärft sich substantiell durch Unsicherheiten und soziale Komplexität. Extremereignisse können zwar Handlungsfenster eröffnen, die sich in der Regel jedoch schnell wieder schließen. Die individuelle und organisationale Entscheidungsebene kann zusätzlich vom öffentlichen Diskurs überformt sein. Hinzu kommen Schwierigkeiten in der Wahrnehmung und Bewusstwerdung des Problems aufgrund seiner Neuheit, naturräumlichen Komplexität, der Unsicherheiten und räumlicher Diversität.
5. *Hohe Zeitpräferenz unter Unsicherheit*: Entscheidungen erscheinen verschiebbar und andere Themen gewinnen höhere Priorität. Für freiwillig oder unfreiwillig kurzfristig handelnde Akteure ist Adaptation nicht individuell rational. Unsicherheiten führen zu einer Verschärfung, da durch ein Verschieben mit einer verbesserten Informationslage zum Zeitpunkt der Entscheidung gerechnet werden kann.
6. *Betroffenheit von öffentlichen Gütern und Sektoren mit hohen Fixkosten*: Viele betroffene gesellschaftliche Grundfunktionen werden durch aufwändige Infrastrukturen bereitgestellt (etwa Verkehrs- und Elektrizitätsnetze oder Wasserversorgungssysteme). Diese haben häufig den Charakter öffentlicher Güter oder sind mit hohen Fix- oder Investitionskosten verbunden. Letztere werden häufig durch öffentliche Zuschüsse (teilweise) gedeckt. Bei Investitionen in ihre Robustheit stellt sich die Frage, von wem diese Kosten getragen werden.
7. *Institutionelle Barrieren*: Aufgrund der Neuheit des Problems sind bestehende institutionelle Strukturen nicht notwendig auf Adaptationserfordernisse eingestellt. Durch die soziale Komplexität werden Transformationen erschwert, und aufgrund von Unsicherheiten, verschiedener Zeitskalen und räumlicher Diversität sind institutionalisierte Kommunikationen erschwert. Die Betroffenheit von gesellschaftlichen Grundfunktionen und die langfristige Zeitskalen erfordern stabile institutionelle Rahmenbedingungen, die nicht immer gegeben sind (etwa in Bürgerkriegsgebieten).
8. *Fehlende Ressourcen*: Viele Adaptationen erfordern Zugang zu materiellen Ressourcen wie technischen Einrichtungen, neuem Saatgut, Krediten oder auch *know how*. Während einige dieser Ressourcen aufgrund der Neuheit des Problems oder der Unsicherheiten noch nicht (umfassend) zur Verfügung stehen, sind hier vor

allem Ursachen jenseits des Klimawandels zu nennen. Die teilweise starke Betroffenheit von Entwicklungsländern trifft häufig auf unzureichende Mittel.
9. *Normative Standards*: Etablierte Normen, wie das Verursacherprinzip oder traditionelle Zuständigkeiten, rücken Adaptationen, die ja von „Opfern" durchgeführt werden, aus der Betrachtung. Die Neuheit des Problems und die soziale Komplexität erschweren hier u.U. notwendige Korrekturen.

Die genannten Hauptbarrieren führen in verschiedenen Kombinationen zu einer Vielzahl von weiteren Barrieren der Adaptation. Zur Verdeutlichung seien weitere Beispiele ausgeführt.

Ein Ausdruck der hohen Transaktionskosten ist das (bisherige) Fehlen einer verallgemeinerten und etablierten Metrik für den Grad von Adaptation (Lecocq/Shalizi 2007). Hierdurch sind Adaptationsziele schwerer auszuhandeln, zu beobachten, und zu kommunizieren.

Das weitgehende Fehlen von sichtbaren und positiv besetzbaren Großprojekten der Adaptation ist zu den hohen politischen Kosten zu zählen. Aufgrund der hohen Transaktionskosten und den vielen Externalitäten ist es schwer, entsprechende Maßnahmen vorzuschlagen (b), oder es gibt aufgrund fehlenden Problembewusstseins keine Operatoren (a). Ebenfalls aufgrund begrenzten Basiswissens und fehlender Begriffe kann u.U. kein Handlungsbedarf gedacht und artikuliert werden kann. Hierbei sind Informationskosten und psychosoziale Kosten ursächlich. Im öffentlichen Diskurs wird Klimawandel eher als Mitigations- denn als Adaptationsproblem gerahmt. Normative Standards legen die Aufmerksamkeit auf die Verursacher der globalen Erwärmung. Extremereignisse rücken leicht in den Mittelpunkt, so dass auf die Rahmung als Naturkatastrophe zurückgegriffen wird. Katastrophenvorsorge betrachtet traditionell jedoch keine langfristigen Klimaveränderungen.

Externalitäten auf lokaler Ebene führen dazu, dass aufgrund von Interessengegensätzen Beschlüsse nicht gefasst oder umgesetzt werden, d.h. dass die notwendigen Mittel nicht eingesetzt werden, obwohl sie vorhanden sind (d). Institutionelle Barrieren können den Einsatz von notwendigen und vorhandenen Mitteln verhindern, wenn die Gruppen der verantwortlichen Akteure, der Exponierten Einheiten und handlungsfähigen Operatoren auseinander fallen. In lokalen Aushandlungsprozessen fehlen unter Umständen die notwendigen Mehrheiten oder Ressourcen (Verschuldung, fehlende Kapazitäten, etc., c). Bei Mitigationsmaßnahmen gibt es dagegen häufiger Anreize von höheren institutionellen Ebenen, etwa aufgrund nationaler Reduktionsziele.

Wenn zusätzlich Informationsasymmetrien auftreten, kann es zu *moral hazard* kommen. Schäden des Klimawandels leiten sich zwar ursächlich aus fehlender Mitigation ab, sie steigen aber auch durch fehlende Gefahrenvorsorge. Wenn Exponierte Einheiten für Klimafolgen entschädigt werden, kann es individuell rational sein, auf Adaptationen zu verzichten. Eine umfassende Gefahrenvorsorge ist mit Kosten verbunden, die nicht durch größere Entschädigungen aufgewogen würde. Obwohl bislang keine Entschädigungssysteme explizit für Klimafolgen etabliert sind, führen andere Versicherungs- und Kompensationsverfahren (etwa gegenüber Wettergefahren) möglicherweise zu Anreizen für risikofreudiges Verhalten, z.B. zu einer übermäßigen Besiedlung zunehmend Hochwasser gefährdeter Areale. Eigentlich vorhandene Mittel werden nicht eingesetzt (d).

6 Schluss

In diesem Beitrag wurde deutlich, dass viele Akteure den Klimawandel bereits als Bedrohung wahrnehmen, darauf ausgerichtetes Handeln aber oft nicht weit fortgeschritten ist. Vergleicht man jedoch die Situation für Mitigation zum Klimaschutz und Adaptation zum Umgang mit Klimafolgen, ergibt sich ein differenzierteres Bild. Die Schwierigkeiten der Mitigation resultieren aus dem Charakter des Klimaschutzes als Beitrag zu einem globalen öffentlichen Gut. Im Gegensatz dazu legt die ökonomische Rahmung nahe, dass Adaptation durch private Akteure ausreichend bereitgestellt wird, da hier Kosten und Vorteile jeweils an der gleichen Stelle anfallen. Diese Sicht ist konstitutiv für viele IAM, die Adaptation oft nur implizit berücksichtigen unter der Annahme, dass der Grad der Gefahrenvorsorge jeweils optimal gewählt wird.

Viele der vorgestellten Studien belegen jedoch, dass dies gerade nicht der Fall ist. Es entsteht der Eindruck, dass Mitigationsmaßnahmen weiter fortgeschritten sind als Adaptationsmaßnahmen. Es widerspricht ebenfalls der theoretischen Erwartung, dass durch nationalstaatliches Eingreifen tendenziell am meisten Adaptation bewirkt wird. Dieser Einwand gegen die skizzierte ökonomische Rahmung der Adaptation lässt sich angesichts der ebenfalls artikulierten Risikowahrnehmung schlecht mit dem Argument abwehren, dass gar kein (aktueller) Handlungsbedarf besteht.

Als Erklärungsansatz wurden weitere wesentliche Unterschiede zwischen Adaptation und Mitigation vorgestellt, die in der gängigen ökonomischen Betrachtung bisher nur selten Beachtung gefunden haben, möglicherweise aber zu substantiellen Barrieren der Adaptation führen. Dies sind insbesondere hohe Transaktionskosten aufgrund der höheren sozialen Komplexität von Adaptationen, hohe Informationskosten aufgrund der Unsicherheiten und der regionalen Diversität von Klimafolgen, Beschränkungen der für Adaptationen notwendigen Mittel und Kapazitäten, sowie einige weitere Gründe. Durch Definition einiger handlungstheoretischer Begriffe, insbesondere die Unterscheidung zwischen Operatoren, Rezeptoren und Exponierten Einheiten, sowie zwischen verfügbaren, notwendigen und eingesetzten Mitteln, konnten einige Beispiele für Barrieren systematisch diskutiert werden.

Es stellt sich die Frage, ob die Umweltökonomie die Adaptation an den Klimawandel zu Unrecht nur nachrangig beachtet hat. Da sie klassisch auf die Analyse von Externalitäten durch Emissionen ausgerichtet ist, wird der Aspekt der Gefahrenvorsorge oft nur am Rande behandelt. Spätestens wenn institutionelle Arrangements durch Adaptationen begründet werden, etwa Entschädigungen oder Förderungsfonds für Vorsorgemaßnahmen, sind ihre Konsequenzen zu verstehen. Vergleichbare Analysen liegen in der ökonomischen Literatur zum Haftungsrecht vor (Brown 1973; Endres/Bertram 2006). Hier wird gefragt, in welchem Umfang Geschädigte selbst zu Vorsorgehandlungen verpflichtet werden sollen oder können, um zu sozial optimalen Ergebnissen zu kommen. Da Verursacher wie Geschädigte einen anderen Einfluss auf das Ausmaß des Gesamtschadens haben, werden je nach institutionellen Regeln Anreize zur Schadensreduktion verschieden verteilt. Solche Regeln können damit auf ihre Effizienz und ihre normativen Konsequenzen untersucht werden.

Zudem ist klar geworden, dass aggregierte Schadensfunktionen in IAM häufig noch schwach begründet sind. Trotz der empirischen Schwierigkeiten könnte auch eine theoretische Mikrofundierung der direkten und gerade der indirekten wirtschaftlichen Schäden und der Vorsorgemöglichkeiten einen wertvollen Beitrag leisten. Die Analyse der wirtschaftlichen Folgen von Extremereignissen erfordert möglicherweise die Verwendung von Ungleichgewichtsmodellen (Hallegatte/Hourcade/Dumas 2007). Sollte das Klima künftig wieder stabilisiert werden, stellt Adaptation einen transitorischen Prozess dar, der mit dem Konzept des langfristigen Gleichgewichts nur bedingt verstanden werden kann (Reilly 1999). Abschließende hoffe ich, mit der handlungstheoretischen Definition der Adaptation und den (noch einer eingehenden Untersuchung harrenden) Hypothesen über Barrieren, hilfreiche Ansatzpunkte für weitere Arbeiten gegeben zu haben.

Literatur

Aaron, Henry Jacob/Chubb, John E. (Hrsg.) (1990): Setting national priorities. Policy for the nineties. Washington, DC: Brookings Institution Press.
Arrow, Kenneth J./Debreu, Gerard (1954): Existence of an Equilibrium for a Competitive Economy. In: Econometrica 22 (3), 265-290.
Birkland, Thomas A. (2001): An Introduction to the Policy Process. Theories, Concepts and Models of Public Policy Making. Armonk/London: M. E. Sharpe.
BMI (2005): Schutz kritischer Infrastrukturen – Basisschutzkonzept. Deutsches Bundesinnenministrium, http://www.bmi.bund.de/cae/servlet/contentblob/131040/publicationFile/13132/Basisschutzkonzept_kritische_Infrastrukturen.pdf (13.09.2009).
Brown, John P. (1973): Toward an Economic Theory of Liability. In: Journal of Legal Studies 2 (2), 323-349.
Cline, William (1992): The Economics of Global Warming. Washington DC: Institute of International Economics.
Cities Alliance (2007): World Mayors and Local Governments Launch Climate Change Agreement at Bali, Indonesia, http://www4.citiesalliance.org/publications/homepage-features/dec-07/bali-agreement.html (25.09.2009).
COE (2008): Resolution 248 des European congress of local and regional authorities, http://www.coe.int/t/dg4/cultureheritage/nature/bern/climatechange/7_Res248(2008)_Borsus_en.pdf (25.09.2009).
C40 (2005): C40 Cities - Climate Leadership Group, http://www.c40cities.org (25.09.2009).
De Bruin, Kelly C./Dellink, Rob B./Tol, Richard S. J. (2008): AD-DICE: An Implementation of Adaptation in the DICE Model, FNU-126, Hamburg University and Centre for Marine and Atmospheric Science. Hamburg.
Dickinson, Thea, (2007): The Compendium of Adaptation Models for Climate Change: First Edition. Adaptation and Impacts Research Division, Environment Canada.
Eisenack, Klaus/Tekken, Vera/Kropp, Jürgen (2007): Stakeholder Perceptions of Climate Change in the Baltic Sea Region. In: Coastline Reports 8, 245-255.
EEA (1999): Environmental indicators: Typology and overview, Technical Report No. 25 der European Environment Agency. Kopenhagen.
Endres, Alfred/Bertram, Regina (2006): The development of care technology under liability law. In: International Review of Law and Economics 26 (4), 503-518.
Endres, Alfred (2007): Umweltökonomie. Stuttgart: Kohlhammer.
EU (2007): Adapting to climate change in Europe – options for EU action. Green Paper from the Commission to the Council, the European Parliament, the European Economic and Social Committee and the Committee of the Regions. Brussels.
Fankhauser, Samuel (1993): Global Warming Damage Costs: Some Monetary Estimates. GEC Working Paper 92-29 des Centre for Social and Economic Research on the Global Environment.
Firth, John/Colley, Michelle (2006): The Adaptation Tipping Point: Are UK Businesses Climate Proof? Oxford: Acclimatise and UKCIP.
Füssel, Hans-Martin/Toth, Ferenc L./Minnen, Jelle G. van et al. (2003): Climate impact response functions as impact tools in the tolerable windows approach. In: Climatic Change 56 (1-2), 91-117.
Hallegatte, Stéphane./Hourcade, Jean-Charles/Dumas, Patrice (2007): Why economic dynamics matter in assessing climate change damages: Illustration on extreme events. In: Ecological Economics 62 (2), 330-340.
Hanley, Nick/Shogren, Jason F./White, Ben (1997): Environmental economics in theory and practice. Oxford University Press.
Heidbrink, Ludger/Leggewie, Claus/Welzer, Harald (2007): Von der Natur- zur sozialen Katastrophe. Die Zeit Nr. 45, v. 01.11.2007.
Hope, Chris W. (2006): The marginal impacts of CO_2, CH_4 and SF_6 emissions. In: Climate Policy 6 (5), 537-544.
Ingham, Alan/Ma, Jie/Ulph, Alistair M. (2005): Can adaptation and mitigation be complements? Tyndall Centre Working Paper 79. Tyndall Centre for Climate Change Research.

IPCC (1995): Contribution of Working Group III to the Second Assessment of the Intergovernmental Panel on Climate Change, Summary for Policymakers. Cambridge: Cambridge University Press.

IPCC (2007a): Summary for Policymakers. In: IPCC (2007): Climate Change 2007: Impacts, Adaptation and Vulnerability. Contribution of Working Group II to the Fourth Assessment Report of the Intergovernmental Panel on Climate Change. Cambridge: Cambridge University Press.

IPCC (2007b): Climate Change 2007: Impacts, Adaptation and Vulnerability. Contribution of Working Group II to the Fourth Assessment Report of the Intergovernmental Panel on Climate Change. Cambridge: Cambridge University Press.

IPCC (2007c): Climate Change 2007: Mitigation of Climate Change. Contribution of Working Group III to the Fourth Assessment Report of the Intergovernmental Panel on Climate Change. Cambridge: Cambridge University Press.

Kleinen, Thomas/Petschel-Held, Gerhard (2007): Integrated assessment of changes in flooding probabilities due to climate change. In: Climatic Change 81 (3-4), 283-312.

KPMG (2008): Climate Changes Your Business. KPMG International, http://www.kpmg.de/docs/ Climate_change_risk_report.pdf (25.09.2009).

Lemmen, Donald S./Warren, Fiona J. (Hrsg.) (2004): Climate Change Impacts and Adaptation: A Canadian Perspecitive. Ottawa: Natural Resources Canada.

Lecocq, Franck/Shalizi, Zmarak (2007): Balancing expenditures on mitigation of and adaptation to climate change: an exploration of Issues relevant to developing countries. Policy Research Working Paper no. 4299, World Bank.

Maddison, David (2007): The perception of and adaptation to climate change in Africa. Policy Research Working Paper no. 4308, World Bank.

MCPC (2007): Mayors Climate Protection Center, United States Conference of Mayors, http://www.usmayors.org/climateprotection (25.09.2009).

Mendelsohn, Robert/Morrison, Wendy/Schlesinger, Michael E. et al. (2000): Country-specific market impacts of climate change. In: Climatic Change 45 (3-4), 553-569.

Nordhaus, William D. (1990): Slowing the Greenhouse Express: The Economics of Greenhouse Warming. In: Aaron, Henry Jacob/Chubb, John E. (Hrsg.) (1990): Setting national priorities. Policy for the nineties. Washington, DC: Brookings Institution Press, 185-211.

Nordhaus, William .D./Boyer, Joseph (2000): Warming the World: Economic Models of Global Warming. Cambridge, MA: MIT Press.

Nordhaus, William D. (2006): Geography and macroeconomics: New data and new findings. In: Proceedings of the National Academy of Sciences 103 (10), 3510-3517.

OECD (1993): OECD core set of indicators for environmental performance reviews. Environment Monographs No. 83, OCDE/GD 93, 179. Paris: OECD, http://www.nssd.net/pdf/gd93179.pdf (25.09.2009).

Ott, Hermann E./Richter, Caspar (2008): Anpassung an den Klimawandel – Risiken und Chancen für deutsche Unternehmen. Wuppertal Papers 171. Wuppertal: Wuppertal Institut.

Parsons, Talcott (1937): The structure of social action. A study in social theory with special reference to a group of recent European writers. 1st ed. New York: McGraw-Hill Book Company inc.

Petschel-Held, Gerhard/Schellnhuber, Hans-Joachim/Bruckner, Thomas et al. (1999): The Tolerable Windows Approach: Theoretical and Methodological Foundations. In: Climatic Change 41 (3-4), 303-331.

Pielke, Roger/Prins, Gwyn/Rayner, Steve et al. (2007): Lifting the taboo on adaptation. In: Nature 445 (7128), 597-598.

Schramm, Stefanie (2008): Plan B. DIE ZEIT 27, v. 26.06.2008.

Reckien, Diana/Eisenack, Klaus/Hoffmann, Esther (2008): Adaptation to climate change in the transport sector: the constraining effect of actor-interdependencies. Proceedings of the 2008 Conference of the International Society for Ecological Economics. Nairobi.

Reilly, John (1999): What does climate change mean for agriculture in developing countries? In: The World Bank Research Observer 14 (2), 295-305.

Rosenzweig, Cynthia/Parry, Martin L. (1994): Potential impact of climate change on world food supply. In: Nature 367, 133-138.

Savonis, Michael J./Burkett, Virginia R./Potter, Joanne R. (Hrsg.) (2008): Impacts of Climate Change and Variability on Transportation Systems and Infrastructure: Gulf Coast Study, Phase I. Washington, DC: Department of Transportation.

Samuelson, Paul A./Nordhaus, William D. (2006): Economics. New York: McGraw Hill.

Stern, Nicholas (2007): The Economics of Climate Change: The Stern Review. Cambridge: Cambridge University Press.

Tol, Richard S. J. (1996): The damage costs of climate change: towards a dynamic representation. In: Ecological Economics 19 (1), 67-90.

Tol, Richard S. J./Fankhauser, Samuel/Smith, Joel B. (1998): The scope for adaptation to climate change: what can we learn from the impact literature? In: Global Environmental Change 8 (2), 109-123.

TRB (2008): Potential Impacts of Climate Change on U.S. Transportation. Transportation Research Board Special Report 290. Washington: Transportation Research Board.

Urpelainen, Johannes (2008): Explaining Schwarzenegger: Local Frontrunners in Climate Policy. Presentation at the Annual Meeting of the International Political Economy Society, Stanford.

UNFCCC (2007): Climate Change: Impacts, Vulnerabilities and Adaptation in Developing Countries, http://unfccc.int/files/essential_background/background_publications_htmlpdf/application/txt/pub_07_impacts.pdf (25.09.2009).

Vafeidis, Athanasios T./Nicholls, Robert J./McFadden, Loraine et al. (2008): A New Global Coastal Database for Impact and Vulnerability Analysis to Sea-Level Rise. Journal of Coastal Research 24 (4), 917-924.

Wilson, George (2008): Action. In: Zalta, Edward N. (Hrsg.) (2008): The Stanford Encyclopedia of Philosophy. Fall 2008 Edition. The Metaphysics Research Lab, Center for the Study of Language and Information, Stanford University, http://plato.stanford.edu/archives/fall2008/entries/ action/ (25.09.2009).

WBGU (1996): Welt im Wandel – Wege zur Lösung globaler Umweltprobleme. Wissenschaftlicher Beirat der Bundesregierung Globale Umweltveränderungen, Jahresgutachten 1995. Berlin/Heidelberg: Springer.

Weingart, Peter/Engels, Anita/Pansegrau, Petra (2002): Von der Hypothese zur Katastrophe. Der anthropogene Klimawandel im Diskurs zwischen Wissenschaft, Politik und Massenmedien. Opladen: Leske + Budrich.

Zalta, Edward N. (Hrsg.) (2008): The Stanford Encyclopedia of Philosophy. Fall 2008 Edition. The Metaphysics Research Lab, Center for the Study of Language and Information, Stanford University, http://plato.stanford.edu/archives/fall2008/contents.html (25.09.2009).

Zebisch, Marc/Grothmann, Torsten/Schröter, Dagmar et al. (2005): Klimawandel in Deutschland – Vulnerabilität und Anpassungsstrategien klimasensitiver Systeme. UBA-Texte 08/05. Berlin: Umweltbundesamt.

Die Gouvernementalität der internationalen Klimapolitik: Biomacht oder fortgeschritten liberales Regieren?[1]

Angela Oels

1 Einleitung

Aus sozialkonstruktivistischer und diskursanalytischer Sicht wird hervorgehoben, dass „das Problem Klimawandel" keineswegs ein naturwissenschaftlich gegebener Fakt ist, sondern Ergebnis diskursiver Kämpfe (Oels/Altvater/Brunnengräber 2002). Insbesondere wird von diskursanalytischer Seite herausgearbeitet, auf welche Weise die dominanten Diskurse und die dazu gehörigen Praktiken die Möglichkeiten für eine effektive Problemlösung einschränken. So wird beispielsweise kritisiert, dass eine Beschreibung des Klimawandels in der Terminologie der Kosten-Nutzen-Analyse es verunmöglicht, den Klimawandel als moralische Frage von Gerechtigkeit und Verursacherverantwortung zu artikulieren (Lutes 1998). Ebenso wird bemängelt, dass der Klimawandel als rein globales Problem hervorgebracht wird, so dass lokale Lösungsansätze aus dem Blickfeld geraten (Roe 1998). Schließlich wurde auch der Ansatz des globalen Umweltmanagements problematisiert, da er die Lösungsoptionen auf technische Ansätze reduziere und dabei die politischen Steuerungsmöglichkeiten überschätze (Luke 1999a, 1999b). In diesem Beitrag argumentiere ich, dass das Problem Klimawandel jeweils mittels einer bestimmten Rationalität des Regierens hervorgebracht und damit regierbar gemacht wird, die Foucault als Gouvernementalität bezeichnet. Das bedeutet auch, dass ein Wandel der Rationalität des Regierens eine andere Art von Klimaproblem hervorbringen wird. In diesem Beitrag entwickele ich die These, dass sich in der internationalen Klimapolitik ein Wandel der Gouvernementalität von Biomacht zu einer Form neoliberalen Regierens nachweisen lässt. Der Klimawandel wurde zunächst als globales Problem von der Biomacht regierbar gemacht, die im Namen des Überlebens der Menschheit ein weltweites wissenschaftliches Überwachungs- und Managementsystem für den Planeten Erde forcierte. Seit Mitte der 90er Jahre wurde der Klimawandel jedoch vom „fortgeschritten liberalen Regieren" vereinnahmt, das den Klimawandel als ökonomisches Problem hervorbrachte, für das kosteneffiziente, marktförmige und auf technologischem Fortschritt beruhende Lösungen gefunden werden müssen. Diese These muss jedoch in empirischen Studien überprüft, korrigiert und verfeinert werden.

Im ersten Teil dieses Aufsatzes stelle ich Michel Foucault's Konzept der Gouvernementalität als Analyserahmen vor. Während die Politikwissenschaft Macht traditionell als

---

[1] Dieser Text wurde in einer früheren Fassung präsentiert im Rahmen des Panel „Beiträge zur Soziologie der internationalen Politik: Konstruktivistische Ansätze, Fragestellungen, Probleme" der DVPW-Ad-hoc-Gruppe „Ideelle Grundlagen außenpolitischen Handelns" (IGAPHA) auf dem Kongress der Deutschen Vereinigung für Politische Wissenschaft am 28.09.2006 in Münster. Ich bedanke mich für die klugen und provokannten Anmerkungen von Prof. Ruth Wodak, die als Discussant tätig war, sowie für die Anmerkungen und Fragen aus dem Kreis der Zuhörer. Ich danke dem Routledge Verlag für die Genehmigung zum Abdruck dieses Artikels. Eine um zwei Drittel längere englischsprachige Fassung dieses Artikels ist im Journal of Environmental Policy & Planning publiziert (Oels 2005).

repressiv definiert, hebt Foucault auch die produktive Wirkung von Macht in der Verbindung mit Wissen hervor. Foucault's Konzept der Gouvernementalität erlaubt es, Formen der Machtausübung im Rahmen von Regierung sichtbar zu machen, die über rein souveräne Repression hinausgehen. Der zweite Teil dieses Aufsatzes wendet sich dann dem Klimawandel zu und entwickelt auf der Basis der publizierten konstruktivistischen und postmodernen Arbeiten zum Klimawandel erste Hypothesen zum Wandel der Gouvernementalitäten in der Klimapolitik. Durch diese Analyse wird sichtbar gemacht, welcher Möglichkeitsraum und welche Beschränkungen für Klimapolitik durch die jeweilige Gouvernementalität vorgegeben werden. Der Schlussteil diskutiert die Stärken und Schwächen der Gouvernementalitätsanalyse am Beispiel der Klimapolitik und macht Vorschläge für die weitere Forschung.

2 Gouvernementalität als Analyserahmen für den Wandel des Regierens

2.1 Den Kopf des Königs abschlagen

Foucault entwickelte sein Konzept der Gouvernementalität als Kritik an den politikwissenschaftlichen Theorien der 1970er Jahre, die implizit annahmen, dass jede Form der Machtausübung mit der Absicht des Regierens als Akt der Souveränität verstanden werden solle (Foucault 1999; Neil 2004). So fragt die traditionelle politikwissenschaftliche Theorie vor allem danach, wer Macht ausübt, was die Quellen dieser Macht sind und ob diese Machtausübung als legitim gelten kann (Dean 2003: 29). Foucault monierte, die Repräsentation der Macht sei „(…) im Bann der Monarchie verblieben. Im politischen Denken und in der politischen Analyse ist der Kopf des Königs noch immer nicht gerollt" (Foucault 1999: 110). In seinen historischen Studien arbeitete er heraus, dass seit dem 18. Jahrhundert eine Reihe anderer nicht-hierarchischer Rationalitäten von Regierung neben die souveräne Macht getreten sei. Um diese aufzudecken, müsse man aus politikwissenschaftlicher Sicht andere Fragen an das Regieren stellen. Man müsse fragen, „(…) wie verschiedene Lokalitäten als autoritativ und mächtig konstituiert, wie verschiedene Akteure mit bestimmten Mächten ausgestattet und wie verschiedene Domänen als regierbar und verwaltbar konstituiert werden" (Dean 2003: 29, eigene Übersetzung). Es kann nicht länger davon ausgegangen werden, dass die Macht beim Souverän angesiedelt sei. Stattdessen müsse man die vielen Technologien und Praktiken, Wissensfelder, Sichtbarkeitsfelder und Identitätsformen identifizieren, die einem Herrscher erst eine gewisse Macht verleihen.

Foucault verwendet den Begriff der Regierung im weitesten Sinne, als „Führen der Führungen" (Foucault 1987: 255). Das bedeutet, dass Regieren keineswegs auf den Staat beschränkt ist, sondern die Selbstregierung, die Regierung der Familie und die Regierung des Staates umfasse. Regierung kann mit Dean als absichtsvoll ausgeübter Steuerungsversuch bezeichnet werden:

> „Regierung ist jede mehr oder weniger kalkulierte und rationale Aktivität, unternommen von einer Vielzahl von Autoritäten und Akteuren, unter Verwendung einer Vielfalt von Techniken und Wissensformen, die darauf abzielen, unser Verhalten über unser Begehren, unsere Sehnsüchte, Interessen und Ansichten auf klar definierte, aber sich verändernde Ziele auszurichten, mit einem relativ unsicheren Set von Konsequenzen, Effekten und Ergebnissen" (Dean 2003: 11, eigene Übersetzung).

Wenn im Folgenden der Begriff „Regierung" verwendet wird, so soll er in diesem weiten Sinne verstanden werden.

2.2 Gouvernementalität als Analyserahmen

Das Konzept der Gouvernementalität wurde von Foucault eher als Bezeichnung für *eine historisch spezifische* Regierungsrationalität bzw. deren Entstehung und Institutionalisierung verwendet (Foucault 2000: 64). Im Gegensatz dazu wird in diesem Beitrag Mitchell Dean gefolgt, der den Begriff Gouvernementalität rein analytisch verwendet, um *verschiedene* Regierungsrationalitäten voneinander abzugrenzen (Dean 2003: 116). Mitchell Dean (2003) hat einen sehr nützlichen Analyserahmen für den Vergleich verschiedener Gouvernementalitäten entwickelt (siehe Tabelle 1). Unter Gouvernementalität versteht Dean die Gesamtheit an (i) Sichtbarkeiten, (ii) Technologien/Praktiken (iii) Wissensformen und (iv) Identitäten, die von einer bestimmten Form des Regierens hervorgebracht werden (genauer in Tabelle 1). Für Dean ist die Analyse verschiedener Gouvernementalitäten zeit- und ortsspezifisch in der konkreten Empirie verankert und nicht als abstrakte Schablone zu verstehen (Dean 2003: 20-21). Die Untersuchung von Gouvernementalitäten ist für Dean eine kritische Praxis, da ihr Ziel die Denaturalisierung bestehender Regierungsrationalitäten und -praktiken ist (Dean 2003: 37).

Tabelle 1: Analyserahmen zur Untersuchung verschiedener Gouvernementalitäten
(Quelle: eigene Darstellung auf der Grundlage von Dean 2003)

Analysekategorie	Fragen	Beispiele
Sichtbarkeiten	Was wird hervorgehoben, was verdeckt? Welche Probleme sollen gelöst werden?	Klimawandel als globales Problem, lokale Dimension unsichtbar
Technologien	Mit welchen Instrumenten, Prozeduren und Technologien wird regiert?	Satellitenaufnahmen der globalen Umwelt, Computermodelle des Klimawandels
Wissensformen	Welche Wissensformen werden im Prozess des Regierens hervorgebracht und informieren ihn?	Natur- und Umweltwissenschaften
Identitäten	Welche Selbstbilder werden in den Menschen angesprochen durch Praktiken der Regierung? Welche Veränderungen in Selbstbildern werden angestrebt?	globale Umweltmanager

2.3 Souveränität, Disziplinarmacht und Biomacht

In seiner bekanntesten Vorlesung über die Gouvernementalität, die Michel Foucault am 1. Februar 1978 am College de France in Paris hielt, unterscheidet Foucault zwischen drei verschiedenen Rationalitäten des Regierens (siehe Tabelle 2), die hier nur skizzenhaft wieder gegeben werden können (für ausführlichere Beschreibungen siehe Dean 2003 und Lemke 1997). Laut Foucault beschreibt Machiavelli's „Der Fürst" treffend die Rationalität der souveränen Machtausübung über ein Territorium durch einen Herrscher. Das Ziel des Regierens ist schlicht der Machterhalt über das regierte Gebiet. Die zentrale Technologie des Regierens ist das Gesetz, das dem Herrscher das „Recht" verleiht, von seinen Untertanen einen Anteil ihres Arbeitsertrags einzuziehen und zu Straf- und Verteidigungszwecken über ihren Tod zu befinden. Dem stellt Foucault die Disziplinarmacht gegenüber, deren Ziel es ist, über die Dinge zu verfügen, um sie einem angemessenen Regierungszweck zuführen zu können (Foucault 2000: 54). Dahinter verbirgt sich vor allem die nutzbringende Anordnung von Dingen und Körpern über Raum und Zeit. Die zentrale Regierungstechnologie der Disziplinarmacht ist die Norm, an der sich Verhalten orientieren soll.

Tabelle 2: Die drei Formen der Gouvernementalität nach Foucault's Vorlesung vom 1. Februar 1978 (Quelle: eigene Darstellung nach Foucault 2000)

	Souveräne Macht	**Disziplinarmacht**	**Biomacht**
erstmals historisch aufgetaucht	im Mittelalter	15.-16. Jahrhundert	18. Jahrhundert
Ziel der Regierung	Machterhalt des Souveräns über das Territorium	Verfügung über die Dinge, um sie einem angemessenen Zweck zuführen zu können	Optimierung und Nutzung der Kräfte und Fähigkeiten der Bevölkerung
Sichtbarkeiten	Territorium	individuelle Körper	Bevölkerung
Technologien	Gesetzesnorm	Normalisierung durch Disziplin, Kontrolle und Überwachung	Durchschnittsnorm, Regulierung, Sicherheitsapparate
Wissensformen	Rat an den Fürsten	Kunst des Regierens (i) des Selbst (Moral) (ii) der Familie (Ökonomie) (iii) des Staates (Politik) Staatsräson Polizeiwissenschaft	Politische Wissenschaft Politische Ökonomie Bevölkerung als Wissensobjekt der Humanwissenschaften (Statistik, Epidemologie)
Identitäten	Rechtssubjekt	normalisiertes Subjekt	Interessensubjekt

Die meiste Aufmerksamkeit hat Foucault jedoch der Gouvernementalität der Biomacht entgegengebracht. Unter Biomacht versteht er eine Regierungsrationalität, deren Ziel es ist „(...) das Los der Bevölkerungen zu verbessern, ihre Reichtümer, ihre Lebensdauer und ihre Gesundheit zu mehren" (Foucault 2000: 61). Die Rationalität der Biomacht kann mit der Metapher des Hirten und seiner Herde beschrieben werden – der Hirte ist um das Wohlergehen der gesamten Herde bemüht, aber diszipliniert auch jedes einzelne Individuum. Die Biomacht versucht daher eine Einflussnahme auf die Bestrebungen jedes einzelnen zu nehmen durch die Disziplinierung individueller Körper einerseits (z.B. durch Ausgrenzung des Abnormalen) und durch die Regulierung der gesamten Bevölkerung (z.B. durch Schulpflicht, soziale Sicherungssysteme, Geheimdienste, Militär, Polizei) andererseits. Beide Technologien des Regierens – Disziplin und Regulierung – sind über Angelpunkte wie die Sexualität miteinander verknüpft. Laut Foucault wurde die souveräne Regierungsrationalität im 16. Jahrhundert von der Disziplinarmacht und im 18. Jahrhundert von der Biomacht ergänzt. Für Foucault bilden diese drei Rationalitäten des Regierens ein Dreieck, das die Bevölkerung regiert. Mit dem Aufkommen jeder neuen Rationalität des Regierens wurden Elemente der vorangegangenen Gouvernementalität mit neuen Funktionen und Bedeutungen behaftet, ohne jedoch vollständig ersetzt zu werden. Die Bedeutung dieser drei Regierungsrationalitäten für die heutige Zeit liegt darin, dass sie dazu verwendet werden können, um Formen heutiger Regierungsrationalitäten in bestimmten Politikfeldern oder in bestimmten Staaten zu untersuchen.

2.4 Neoliberale Gouvernementalität und fortgeschritten liberales Regieren

Foucault selbst hat diese Reihung von Gouvernementalitäten in seinen 1978-1979 gehaltenen Vorlesungsreihen am College de France (Foucault 2004a; Foucault 2004b) fortgeschrieben. Danach ist in den westlichen Industriestaaten nach dem zweiten Weltkrieg eine liberale Gouvernementalität vermehrt durch eine neoliberale Gouvernementalität ersetzt worden (Tabelle 3). Nicolas Rose (1993) hat das Werk von Foucault fortgeschrieben und das Konzept des „fortgeschritten liberalen Regieren" geprägt, einer extremen Form neoliberaler Gouvernementalität, die aktuell in den westlichen Industrieländern vorherrsche. In diesem Aufsatz werde ich daher nicht weiter von neoliberaler Gouvernementalität, sondern gleich von „fortgeschritten liberalem Regieren" sprechen. Diese Gouvernementalität schafft Märkte als zentrale Organisationsstruktur, sogar innerhalb der staatlichen Verwaltung. Die Märkte gelten dabei als Garanten gegen Bürokratie und übertriebene staatliche Einmischung. Die Märkte sollen die Selbstorganisationskräfte der Bevölkerung frei setzen. Ein Markt hat eine stark disziplinierende Wirkung auf die Wettbewerber im Markt, die ihr Handeln nach der Marktlage ausrichten und optimieren sollen. Die „kalkulierenden" Wettbewerber im Markt sind dabei zu steter Selbstoptimierung angehalten (um schlank, fit, flexibel und autonom zu werden bzw. bleiben) (Lemke/Krasmann/Bröckling 2000: 32). Adressat des Regierens ist nicht länger die bürgerliche Gesellschaft (wie bei der liberalen Gouvernementalität), sondern das Regieren richtet sich direkt an „communities", deren Netzwerke der Loyalität instrumentalisiert werden sollen. Eine „community" kann eine Nachbarschaft sein, aber auch eine soziale Gruppierung wie alleinerziehende Mütter. Soziale Risiken werden nicht länger von der Gesellschaft abgesichert, sondern jeder trifft Entscheidungen über private Vorsorge und Versicherungen. Am Ende steht das Leitbild „(...) des Einzelnen als eines aktiven Agenten, der sich selbst durch Kapitalisierung der eigenen

Existenz ökonomisch steuert" und dessen Streben „nach persönlichem Weiterkommen und Selbstverwirklichung" mit den Bedürfnissen seines Arbeitgebers und der Politik in Einklang gebracht werden sollen (Rose 2000: 93).

Tabelle 3: Liberale Gouvernementalität und fortgeschritten liberales Regieren (Quelle: eigene Darstellung nach Dean 2003: 149-175, Foucault 2004b und Lemke/Krasmann/Bröckling 2000: 15-16).

	Liberale Gouvernementalität	**Fortgeschritten liberales Regieren**
Ziel der Regierung	Das Ziel des Regierens ist es, durch Regulierung (z.B. Kartellbehörden) das reibungslose Funktionieren der Märkte zu sichern und damit die natürlichen Gesetze der Wirtschaft zu achten. Ein zweites Ziel ist es, die stets bedrohte (künstliche) Freiheit der Regierten zu sichern.	Das Ziel des Regierens ist es, neue Märkte zu schaffen, um Staatsbürokratie zu ersetzen. Der Markt wird zum organisierenden Prinzip staatlichen Handelns.
Sichtbarkeiten	Zivilgesellschaft als Domäne von Bedürfnissen Ökonomie als selbstregulierende Sphäre Markt als natürlicher Prozess	Individuen und soziale Gruppen als Unternehmer ihrer selbst Exzessive staatliche Bürokratie Fehlende Märkte
Technologien	Regiert wird unter Berücksichtigung der natürlichen Gesetze der Ökonomie (unsichtbare Hand) und der Zivilgesellschaft. Marktanreize Sicherheitsapparate	Regiert wird über Märkte. Performanztechnologien (Vergleich, Benchmarking, best practice Fälle, Leistungsindikatoren, Audit, dezentralisierte Budgets) Freiheitstechnologien (Verträge, deliberative Räume)
Wissensformen	Wohlfahrtsstaat, Keynes	Wettbewerbsstaat, Hayek
Identitäten	„freie" Bürger mit Rechten, Interessen und Bedürfnissen	„Kalkulierende" Unternehmer ihrer selbst

Die besondere Effektivität dieser extremen Form neoliberalen Regierens resultiert laut Foucault daraus, dass die Schaffung von Freiheit immer schon eine Form der Unterdrückung voraus setzte: „Dies ist ein Subjekt, dessen Freiheit ein Produkt von Unterdrückung ist. (...) um frei zu handeln, muss das Subjekt zunächst von Herrschaftssystemen so geformt, angeleitet und gestaltet werden, dass es seine Freiheit verantwortlich ausüben kann" (Dean 2003: 165, eigene Übersetzung). Dean unterscheidet „Freiheits- und Akteurstechnologien" von „Performanztechnologien", deren Zusammenspiel Akteuren einen Handlungsspielraum zuweist. Zu den Freiheitstechnologien zählen (Quasi-)Verträge, deliberative Räume, Repräsentationstechniken und Kooperation zwischen Partnern. Freiheitstechnologien formen Subjekte mit der Fähigkeit, Verträge auch einhalten, eigene Interessen artikulieren und ein zuverlässiger Partner in Kooperationsprojekten sein zu können. Die so geschaffene Freiheit des Subjekts wird eingegrenzt von den Performanztechnologien. Normen, Standards, Benchmarking, Leistungsindikatoren, Qualitätskontrolle und „best practice" Vorbilder üben eine normalisierende Wirkung auf das Individuum aus. Das Individuum vereinbart entweder mit dem Vorgesetzten eine Leistungsvereinbarung (top-down) zum Einhalten bestimmter Qualitätsstandards oder es setzt sich selber Ziele für die Kundenzufriedenheit, die dann in Umfragen erhoben wird (bottom up). Der damit einhergehende Subjektivierungsprozess erzeugt „aktive Bürger", „freie Individuen" und „kalkulierende Individuen", denen jedoch allen gemeinsam ist, dass sie „verantwortlich" handeln und damit den Imperativen des fortgeschritten liberalen Regierens gehorchen. Dean's Analyserahmen für fortgeschritten liberales Regieren wurde gewinnbringend von Haahr (2004) auf die „Offene Methode der Koordinierung" der Europäischen Union angewendet, um Politikfelder zu untersuchen, in denen die EU ohne jegliche Gesetzgebungsbefugnis erfolgreich die Harmonisierung der Politiken der Mitgliedsstaaten voran bringt (z.B. im Bereich der Hochschulpolitik).

2.5 Stand der Forschung

Abschließend sollen noch einige Erfahrungen aus der Forschungspraxis referiert werden, die bei einer empirischen Anwendung von Foucault's Gouvernementalitätskonzept zu berücksichtigen sind. Da die Zahl der publizierten Gouvernementalitätsstudien inzwischen zu groß ist, um an dieser Stelle ausgewertet werden zu können,[2] soll lediglich auf einige zentrale Fallstricke aufmerksam gemacht werden. Erstens ist es wichtig, dass in der empirischen Arbeit die tatsächliche Heterogenität und Vielzahl von Regierungsrationalitäten erfasst wird, anstatt lediglich sauber trennbare Gouvernementalitäten als Schablone anzulegen (Larner 2000: 14; Lemke/Krasmann/Bröckling 2000: 18). Zweitens darf die Fallstudienarbeit nicht den offiziellen Diskurs privilegieren, indem nur Regierungsdokumente ausgewertet werden (Larner 2000: 14). Um dieser Tendenz entgegenzuwirken, empfiehlt Larner, Widerstände gegen Regierungsprogramme und ihre Rationalitäten zu (unter-) suchen. Drittens darf eine Fokussierung auf die Rationalitäten des Regierens nicht dazu führen, dass der politische Entscheidungsprozess und die ihn begleitenden politischen Kämpfe völlig aus dem Blickfeld verschwinden (ebd.). Schließlich darf uns die neu erworbene Sensibilität für nicht-hierarchische Steuerungsformen nicht blind dafür machen, dass souveräne Macht und Repression immer noch eine wichtige Rolle im politischen Prozess spielen (Lemke/Krasmann/Bröckling 2000: 18). Diese Ratschläge sollten in einem empirischen Fallstudiendesign berücksichtigt werden.

---

2 Sammlungen mit Gouvernementalitätsstudien finden sich bspw. in Barry/Osborne/Rose 1996, Bröckling/Krasmann/Lemke 2000, Burchell/Gordon/Miller 1991, Darier 1999 und Dean/Hindess 1998. Einen Literaturbericht liefert Lemke 2002.

3 Biomacht, Fortgeschritten liberales Regieren und der Klimawandel

Nachdem das analytische Gerüst vorgestellt wurde, wendet sich der Artikel nun der Untersuchung der konkreten Gouvernementalitäten zu, die den Klimawandel regierbar machen. Die für das Politikfeld Klimawandel vorliegenden Gouvernementalitätsstudien sind wenige an der Zahl und eingeschränkt in ihrer Reichweite (zu den Auswirkungen der Modellierung des Klimawandels per Computer: Henman 2002; über eine transnationale Klimaschutzkampagne für Städte und Kommunen: Slocum 2004). Daher hat der folgende Teil des Aufsatzes eher explorativen Charakter. Ich werde die Hypothese durchspielen, dass der Klimawandel zunächst von der Biomacht als naturwissenschaftliches Problem von moralischer Bedeutung hervorgebracht wurde, inzwischen jedoch in der ökonomischen Terminologie neoliberaler Gouvernementalität (fortgeschritten liberales Regieren) über Emissionsmärkte regierbar gemacht wird. Die folgende Analyse stützt sich auf eine gründliche Auswertung konstruktivistischer und postmoderner Arbeiten zum Klimawandel, um aus diesen Arbeiten die Sichtbarkeiten, Rationalitäten, Praktiken und Identitäten heraus zu arbeiten, die im Feld der Klimapolitik wirksam sind. Ich werde zu zeigen versuchen, dass sich der Handlungsspielraum für die Vermeidung gefährlichen Klimawandels durch die Verschiebung von Biomacht zu fortgeschritten liberalem Regieren verringert hat.

3.1 Klimawandel und Biomacht

Inwiefern kann davon gesprochen werden, dass der Klimawandel zunächst von der Biomacht regierbar gemacht wurde? Der Klimawandel wurde in den 1970er Jahren von besorgten Wissenschaftlern (wieder-)"entdeckt" – die Hypothese von Svante Arrhenius gab es schon seit 1896. Die Wissenschaftler wandten sich in den 1980er Jahren mit apokalyptischen Bedrohungsszenarien an die Medien, um das Thema Klimawandel auf die politische Agenda zu setzen (Ingram/Milward/Laird 1992: 43). Es gab jedoch auch Vorwürfe, dass sie sich des Klimawandels nur angenommen hatten, um sich Forschungsmittel und damit ihre Jobs langfristig zu sichern. Sie hätten einen Anreiz gehabt, die verbleibenden wissenschaftlichen Unsicherheiten zu übertreiben, um weitere Forschung notwendig erscheinen zu lassen (ebd.: 46; Lutes 1998: 162). Die Politiker bändigten den vielstimmigen Chor der Wissenschaftler, indem sie das Intergovernmental Panel on Climate Change (IPCC) als einzig autoritative Stimme der Wissenschaft zum Thema Klimawandel gründeten (Bodansky 1995: 51; Brunner 2001: 6). Die Regierungen entschieden selbst, wen sie als Mitglied im IPCC benannten und konnten so Einfluss darauf ausüben, wer zukünftig im Namen der Wissenschaft sprechen konnte und wer nicht. Das IPCC bestand anfangs fast ausschließlich aus Wissenschaftlern der Industrieländer (Biermann 2003). Die Etablierung des IPCC wird jedoch von den meisten Autoren als Erfolg gewertet, da so eine autorisierte wissenschaftliche Grundlage für politische Entscheidungen geschaffen wurde (Shaw 2003, [auch Conrad in diesem Band, Anm. d. Hrsg.]) und davon abweichende Meinungen nicht länger den Entscheidungsprozess aufhalten konnten.

Die Wahrheitsproduktion des IPCC schuf so die Wissensgrundlage und Legitimation für (mehr oder weniger) weitreichende politische Eingriffe zur Rettung des Planeten Erde. Hier ist bereits das Muster der Biomacht zu erkennen, das Objekt der Regierung ist aber nicht länger die Bevölkerung, sondern der ganze Planet Erde. Vom IPCC wurde der Klimawandel als globales Managementproblem hervorgebracht, dem mit naturwissenschaftlicher Expertise und technologischer Innovation beizukommen sei (Lutes 1998). Die für das IPCC charakteristische Wahrheitsproduktion legitimierte eine bestimmte politische Problembearbeitung – auf Kosten alternativer Ansätze. „Das ultimative Ziel einer solchen Politik sind die „rationale" und „optimale" Nutzung natürlicher Ressourcen und eine damit einhergehende regionale Planung, die auf der besten verfügbaren wissenschaftlichen Expertise beruht" (Shackley/Wynne 1996: 293, eigene Übersetzung). Maarten Hajer zieht den Schluss dass

> „(...) der Ansatz der Arbeitsgruppen des Intergovernmental Panel on Climate Change einen bestimmten wissenschaftlichen Zugang bevorzugt, der zu einer unnötigen Zentralisierung von Wissen und einer unnötigen Reduzierung von Flexibilität gegenüber der Einbeziehung neuer Befunde führt, und damit effektiv die Anwendung des Wissens verhindert, das zur Entwicklung und Bewertung vielfältiger Politikszenarien erforderlich wäre" (Hajer 1997: 278, eigene Übersetzung).

Auf diese Weise wurde vor allem ein kritischer Diskurs zum Klimawandel („radical civic environmentalism") marginalisiert, der den Klimawandel als Produkt übermäßigen Konsums in westlichen Industriestaaten darstellte und die ökologische Tragfähigkeit eines kapitalistischen Wirtschaftssystems hinterfragte (Bäckstrand/Lövbrand 2006; Lutes 1998).

Globales Umweltmanagement auf der Basis von Biomacht bedient sich der Naturwissenschaften, um die komplexen Stoffströme der Biosphäre und der Geosphäre zu modellieren. Der Planet erscheint als globales Ökosystem, das auch nur global gesteuert werden kann. Auf diese Weise geraten regionale und lokale Interventionsmöglichkeiten aus dem Blickfeld (Lutes 1998: 165-170; Roe 1998: 122). Roe (1998:117) argumentiert, dass die globale Erderwärmung das Schicksal vieler anderer politischer Probleme teile, nämlich „dass was einst als lokale, regionale oder nationale Probleme galt jetzt als globale analysiert werden müssen (zumindest wird es zunehmend so gesehen)" (Roe 1998: 122-123, eigene Übersetzung). Die vom IPCC eingesetzten Technologien verstärken die globalen Sichtbarkeiten auf Kosten lokaler Besonderheiten (Roe 1998: 122-123). Globale Datenerhebungen und globale Überwachungssysteme beispielsweise per Satellitenaufnahmen sind zentrale Mechanismen der Wahrheitsproduktion über die „globale" Umwelt (Litfin 1998a: 213). Computermodelle des globalen Klimasystems sind eine der zentralen Technologien zur Datenauswertung, die mit ganz bestimmten Sichtbarkeiten einhergehen (Henman 2002). Es wird das Bild von Raumschiff Erde beschworen, das mithilfe naturwissenschaftlicher Daten und Modelle gesteuert werden kann. Dabei hat die Menschheit die moralische Aufgabe, zerstörerische Prozesse aufzuhalten und verantwortlich zu managen, seien sie „natürlich" oder vom Menschen gemacht. Diese Rolle als „Hirte" der Erde kann eindeutig in den Bereich der Biomacht eingeordnet werden.

3.2 Klimawandel und fortgeschritten liberales Regieren

Die eben beschriebene Bearbeitung des Klimawandels als Problem der Biomacht wird in diesem Abschnitt kontrastiert mit der Art und Weise, wie fortgeschritten liberales Regieren den Klimawandel hervorbringt und regierbar macht. Der Wandel der Gouvernementalitäten im Feld der Klimapolitik muss vor dem Hintergrund des globalen Siegeszugs des Neoliberalismus in den 1980er Jahren verstanden werden. Durch den Neoliberalismus veränderte sich der diskursive Raum, indem Umweltfragen artikuliert werden konnten (Paterson 1996:

168-169). Ökologische Modernisierung wurde der dominante Diskurs, der Umweltprobleme im Allgemeinen und den Klimawandel im Besonderen produzierte und regierbar machte (Paterson 1996: 169). Ökologische Modernisierung im Feld der Klimapolitik führt zu einer Hervorhebung der ökonomischen Kosten des Klimaschutzes (Lutes 1998: 163; Paterson 1996: 179) und bevorzugt marktförmige Lösungen wie Emissionshandel oder Joint Implementation (Paterson 1996: 169).

Im Folgenden betrachte ich vor allem den internationalen institutionellen Rahmen, den die Staatengemeinschaft zur Produktion und Bearbeitung des Klimawandels hervorgebracht hat, d.h. die Klimarahmenkonvention (UNFCCC) und das Kyoto Protokoll. Die Klimarahmenkonvention ist an der Schnittstelle zwischen Biomacht und fortgeschritten liberalem Regieren anzusiedeln, da sie Elemente beider Gouvernementalitäten enthält. Dies kann am Beispiel des Artikels 2 der Klimarahmenkonvention erklärt werden, der die Ziele dieses Abkommens darlegt. Dort wird als ein Ziel genannt, die Konzentration der Treibhausgase in der Erdatmosphäre auf einem ungefährlichen Niveau zu stabilisieren. Dies kann als Ausdruck des Hirtendenkens der Biomacht interpretiert werden. Allerdings soll dieses Ziel bei langfristig gesichertem Wirtschaftswachstum erreicht werden, ein Ziel, dass eher dem fortgeschritten liberalen Regieren zuzuordnen ist. Zusammenfassend kann bezüglich der Klimarahmenkonvention festgehalten werden, dass sie „(…) mehrere Ziele und Bedingungen festschreibt, die mehrdeutig und oftmals nicht vereinbar sind und als Ausdruck der Vielfalt an Interessen zu verstehen sind, die im [Klima-]Regime repräsentiert sind" (Brunner 2001: 8, eigene Übersetzung). Aber auch weitere Elemente der Klimarahmenkonvention (die sich im Übrigen im Kyoto-Protokoll wiederholen) können als fortgeschritten liberales Regieren interpretiert werden. Die ausgiebigen Beratungen während der jährlich stattfindenden Vertragsstaatenkonferenzen (COPs, bzw. MOPs) können als deliberative Räume interpretiert werden, in denen die Vertragsstaaten ihre Identität als „verantwortungsbewusste" und „kalkulierende" Mitglieder der Klimagemeinschaft z.B. in Form von Reden ihrer Minister und Staatsoberhäupter entwickeln. Ebenso wird auf den Vertragsstaatenkonferenzen eine gemeinsame Problemwahrnehmung entwickelt, von der aus Lösungsoptionen gedacht werden können. Der „freie" Vertragsstaat, der durch diese deliberativen Prozesse hervorgebracht wird, wird jedoch in seiner Freiheit, Klimapolitik zu betreiben, von Performanztechnologien eingeschränkt. Alle Vertragsstaaten müssen regelmäßig Angaben zu ihrem Treibhausgasausstoß und ihrer nationalen Klimaschutzstrategie an das Sekretariat der Klimarahmenkonvention liefern und sich so einem Vergleich mit den anderen Vertragsstaaten stellen. Dieser Vergleich kann disziplinierende Wirkung auf den Vertragsstaat ausüben, insbesondere dann, wenn die breite Öffentlichkeit über ein nationales Versagen informiert wird (beispielsweise von einem Umweltverband). Die regelmäßig abzuliefernden Fortschrittsberichte über die Durchführung der Klimarahmenkonvention (und des Kyoto-Protokolls) stellen eine weitere Möglichkeit dar, um über „Shaming" einen Vertragsstaat zum Mitmachen beim Klimaschutz zu bewegen. Die Vertragsstaaten werden in diesem Kontext zu „kalkulierenden" Akteuren, die Kosten und Nutzen von Klimaschutzmaßnahmen sorgfältig abwägen und dann eine „verantwortungsbewusste" Entscheidung treffen. Brunner hat dies zu dem Schluss veranlasst, das Klimaregime sei „(…) effektiv auf freiwillige Maßnahmen beschränkt, die den Vertragsstaaten die Wahl lassen zwischen Einhaltung oder Nicht-Einhaltung" (Brunner 2001: 10, eigene Übersetzung).

Das Kyoto Protokoll kann hingegen eindeutig als Produkt des fortgeschritten liberalen Regierens interpretiert werden. Das Kyoto Protokoll schafft Märkte, verwendet Freiheitstechnologien und Performanztechnologien, um „verantwortungsbewusste", „kalkulierende" Mitgliedsstaaten zu erzeugen. Die quantifizierten Emissionsziele des Kyoto Protokolls können als Beispiel für einen Vertragsschluss gelten, der „verantwortungsbewusste" Mitgliedsstaaten an ein gemeinsames Ziel bindet, während die Wege zur Zielerreichung jedem Mitgliedsstaat überlassen werden. Das Kyoto Protokoll etabliert Märkte für den projektgebundenen und den zertifikatebasierten Emissionshandel. Projektgebundener Emissionshandel zwischen Industrieländern wird im Rahmen von Joint Implementation durchgeführt, Projekte in Entwicklungsländern werden den Industrieländern im Rahmen des Mechanismus für umweltverträgliche Entwicklung gutgeschrieben. Diese Emissionsmärkte schreiben die Idee fest, dass Emissionen dort eingespart werden sollten, wo es am billigsten ist. Moralische oder ethische Fragen bleiben dabei außen vor (Lutes 1998: 165). Schließlich mobilisiert fortgeschritten liberales Regieren des Klimawandels Akteure aus der Wirtschaft, den Verbänden und den Regierungsbehörden auf allen Ebenen dazu, zu Partnern im Klimaschutz zu werden. Damit soll der Klimaschutz zu einem ureigenen Anliegen aller Partner gemacht werden (Jagers/Stripple 2003). Die freiwilligen Selbstverpflichtungserklärungen und eigennützigen Investitionsstrategien von Unternehmen in vielen Ländern können als Ergebnis erfolgreicher Einbindung von Wirtschaftsakteuren gelten. Ein weiteres Beispiel für sub-nationalstaatliches Handeln ist die Kampagne „Städte für den Klimaschutz" (Cities for Climate Protection campaign), die von der Nichtregierungsorganisation ICLEI (International Council for Local Environemtnal Initiatives) koordiniert wird (Slocum 2004). Die Ergebnisse dieser Gouvernementalitätsanalyse des Klimaregimes sind in Tabelle 4 auf der folgenden Seite zusammen gefasst.

Es muss jedoch darauf hingewiesen werden, dass es wichtige Unterschiede zwischen den nationalen bzw. regionalen Diskursen zum Klimawandel gibt, beispielsweise zwischen den Vereinigten Staaten und der Europäischen Union. In der Europäischen Union ist der Klimawandel vor allem als Chance begriffen worden, um technologische Innovationen anzuregen und mittels energiesparenderer Technologien Kosten einzusparen. In den Vereinigten Staaten hingegen hat die Regierung von George W. Bush den Klimawandel als Bedrohung der internationalen Wettbewerbsfähigkeit der USA und als Kostenfaktor für die heimische Wirtschaft dargestellt, der zum Verlust von Arbeitsplätzen führen würde. Bis zum Amtsantritt von Barack Obama 2009 hat sich die US Regierung stets auf die (aus ihrer Sicht) verbleibenden wissenschaftlichen Unsicherheiten über den Klimawandel berufen, um Klimaschutzmaßnahmen zu verschieben, die sich ggf. später als nicht erforderlich herausstellen könnten (Brunner 2001: 9; Lutes 1989: 163). Die Gemeinsamkeit beider Klimadiskurse liegt jedoch darin, dass beide den Klimawandel in der Sprache der Wirtschaftswissenschaften diskutieren. Insbesondere die Fixierung auf wirtschaftliche Effizienz und Kosten-Nutzen-Berechnungen verdeckt, wer im Ernstfall die Kosten und wer den Nutzen des Klimawandels zu tragen hätte (Lutes 1998: 165, 167 [siehe dazu auch den Beitrag von Eisenack in diesem Band, Anm. d. Hrsg.]).

Tabelle 4: Eine Gouvernementalitätsanalyse des Klimawandels (Quelle: eigene Darstellung).

	Biomacht	**Fortgeschritten liberales Regieren**
Ziel des Regierens	Klimawandel als Begründung für eine Ausweitung von Regierungsinterventionen	Klimawandel als Begründung für die Schaffung neuer Märkte, die technologische Innovation anregen sollen
Sichtbarkeiten	**Marktversagen** Die Erde als komplexes globales System, das sich mit den Naturwissenschaften beschreiben lässt. Unsichtbar: Lokale Lösungsansätze, Wissen indigener Völker, der Entwicklungsländer und der Sozialwissenschaften	**Staatsversagen** Die Kosten des Klimaschutzes und win-win-Lösungen rücken ins Blickfeld. Unsichtbar: Die Entwicklungsländer tragen die Kosten des Klimawandels. Die Industrieländer verursachen den Klimawandel durch Überkonsum.
Technologien	**Sicherheitsapparate** Überwachung/Kontrolle Satellitenbilder der globalen Umwelt Computermodelle des Klimawandels Globale wissenschaftliche Erhebungen Regulierung Staatlich finanziertes Umweltmanagement (Anpassungsmaßnahmen in Küstengebieten) Staatlich finanziertes Geo-Engineering	**Märkte als Organisationsprinzip** Joint Implementation Mechanismus für umweltverträgliche Entwicklung Emissionshandel **Freiheitstechnologien** Verträge Quantifizierte Emissionsziele des Kyoto-Protokolls Deliberative Räume Verhandlungen im Rahmen der Vertragsstaatenkonferenz Kooperationspartner Selbstverpflichtungserklärungen der Industrie zum Klimaschutz Städte für den Klimaschutz-Kampagne von ICLEI **Performanztechnologien** Vergleichende Erhebungen der Treibhausgasinventare und Klimapolitiken der Vertragsstaaten Regelmäßige Fortschrittsberichte über die Durchführung der Klimarahmenkonvention
Wissensformen	Umwelt- und Naturwissenschaften (der Planet als Objekt des Wissens)	Wirtschaftswissenschaften (Kosten-Nutzen Analyse, Risikobewertung)
Identitäten	die Menschheit am Steuerknüppel von Raumschiff Erde	„kalkulierende" Vertragsstaaten

3.3 Die politischen Konsequenzen eines Wandels der Gouvernementalität

Ob der Klimawandel als Problem der Biomacht oder des fortgeschritten liberalen Regierens hervorgebracht wird, hat bedeutsame Auswirkungen auf die zur Verfügung stehenden politischen Lösungsoptionen. Im Feld der Biomacht wird der Klimawandel von Naturwissenschaftlern als ein Problem hervor gebracht, das eines globalen Umweltmanagements bedarf. Vor diesem Hintergrund erscheinen Regierungsinterventionen unausweichlich. So kann Staatsmacht im Namen der Rettung des Planeten Erde (und des Überlebens der Menschheit) ausgeweitet werden. Fortgeschritten liberales Regieren hingegen bringt den Klimawandel als Problem von Staatsversagen hervor, dem nur durch die Schaffung neuer Märkte beizukommen ist. Die Entscheidung über Klimaschutzmaßnahmen im Kontext von fortgeschritten liberalem Regieren ist keineswegs eine moralische Angelegenheit, sondern eine Frage ökonomischen Kalküls. Wenn die Kosten der Schäden durch den Klimawandel größer sind als die Vermeidungskosten, kann Klimaschutz als legitim gelten. Jegliche Klimaschutzmaßnahme muss auf die kosteneffizienteste Art und Weise durchgeführt werden, d.h. geographisch gesehen dort, wo mit einer gegebenen Investitionssumme die meisten Treibhausgase eingespart werden können. Paterson stellt fest: „Die Auswirkung des Neoliberalismus war es, die Bandbreite möglicher Politikoptionen einzuengen (...). Darüber hinaus hat der Neoliberalismus dazu geführt, dass die Umweltökonomie sich fast ausschließlich mit „marktförmigen Lösungen" befasst. Diese dominieren die politische Diskussion über die globale Erwärmung (...)" (Paterson 1996: 169, eigene Übersetzung). Steven Bernstein (2002: 228) warnt davor, dass Klimapolitiken des fortgeschritten liberalen Regierens, das er als „liberal environmentalism" bezeichnet, langfristig nicht in der Lage sein werden, den Klimawandel aufzuhalten. Denn ab einem gewissen Punkt könne Klimaschutz nicht mehr mit steigendem Wirtschaftswachstum einhergehen. Während die Biomacht tatsächlich noch den Schutz des Klimas im Sinn hatte, zielt fortgeschritten liberales Regieren laut Bernstein auf den Schutz des Wirtschaftswachstums vor den Kosten der Klimaschutzmaßnahmen. Es gibt also einige Hinweise darauf, dass der Wandel von der Biomacht zum fortgeschritten liberalen Regieren zu einer Verkleinerung des politischen Handlungsspielraums für den Klimaschutz geführt hat. Diese Schlussfolgerung muss jedoch vorläufig bleiben und macht weitere empirische Arbeit notwendig.

4 Kritische Reflektion und Forschungsempfehlungen

Dieser Aufsatz ist nicht mehr und nicht weniger als ein erster Versuch, mit Hilfe von Michel Foucault's Konzept der Gouvernementalität über die politische Bearbeitung des Klimawandels nachzudenken. Eine theoretische Frage, die hier nicht genauer betrachtet werden konnte, ist die Wechselwirkung zwischen Biomacht und fortgeschritten liberalem Regieren. Hier muss danach gefragt werden, ob die Biomacht nicht nach wie vor das Herzstück des Klimaregimes ausmacht und lediglich durch fortgeschritten liberales Regieren ergänzt und verändert wurde. Es bedarf gründlicher empirischer Arbeit über einen längeren Untersuchungszeitraum (beispielsweise Auswertung der offiziellen Verhandlungsdokumente der Vertragsstaatenkonferenzen, Protestpamphlete, Zeitungsartikel etc.), um Foucault's Anspruch gerecht zu werden, die tatsächliche Komplexität der Diskurse abzubilden. Dieser Aufsatz konnte die beiden Gouvernementalitäten einander nur recht schablonenhaft gegenüber stellen. Auch sollte eine zukünftige empirische Untersuchung insbesondere den Widerstand gegen die Rationalitäten und Technologien, die den Klimawandel regierbar machen, untersuchen.

Was sind nun die Vorzüge davon, die Klimapolitik mit der Brille des Gouvernementalitätskonzepts zu betrachten? Eine Gouvernementalitätsanalyse geht nicht davon aus, dass das Klimaregime dem Klimaschutz dienen würde, nur weil es dies nach außen vorgibt. Stattdessen richtet die Gouvernementalitätsstudie die Aufmerksamkeit auf die Möglichkeit, dass Programmversagen bereits ein eingebauter Bestandteil des Funktionierens des Klimaschutz-Regimes sein könnte. Es ist eine Stärke des Gouvernementalitätsansatzes danach zu fragen, was dieses Klimaschutz-Regime eigentlich tut, wenn es schon nicht das Klima zu schützen vermag. Eine Gouvernementalitätsanalyse zeigt auf, wie produktiv das Klimaschutz-Regime nichts desto trotz ist, da es spezifische Sichtbarkeiten, Technologien, Wissensformen und Identitäten hervorbringt, die es ohne dieses Regime nicht gäbe. Es kann danach gefragt werden, was denn dann geschützt wird, wenn es nicht das Klima ist (Stripple 2002)? Ist es der westliche Lebensstil, das Wachstum der auf fossilen Energieträgern beruhenden Wirtschaft oder das imperialistische Verhältnis zwischen Industrie- und Entwicklungsländern, das aufrecht erhalten werden soll?

Zusammenfassend lässt sich also festhalten, dass das Gouvernementalitätskonzept einen fruchtbaren theoretischen Rahmen bietet, um politischen Wandel in einem bestimmten Politikfeld in westlichen Industrieländern zu untersuchen. Die im vorangegangenen Teil dieses Aufsatzes dargelegten Befunde deuten darauf hin, dass sich im Feld der Klimapolitik der von Rose diagnostizierte Wandel hin zu einer fortgeschritten liberalen Form des Regierens nachweisen lässt. Zweitens, wie oben schon angedeutet, ist es eine Stärke des Gouvernementalitätsansatzes, dass er Programmversagen als integrativen Bestandteil des Funktionierens eines Programms untersucht (Lemke/Krasmann/Bröckling 2000). Anstatt anzunehmen, dass wir wissen, was ein Programm macht, gilt es, die konkreten Sichtbarkeiten, Technologien, Wissensformen und Identitäten zu untersuchen, die von diesem Programm erzeugt werden. Dies kann zu überraschenden neuen Erkenntnissen führen, die im Widerspruch zu offiziellen Programmzielen stehen. Drittens lässt sich zeigen, dass mit jeder Gouvernementalität eine Einengung auf bestimmte politische Lösungsoptionen erfolgt. Fortgeschritten liberales Regieren macht den Klimawandel zu einer Frage ökonomischen Kalküls und begrenzt den Spielraum für Klimapolitik auf technologische Innovation zur Steigerung der Energieeffizienz. Viertens ist es entscheidend, die vorherrschende Gouvernementalität zu verstehen, um subversive Strategien zu entwickeln. Allzu oft wird von Protestbewegungen genau die Terminologie reproduziert, die alternative Denkweisen und Praktiken erst verunmöglicht. Die Denaturalisierung und Unterbrechung vorherrschender Gouvernementalitäten (Shapiro 1992) kann ein wichtiger erster Schritt sein, um Spielraum für neue Lösungsansätze für die politische Bearbeitung des Klimawandels zu schaffen.

Literatur

Bäckstrand, Karin/Lövbrand, Eva (2006): Planing Trees to Mitigate Climate Change: Contested Discourses of Ecological Modernization, Green Governmentality and Civic Environmentalism. In: Global Environmental Politics 6 (1), 50-75.

Balzer, Ingrid/Wächter, Monika (Hrsg.) (2002): Sozial-ökologische Forschung: Ergebnisse der Sondierungsprojekte aus dem BMBF-Förderschwerpunkt. München: oekom verlag.

Barry, Andrew/Osborne, Thomas/Rose, Nikolas (1996) (Hrsg.): Foucault and Political Reason: Liberalism, Neoliberalism and Rationalities of Government. London: UCL Press.

Bernstein, Steven (2002): International Institutions and the Framing of Domestic Policies: The Kyoto Protocol and Canada's Response to Climate Change. In: Policy Sciences 35 (2), 203-236.

Biermann, Frank (2003): Science as Power: The Construction of Global Environmental Problems in Expert Assessments. Konferenzpapier: 44th Annual Convention of the International Studies Association, Portland, Oregon, USA, 25.02- 01.03.2003.

Bodansky, Daniel M. (1995): The Emerging Climate Change Regime. In: Annual Review of Energy and Environment 20, 425-461.

Bröckling, Ulrich/Krasmann, Susanne/Lemke, Thomas (2000) (Hrsg.): Gouvernementalität der Gegenwart: Studien zur Ökonomisierung des Sozialen. Frankfurt a.M.: Suhrkamp Taschenbuch.

Burchell, Graham/Gordon, Colin/Miller, Peter (1991) (Hrsg.): The Foucault Effect: Studies in Governmentality. London: Harvester Wheatsheaf.

Brunner, Ronald D. (2001): Science and the Climate Change Regime. In: Policy Sciences 34 (1), 1-34.

Dariér, Eric (1999) (Hrsg.): Discourses of the Environment. Oxford: Blackwell Publishers.

Dean, Mitchell/Hindess, Barry (1998) (Hrsg.): Governing Australia: Studies in Contemporary Rationalities of Government. Melbourne: Cambridge University Press.

Dean, Mitchell (2003): Governmentality: Power and Rule in Modern Society. London: SAGE Publications.

Dreyfus, Hubert L./Rabinow, Paul (Hrsg.) (1987): Michel Foucault: Jenseits von Strukturalismus und Hermeneutik. Frankfurt a.M.: Athenäum.

Dryzek, John S. (1997): The Politics of the Earth: Environmental Discourses. Oxford: Oxford University Press.

Fisher, Frank/Hajer, Maarten A. (Hrsg.) (1999): Living with Nature: Environmental Politics as Cultural Discourse. Oxford: Oxford University Press.

Fisher, Dana R./Freudenburg, William R. (2001): Ecological Modernization and Its Critics: Assessing the Past and Looking Toward the Future. In: Society and Natural Resources 14 (8), 701-709.

Foucault, Michel (1987): Das Subjekt und die Macht. In: Dreyfus, Hubert L./Rabinow, Paul (Hrsg.) (1987): Michel Foucault: Jenseits von Strukturalismus und Hermeneutik. Frankfurt a.M.: Athenäum, 243-261.

Foucault, Michel (1999): Der Wille zum Wissen. Sexualität und Wahrheit Band I. Übersetzt von Ulrich Raulff und Walter Seitter. Frankfurt a.M.: Suhrkamp Taschenbuch.

Foucault, Michel (2000): Die Gouvernementalität. In: Bröckling, Ulrich/Krasmann, Susanne/Lemke, Thomas (2000) (Hrsg.): Gouvernementalität der Gegenwart: Studien zur Ökonomisierung des Sozialen. Frankfurt a.M.: Suhrkamp Taschenbuch, 41-67.

Foucault, Michel (2004a): Geschichte der Gouvernementalität I: Sicherheit, Territorium, Bevölkerung, Vorlesung am College de France 1977-1978. Frankfurt a.M.: Suhrkamp Verlag.

Foucault, Michel (2004b): Geschichte der Gouvernementalität II: Die Geburt der Biopolitik, Vorlesung am College de France 1978-1979. Frankfurt a.M.: Suhrkamp Verlag.

Haahr, Jens H. (2004): Open Co-ordination as Advanced Liberal Government. In: Journal of European Public Policy 11 (2), 209-230.

Hajer, Maarten A. (1997): The Politics of Environmental Discourse: Ecological Modernization and the Policy Process. London: Oxford University Press.

Henman, Paul (2002): Computer Modeling and the Politics of Greenhouse Gas Policy in Australia. In: Social Science Computer Review 20 (2), 161-173.

Ingram, Helen/Milward, H. Brinton/Laird, Wendy (1992): Scientists and Agenda Setting: Advocacy and Global Warming. In: Waterstone, Marvin (Hrsg.) (1992): The Interaction of Science, Technology and Public Policy. Kluwer: Netherlands, 33-53.

Jagers, Sverker C./Stripple, Johannes (2003): Climate Governance beyond the State. In: Global Governance 9 (3), 385-399.

Keil, Roger/Bell, David V.J. /Penz, Peter et al. (Hrsg.) (1998): Political Ecology: Global and Local. London: Routledge.

Larner, Wendy (2000): Neo-liberalism: Policy, Ideology, Governmentality. In: Studies in Political Economy 63, 5-25.

Lemke, Thomas (2002): Foucault, Governmentality, and Critique. In: Rethinking Marxism 14 (3), 49-64.
Lemke, Thomas/Krasmann, Susanne/Bröckling, Ulrich (2000): „Gouvernementalität, Neoliberalismus und Selbsttechnologien". In: Bröckling, Ulrich/Krasmann, Susanne/Lemke, Thomas (Hrsg.) (2000): Gouvernementalität der Gegenwart: Studien zur Ökonomisierung des Sozialen. Frankfurt a.M.: Suhrkamp Taschenbuch, 7-40.
Litfin, Karen (1998): Satellites and Sovereign Knowledge: Remote Sensing of the Global Environment. In: Litfin, Karen (Hrsg.) (1998a): The Greening of Sovereignty in World Politics. Cambridge, Massachusetts/London: MIT Press, 193-222.
Litfin, Karen (Hrsg.) (1998b): The Greening of Sovereignty in World Politics. Cambridge, Massachusetts/London: MIT Press.
Luke, Timothy (1999a): Environmentality as Green Governmentality. In: Dariér, Eric (Hrsg.) (1999): Discourses of the Environment. Oxford: Blackwell Publishers, 121-151.
Luke, Timothy (1999b): Eco-Managerialism: Environmental Studies as a Power/Knowledge Formation. In: Fisher, Frank/Hajer, Maarten A. (Hrsg.) (1999): Living with Nature: Environmental Politics as Cultural Discourse. Oxford: Oxford University Press, 101-120.
Lutes, Mark W. (1998): Global Climatic Change. In: Keil, Roger/Bell, David V.J./Penz, Peter et al. (Hrsg.) (1998): Political Ecology: Global and Local. London: Routledge, 157-175.
Miller, Clark/Edwards, Paul N. (Hrsg.) (2001): Changing the Atmosphere: Expert Knowledge and Environmental Governance. Cambridge, MA: MIT Press.
Neil, Andrew W. (2004): Cutting Off the King's Head: Foucault's Society Must Be Defended and the Problem of Sovereignty. In: Alternatives 29 (4), 373-398.
Oels, Angela/Altvater, Elmar/Brunnengräber, Achim (2002): Globaler Klimawandel, gesellschaftliche Naturverhältnisse und (inter-)nationale Klimapolitik. In: Balzer, Ingrid/Wächter, Monika (Hrsg.) (2002): Sozialökologische Forschung: Ergebnisse der Sondierungsprojekte aus dem BMBF-Förderschwerpunkt. München: oekom verlag, 111-130.
Oels, Angela (2005): Rendering Climate Change Governable: From Biopower to Advanced Liberal Government? In: Journal of Environmental Policy & Planning 7 (3), 185-207.
Page, Edward /Redclift, Michael (Hrsg.) (2002): Human Security and the Environment: International Comparisons. Cheltenham, UK: Edvard Elgar.
Paterson, Matthew (1996): Global Warming and Global Politics. London: Routledge.
Roe, Emery (1998): Narrative Policy Analysis: Theory and Practice. Durham: Duke University Press.
Rose, Nikolas (1993): Government, Authority and Expertise in Advanced Liberalism. In: Economy and Society 22 (3), 283-99.
Rose, Nikolas (2000): Tod des Sozialen? Eine Neubestimmung der Grenzen des Regierens. In: Bröckling, Ulrich/Krasmann, Susanne/Lemke, Thomas (Hrsg.) (2000): Gouvernementalität der Gegenwart: Studien zur Ökonomisierung des Sozialen. Frankfurt a.M.: Suhrkamp Taschenbuch, 72-109.
Shackley, Simon/Wynne, Brian (1996): Representing Uncertainty in Global Climate Change Science and Policy: Boundary-Ordering Devices and Authority. In: Science, Technology & Human Values 21 (3), 275-302.
Shapiro, Michael J. (1992): Reading the Postmodern Polity: Political Theory as Textual Practice. Minneapolis/Oxford: University of Minnesota Press.
Shaw, Alison (2003): Understanding Processes of Co-Production in the IPCC. Konferenzpapier: 2003 Hamburg Conference "Does Discourse Matter? Power, Discourse and Institutions in the Sustainability Transition". Hamburg, 11.-13.07.2003.
Slocum, Rachel (2004): Consumer Citizens and the Cities for Climate Protection Campaign. In: Environment and Planning A 36 (5), 763-782.
Stripple, Johannes (2002): Climate Change as a Security Issue. In: Page, Edward /Redclift, Michael (Hrsg.) (2002): Human Security and the Environment: International Comparisons. Cheltenham, UK: Edvard Elgar, 105-127.
Waterstone, Marvin (Hrsg.) (1992): The Interaction of Science, Technology and Public Policy. Kluwer: Netherlands.

Klimagerechtigkeit

Ethik in Zeiten des Klimawandels

Josef Bordat

1 Einleitung

Zwei Voraussetzungen stehen am Beginn dieser Auseinandersetzung mit der Ethik in Zeiten des Klimawandels: 1. Der Klimawandel ist eine Frage der globalen Sicherheit (Podesta/Ogden 2008), und dabei mindestens genauso gewichtig wie bspw. der Terrorismus. 2. Der Klimawandel wird vom Menschen verursacht (IPCC 2007) und wirkt auf Menschen ein, auf ihre Sicherheit, ihr Leben und ihre Würde. Der Klimawandel ist damit ein Gegenstand der *Ethik*. Im Folgenden möchte ich, ausgehend von der These, dass nur neue Ansätze in der Ethik den neuen Problemen gerecht werden können, mit einer an die Umstände des Klimawandels adaptierten *Verantwortungsethik* einen solchen Ansatz sowie dessen Implikationen vorstellen.

2 Neue Ansätze in der Klimaethik

2.1 Zur Notwendigkeit neuer Ansätze

Es geht bei der Klimawandelethik resp. Klimaethik[1] nicht nur um bestimmte Ausschnitte aus der Umwelt (Ressourcen, Flora, Fauna), die in besonderer Weise vor der Zerstörung durch den Menschen geschützt werden sollen (Natur- und Tier*schutz*ethik), sondern um das Verhältnis des Menschen zur Umwelt und die daraus erwachsende Verantwortung (Natur- und Tierethik). Dazu gehört auch eine Bestimmung des moralischen Status des Schutzgutes „Natur" und der Mensch ist zu diesem in Beziehung zu setzen. Er kann entweder als Teil der Natur (Mayer-Abich,) oder als Herr der Natur (Jonas) angesehen werden, was entweder zu einer neuen Sicht auf das Mensch-Natur-Verhältnis führt oder zu einer verantwortungsethischen Umdeutung des Herrschaftsbegriffs im bestehenden paternalistischen Paradigma judeo-christlicher Provenienz („(…) bevölkert die Erde, unterwerft sie euch, und herrscht über die Fische des Meeres, über die Vögel des Himmels und über alle Tiere, die sich auf dem Land regen.", Gen 1, 28).[2]

---

1 Die Begriffe „Klimawandelethik" und „Klimaethik" werden im folgenden Synonym verwendet und stehen für eine Ethik in Zeiten des Klimawandels, d. h. eine Ethik, die an die Herausforderungen des Klimawandels angepasst ist und als solche die Auswirkungen menschlichen Handelns auf das Klima als relevanten Aspekt der Moralität begreift.

2 Aufgrund der biblischen Schöpfungshierarchie („unterwerfen", „herrschen") wird oft übersehen, dass auch hier die Deutung von Herrschaft als *Verantwortung* nahe gelegt wird, denn der göttliche Auftrag, den Garten Eden zu bebauen und zu hüten (Gen 2, 15) sowie die Benennungsbefugnis (Gen 2, 19) stiften eine sorgende Beziehung zwischen Mensch und Natur.

Ethik in Zeiten des Klimawandels erschöpft sich nicht in der theoretischen und institutionalisierten Bewusstwerdung der Notwendigkeit gut organisierter Moralappelle, es geht vielmehr um eine Erinnerung an den Naturzusammenhang des Menschen, für den offensichtlich so etwas wie der Klimawandel nötig war; denn einzelne Naturkatastrophen werden als singuläre Ereignisse, als reguläre Abweichungen von einer Natur, die uns äußerlich bleibt und die sich eben ab und an „wehrt", zur Kenntnis genommen und verändern damit grundsätzlich nicht unser Bewusstsein. Erst diese bewusste Erinnerung an den Naturzusammenhang des Menschen führt zu einer neuen Moralität, für die als theoretische Begleitung eine „neue" Ethik entwickelt werden muss, die freilich aufbaut auf bestehenden Moraltheorien.

2.2 Zur Begründung neuer Ansätze. Moraltheoretische Alternativen

Unter Berücksichtigung der Tatsache, dass wir auf Prognosen reagieren, die für uns Zielgrößen ermitteln und unser Handeln den Zweck haben sollte, diese Zielgrößen zu erreichen, wird in dem vorliegenden Beitrag die teleologische gegenüber der deontologischen Ethik favorisiert. Die Notwendigkeit, flexibel auf Änderungen der Zielgrößen reagieren zu können, lässt mithin das Befolgen moralischer Prinzipien nur vor dem Hintergrund konsequentialistischer Kalküle sinnvoll erscheinen, da die aus den Prinzipien sich ergebenden Handlungsmaxime bei geänderter Datenlage angepasst werden müssen. Das gilt für kategorische Imperative (Kant) oder heteronome Regeln moralischer Autoritäten (insbesondere göttliche Gebote) gerade *nicht*. Spezielle „Gebote" der Klimaethik („Du sollst nicht fliegen!") sind daher nicht absolut zu verstehen, sondern mit einem „im Hinblick auf" (und zwar CO_2-Ausstoß) und einem „Solange sich die Daten nicht ändern!" zu deuten, da die betreffenden Handlungen (fliegen) an sich außermoralisch, sie allein *um ihrer Folgen willen* abzulehnen sind. Der Unterschied zu moralischen Handlungen wird deutlich, wenn wir ein Gebot aus dem Dekalog betrachten, etwa „Du sollst nicht töten". Hier wird eine Handlung beschrieben (töten), die wir *um ihrer selbst willen* ablehnen, zwar auch wegen ihrer Folgen, aber insbesondere wegen der Abscheu gegenüber dem Töten *an sich*, die uns – einige pathologische Fälle vernachlässigt – innerlich zu sein scheint. Die Folge: Scham und Schuldgefühl stellen sich bei dieser Tat unmittelbar ein. Während das Tötungsverbot tief im Menschen verwurzelt ist, bedarf das „Flugverbot" einer Rechtfertigung, der Überführung auf ein dem Menschen innewohnendes Moralverständnis.

2.3 Relativität, Globalität, Zeithorizont. Die Problematik des neuen Ansatzes

Die *Relativität* (also die Vermittlung über den konsequentialistischen Zwischenschritt: mein Handeln selbst ist nicht schlecht, sondern dessen Folgen), die *Globalität* (also, dass es kein unmittelbares Opfer meines Handelns gibt) und der *Zeithorizont* (also die Zukünftigkeit der Handlungsfolgen) machen die Forderung „Du sollst nicht fliegen!" problematisch, zumal sie konkret und unmittelbar in mein Leben hier und jetzt eingreift und mir etwas zumutet – eine lange Bahnfahrt oder gar den Verzicht auf eine Reise. Im Rahmen der Klimawandelethik müssen wir immer mehr an und für sich außermoralische Handlungen als moralisch relevant begreifen. Ob wir mit unseren Handlungen bzw. den zugrunde liegenden

Entscheidungen im Sinne unserer Selbsterhaltung „richtig liegen",[3] kann uns nicht mehr die Handlung selbst oder ihre unmittelbaren Folgen aufschlüsseln, sondern deren prognostizierte *langfristige* Konsequenzen. Wenn aber das, was heute „neutral" ist (fliegen), mit Blick auf morgen ein moralisches Gräuel darstellt (töten), machte eine Aktualisierung des Gräuels, also dessen Einbindung ins Hier und Jetzt, die Entscheidung gegen die betreffende Handlung nicht bloß erheblich leichter, sondern „zwänge" sie uns gewissermaßen auf. Wenn wir bei „Flug" eine ähnliche Abneigung spürten wie bei „Mord", hätten wir eine Unmittelbarkeit, die uns leiten könnte.

Wie nah oder fern uns auch die *Folgen* sein mögen, es scheint grundsätzlich darum zu gehen, diese Folgen in der handlungsleitenden Entscheidung zu berücksichtigen.

3 Klimaethik als Verantwortungsethik

3.1 Voraussetzungen

Jenseits der Weberschen Unterscheidung von Verantwortungs- und Gesinnungsethik muss zunächst konstatiert werden, dass jeder Handlung eine Abwägung vorausgeht, bei der die Verantwortung für die Konsequenzen der Handlung eine Rolle spielt und dass es umgekehrt den Fall geben kann, dass eine Handlung um ihrer selbst willen nicht ausgeführt werden *kann*, selbst wenn der Abwägungsprozess ein Ergebnis zeitigt, dass für die Handlung spricht. Wer physisch oder psychisch nicht anders kann, als in einer bestimmten Weise zu handeln, der kann auch nicht dafür verantwortlich gemacht werden, dass er so und nicht anders handelt.

Die Möglichkeit, Verantwortung zu übernehmen, steht und fällt sodann mit der Möglichkeit, sich frei für oder gegen bestimmte Handlungen zu entscheiden. Damit wird ein Begriff angesprochen, der in den letzten Jahren eine wahre Renaissance erfahren hat: die Willensfreiheit. Eine Auseinandersetzung mit der Kontroverse um die Ergebnisse der Hirnforschung zum Wesen *intentionaler* Vorgänge des Bewusstseins und ihrer neuronalen Kausalitäten (so die offensive Position einiger Neurobiologen) bzw. Korrelate (so kritische Stimmen aus der Philosophie des Geistes) ist hier nicht am Platz, auch wenn sie – insbesondere methodologisch – interessant wäre.[4] Ich möchte nur darauf hinweisen, dass sich mir der Verdacht aufdrängt, dass Neurobiologen und kritische Philosophen zum Thema Freiheit geflissentlich aneinander vorbei reden, geleitet von ihrem jeweiligen methodischen Paradigma – „Erklären" (Naturwissenschaft) versus „Verstehen" (Geisteswissenschaften). Es ist nicht immer klar auf welcher Ebene der Freiheitsbegriff diskutiert wird, was also jeweils genau gemeint ist mit „Freiheit". Es gibt einen Unterschied zwischen Willens-, Wahl-, Entscheidungs- und Handlungsfreiheit. Alltagsentscheidungen (und zu diesen zählen die Entscheidung im Rahmen einer Klimawandelethik) haben gerade nicht den Willkür-

---

3   Harry G. Frankfurt (2007: 52) spricht von handlungsleitenden „volitionalen Notwendigkeiten" und führt den Selbsterhaltungstrieb als gemeinhin willensbildend, entscheidungsbestimmend und handlungsleitend ein: „Unser Interesse daran, am Leben zu bleiben, hat als Quelle von Handlungsgründen eine enorme Reichweite und Resonanz".

4   Eine übersichtliche und gut verständliche Darstellung des Willensfreiheitsproblems bietet enthält Pauen (2007).

charakter der Libet-Experimente[5]; sondern sind immer Ergebnis einer Prüfung unter rationaler Abwägung von Gründen unter Berücksichtigung von Gefühlen[6], die uns im Zweifel auch bei eindeutiger Motivlage von der gewollten Handlung abhalten. Dabei geht es nicht nur um die Hemmung biologischer Impulse durch die Vernunft, also um Affektkontrolle. Vielmehr werden die Entscheidungsgründe selbst ihrerseits frei entwickelt, so dass sie der Mensch als die eigenen betrachten, sich also mit ihnen identifizieren kann, ohne deterministisch auf sie festgelegt zu sein (Jung 2005). Wer hier Phänomene anführt, die außerhalb dessen liegen, was unserem volitionalen Bewusstsein zugänglich ist und die dieses (mit)bestimmen, weist nur darauf hin, dass wir nicht absolut frei oder gar allmächtig sind. Ohne den Rahmen äußerer oder innerer Bestimmungsgrößen könnte der Mensch gar nicht sinnvoll entscheiden, weil er dann kein autonomes Subjekt bilden würde, das sich als integriert erlebt und dessen Freiheit gerade in der Konvergenz seines Selbst-Bilds mit seinem Selbst-Sein besteht (Frankfurt 2007: 31).

3.2 Prinzipien

Verantwortung ist seit jeher ein zentraler Begriff des Nachdenkens über Moralität. Er hat einen retrospektiven Charakter (in diesem Sinne entspräche er der Rechtfertigung), kann aber darüber hinaus in prospektiver Hinsicht Bedeutung entwickeln. Insoweit steht er dem Pflichtbegriff nahe (Baran 1990), rückt aber – mehr als dieser – „(…) das Problem der Zurechnung von Verpflichtungen an Handlungssubjekte ins Zentrum der Betrachtung" (Werner 2006: 544). Dieser Blickwinkel der „moralischen Urheberschaft" (Höffe 2007: 253) ist für die Klimawandelethik mit ihrer Zukunftsorientiertheit und der ungeklärten Zuschreibung konkreter Verantwortlichkeiten maßgebend, zumal im Kontext der Klimaethik heute, in einer „Epoche (…), in der Begriffe wie ‚Menschheit', ‚Kosmos', ‚Natur', ‚Geschichte' beginnen, so etwas wie ein sittliches Verhältnis zu bezeichnen, aus dem sittliche Verantwortlichkeiten folgen" (Spaemann 2001: 229),[7] und in der weiterhin „das veränderte Wesen menschlichen Handelns" (Jonas 1984: 13) in modernen, technisierten Gesellschaften eine Erweiterung des Verantwortungsbereichs erforderlich macht, was das Zuschreibungsproblem noch mehr verschärft und die Skepsis gegenüber der Verantwortungsethik nährt. Ferner zeigt sich aber in der Bindung von Verantwortung an Pflicht und Handlungssubjekt auch eine grundsätzliche Konsumerabilität der Verantwortungsethik mit der christlichen Gebotsethik. Robert Spaemann zeigt die biblischen Wurzeln des Verantwortungsbegriffs in der Genesis auf: Als Gott den Kain nach dem Mord an seinem Bruder Abel zur Rechenschaft zieht (die „erste Stelle der Heiligen Schrift, wo überhaupt des Sittliche thematisiert wird", 2001: 216), indem Gott ihm nicht das Verbrechen vorhält, sondern ihn schlicht fragt: „Wo ist dein Bruder Abel?" (Gen 4, 9), weist dieser nicht die Tat von sich,

---

5   Anmerkung des Herausgebers: Ende der 70er Jahre des vergangenen Jahrhunderts führte der Physiologe Benjamin Libet Experimente zum Zusammenhang von bewussten Entscheidungen und ihrer handlungspraktischen Umsetzung durch (siehe bspw. Libet 2004: 268ff.).
6   Dass Emotionen die Reflexionen beeinflussen und daher bei Entscheidungen unter den Bedingungen praktischer Rationalität selbst Gegenstand von Reflexion werden müssen, zeigt Thomas Gil in seinen Arbeiten zur Handlungstheorie (2000, 2002, 2003).
7   Tatsächlich wird in der gegenwärtigen Verantwortungsethik die Verantwortungs*instanz* mit dem Verantwortungs*gegenstand* unverbrüchlich verschränkt, sei dieser Gegenstand die „Geschichte" (Picht 1969: 325) oder die „Natur" (Jonas 1992: 131). Damit wird menschliche Verantwortung zur „Verantwortung für die menschliche Existenz überhaupt" (Werner 2006: 545), soweit sich der Mensch als „historisch" oder „natürlich" begreift.

sondern er versucht die Frage zu delegitimieren, indem er ganz allgemein die Verantwortung für seinen Bruder mit einer Gegenfrage zurückweist: „Bin ich der Hüter meines Bruders?" (Gen 4, 9). Die sorglose Gleichgültigkeit des Kain, die aus diesen Worten spricht, legt im negativen Modus die Essenz der Verantwortung frei, denn genau dies ist ihr Kern: Sorge zu tragen und diese Sorge zur Pflicht zu erheben. Verantwortung heißt in der Tat, „Hüter meines Bruders" zu sein. Die Frage, die sich uns stellt, lautet: Wer ist unser „Bruder"? Und: Woraus stiftet sich diese verantwortungsbegründende „Verwandtschaftsbeziehung"?

Mit Blick auf eine Klimaethik ist zu fragen: *Wer* trägt Verantwortung? Antwort eins: Wir alle! Antwort zwei: Jeder Einzelne! Das ist ein Unterschied, denn einmal geht es um das Kollektiv und einmal um das Individuum. Damit ist die Differenz von Individual- und Institutionenethik angesprochen. Klassische individualistische Ethik-Konzeptionen reichen nicht mehr aus. Globale Ethik ist immer Institutionenethik, wie etwa die Arbeiten Thomas Pogges (2001, 2002) andeuten. Verantwortungszuteilung geschieht dabei als „soziale Organisation moralischer Mitverantwortung" (Werner 2006: 544), insbesondere als deren effiziente Distribution in einer pluralistischen Gesellschaft (Apel 2001). Dass, was Christoph Hubig für die Technik- und Wissenschaftsethik ausführt, gilt für alle Ethiken, die der Sache nach globale Wirkungsbereiche des Menschen betreffen, es gilt insbesondere für die Umweltethik und entsprechend auch für eine Klimaethik:

> „Die Schwierigkeiten der bisherigen Ansätze zu einer Ethik von Wissenschaft und Technik scheinen darin begründet, daß man versuchte, sie auf der Basis des Konzepts individuellen Handelns zu entwickeln. Ein alternatives Konzept für eine Ethik der Technik ist daher erforderlich. Ich möchte es in die These kleiden, daß die Normierung und Regulation von Folgen und Nebenfolgen insbesondere der modernen verwissenschaftlichten Technologien im Bereich der Verantwortung von Institutionen und Organisationen, also kollektiven Subjekten liegen müsse" (Hubig 1995: 72).

Institutionen und Organisationen lassen sich am besten als Regelsysteme und Einrichtungen, die für die Einhaltung der Regeln verantwortlich sind, beschreiben. Also: das Kyoto-Protokoll ist eine Institution, die Vereinten Nationen eine Organisation. Die Organisation „VN" übernimmt mit der Institution „Kyoto" Verantwortung in Zeiten des Klimawandels. Schon dieses Beispiel macht die Krux der Institutionenethik auf globaler Ebene deutlich: Die Organisation (die VN) müsste neben dem „guten Willen" zur Institution (dem völkerrechtlichen Vertrag) auch die faktische Durchsetzungsmöglichkeit haben, um die Institution in der Rechtspraxis wirksam werden zu lassen. Dazu gehört auch die Möglichkeit, bei Normverstößen Sanktionen auszusprechen und durchzusetzen. Weil die VN nur eine „Ordnung ohne Zwang" installieren können, bleibt es regelmäßig beim „guten Willen" (Bordat 2008: 34 f.).

Es geht nicht ohne diese institutionellen Eingriffe, nicht ohne die großen Klimaverträge und die großen Projekte zu deren Realisierung im Energie- und Verkehrsplanungssektor und entsprechende makroökonomische Steuerungsmechanismen, also: Steuern. Es geht aber auch nicht ohne die Antwort auf individualethische Fragen ganz persönlicher Verantwortung im Kontext des je eigenen „CO_2-Fußabdrucks". Dazu gehört die Bereitschaft, einerseits die Signale der Politik aufzunehmen und im eigenen Leben umzusetzen (also: Legalität), dazu gehört aber auch, die großen Spielräume, die ein freiheitlicher Staat lassen muss, verantwortungsvoll auszuleben (also: Moralität). Über hohe Steuern auf Kerosin oder andere Sonderabgaben kann z. B. das Fliegen unattraktiv gemacht werden, die Entscheidung trifft aber der Einzelne. Wir haben es bei der Klimawandelethik wie bei allen Fragen globaler Ethik damit zu tun, dass der Einzelne alleine nichts ändern kann, sich aber *nichts* ändert, wenn der Einzelne *sich* nicht ändert. Also: *Jeder* trägt Verantwortung.[8]

Es fragt sich sodann: *Wofür?* Bei der Zuschreibung von Verantwortung muss zunächst die Gefahr der (Selbst-)Überforderung in den Blick genommen werden, die hier nur angesprochen werden kann, weiter unten jedoch noch ausführlich thematisiert wird. Die Frage des *Wofür* beinhaltet nämlich durchaus schon die Abgrenzung zum *Wofür nicht*, soll nicht ein kontra-indikatives Maximum an Moralität gefordert werden („jeder für alles"). Hier ist an eine Abstufung von Verantwortung zu denken. Werner nennt drei mögliche Stufen: Es werde

> „(…) vielfach angenommen, dass Akteure (a) für intendierte Handlungsergebnisse stärker verantwortlich sind als für nicht-intendierte, aber vorausgesehene und ‚in Kauf genommene' Handlungsfolgen; (b) für vorausgesehene Handlungsfolgen stärker als für nicht-vorausgesehene, die aber voraussehbar gewesen wären (…); (c) für Folgen eines aktiven Tuns stärker als für die Folgen von Unterlassungen" (Werner 2006: 546).

Dass diese Abstufung, so praxiswirksam sie in unserem Rechtssystem geworden ist, nicht unumstritten bleibt (Duff 1998), bedarf keiner weiteren Erläuterung. Zudem sind wir schließlich wieder auf die Schwierigkeit zurückgeworfen, dass der Einzelne das Risiko seines Handelns grundsätzlich gar nicht kennen kann, wenn die Folgen seines Handelns gegenüber diesem nur mit erheblicher zeitlicher Verzögerung und räumlicher Verschiebung eintreten, was ja beim Klimawandel der Fall ist: „Der ‚Verlust des verantwortlichen Subjekts' und der ‚Verlust des Gegenstands der Verantwortung' werden daher die zentralen Herausforderungen ausmachen, auf deren Basis die klassischen Individualethiken zu modifizieren sind" (Hubig 1995: 23).

Der „Gegenstand der Verantwortung", das sind die Folgen des Handelns und damit das Handeln selbst.[9] *Meine* Verantwortung für die Folgen *meines* Handelns (im Sinne der klassischen Individualethiken) lassen sich bezogen auf den Klimawandel nicht mehr genau benennen. Wenn ich in der U-Bahn unachtsam bin und jemandem auf den Fuß trete, bin ich sofort mit den Folgen konfrontiert, wenn ich gegenüber meinem CO_2-Fußabdruck unacht-

---

8   Entsprechendes lässt sich über die Debatte zu „Global Justice" sagen: Wohlwollende Institutionen kommen ohne individuelle Verzichtsbereitschaft nicht aus. Zwei Probleme der Institution resp. Organisation als Trägerin von Verantwortungsethos sollen zudem nicht verschwiegen werden. Erstens: der Hang zur selbstreferentiellen Bürokratisierung, durch die u. U. der Zweck der Institution resp. Organisation konterkariert wird, und zweitens: die Vortäuschung von problemlösender Ordnung, wo aber leider keine ist, was tragischerweise beim (steuerzahlenden) Individuum zu einem Gefühl der Entpflichtung führt („Dafür gibt es ja Institution X!", „Darum kümmert sich bei uns Organisation Y!", „Wofür haben wir denn Institution Z?!"). Es bleibt aber, wie gesagt, dabei: Der Einzelne trägt Verantwortung und kann diese letztlich nicht delegieren. Daraus folgt für den kollektivistischen Ethik-Ansatz: Wir brauchen schlanke, transparente Organisationen und wirkungsvolle Institutionen. Das Individuum muss verantwortungsethisch angesprochen werden, nach einem Umweg über die Organisation, die das Wissen und den Überblick hat, um mit Institutionen zielgerichtete Vorgaben zu machen, die der Einzelne konkret umsetzen kann. Das Individuum muss immer und überall mit dem Thema Klimawandel konfrontiert werden, denn letztlich entscheidet es als Konsument, Wähler und mündiger Staatsbürger darüber, wie produziert, geforscht und entwickelt wird. Letztlich läuft das Zusammenspiel von Institution und Individuum auf das abgedroschene „Global denken, lokal handeln" (Rahmsdorf/Schellnhuber 2006: 109) zu.
9   Vgl. Anm. 7.

sam bin, passiert erst mal gar nichts. Ich werde also u. U. eher darauf achten, niemandem auf den Fuß zu treten als klimaneutral produzierte Schuhe zu tragen. Dass diese Vermutung nur dann stimmt, wenn ich im zweiten Fall *tatsächlich* keine Folgen spüre, soll noch zur Sprache kommen.

Man kann bei der theoretischen Ausgestaltung der individualistischen Verantwortungsethik zunächst zurückgreifen auf Hans Jonas' epochales Werk *Das Prinzip Verantwortung. Versuch einer Ethik für die technologische Zivilisation* (Jonas 1979), mit dem er zum Wortführer der radikaleren Techniksceptiker wurde und bei Technikoptimisten in den Verdacht geriet, apokalyptische Drohungen aus dem Geist eines gnostischen Weltbildes auszusprechen,[10] die mit der Realität nichts zu tun haben.

Über dies lässt sich an einigen Formulierungen ein religiöser Duktus festmachen, der kaum mehr das Gewicht haben dürfte, das Jonas ihnen beimisst. Es ist fraglich, ob seine Position, es komme auf die „Hütung des Ebenbildes" an, auf die „Ehrfurcht für das, was der Mensch war und ist, (…) indem sie uns ein ‚Heiliges', das heißt unter keinen Umständen zu Verletzendes enthüllt" (Jonas 1984: 393), außerhalb eines dezidiert theologischen Diskurses noch ernst genommen wird. Auch rührt aus dem religiösen Vorverständnis ein ziemlich unklarer Verantwortungsbegriff. Jonas definiert „Verantwortung" als verpflichtende „Sorge um ein anderes Sein, die bei der Bedrohung seiner Verletzlichkeit zur ‚Besorgnis' wird" (ebd.: 391), lässt dabei aber offen, wodurch diese Aktualisierung der Sorge in der Haltung der Besorgnis ausgelöst wird, was also konkret die Bedrohung ausmacht, die mich alarmiert und zur Verantwortungsübernahme nötigt. Zudem ist fraglich, was denn dieses „andere Sein" umfassen kann. Hierzu lässt sich aus anderen Stellen seiner Schrift schließen, dass Jonas als Gegenüber, auf das sich die umweltethische Verantwortung richtet, die zukünftige Menschheit meint. Grundsätzlich bestimmt er zwei eminente Paradigmata der Verantwortung, und zwar die der Eltern gegenüber dem Kind und die des Staatsmanns gegenüber dem Gemeinwesen. Daraus lässt sich ablesen,[11] dass sich Verantwortung als Fürsorgeakt nach Jonas nur „von Menschen für Menschen" (ebd: 84) begründen lässt, die Verantwortung des Menschen der Natur als solcher gegenüber mithin eine paternalistische bleibt. Ein drittes Problem ist, dass Jonas die drohende ökologische Katastrophe allein als Folge der Fehlleistungen vergangener und gegenwärtiger Menschheitsgenerationen im Rahmen *technischer* Systeme begreift und dabei ökonomische Aspekte vernachlässigt.[12]

Was Jonas' Ansatz wichtig und aktuell macht und ihn durchaus als Folie für eine Klimawandelethik tauglich erscheinen lässt, das ist die Holistik seiner ethischen Betrachtung

---

10 Schiwy (1995: 83) schreibt dazu: „Man hat Jonas verdächtigt, er, der 1928 bei Heidegger und Bultmann über den Begriff der Gnosis promovierte, stehe weiterhin im Bann der Gnosis mit ihren im 2. Jahrhundert grassierenden spekulativen Mythen über den Sündenfall (Gottes) und die allmähliche Erlösung durch den göttlichen Geist". Im Rahmen seiner Ehrenpromotion durch die Freie Universität Berlin am 12. Juni 1992 hat Jonas deutlich gemacht, dass er diesen Verdacht für unbegründet hält, auch wenn er eine Sympathie für analog zur Gnosis liegende Weltdeutungen hege. Diese seien aber eher „quasignostisch" (zit. nach Böhler 1994: 170).

11 Abgesehen von der Anschlussfähigkeit des Verantwortungsbegriffs bei Jonas an die Metaphorik der politischen Philosophie von Platon bis zur Gegenwart, in der die Familie-Staat-Analogie immer noch eine Rolle spielt: je christlich-konservativer die Gesellschaft geprägt ist, umso deutlicher wird dies in Sprachgebrauch („Landesvater") und in der Argumentation (Subsidiaritätsprinzip).

12 Die Rohdung der Regenwälder als ein ökologisches Kernproblem hat im Wesentlichen ökonomische Ursachen. Die dabei angewandte Technik kann in einer kritischen Analyse der Abholzung zurücktreten, auch wenn freilich immer effizientere Baumfällmethoden entwickelt werden und dies das Problem verschärft. Dessen Ursache ist dieser technische „Fortschritt" aber nicht.

und der daraus entwickelte *kategorische Imperativ des Gattungslebens*. Jonas führt dazu aus: „Ein Imperativ, der auf den neuen Typ von Handlungssubjekt gerichtet ist, würde etwa so lauten: ,Handle so, daß die Wirkungen deiner Handlung verträglich sind mit der Permanenz echten menschlichen Lebens auf Erden'" (ebd.: 36). Handlungssubjekt sind dabei alle Menschen, also ein individualethischer Ansatz, aber auch jene Subjekte, die als Kollektiv das Handeln unter den Ermöglichungsbedingungen technischer Systeme organisieren; das wäre ein institutionenethischer Zugang. Jonas nennt vier Bereiche, in denen Handlungen besondere Relevanz für die „Permanenz echten menschlichen Lebens auf Erden" haben: Nahrung, Rohstoffe, Energie und Produktionsprozesse, weil diese – jetzt kommt's – eine Überwärmung des Erdraums durch Abfuhrwärme hervorrufen (ebd.: 329 ff.). Leider wird hier wiederum die ökonomische Dimension übersehen, stellt sich doch das Probleme heute eher als „Überwärmung des Erdraums durch die Abfuhrwärme von *Konsumtions*prozessen" dar und auch für die Produktionsprozesse muss in der Marktwirtschaft vom Konsumenten her gedacht werden. Wenn man den Ansatz zeitgemäß weiterdenkt und Jonas' verantwortungsbewussten Staatsmann, den *pater patriae*, um den mündigen, verantwortungsbewussten Bürger ergänzt, den Jonas gar nicht im Blick hat, dann lässt sich daraus ein Verantwortungsbegriff entwickeln, der Jonas' individualethischen Ansatz nur noch schärfer macht. Denn jetzt liegt die Last der Verantwortung ganz beim Handlungssubjekt „Mensch". Er, der einzelne Mensch, entscheidet, wie er sich ernährt (fleischlos, fleischarm, fleischreich), wie er heizt, von wem er den Strom bezieht, welches Auto er fährt, wie oft er fliegt und so weiter. Wenn zusätzlich Jonas' Forderung nach einem „Höchstmaß an politisch auferlegter gesellschaftlicher Disziplin" zur – wie er sagt – „Unterordnung des Gegenwartsvorteils unter das langfristige Gebot der Zukunft" beachtet wird (ebd.: 251), dann kann aus Jonas' Technikethik der 1970er Jahre eine Klimaethik für das 21. Jahrhundert gewonnen werden.

Ich möchte diese Ethik nach Jonas ergänzen um die etwas anders akzentuierte naturphilosophische Ethik Klaus Michael Meyer-Abichs, der 1984 mit dem Buch *Wege zum Frieden mit der Natur. Praktische Naturphilosophie für die Umweltpolitik* auf sich aufmerksam machte, dem er 1990 die vielbeachtete[13] Schrift *Aufstand für die Natur – von der Umwelt zur Mitwelt* folgen ließ, ein Gedanke, der seither immer wieder auftaucht (z. B. bei Kather 2008)[14]. Für Meyer-Abich hat die menschliche Hybris, die Jonas ja auch ausmacht, ihre Wurzeln in gerade jenem anthropozentrischen Weltbild, das Jonas als schöpfungsgläubiger Jude vertritt. Also: Gleiches Problem, gleiche Diagnose, andere Therapie. Meyer-Abich ist der Meinung, dass wir unsere Verantwortung direkt auf die Natur richten müssen, dass also die gegenwärtige Natur selbst als das Gegenüber auftritt, von dem Jonas spricht, nicht der zukünftige Mensch. Mehr noch: die Natur wird als Rechtssubjekt aufgefasst, als Trägerin von Rechten, die wir so zu berücksichtigen haben, wie wir auch die Rechte anderer Menschen oder eben die Rechte kommender Generationen achten. An die Stelle der auch von Jonas als Ursache des „Unheils" kritisierten Macht über die Natur (ebd.: 7), setzt Meyer-Abich die „natürliche Rechtsgemeinschaft" (Meyer-Abich 1986: 138), eine Übertragung zwischenmenschlicher Verantwortungs- und Rechtskonzepte auf die Natur insgesamt. Er entwickelt dazu eine Hierarchie der Verantwortungsbereitschaft über den Begriff der

---

13 Vielbeachtet u. a. deswegen, weil Meyer-Abich von 1984-87 Senator für Wissenschaft und Forschung in der Freien und Hansestadt Hamburg war und insofern eine Popularität hatte, die weit über die Sphäre der akademischen Philosophie hinausging.

14 Regine Kather spricht, ganz im Sinne Meyer-Abichs, vom „sittlichen Eigenrecht der Natur" und der Notwendigkeit einer „Erweiterung ethischer Pflichten am Beginn des 21. Jahrhunderts". Sie ist der Auffassung, der Mensch sei nicht nur körperlich, sondern auch geistig ein Teil der Natur (dazu auch Kather 2003).

Rücksichtnahme, die von absoluter Egozentrik bis hin zu allumfassender Achtsamkeit reicht. Die acht Stufen der Rücksichtnahme nach Meyer-Abich (1986: 23, Hervorhebungen von mir) sind:

> „1. Jeder nimmt *nur auf sich selber* Rücksicht.
> 2. Jeder nimmt außer auf sich selber auch auf seine Familie, Freunde und Bekannten sowie auf ihre unmittelbaren *Vorfahren* Rücksicht.
> 3. Jeder nimmt auf sich selber, die ihm Nahestehenden und seine Mitbürger bzw. das Volk, zu dem er gehört, einschließlich des unmittelbaren *Erbes der Vergangenheit* Rücksicht.
> 4. Jeder nimmt auf sich selber, die ihm Nahestehenden, das eigene Volk und die *heute leben den Generationen* der ganzen Menschheit Rücksicht.
> 5. Jeder nimmt auf sich selber, die ihm Nahestehenden, das eigene Volk, die heutige Menschheit, alle Vorfahren und die *Nachgeborenen* Rücksicht, also auf die Menschheit insgesamt.
> 6. Jeder nimmt auf die Menschheit insgesamt und alle *bewusst empfindenden Lebewesen* (Individuen und Arten) Rücksicht.
> 7. Jeder nimmt auf *alles Lebendige* (Individuen und Arten) Rücksicht.
> 8. Jeder nimmt auf *alles* Rücksicht."

Man erkennt die sukzessive Öffnung der Verantwortung vom eigenen Wohl hin zum allgemeinen Wohl, hier illustriert durch die Tugend der Rücksichtnahme. Das kommt am Ende der buddhistischen „Achtsamkeit" oder der „Verantwortung gegen alles, was lebt" (Schweitzer 1974: 379) sehr nahe. Welche problematischen Folgen dieser in der philosophischen Umweltethik seit einigen Jahren immer stärker verfochtene Paradigmenwechsel von der anthropozentrischen zur physiozentrischen Perspektive auf die Natur jedoch haben kann (also der Übergang von Stufe 5 auf 6 bzw. 7), also wenn das Gerechtigkeitsprinzip auf Basis der Verantwortung zu einem Gleichheitsprinzip auf der Grundlage eines ontologischen Materialismus wird, bei dem diese Liste der Weiterungen so gelesen werden soll, dass menschliches Leben, tierisches Leben und pflanzliches Leben im Zweifel *nicht* als hierarchisch gestufte Schutzgüter im Sinne einer anthropozentrischen Axiologie verstanden werden sollen, wird noch angesprochen.

Klar wird aus der moralischen Entwicklung der Rücksichtnahme, dass eine immer weiter gefasste Natur – Mitbürger, lebende Menschen, potentielle Menschen, Tiere, Pflanzen – Rechte haben soll, aus denen uns Pflichten erwachsen. Dass wir Pflichten gegenüber der Natur haben, das betont unterdessen auch Heiner Hastedt: Ihm zufolge haben wir „Pflichten gegenüber der Natur als Verantwortung für die Lebensgrundlagen zukünftiger Generationen" (Hastedt 1991: 175). In Anlehnung an Rawls Prinzip der Gerechtigkeit und des guten Lebens in einer gerechten Gesellschaft formuliert er eine Technikethik, die auch für eine Klimaethik Bedeutung hat:

> „Eine Technik ist 1. nur legitim, wenn sie vereinbar mit dem umfangreichstem System gleicher Grundfreiheiten für alle ist, und normativ erwünscht, wenn sie 2. der Realisierung des umfangreichsten Systems gleicher Grundfreiheiten für alle förderlich ist, und 3. förderlich für die Realisierung der Prinzipien der sozialen Gerechtigkeit oder zumindest vereinbar mit ihnen ist, d. h. soziale und wirtschaftliche Ungleichheit nur dann zulässt, wenn sie zu jedermanns Vorteil sind, und nur Positionen notwendig macht, die jedem offen stehen, und 4. die gleichen Chancen zur Berücksichtigung der Prinzipien 1 bis 3 für zukünftige Generationen gewahrt bleiben, und (a) sowohl die Möglichkeit eines selbstgewählten guten Lebens aller der jetzt Lebenden und der zukünftigen Generationen gewährleistet als auch (b) zum guten Leben aller jetzt Lebenden beiträgt" (ebd.: 252 f.).

Wichtig ist hierbei die Betonung auch der lebenden Generation und auch der sozialen und kulturellen Frage, Aspekte, die in einer unangemessenen Klimaethik hinter die Interessen der zukünftigen Generationen und der Bedürfnisse von Umwelt und Natur auch schon mal zurückgenommen werden. Ich komme drauf zurück.

Festzuhalten ist bis hierhin: Wir haben zwei Perspektiven von Verantwortung, bezüglich des Zeithorizonts (jetzt und später) und des Gegenstands (Mensch und Natur).

3.3 Probleme

Wo liegen die Probleme der Verantwortungsethik als moraltheoretische Begründungsfigur? Ganz grundsätzliche Einwände gegen die Verantwortungsethik als Typus konsequentialistischer Moralbegründung (nicht gegen die Bereitschaft zur Übernahme von Verantwortung als moralische Grundeinstellung!) werden insbesondere von Vertretern einer christlichen Ethik formuliert. Ich möchte hier Robert Spaemann (2001: 218 ff.) und Eberhard Schockenhoff (2007: 458 ff.) nennen. Spaemann sieht in der folgenfixierten Verantwortungsethik einen Akt der Selbstvergötterung des Menschen:

„Eine atheistische Zivilisation neigt schon deshalb zum totalen Konsequentialismus in der Moral, weil dort, wo Gott nicht als Herr der Geschichte verstanden wird, Menschen versucht sind, die Totalverantwortung für das, was geschieht, zu übernehmen und so die Differenz zwischen Moral und Geschichtsphilosophie aufzuheben" (Speamann 2001: 237).

Dabei sei sich die utilitaristische Ethik nicht der Beweislast bewusst, die sie übernimmt, und über das Ausmaß der Last, die sie dem Menschen aufbürdet, wenn sie die universalteleologische Orientierung ihres Konzepts, die in der theologischen Tradition immer als göttliche Prärogative gedacht ist, unmittelbar auf den handelnden Menschen überträgt (ebd.: 212). Spaemann sieht weiterhin einen Hauptkritikpunkt an der Verantwortungsethik im Übergang von der verbindlichen Einzel- zur unverbindlichen Gesamtverantwortung im ethischen Kalkül des Utilitarismus:

„Das konsequentialistische Ethikverständnis, das sich selbst als verantwortungsethisch versteht, zerstört den Begriff der sittlichen Verantwortung durch Überdehnung. Die konkrete Verantwortung handelnder Menschen wird zu einer bloß *instrumentellen Funktion* im Rahmen einer stets fiktiv bleibenden Gesamtverantwortung" (ebd.: 223).

Ferner besteht das Grundproblem der konsequentialistischen Ethiken darin, dass ich aus der Position des Handelnden heraus ja gar nicht wissen kann, ob ich der Maxime Nutzenmaximierung mit einem bestimmten Handeln gerecht geworden bin:

„Konsequentialistische Ethikansätze wie der Utilitarismus oder die teleologische Ethik schreiben dem Menschen die Verantwortung für sämtliche vorhersehbaren Folgen seiner Handlungen zu. (...) Wenn dem Menschen die grenzenlose Optimierung seiner Handlungsfolgen aufgetragen ist (...) stellt dies (...) in vielen Fällen eine rigoristische Überforderung der Handelnden dar" (Schockenhoff 2007: 459 f.).

Nutzenmaximierung im Hinblick auf die Folgen als Richtschnur für das Handeln, also „the greatest happiness of the greatest number" (Bentham), führe, so Schockenhoff, zur „Überdehnung des Verantwortungsbegriffs" (ebd.: 460), woraus er die Schlussfolgerung zieht:

> „Eine Moraltheorie, die den Verantwortungsspielraum, innerhalb dessen ein Mensch sein Handeln bedenken soll, nicht differenzierter umschreiben kann als es durch die Zuschreibung sämtlicher Handlungsfolgen geschieht, wird im Ergebnis hypertroph; sie scheitert an der Endlichkeit des Menschen, der nicht für die Optimierung von Weltläufen, sondern für das verantwortlich ist, was er innerhalb seiner Grenzen vernünftigerweise tun oder unterlassen kann." (ebd.: 460).

Die grundsätzlichen Grenzen vernünftiger Verantwortungsübernahme markiert Spaemann anhand eines bekannten Beispiels, des Milgram-Experiments, das vom Bayerischen Rundfunk nachgeahmt wurde:

> „Beliebige, von der Straße geholte Versuchspersonen zeigten sich damals, wenn auch nach einigem Widerstreben, bereit, einer anderen Versuchsperson Stromstöße bis an die Tödlichkeitsgrenze zu erteilen. Man hatte ihnen erklärt, daß dies von großer Bedeutung für die Entwicklung eines globalen lerntheoretischen Programms sei. Man kann sich sogar ausmalen, daß eine solche Verbesserung im Endeffekt schließlich zur Rettung von Menschenleben, zur Verringerung von Leiden usw. beitragen würde. ‚Teleologische', konsequentialistische Rechtfertigungsgründe für dieses Experiment lassen sich beliebig beibringen. Was die Leute übersahen, war: es gehörte gar nicht zu ihren Pflichten, sich für die Verbesserung der Lernerfolge auf der Welt einzusetzen. Verantwortung hatten sie in diesem Falle dagegen für *eine bestimmte Person*, nämlich jene, die ihrem experimentellen Zugriff ausgeliefert war" (Speamann 2001: 224).

Doch wo liegt nun das Problem der Verantwortungsübernahme in den Fällen, in denen sie sich als vernünftig erweist? Ich hatte die drei Schwierigkeiten schon angedeutet: Relativität, Globalität, Zeithorizont. Vor allem der letzte Punkt betrifft die Klimawandelethik. Der Abwägungsprozess handlungsleitender Entscheidungen verläuft nämlich unter den Bedingungen der Zeitpräferenz, also der Diskontierung künftiger Ereignisse aus heutiger Sicht. Das ist nicht allein ein ökonomisches, sondern auch ein philosophisches Phänomen (Birnbacher 1988: 87 ff.). Mal als Schwäche der menschlichen Einbildungskraft kritisiert (Ramsey 1928: 543), mal schlicht als irrational betrachtet („Unter der Leitung der Vernunft werden wir ein größeres künftiges Gut einem geringeren gegenwärtigen und ein kleines gegenwärtiges Übel einem größeren künftigen vorziehen", Spinoza 1977: 579), hat folgender Umstand in der Praxis Einfluss auf konkrete Entscheidungen: Je weiträumiger und weitläufiger die Folgen meines Handelns sind und je weniger sie scheinbar mit meinem Handeln hier und jetzt zu tun haben, desto geringer ist die Motivation für die Übernahme von Verantwortung im konkreten Fall. Anders gesagt: Die Wirksamkeit der Handlung für die Folgenrealisierung und die Prognosegenauigkeit des Handlung-Folge-Zusammenhangs bestimmen die Bereitschaft zur Verantwortungsübernahme.

Mit dieser „Schwammigkeit" als ein schwerwiegendes motivationales Problem muss eine Klimaethik umgehen, liegt deren Wesen doch, nach allem, was ich bisher gesagt habe, in der Weiterentwicklung der Verantwortungsethik hin zu einer Stärkung von kollektivem und individuellem Verantwortungsbewusstsein für Dinge, deren Bewahrung einerseits an der Spitze jeder Werthierarchie steht (also: „Menschheit", „Planet Erde") und wir damit auf lange Begründungsdiskurse verzichten könnten, also gewissermaßen zwangsläufig zu einem universalistischen Planetarismus gelangten, wenn denn alle den Ernst der Lage erkennen würden.[15] Anderseits besitzt der Begriff „Menschheit" die Unverbindlichkeit juridischer Generalklauseln, die scheinbar als bloße Verfassungslyrik die Präambeln zieren („Menschenwürde"[16]).

3.4 Lösungsansätze

Dagegen gibt es zwei Maßnahmen einer „Abdiskontierung", also einer Aktualisierung der räumlich-zeitlichen „Fernfolgen" hier und jetzt zu vollziehender Handlungen. Zum einen muss die Bewusstmachung zukünftiger Folgen durch die repräsentative Erinnerungsfunktion unmittelbarer Folgen („Bestrafung" durch Verteuerung, aber auch soziale Ächtung als „Diskontrate") angestrebt werden. Das Künftige wird so vermittels Diskontierung in der Gegenwart spürbar und wirkt damit ähnlich handlungsleitend wie die Handlungsfolge selbst wirken würde, wenn wir sie direkt erlebten. Es darf zwar kein übertriebenes „moral harassment" durch einen „Öko-Moralismus" geben, der Menschen nicht nur „bestraft" und „beschämt", sondern schlicht überfordert und damit im Ergebnis handlungsunfähig macht, aber es muss individualistisch die Erinnerung an die Folgen durch Aktualisierung arrangiert und allzu menschlichen Verdrängungsstrategien durch die Unmittelbarkeit regulierender Eingriffe hier und jetzt entgegengewirkt werden.

Zum anderen muss dem abstrakten Gegenstand über Konkretion ein Gesicht gegeben werden. Das ist nichts Neues,[17] aber es muss weiter verstärkt und auf neue Bereiche ausgeweitet werden. Konkretisierung könnte über Patenschaften laufen, wo man sich als Stadtteil bereit erklärt, in Verantwortung für einen Stadtteil in Amsterdam oder New York oder einen anderen vom „Klimawandelhochwasser" bedrohten Küstenort Klimaschutzmaßnahmen zu ergreifen. Wir wissen aus anderen Zusammenhängen, dass das Patenschaftsmodell erfolgreich ist.[18] Anonymität senkt die Bereitschaft zur Verantwortungsübernahme, Personalisierung hebt sie.

---

15 Ethische Begründungsdiskurse (Leitfrage: „Welche Werte sollen wir haben?") beinhalten besondere Schwierigkeiten, weil sie auf vormoralische und z. T. auch praereflexive Vorstellungen Rücksicht nehmen müssen, die von religiös und / oder kulturell geprägten Menschen- und Weltbildern bestimmt sind. Diese Baustelle der anthropologischen Grundlegungsdebatte können wir hier getrost geschlossen halten, da es einen sehr breiten Konsens darüber geben dürfte, dass die Existenz der Menschheit für sich genommen etwas darstellt, das jenseits der Deutung dessen, was der Mensch sei, erhaltenswert ist, auch wenn es sicherlich unterschiedliche partikulare Gründe dafür gibt, *warum* dies so ist.

16 Nach Spaemann (2001: 237) ist Menschenwürde der elementare Gegenstand unserer Verantwortung, nach herrschender Meinung ist der Rekurs auf Menschenwürde unverzichtbar für das Rechtssystem (Art. 1 Abs. 1 Satz 1 GG). Doch zugleich ist der Begriff von einem so fragwürdigen semantischen Gehalt, dass er zunehmend als Leerformel wahrgenommen wird und im angelsächsischen Raum, der nicht unwichtig ist für die Entwicklung eines globalen Rechtsverständnisses, keine Rolle mehr spielt, zumindest nicht im Rechtssystem.

17 Man denke an die „armen Kinder in Indien", die einem regelmäßig vorgehalten wurden, wenn man mit der Zusammenstellung des Mittagessens nicht zufrieden war. Dass die Frage, ob ich mein Essen dankbar oder widerwillig zu mir nehme, mit Hungersnöten in Indien reichlich wenig zu tun hat, ist ebenso wahr wie die Tatsache, dass die Bewusstmachung meiner begünstigten Lage zum Respekt nötigt und für die Not derer sensibilisiert, die sich in einer weitaus schlechteren Lage befinden.

18 Kinderpatenschaften, bei denen die Spenden einem konkreten Kind mit Namen und Gesicht zur Hilfe kommen, erfreuen sich in den Geberregionen seit Jahrzehnten wachsender Beliebtheit. Sie belegen, dass es bei der Bereitschaft zur Hilfeleistung, der Empathie zugrunde liegt, um den Aufbau einer Beziehung geht, genauer: um den Augenkontakt. Experimente im Rahmen der Hirnforschung und neurowissenschaftliche Befunde zu den so genannten Spiegelneuronen (Bauer 2005) belegen die Bedeutung des Blicks in die Augen des Leidenden als Kontaktaufnahme zur Ausprägung von handlungsrelevantem Mitgefühl.

4 Weiterführende Aspekte

4.1 CO₂-Ausstoss als Kennzahl. Operationalisierung des klimawandelethischen Imperativs

Ferner ist es sehr wichtig zu beschreiben, *wie* dem „Imperativ des Gattungslebens" (Jonas 1984: 36) konkret Rechnung getragen werden kann. Angesichts des Problems der komplexen Entscheidungssituation muss ein einfaches Prinzip eingeführt werden, dass jeder Mensch nicht nur als für sein Handeln bestimmend akzeptieren, sondern welches er im Hinblick auf den Grad der Zielerreichung auch mit einfachen Mitteln bestimmen können soll. Diese Operationalisierung läuft bei der Klimawandelethik über den CO_2-Ausstoss. Handlungen sind dann „verträglich mit der Permanenz echten menschlichen Lebens auf Erden" (ebd.: 36), wenn sie unter geringst möglichen (idealerweise gar keinen!) CO_2-Emissionen stattfinden. Diese wiederum lassen sich für Handlungen unterschiedlichster Art quantifizieren und können insoweit eine nachvollziehbare Entscheidungsgrundlage für menschliches Handeln bilden.

Doch die Orientierung an „Verantwortung" schafft mehr Interpretationsspielraum als die Orientierung an „Gesinnung". Dass es sich auch bei Jonas' Imperativ um eine verantwortungsethische Formel handelt, die die Gestalt gesinnungsethischer Prinzipien angenommen hat, wird klar, wenn man die relative „Verträglichkeit mit" neben die in Kants Original angesprochene „Maxime, die zu einem allgemeinen Gesetz wird" stellt. Das kann zu Exkulpationsversuchen Anlass geben, indem man Verträglichkeiten bewusst zu eigenen Gunsten aufbessert, etwa dadurch, dass Handlungen nicht konsequent auf sämtliche Effekte in bezug auf CO_2-Emissionen untersucht werden. Allerdings kann es auch das umgekehrte Problem zur Folge haben, das des Übereifers, der nur noch bei jedweder Handlung das eindimensionale Bewertungskriterium „CO_2-Ausstoß" zur moralischen Qualifizierung anlegt. Auch dafür schafft die Verantwortungsethik Deutungsräume. Zwei Phänomene sind dabei mit Blick auf eine verantwortungsbasierte Klimawandelethik denkbar: Einerseits das Vernachlässigen der lebenden Generation zugunsten der kommenden (aus dem Gedanken der Verantwortung für zukünftige Generationen) und andererseits der Einsatz von Umwelt- und Tierethik zur ideologischen Depotenzierung des Menschen (aus dem Gedanken der unmittelbaren Verantwortung für die Natur). Mit der Analyse dieser Phänomene komme ich schließlich auf die oben erwähnten Probleme zurück.

4.2 Jetzige Generation, zukünftige Generationen

Bei aller Verantwortung für kommende Generationen – wir müssen auch an die jetzt lebende Generation denken, gerade an die Menschen in den sich entwickelnden Staaten, die dabei sind, sich aus der Armut zu befreien, durch eine wirtschaftliche Entwicklung, die sich auch auf die natürlichen Lebensgrundlagen auswirkt. Hierzu ist zuvörderst an das zu erinnern, was Karl R. Popper über den Generationenkonflikt in der politischen Philosophie mit Blick auf den Utopismus gesagt hat:

> „Erlaube Deinen Träumen von einer schönen Welt nicht, dich von den wirklichen Nöten der Menschen abzulenken, die heute in unserer Mitte leiden. Unsere Mitmenschen haben Anspruch auf unsere Hilfe; keine Generation darf zugunsten zukünftiger Generationen geopfert werden, zugunsten eines Glücksideals, das vielleicht nie erreicht wird" (Popper 1997: 524)

Poppers grundsätzliche Utopie-Skepsis nach seinen persönlichen Erfahrungen mit dem Totalitarismus (Sozialismus und Faschismus) lässt sich in einem Punkt auf die Klimawandelthematik anwenden: Es kann nicht sein, dass wir im Bewusstsein unserer Pflicht zum Klimaschutz, die wir haben, weil wir Verantwortung für zukünftige Generationen tragen, das Recht der jetzt lebenden Generation auf Entwicklung verletzen, weil wir auch eine Verantwortung für diese und vor dieser tragen. Dazu sei, im Verhältnis von „Erster" und „Dritter Welt", an die besondere Verantwortung der „Ersten Welt" erinnert. Das bedeutet für die Klimaschutzvorgaben gegenüber den sich entwickelnden Ländern, dass – in Anlehnung an die Technikethik Hastedts – die wirtschaftliche Entwicklung nur dann durch einen „Klimawandel-Vorbehalt" gehemmt werden darf, wenn dies der „Realisierung des umfangreichsten Systems gleicher Grundfreiheiten für alle förderlich ist", „förderlich für die Realisierung der Prinzipien der sozialen Gerechtigkeit oder zumindest vereinbar mit ihnen ist" und – hier kann der Hebel Klimaschutz ansetzen – „die gleichen Chancen (...) für zukünftige Generationen gewahrt bleiben" (Hastedt 1991: 252 f., [zum „Recht auf Entwicklung„ siehe dazu auch den Beitrag von Kartha/Baer/Athanasiou/Kemp-Benedict in diesem Band, Anm. d. Hrsg.]). Besonders brisant ist in diesem Zusammenhang die Verwendung von Nahrungsmitteln als Basis für Treibstoff (Bioethanol) und die damit verbundene Spekulationsaktivität des Marktes (besser: einiger Marktteilnehmer), die damit beginnen, Getreide und andere mögliche Ausgangsstoffe für „ökologische Energieträger" zu handeln wie Öl, Gas und Kohle. Durch diese „Klimawandel-Spekulationen" ist die aktuelle Lebensmittelteuerung mitbegründet, die viele Menschen in den Entwicklungsländern in den Hunger treibt. Die Produktion und Verwendung von Öko-Sprit zugunsten künftiger Generationen darf nicht zulasten der lebenden geschehen; das Motto „Volle Tanks für morgen." darf nicht heute zu leeren Tellern führen!

4.3 Mensch und Natur

Ich habe bei Meyer-Abich auf die Gefahr der naturalistischen Depotenzierung hingewiesen, die in der Nivellierungstendenz bei der Neubestimmung des Verhältnisses Mensch-Natur enthalten ist. Im Fokus der Anthropozentrismusgegner, die dem Menschen „Speziezismus" vorwerfen (Singer 1979; dagegen: Bordat 2007), ist das judeo-christliche Menschenbild der *abbildlichen* Geschöpflichkeit des Menschen, das ihn ob seines engen Verhältnisses zum Schöpfer-Gott aus der Natur erhebt, ihn mit Geist und Geschichtlichkeit begnadet sieht und zum Herrscher über die (nicht-humane) Natur macht. Es gilt zu zeigen, dass hierbei eine Missinterpretation des schöpfungstheologischen Bildes der „Krone" vorliegt, dass es damit nicht um uneingeschränkte Herrschaft geht, sondern um ein Symbol für die Pflicht zu einer verantwortlichen Sicht auf die Mitgeschöpfe (ganze Natur: Schweitzer 1974, Tiere: Hagencord 2005), ohne dabei die nicht bloß graduellen (wie etwa vom „evolutionären Humanismus" behauptet), sondern prinzipiellen Unterschiede zwischen Mensch und Tier zu verwischen. Wenn wir uns also in einer „Demokratie von Mitgeschöpfen" (Whitehead 1984: 109) sehen, müssen wir dafür Sorge tragen, dass diese nicht zur Anarchie gerät oder, weit schlimmer, zur Öko-Diktatur, die das unterdrückt, was sie zu schützen vorgibt: Leben. Es braucht vielmehr neue Tugenden, die „biophile und ökologische Grundhaltungen" ansprechen – „Lebensförderlichkeit, Friedensbereitschaft, Schonung im Umgang mit der Natur, Rücksichtnahme auf die Interessen künftiger Generationen sowie Zivilcourage und Wahrhaftigkeit" – und damit „Antwortmöglichkeiten auf die Herausforderungen der Zukunft bereitstellen" (Schockenhoff 2007: 63 f.; Mieth 1984).

Literatur

Apel, Karl-Otto (2001): Primordiale Mitverantwortung. In: Apel, Karl-Otto/Burckhart, Holger (Hrsg.) (2001): Prinzip Mitverantwortung. Grundlage für Ethik und Pädagogik. Würzburg: Königshausen & Neumann, 97-122.
Apel, Karl-Otto/Burckhart, Holger (Hrsg.) (2001): Prinzip Mitverantwortung. Grundlage für Ethik und Pädagogik. Würzburg: Königshausen & Neumann.
Arndt, Friedrich/Degen, Carmen/Ellermann, Christian et. al. (Hrsg.) (2008): Ordnungen im Wandel. Globale und lokale Wirklichkeiten im Spiegel transdisziplinärer Analysen. Bielefeld: Transkript.
Baran, Pavel (1990): Verantwortung. In: Sandkühler, Hans J. (Hrsg.) (1990): Europäische Enzyklopädie zu Philosophie und Wissenschaften. Hamburg: Felix Meiner, 690-694.
Bauer, Joachim (2005): Warum ich fühle, was du fühlst. Intuitive Kommunikation und das Geheimnis der Spiegelneurone. Hamburg: Hoffmann und Campe.
Birnbacher, Dieter (1988): Verantwortung für zukünftige Generationen. Stuttgart: Reclam.
Böhler, Dietrich (1994): Ethik für die Zukunft. München: C. H. Beck.
Bordat, Josef (2007): Animals, humans, persons: Problematic implications of Singer's notion of ‚animal rights'. In: Re-public – Re-Imagining Democracy, http://www.re-public.gr/en/?p=154 (19.09.2009).
Bordat, Josef (2008): Ordnung jenseits des Nationalstaats. Zur neuen Rolle der Vereinten Nationen. In: Arndt, Friedrich/Degen, Carmen/Ellermann, Christian et. al. (Hrsg.) (2008): Ordnungen im Wandel. Globale und lokale Wirklichkeiten im Spiegel transdisziplinärer Analysen. Bielefeld: Transkript, 21-36.
Dierken, Jörg/Scheliha, Arnulf von (2005): Freiheit und Menschenwürde. Studien zum Beitrag des Protestantismus. Tübingen: Mohr Siebeck.
Duff, R. Antony (1998): Responsibility. In: Routledge Encyclopedia of Philosophy. Bd. 8. London: Routledge, 290-294.
Düwell, Marcus/Hübenthal, Christoph/Werner, Micha H. (Hrsg.) (2006): Handbuch Ethik. Stuttgart: J. B. Metzler.
Frankfurt, Harry G. (2007): Sich selbst ernst nehmen. Frankfurt a.M.: Suhrkamp.
Gil, Thomas (2000): Handlungen, Rationalität, Moral. Berlin: Berliner Wissenschaftsverlag.
Gil, Thomas (2002): Practical Reasoning. Berlin: Berliner Wissenschaftsverlag.
Gil, Thomas (2003): Die Rationalität des Handelns. München: Wilhelm Fink.
Geyer, Christian (Hrsg.): Hirnforschung und Willensfreiheit. Zur Deutung der neuesten Experimente. Suhrkamp, 2004.
Hagencord, Rainer (2005): Diesseits von Eden. Verhaltensbiologische und theologische Argumente für eine neue Sicht der Tiere. Regensburg: Friedrich Pustet.
Hastedt, Heiner (1991): Aufklärung und Technik. Grundprobleme einer Ethik der Technik. Frankfurt a.M.: Suhrkamp.
Höffe, Otfried (2007): Lebenskunst und Moral. Oder macht Tugend glücklich? München: C. H. Beck.
Hubig, Christoph (1995): Technik- und Wissenschaftsethik. Ein Leitfaden. Berlin: Springer.
IPCC (2007): Climate Change 2007: Impacts, Adaptation and Vulnerability. Contribution of Working Group II to the Fourth Assessment Report of the Intergovernmental Panel on Climate Change. Cambridge: Cambridge University Press.
Jonas, Hans (1984): Das Prinzip Verantwortung. Versuch einer Ethik für die technologische Zivilisation. Frankfurt a.M.: Suhrkamp.
Jonas, Hans (1992): Philosophische Untersuchungen und metaphysische Vermutungen. Frankfurt a.M.: Insel.
Jung, Matthias (2005): Freiheit in Hirnforschung und Alltagserfahrung – von der Handlung zur Artikulation und zurück. In: Dierken, Jörg/Scheliha, Arnulf von (2005): Freiheit und Menschenwürde. Studien zum Beitrag des Protestantismus. Tübingen: Mohr Siebeck, 185-217.
Kather, Regine (2003): Was ist Leben? Philosophische Positionen und Perspektiven. Darmstadt: Wissenschaftliche Buchgesellschaft.
Kather, Regine (2008): Von der Umwelt zur Mitwelt. Die Wiederentdeckung der Natur. In: Marburger Forum. Beiträge zur geistigen Situation der Gegenwart 9 (2), http://www.philosophia-online.de/mafo/heft2008-2/Kath_Nat.htm (19.09.2009).
Libet, Benjamin (2004): Haben wir einen freien Willen? In: Geyer, Christian (Hrsg.): Hirnforschung und Willensfreiheit. Zur Deutung der neuesten Experimente. Suhrkamp, 2004, 268ff.

Meyer-Abich, Klaus Michael (1986): Wege zum Frieden mit der Natur. Praktische Naturphilosophie für die Umweltpolitik. München: DTV.
Pauen, Michael (2007): Was ist der Mensch? Der Streit um die Hirnforschung und ihre Konsequenzen. München: DTV, 161-198.
Picht, Georg (1969): Der Begriff der Verantwortung. In: Picht, Georg (Hrsg.) (1969): Wahrheit, Vernunft, Verantwortung. Philosophische Studien. Stuttgart: Klett-Cotta, 318-342.
Picht, Georg (Hrsg.) (1969): Wahrheit, Vernunft, Verantwortung. Philosophische Studien. Stuttgart: Klett-Cotta.
Podesta, John/Ogden, Peter (2008): The Security Implications of Climate Change. In: The Washington Quarterly 31 (1), 115-138.
Pogge, Thomas (2001): Global Justice. Oxford: Blackwell.
Pogge, Thomas (2002): World Poverty and Human Rights. Cosmopolitan Responsibilities and Reforms. Oxford: Blackwell.
Popper, Karl (1997): Utopie und Gewalt. In: Popper, Karl (1997): Vermutungen und Widerlegungen. Das Wachstum der wissenschaftlichen Erkenntnis, Bd. 2. Tübingen: Mohr Siebeck, 515-527.
Popper, Karl (1997): Vermutungen und Widerlegungen. Das Wachstum der wissenschaftlichen Erkenntnis, Bd. 2. Tübingen: Mohr Siebeck.
Rahmsdorf, Stefan/Schellnhuber, Hans Joachim (2006): Der Klimawandel. Diagnose, Prognose, Therapie. München: C. H. Beck.
Ramsey, Frank P. (1928): A mathematical theory of saving. In: Economic Journal 38 (152), 543-559.
Sandkühler, Hans J. (Hrsg.) (1990): Europäische Enzyklopädie zu Philosophie und Wissenschaften. Hamburg: Felix Meiner.
Scheler, Max (1966): Der Formalismus in der Ethik und die materiale Wertethik. In: Gesammelte Werke, Bd. 2. Bern/München: Francke.
Schiwy, Günther (1995): Abschied vom allmächtigen Gott. München: Kösel.
Schockenhoff, Eberhard (2007): Grundlegung der Ethik. Ein theologischer Entwurf. Freiburg i. Br.: Herder.
Schweitzer, Albert (1974): Gesammelte Werke in fünf Bänden, Bd. 2. Berlin: Union.
Singer, Peter (1979): Practical Ethics. Cambridge: Cambridge University Press.
Spaemann, Robert (2001): Grenzen. Zur ethischen Dimension des Handelns. Stuttgart: Klett-Cotta.
Spinoza, Benedictus de (1977): Die Ethik. Stuttgart: Reclam.
Weber, Max (1988): Politik als Beruf. In: Gesammelte Politische Schriften. Tübingen: Mohr Siebeck, 505-560.
Werner, Micha H. (2006): Verantwortung. In: Düwell, Marcus/Hübenthal, Christoph/Werner, Micha H. (Hrsg.) (2006): Handbuch Ethik. Stuttgart: J. B. Metzler, 541-548.
Whitehead, Alfred North (1984): Prozeß und Realität. Entwurf einer Kosmologie. Frankfurt a.M.: Suhrkamp.

The right to development in a climate constrained world: The Greenhouse Development Rights framework[1]

Sivan Kartha, Paul Baer, Tom Athanasiou, Eric Kemp-Benedict

1 Introduction

The climate crisis does not come to us alone, but rather amidst worsening social and economic turbulence. Some of this turbulence – the "financial crisis" in particular – is sharp and episodic. But, always, there is the crisis of inequality and poverty – the ongoing development crisis. Given this, any even potentially viable global climate accord must address the crisis of poverty and development. In particular, it must acknowledge and explicitly preserve a right to development or, more precisely, a right to sustainable human development. The bottom line in this very complicated tale is that the South is neither willing nor able to prioritize emissions reductions above the social and economic advancement of its people. And that, therefore, the key to climate protection is the establishment of an international effort-sharing regime in which it is not required to do so.

Thus, the climate negotiations are fundamentally stymied by the effort-sharing question – who should do how much, and when? This impasse derives from the profoundly, bitterly unequal nature of our shared social world, an inequality that matters a great deal in realist as well as moral terms. To tackle the climate crisis effectively requires an emergency global climate mobilization, which must come while billions of people, overwhelmingly but not exclusively in the South, are still struggling to escape poverty.

The centrality of this development crisis to the climate problem cannot be overstated. Nor can its most obvious implication, that the international climate policy impasse will not be broken without a fair global effort-sharing architecture, one that promises a way forward that does not threaten the development of the South. The *Greenhouse Development Rights* (GDR) framework is, accordingly, designed to protect the right to sustainable human development, even as it drives extremely rapid global emissions reductions. Although it does not begin with a realpolitik-style assessment of negotiating power, the GDR approach ultimately charts out an extremely pragmatic approach. Beginning with the structural logical of the climate impasse, it asserts that a "right to sustainable development" is not only ethically justifiable, but also, fundamentally, a non-negotiable foundation of greenhouse-age geopolitical realism. Its key claim is that, unless the climate regime explicitly preserves such a right, developing country negotiators may quite justifiably conclude that they have more to lose than to gain from any truly earnest engagement with a global climate regime that, after all, significantly curtails access to the energy sources and technologies that historically enabled growth in the industrialized world.

---

[1] The authors would like to acknowledge support in various forms from the Heinrich Böll Foundation, the Stockholm Environment Institute, the Climate for Development Programme of the Swedish International Development Cooperation Agency, Christian Aid and its sister organizations, Oxfam, the Town Creek Foundation, the Rockefeller Brothers Fund and the Climate Policy Research Program (CLIPORE) of Mistra.

We start by examining the source of the tension between climate protection and development.

2 The Right to Development in a Climate-constrained world

A warming of 2 °C over pre-industrial temperature levels has been widely endorsed as the maximum that can be tolerated or even managed. This is well known throughout Europe. Indeed, the EU is largely responsible for establishing 2 °C as a "line in the sand" that must not be crossed. It has also acknowledged, however, that even 2°C is by no means safe, a position that is clearly articulated in the IPCC's Fourth Assessment Report and reinforced by a steady stream of subsequent studies.

This point must be stressed, for as we currently approached Copenhagen, the site of critical 2009 UNFCCC negotiations that will determine the next steps after Kyoto's first round of commitments. The negotiations are indeed under terrific pressure to "soften" goals and compromise targets – the better to declare "success" as the negotiations conclude. But the science is telling us, quite unambiguously, that just the opposite is necessary. There is, for example, a significant if not readily quantifiable risk that a warming of even less than 2 °C could trigger the irreversible melting of the Greenland and West Antarctic Ice Sheets. And, with a manifest warming of only 0.8 °C, we are already seeing effects – such as the precipitous receding of the Arctic sea ice – that are not only dangerous in themselves but also the beginnings of positive feedbacks that, we now know, will further accelerate the warming. Moreover, and significantly, the fact that these feedbacks are already in motion is strong evidence that the overall sensitivity of the climate system is quite high, and that stabilization concentrations that even recently were considered to be manageably safe – 450 ppm CO_2-eqivalent for example – are in fact quite dangerous.[2]

Yet even as the science increasingly underscores how extremely dangerous it would be to exceed 2 °C, many people are losing all confidence that we will be able to prevent such a warming, or even a far greater one. This loss of confidence, moreover, is based not on any doubt about our collective scientific and technological abilities, but rather on the sense, now quite widespread, that our societies are not up to the political challenges of climate stabilization.

Our very different conclusion is that the 2 °C line can indeed be held, but that doing so demands courageous initiatives and a robust policy architecture, both of which go beyond politics as usual. That, in particular, they demand a sense of shared global purpose and solidarity that can only be rooted in a commitment to poverty alleviation and sustainable development that is as emphatic and non-negotiable as the climate crisis itself. Moreover, and critically, we argue that an honest recognition of just how immensely high the stakes really are, and a straightforward analysis of the global effort-sharing system that will be needed to break the international impasse, are preconditions to the bold thinking and grand initiatives that are needed.

Accordingly, we begin our analysis by following the science, with the goal of clearly identifying an adequately precautionary climate objective. We do not argue for a temperature target lower than 2 °C, though we would like to, because under current circumstances such a target would not be accepted as policy relevant. But we do define a global emissions

---

2   For more on this point, see the IPCC's 4th assessment report (IPCC 2007: 996ff.).

objective – a "2 °C emergency pathway" – that preserves an honest chance of keeping warming below 2 °C, and then set out to straightforwardly articulate the key elements of a climate architecture that can make that pathway politically viable.

Just as critically, since carbon-based growth is no longer a viable option in either the North or the South, we frame the problem as one of urgently needed decarbonization in a twice-divided world, one sharply polarized between the nations of the North and the nations of the South and, on both sides, between the rich and the poor people within those nations.

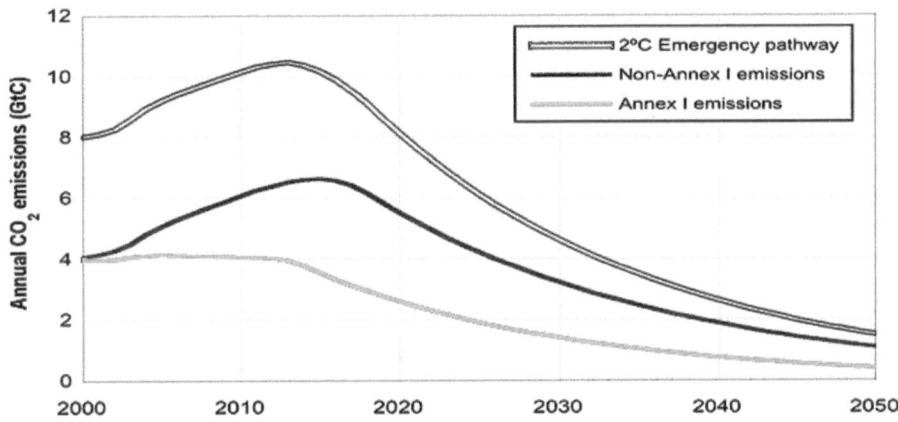

Figure 1:   The South's Dilemma. The upper line shows a 2 °C emergency stabilization pathway, in which global CO_2 emissions peak in 2013 and fall to 80% below 1990 levels in 2050. The light grey line shows Annex 1 emissions declining to 90% below 1990 levels in 2050. The middle more darkly grey line shows, by subtraction, the emissions space that would remain for the developing countries. (Note that the Y-axis is in gigatonnes of carbon, not carbon dioxide, and is for CO_2 only. The all greenhouse-gas figure would be about 30% higher).

A simple thought experiment illustrates the deep structure of the climate problem, and the scope of the challenge. In Figure 1, in red, we show a science-based assessment of the size of the remaining global carbon budget, defined by a pathway ambitious enough to be considered a true 2 °C emergency pathway. We also show the portion of that budget that wealthy Annex 1 countries would consume even if they undertake bold efforts to virtually eliminate their emissions by 2050 (as shown in blue). Doing so reveals, by subtraction, the alarmingly small size of the carbon budget (shown in green) that would remain to support the South's development. A few details only make the picture starker:

- The efforts implied by this 2 °C emergency pathway are heroic indeed. Global emissions peak before 2015 and decline to 80% below 1990 levels by 2050, such that CO_2 concentrations can peak below 420 ppm and then start to fall very rapidly. Yet even this would hardly mean that we were "safe." We would still suffer considerable cli-

mate impacts and risks, as well as an approximately 15-30% probability of overshooting the 2 °C line[3]. Thus, this is what the IPCC would refer to as a trajectory that was "likely", but not "very likely" to keep warming below 2 °C.
- The Annex 1 emission path shown here is more aggressive than even the most ambitious of current EU and US proposals. It has emissions declining at more than 5% annually from 2012 onwards, and ultimately dropping to a near-zero level. It's a tough prospect, and if it can be considered politically plausible today, it is just barely so.
- Still, the atmospheric space remaining for developing countries would be extremely constrained. In fact, developing country emissions would have to peak only a few years later than those in the North – still before 2020 – and then decline by more than 5% annually through 2050. And this would have to take place while most of the South's citizens were still struggling out of poverty and desperately seeking a meaningful improvement in their living standards.

It is this last point that makes the climate challenge truly daunting. For the only proven routes to development – to water and food security, improved health care and education, secure livelihoods – involve expanding access to energy services, and, consequently, a seemingly inevitable increase in fossil fuel use and thus carbon emissions. From the standpoint of the South, this seems to pit development squarely against climate protection. It is for this reason that developing countries remain unambiguous in their insistence that, as important as it is to deal with climate change, a solution cannot come at the expense of their development.

Things don't have to be this way – after all, clean energy alternatives exist – but the point is that they still exist only in potential, as "alternatives" that have not been seriously pursued. The North has not led the world in developing them, and indeed continues to pursue measures that slow them down (consider fossil fuel subsidies). In any case, these alternative paths are not yet real, not at least for the poor.

That such dismal matters are foremost in the minds of southern negotiators should surprise no one. First, the development crisis has shown itself to be not merely a challenge but an intractable crisis, badly in need of an expansion of resources and political attention. With even the minimal Millennium Development Goals being treated as second-order priorities, and little demonstrated interest in meeting them on the part of the North, the level of international trust is very low indeed. Second, the impacts of climate change, which the wealthy nations are largely responsible for, are beginning to come down hard, and this will only make the development crisis more acute. And now, third, the South's negotiators have to face the very real possibility that the imperatives of climate stabilization will deprive their countries of access to the cheap fossil energy sources that helped make the wealthy countries wealthy in the first place. Both China and India, as we all know, have long counted on their vast coal reserves to fuel their long-awaited growth. The situation, to put it gently, invites political impasse.

---

3 For details, see Baer/Mastrandrea (2006) and Meinshausen (2005).

3 The Greenhouse Development Rights Framework

The core of the GDRs approach is the simple proposition that the poor must, at a minimum, be excused from the burdens of the climate transition. This simple concept is then built up into a demonstrably robust effort-sharing framework based on responsibility and capacity – the two equity principles at the core of the UNFCCC's "common but differentiated responsibilities and respective capabilities". Critically, GDRs defines both responsibility and capacity in terms of a *development threshold* – a level of welfare below which people are not expected to share the costs of the climate transition. People below this threshold have survival and development as their proper priorities. As they struggle for better lives, they are not obligated to expend their limited resources to keep society as a whole within its sharply limited global carbon budget. They have, in any case, little responsibility for the climate problem and little capacity to invest in solving it.

People with incomes that exceed the development threshold, on the other hand, are taken as being wealthy enough to begin bearing the burdens of the climate transition – as having realized their right to development and as bearing some fraction of our common responsibility to preserve that right for others. They must, as their incomes rise, assume a steadily rising share of the costs of curbing the emissions associated with their own consumption, as well as the costs of ensuring that, as those below the threshold rise toward and then cross it, they are able to do so along sustainable, low-emission paths. These obligations, critically, are taken to belong to *all* people with incomes above the development threshold, whether they live in the Annex 1 or Non-Annex 1, in the North or in the South.

The level and method by which a development threshold would best be set is clearly a matter for debate, one that we welcome. One matter, though, must be stipulated – the development threshold is emphatically not an "extreme poverty" line, one which is typically defined to be so low ($1 or $2 a day) as to be more properly called a "destitution line." For a threshold to reasonably capture the principle of a right to development, it should be set to be at least modestly higher than a global poverty line; it must reflect a level of welfare that is beyond basic needs, though well short of today's levels of "affluent" consumption.

For the purposes of our indicative quantification here, we draw upon recent empirical analyses of the individual income levels and their correlation with indicators of poverty. As it turns out, an income of approximately $16 per day (PPP adjusted) sets the point at which the classic plagues of poverty – malnutrition, high infant mortality, low educational attainment, high relative food expenditures – begin to disappear, or at least become exceptions to the rule. Taking a figure 25% above this global poverty line (development by any measure must reflect more than a mere escape from poverty) we illustrate the implications of the Greenhouse Development Rights approach based on calculations relative to a development threshold of $20 per person per day ($7,500 per person per year). Not coincidentally, this income correlates well with the level at which the southern "middle class" begins to emerge.

Once a development threshold has been defined, logical and usefully precise definitions of *capacity* and *responsibility* naturally follow, and these can be built upon to specify and calculate national obligations for shouldering the climate challenge. Capacity, which we take to mean income that is not demanded by the basic necessities of everyday life, is income that is at least hypothetically available to be "taxed" to support a global climate mobilization; such a tax would not *compromise a fundamental level of welfare*.

Honoring a right to development thus means that an individual's capacity must be defined not as *all* of his or her income (as for example in a GDP/capita metric) but rather as their income *excluding income below the development threshold*. And that, in turn, a nation's aggregate capacity should be defined as the sum of all individual income above the development threshold. Responsibility, by which we mean contribution to the climate problem, can similarly be defined as cumulative emissions (since some agreed starting year) excluding emissions that correspond to consumption below the development threshold. "Development emissions" like "development income," do not contribute to a country's obligation to act to address the climate problem.

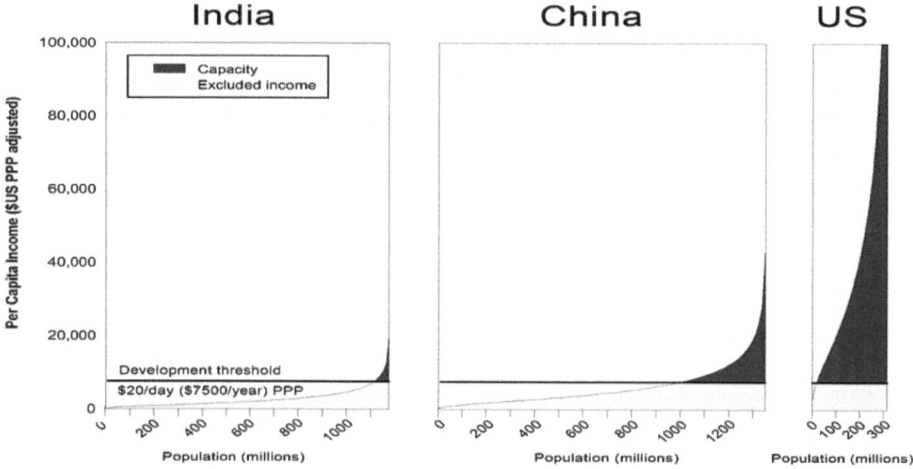

Figure 2: The development threshold. These curves approximate income distributions within India, China, and the US. Thus, the dark grey areas represent national incomes above the ($20 per person per day, PPP) development threshold, our definition of national capacity. (Chart widths are scaled to population, so these capacity areas are correctly sized in relation to each other).

Thus, in the GDRs framework, both capacity and responsibility are defined in individual terms, and in a manner that takes explicit account of the unequal distribution of income within countries. This is a critical and long-overdue move, because the usual practice of relying on national per-capita averages fails to capture either the true depth of a country's development urgency or the actual extent of its wealth. Indeed, if one looks only as far as a national average, then the richer, higher-emitting minority lies hidden behind the poorer, lower-emitting majority.

These measures of capacity and responsibility can be straightforwardly combined into a single indicator of obligation: a "Responsibility Capacity Index" (RCI). This calculation is done for all Parties to the UNFCCC, based on country-specific income, income distribution, and emissions data. The precise numerical results depend on the particular values chosen for key parameters, such as the year in which national emissions begin to count towards responsibility (we use 1990 as our indicative "responsibility start date", but different dates can be defended, and the online GDRs calculator[4] supports dates as early as 1751) and, especially, the development threshold.

Crucially, the GDRs framework lays out a straightforward and transparent operationalization of the UN's official differentiation principles, and that, again, is designed to protect the poor from the burdens of global climate mobilization. Beyond that, the values of specific parameters can be easily adjusted and should certainly be debated; all of them, of course, would have to be negotiated.

Still, for all that, our indicative calculations are well chosen and interesting. Looking at just the 2010 numbers, for example, they show that the United States, with its exceptionally large share of the global population of people with incomes above the $20 per day development threshold (capacity), as well as the world's largest share of cumulative emissions since 1990 (responsibility), is the nation with the largest share (33.1 percent) of the global RCI. And that the EU follows with a 25.7 percent share. And that China, despite being relatively poor, is large enough to have a rather significant 5.5 percent share, which is still less than that of the much smaller but much richer country of Japan (7.8%). And that India, also large but much poorer, falls far behind China with a mere 0.5 percent share of the global obligation to act.

As Table 1 on the following page shows, the global balance of climate obligation changes over time, as differing rates of projected national growth change the global income structure. The projections here predate the global financial crisis, and would have been uncertain even in its absence, but they reflect business-as-usual as modeled by the International Energy Agency, and are thus among the most widely vetted BAU projections available. In any case, the results of these differing rates of national growth are most evident in the projected change in China's share of the total RCI, which nearly triples between 2010 and 2030 (from 5.5% to 15.2%), reflecting China's rapid economic growth, its increase in emissions, and the large number of its citizens whose incomes are projected to rise above the development threshold in the coming two decades.[5]

These figures, again, illustrate the application of the GDRs framework by way of a particular choice of key parameters. Note that for this indicative calculation, the RCI is defined such that all income (and all emissions) above the development threshold count equally. This amounts to a "flat tax" on capacity and responsibility. However, it might well be more consistent with widely shared notions of fairness if the RCI were defined in a more progressive manner. Which is to say that a strong case can be made for a capacity calculation in which an individual's millionth dollar of income contributed far more to their RCI than his or her ten-thousandth dollar of income. A more progressive formulation of RCI would also be more consistent with the "tax schedules" by which the income tax codes of most countries are structured. And it would, naturally, shift more of the global burden to wealthy individuals and wealthy countries.

---

4   See http://gdrights.org/Calculator/ (15.09.2009).
5   The projected figures here are by no means definitive. For example, the share of the RCI that is here being attributed to China is not yet adjusted to include the carbon that is "embodied" in Chinese exports. Some significant fraction of this carbon would be better posted against the accounts of the nations that import and consume these exports, and soon they will be. And, as noted in the text above, a more "progressive" definition of the RCI would similarly shift the distribution of obligations further toward the relatively wealthier countries.

Table 1: *Percentage shares of total global population, GDP, capacity, responsibility, and RCI for selected countries and groups of countries,* based on projected emissions income for 2010, 2020, and 2030. (High, Middle and Low Income Country categories are based on World Bank definitions. Projections based on International Energy Agency *World Energy Outlook 2007*.)

GDRs results for representative countries and groups (percent shares)							
	2010					2020	2030
	Population (percent of global)	GDP per capita	Capacity (percent of global)	Responsibility (percent of global)	RCI	RCI	RCI
EU 27	7.3	30,472	28.8	22.6	25.7	22.9	19.6
EU 15	5.8	33,754	26.1	19.8	22.9	19.9	16.7
EU +12	1.49	17,708	2.7	2.8	2.7	3.0	3.0
United States	4.5	45,640	29.7	36.4	33.1	29.1	25.5
Japan	1.9	33,422	8.3	7.3	7.8	6.6	5.5
Russia	2.0	15,031	2.7	4.9	3.8	4.3	4.6
China	19.7	5,899	5.8	5.2	5.5	10.4	15.2
India	17.2	2,818	0.7	0.3	0.5	1.2	2.3
Brazil	2.9	9,442	2.3	1.1	1.7	1.7	1.7
South Africa	0.7	10,117	0.6	1.3	1.0	1.1	1.2
Mexico	1.6	12,408	1.8	1.4	1.6	1.5	1.5
LDCs	11.7	1,274	0.1	0.0	0.1	0.1	0.1
Annex 1	18.7	30,924	76	78	77	69	61
Non-Annex 1	81.3	5,096	24	22	23	31	39
High Income	15.5	36,488	77	78	77	69	61
Middle Income	63.3	6,226	23	22	22	30	38
Low Income	21.2	1,599	0.2	0.2	0.2	0.3	0.5
World	100 %	9,929	100 %	100 %	100 %	100 %	100 %

Still, and regardless of the particulars of any example quantification, the GDRs framework, or any approach to differentiating national obligations that is similarly designed to ensure a meaningful right to development, could potentially reframe the entire differentiation and effort-sharing debate. For one thing, it would allow us to objectively and quantitatively estimate national obligations to bear the burdens of climate protection (obligations to support adaptation as well as obligations to mitigate) and to meaningfully compare efforts and obligations even between wealthy and developing countries. Using the terminology of the Bali Roadmap (UNFCCC 2007), it would allow us to flexibly gauge the "comparability of effort" across countries. Another way of putting this is that it would give us tools we need to escape the Annex 1 / Non-Annex 1 divide, which has become a critical obstacle to the progress of the negotiations.

Not that a global effort-sharing system would substitute for the political rapprochement between North and South that we so desperately need. Such a rapprochement that can only come with a significant effort by the North to finally meet its unmet commitments to the South. But now, in the hope that such an effort may finally be on the horizon, it's time to look forward. A new beginning in Copenhagen would still just be a beginning. Even if the post-Copenhagen world saw trust established and decisive action prioritized by all sides, the comparability-of-effort problem would remain, and remain critical, and something like the GDRs framework would be necessary to solve it. After all, in a GDRs style system, debates about whether Saudi Arabia or Singapore should "graduate to Annex 1" would be entirely unnecessary; both would simply be countries with obligations of an appropriate scale, as specified by their RCIs.

That said, however, the real value of the GDRs approach is a deeper one – GDRs defines and quantifies national obligations in a way that explicitly safeguards a meaningful right to sustainable development. By so doing, it takes at face value the developing country negotiators' claim that they can only accept a regime that protects development, and just as importantly it tests the willingness of the industrialized countries to step forward and offer such a regime.

4 Operationalizing a GDRs effort-sharing framework

How might such obligations be operationalized? Consider two complementary examples, each a stylized version of the more complex mechanisms that would emerge in real negotiations. The first is a single grand international fund through which all mitigation and adaptation would be financed – such as, say, a greatly expanded version of the Multinational Climate Change Fund proposed by Mexico or the "Financial Mechanism for Meeting Financial Commitments under the Convention" proposed by the G77 and China. Here, the RCI could serve as the basis for determining each nation's obligatory financial contribution to the fund.

Whatever the operationalization, cost would of course be a major issue. And when it comes to estimating the total scale of global mitigation and adaptation costs, there is, of course, tremendous uncertainty. This is not the place to discuss cost estimates in any depth, except to note that they span a fairly wide range. The Stern Review, for example, surveyed a range of modeling analyses and found mitigation costs rising up to the order of 1% of Gross World Product by 2050. Stern has subsequently revised this estimate upward as he has come to advocate more stringent targets.[6] On another front, the analysis backing up the extremely important European Commission "Copenhagen Communication" (EC 2009) provided two alternative results. Its macroeconomic analysis (using the GEM-E3 model) concluded that the mitigation scenario would suffer in 2020 a 1.0% GWP cost relative to the baseline, while its more techno-economic analysis (using POLES) found mitigation costs of €175 billion, or about ¼% of the EC's projected 2020 Gross World Product. This

---

[6] See the Stern Review (2007) and, for Stern's revisions, his *"Key Elements of a Global Deal on Climate Change"* (2008) and *"The global Deal"* (2009).

latter figure is more or less comparable with the other bottom-up analyses, such as like the recent well-publicized McKinsey study, which estimate around $200 billion to $400 billion for global costs (Pendleton/Retallak 2009).

In the face of such variance, we find it useful to admit that one cannot know the cost of stabilizing the global climate, and to instead conduct a thought experiment in which we take the 2020 global funding requirement as being exactly 1% of the projected Gross World Product. It is a useful figure to start with, as it is well within the range of published estimates of the cost of a global climate transition, though it is four times larger than the size of the EC's technoeconomic estimate, equal to the EC's macroeconomic estimate, and half as large as Stern's revised estimates.

Table 2: GDP, capacity, and obligation, projected to 2020. These figures assume that the total cost of the global climate program is 1% of GWP, projected as $944 billion in 2020.

	National Income (Billion $)	National Capacity (Billion $)	National Capacity % GDP	National Obligation (Billion $)	National Obligation % GDP
EU 27	$19,327	$15,563	80.5%	$ 216	1.12%
EU 15	$16,752	$13,723	81.9%	$ 188	1.12%
EU +12	$ 2,574	$ 1,840	71.5%	$ 28	1.09%
USA	$18,177	$15,661	86.2%	$ 275	1.51%
Japan	$ 5,071	$ 4,139	81.6%	$ 62	1.23%
Russia	$ 2,905	$ 1,927	66.3%	$ 41	1.40%
China	$13,439	$ 5,932	44.1%	$ 98	0.73%
India	$ 5,814	$ 972	16.7%	$ 11	0.19%
Brazil	$ 2,535	$ 1,376	54.3%	$ 16	0.64%
South Africa	$ 706	$ 422	59.8%	$ 10	1.42%
Mexico	$ 1,744	$ 1,009	57.9%	$ 15	0.84%
LDCs	$ 1,549	$ 82	5.3%	$ 1	0.06%
Annex 1	$50,368	$40,722	80.8%	$ 652	1.29%
Non-Annex 1	$44,037	$18,667	42.4%	$ 292	0.66%
High Income	$49,279	$40,993	83.2%	$ 655	1.33%
Middle Income	$41,546	$18,190	43.8%	$ 286	0.69%
Low Income	$ 3,579	$ 206	5.8%	$ 3	0.08%
World	$94,405	$59,388	62.9%	$ 944	1.00%

Given an assumed total global climate transition costs of 1% of GWP, (or $944 billion in 2020 in our projection), one can ask how a GDR allocation would allocate those costs. The US, with 29.1% of the global RCI, would be obligated to pay about $275 billion. Similarly, the EU's share would be about $216 billion (22.8% of the global RCI). China's share would be $98 billion (10.4%), India's about $11 billion (1.2%), and so on, as shown in Table 2, above.

These figures are, again, based on the assumption of a total annual global cost, for both mitigation and adaptation, of 1% of GWP. If it turned out, instead, to be 0.5% of projected 2020 GWP rather than a full 1%, national obligations would come to only half of these figures. It is also worth noting that, over in Europe, the debate currently turns around the European Commission's 2020 mitigation-only cost estimate of €175 billion (220 billion US dollars). This comes to about 0.23% of projected 2020 GWP, and thus implies estimated costs that are about half of the 0.5% figure.

What does this tell us? Well, consider that the Greenhouse Development Rights framework could be operationalized in many ways – as a global cap and trade system, as an auction-based system, as a fund-based system, or even as a system of internationally harmonized taxes. All approaches would have their advantages and their disadvantages. And it does seem that, in ruminating about costs, and trying to understand what they mean in concrete terms, thinking in terms of a global tax is particularly useful. In this case, the RCI, in effect, would serve as the basis of a modestly progressive global "climate tax" – not a carbon tax, but a capacity and responsibility tax. And the size of this tax could be expressed in individual terms, by simply assuming that it is passed down to taxpayers at various levels of (2020) income, according to their individual RCIs, *thus ensuring that effort sharing within nations exactly parallels effort sharing among nations.*

Please understand that we are not advocating a global climate tax. But we very much do believe that the system by which the effort associated with the climate transition is apportioned, between and within countries, must be progressive. And thinking in terms of a tax table allows us to apply the moderately progressive effort-sharing system that is GDRs at the individual level, and thus to see what the "unrealistic" global emergency climate stabilization program that we advocate would actually cost individuals.

Under such circumstances, individuals below the development threshold, who contribute nothing to their nation's obligation, would similarly pay nothing toward fulfilling that obligation. In effect, their "climate tax" would be zero. Which is to say that, in 2020, the roughly two-thirds of the world's population that falls below the development threshold (assuming for simplicity that intranational income distributions remain as they are today, though of course they will change) would be exempt from paying any climate tax, enabling them to prioritizing the attainment of a basic level of welfare. The remaining population (the top third of the global population), which is projected to control 85% of the world's income in 2020, would cover the total global mitigation and adaptation cost.

Here (see table 3 on the following page) we compare the United States, a country with famously high responsibility relative to its capacity, and Sweden, a country with low responsibility relative to its capacity. (The details: US cumulative per capita emissions, 1990 to 2020, are projected to be 133 tons of carbon, while Sweden's are projected to be 40 tons. Reporting these numbers for 2010, a more tractable projection, yields US cumulative per capita emissions of 105 tons, Swedish cumulative per capita emissions of 34 tons.)

Note that, although each incremental dollar of income or ton of emissions is taxed at the same rate (as in a "flat tax"), income and emissions below the development threshold are explicitly excluded, and therefore the whole system is modestly progressive. And note especially that when you compare individuals with the same level of income, across countries with different levels of responsibility, their overall "tax" is not the same. The tax for individuals at the same income level varies (being highest for the US and lowest for Sweden), reflecting the fact that this is a capacity- *and* responsibility-based *climate tax,* not simply an income tax, nor a carbon tax.

Table 3: *"Climate tax" for various income levels.* The marginal tax rate, average tax rate, and total annual bill are shown, under three different assumptions about the total costs of the emergency climate mitigation and adaptation costs (0.5%, 1.0%, and 2.0% of Gross World Product).

Country	income	Total costs: 0.5% of GWP			Total costs: 1.0% of GWP			Total costs: 2.0% of GWP		
		marginal tax rate	average tax rate	annual tax	marginal tax rate	average tax rate	annual tax	marginal tax rate	average tax rate	annual tax
US	$ 7,500	0.00%	0.00%	$ 0	0.00%	0.00%	$ 0	0.00%	0.00%	$ 0
US	$ 15,000	0.88%	0.44%	$ 65	1.75%	0.87%	$ 131	3.50%	1.74%	$ 261
US	$ 30,000	0.88%	0.66%	$197	1.75%	1.31%	$ 393	3.50%	2.62%	$ 786
US	$ 60,000	0.88%	0.77%	$459	1.75%	1.53%	$ 918	3.50%	3.06%	$1,836
US	$120,000	0.88%	0.82%	$978	1.75%	1.63%	$1,956	3.50%	3.26%	$3,912
Sweden	$ 7,500	0.00%	0.00%	$ 0	0.00%	0.00%	$ 0	0.00%	0.00%	$ 0
Sweden	$ 15,000	0.58%	0.29%	$ 43	1.15%	0.58%	$ 87	2.30%	1.15%	$ 173
Sweden	$ 30,000	0.58%	0.44%	$131	1.15%	0.87%	$ 261	2.30%	1.74%	$ 522
Sweden	$ 60,000	0.58%	0.51%	$303	1.15%	1.01%	$ 606	2.30%	2.02%	$1,212
Sweden	$120,000	0.58%	0.54%	$648	1.15%	1.08%	$1,296	2.30%	2.16%	$2,592

The size of this tax is not onerous. Consider the medium case above, in which we estimate the total costs of stabilizing the climate as being 1% of GWP in 2020. As you can see, a US citizen earning $60,000 a year would pay a climate tax of $918 a year, or $2.50 a day. This is not a large sum, and, again, keep in mind that this is based on a global cost estimate that is quite high. If you instead use the European Commission's now influential global cost estimate (see above), this same citizen would pay a climate tax of about $200 a year, *about half a dollar a day.* If we are instead extremely pessimistic, and we assume that even Stern's revised estimate is low by a factor of two, and that total global costs will be an unthinkable 4% of GWP, then this individual would be asked to contribute about $10/day. Still a small price to pay to save the planet.

This analysis has two clear implications, that fair effort sharing is of great pragmatic significance, and, by definition, any fair effort-sharing system must take intra-national income distribution into proper account. Even if the costs of a rapid climate transition are assumed to be quite high (even higher than the case of 2% of GWP shown in the Table 3), and *even* if these costs are deemed to be solely the obligation of the minority of people with incomes above a $7,500/year development threshold (less than one third of the global population today) they would still be quite bearable. The rich and the relatively well-off can easily afford to shield the poor from the costs of combating climate change. They can, in other words, afford to honor a meaningful right to development.

5 The GDRs framework and national reduction targets

Another perspective on effort sharing, one that is central to the ongoing negotiations, expresses post-2012 obligations in terms of emission reduction obligations and Kyoto-style national targets. To illustrate it, we start by comparing a global "business-as-usual" trajectory to the rapidly dropping 2 °C emergency pathway, a comparison that allows us to straight-forwardly calculate the total amount of mitigation needed globally in any given year.

Figure 3 shows this rapidly growing gap divided between "no regrets" reductions (green), which have zero or net negative costs, and the much larger "global mitigation requirement" (blue).[7]

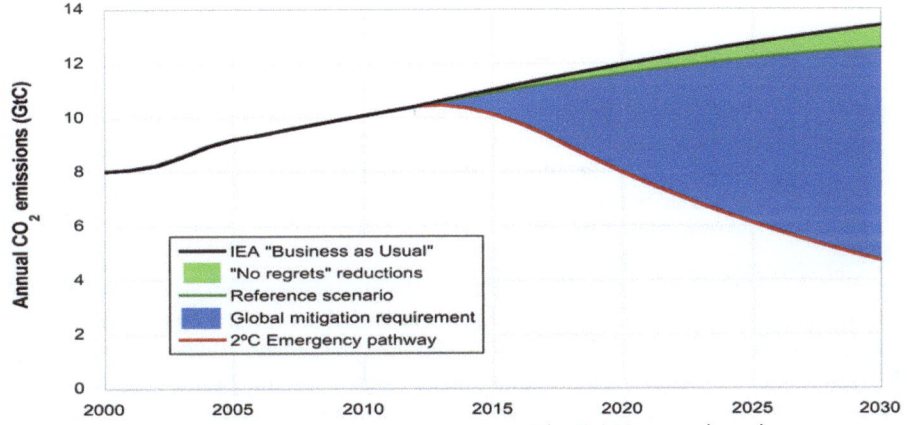

Figure 3:   *Total global mitigation requirement.* The BAU scenario, minus no-regrets mitigation options, yields the global reference scenario.

As shown, the global mitigation requirement, excluding the no-regrets opportunities, grows to approximately 3.7 GtC in 2020. (Note that these calculations and the discussion that follows are based on estimates for CO_2 only; a similar proportional reduction in all GHGs would imply a roughly 30% larger mitigation requirement, about 17.6 $GtCO_2$-equivalent in 2020).

In the GDRs framework, national emission reduction obligations are defined as shares of the global mitigation requirement, as allocated among countries in proportion to their RCI. This is illustrated in Figure 4, which shows this allocation into national obligations with, to give a few prominent examples, the US's share (29.1%) of the total mitigation

---

[7] The business-as-usual scenario in this analysis is taken from the International Energy Agency (IEA 2007); the size of the no-regrets reductions potential is derived from McKinsey Company analysis (Enkvist/Nauclér/Rosander 2007), and the emergency pathway is calculated by the GDR framework.

requirement appearing as the large red wedge, the EU's share (22.8%) as the large purple wedge, and China's share (10.4%) appearing as the smaller but still significant blue wedge. Thus, for example, the EU's mitigation obligation is (22.8% of the 3.7 GtC global mitigation requirement in 2020) is about 850 GtC.

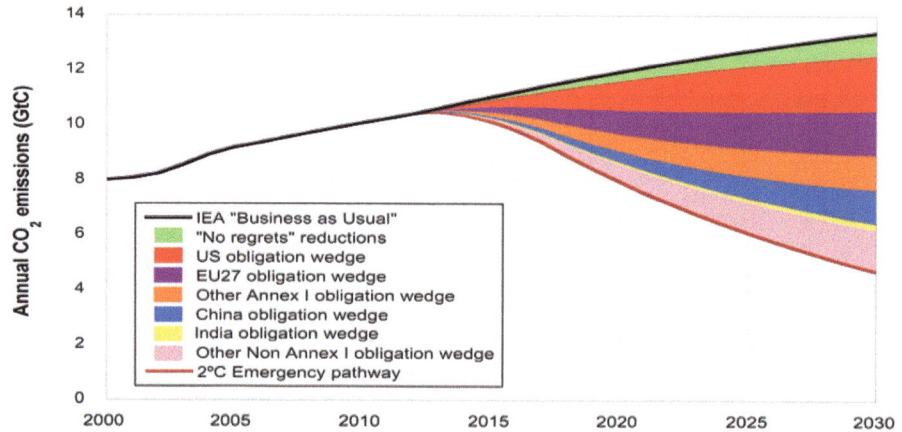

Figure 4: Total global mitigation requirement divided into "national wedges". The global mitigation requirement is divided into obligation wedges that show the shares of the global mitigation requirement that would be borne by particular nations (or groupings of nations) in proportion to their share of the total global RCI.

If this mitigation obligation were interpreted literally and achieved entirely through domestic reductions, it would imply reductions of nearly *140% below 1990 levels – minus* 500 MtC – by 2030. Obviously, this is impossible. In fact, for mitigation obligations of this magnitude to make sense, countries must not be expected to meet them entirely through domestic reductions. Thus, whatever is not accomplished domestically would need to fulfill internationally, by way of reductions in other countries that are "supported and enabled by technology, financing and capacity-building, in a measurable, reportable and verifiable manner" (Bali Action Plan 2007: Decision 1/CP.13 para 1, b, ii.)

On its left side, Figure 5 on the following page shows the total EU mitigation obligation with an indicative division into a domestic (light blue) mitigation obligation and an (dark blue hatched) international mitigation obligation. The domestic mitigation effort is here defined so as to match the rapid decline needed to put the EU on course toward 90% domestic reductions relative to 1990 levels by 2050.

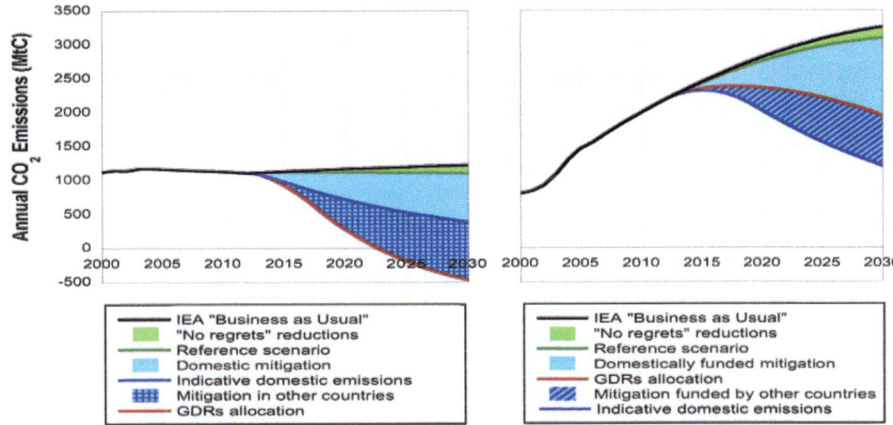

Figure 5:   *GDRs EU obligations, a GDRs China pathway.* The EU's obligations are calculated in a way that would put its domestic emissions on a path toward 90% reductions by 2050, while its remaining mitigation obligation is fulfilled by an international obligation (represented here by the dark blue hatched area in the left panel). Conversely, some of the mitigation taking place in China is enabled by other countries through technology and financial support (the dark blue striped area in the right panel). Note that the relative sizes of these various areas are merely indicative; the GDRs framework does not, in itself, specify what fraction of a country's mitigation obligation should be met domestically, and what fraction internationally.

This makes for a stringent, and thus illustrative, example, one in which the EU achieves physical domestic reductions by 2030 of more than 60% below 1990 levels. But note two things. First, this level of domestic reductions is merely indicative. There is nothing about the GDRs framework that, in itself, dictates what fraction of a country's total mitigation obligation would be discharged domestically. Rather, we assume that national preferences for domestic vs. international mitigation would vary with national circumstances, and that the final balance would depend on tradeoff between cost efficiency and political acceptability. Second, and critically, even this ambitious rate of domestic reductions satisfies well less than half of the EU's total mitigation obligation. The remainder, amounting to nearly 900 MtC of reductions in 2030, must be discharged in other countries. In total, assuming domestic reductions of more than 60%, the EU would still be obligated to make international reductions greater than 70% of its 1990 emissions.

Moreover, this very demanding result is by no means an anomaly or methodological quirk, but rather a direct outcome of the principles underlying the GDRs framework. Like any country with high capacity and responsibility, the EU is assigned a very large obligation – large enough to necessitate extremely ambitious reductions both domestically and internationally.

China, in contrast, would be obligated to reductions of about 1100 MtC in 2030 (light blue shading), all of which could be made domestically. At the same time, another substantial quantity of reductions within China, about 750 MtC in 2030 is our estimate, (blue striped shading), would be enabled and supported by other countries with higher capacity and responsibility.

These examples illustrate a robust and striking conclusion. The national mitigation obligations of the countries with high capacity and responsibility greatly exceed the reductions they could conceivably make at home. In fact, their mitigation obligations will typically come to exceed even their total domestic emissions. Which is to say that, under a GDRs effort-sharing framework, countries with high capacity and responsibility ultimately receive "negative allocations"[8].

Obligations of this scale may seem simply implausible by today's standards of political realism, even for countries with high capacity and responsibility. Nevertheless, they are, in the final analysis, quite unavoidable. It is only through explicit obligations of this magnitude that a climate regime can effectively bring about its two essential outcomes. First, by driving ambitious domestic reductions, these obligations ensure that the wealthier countries free up sufficient environmental space for the poorer countries to develop. Second, by driving equally ambitious international reductions, enabled by technological and financial support from the wealthier countries, they ensure this development occurs along a decarbonized path.

These examples thus show, with startling clarity, that a major commitment to North-South cooperation – including large financial and technological transfers – is an inevitable part of any viable climate stabilization architecture. This situation reflects the actual nature of national obligations and the obvious truth of the greenhouse world: even if the wealthy countries reduce their domestic emissions to zero or near-zero levels, they must still, in addition, enable large emissions reductions in countries that lack the capacity (and responsibility) to reduce emissions as much as an emergency 2 °C mitigation pathway requires, without significant assistance from others. It is only by accepting their *two-fold obligation* that the wealthy countries can enable a climate regime that is genuinely consistent with the right to development.

6 Effort-sharing in the Copenhagen period

History follows a complex and varied course, and its complexities cannot be captured by any top-down, principle-based scheme like GDRs. Given this, the GDRs effort-sharing analysis, in itself, necessarily neglects any satisfying discussion of the processes that got us to the climate impasse in the first place, and the political innovations that will be required to get us beyond it.

GDRs, most immediately, is blind to the North-South trust deficit. And this is true even though this deficit effectively rules out the simplest path forward. On such a path, all countries, whether of the North or the South, would simply commit to carry their "fair share" of the global climate burden, and then proceed, more-or-less directly, to the practical negotiations necessary to operationalize such an accord.

---

[8] Incidentally, this kind of negative allocation can never arise under Contraction and Convergence style trajectories, wherein high-emitting countries are only required to transition from their high grandfathered allocations down toward the global per-capita average.

This, unfortunately, is not likely to happen in Copenhagen. And it's important to understand that the obstacles before it are not particular to principle-based systems like GDRs, but rather of pressing and general importance. This is because, in the first instance, the North-South trust deficit has an objective basis in global economic and political history and, more particularly in the unmet promises of Rio and Kyoto. And because, in consequence, the South cannot reasonably be expected to take on legally binding commitments in the Copenhagen period, not even if these are defined in a principle-based manner that genuinely safeguards its right to development.

Nor can the South's reticence be put down to a negotiating strategy. Rather, it simply sees any agreement that would legally curtail its emissions as being unacceptably dangerous, at least for the moment. Moreover, this view is not hard to understand. To this point, after all, industrial development has been almost entirely driven by fossil fuels, and why, without the North's demonstrated willingness to help chart, and indeed pave, an alternative course, should the countries of the South sign away their rights to follow along this proven pathway?

The real problem, then, is that developed countries have wholly failed to demonstrate such a willingness, and this despite their legal obligation, which they accepted in Rio in 1992, to "take the lead in combating climate change and the adverse affects thereof" (UNFCCC 1992: Art. 3.1). More precisely, the developed countries have simply not delivered on their commitment to return their emissions to 1990 levels by 2000. To be sure, Europe has managed formal compliance, but this was delivered only unwittingly by the Soviet economic collapse, and the limited nature of this success is underscored not only by the utter non-compliance of the US and Canada, but also by the half-hearted efforts which the Europeans – the North's climate policy leaders – have been able to assemble in the face of their own anti-compliance lobbies. To be sure, progress is being made in both the US and the EU, but it is coming late, it is far from decisive, and it does not suffice to refute the view, widespread in the South, that any willingness to accept legally binding commitments would put it at the mercy of a northern bloc that is far more attentive to its own local realisms than to the global necessities of climate-constrained development.

Moreover, the problem extends beyond the North's inability to restrain its own emissions growth. It also reflects the North's repeated failure to meet its UNFCCC and Kyoto commitments to provide technological and financial support to the processes of mitigation and adaptation in the South. In particular, and unambiguously, the (Annex II) developed countries agreed in 1992 (ibid.: Art. 4.3)[9] to "provide such financial resources, including for the transfer of technology, needed by the developing country Parties to meet the agreed full incremental costs of implementing measures" including, inter alia, to:

> "Formulate, implement, publish and regularly update national and, where appropriate, regional programmes containing measures to mitigate climate change by addressing anthropogenic emissions by sources and removals by sinks of all greenhouse gases not controlled by the Montreal Protocol, and measures to facilitate adequate adaptation to climate change" (ibid.: Art. 4.1, b),

and

---

9   See Mace (2005) and UNFCCC (2006) for a comprehensive treatment of adaptation funding commitments in particular.

"Promote and cooperate in the development, application and diffusion, including transfer, of technologies, practices and processes that control, reduce or prevent anthropogenic emissions of greenhouse gases not controlled by the Montreal Protocol in all relevant sectors, including the energy, transport, industry, agriculture, forestry and waste management sectors" (ibid.: Art. 4.1, c).

The UNFCCC further underscores that the provision of necessary funding "shall take into account the need for adequacy and predictability in the flow of funds and the importance of appropriate burden sharing among the developed country Parties" (ibid.: Art. 4.3), and it emphasizes that developing country action is contingent on the availability of developed country funding:

"The extent to which developing country Parties will effectively implement their commitments under the Convention will depend on the effective implementation by developed country Parties of their commitments under the Convention related to financial resources and transfer of technology and will take fully into account that economic and social development and poverty eradication are the first and overriding priorities of the developing country Parties" (ibid.: Art. 4.7).

Yet, notwithstanding the fact that these same agreements were reiterated in the Kyoto Protocol (UNFCCC 1998: Article 11.2, b), the amount of financial support for mitigation, adaptation, and technology transfer delivered over the past seventeen years has been entirely inadequate, and straight-forwardly insufficient to support any honest argument that the developed countries have made good faith efforts to fulfill their UNFCCC and Kyoto Protocol financing and technology-transfer commitments.

All of which has implications. It tells us, for example, that the Copenhagen phase must, above all, be one in which the Annex 1 countries finally and definitively fulfill their UNFCCC commitment to "take the lead." The Copenhagen period, in fact, is Annex 1's last best chance to do so, and thus to create confidence, through concerted action, in the feasibility of a successful global climate transition. To meet that promise, however, Annex 1 will have to contrive aggressive and sweeping mitigation initiatives at home, and good-faith assistance to non-Annex 1 countries seeking financial and technological assistance to mitigate and to adapt. There is, in other words, still time for the North to fulfill its commitment to lead, but not much, and failure to seize the Copenhagen opportunity will almost certainly put a 2 °C path out of reach.

This look back to the UNFCCC also tells us what the Copenhagen phase is *not*. It is not a time in which the Annex 1 countries can hope to minimize their own responsibility by pointing fingers at others, and this is true regardless of how many coal-fired power plants those others may be building. Nor is it time for the Annex 1 countries to make their own efforts contingent on the efforts of others. Nor for them to plead the hardships of the current financial crisis, while pressuring much poorer nations to take on binding commitments. Rather, Annex 1 should now, simply and straight-forwardly, affirm its acceptance of the "full incremental costs" of climate actions, globally, for the duration of what we might call the Copenhagen transition. Only by doing so can it act in a manner consistent with the UNFCCC, Kyoto, and Bali and, by so doing, allow us to decisively break the impasse.

None of this, we hasten to add, is to say that the developing countries can defer decisive actions of their own. The simple fact is that the more affluent of the southern countries, such as South Korea, have a significant capacity to act. As does China, despite its very poor majority. And such countries must indeed act if progress in Copenhagen is not to be critically stymied. The question is how they must act, and the answer is that, for the moment, they must do so in a manner conditioned by the realities of a global impasse that has *not yet been broken*. They must, more precisely, do so *voluntarily*.

We say this despite even our own analysis, which suggests that a principle-based accounting of "common but differentiated responsibilities and respective capabilities" would assess the South's obligation to act as being sizable, already amounting to perhaps one-quarter of the global total. But we have reluctantly concluded that, while a global system of legal commitments based on a principle-based differentiation will be necessary in time, that time has not yet come. The North must move first. Moreover, the South, though insisting on a contingent, step-by-step way forward, should not be seen as obstinately holding onto an outdated and legalistic interpretation of the UNFCCC and the Kyoto Protocol, as if in the service of a self-serving strategy of indefinite free-riding. The issue, rather, is the South's entirely understandable wariness, in the face of simultaneous climate and a development crises and in the absence of convincing evidence that both poverty and carbon-based growth can simultaneously be left behind. The North, it may fairly be said, has for seventeen years now shown a comparable level of wariness, and this despite its much less compelling circumstances.

For just this reason, the Annex 1 nations must now decisively take the lead. Which is not the same as forever bearing the "full incremental costs" of the climate transition, which was never the intention of the UNFCCC's framers. This is clear from the UNFCCC preamble, which recognizes a "need for developed countries to take immediate action (…) *as a first step* towards comprehensive response strategies at the global, national and, where agreed, regional levels" (UNFCCC 1992). Also, the UNFCCC uses the term "developed countries" in many contexts without the qualification "included in Annex 1", most significantly in Article 3.1, where it appears in combination with the critical phrase "common but differentiated responsibility and respective capabilities", clearly suggesting that the primary differentiation among countries implies something beyond a static Annex I / non-Annex 1 divide.

And indeed, one can observe this differentiation already occurring, specifically with the offer made by developing countries in Bali to pursue "nationally appropriate mitigation actions in the context of sustainable development" (Bali Action Plan 2007: Para. 1.(b)(ii)). And this offer has been backed up by noteworthy initiatives from politically powerful developing countries like South Africa, Mexico, South Korea, and China. Which is to say that we should recognize and even applaud the *de facto* differentiation demonstrated by these proposals, rather than fixating on demands for *de jure* differentiation inscribed as legally binding emission commitments.

That said, it is essential now to move forward with a robust and public discussion of equitable, transparent, principle-based, quantifiable, *global* differentiation. This is true for two distinct reasons. First, and despite southern fears of the global differentiation debate, it is quite reasonable for the Annex 1 countries to want reassurance that they will not *forever* be expected to alone bear the costs of the climate transition, even as non-Annex 1 countries overcome their underdevelopment and rise in economic and political power. And, critically, by publically discussing the future necessity of principle-based global differentiation, we make it possible for Annex 1 countries to see the Copenhagen phase of the negotiations, wherein they are being asked to bear the brunt of the global costs, as a legitimate but nevertheless bounded transitional period.

Second, and critically – especially amidst the economic and financial crisis – an open discussion of global differentiation is absolutely necessary to making a clear, morally compelling, and politically persuasive case for why the Annex 1 countries are obliged to make the global effort that is now being asked of them. For even if we ignore Annex 1's seventeen year history of non-performance, and even if we grant the rapid rise in the developing world's emissions and incomes, it remains the case that Annex 1 countries bear the vast majority of responsibility for the climate problem, and the vast bulk of the capacity to respond to it. And this must be widely and publicly understood if we in the North are ever to generate the political will necessary to step forward and make the climate transition feasible.

7 Conclusion

Copenhagen will not focus on global differentiation, it can and should make bold progress in the journey toward a transparently fair and thus potentially viable global climate regime. Specifically, the elaboration of principle-based measures of effort, like the RCI we have introduced above, would be an important indicator of success in Copenhagen. In fact, if the Copenhagen negotiations succeed, we will know this in part because a coherent and public conversation about fair shares of the global effort has come into far greater prominence around the world, and in the process given credence to the use of explicit quantitative indicators for assessing national performance with respect to such fair shares.

The Greenhouse Development Rights framework is not designed to be fair because fairness is good, but to be fair because it is necessary. Ultimately a fair deal is essential if global cooperation to protect the climate is to be sustained. Fairness need not mean mathematically precise and meticulously quantified burden-sharing formulas, but it does have to mean a wide-spread perception of fairness. And, most clearly, if the world's poor majority do not perceive the climate regime to give them a fair shot at development, they will abandon it and it will fail.

No one knows what will be the costs of addressing the climate crisis, but the necessary speed of mitigation means the costs are not likely to be negligible, just as the inevitability of climate harm means adaptation costs will be significant. If costs do indeed rise into the range of hundreds of billions to trillions of dollars annually – dwarfing the cost of all other global public goods – the costs will be paid fairly, or not at all.

Table 4: Selected country details (projected to 2020)

Country	income $PPP per capita	pop above dev't threshold % of national population	capacity % of GDP	responsibility share % of global total	capacity share % of global total	RCI share % of global total	national obligation to pay % of GDP	Average obligation to pay $ per person above dev't threshold	reference emissions % relative to 1990	GDRs allocation[10] % relative to 1990
EU 15	41,424	99	82	16.70	23.11	19.91	1.12	468	96	16
EU +12	25,981	95	71	2.94	3.10	3.02	1.11	305	82	44
United States	53,671	96	86	31.85	26.37	29.11	1.51	841	119	41
Japan	40,771	100	82	6.24	6.97	6.61	1.23	504	104	26
Russia	22,052	95	66	5.38	3.24	4.31	1.40	326	77	53
China	9,468	41	44	10.74	9.99	10.36	0.73	169	443	381
India	4,374	14	17	0.72	1.64	1.18	0.19	58	391	363
Canada	45,778	99.7	84	2.94	2.36	2.65	1.49	685	143	65
Brazil	11,519	44	54	1.15	2.32	1.73	0.64	170	227	120
Mexico	14,642	59	58	1.39	1.70	1.54	0.84	207	169	99
LDCs	1,567	2	5	0.05	0.14	0.10	0.06	58	310	294
Annex 1	38,425	94	81	69.49	68.57	69.03	1.29	529	101	38
Non-Annex 1	6,998	26	42	30.51	31.43	30.97	0.66	180	319	258
High Income	44,365	98	83	69.74	69.02	69.38	1.33	602	126	45
Upper Middle	17,438	73	62	14.12	11.74	12.93	1.08	256	116	79
Lower Middle	7,419	30	37	15.93	18.89	17.41	0.54	132	325	277
Low Income	2,022	3	6	0.22	0.35	0.28	0.08	51	189	182
World	12,415	38	63	100 %	100 %	100%	1 %	330	170	108

---

10 Note, this is an emission allocation expressed as a *percent of 1990* levels, not a mitigation obligation expressed as a *percent reduction below 1990* levels.

References

Baer, Paul/Athanasiou, Tom/Kartha, Sivan (2008): The Greenhouse Development Rights Framework: The Right to Development in a Climate Constrained World. Published by Heinrich Böll Foundation, Christian Aid, EcoEquity and the Stockholm Environment Institute, http://www.GreenhouseDevelopmentRights.org (15.09.2009).

Baer, Paul/Mastrandrea Mike (2006): High Stakes: Designing emissions pathways to reduce the risk of dangerous climate change. London: Institute for Public Policy Research, http://www.ecoequity.org/wp-content/uploads/2009/05/high_stakes.pdf (15.09.2009).

Bali Action Plan (2007): Bali Action Plan, Decision -/CP.13, http://unfccc.int/resource/docs/2007/cop13/eng/ 06a 01.pdf#page=3 (15.09.2009).

Council of the European Union (2009): Council Conclusions on the further development of the EU position on a comprehensive post-2012 climate agreement (Contribution to the Spring European Council). 2928th Environment Council meeting, Brussels, 02.03.2009.

EC (2009): Communication from the Commission to the European Parliament, the Council, the European Economic and Social Committee and the Committee of the Regions: Towards a comprehensive climate change agreement in Copenhagen. Issued in Brussels on 28.01.2009. COM (2009) 39 final, http://www.ipex.eu/ipex/webdav/site/myjahiasite/groups/CentralSupport/public/2009/COM_2009_0039/COM_COM(2009)0039_EN.pdf (15.09.2009).

Enkvist, Per-Anders/Nauclér, Tomas/Rosander, Jerker (2007): A Cost-curve for Greenhouse Gas Reduction. In: The McKinsey Quarterly 2007 (1), 35-45.

Hansen, James (2007): Huge sea level rises are coming – unless we act now. In: NewScientist.com news service v. 28.07.2007, http://www.mng.org.uk/gh/resources/james_hansen_NS_2007.html (15.09.2009).

Hansen, James/Sato, Makiko/Kharecha, Pushker et al. (2008): Target atmospheric CO_2: Where should humanity aim? In: Open Atmospheric Science Journal, http://www.bentham-open.org/pages/content.php?TOASCJ/2008/00000002/00000001/217TOASCJ.SGM (15.09.2009).

International Energy Agency (2007): World Energy Outlook 2007. Paris: OECD/IEA.

IPCC (2007): Climate Change 2007: The Physical Science Basis. Contribution of Working Group I to the Fourth Assessment Report of the Intergovernmental Panel on Climate Change. Cambridge: Cambridge University Press.

JRC/IPTS (2009): Economic Assessment of Post-2012 Global Climate Policies Analysis of Greenhouse Gas Emission Reduction Scenarios with the POLES and GEM-E3 models. Joint Research Center-Institute for Prospective Technological Studies.

Lenton, Timothy M./Held, Hermann/Kriegler, Elmar et al (2008): Tipping Elements in the Earth's climate system In: Proceedings of the National Academy of Sciences 105 (6), 1786-1793.

Mace, M. J. (2005): Funding for Adaptation to Climate Change: UNFCCC and GEF Developments since COP-7. In: Review of European Community and International Environmental Law (RECIEL) 14 (3), 225-246.

Meinshausen, Malte (2005): On the Risk of Overshooting 2 °C, Paper presented at the Scientific Symposium "Avoiding Dangerous Climate Change", http://www.stabilisation2005.com/14_Malte_Meinshausen.pdf (15.09.2009).

Pendleton, Andrew/Retallak, Simon (2009): Fairness in Global Climate Change Finance. Institute for Public Policy Research, http://www.boell.de/downloads/ecology/fairness_global_finance.pdf (15.09.2009).

Stern, Nicholas (2007): The Economics of Climate Change: The Stern Review. Cambridge, UK: Cambridge University Press.

Stern, Nicholas (2008): Key elements of a global deal on climate change. London School of Economics and Political Science, London, UK, http://eprints.lse.ac.uk/19617/1/Key_Elements_of_a_Global_Deal-Final_version (2)_with_additional_edits_post_launch.pdf (15.09.2009).

Stern, Nicholas (2009): The global deal. Climate change and the creation of a new era of progress and prosperity. New York: Public Affairs.

UNFCCC (1992): The United Nations Framework Convention on Climate Change, http://unfccc.int/resource/docs/convkp/conveng.pdf (15.09.2009).

UNFCCC (1998): Kyoto Protocol to the United Nations Framework Convention on Climate Change, http://unfccc.int/resource/docs/convkp/kpeng.pdf (15.09.2009).

UNFCCC (2006): Background paper on Overview of Possible Institutional Options for the Management of the Adaptation Fund. Prepared for the UNFCCC Workshop on the Adaptation Fund, Edmonton, Canada, 03.-05.05.2006.

UNFCCC (2007): Bali Road Map, http://unfccc.int/meetings/cop_13/items/4049.php (15.09.2009).

Recht, Gerechtigkeit, Abwägung und Steuerung im Klimaschutz – Ein 10-Punkte-Plan für den globalen und europäischen Klimaschutz

Felix Ekardt[1]

1 Die Nicht-Nachhaltigkeit westlicher Gesellschaften – gerade im Klimaschutz

Obwohl die Klimaproblematik keinesfalls neu, sondern in allen wesentlichen Punkten schon länger bekannt ist, sind Deutschland und die EU bis dato nur verbal Klimavorreiter. Der westliche Ressourcenverbrauch und Treibhausgasausstoß pro Kopf stagniert dagegen auf hohem Niveau. Unverändert ist das bisherige westliche Lebensmodell weder dauerhaft durchhaltbar noch global lebbar; es ist also *nicht generationen- und global gerecht, also nicht nachhaltig*. Sobald Länder wie China oder Indien unseren Pro-Kopf-Verbrauch imitieren würden, wären die Weltressourcen und die Klimastabilität in kurzer Zeit am Ende. Die Industrieländer sollten eigentlich gemäß dem völkerrechtlichen Kyoto-Protokoll bis 2012 ihre Klimagasausstöße um 5 % reduzieren. Die Emissionen westlicher Länder steigen jedoch weiterhin, und dies trotz der Industriezusammenbrüche 1990 in Osteuropa (auch in Deutschland sind sie – wenn man den DDR-Zusammenbruch außen vor läßt – nur um etwa 5 % gesunken). Weltweit sind die Klimaemissionen seit 1990 um rund 40 % gestiegen, auch weil südliche Länder keinen Verpflichtungen unterliegen.[2] Dieses problematische Gesamtergebnis bringt auf den Punkt, dass die bisherigen Ansätze der nationalen und globalen Klimapolitik wie ein starkes Setzen auf Freiwilligkeit und einen von anspruchslosen Treibhausgasreduktionszielen sowie zu vielen Ausnahmen gekennzeichneten Emissionshandel in der Sache jedoch weniger erfolgreich waren – mit möglicherweise katastrophalen Schadensfolgen.

Dabei ist die Herausforderung an sich gigantisch. In Europa ist viel von 80 % weniger Treibhausgasausstößen bis 2050 gegenüber 1990 die Rede. Das IPCC (IPCC 2007b: 15, Tabelle SPM.5) jedoch spricht von 46-79 % (bzw. ab 2000 gerechnet: 50-85 %) Treibhausgasreduktion weltweit (!) bis 2050, wenn man die globale Erwärmung auf 2-2,4 Grad begrenzen will, und bezeichnet dies in einer Fußnote als (wegen der Selbstverstärkungseffekte eines in Gang kommenden Klimawandels) vielleicht noch zu zurückhaltend. Bei einer wachsenden Weltbevölkerung ergäbe das bei heute weltweit durchschnittlich 4,6 Tonnen pro Kopf dann 1,3-0,4 Tonnen pro Kopf (ebd.). Für OECD-Staaten wie Deutschland bedeu-

---

[1] Der Inhalt dieses Beitrags findet sich (neben verschiedenen Aufsätzen) wesentlich ausführlicher in Ekardt 2009. Dort finden sich dann auch ausführliche Hinweise auf weitere Literatur (etwa zu den – allerdings nicht zahlreichen – empirisch-deskriptiven Aussagen), die hier aus Platzgründen entfallen; dazu hier nur IPCC 2007. Konkret der hier entwickelte Gerechtigkeitsansatz wäre allerdings „in der Literatur" so auch nicht zu finden, da er eine eigene Gegenposition sowohl zur Klima- als auch zur allgemeinen Gerechtigkeitsdebatte formuliert, der trotz gewisser Gemeinsamkeiten klassische Positionen (wie Kant, Rawls 1975, Habermas 1992, erst recht Jonas 1979) gerade kritisiert.

[2] Die jeweils aktuellen Zahlen veröffentlicht u.a. das (in Bonn ansässige) UN-Klimasekretariat (http://unfccc.int/ghg_data/items/3800.php, 15.09.2009).

tet das etwa 87-96 % Emissionsreduktionen (unter Einbeziehung auch der Emissionen aus Entwaldung und Landwirtschaft). Und all dies wird noch dadurch verschärft, dass (a) die Selbstverstärkungseffekte eben eher noch mehr Klimaschutz erzwingen und dass (b) 2-2,4 Grad Erwärmung u.U. bereits katastrophal wären. Denn aktuell beginnt das IPCC wohl einzusehen, dass es in der Tat noch zu „großzügig" gerechnet hat, u.a. aufgrund der Forschungen der NASA (Hansen 2007). Wenn man zudem (c) bedenkt, dass die gängige Klimapolitik ihre Ziele bei stetig anhaltendem Wirtschaftswachstum (welches in der Regel auch den Ressourcenverbrauch steigert) erreichen möchte, wird deutlich, dass das IPCC letztlich bis 2050 das Ziel Null-Emissions-Wirtschaft formuliert (Hänggi 2008).[3]

Einen Weg zur strikten Reduktion der Treibhausgasemissionen sowie zu mehr Energie- und Ressourceneffizienz, mehr Suffizienz und mehr erneuerbaren Rohstoffen (die aber unseren heutigen, unreduzierten Verbrauch nicht zu 100 % abdecken könnten angesichts vieler Nebenwirkungen – Bioenergie etwa ist bei großen Verwendungsmengen ein Problem für die Welternährungslage) haben westliche Gesellschaften bisher nicht wirklich beschritten. Damit gerät zugleich die zentrale Errungenschaft liberaler Gesellschaften in Gefahr: die Freiheit. Denn die Gefährdung der Lebensgrundlagen durch einen potenziell katastrophalen Klimawandel bedroht die Freiheit einerseits durch Zerstörung ihrer unverzichtbaren vitalen Grundlagen, ohne die wir mit unseren klassischen Freiheitsgarantien nicht mehr allzu viel werden anfangen können. Andererseits droht die Lebensgrundlagengefährdung bei zunehmenden Katastrophen eine ökodiktatorische Freiheitsbeseitigung zu provozieren, weil grundlegende Veränderungen in der Demokratie selten radikal und schnell durchsetzbar sind. Die analoge doppelte Freiheitsgefährdung lässt sich übrigens auch für die (mit den Klimawandelsfolgen verwobene) globale Sicherheits- und Terrorismusthematik nachzeichnen: Freiheit kann sowohl durch die Hinnahme bürgerkriegsähnlicher Zustände als auch durch einen ausufernden Antiterror-Sicherheitsstaat in die Defensive getrieben werden. Wobei die Rede von der „doppelten Freiheitsgefährdung" besser als die verbreitete Rede von „Freiheit und/ oder Sicherheit" aufzeigen kann, dass beide Pole der Freiheitsgefährdung bedacht werden sollten.

---

[3] Dabei sei betont, dass die IPCC-Aussagen möglicherweise zu vorsichtig, aber mit hoher Sicherheit nicht zu weitgehend sind, auch wenn einzelne Klimaskeptiker dies unverändert behaupten. Klimaskeptiker (exemplarisch für alles Folgende Lomborg 2007) übertreiben bereits den Grad der Unsicherheit in den Klimavorhersagen, und sie unterbelichten die Notwendigkeit, angesichts irreversibler Schadensbedrohungen auch bei Unsicherheit schon heute zu handeln. Ferner übergehen sie, dass bestimmte wirklich negative Entwicklungen bisheriger Treibhausgasausstöße sich erst in der Zukunft, nämlich mit mehreren Jahrzehnten Verspätung, ereignen werden (sog. verzögerte Wirkung des Klimawandels). Weiterhin übergehen die Klimaskeptiker, dass manche positive Folgen des Klimawandels für einige Länder nicht einfach mit katastrophalen Entwicklungen in anderen Ländern zu einer Art „Durchschnitts-Kostennutzenbestand des Klimawandels" verrechnet werden können. Zudem setzen die Klimaskeptiker die möglichen Schäden eines Klimawandels irreal niedrig an. So wird übersehen, dass wegen der physischen Grenzen des Wachstums die Welt nicht immer reicher werden wird und deshalb nicht einfach angenommen werden kann, die Klimaschäden würden schon durch den gewachsenen Wohlstand aufgefangen werden können; zudem bleiben (wie meist auch bei Nicht-Klimaskeptikern) die möglichen (auch ökonomischen) Folgen von Ressourcenkriegen infolge des Klimawandels unberücksichtigt. Richtig ist allerdings, dass man bestimmte andere Dinge wie z.B. Aids- und Malariabekämpfung nicht wegen des Klimaschutzes einstellen sollte – aber dies fordert ja auch niemand; und es ist auch nicht erkennbar, warum nur eines von beidem bezahlbar sein sollte. Durchaus eigenwillig erscheint auch, dass Lomborg ausgerechnet auf den Klimaschutz und nicht z.B. auf die Weltrüstungsetats schaut, wenn er Geld für die Aids- und Malariabekämpfung sucht.

2 Ursachen der Nicht-Nachhaltigkeit im Klimaschutz

Doch warum macht man im Angesicht eines drohenden, allein schon in den ökonomischen Kostenfolgen verheerenden Klimawandels in vielem recht entspannt weiter wie bisher? Und warum ignorieren wir in unserem realen Handeln (trotz vielfältiger Klimadebatten), dass wir Leben und Gesundheit besonders von künftigen Generationen und von Menschen in anderen Erdteilen durch unseren ressourcen- und treibhausgasintensiven Lebensstil aufs Spiel setzen – mit schlecht wärmegedämmten Wohnungen, Autofahrten in Beruf und Freizeit, Urlaubsflügen, einem hohen Fleischkonsum, immer mehr Unterhaltungselektronik, immer neuen Annehmlichkeiten usw.? Und warum werden – durchaus vorhandene – kleine Fortschritte bisher durch noch größere Fehlentwicklungen überkompensiert, indem etwa die Treibhausgaseinsparungen durch Effizienzgewinne und erneuerbare Energien durch Rebound-Effekte (also durch einen immer größeren Wohlstand) ausgeglichen oder sogar überkompensiert werden? All dies ist um so erstaunlicher, als wegen der zunehmenden Knappheit der globalen Öl- und Kohlereserven doch ohnehin dem tradierten westlichen Zivilisationsmodell buchstäblich der Saft auszugehen droht, so dass eine Reformdebatte ohnehin auf der Tagesordnung steht (will man nicht immer höhere Energiekosten und eine Ausweitung der ohnehin vorhandenen Tendenz zur auch militärischen Auseinandersetzung um Energie riskieren).

In gewisser Weise ist schlicht der beschriebene, immer noch steigende Wohlstand (gerade im Westen) die Ursache, aber es ist doch ein wenig komplexer. Unser realer Lebenswandel mit immer neuen ressourcenintensiven Annehmlichkeiten bleibt in seiner Nicht-Nachhaltigkeit gleich, jedenfalls in der Summe. Dennoch sind ausgerechnet ökologisch besonders Bewusste große Ressourcenverbraucher und z.B. Vielflieger und haben damit auch eine eher schlechte Klimabilanz (Wuppertal Institut 2008). Ein (virtueller) Rentner ohne viel Umweltwissen hat oft vermutlich eine bessere – weil die vier „Klimamarker" Auto, Flüge, Fleischkonsum, Heizen auf ihn weniger zutreffen. Grünes „Wissen" ist indes nicht das Entscheidende. Vielmehr kommen auch kritischen Geistern tradierte Werte wie wirtschaftliche Prosperität, Wachstum und unbeschränkte Selbstentfaltung in die Quere. Und gerade „ökologisch Bewusste" sind vielleicht oft besonders wohlhabend und selbstentfaltungsorientiert – eher jedenfalls als eine virtuelle disziplinierte, sparsame Rentnerin.

Natürlich unterliegen wir auch ökonomischen Zwängen und falschen Anreizen (Energie ist immer noch gut bezahlbar, warum also verzichten oder effizienter werden?). Doch zu einer bestimmten Wirtschaftsform, zu bestimmten Produkten und Angeboten gehören immer auch Kunden (näher zum Folgenden wieder Ekardt 2009a, 2009b). So fliege ich vielleicht auch als ökologisch orientierter Bürger mit dem Billigflieger nach Ägypten, wenn meine Partnerin im lausig kalten Februar einfach einmal so richtig entspannen will. Doch warum?

1. Schon aus Konformität: Lasse ich den Urlaub sein, gerate ich sozial womöglich als Sonderling unter Druck. Denn meine Normalitätsvorstellung ist unweigerlich geprägt vom kulturellen „Pfad", auf dem sich mein Umfeld und meine Gesellschaft befinden. Und es gibt doch scheinbar kein Problem – bisher ist doch „kein Klimawandel zu sehen", unser Leben läuft doch weiter wie gewohnt. Warum also sein Verhalten ändern? Unser bisheriges Zivilsationsmodell war doch offenbar ziemlich erfolgreich, es geht uns doch gut.

2. Zudem geht es um menschliche Gefühle: Zu raumzeitlich fernliegenden (unsichtbaren, in hochkomplexen Kausalitäten verursachten) Klimaschäden in Bangladesh oder in 100 Jahren haben wir kaum einen emotionalen Zugang. Ebenso emotionslos, da unsichtbar, ist der Energieverbrauch meines Fliegers. Oder eines Fahrstuhls. Sehr wohl merke ich dagegen emotional, wenn meine Freundin traurig ist, weil ich nicht mit ihr nach Ägypten fliege. Außerdem bringen wir gefühlsmäßig ein durchaus beachtliches Talent für Bequemlichkeit, zum Verweilen beim Gewohnten, zum Verdrängen unliebsamer Zusammenhänge, zum „andere noch schlimmer finden und sich damit rechtfertigen" („die Geländewagenfahrer sind am Klimawandel schuld") mit. In die gleiche Richtung wirkt das triviale, aber fundamentale menschliche Streben, sich Anerkennung bei anderen durch „Positionsgüter" zu verschaffen – also durch das Erstreben von Dingen, die mir selbst und den Mitmenschen zeigen, dass ich ein gut dastehender, netter, weltoffener Mensch bin.
3. Dazu kommen problematische, über Jahrhunderte eingeübte Werte wie die unumschränkte Selbstentfaltung –
4. begleitet von schlichtem Eigennutzen: Wenn ich die Reise ablehne, verpasse ich etwas Schönes, ich bekomme Streit mit meiner Partnerin, und der ökologisch-regionale Bahnurlaub in Österreich ist mir vielleicht einfach zu teuer.
5. Zudem ist die Wahl eines wirklich „anderen" Lebensstils nicht nur durch unsere kulturelle, sondern auch durch unsere technisch-ökonomische „Pfadabhängigkeit" erschwert: Die gewachsene westliche Lebens- und Arbeitsweise macht es für mich als einzelnen wesentlich leichter, im gängigen Zivilisationsmodell zu verbleiben, als aus diesem auszubrechen. Dies sind die angesprochenen ökonomisch-technischen Zwänge. Dass Kohle und Öl die eingewöhnte Basis unserer Zivilisation sind, prägt uns als regelrechte Denkblockade (dazu sehr überzeugend Berger 2009).
6. Zudem besteht das von Ökonomen so genannte Kollektivgutproblem als Rahmenstruktur des Klimawandels: Jeder Bürger und jedes Unternehmen weiß, dass individuelle Klimaschutzleistungen zuweilen Verzicht bedeuten können – dass man aber damit am Klimawandel trotzdem wenig ändert: Ich kann das globale Klima – das ein „kollektives Gut" ist und als solches von allen gleichermaßen kostenlos genutzt werden kann – allein nicht retten, und ich kann mir auch nicht mein Stückchen heiles Klima sichern. Diese Gewissheit wirkt leider ziemlich entmutigend.

Klare Spielregeln wie etwa (zu mehr Energieeffizienz sowie zur Suffizienz motivierende) höhere Energiepreise (vermittelt durch strikte Treibhausgasbegrenzungen und deren Umsetzung per Ökosteuer oder Zertifikatmärkte) könnten hier helfen, „allen" ähnliche Beschränkungen auferlegen und den scheinbaren Verzicht klimapolitisch erst effektiv machen. Nur würden die verantwortlichen Politiker (deren Eigennutzen die Wiederwahl ist, die zudem den gleichen Konformitäten und Gefühlen unterliegen wie die Bürger und deren Werte sich oft auf – in einer physikalisch endlichen Welt undenkbares – „unbeschränktes Wachstum" zu fokussieren scheinen) dann womöglich abgewählt. Die Motivationslage von Politikern und Bürgern und übrigens auch die Motivationslage von Kunden und Unternehmern ist so teufelskreisartig aneinandergekoppelt; auch Unternehmen wollen sich (eigennutzenorientiert und zudem von gewachsenen Konformitäten geprägt usw.) am Markt behaupten und würden womöglich vom Kunden „abgewählt", wenn sie nur noch Ökoprodukte anböten; umgekehrt kann ein Bürger/Kunde natürlich nur ein solches Angebot wählen bzw. kaufen, welches ihm auch tatsächlich gemacht wird. Und noch ein anderes Beispiel: Finanzinvestoren finden den Bau von Kohlekraftwerken, weil es um ein einzelnes, großes, gut „managebares" Projekt geht, häufig interessanter als vielfältige kleine Energieeffizienzmaßnahmen, wenngleich auch diese sehr wohl Gewinn abwerfen; und ebenso mag es dem einzelnen Bürger als Kleinaktionär oft einfacher erscheinen, Großunternehmensaktien zu kaufen (und damit zu unterstützen), als sich auf ungewohnte, neuartige, mit mehr informatorisch-organisatorischem Aufwand verbundene (wenn auch moralisch befriedigendere) Klimaschutzinvestments zu kaprizieren.

3   Universalistische Freiheit als Schranke beliebiger Mehrheitsherrschaft (zugleich Kritik wirtschaftswissenschaftlicher Klimaschutzkonzeptionen)

Nun: Warum *dürfen* uns künftige Generationen und anderswo lebende Menschen nicht gleichgültig sein? – *Die Vorfrage zu dieser Frage* ist freilich, ob wir normative (also moralische/ rechtliche) Fragen, also Fragen nach dem richtigen Sollen bzw. den richtigen Werten, überhaupt rational entscheiden können – wobei ich mit rational hier schlicht meine „mit objektiven Gründen". Dass Tatsachenaussagen „wahr" und damit rational sein können, wird selten bestritten (außer von radikalen Konstruktivisten, und auch die handeln im wirklichen Leben selten nach dieser Einstellung). Aber können Wertungs-/ Sollens-/ Normaussagen objektiv „richtig" bzw. „gerecht" sein (und darauf aufbauend würde sich dann auch die Frage nach dem Inhalt von Gerechtigkeit stellen)? Die Religion kann diese Frage in einer pluralistischen Welt jedenfalls nicht mehr beantworten, da sie auf einer Ausgangsannahme beruht, die man nicht wissen, sondern nur glauben kann: nämlich die Existenz Gottes und die Erkennbarkeit seiner Regeln für den Menschen.

Andere mögen denken: Die Frage nach der Begründbarkeit von Normen ist unnötig. Die naturwissenschaftliche Klimaforschung (IPCC 2007a; Hansen 2007 u.a.) hat doch gezeigt, dass umwelt- und gerade klimapolitisch großer Handlungsbedarf besteht. Doch aus einem *empirischen* Zustand (z.B. zunehmende Schäden aufgrund des Klimawandels) folgt normativ für sich genommen nichts; man benötigt vielmehr eine Norm, die zeigt, dass dieser Zustand normativ nicht wünschenswert ist.[4] Und genau dies ist hier meine Aufgabe. Nun kommen viele (man könnte von der Standardtheorie in Ökonomie, Soziologie und Politologie sprechen) und bestreiten schlicht die Möglichkeit rationaler normativer Aussagen. Rational sein könnten allenfalls deskriptiv bestimmbare Mittel zur Erreichung eines seinerseits nicht rational überprüfbaren Ziels – oder Quantifizierungen, die ihrerseits nicht rational überprüfbare Ziele in eine einheitliche „Währung" (Geld) brächten und sie damit

---

4   Damit wird, wie gesagt, nicht die konstruktivistische Position vertreten, auch Tatsachen existierten gar nicht und seien eine Art soziale Einbildung (Konstruktion). Es geht hier vielmehr um Normen. Dass auch diese nicht als soziale Einbildung abgetan werden dürfen, zeigen die folgenden Überlegungen im Fließtext. Von der damit angesprochenen Ebene, ob auf Geltungsebene Tatsachen und Normen objektiv existieren, muss streng die (soziologische) Frage geschieden werden, ob Menschen rein faktisch bei der Tatsachen- und Normerkenntnis immer wieder ihre „subjektiven Perspektiven" in die Quere kommen (denn dies ist empirisch zweifellos der Fall; nur besagt es eben nichts darüber, ob es objektiv feststellbare Tatsachen und Normen *gibt*). Ebenso – nur meist übersehen – für genau diese Differenzierung Berger/Luckmann 2001: 2.

vergleichbar machten („Effizienz" im Sinne der neoklassischen Wirtschaftstheorie). Richtig sei deshalb allein die Norm und allein die Ordnung einer Gesellschaft, die den rein faktischen Präferenzen der Menschen entspräche (wobei eine solche Präferenztheorie dann meinen kann: Konsens oder Durchschnittspräferenzen oder Mehrheitspräferenzen). Dass wir rein faktisch momentan wohl wenig Präferenzen für echte Nachhaltigkeit haben, wurde ja schon deutlich (und dass Nachhaltigkeit deswegen große Durchsetzungsschwierigkeiten hat) – aber sind unsere Präferenzen schlicht wegen ihrer faktischen Existenz auch *richtig* so?

Dagegen sprechen mehrere schlagende Einwände, die aber kaum jemand bemerkt. (a) Nicht nur die Unfähigkeit, unserem rein faktischen Wollen einen Prüfstein anzubieten, spricht gegen einen solchen Präferenzansatz: Er schließt auch (b) einen Sein-Sollen-Fehlschluss ein: Warum sollten denn die faktischen Präferenzen der Bürger (Sein) per se als richtig gelten (Sollen)? Nächste Frage: Sollen (c) nach diesen Maßstäben dann z. B. auch mehrheitlich gewollte Diktaturen als gerecht gelten? Und soll unsere faktische Ignoranz gegenüber Belangen von Generationen- und globaler Gerechtigkeit damit unkritisierbar bleiben? Zudem: (d) Wessen Präferenzen sind überhaupt gemeint: dürfen 50,1 % einer Gesellschaft beliebige Entscheidungen treffen, oder 73,4 %, oder 84,5 %? Und wenn Mehrheit usw., warum dann gerade dies? (noch einmal: ich frage hier nicht, was irgendeine Mehrheit rein faktisch tut – ich frage, *darf* sie tun, was sie möchte, z.B. auch, wenn 80 % der Bürger dies wünschten, den Führerstaat wieder einführen?) Plädiert man gar für einen echten Konsens der faktischen Präferenzen, so plädiert man letztlich für die Anarchie, denn wirklich einigen werden sich *alle* in pluralistischen Gesellschaften auf kaum etwas können. Entscheidend ist aber folgender Punkt (e): Die Präferenztheorie der Gerechtigkeit enthält einen Selbstwiderspruch. Denn wer sagt, es gebe keine allgemeinen normativen Sätze, und deshalb müsse allgemein auf Präferenzen abgestellt werden, stellt selbst einen allgemeinen normativen Satz auf. *Die Aussage „alles ist relativ bei Normen" widerlegt sich also selbst.*

All dies besagt nicht, dass nicht für die faktische Durchsetzung bzw. die faktische Motivation in puncto Klimaschutz eigennützige Präferenzen wichtig sein könnten (wie man unten noch sehen wird). Festgestellt wurde hiermit lediglich, dass auf diese Weise keine moralische/rechtliche Klimaschutzbegründung geleistet werden kann. Nebenbei zeigt all dies gewisse Grenzen bestimmter wirtschaftswissenschaftlicher Klimaschutzperspektiven auf, die letztlich alle auf der Präferenztheorie beruhen. Sie gehen (so Stern 2007; kritisch aber z.B. Nordhaus 2008) oft davon aus, dass sich Klimapolitik langfristig schon ökonomisch-eigennützig rechnet. Dies ist zweifellos ein wichtiger Gesichtspunkt, auf den auch noch zurückzukommen ist. Dennoch kann (1) eine solche Präferenzperspektive eben keine moralische Begründung des Klimaschutzes leisten. Ferner ist (2) auch die Aussage über die Eigennützigkeit nur zutreffend, wenn man es auf die Weltbevölkerung insgesamt sowie heutige und künftige Generationen insgesamt bezieht. Die „normale ökonomische Eigennutzenperspektive" nimmt eine solche Perspektive jedoch gerade nicht ein; und indem (3) Präferenztheorien auch die Möglichkeit von Objektivität bei normativen Aussagen leugnen, schneiden sie sich auch die Möglichkeit ab, eine Berücksichtigungspflicht z.B. für Präferenzen der heute noch nicht Geborenen zu begründen (einen eigenen Vorschlag dazu mache ich unten). Folglich kommen Zukunftsbelange in solchen ökonomischen Modellen meist nur unterbelichtet vor.[5] Davon abgesehen droht (4) die Berechnung von Klimawandelskos-

---

5   Ökonomen sprechen von einer „Diskontierung" zukünftiger Schäden. Diskontierung mag zwar bei Schäden, die ein und dieselbe Person treffen, Sinn ergeben: Künftige Schäden sind dann vielleicht „weniger schlimm" als heute bereits eintretende Schäden. Wenn demgegenüber meine heutigen Kosten durch Klimapolitik mit

ten (und im Vergleich dazu Klimapolitikkosten) davon abzulenken, dass sich wesentliche Dinge nicht in Geldeinheiten quantifizieren lassen (dies wird auch zugestanden von Stern 2007), etwa u.U. massive Schäden an Leben und Gesundheit für viele Menschen. Abgesehen davon sind (5) auch die monetär fassbaren Kosten des Klimawandels nur in sehr groben Abschätzungen vorhersagbar. Insbesondere sind zukünftige ungewisse Ereignisse nur bedingt sinnvoll in präzise Kostenrechnungen integrierbar (zur gesamten Kritik auch Ekardt 2007, 2009a, 2009b; Hänggi 2008).[6]

Ich möchte also anders als die Präferenztheorien ansetzen und mit der folgenden kleinen Überlegung zeigen, dass es rationale Normen bzw. Ordnungen (und zwar sogar in einem universalen Sinne, also für alle *menschlichen* Gesellschaften) und ergo eine rationale Grundlage für eine moralische Klimaschutzbegründung gibt, auch wenn die Menschen in Deutschland dies beispielsweise in den 30er Jahren rein faktisch nicht einsehen wollten. Wobei es mir hier nicht darum geht, dass es in ganz privaten Fragen des guten Lebens und des Geschmacks in der Tat ganz verschiedene Ansichten geben kann, und es geht auch nicht darum, dass man bestimmte Spielräume zwischen kollidierenden Prinzipien (etwa verschiedenen Freiheitssphären der Bürger) in verschiedenen Kulturen auch unterschiedlich nutzen darf. Meine kleine Überlegung dafür, dass die Grundlagen der Gerechtigkeit trotzdem universal sein müssen, läuft wie folgt. In einer pluralistischen Welt streiten die Menschen über normative Fragen. Selbst Fundamentalisten und Autokraten tun dies und bedienen sich dabei der menschlichen Sprache. Wer aber mit Gründen (also rational, also mit Worten wie „weil, da, deshalb") streitet, also in normativen Fragen Sätze „X ist richtig, weil Y" formuliert, setzt logisch zweierlei voraus, ob er dies nun rein faktisch will oder nicht: (1) dass normative Fragen überhaupt mit Gründen und ergo objektiv und nicht nur subjektiv-präferenzgesteuert entschieden werden können; (2) dass die möglichen Diskurspartner gleiche unparteiische Achtung verdienen. Denn Gründe sind egalitär und das Gegenteil von Gewalt und Herabsetzung; und sie richten sich an Individuen mit geistiger Autonomie, denn ohne Autonomie kann man keine Gründe prüfen. Somit *sind* universale Gerechtigkeitsprinzipien möglich – und es sind die Achtung vor der Autonomie der Individuen (*Menschenwürde*[7]) und im Übrigen auch eine gewisse Unabhängigkeit von Sonderperspektiven (*Unparteilichkeit*), was ich hier nicht vertiefe. Und nur sie sind es; denn wel-

---

den künftigen Kosten bei künftigen Menschen durch Klimawandel verglichen werden, so ergibt es keinen Sinn, die letzteren Belange zu diskontieren.

6 Es lassen sich noch weitere Kritikpunkte formulieren: So besteht (6) potenziell ein verzerrender Eigennutzenanreiz für die Wirtschaftswissenschaftler, eher moderate Forschungsergebnisse zu produzieren, da dies am ehesten zu weiteren Forschungsaufträgen führen dürfte. Ferner könnte man überlegen, ob nicht (7) die gesamte ökonomische Betrachtungsweise implizit der vorherrschenden Fixierung aufs Wirtschaftswachstum verhaftet bleibt, die auf Dauer gerade mit einem wirksamen Klimaschutz kollidieren könnte. Ebenso könnte man fragen, ob ökonomische Effizienzbetrachtungen nicht dazu verführen, auszublenden, dass ein effizienterer Klimaschutz (also ein reduzierter Treibhausgasausstoß pro menschliche Aktivität) so lange durch einen zunehmenden Wohlstand (= Rebound-Effekt) annulliert zu werden droht, wie man nicht absolut sinkende Treibhausgasausstöße verbindlich vorschreibt.

7 Dieses Achtungs-, Autonomie- oder Menschenwürdeprinzip ist selbst keinesfalls ein Freiheits (voraussetzungs)-/Grund-/Menschenrecht (aus hier nicht darzulegenden Gründen kann man diese Begriffe synonym verwenden). Sie ist sogar überhaupt keine auf konkrete Einzelfälle zugeschnittene Rechtsnorm, auch nicht eine solche des objektiven Rechts. Die Menschenwürde ist vielmehr der Grund der Freiheits- bzw. Menschenrechte, statt selbst ein Recht zu sein; sie dirigiert lediglich die Anwendung der anderen Normen, hier also der verschiedenen Freiheitssphären der betroffenen Bürger, und gibt die Autonomie als Leitidee der Rechtsordnung vor. Die „Unantastbarkeit" der Würde und ihr auch in Normen wie Art. 1 Abs. 2-3 GG sichtbarer Charakter als „Grund" der Rechte legen genau diese Deutung auch rechtsinterpretativ nahe.

che universalen Prinzipien könnte man unter pluralistischen Bedingungen sonst noch herleiten?

Aus der Alleinstellung dieser Prinzipien folgt das, was jede liberal-demokratische Verfassung – bei richtiger Interpretation – eigentlich heute schon aussagen würde: dass eine „gerechte" Grundordnung auf *maximaler gleicher Freiheit* der Individuen beruhen muss. Wir brauchen deshalb, da sie einen wirksamen Freiheitsschutz versprechen, auch demokratische und gewaltenteilige Institutionen, aber sie können nach dem Gesagten nur zuständig sein für Konflikte zwischen verschiedenen Freiheiten und den (bei der Freiheit logisch mitgedachten) sehr zahlreichen Freiheitsvoraussetzungen wie Sozialstaatlichkeit, Bildung usw.

Somit ist also einerseits die *Möglichkeit universaler Gerechtigkeit* (also die Möglichkeit objektiver Aussagen über das richtige Zusammenleben *in* allen Gesellschaften sprechender und damit in die gezeigte Herleitungslogik geratender Menschen weltweit) und andererseits ein bestimmter grundlegender *Inhalt universaler Gerechtigkeit* in die menschliche Kommunikationspraxis zwingend eingeschrieben. Darauf können wir gleich für die Nachhaltigkeitstheorie aufbauen. Dass auch eine ganze Reihe scheinbar denkbarer Einwände gegen diesen Ansatz nicht greift, habe ich andernorts zu zeigen versucht.[8] In jedem Fall ist dies keine „von außen auferlegte" oder gar „religiöse" Beschränkung der Menschen. Vielmehr geht es um eine Rekonstruktion dessen, was der Mensch logisch voraussetzt, wenn er lebt – und dabei zumindest gelegentlich in Gründen spricht. Da hier nichts von außen auferlegt wird und zudem (erhebliche) Abwägungsspielräume insbesondere zwischen kollidierenden Freiheitssphären verbleiben, braucht auch niemand eine solche Sichtweise als kulturimperialistisch zu empfinden. Dass man auf all dies auch nicht mit einem Hinweis darauf, dass „rein faktisch viele Menschen aber andere Ansichten haben", antworten kann, wurde bei der oben formulierten Kritik der (besonders von Ökonomen vertretenen) Präferenztheorie bereits deutlich.

Auch die von marxistischer Seite erwartbare Frage, ob man nicht „statt von der Freiheit von der Gleichheit ausgehen" müsste, stellt sich nicht wirklich. Erstens enthält die Idee gleicher menschenrechtlicher Freiheitsrechte einschließlich bestimmter Freiheitsvoraussetzungen, wie wir gleich noch näher sehen werden, wesentliche Elemente von Gleichheit bereits (und sie begründet sie ausgehend von der Autonomie des Menschen und nicht ausgehend vom Menschen als einem zu paternalisierenden Fürsorgeobjekt). Zweitens wäre ein Mehr an Gleichheit im Sinne „materieller Ergebnisgleichheit" (nach kommunistischem Vorbild) für die Freiheit katastrophal und würde (auch hier lassen osteuropäische Erfahrungen grüßen) selbst den Schwächsten nicht unbedingt etwas nützen, weil man so die Leistungsanreize für die Stärkeren beseitigt, die überhaupt erst eine z.B. sozialstaatliche Verteilungsmasse schaffen. Dagegen ist wiederum drittens die Idee möglichst vergleichbarer Chancen für alle (auch wenn es nie strikte „Chancengleichheit" geben wird) bereits in der Freiheitsidee enthalten.

---

8   Vgl. die Hinweise in Fn. 1.

4 Nachhaltige Freiheit (nicht nur) im Klimaschutz

Doch warum dürfen uns gerade *künftige Generationen und anderswo lebende Menschen* nicht gleichgültig sein? Das soeben als universal richtig (unabhängig von der faktischen Akzeptanz dessen) aufgewiesene Grundprinzip unserer liberal-demokratischen Gesellschaften, unsere Freiheit, verstanden als Selbstentfaltung (nicht zuletzt auch ökonomische Entfaltung) und als Abwesenheit übermäßiger staatlicher Bedrückung, ist sicher richtig und wichtig. *Aber*, und dies ist die nötige Abkehr vom gewachsenen Freiheitsverständnis in Recht und Moral[9] – auch die Menschen auf der Südhalbkugel und die Menschen künftiger Generationen haben einen ebensolchen Anspruch auf gleiche Freiheit. Erstens: Die menschliche Kommunikationspraxis impliziert ein Achtenmüssen auch gegenüber anderswo und künftig lebenden Menschen. Und zweitens sind zu ihrem Lebenszeitpunkt auch junge und künftige Menschen Menschen – und schon heute sind dies die Menschen in anderen Ländern – und damit Träger der Menschenrechte. Und das Recht auf gleiche Freiheit muss genau in der Richtung gelten, wo ihm die Gefahren drohen – und sie drohen in einer technisierten, globalisierten Welt zunehmend grenzüberschreitend und vor der eigenen Lebenszeit.

Das meint nicht nur, dass die Freiheitsrechte (a) eine intergenerationelle und globale Dimension bekommen. Unser Freiheitsverständnis muss auch in anderen Punkten revidiert werden. So müssen die Freiheitsrechte endlich auch so interpretiert werden, dass sie auch (b) die elementaren physischen Freiheitsvoraussetzungen einschließen – also einen Anspruch nicht nur auf Sozialhilfe, sondern auch auf ein Vorhandensein einer einigermaßen stabilen Ressourcenbasis und eines entsprechenden Globalklimas haben. Warum? Ohne ein solches Existenzminimum (und ohne Leben und Gesundheit) gibt es keine Freiheit. Ferner muss Freiheit (c) ein Einstehenmüssen für die vorhersehbaren (auch ökologischen) Folgen des eigenen Tuns – auch in anderen Ländern und in der Zukunft – einschließen (Verursacherprinzip). Denn Freiheit heißt Eigenständigkeit und damit Verantwortung – auch für die unangenehmen Konsequenzen des eigenen Lebensplanes. Ferner bedeutet „Freiheitsschutz dort, wo die Gefahr droht", dass (d) die Freiheit auch einen Anspruch auf (staatlichen) Schutz vor den Mitbürgern einschließen muss (und dies nicht nur in extremen Ausnahmefällen) – denn entgegen den liberalen Klassikern ist eben nicht „nur der Staat selbst gefährlich". Also nicht nur „Staat, lass mich in Ruhe"; der Staat hat gerade auch die Aufgabe zu verhindern, dass die Bürger wechselseitig ihre Freiheit zerstören.

Diese gesamte Herleitung ist nicht, wie Hartwig Berger (2009) meint, durch einen Hinweis auf John Rawls (1975, insb. S. 637) zu ersetzen.[10] Rawls arbeitet ebenfalls mit dem Autonomie- und dem Unparteilichkeitsprinzip, er begründet diese aber nicht, sondern behauptet sie nur. Zudem sieht er nicht die – oben dargelegte – nötige Breite des Freiheitsverständnisses (sondern beschränkt den Freiheitsbegriff auf klassische Garantien wie die Meinungs- und Religionsfreiheit); entgegen Berger kommt nicht einmal das Existenzminimum in Rawls' Hauptwerk vor. Ferner ist der von Rawls behauptete zusätzliche Gerechtigkeits-

---

9 Diese Abkehr vom gewachsenen Freiheitsverständnis lässt sich juristisch über eine Neuinterpretation der Freiheitsrechte in nationalen und supranationalen Verfassungen erreichen, sie erfordert also keine „Gesetzesänderung". – Deshalb ist die gesamte Argumentation zur Freiheit auch parallel moralisch und rechtsinterpretativ relevant.

10 Vgl. bereits Fn. 1 dazu. Übrigens gilt eine ähnliche Kritik wie die sogleich im Fließtext formulierte gegenüber Habermas 1992; näher zur Kritik an Rawls und Habermas Ekardt 2007, 2009a.

grundsatz, der bevorzugte Schutz der sozial Schwächeren, wiederum nur eine Behauptung und in dieser Allgemeinheit viel zu unklar.[11]

5 Klimaschutz und Abwägungen – „one human, one emission right"

Es darf Politik und Bürgern also nicht egal sein, wenn künftigen Generationen ein stark verändertes Globalklima und geplünderte Ressourcenvorräte hinterlassen werden. Zwar ist die Demokratie die der Freiheit gemäße politische Organisationsform. Doch die Demokratie darf nach dem oben Gesehenen keine beliebige Mehrheitsherrschaft sein, sondern muss eine Politikform sein, die dafür zuständig ist, die notwendigerweise verbleibenden Spielräume zwischen den jeden Tag kollidierenden unterschiedlichen Freiheits- und Freiheitsvoraussetzungssphären der Menschen aufzulösen (gerade das ist ja Politik). Dazu gehört auch Gewaltenteilung, die die unterschiedlichen Freiheitsgarantien jenseits der (erheblichen) Spielräume einklagbar macht (und nicht nur wie bisher nachhaltigkeitsabwehrende Klagen etwa aus der wirtschaftlichen Freiheit zulässt). Dass demgegenüber die beliebige Mehrheitsherrschaft ungerecht wäre, unterstreicht das Prinzip Generationen- und globale Gerechtigkeit noch einmal. Denn die Demokratie hierzulande mit ihren weit wirkenden Entscheidungen ist für künftige und junge Menschen oder für Menschen in anderen Kontinenten kein Akt der Selbst-, sondern der Fremdbestimmtheit. Denn sie sind heute keine Beteiligten der Demokratie. Und die daher erwartbare Vernachlässigung von Langzeit- und Globalinteressen ist ein Kardinalproblem der Gerechtigkeit. Für künftige Generationen ist die heutige Mehrheit eher eine Art Diktator. Nötig wäre deshalb auch ein Treuhänderorgan, welches ein Klagerecht hat und zudem die Zukunftsrechte in Gesetzgebungs- und große Verwaltungsverfahren einbringt.

Die nachhaltige Freiheit führt damit in Abwägungen etwa zwischen gegenwärtigen und künftigen Freiheitsbelangen.[12] Das ist jedoch nichts Sensationelles. Auch indem die Politik die Industriegesellschaft zulässt, Industrieanlagen genehmigt, den Autoverkehr zulässt usw., nimmt sie sehenden Auges *stochastische Schäden* aufgrund der freigesetzten Luftschadstoffe usw. in Kauf. Dies geschieht in Abwägung mit unser aller Konsumfreiheit und mit der wirtschaftlichen Freiheit der Konsumenten. Stochastische Schäden meinen statistische Krankheits- und Todesfälle, und sie treten jedenfalls langfristig und ggf. in Kombination mit anderen Schadensursachen definitiv im Gefolge der industriegesellschaftlichen Lebensform auf. Da es auch keine allgemeine Formel „Schädige niemanden" gibt (weil ansonsten letztlich sehr vieles, wenn nicht gar fast alles verboten werden könnte), ist dies für sich genommen aber gerade nicht skandalös. Unser aller Lust, die Konflikte zu leugnen, ist vielmehr das Skandalöse. Es ergibt einfach wenig Sinn, ständig gleichzeitig „mehr Wirtschaftswachstum" und „mehr Klimaschutz" zu fordern.[13]

Allerdings kommt man in derartige Abwägungen überhaupt erst hinein, wenn man zuvor annimmt, dass die Schutzrechte auch vor „nicht sicheren" Beeinträchtigungen schützen

---

11 Wie die Debatte der letzten dreieinhalb Jahrzehnte auch herausgearbeitet hat; vgl. zum Meinungsstand Ekardt 2009a.
12 Diese Abwägungen können, solange es um wirklich messbare Geldwerte geht, auch Quantifizierungen einschließen; die Abwägungen lassen sich aber nach dem oben Gesagten nicht umfassend in Quantifizierungen fassen.
13 Auch der Versuch, irgendetwas mit „Eigenrechten der Natur" zu rechtfertigen, würde keinen Erfolg versprechen, da ökozentrische Positionen sich philosophisch in Widersprüche verwickeln; dazu Ekardt 2009a.

(in umweltrechtlichen Begriffen gesprochen: neben der Gefahrenabwehr auch die Vorsorge umfassen). Dies tun sie nach bisherigem Verständnis wohl nicht. M.E. gibt die Freiheit dennoch auch einen Schutz vor nur *möglichen* (im Sinne von konkret vorstellbaren – denn „irgendwie möglich" ist alles) Schädigungen. Würden wir z.B. mit dem Klimaschutz abwarten, bis letzte Zweifel an der anthropogenen Verursachung des Klimawandels beseitigt sind, wäre es für Abhilfemaßnahmen ggf. zu spät. Den elementaren Freiheitsvoraussetzungsrechten auf Leben, Gesundheit und Existenzminimum drohen so irreversible Schäden. Damit aber wäre die durch sie garantierte Freiheit das Papier nicht wert, auf dem sie steht. Und Freiheit soll doch gerade dort schützen, wo die Gefährdungen drohen.

Wenn wir nicht länger auf Kosten unserer Kinder und der Menschen in anderen Erdteilen leben – dann werden (qua intensivierter Klimapolitik) Autofahrten, Urlaubsflüge usw. teurer und seltener werden. Das wirft indes ein besonderes Abwägungsproblem auf, welches ich hier exemplarisch anspreche: Ist es nicht „unfair": Dieter Bohlen trotz zunehmend (kurzfristig) kostentreibender Klimapolitik weiterhin im Ferrari – und die allein erziehende Mutter im überfüllten Bus? Doch die Frage ist falsch gestellt, auch wenn sie zur nötigen Analyse der sozialen Verteilungsgerechtigkeit (als neben der Wettbewerbsfähigkeit, s.u., zentralen Folgeproblems einer ausgebauten Klimapolitik) hinführt:

- Auch wenn es unpopulär klingt: Zunächst einmal sind vereinzelte Reiche (der sprichwörtliche Dieter Bohlen) sowohl für die Generierung sozialstaatlicher Verteilungsmasse als auch für die Gesamtmasse der Treibhausgasreduktionen nicht die in *erster* Linie interessierende Größe.
- Ferner: Eine liberale Gesellschaft garantiert (da sie neben der Freiheit auch die elementaren Freiheitsvoraussetzungen gewährleistet) das absolut zum Leben Notwendige, Rechtsgleichheit und reale Entfaltungschancen für alle – sie gibt jenseits dessen dem demokratischen Prozess aber keine materielle Gleichverteilung in dem Sinne vor, dass bestimmte materielle Güter zwingend immer allen gleichermaßen zustehen würden. Auch ohne Klimapolitik kann sich nicht jeder einen Ferrari oder einen Flug nach Teneriffa leisten.
- Bei den elementaren Freiheitsvoraussetzungen ist eine Gleichbehandlung dennoch wie bei Freiheitsrechten selbst nötig dahingehend, dass jeder ein bestimmtes absolutes Mindestmaß von etwas zugesprochen bekommt. Dies erzwingt auch Beschränkungen der Begüterten, um das Mindestmaß für alle aufzubringen. Denn (wie gesehen) andernfalls wäre z.B. für Arme die Freiheit wertlos, und liberale Verfassungen garantieren doch gerade gleiche Freiheitsrechte. Dieses „gleiche Existenzminimum" (ein analoges Chiffre wären die Grundbedürfnisse) bedeutet konkret zweierlei: Es muss jeder ein Mindestmaß an Energie zur Verfügung haben – es müssen allerdings auch alle (denn auch dies ist elementar) vor einem verheerenden Klimawandel möglichst geschützt werden. Dies erzwingt auch Beschränkungen der Begüterten, um das Mindestmaß für alle aufzubringen. Daran lassen sich zwei Argumente für global gleiche und eng begrenzte Pro-Kopf-Emissionsrechte anknüpfen.
  - Der Treibhausgasausstoß muss also absolut verringert werden, und gleichzeitig ist jeder Mensch auf die Freisetzung wenigstens einer gewissen Menge von Treibhausgasen zwingend angewiesen – und dies macht es zumindest nahe liegend, mit Ungleichheiten bei der Verteilung vorsichtig zu sein.

- Wichtiger noch erscheint folgendes: Wenn ein öffentliches Gut wie das Klima monetarisiert wird, erscheint es plausibel, den „Erlös" möglichst allen zu gleichen Teilen zuzuwenden – denn hier kann niemand für sich reklamieren, dass er eine besondere „Leistung" zur Erzeugung dieses Gutes vollbracht habe. *Nicht allgemein „gleicher Wohlstand", aber sehr wohl gleiche Treibhausgasemissionsrechte für alle liegen daher im Ausgangspunkt nahe.*
- Die gleiche Freiheit und das – wie gesehen ebenfalls aus der Freiheit folgende – Verursacherprinzip gelten allerdings nicht nur hier bei uns, sondern auch global. Es wäre in keiner Weise einsichtig, wenn wir bei der globalen Verteilung der Gesamtmenge an Klimagasen, die bei Vermeidung eines verheerenden Klimawandels schlimmstenfalls freigesetzt werden dürfte, für uns pro Kopf mehr beanspruchen würden, als etwa Afrikaner oder unsere Kinder und Enkel (die für den Klimawandel wenig können) beanspruchen können. Es geht auch um deren Freiheit, auch wenn der damit angezeigte nachhaltige, also weltweit und dauerhaft praktizierbare Lebensstil uns in manchem ein Umdenken abverlangt (Autofahrten, Urlaubsflüge, hoher Fleischkonsum, Häuser im Grünen könnten seltener werden). Wenn wir als Europäer freilich insgesamt bisher „zu viel verbrauchen" und einige besonders stark über der Pro-Kopf-Marge liegen, müssen diese auch besonders stark in die Pflicht genommen werden, eben „one human, one emission right".
- Grundsätzlich ist dies sodann in eine Abwägung etwa mit der wirtschaftlichen und der Konsumentenfreiheit der heute Lebenden zu bringen. Da es sich beim elementaren Freiheitsvoraussetzungsschutz freilich um eine fundamentale Position handelt, sind Einschränkungen hier nur in engen Grenzen möglich (näher zur Abwägung Ekardt 2009a, 2009b). Natürlich muss dabei auch jedem Bürger im Okzident sein Existenzminimum als elementare Freiheitsvoraussetzung auch in puncto Energie weiterhin sicher sein. Dies lässt sich jedoch anders organisieren als durch einen „Verzicht auf mehr Klimapolitik"

6 Durchsetzung eines effektiven (und dabei wettbewerbsfähigen und sozial verteilungsgerechten) globalen Klimaschutzes – ein 10-Punkte-Plan

Der damit eingeforderte Diskurs über die Grundlagen liberal-demokratischer Gerechtigkeit ist notwendig, da sie ein Ziel angeben, notwendige Abwägungen vorstrukturieren und angesichts einer *gewissen* menschlichen Offenheit für gute Gründe auch motivierende Kraft entfalten. Wenn eine nachhaltigkeitsorientierte Freiheit real werden soll, wird das Hoffen auf (sozusagen moralisch und in bestimmten Fällen durch eigennutzenadäquate Konstellationen inspirierte) freiwillige Initiative gleichwohl nicht genügen. Man benötigt angesichts der oben analysierten Motivationslage aller Beteiligten (Eigennutzenorientierung usw.) vielmehr klare Spielregeln, die die vielfältigen zeit- und raumübergreifenden Freiheitskonflikte gerecht auflösen (und die das moralisch Richtige dabei auch durch Anreize oder Sanktionen eigennützig interessant machen).

Eine strikte globale Begrenzung und Senkung der Treibhausgasausstöße plus darauf aufbauend mehr Energie- und Ressourceneffizienz, mehr Suffizienz (also Verzicht auf manches) und mehr erneuerbare Rohstoffe dürfte dafür die strategische Leitlinie sein.[14] Allein erneuerbare Energien ohne Reduktion genügen nicht. Auch eine Solar-Welt beispielsweise braucht sonstige Ressourcen und stößt deshalb unverändert an Grenzen des Wachstums. Und Bioenergie beispielsweise hat erhebliche Nebenwirkungen (vgl. mit mehr Einzelheiten Ekardt/Schmeichel/Heering 2009, auch zu zweifellos oft vergessenen, noch größeren Problemfeldern wie dem gegenüber der Bioenergie verheerenderen westlichen Fleischkonsum). So sind Energiepflanzen (in großen Mengen) ein Problem für die Welternährungslage; und sie ergeben bisher nur relativ wenig Energie pro Einheit, so dass ihre Gesamtbilanz inklusive Veredelung, Produktion und Transport oft kaum besser ist als bei fossilen Brennstoffen. Biostrom, -wärme und -treibstoff müssen darum an klare Spielregeln in puncto Klimagesamtbilanz einschließlich der Transport- und der Anbauenergie (Dünger und Veredelungsvorgänge sind z.B. extrem energieintensiv) gebunden werden. Dies wäre als ein Nebeneffekt machbar durch das nötige Hauptinstrument einer neuen Energiepolitik: eine strikte Reduktion der Treibhausgasausstöße plus einen sich anhand dessen bildenden allgemeinen, möglichst globalen Klimagaspreis, der ergo die Klimaschädlichkeit der jeweiligen Tätigkeit bzw. des jeweiligen Produkts automatisch ausdrücken würde. Damit würde für jeden Verbraucher, Unternehmer etc. transparent, dass z.B. Biokunststoffautos und Wärmedämmung klimapolitisch viel sinnvoller sind als Biodiesel und Bioheizöl. Und die riesigen Energieeffizienzpotenziale bei Autos, Wärmedämmung, Elektrogeräten usw. würden endlich als Hauptoption des Klimaschutzes (und zugleich als ökonomische Chance) erkannt und entschlossen aktiviert. Parallel zu einer solchen „Energieeffizienzrevolution" könnten die erneuerbaren Energien (aber aus paralleler Strom-Wärmeerzeugung) den im Endeffekt sehr viel geringeren Energierestverbrauch übernehmen Wie das Konzept „Reduktionsziel plus Preis" genau laufen könnte, wird uns gleich noch näher beschäftigen.

Bisher ist die globale Klimapolitik – in Kyoto und wohl auch in diesen Tagen Kopenhagen – in ihrem traditionellen völkervertragsrechtlichen Ansatz freilich mit ihren halbherzigen konsensualen Zielen, unzureichenden Sanktionen für unwillige Nationalstaaten, vagen (und zu niedrigen) Fonds von einer globalen Lösung weit entfernt. Stattdessen untergräbt ein globalisierungsbedingter Dumpingwettlauf der Staaten um Kosten sparende und ergo niedrige Unternehmenssteuern, Sozial- und Umweltstandards in Nord und Süd eine echte Klimapolitik. Die EU sollte deshalb zunächst mit einseitigen Schritten, z.B. einer hohen europäischen Energiesteuer, vorpreschen. Man müsste und könnte dies dann (wie ab 2011 von der EU-Kommission auch konkret erwogen) gegen Wettbewerbsnachteile (wie abwandernde Unternehmen, die dann einfach anderswo weiter Klimagase emittieren) durch einen zur europäischen Klimapolitik mit Emissionshandel, Energiesteuern usw. hinzutretenden Grenzkostenausgleich an den EU-Außengrenzen absichern. Würden dann Produkte aus Ländern mit einer weniger „kostenintensiven" Klimapolitik nach Europa eingeführt, würden die Produkte also an der Grenze nachversteuert werden. Exportiert umgekehrt Europa Produkte, so würden die heimischen Unternehmen bei der Ausfuhr die in Europa gezahlten, im Vergleich etwa zu den USA höheren Kosten aus Emissionshandel, Energiesteuern usw. teilweise zurückerhalten. Durch solche – m.E. WTO-rechtskonformen (E-

---

14 Ohne globale Reduktionsziele drohen dagegen Effizienz- und Erneuerbare-Energien-fördernde Instrumente wirkungslos zu bleiben. Denn ohne Reduktionsziel erhöhen solche Instrumente schlicht das allgemeine Energieangebot und reizen damit eher zum Mehrverbrauch von Energie an (was dann als Rebound-Effekt dazu führt, dass in der Summe gerade nicht weniger Treibhausgase ausgestoßen werden). Bildlich gesprochen, droht die eingesparte Kohle dann schlicht „zusätzlich" verbrannt zu werden – wenn nicht in Europa, dann eben in China. Dies bleibt in der bisherigen Klimapolitik leider weitgehend unberücksichtigt.

kardt/Schmeichel 2008) – „Ökozölle" könnte die EU in der Klimapolitik vorpreschen und Ländern wie China, Indien oder den USA zeigen, dass sich Klimaschutz und wirtschaftliche Entwicklung nicht ausschließen.

Erst dies wird vielleicht der für das *globale* Klimaproblem nötigen Einsicht die Türen öffnen: Klimaschutz braucht letztlich eine *globale* Politik, die die globale Ökonomie einhegt und damit im Interesse von Norden und Süden gleichermaßen den Dumpingwettlauf vermeidet. Wie in der Geschichte der EU geht es (wenn auch in „abgespeckter" Form) darum, eine Organisation wie die WTO so weiterzuentwickeln, dass sie nicht länger nur wirtschaftsliberal Märkte öffnet, sondern (anders als Kyoto) mit anspruchsvollen Zielen, mit Sanktionsmacht und mit der Fähigkeit zu Mehrheitsentscheidungen einen politischen Rahmen setzt, also weltweit bindende Klimastandards schafft (wenn nicht sogar allgemeine Umwelt-, Sozial- und Unternehmenssteuerstandards) – und die Klimastandards auch gegenüber dem bisherigen EU-Niveau deutlich verschärft (zur ökologisch-sozialen WTO-Einrahmung näher Ekardt/Meyer-Mews/Schmeichel et al. 2009).

Die konkrete Umsetzung von „one human, one emission right" im Sinne eines globalen Klimastandards ließe sich – auf der Grundlage aller bis hierher entwickelter Gedanken – in folgenden 10-Punkte-Plan fassen (Ekardt 2008):

1. Um einen katastrophalen Klimawandel zu verhindern, müssen die Klimagasausstöße global strikt begrenzt und dann pro Kopf auf alle Staaten anhand ihrer Bevölkerungszahl aufgeteilt werden. Jeder Mensch zählt dabei gleich viel.
2. Die Pro-Kopf-Marge müsste bei höchstens einer Tonne Kohlendioxidäquivalenten pro Person und Jahr liegen – also über dem aktuellen Treibhausgasausstoß der meisten Entwicklungsländer, aber weit unterhalb des bisherigen westlichen Pro-Kopf-Ausstoßes. 0,5 Tonnen mal Einwohnerzahl – das wäre 2050 also der zulässige Ausstoß in einem Staat.
3. Wenn dann etwa westliche Länder mehr Treibhausgase ausstoßen wollten, müssten die westlichen Staaten südlichen Ländern Emissionsrechte, die diese durch den insgesamt geringen Treibhausgasausstoß ihrer Bürger nicht benötigen, abkaufen. Diesen Staaten-Emissionshandel gibt es schon heute, aber ohne die südlichen Länder und mit zu laschen Klimazielen für den Westen.
4. So würde neben dem Klimaschutz auch das zweite globale Großproblem angegangen: Gemeint ist hier nicht etwa die Finanzkrise – sondern die globale Armut.
5. Man würde nicht gleich bei 0,5 Tonnen Ausstoß pro Kopf weltweit anfangen, sondern kann sich diesem Wert auch in mehreren Schritten annähern, beginnend etwa bei 5 Tonnen (also dem aktuellen globalen Durchschnitts-Ausstoß), allerdings nicht erst bis 2050; dies und die Festlegung von Höchst- und Mindestpreisen für die Emissionsrechte sichern. Das sichert die Machbarkeit.
6. Die Entwicklungsländer sollten sukzessive in die globalen Treibhausgasreduktionsverpflichtungen voll einbezogen werden. Das liefe so, dass sie übergangsweise Extraemissionsrechte zugeteilt bekämen, für die die westlichen Länder dann aber entsprechend stärkere Reduktionsverpflichtungen akzeptieren müssten.
7. Eine globale Institution – etwa das bereits bestehende UN-Klimasekretariat in Bonn – müsste das Recht erhalten, die Emissionsreduktionen zu überwachen und notfalls mit einschneidenden Sanktionen durchzusetzen.
8. Die nach dem Staaten-Emissionshandel in einem Staat oder einem Kontinentalzusam-

menschluss wie der EU vorhandene, jährlich sinkende Menge an Emissionsrechten müsste dann mittels eines umfassenden innereuropäischen Emissionshandels unter den Kohle-, Gas- und Öl-Unternehmen durch eine Auktion weiterverteilt werden. Jeder Importeur oder Verkäufer von fossilen Brennstoffen dürfte also die sich aus diesen Brennstoffen ergebenden Treibhausgasausstöße bei uns allen nur noch ermöglichen, wenn er Emissionsrechte besitzt. Anders als der bisherige Emissionshandel nur für einige Industriesektoren und mit laschen Zielen würden damit nahezu sämtliche Klimagasausstöße erfasst. Denn über die Primärenergie bildet man Produktion und Konsum quasi insgesamt ab. Einiges an nationalem Klima-Instrumentenwust könnte dafür wegfallen.
9. Die Primärenergieunternehmen würden ihre Ersteigerungskosten für die Emissionsrechte gleichmäßig über Produkte, Strom, Wärme und Treibstoff an die Endverbraucher weitergeben; umgekehrt würde die EU bzw. der Staat die Versteigerungs-Einnahmen pro Kopf an alle Bürger verteilen (Ökobonus).
10. Auch die ebenfalls klimaschädlichen Sektoren Landwirtschaft und grenzüberschreitender Luft- und Schiffsverkehr müssten einbezogen werden, ebenso wie die Entwaldung, etwa im Regenwald.

Damit würde man den globalen Treibhausgasausstoß und de facto die Nutzung fossiler Brennstoffe schrittweise deutlich absenken. Folglich würde man massiv auf treibhausgasarme erneuerbare Energien und Energieeffizienz setzen. Das alles wäre auch ökonomisch sehr sinnvoll – allein schon wegen der sonst drastischen Kosten des Klimawandels. Und auch kurzfristig sind mehr Energieeffizienz und erneuerbare Energien ökonomisch oft vorteilhaft: Man fördert neue Wirtschaftszweige und macht sich von Energieimporten und steigenden Öl- und Gaspreisen unabhängig. Man sichert dauerhaft die Energieversorgung. Und vermeidet gewaltsame Auseinandersetzungen um schwindende Ressourcen.

Dass der Westen durch den Emissionsrechtekauf Geld an den Süden zahlen muss, ist gerecht. Denn pro Kopf emittiert ein Europäer immer noch ein Vielfaches mehr als ein Chinese oder Afrikaner – denen man einen gewissen Klimagasausstoßzuwachs gerade zugestehen müsste, um die drückende Armut auf der Südhalbkugel zu überwinden. Außerdem werden die Südländer – und künftige Generationen – die Hauptopfer des Klimawandels sein, den primär wir Westler verursacht haben. Zugleich hilft der Ökobonus den sozial Schwächeren im Westen: Der Ökobonus ist ja pro EU-Bürger gleich hoch; und wer wenig Energie und Produkte konsumiert, also gerade die sozial Schwächeren, bekommt die weitergegebenen Kosten des Emissionshandels nur wenig zu spüren.

„Nebenbei" wird bzw. bleibt Energie so für jeden dauerhaft verfügbar und bezahlbar. Dies gilt, obwohl der Ökobonus im Verhältnis zu den umverteilten Emissionshandelskosten im Okzident niedrig und in südlichen Ländern hoch wäre. Denn die Emissionshandelskosten zwischen den Staaten würden zum „südlichen" Ökobonus dazuaddiert und vom „westlichen" Ökobonus subtrahiert. Eine weltweit sozialverträgliche Klimawende ist also sehr wohl möglich – Hartwig Bergers Grundstoßrichtung (2009) für einen globalen, in Gestalt eines neuen Emissionshandels konzipierten Ansatz ist und bleibt also überzeugend.

7 „Käsewürfel und Klimawandel" – wie wird die Klimawende konkret möglich?

Was aber ist zu tun, damit ein derartiger politischer Ansatz nicht einfach niemals zustande kommt, weil er schlicht den Eigennutzenkalkülen von Politikern und Wählermehrheiten widerstreitet (und wenn aus analogen Ursachen auch Unternehmen und Verbraucher eine Teufelskreisstruktur bilden)? Die wesentliche Initiative nachhaltigkeitsorientierter Bürger muss darin bestehen, eben jene Spielregeln zu bejahen und im Sinne einer „kritischen Masse", die die Eigennutzenrationalität von Politikern und Unternehmen überhaupt erst ändern kann, einzufordern. Dabei wäre freilich die Einsicht wesentlich, dass man von der Politik weniger ein rein nationalstaatliches Handeln als vielmehr das Anstoßen globaler Aktivitäten einfordern muss.

Man sollte dabei allerdings nicht zu einseitig auf die erwähnte ökonomische Einsicht setzen, dass sich Klimapolitik langfristig schon ökonomisch-eigennützig rechnet. Denn wie erwähnt dies stimmt nur, wenn man es auf die Weltbevölkerung insgesamt sowie heutige und künftige Generationen insgesamt bezieht. Die „normale ökonomische Eigennutzenperspektive", die in uns rein faktisch motivierend wirkt, stellt jedoch genau diese (moralisch-rechtlich nach allem Gesagten Gebotene) Gesamtbetrachtung gerade nicht an; auf weitere Probleme ökonomischer Perspektiven wurde oben bereits hingewiesen. Je katastrophaler die äußere Entwicklung, beispielsweise mit Verteilungskriegen usw. gerät, desto offensichtlicher liegt es freilich im (für die reale Durchsetzung einer neuen ökologisch-sozialen Politik wesentlichen) Eigennutzen der Zeitgenossen, grundlegende Dinge zu verändern. Genau dann wird auch die vorliegend entwickelte neue moralisch-rechtliche Perspektive wohl nach und nach mehr Anhänger finden (in der Geschichte haben neue moralische Orientierungen meist vor allem dann rein faktisch eine Durchsetzungschance, wenn sie sich sinnvoll mit bestimmten Eigennutzenerwägungen verbinden lassen). Dies spricht natürlich nicht dagegen, sondern gerade dafür, durch Diskurse und Argumente (auch in pädagogischen Kontexten) das nötige Umdenken so häufig wie möglich zur Diskussion zu stellen. Die Frage wird in jedem Fall sein, ob ein Wandel der Eigennutzenbetrachtungen – und damit ein Übertrumpfen des wohl unheilbaren sozialen Mangels, dass „uns" raumzeitlich weit entfernt liegende Dinge im Zweifel wenig kümmern, sofern sie nicht in unserer unmittelbaren Lebenswirklichkeit sichtbar werden – zu einem Zeitpunkt eintreten wird, wo überhaupt noch reale Änderungsoptionen bestehen.

Gleichwohl sollte immer betont werden, dass jedenfalls für viele Menschen und viele Industriezweige ein stärkerer Klimaschutz schon kurzfristig (und nicht nur, wie eben gesagt, gesamtgesellschaftlich langfristig) *ökonomische* Vorteile hätte. Ebenso bestehen andere eigennützige Vorteile: Denn eine Welt des „Weiter so" droht eine Welt der Klimakriege um Öl, Wasser und andere immer knappere Ressourcen zu werden (Welzer 2008). Die Wärmedämmung von Gebäuden ist hierfür ein besonders offenkundiges Beispiel. Da letztlich das Denken in ökonomischen Wachstumschancen indes in einer endlichen Welt an absolute Grenzen stoßen dürfte, wird man daneben auch die oben angestoßene *moralische* Debatte führen müssen. Dabei sollte man klar ansprechen, dass dies teilweise (!) auch ein Überdenken unseres (auf der Basis hoher Erdöl- und Kohleverfügbarkeit gewachsenen) Lebensstils zur Folge haben dürfte.[15] Demgegenüber erscheint es als ein eher kontraproduk-

---

15 Stellt man (vgl. teilweise schon Wuppertal Institut 2008) fest, dass ständiges Wirtschaftswachstum keinesfalls per se „Arbeitsplätze schafft" und „zu Lebensglück führt", sondern dass die moderne Glücksforschung vielmehr Glück als relativen Faktor in den Relationen (a) „was möchte ich versus was habe ich" und (b)

tiver, weil von den realen Optionen ablenkender und zudem potenziell totalitärer Utopismus, stattdessen einen neuen, wesentlich solidarisch-altruistischeren Menschentypus einzufordern (diese Gefahr besteht m.E. bei Welzer 2008, der zudem pauschal viele sinnvolle Schritte der Klimapolitik als nutzlos verdammt).

Zu der Frage, wie der nötige Wandel ganz konkret angeschoben werden kann, lässt sich eine Allegorie bilden. Lege ich auf meiner Geburtstagsparty ein Stück Käse und ein Messer hin, bleibt es liegen. Schneide ich es in Würfel, wird alles aufgegessen. Obwohl der Käse genau der gleiche ist und das Schneiden fast keine Anstrengung bereitet. Offenbar ist die Bequemlichkeit eine der stärksten Verhaltensmotive überhaupt. Ein weiteres kommt dazu: An sich weiß im Wellness-Zeitalter jeder, dass größere Mengen cholesterinhaltiger Lebensmittel (Käse) am späten Abend nicht sehr gesund sind. Doch die Grenze zwischen „dick werden"/„nicht dick werden" verschwimmt durch Häppchen.

Einer solchen Salamitaktik des Schrittchen-für-Schrittchen halten auch gute Vorsätze kaum stand. Selbst gewohnheitsmäßige „Nicht-Nascher" lassen sich durch Häppchen (oder Büffets) zum Naschen bewegen. Muss man sich dagegen für einen „großen Schritt" entscheiden, und sei es nur das Abschneiden einer Käsescheibe, kann man sich offenbar schlechter selbst vormachen, man tue ja gar nichts und esse eigentlich gar nicht („nur das kleine Stückchen Käse noch ..."). Salamitaktik verschleiert also Brüche zwischen Denken und Handeln – aber auch zwischen einem Handeln X und einem gegensätzlichen Handeln Y. Dementsprechend eignet sich Salamitaktik hervorragend für Politiker und Unternehmen, um soziale Neuerungen unauffällig auf den Weg zu bringen und unser aller Neigung, am (kulturell und technisch) Gewohnten festzuhalten und Veränderungen unbequem zu finden, zu überlisten.

Je nach verfolgtem Ziel kann sich dies negativ oder positiv auswirken. Eigentlich ist die Neigung zum Gewohnten auch hilfreich. Sie stabilisiert unsere (oft ja gut begründeten) Verhaltensvorsätze und gibt uns eine Richtschnur, um nicht vor jedem alltäglichen Handgriff erst eine Grundsatzanalyse anstellen zu müssen. Umgekehrt werden nötige „große Reformen" dadurch schwierig. Bequemlichkeit und Gewohnheit sind einfach meist stärkere Antriebskräfte als neue rationale Einsichten. Deshalb haben wir auch mit der aktuell nötigen großen Kehrtwende hin zu mehr Klimaschutz wohl schlechte Karten – trotz aktuell wieder auf uns einprasselnder, wohlklingender Regierungs-Versprechungen. Zumal bei vielen schädlichen Handlungen (wie sie gerade beim Klimaschutz relevant sind) der Widerspruch zu den „richtigen Einsichten" kaum auffällt und die Grenzziehung zu den „richtigen Handlungen" nicht leicht fällt.

Oft verhindert die Bequemlichkeit nicht nur die Umsetzung guter Einsichten, sondern schon die Einsicht selbst. Philosophische Erkenntnis ist zwar nicht gänzlich machtlos, aber sie läuft oft der Wirklichkeit hinterher. „Wenn die Philosophie ihr Grau in Grau malt, ist eine Gestalt des Lebens alt geworden; die Eule der Minerva beginnt erst mit der einbrechenden Dämmerung ihren Flug" (so Hegel 1819 in seiner berühmten „Vorrede"). Aber manchmal siegt die Einsicht dann doch – zumal wenn massive Eigennutzenantriebe für eine Änderung sprechen und die Änderung selbst im Wege der Salamitaktik präsentiert wird, ergo „bequem" und „nicht gewohnheitszerstörend" wirkt. Hegels ständische Gesellschaft und ihr unsozialer Frühkapitalismus jedenfalls sind eines Tages untergegangen. Allerdings drängt beim Klimaschutz die Zeit; in diesem Sinne ist es eine offene Frage, ob unser ge-

---

„was habe ich in Relation zu den anderen in meiner Umgebung" nachgewiesen hat, so ist dies keinesfalls ein Schreckensszenario.

wachsenes Moral- und Konsummodell rechtzeitig untergeht, um das globale Klima auf einem gerade noch erträglichen Niveau zu stabilisieren.

Literatur

Berger, Peter/Luckmann, Thomas (2001): Die gesellschaftliche Konstruktion der Wirklichkeit. 18. Aufl. Frankfurt a.M.: S. Fischer.
Berger, Hartwig (2009): Der lange Schatten des Prometheus. Über unseren Umgang mit Energie. München: oekom verlag.
Ekardt, Felix (2007): Wird die Demokratie ungerecht? Politik in Zeiten der Globalisierung. München: C. H. Beck.
Ekardt, Felix (2008): 10-Punkte-Plan für den globalen Klimaschutz. In: Süddeutsche Zeitung, v. 01.12.2008, 34.
Ekardt, Felix/Schmeichel, Andrea (2008): Border Adjustments, WTO Law, and Climate Protection. In: Critical Issues in Environmental Taxation 6, 737ff.
Ekardt, Felix/Schmeichel, Andrea/Heering, Mareike (2009): Europäische und nationale Regulierung der Bioenergie und ihrer ökologisch-sozialen Ambivalenzen. In: Natur und Recht 31 (4), 222-232.
Ekardt, Felix (2009a): Theorie der Nachhaltigkeit: Rechtliche, ethische und politische Zugänge. Baden-Baden: Nomos.
Ekardt, Felix (2009b): Cool Down. 50 Irrtümer über unsere Klima-Zukunft – Klimaschutz neu denken. Freiburg: Herder.
Ekardt, Felix/Meyer-Mews, Swantje/Schmeichel, Andrea et al. (2009): Globalisierung und soziale Ungleichheit. Welthandelsrecht und Sozialstaatlichkeit. Studie für die Hans-Böckler-Stiftung, Arbeitspapier Nr. 170.
Habermas, Jürgen (1992): Faktizität und Geltung. Frankfurt a.M.: Suhrkamp.
Hansen, James E. (2007): Scientific Reticence and Sea Level Rise. In: Environmental Research Letters 2 (2), http://www.iop.org/EJ/article/1748-9326/2/2/024002/erl7_2_024002.html (16.09.2009).
Hänggi, Marcel (2008): Wir Schwätzer im Treibhaus. Warum die Klimapolitik versagt. Zürich: Rotpunktverlag.
Hegel, Georg Wilhelm Friedrich (1819): Grundlinien der Philosophie des Rechts. Berlin: Nicolai.
Jonas, Hans (1979): Das Prinzip Verantwortung. Frankfurt a.M.: Suhrkamp.
IPCC (2007a): Climate Change 2007: Synthesis Report. Contribution of Working Groups I, II and III to the Fourth Assessment Report of the Intergovernmental Panel on Climate Change. Geneva: IPCC.
IPCC (2007b): Climate Change 2007: Mitigation of Climate Change. Contribution of Working Group III to the Fourth Assessment Report of the Intergovernmental Panel on Climate Change. Cambridge: Cambridge University Press.
Lomborg, Björn (2002): Apocalypse No! Wie sich die natürlichen Lebensgrundlagen wirklich entwickeln. Lüneburg: zu Klampen.
Nordhaus, William (2008): A Question of Balance. Weighing the Options on Global Warming Policies. New Haven: Yale University Press.
Rawls, John (1975): Eine Theorie der Gerechtigkeit. Frankfurt a.M.: Suhrkamp.
Stern, Nicholas (2007): The Economics of Climate Change: The Stern Review. Cambridge, UK: Cambridge University Press.
Welzer, Harald (2008): Klimakriege. Frankfurt a.M.: S. Fischer.
Wicke, Lutz (2005): Beyond Kyoto. Berlin: Springer.
Wuppertal Institut (2008): Zukunftsfähiges Deutschland in einer globalisierten Welt. Frankfurt a.M.: S. Fischer.

Wahrnehmung des Klimawandels

Der Klimawandel in der psychologischen Forschung

Katharina Beyerl

1 Einleitung

Der Klimawandel, mit seinen Ursachen und Folgen ist zunehmend Gegenstand psychologischer Forschung. Untersucht werden Wahrnehmung, kognitive Verarbeitung, Mitigations- und Adaptationsverhalten, Umweltkommunikation sowie der Umgang mit potentiellen Umweltkonflikten, Umweltflucht und möglichen psychisch-emotionalen Konsequenzen. Zu all diesen Themen, bei denen menschliches Erleben und Verhalten im Mittelpunkt steht, kann die Psychologie einen wertvollen Beitrag leisten. Dieses Kapitel gibt einen Überblick über psychologische Forschung im Zusammenhang mit Fragen des Klimawandels, wodurch Interesse für eine intensivere Beschäftigung mit der psychologischen Perspektive auf den Klimawandel geweckt und interdisziplinäre Zusammenarbeit angeregt werden soll.

2 Der naturwissenschaftliche Hintergrund

Angaben des International Panel on Climate Change zufolge ist es sehr wahrscheinlich, dass sich das weltweite Klima bedingt durch einen globalen Temperaturanstieg in den nächsten Jahrzehnten stark verändert. Als Folge dieser globalen Erwärmung wird es voraussichtlich mehr warme Tage und Hitzewellen geben. Zudem werden bisher bekannte Extrem-Wetterereignisse sowohl in ihrer Häufigkeit als auch im Grad ihrer Ausprägung zunehmen, darunter extreme Niederschlagsereignisse, Dürreperioden und Stürme. Als weitere Konsequenz der globalen Erwärmung prognostiziert das IPCC einen Anstieg des Meeresspiegels (IPCC 2001, 2007).

Klimatische Veränderungen haben sowohl natürliche als auch anthropogene Ursachen. Der beobachtete Anstieg der globalen Durchschnittstemperatur seit Mitte des 20. Jahrhunderts ist jedoch mit großer Wahrscheinlichkeit der Zunahme der Konzentration anthropogener Treibhausgase zuzuschreiben (IPCC 2007).

Die meteorologisch-physikalischen Begleiterscheinungen des Klimawandels werden starke Auswirkungen auf das menschliche Leben haben, besonders auf Ernährungssicherheit, Siedlungen, Industrie, gesellschaftliches Zusammenleben sowie physische und psychische Gesundheit. Um gravierende Konsequenzen für das Leben auf der Erde, das sich über viele Jahrhunderte an die derzeitigen klimatischen Bedingungen angepasst hat, zu vermeiden, ist es dringend notwendig, einer weiteren globalen Erwärmung entgegen zu wirken und Anpassungsoptionen für den Umgang mit Folgen des Klimawandels langfristig zu entwickeln und zu implementieren.

3 Der Klimawandel als Gegenstand psychologischer Forschung

Menschen sind durch energieintensive und konsumorientierte Lebensführung und aufgrund der damit verbundenen Emission von Treibhausgasen nach heutigen Erkenntnissen mit großer Wahrscheinlichkeit Hauptverursacher des derzeitigen Klimawandels. Menschen werden mit den Folgen leben müssen – wobei es sehr wahrscheinlich ist, dass die negativen Auswirkungen des Klimawandels die positiven überwiegen. Menschen sind aber gleichzeitig auch der Schlüssel, um dieser Herausforderung zu begegnen, also die Belastung der Atmosphäre mit Treibhausgasen zu vermeiden und sich an die Folgen des Klimawandels anzupassen, um negative Konsequenzen nach Möglichkeit zu minimieren.

Derzeit widmen sich viele wissenschaftliche Disziplinen den Fragen des Klimawandels – vor allem Naturwissenschaften, die versuchen, Klimaprozesse zu beschreiben, zu erklären und vorherzusagen, sowie Technologien zur Vermeidung und Anpassung zu entwickeln. Doch obwohl in der Fachwelt zunehmend Übereinstimmung darin besteht, dass der Klimawandel real ist, obwohl bekannt ist, dass es notwendig ist, die Konzentration von Treibhausgasen in der Atmosphäre zu verringern, und obwohl bereits zahlreiche Technologien zur Vermeidung und Anpassung existieren, verhält sich ein Großteil der Menschen nach wie vor eher so, als wäre der Klimawandel lediglich ein unwahrscheinliches Zukunftsszenario.

Um der Herausforderung Klimawandel erfolgreich zu begegnen, ist es erforderlich, dass die notwendigen Verhaltensoptionen nicht nur bekannt sind, sondern von vielen Menschen rechtzeitig und beständig umgesetzt werden. Daher ist es wichtig, dass sich zunehmend auch die Sozialwissenschaften mit Fragen des Klimawandels beschäftigen, Beweggründe menschlichen (Nicht-)Handelns aufdecken, mögliche negative Folgen des Klimawandels für das soziale Zusammenleben verdeutlichen und so dazu beitragen, gesellschaftliche Verhältnisse zu schaffen, welche die erfolgreiche Bewältigung einer der wichtigsten Aufgaben der Menschheit im 21. Jahrhundert unterstützen.

Die Psychologie, die sich vorrangig mit menschlichem Erleben und Verhalten beschäftigt, versucht in diesem Zusammenhang unter anderem folgende Fragen zu klären: Wie nehmen Menschen den Klimawandel wahr? Welche Faktoren beeinflussen, ob sich ein Mensch klimaschützend oder -schädigend verhält? Wie sollten (politische) Strategien gestaltet sein, die die Vermeidung des Klimawandels einerseits und die Anpassung an die Folgen andererseits fördern? Wie wirken sich potentielle Folgen des Klimawandels auf die psychische Gesundheit aus? Bisher hat vor allem die Umweltpsychologie, eine relativ junge Teildisziplin der Psychologie, derartige Zusammenhänge zwischen Mensch und Umwelt untersucht. Dabei fließen theoretische und methodische Grundlagen aller anderen Subdisziplinen der Psychologie ein, darunter Allgemeine Psychologie, Sozialpsychologie, Klinische Psychologie, Pädagogische Psychologie und Arbeitspsychologie. Zudem können Erkenntnisse aus Verkehrs-, Medien-, Rechts- und Kulturpsychologie, politischer Psychologie, Gesundheitspsychologie und Methodenfächern genutzt werden.

Dieser Beitrag möchte einen Überblick über psychologische Forschung im Zusammenhang mit Fragen des Klimawandels geben. Um diesem Anspruch auf wenigen Seiten auch nur annähernd gerecht werden zu können erfolgt eine Schwerpunktsetzung hinsichtlich der Wahrnehmung des Klimawandels, der Informationsvermittlung und -verarbeitung sowie Verhaltensaspekten bezogen auf Mitigation (Vermeidung) und Adaptation (Anpassung). Vermittelte Folgen des Klimawandels wie potentielle Umweltkonflikte, Umweltflucht, Umweltstress, mögliche psychisch-emotionale Konsequenzen sowie psychologische Forschung zu politischem Verhalten werden nur kurz angerissen, auch wenn eine zunehmende Auseinandersetzung mit diesen Themen zu verzeichnen ist. Für eine detaillierte Darstellung wird im Einzelnen auf vertiefende Literatur verwiesen, denn zu jedem der Themen finden sich zahlreiche Veröffentlichungen, Untersuchungen, Theorien und Gedanken, die entweder schon in direktem Bezug zum Klimawandel entwickelt wurden oder darauf angewandt werden können.

Tabelle 1: Klimawandel und Psychologie

	Wahrnehmung und Informationsverarbeitung	Klimawandel kommunizieren	Mitigation	Adaptation	Weitere Folgen des Klimawandels
Privat, kommunal, global	Direkte und vermittelte Wahrnehmung Mentales Modell Komplexes Problem Risikowahrnehmung	Darstellung des Klimawandels in den Medien Kriterien für gute Berichterstattung Medienrezeption Umweltbildung	Verringerung der Treibhausgasemissionen Soziales Dilemma Vermeidung der Nutzung fossiler Energieträger Betrifft vor allem Energienutzung, Mobilität, industrielle Produktion, Konsum	Anpassung an Extremwetterereignisse wie z.B. Hitze, Dürre, Sturm, Hochwasser Davor, während und danach Katastrophenschutz Stadtplanung Anpassung von Arbeitszyklen Nahrungsmittelproduktion	Umweltkonflikte Umweltflucht Psychisch-emotionale Konsequenzen Umweltstress Anpassung politischer Entscheidungsprozesse und Rechtssprechung
	Psychologische Subdisziplinen, die sich mit diesen Fragen beschäftigen sind z.B.				
Grundlagen- und Anwendungsfächer	Umweltpsychologie Allgemeine Psychologie	Kommunikations- und Medienpsychologie Pädagogische Psychologie Sozialpsychologie Umweltpsychologie	Umweltpsychologie Verkehrspsychologie Ingenieurpsychologie Sozialpsychologie	Umweltpsychologie Architekturpsychologie Arbeits- und Organisationspsychologie Sozialpsychologie Klinische Psychologie	Politische Psychologie und Friedenspsychologie Klinische Psychologie Biologische Psychologie Sozialpsychologie

4 Klimawandel im Kopf – Wahrnehmung, mentales Modell, komplexes Problem

Der Klimawandel ist über die klassischen Sinne – Sehen, Hören, Riechen, Fühlen, Schmecken – nur bedingt wahrnehmbar. Temperaturunterschiede von wenigen Grad Celsius, über das Jahresmittel verschobene Niederschlagsmengen oder ein Meeresspiegelanstieg im Zentimeterbereich sind für die meisten Menschen kaum spürbar. Direkter wahrnehmbar sind Extremwetterereignisse, aber ab wann lassen sich diese als „normal" oder als Folge des Klimawandels interpretieren (Bostrom/Lashof 2007)? Bei Fragen des Klimawandels ist die Mehrheit der Bevölkerung auf Aussagen von Experten angewiesen, die sich in Fachliteratur äußern, Vorträge halten oder deren Erkenntnisse und Meinungen mehr oder weniger vereinfacht und manchmal missverstanden in den Massenmedien dargestellt werden. Die Qualität der Berichterstattung wird schnell dadurch getrübt, dass Kausalbeziehungen oft unreflektiert nahe gelegt werden, es zu Verschiebungen in der Betonung von Befunden kommt und vieles ungenau, unvollständig oder sogar falsch dargestellt wird (Singer/Endreny 1993). Dadurch wird ein elaboriertes Verständnis von Ursachen und möglichen Folgen von Umweltproblemen erschwert und fehlerhaftes Wissen kann sich verfestigen, darunter Fehler im Sinne von falschen Vorstellungen über Sachverhalte und Mechanismen, zu undifferenziertes Wissen und die Konzentration auf unwichtige, periphere, wenngleich korrekte Sachverhalte (Nerb 2008).

Die Vorstellung, die der Einzelne über Ursachen, Einflussfaktoren, zeitliche Entwicklungen und mögliche Konsequenzen eines komplexen Sachverhalts hat, wird in der Psychologie als mentales Modell bezeichnet. Verschiedene Untersuchungen haben sich mit der mentalen Repräsentation des Klimawandels beschäftigt (z.B. Bostrom/Morgan/Fischhoff et al. 1994; Read/Bostrom/Morgan et al. 1994; Kempton 1991, 1997; Löfstedt 1991; Böhm/Mader 1998). Diese mentalen Modelle bilden die Grundlage für die individuelle Bewertung auf kognitiver (gedanklicher) und affektiver (gefühlsbezogener) Ebene. Problematisch ist, dass Menschen, wenn sie über fehlerhafte mentale Modelle verfügen, möglicherweise falsche Maßnahmen unterstützen, selbst ineffektiv handeln oder der Überzeugung sind, dass Probleme bereits gelöst sind, wenn dies noch nicht der Fall ist (Böhm 2008). Mieg (2001) zeigte in seiner psychologischen Analyse der Konstruktion der IPCC-Szenarien, wie auch die IPCC-Experten mit Urteils-Heuristiken und mentalen Modellen arbeiteten, um Ungewissheit zu reduzieren.

Eine besondere Herausforderung bei der Bildung eines mentalen Modells vom Klimawandel besteht darin, dass der Klimawandel wie viele Umweltprobleme Eigenschaften eines komplexen Problems mit Systemcharakter aufweist, bei dem sehr viele Variablen miteinander in wechselseitiger Beziehung stehen, das durch eine dynamische Entwicklung gekennzeichnet ist und dessen Zusammenhänge menschlicher Erfahrung nicht unmittelbar zugänglich sind (zu komplexen Problemen siehe z.B. Dörner 1993, 1996). Neben der Schwierigkeit der Wahrnehmung des Klimawandels und damit verbundener Kausalitäten stellt die Komplexität der Thematik die begrenzte kognitive Verarbeitungskapazität des menschlichen Gehirns vor erhebliche Anforderungen. Einige dieser kognitiven Probleme sind die bevorzugte Bildung einfacher, monokausaler Erklärungen, die Schwierigkeit beim Umgang mit Zeitverzögerungen und beim Erfassen von nicht-linearen Zeitverläufen, das Denken in Ursache-Wirkungs-Ketten statt in Ursache-Wirkungs-Netzen, sowie begrenzte Kapazität der Aufmerksamkeit und des Gedächtnisses (eine Übersicht findet sich z.B. bei

Ernst 2008). Aufgrund dieser Tendenzen wird die Problematik von Umweltproblemen häufig unterschätzt (Kruse/Graumann/Lantermann 1996; Bonnes/Bonaiuto 2002).

Der Einschätzung des Bedrohungspotentials und der Gefahren, die mit Umweltproblemen einhergehen, hat sich besonders die psychologische Risikoforschung umfangreich gewidmet (Gifford 1997; Gardner/Stern 1996; Peek/Mileti 2002; Bell/Greene/Fisher et al. 2001). Die möglichst korrekte Wahrnehmung von Risiken stellt eine wichtige Grundlage für angemessenes Verhalten dar. Daher wurde besonders oft auf Unterschiede der Risikowahrnehmung zwischen Experten und Laien eingegangen. Obwohl auch die Risikoeinschätzung von Experten grundsätzlich subjektiv ist, wird davon ausgegangen, dass diese auf Basis des jeweils aktuellen Wissensstandes der Forschung dem realen Risiko möglichst nahe kommt. Im Zusammenhang mit Umweltrisiken zeigten sich wiederholt große Unterschiede zwischen Experten und Laien (Lazo/Kinnell/Fisher 2000; Bell/Fischer/Baum et al. 1990; Burton/Kates/White 1978; Gardner/Gould 1989; Gould/Gardner/DeLuca et al. 1988; Kamieniecki/O'Brian/Clarke 1986; Kempton 1991; Mieg 2001). Bei der Einschätzung des Klimawandels fanden z.B. Lazo, Kinnell und Fisher (2000), dass Laien die Konsequenzen von Umweltrisiken schlimmer einschätzen als Experten, jedoch davon ausgehen, dass Wissenschaftler Klimawandelrisiken grundsätzlich verstehen und Folgen zwar gravierend, aber beherrschbar sind (siehe auch Kellstedt/Zahran/Vedlitz 2008). Experten teilen dieses Vertrauen sowohl in ihr Wissen als auch bezüglich der Beherrschbarkeit von Klimarisiken weniger und sehen im Vergleich zu Laien Klimawandelrisiken als weniger kontrollierbar und weniger verstehbar an. Insgesamt sind Laien zu optimistisch wenn sie glauben, Klimawandelrisiken seinen bekannt und beherrschbar.[1] Problematisch an dieser Annahme ist vor allem, dass sie impliziert, geringfügige Einschränkungen würden ausreichen, um Ökosysteme zu schützen. Gleichzeitig halten Laien den Einfluss der Konsequenzen des Klimawandels jedoch für gravierender, was eigentlich zu intensiveren Bemühungen der Bekämpfung des Klimawandels führen müsste. Allein in diesen Widersprüchen zeigt sich, dass eine klare Risikokommunikation notwendig ist, wobei darauf zu achten ist, dass Unsicherheiten der Experten selbst nicht zu einer Verringerung ihrer Glaubwürdigkeit führen.

Laien beurteilen Risiken eher intuitiv, wobei die Risikoeinschätzung von sehr vielen Faktoren beeinflusst wird und abhängig von Merkmalen des zu bewertenden Phänomens ist (z.B. Freiwilligkeit, Kontrollierbarkeit, Dauer der Folgen, privater oder beruflicher Kontext, persönliche Betroffenheit), sowie von Merkmalen des bewertenden Individuums (Erfahrungen, Werthaltungen etc.) (Jungermann/Slovic 1993; Homburg/Matthies 1998). Zudem spielen das Katastrophenpotential eines Schadensfalls und wahrgenommene Schrecklichkeit eine Rolle, persönliche Beeinflussbarkeit des Geschehens, Reversibilität von Schadensauswirkungen, Identität von Opfern (bekannt oder unbekannt), Aufmerksamkeit der Medien für Risiken, Nutzen der Schadensquellen für den Beurteiler (nicht erkennbar vs. klar erkennbar), Verteilung von Risiko und Nutzen (ungerecht vs. gerecht), Vertrautheit eines Risikos, Verständlichkeit von Ursachen und Ablauf eines Schadensgeschehens, Ungewissheit eines Risikos und Verursachung (Mensch vs. Natur) (Homburg/Matthies 1998 nach Ruff 1993: 334). Des Weiteren zeigten sich Geschlechtsunterschiede, wobei Frauen mehr Besorgnis bezüglich Technik und Umwelt äußern als Männer. Flynn, Slovic und Mertz (1996) stellen in diesem Zusammenhang die These auf, dass sich vor allem weiße Männer

---

1 Zur grundsätzlichen Tendenz zu unrealistischem Optimismus beruhend auf selektiver Informationsaufnahme siehe z.B. Weinstein 1982.

weniger ängstlich zeigen, da sie Risiken einerseits selber gestalten und zudem einen kurzfristigen Nutzen daraus ziehen.

Als Fazit dieser Überlegungen erscheint es umso wichtiger, eine akkurate Wahrnehmung des Klimawandels, seiner Ursachen und möglichen Folgen zu fördern. Dies geschieht im Alltag vorzugsweise durch mediale Berichterstattung, welcher sich der folgende Abschnitt widmet.

5 Klimawandel kommunizieren

Die Psychologie, besonders die Kommunikations- und Medienpsychologie, beschäftigt sich sowohl mit der Auswahl von Medieninhalten, Bedingungen und Einflussfaktoren der Medienrezeption als auch mit der Wirkung von Kommunikationsinhalten. Dabei kommen unter anderem Erkenntnisse der Sozialpsychologie zur Anwendung, um z.B. folgende Fragen zu klären: Welche Faktoren bestimmen, ob Information oberflächlich oder elaboriert verarbeitet wird? Wovon wird die Glaubwürdigkeit der Informationsquelle bestimmt und wie wirkt diese auf die Rezipienten? Wie wirken schon bestehende Meinungen und Überzeugungen auf die Medienrezeption (selektive Aufnahme von Informationen in Abhängigkeit vom Vorwissen; kognitive Dissonanz, Festinger 1957)? Wie beeinflussen Medien die Bildung mentaler Modelle?

Medien bestimmen durch ihre Berichterstattung laut McCombs und Shaw (1972) die öffentliche Priorität von Themen (Agenda-Setting-Hypothese). Zusammenhänge zwischen Häufigkeit der Berichterstattung und wahrgenommener Wichtigkeit eines Themas in der Öffentlichkeit sind nachweisbar (Brosius/Kepplinger 1992). Dies wurde auch im Kontext der Berichterstattung zum Klimawandel untersucht (Carvalho/Burgess 2005; Smith 2005; Brossard/Shanahan/McComas 2004, [auch Besio/Pronzini in diesem Band, Anm. d. Hrsg.]). Dabei zeigte sich unter anderem, dass vor allem in Phasen der medialen Aufmerksamkeitskonjunktur über Gefahren und Konsequenzen des Klimawandels berichtet wird. In Phasen moderater Aufmerksamkeit dominieren vor allem kontroverse Meinungen verschiedener Wissenschaftler die mediale Berichterstattung (McComas/Shanahan 1999).

Insgesamt berichten Journalisten häufiger über konkrete und spektakuläre Ereignisse als über chronische Gefahren, obwohl diese über die Zeit wesentlich höheren Schaden anrichten können (Greenberg/Sachsman/Sandman 1989; Singer/Endreny 1993). Bei der Untersuchung der Kriterien für gute Berichterstattung wurde festgestellt, dass für Journalisten die Darstellung des Bedrohungspotentials und das Aufdecken von Hintergrundinformationen wie z.B. politische Einbindung und Schuldzuweisungen von hoher Bedeutung sind. Wissenschaftler, Politiker und Interessenvertreter legen im Gegensatz dazu eher Wert auf die Genauigkeit der Berichterstattung (Salomone/Greenberg/Sandman et al. 1990). Des Weiteren werden häufig Aspekte wie Dramatik, Schuld und politische Verflechtungen betont, technische und wissenschaftliche Hintergründe, die zum Verständnis und zur Einschätzung der Problematik beitragen, werden jedoch kaum dargestellt (Sandman/Sachsman/Greenberg et al. 1987).

Neben positiven Zusammenhängen zwischen der zugeschriebenen Wichtigkeit in der Öffentlichkeit und der Häufigkeit der Berichterstattung zeigte sich, dass die Medienwirkung umso höher ist, je weniger kontrovers ein Thema in der Öffentlichkeit diskutiert wird (Zhu/Watt/Snyder et al. 1993). Daraus lässt sich schlussfolgern, dass kontroverse Meldungen zum „Klimaschwindel" die Medienwirkung des Themas „Klimawandel" eher verringern, was zur Beeinträchtigung der Glaubwürdigkeit führen kann.

Um adäquate Einstellungen und Urteile zu Umweltthemen zu fördern, ist es notwendig, Kommunikation möglichst effektiv zu gestalten. Dabei sollte berücksichtigt werden, was Laien wissen wollen und was Experten als wissenswert erachten (Nerb 2008). Zudem ist es notwendig, dementsprechend den geeigneten naturwissenschaftlichen Auflösungsgrad von Informationen zu finden (Bostrom/Fischhoff 2001; Fischhoff 1995). Budescu, Broomell und Por (2009) widmeten sich z.B. in einer Untersuchung speziell der Formulierung von Wahrscheinlichkeitsaussagen in IPCC-Berichten. Dabei stellte sich heraus, dass eine erhebliche Variabilität der Interpretation von Wahrscheinlichkeitsaussagen besteht und viele Angaben als weniger gravierend verstanden wurden als eigentlich von den Wissenschaftlern intendiert. Als mögliche Folgen können eine Unterschätzung der Probleme und im weiteren Verlauf Missverständnisse in der Kommunikation auftreten. Als Konsequenz dieser Ergebnisse schlagen die Autoren Alternativen zur Spezifizierung der IPCC-Wahrscheinlichkeitsaussagen vor. Grundsätzlich sollte zudem neben der Vermittlung von Informationen über den Klimawandel als Prozess, seine Ursachen und mögliche Folgen unbedingt immer darauf geachtet werden, den Menschen gleichzeitig wirksame Verhaltensoptionen aufzuzeigen, sowie Notwendigkeit und Wirksamkeit des eigenen Handelns zu verdeutlichen (Witte 1998).

6 Klimarelevantes Verhalten und Psychologie

Die Psychologie, speziell die Umweltpsychologie, hat sich neben Fragen der Wahrnehmung des Klimawandels und dessen kognitiver Verarbeitung vor allem auch den Bedingungen umweltfreundlichen Verhaltens gewidmet. Es werden einerseits Erklärungen gesucht, warum sich manche Menschen umweltfreundlich verhalten und andere nicht, andererseits sollen mit Hilfe dieser Erkenntnisse Strategien entwickelt werden, um umweltfreundliches Verhalten zu fördern und damit dem Klimawandel begegnen zu können (Hoffmann/Homburg/Ittner 2009).

Um gravierende Konsequenzen für das Leben auf der Erde, das sich über viele Jahrhunderte an die derzeitigen klimatischen Bedingungen angepasst hat, zu vermeiden, ist es dringend notwendig, der globalen Erwärmung entgegen zu wirken und Anpassungsoptionen für den Umgang mit Folgen des Klimawandels langfristig zu planen und zu implementieren. Die Psychologie hat sowohl zu Fragen der Vermeidung des Klimawandels (Mitigation) als auch zu Anpassungsmöglichkeiten (Adaptation) eine breite Wissensbasis erarbeitet.

6.1 Klimawandel als sozial-ökologisches Dilemma

Die Verminderung des Klimawandels kann wahrscheinlich als eine der größten Herausforderungen der Menschheit im 21. Jahrhundert betrachtet werden. Die Hauptursache des derzeitigen Klimawandels wird in der Emission anthropogener Treibhausgase gesehen, die vorrangig durch die Nutzung fossiler Brennstoffe, Veränderung von Landnutzungsformen, industrielle Emissionen und Landwirtschaft determiniert werden (WBGU 1993). Da die Nutzung fossiler Brennstoffe zur Energieproduktion nach wie vor dominiert, trägt ein energieintensiver und konsumorientierter Lebensstil wesentlich zum Klimawandel bei. Dieser Lebensstil geht oft einher mit der Erleichterung von Alltagsaktivitäten, aber auch mit Komfort und Status. Er hat vor allem in den wohlhabenderen Ländern der Welt mittlerweile einen hohen Standard erreicht.

Da kaum einer, der es sich leisten kann, auf Komfort verzichten möchte und nicht immer vergleichbare klimafreundliche Alternativen verfügbar oder bekannt sind, tragen vor allem Menschen in Industrieländern zum Klimawandel bei. Menschen mit weniger klimaschädlichem Lebensstil nutzen entweder klimaschonende Alternativen, verzichten auf manche Bequemlichkeit oder können sich viele Errungenschaften der Moderne schlichtweg nicht leisten. Obwohl der Klimawandel besonders durch den wohlhabenderen Teil der Bevölkerung verstärkt wird, betreffen die Folgen des Klimawandels alle Menschen. Dabei sind diejenigen, die sich keinen klimaschädlichen Lebensstil leisten können, zudem in besonderem Maße Opfer der Allgemeinheit, da sie meist auch weniger Möglichkeiten haben, sich entsprechend vor den Folgen des Klimawandels zu schützen.

Der individuelle Beitrag zum Klimawandel für den einzelnen ist nur schwer identifizierbar und persönlicher Verzicht auf Komfort zum Schutze des Wohls der Allgemeinheit und zukünftiger Generationen für den einzelnen vorerst mit mehr Kosten als Nutzen verbunden. Daher weist die Problematik des Klimawandels verschiedene Charakteristika auf, die oft als ökologisch-soziales Dilemma zusammengefasst werden (Dawes 1980; Dawes/Messick, 2000; Van Vugt/Biel/Snyder 2000; Vlek 2000): Es besteht ein Konflikt zwischen individuellem und kollektivem Interesse und damit gleichzeitig zwischen kurz- und langfristigem Wohlergehen. Das Individuum hat kurzfristig die größten Vorteile, wenn es sich egoistisch verhält, die Gemeinschaft profitiert jedoch nur von Kooperation (also gemeinsamem Klimaschutz) und erleidet andernfalls langfristig Schaden (Überblick siehe Homburg/Matthies 1998; Ernst 2008).

Ökologisch-soziale Dilemmasitutaionen wurden intensiv im Rahmen von experimentellen Spielen untersucht (Dawes 1980; Ernst 1997; Spada/Opwis 1985; Cass/Edney 1978; Edney/Harper 1978; Mosler 1993; Milinski/Sommerfeld/Krambeck et al. 2008). Obwohl das Spielziel der gemeinsamen dauerhaften Nutzung von Ressourcen oft nicht erreicht wurde, geben die Ergebnisse verschiedene Hinweise darauf, welche Bedingungen zu einem erfolgreichen Umgang mit sozial-ökologischen Dilemmata hilfreich sind. Dazu zählen unter anderem Wissen um ökologische Zusammenhänge und Vertrauen in das Verhalten der Spielpartner (Dawes 1980; Boyle/Bonacich 1970; Ernst 1994). Zudem zeigte sich, dass Kommunikationsmöglichkeiten zwischen den Spielern, Sichtbarkeit des Handelns und öffentliche Verpflichtung der einzelnen Spieler bezüglich ihres Verhaltens zu besseren Spielergebnissen führten (Mosler 1993).

Am sozial-ökologischen Dilemma des Klimawandels sind besonders viele „Spieler" beteiligt. In diesem Zusammenhang lassen sich Erkenntnisse der sozialpsychologischen Forschung zu Gruppenverhalten übertragen, darunter der stabile empirische Befund, dass größere Gruppen in sozial-ökologischen Dilemmata schlechtere Ergebnisse erzielten als kleinere. Ursachen werden in der mangelnden Sichtbarkeit der Handlungen der anderen gesehen und in der mangelnden wahrgenommenen Effektivität des eigenen Handelns (Olson 1965). Messik und McClelland (1983) schlagen kognitionspsychologische Erklärungen für diesen Effekt vor, darunter Verantwortungsdiffusion, die Illusion der unerschöpflichen Ressource, eingeschränkte Lernmöglichkeiten und sozial-kompetitive Anreize in der Gruppensituation (Ernst 2008).

6.2 Mitigation und Grundlagen umweltfreundlichen Verhaltens

Die Zubereitung von Nahrung, das Heizen oder Kühlen von Räumen, Beleuchtung, Transport, der Betrieb von Geräten und Maschinen, sowie Kommunikations- und Informationstechnologien benötigen Energie. Daher spielen sowohl die private Energienutzung als auch alle Prozesse bei der Produktion und Vermarktung von Gütern des alltäglichen modernen Bedarfs sowie Prozesse der Aufrechterhaltung der Infrastruktur eine wichtige Rolle bei Verursachung und Verminderung des Klimawandels. Die Psychologie hat sich seit den 70er Jahren in diesem Zusammenhang hauptsächlich auf private Energienutzung im Haushalt, auf Mobilitätsverhalten aber auch auf nachhaltigen, „klimafreundlichen" Konsum konzentriert. Dabei wurde intensiv untersucht, welche Faktoren zu mehr oder weniger umweltfreundlichem Verhalten beitragen und wie wirksame Interventionen zur Förderung umweltfreundlichen Verhaltens gestaltet werden können (ausführliche Darstellung siehe z.B. bei Homburg/Matthies 1998; Gifford 1997; Kruse/Graumann/Lantermann 1996; Gardner/Stern 1996; Bell/Greene/Fisher et al. 2001).

Als Faktoren, die umweltschützendes Verhalten besonders beeinflussen, haben sich im Verlaufe der Zeit aggregiert über verschiedene Untersuchungen und Theorien unter anderem folgende Variablen herausgestellt, (Homburg/Matthies 1998; Krömker 2008):

- Umwelt(problem)bewusstsein (Komplex aus kognitiven, affektiven und konativen Komponenten; beeinflusst durch mikro- und makrosoziale Bedingungen)
- Verantwortungsattribution (wird Klimawandel natürlichen oder anthropogenen Ursachen zugeschrieben?)
- Einstellungen (zu Umweltschutz allgemein und zu spezifischem Verhalten)
- die Überzeugung, dass bestimmte Handlungsalternativen wirksam bezüglich des Umweltschutzes sind
- die Überzeugung, dass das eigene Handeln die erwünschte Wirkung zeigen wird
- die Bewusstheit der Handlungskonsequenzen
- wahrgenommenes und objektives (Handlungs-)Wissen
- wahrgenommene und objektive Fähigkeiten und Ressourcen (körperlich, geistig, finanziell, zeitlich; zudem spielt z.B. bei der Installation umweltschonender Technologien eine Rolle, ob man Mieter oder Hausbesitzer ist)
- entsprechende Verhaltensangebote wie z.B. öffentlicher Personenverkehr, um das intendierte Verhalten ausführen zu können
- persönliche Normen (moralische Verpflichtungsgefühle, die entstehen, wenn ein Problem bzw. Handlungsbedarf wahrgenommen wird und gleichzeitig bewusst ist, dass es effektive Handlungsmöglichkeiten gibt, zu denen die Person auch befähigt ist)
- subjektive soziale Normen (was eine Person denkt, das andere Menschen, die ihr wichtig sind, erwarten)
- Kosten-/Nutzen-Überlegungen (Kosten z.B. finanzielle Kosten, soziale Kosten, Aufwand, schlechtes Gewissen, Nutzen wie z.B. Einsparungen an Zeit und Geld, gutes Gefühl, Stolz)
- Gewohnheiten

Zur Förderung umweltschützender Verhaltensweisen kann vor allem an diesen relevanten Faktoren angesetzt werden. Das geschieht unter anderem durch technische Veränderungen, die erwünschtes Verhalten erleichtern und unerwünschtes erschweren, materielle Belohnung bzw. Bestrafung, Vermittlung von Handlungs- und Problemwissen, sowie Vermittlung von Wissen über das eigene Verhalten (Feedback). Wissensvermittlung kann über verschiedene Medien erfolgen. Wird Wissen jedoch im persönlichen Gespräch vermittelt, besteht ein zusätzlicher Vorteil darin, dass gleichzeitig soziale Normen aktiviert werden, was meist nachhaltigere Verhaltensänderungen zur Folge hat. Als wirksam erwiesen sich des Weiteren die Vorgabe von Zielen und die persönliche Verpflichtung, selbst gesetzte Ziele zu erreichen (commitment). Auch soziale Modelle in Medien und Gesellschaft oder Personen in der Nachbarschaft, die sich umweltbewusst verhalten, über umweltschützendes Verhalten informieren und als Ansprechpartner fungieren (Blockleader), erwiesen sich als effektive Interventionsstrategien (Homburg/Matthies 1998; Krömker 2008; Gifford 1997; Kruse/Graumann/Lantermann 1996; Gardner/Stern 1996; Bell/Greene/Fisher et al. 2001).

Grundsätzlich sollte angestrebt werden, die intrinsische Motivation (den inneren Antrieb) zu nachhaltigem, klimafreundlichem Verhalten zu fördern. Dies geschieht vor allem durch Wissensvermittlung, welche sich im besten Fall auf das Problembewusstsein auswirken kann, und durch die Aktivierung persönlicher und sozialer Normen. Verhaltenserleichterungen im Sinne der verbesserten Zugänglichkeit und Handhabbarkeit umweltfreundlicher Technologien haben sich ebenso als sehr wirksam erwiesen. Materielle Belohnungen, die Politikern z.B. in Form von steuerlichen Veränderungen in diesem Zusammenhang oft als erstes in den Sinn kommen, tragen nur teilweise und wenig nachhaltig zu einer Verhaltensänderung bei, da sie lediglich als extrinsische Motivatoren und meist nur während des Belohnungszeitraums wirken, teuer sind und zudem die Gefahr bergen, dass intrinsische Motivation sogar verloren geht (Deci 1971, 1972). Langfristiger wirken im Bereich materieller Belohnungen Lotterien bzw. das Verlosen größerer Preise für bestimmte Leistungen im Umweltbereich. Bei steuerlichen Veränderungen und Preiserhöhungen sollte grundsätzlich darauf geachtet werden, dass ärmere Bevölkerungsschichten nicht zusätzlich benachteiligt werden. Mit Verboten sollte sehr vorsichtig umgegangen werden, da sie zu Reaktanz führen können (Brehm 1966, 1972) und zudem eine konsequente, meist teure und aufwendige Verhaltenskontrolle erfordern. Insgesamt ist oft die Kombination verschiedener Techniken am sinnvollsten, wobei diese jeweils auf die Situation zugeschnitten sein sollten. Eine ausführliche Übersicht und Bewertung einzelner Interventionsstrategien findet sich z.B. bei Homburg und Matthies (1998).

Eine zentrale Rolle bei der Vermeidung des Klimawandels spielt die Reduktion der Nutzung von Energie, die durch fossile Energieträger gewonnen wird. Die Literatur unterscheidet zwischen reinem Energiesparverhalten, das sich in kleinen, täglichen Aktionen äußert, und Effizienzverhalten, d.h. dem Kauf effizienter, energiesparender Geräte (Gardner 1996). Da Ineffizienz von alten Geräten oft weniger sichtbar ist, konzentrieren sich Menschen meist auf Energiesparmaßnahmen und überschätzen deren Wirkung leicht (Kempton/Harris/Keith 1985). Wenn der Fokus zu sehr auf Energiesparen gelegt wird, dessen Effekt jedoch trotz Verzicht und Bemühen relativ gering ausfällt, kann dies leicht zu Frustration führen. Daher ist die Kombination beider Maßnahmen wichtig. Zur Förderung von Effizienzmaßnahmen kann die Psychologie durch adäquate Strategien der Wissensvermittlung beitragen, um diese Zusammenhänge zu verdeutlichen, wobei darauf geachtet werden sollte, dass auch die Produktion von Neugeräten erheblich zu CO_2-Emissionen beiträgt und ein Abwägen zwischen sparsamer Nutzung und Neukauf notwendig ist.

Die Psychologie kann zur Förderung von Effizienzmaßnahmen verschiedenartig beitragen: So wurden bereits Faktoren untersucht, die das Kaufverhalten beim Erwerb neuer Geräte beeinflussen (Darley/Beninger 1981), die Nutzung von Erkenntnissen der Medien- und Werbepsychologie können genutzt werden, um Informationen zu energiesparenden Technologien ansprechend aufzubereiten und im Rahmen der Technikgestaltung kann die Anwendung kognitionspsychologischer und ergonomischer Grundlagen unterstützen, Geräte so zu konzipieren, dass sie energiesparendes Verhalten fördern.

6.3 Adaptation

Die Anpassung an die Folgen des Klimawandels ist ein weiteres Feld, bei dem Erkenntnisse psychologischer Forschung und daraus abgeleitete Interventionsstrategien zur Anwendung kommen können. Vor allem steht dabei die Anpassung an Extremwetterereignisse wie z.B. extreme Niederschlagsereignisse, Hitze- und Kälteperioden, Dürren und Stürme im Vordergrund. Untersucht werden Fragen der Risikowahrnehmung und -kommunikation, die Gestaltung von Unwetterwarnungen und deren Rezeption, sowie das Verhalten vor, während und nach solchen Ereignissen. Auch die Anpassung an den Anstieg des Meeresspiegels rückt zunehmend in den Fokus psychologischer Forschung.

Ein wichtiges Thema im Zusammenhang mit der Anpassung an Wetterextreme ist die Frage, wer sich warum schützt und wer warum nicht. Bei der Synthese bisheriger Studien zur Anpassung an Naturgefahren generell stellten sich folgende psychologische Konstrukte als besonders wesentlich heraus (Grothmann 2005; Schwarz/Ernst 2008): Risikobewertung, subjektive Einschätzung der Adaption, objektive adaptive Kapazität, kognitive Heuristiken und Verzerrungen, Erfahrungen und deren Bewertung, Vertrauen in öffentliche Schutzmaßnahmen, sozialer Diskurs und soziale Normen, externe positive und negative Handlungsanreize, wahrgenommene Konsequenzen des eigenen Handelns, Rückmeldungen/ Feedback, direkte und indirekte, d.h. medial vermittelte Kommunikation. Zudem wurden verschiedene Theorien formuliert, die präventives Schutzverhalten in verschiedenen Kontexten thematisieren, darunter z.B. die Schutzmotivationstheorie („protection motivation theory") von Rogers (1983) oder die Theorie Privater Proaktiver Wetterextrem-Vorsorge (TPPW) von Grothmann (2005). Zur Förderung der Schadensvorsorge schlägt Grothmann (2005) neben konkreten Praxisempfehlungen personen- und gruppenzentrierte Maßnahmen sowie die Nutzung des Zeitfensters in den ersten Monaten nach dem Auftreten von extremen Wetterereignissen vor, da Menschen in dieser Zeit sensibler für ähnliche Gefahren und Handlungsoptionen sind.

Neben der privaten, meist auf Schutz des eigenen Hauses und Privatbesitzes bezogenen Anpassung an den Klimawandel spielt die städtebauliche Gestaltung eine wichtige Rolle im Rahmen der Adaptation. Einerseits ist es notwendig, für längere Hitze- und Kälteperioden gewappnet zu sein, wie z.B. die Hitzeperiode im Sommer 2003, bei der allein in Frankreich 14947 Menschen starben (Poumadère/Mays/Le Mer et al. 2005), andererseits sollten Städte Menschen z.B. bei akuten Überschwemmungsereignissen Schutz bieten können, was zudem das Funktionieren von Katastrophenschutzplänen voraussetzt. Im Zusammenhang mit architektonischen und städtebaulichen Veränderungen können unter anderem Erkenntnisse der Architekturpsychologie und Psychologie des Wohnungs- und Siedlungsbaus zur Anwendung kommen (z.B. Harloff 1993; Flade 1987).

Ausnahmesituationen wie z.B. Wetterextreme oder Naturkatastrophen sowie dadurch bedingte Zerstörung, Verlust und Schmerz bergen zudem die Gefahr psychischgesundheitlicher Konsequenzen (North/Kawasaki/Spitznagel 2004; Ginexi/Weihs/Simmens 2000; Eustace/MacDonald/Long 1999; Suar/Mandal/Khuntia 2002). Häufig treten in Folge des Erlebens von Extremereignissen posttraumatische Belastungsstörungen, Angst und Depressionen auf, welche den Wiederaufbau nach solchen Ereignissen stark beeinträchtigen können. Die Untersuchung und Behandlung dieser Erkrankungen ist ein weiteres wichtiges Betätigungsfeld der Psychologie (z.B. Comer 2008; Perrez/Baumann 2005) und sollte bei der Anpassung an den Klimawandel von vornherein berücksichtigt werden.

Der globale Temperaturanstieg wird in Zukunft weitreichende Implikationen für Landwirtschaft und Nahrungsmittelproduktion haben. Menschen haben sich in der Bewirtschaftung der Natur über lange Zeit an klimatische Bedingungen angepasst, haben Aussaatzyklen und Sorten entsprechend langer Erfahrung ausgewählt und gezüchtet. Mit der Verschiebung von Keimzeiten und der Invasion neuer Arten, die traditionelle Arten schädigen oder sogar verdrängen können, geht die Notwendigkeit der Anpassung auch für Landwirte einher. Die Psychologie hat sich bereits der Nutzung neuer Technologien in der Landwirtschaft sowie den Faktoren, welche die Verwendung „neuartigen" Saatgutes beeinflussen gewidmet (z.B. Isik/Madhu 2002; Olutoye 1996). In Zukunft wird wahrscheinlich zunehmend Bedarf bestehen, das Verhalten von Bauern weltweit zu untersuchen und Kommunikation mit Landwirten sowie Anpassung möglichst frühzeitig zu fördern, so dass Ernteausfälle von vornherein vermieden werden können.

Hitze- bzw. Dürreperioden werden gravierende Auswirkungen auf die Verfügbarkeit von sauberem Trinkwasser haben. Schon jetzt herrscht in vielen Gebieten der Erde chronischer Trinkwassermangel. In Zukunft wird sich diese Situation mit großer Wahrscheinlichkeit durch den Klimawandel verschärfen. Die psychologische Forschung hat sich in den letzten Jahrzehnten intensiv mit dem verantwortungsvollen Umgang mit Trinkwasser beschäftigt. Anlass für Untersuchungen dieser Art war unter anderem eine Dürreperiode in den Jahren 1976-1977 in Kalifornien, bei der aufgrund von Wasserknappheit der Wasserverbrauch stark reduziert werden musste. Psychologen untersuchten unter anderem in diesem Zusammenhang die Wirkung von Informationen, Hinweisschildern, Modellen und persönlicher Verpflichtung (Thompson/Stoutemyer 1991; McKenzie-Mohr 2000; Aronson/O'Leary 1977; Berk/LaCivita/Sredl et al. 1981). Zudem wurde wassersparendes Verhalten im Zusammenhang mit Motiven, Risikowahrnehmung, gefühlter Verpflichtung Wasser zu sparen, Kontrollüberzeugung, Fähigkeiten und Wissen untersucht, wobei sich herausstellte, dass Fähigkeiten bzw. Handlungswissen ein guter Prädiktor für wassersparendes Verhalten sind und internale Kontrollüberzeugung zur gefühlten Verpflichtung Wasser zu sparen beiträgt (Bustos-Aguayo/Flores-Herrera/Andrade-Palos 2005). Grundsätzlich zeigt sich, dass Menschen in Regionen mit Wassermangel bei entsprechender Informationsvermittlung gemeinsame Normen der Wassernutzung entwickelten und bei Verstoß gegen Normen informelle soziale Sanktionen nutzten, um den Wasserverbrauch von Nachbarn zu kontrollieren (Gardner/Stern 1996). Des Weiteren wurden besonders in Entwicklungsländern die Wahrnehmung und Wirkung von Wasserverschmutzung, sowie Wasserknappheit als Umweltstressoren untersucht (Siddiqui/Pandey 2003; Rios/Palacios/de Alba González 2003). Bei wahrgenommener Unfähigkeit, etwas gegen diese Stressoren zu unternehmen verstärkte sich ihre negative Wirkung (Campos/Avila 1985).

Bei der Anpassung an veränderte Klimaverhältnisse, vor allem bei der Anpassung an Hitzeperioden sollten zudem Arbeits- und Ruhezeiten entsprechend auf solche Veränderungen abgestimmt werden. Bei solchen Veränderungen kann die Arbeits- und Organisationspsychologie eine wesentliche Rolle spielen, da sie sich einerseits mit menschlicher Leistungsfähigkeit im Arbeitskontext auseinandersetzt, sie andererseits Organisationsabläufe untersucht und dazu beitragen kann, diese zu optimieren (Ulich 2005; Schuler 2007).

7 Weitere Folgen des Klimawandels: Umweltstress, Umweltkonflikte und Umweltflucht

Der Klimawandel wird neben den beschriebenen meteorologischen Folgen, an die es sich direkt anzupassen gilt, weiterreichende Konsequenzen für die Menschen haben, die an dieser Stelle jedoch nur kurz erwähnt werden können. Die Konfrontation mit ungewohnten Umweltstressoren wird physische und psychische Anpassungsprozesse erfordern (Homburg 2008). Natürliche Ressourcen wie z.B. Wasser werden durch verringerte Verfügbarkeit zu zunehmend begehrten Gütern, so dass Umweltkonflikte wahrscheinlich nicht ausbleiben werden (d'Estrée/Dukes/Navarrete-Romero 2002). Manche Gegenden der Erde werden in Folge klimatischer Veränderungen unwirtlicher oder sogar unbewohnbar, z.B. tiefliegende Küstenregionen, kleine Inseln, wachsende Wüsten, so dass die Zahl der Umweltflüchtlinge zunehmen wird und sich schon bekannte Probleme von Migration und Konflikten verschärfen werden. Die Problematik des Klimawandels wird so auch Regionen der Erde betreffen, die selbst weniger mit konkreten Wetterextremen konfrontiert sind. In diesem Zusammenhang stellen sich verstärkt Fragen sozialer, ökonomischer und ökologischer Gerechtigkeit (Montada/Kals 2000). Psychologische Teildisziplinen, die sich mit diesen Fragen beschäftigen sind unter anderem politische Psychologie und Friedenspsychologie (z.B. Sommer 2004) sowie Umweltpsychologie (Homburg/Matthies 1998; Gifford 1997; Kruse/Graumann/Lantermann 1996; Hellbrück/Fischer 1999; Gardner/Stern 1996; Bell/Greene/Fisher et al. 2001).

8 Klimawandel, Politik und Psychologie

Politische Prozesse und Entscheidungen können Rahmenbedingungen schaffen, die eine Vermeidung des Klimawandels und die Anpassung an die Folgen fördern. Politik wird von Menschen gemacht, auf allen Ebenen. Menschen wählen, können sich gegen politische Prozesse auflehnen, Menschen argumentieren und entscheiden – alles auf der Basis von Wahrnehmung, Informationsverarbeitung, Emotionen, Motivation, Gruppenprozessen etc.

Die Psychologie hat sich mit politischen Prozessen auf verschiedenen Ebenen beschäftigt, darunter mit Wahlverhalten, mit Faktoren, die Partizipation und politisches Engagement beeinflussen, aber auch mit Wahrnehmungs- und Entscheidungsprozessen von Politikern. Es wurden z.B. Charakteristika von Umweltaktivisten untersucht (Herrera 1992; Manzo/Weinstein 1987), es wurde thematisiert wie die Wahrnehmung von Umweltbedrohungen zu umweltbezogenem politischen Verhalten beiträgt (Syme/Beven/Sumner 1993), und wie sich Einstellungen von Umweltaktivisten und Politikern unterscheiden (Vining 1992; Vining/Ebreo 1991; West/Lee/Feiock 1992). Auch zum Wahl- und Protestverhalten im Umweltkontext gibt es verschiedene Studien (Gill/Crosby/Taylor 1986; Lober 1995; Simmons/Stark 1993). Zur Reduzierung von Umweltkonflikten wurden Leitlinien entwickelt, die unter anderem Partizipation der Bevölkerung bei Umweltentscheidungen (Hamdi/Goethert 1997; Sanoff 1999; Wates 2000; Wilcox 1994) und Mediation bei Interessenkonflikten (Dukes 1996) einbeziehen. Ergebnisse dieser und anderer Untersuchungen können angewandt werden, um politisches Engagement zu fördern, Politiker auf potentielle Wahrnehmungsfehler hinzuweisen, politische Entscheidungen zu optimieren und zur Lösung von Umweltkonflikten beizutragen.

Der Klimawandel stellt eine globale Herausforderung dar, die nur von allen Menschen kooperativ bewältigt werden kann. Bereits in den 50er Jahren zeigten Sherif und Sherif (1969) in Gruppenexperimenten, dass Aufgaben, die nur gemeinsam gelöst werden können, Intergruppenkonflikte reduzieren. Auch in der Geschichte gibt es viele Beispiele für dieses Phänomen. Daher stellt der Klimawandel als globale Herausforderung möglicherweise nicht nur eine Gefahr dar, sondern auch eine Chance, dass konfrontative Politikformen von kooperativen abgelöst werden, und eventuell so ein qualitativer Sprung in der Entwicklung des globalen menschlichen Zusammenlebens eingeleitet wird.

9 Fazit und Ausblick

Nach heutigen Erkenntnissen ist menschliches Verhalten Auslöser des derzeitigen Klimawandels, daher kann und sollte menschliches Verhalten auch zur Lösung dieses sozialökologischen Dilemmas beitragen. Die Psychologie beschäftigt sich mit menschlichem Erleben und Verhalten. Durch die Untersuchung und Erklärung von Wahrnehmungsprozessen, kognitiver Verarbeitung, Kommunikation, klimarelevantem Verhalten und dem Umgang mit potentiellen Folgen des Klimawandels hat die psychologische Forschung bereits eine breite, vielversprechende Wissensbasis geschaffen. Die Anwendung und Weiterentwicklung wissenschaftlicher Erkenntnisse, interdisziplinare Zusammenarbeit, technischer Fortschritt und vor allem politischer Willen sind notwendige Voraussetzungen, um einer der wahrscheinlich größten Herausforderung der Menschheit im 21. Jahrhundert erfolgreich zu begegnen.

Die Psychologie als Wissenschaft trägt zu konsensfähigen, sozial ausgewogen und langfristig tragfähigen Lösungen bei, indem sie sich neben klassisch psychologischen Fragestellungen verstärkt dem menschlichen Verhalten im Zusammenhang mit ökologischen Problemen widmet, ihre Erkenntnisse bei der Gestaltung technischer, infrastruktureller und sozialpolitischer Alternativen einbringt und das Bewusstsein für tatsächliche Probleme und mögliche Lösungsansätze in der Gesellschaft fördert.

Wenn jeder einzelne seine Verantwortung gegenüber anderen Menschen und dem Ökosystem der Erde erkennt und diese seinen Möglichkeiten entsprechend wahrnimmt, scheint es möglich, dass die Menschheit eine weitere Herausforderung in ihrer hoffentlich noch langen Geschichte meistern wird.

Literatur

Andersen, Peter A./Guerrero Laura K. (Hrsg.) (1998): The Handbook of Communication and Emotion: Research, Theory, Applications, and Contexts. San Diego: Academic Press.

Aronson, Elliot/O'Leary, Michael (1977): The Relative Effectiveness of Models and Prompts on Energy Conservation: A Field Experiment in a Shower Room. In: Journal of Environmental Systems 12 (3), 219-244.

Aurand, Karl/Hazard, Barbara/Tretter, Felix (Hrsg.) (1993): Umweltbelastungen und Ängste. Opladen: Westdeutscher Verlag.

Bechmann, Gotthard (Hrsg.) (2002): Risiko und Gesellschaft. Grundlagen und Ergebnisse interdisziplinärer Risikoforschung. Opladen: Westdeutscher Verlag.

Bechtel, Robert B./Churchman, Arza (Hrsg.) (2002): Handbook of environmental psychology. Hoboken, NJ: John Wiley & Sons Inc.

Bell, Paul A./Fischer, Jeffery D./Baum, Andrew (1990): Environmental Psychology. Fort Worth, TX: Holt, Rinehart & Winston.

Bell, Paul A./Greene, Thomas C./Fisher, Jeffery D. et al. (2001): Environmental Psychology (5th ed.). Belmont, CA: Wadsworth.

Berk, Richard. A./LaCivita, C. J./Sredl, Katherine. et al. (1981): Water Shortage: Lessons in Conservation from the Great California Draught, 1976-1977. Cambridge, MA: Abt Books.

Böhm, Gisela/Mader, Sabine (1998): Subjektive kausale Szenarien globaler Umweltveränderungen. In: Zeitschrift für Experimentelle Psychologie 45 (4), 270-285.

Böhm, Gisela/Nerb, Josef/McDaniels, Timothy et al. (Hrsg.) (2001): Environmental Risks: Perception, Evaluation and Management. Amsterdam: JAI.

Böhm, Gisela (2008): Wahrnehmung und Bewertung von Umweltrisiken. In: Lantermann, Ernst-Dieter/Linneweber,Volker (Hrsg.) (2008): Grundlagen, Paradigmen und Methoden der Umweltpsychologie. Enzyklopädie der Psychologie, Serie Umweltpsychologie, Bd. 1. Göttingen: Hogrefe, 501-532.

Bonnes, Mirilia/Secchiaroli, Gianfranco (1995): Environmental Psychology: A Psycho-Social Introduction. London u.a.: Sage Publications.

Bostrom, Ann/Morgan, M. Granger/Fischhoff, Baruch. et al. (1994): What do People Know about Global Climate Change? 1. Mental models. In: Risk Analysis 14 (6), 959-970.

Bostrom, Ann/Fischhoff, Baruch (2001): Communicating Health Risks of Global Climate Change. In: Böhm, Gisela/Nerb, Josef/McDaniels, Timothy et al. (Hrsg.) (2001): Environmental Risks: Perception, Evaluation and Management. Amsterdam: JAI, 31-56.

Bostrom, Ann/Lashof, Daniel (2007): Weather or Climate Change?. In: Moser, Susanne C./Dilling, Lisa (Hrsg.) (2007): Creating a Climate for Change: Communicating Climate Change and Facilitating Social Change. New York: Cambridge University Press, 31-43.

Boyle, Richard/Bonacich, Phillip (1970): The Development of Trust and Mistrust in Mixed-Motive Games. In: Sociometry 33 (2), 123-139.

Brehm, Jack (1966): A Theory of Psychological Reactance. New York: Academic Press.

Brehm, Jack (1972): Response to Loss of Freedom: A Theory of Psychological Reactance. New York: General Learning Press.

Brosius, Hans-Bernd/Kepplinger, Hans Mathias (1992): Linear and Nonlinear Models of Agenda-Setting in Television. In: Journal of Broadcasting and Electronic Media 36 (1), 5-23.

Brossard, Dominique/Shanahan, James/McComas, Katherine (2004): Are Issue-Cycles Culturally Constructed? A Comparison of French and American Coverage of Global Climate Change. Mass Communication and Society 7 (3), 359-377.

Budescu, David V./Broomell, Stephen/Por, Han-Hui (2009): Improving Communication of Uncertainty in the Reports of the Intergovernmental Panel on Climate Change. In: Psychological Science 20 (3), 299-308.

Burton, Ian/Kates, Robert W./White, Gilbert F. (1978): The Environment as Hazard. New York: Oxford University Press.

Bustos-Aguayo, José Marcos/Flores-Herrera, Luz María/Andrade-Palos, Patricia (2005): Residential Water Use: A Model of Personal Variables. In: Martens, Bob/Keul, Alexander G. (Hrsg.) (2005): Designing Social Innovation: Planning, Building, Evaluating. Ashland: Hogrefe & Huber Publishers, 147-154.

Cacioppo, John T./Petty, Richard E. (Hrsg.) (1983): Social psychophysiology: A sourcebook. London: Guilford.

Campos, Napoleón/Avila, Diana (1985): La percepción de algunos refugiados salvadoreños sobre 'estresantes del entorno' en la ciudad de México. = Perceptions of Salvadoran Refugees Living in Mexico City Concerning Ambient Stressors. In: Boletin de Psicologia (El Salvador) 4 (1), 13-19.

Carvalho, Anabela/Burgess, Jacquelin (2005): Cultural Circuits of Climate Change in U.K. Broadsheet Newspapers, 1985-2003. In: Risk Analysis 25 (6), 1457-1469.
Cass Robert C./Edney, Julian J. (1978): The Commons Dilemma: A Simulation Testing the Effects of Resource Visibility and Territorial Division. In: Human Ecology 6 (4), 371-386.
Comer, Ronald J. (2008): Klinische Psychologie. Heidelberg: Spektrum, Akademischer Verlag.
Darley John M./Beninger James R. (1981): Diffusion of Energy Conserving Innovations. In: Journal of Social Issues 37 (2), 150-171.
Dawes, Robyn M. (1980): Social Dilemmas. In : Annual Review of Psychology 31 (1), 169-193.
Dawes Robyn M./Messick, David M. (2000): Social Dilemmas. In: International Journal of Psychology 35 (2), Special issue: Diplomacy and psychology, 111-116.
Day, Peter/Fuhrer, Urs/Laucken, Uwe (Hrsg.) (1985): Umwelt und Handeln. Tübingen: Attempto.
de Haan, Gerhard/Gerhold, Lars (2008): Bildung für nachhaltige Entwicklung – Bildung für die Zukunft. In: Umweltpsychologie 12 (2), 2-4.
Deci, Edward L. (1971): Effects of Externally Mediated Rewards on Intrinsic Motivation. In: Journal of Personality and Social Psychology 18 (1), 105-115.
Deci, Edward L. (1972): Intrinsic Motivation, Extrinsic Reinforcement, and Inequity. In: Journal of Personality and Social Psychology 22 (1), 113-120.
d'Estrée, Tamra Pearson/Dukes, E. Franklin/Navarrete-Romero, Jessica (2002): Environmental Conflict and its Resolution. In: Bechtel, Robert B. /Churchman, Arza (Hrsg.) (2002): Handbook of environmental psychology. Hoboken, NJ: John Wiley & Sons Inc, 589-606.
Dörner, Dietrich (1993): Die Logik des Misslingens. Strategisches Denken in komplexen Situationen. Reinbeck bei Hamburg: Rowohlt.
Dörner, Dietrich (1996): Der Umgang mit Unbestimmtheit und Komplexität und der Gebrauch von Computersimulationen. In: Diekmann, Andreas/Jaeger, Carlo C. (Hrsg.) (1996): Umweltsoziologie. Sonderband 36/1996 der Kölner Zeitschrift für Soziologie und Sozialpsychologie (KZfSS), 489-515.
Edney, Julian J./Harper, Christopher S. (1978): The Effects of Information in a Resource Management Problem: A Social Trap Analog. In: Human Ecology 6 (4), 387-395.
Ernst, Andreas (1994): Soziales Wissen als Grundlage des Handelns in Konfliktsituationen. Frankfurt a.M.: Lang.
Ernst, Andreas (1997): Ökologisch-Soziale Dilemmata. Weinheim: Psychologie Verlags Union.
Ernst, Andreas (2008): Ökologisch-soziale Dilemmata. In: Lantermann, Ernst-Dieter/Linneweber, Volker (Hrsg.) (2008): Grundlagen, Paradigmen und Methoden der Umweltpsychologie. Enzyklopädie der Psychologie, Serie Umweltpsychologie. Bd. 1. Göttingen u.a.: Hogrefe.
Eustace, Kerry/MacDonald, Carol/ Long, Nigel (1999): Cyclone Bola: A Study of the Psychological After-Effects. In: Anxiety, Stress and Coping: An International Journal 12 (3), 285-298.
Festinger, Leon (1957): A Theory of Cognitive Dissonance. Stanford: University Press.
Fischhoff, Baruch (1995): Risk Perception and Communication Unplugged: Twenty Years of Process. In: Risk Analysis 15 (2), 137-145.
Flade, Antje (1987): Wohnen psychologisch betrachtet. Bern: Huber.
Flynn, James/Slovic, Paul/Mertz, C. K. (1996): Gender, Race and Perception of Environmental Health Risks. In: Risk Analysis 14 (6), 1101-1108.
Gardner, Gerald T./Gould, Leroy C. (1989): Public Perceptions of the Risks and Benefits of Technology. In: Risk Analysis 9 (2), 225-242.
Gardner, Gerald T./Stern, Paul C. (1996): Environmental Problems and Human Behaviour. Boston u.a.: Allyn and Bacon.
Gifford, Robert (1997): Environmental Psychology. Principles and Practice. Boston u.a.: Allyn and Bacon.
Gill, James D./Crosby, Lawrence A./Taylor, James R. (1986): Ecological Concern, Attitudes, and Social Norms in Voting Behaviour. In: Public Opinion Quarterly 50 (4), 537-554.
Ginexi, Elizabeth M./Weihs, Karen/Simmens, Samuel J. et al. (2000): Natural Disaster and Depression: A Prospective Investigation of Reactions to the 1993 Midwest Floods. In: American Journal of Community Psychology 28 (4), 495-518.
Gould, Leroy C./Gardner, Gerald T./DeLuca, Donald R. et al. (1988): Perceptions of Technological Risks and Benefits. New York: Russel Sage Foundation.
Greenberg, Michael R./Sachsman, David B./Sandman, Kandice L. et al. (1989): Network Evening News Coverage on Environmental Risk. In: Risk Analysis 9 (1), 119-126.
Grothmann, Torsten (2005): Klimawandel, Wetterextreme und private Schadensprävention. Entwicklung, Überprüfung und praktische Anwendbarkeit der Theorie privater Wetterextrem-Vorsorge. Dissertation, http://www.staff.uni-oldenburg.de/torsten.grothmann/ (26.09.2009).

Hamdi, Nabeel/Goethert, Reinhard (1997): Action Planning for Cities: A Guide to Community Practice. Chichester: Wiley.

Harloff, Hans Joachim (Hrsg.) (1993): Psychologie des Wohnungs- und Siedlungsbaus. Psychologie im Dienste von Architektur und Stadtplanung. Göttingen: Verlag für Angewandte Psychologie.

Hellbrück, Jürgen/Fischer, Manfred (1999): Umweltpsychologie. Ein Lehrbuch. Göttingen: Hogrefe.

Herrera, Marina (1992): Environmentalism and political participation: Toward a new system of social beliefs and values?. In: Journal of Applied Social Psychology 22 (8), 657-676.

Hoffmann, Christian/Homburg, Andreas/Ittner, Heidi (2009): Klimaschutz und Klimaanpassung. Einführung in das Schwerpunktthema. In: Umweltpsychologie 13 (1), 4-9.

Homburg, Andreas/Matthies, Ellen (1998): Umweltpsychologie. Umweltkrise, Gesellschaft und Individuum. Weinheim u.a.: Juventa Verlag.

Homburg, Andreas (2008): Umwelt und Stress. In: Lantermann, Ernst-Dieter/Linneweber, Volker (Hrsg.) (2008): Grundlagen, Paradigmen und Methoden der Umweltpsychologie. Enzyklopädie der Psychologie, Serie Umweltpsychologie. Bd. 1. Götingen u.a.: Hogrefe.

IPCC (2001): Climate Change 2001: Synthesis Report. A Contribution of Working Groups I, II, and III to the Third Assessment Report of the Integovernmental Panel on Climate Change. Cambridge: Cambridge University Press.

IPCC (2007): Climate Change 2007: Synthesis Report. Contribution of Working Groups I, II and III to the Fourth Assessment Report of the Intergovernmental Panel on Climate Change. Geneva: IPCC.

Isik, Murat/Madhu Khanna (2002): Uncertainty and spatial variability: Incentives for variable rate technology adoption in agriculture. In: Risk, Decision & Policy 7 (3), 249-265.

Jungermann, Helmut/Slovic, Paul (1993): Die Psychologie der Kognition und Evaluation von Risiko. In: Bechmann, Gotthard (Hrsg.) (2002): Risiko und Gesellschaft. Grundlagen und Ergebnisse interdisziplinärer Risikoforschung. Opladen: Westdeutscher Verlag, 167-208.

Kamieniecki, Sheldon/O'Brian, Robert/Clarke, Michael (1986): Controversies in Environmental Policy. Albany: SUNY Press.

Kellstedt, Paul M./Zahran, Sammy/Vedlitz, Arnold (2008): Personal Efficacy, the Information Environment, and Attitudes Toward Global Warming and Climate Change in the United States. In: Risk Analysis 28 (1), 113-126.

Kempton, Willett/Harris, Craig K./Keith, Joanne G. et al. (1985): Do Consumers Know 'What Works' in Energy Conservation? In: Marriage and Family Review 9 (1/2), 115-133.

Kempton, Willett (1991): Public Understanding of Global Warming. In: Society and Natural Resources 4 (4), 331-345.

Kempton, Willett (1997): How the Public Views Climate Change. In: Environment 39 (9), 12-21.

Krömker, Dörthe (2008): Globaler Wandel, Nachhaltigkeit und Umweltpsychologie. In: Lantermann, Ernst-Dieter/Linneweber,Volker (Hrsg.) (2008): Grundlagen, Paradigmen und Methoden der Umweltpsychologie. Enzyklopädie der Psychologie, Serie Umweltpsychologie. Bd. 1. Göttingen u.a.: Hogrefe.

Kruse, Lenelis/Graumann, Carl-Friedrich/Lantermann, Ernst-Dieter (Hrsg.) (1996): Ökologische Psychologie. Ein Handbuch in Schlüsselbegriffen. Studienausgabe. Weinheim: Psychologie Verlags-Union.

Lantermann, Ernst-Dieter/Linneweber,Volker (Hrsg.) (2008): Grundlagen, Paradigmen und Methoden der Umweltpsychologie. Enzyklopädie der Psychologie, Serie Umweltpsychologie. Bd. 1. Göttingen u.a.: Hogrefe.

Lazo, Jeffrey K./Kinnell, Jason/Fisher, Ann (2000): Expert and Layperson Perceptions of Ecosystem Risk. In: Risk Analysis 20 (2), 179-193.

Lober, Douglas J. (1995): Why protest? Public Behavioral and Attitudinal Response to Siting a Waste Disposal Facility. In: Policy Studies Journal 23 (3), 499-518.

Löfstedt, Ragnar E. (1991): Climate Change Perceptions and Energy-Use Decisions in Northern Sweden. In: Global Environmental Change 1 (4), 321-324.

Manzo, Lynne C./Weinstein, Neil D. (1987): Behavioral Commitment to Environmental Protection: A Study of Active and Nonactive Members of the Sierra Club. In: Environment and Behavior 19 (6), 673-694.

Martens, Bob/Keul, Alexander G. (Hrsg.) (2005): Designing Social Innovation: Planning, Building, Evaluating. Ashland: Hogrefe & Huber Publishers.

McCombs, Maxwell E./Shaw, Donald L. (1972): The Agenda Setting Function of Mass Media. Public In: Opinion Quarterly 36 (2), 176-187.

McComas, Katherine/Shanahan, James (1999): Telling Stories about Global Climate Change: Measuring the Impact of Narratives on Issue Cycles. In: Communication Research 26 (1), 30-57.

McKenzie-Mohr, Doug (2000): Fostering Sustainable Behavior through Community-Based Social Marketing. In: American Psychologist 55 (5), 531-537.

Messik, David M./McClelland, Carol L. (1983): Social Traps and Temporal Traps. In: Personality and Social Psychology Bulletin 9 (1), 105-110.
Mieg, Harald A. (2001): The social psychology of expertise: Case studies in research, professional domains, and expert role, Mahwah: Lawrence Erlbaum Associates Publishers.
Milinski, Manfred/Sommerfeld, Ralf D./Krambeck, Hans-Jürgen et al. (2008): The collective-risk social dilemma and the prevention of simulated dangerous climate change. In: PNAS Proceedings of the National Academy of Sciences of the United States of America 105 (7), 2291-2294.
Montada, Leo/Kals, Elisabeth (2000): Political Implications of Psychological Research on Ecological Justice and Proenvironmental Behaviour. In: International Journal of Psychology 35 (2), Special issue: Diplomacy and psychology, 168-176.
Moser, Susanne C./Dilling, Lisa (Hrsg.) (2007): Creating a Climate for Change: Communicating Climate Change and Facilitating Social Change. New York: Cambridge University Press.
Mosler, Hans-Joachim (1993): Self-Dissemination of Environmentally-Responsible Behavior: The Influence of Trust in a Commons Dilemma Game. In: Journal of Environmental Psychology 13 (2), 111-123.
Nerb, Josef (2008): Umweltwissen und Umweltbewertung. In: Lantermann, Ernst-Dieter/Linneweber,Volker (Hrsg.) (2008): Grundlagen, Paradigmen und Methoden der Umweltpsychologie. Enzyklopädie der Psychologie, Serie Umweltpsychologie. Bd. 1. Göttingen u.a.: Hogrefe.
North, Carol S./Kawasaki, Aya/Spitznagel, Edward L. (2004): The Course of PTSD, Major Depres-sion, Substance Abuse, and Somatization After a Natural Disaster. In: Journal of Nervous & Mental Disease 192 (12), 823-829.
Olson, Mancur (1965): The Logic of Collective Action. Cambridge, MA: Harvard University Press.
Olutoye, Olusegun Ayodeji (1996): Factors and forces influencing the adoption of new technology: A case study of the downy dildew disease resistant maize varieties in ondo State of Nigeria. In: Dissertation Abstracts International Section A: Humanities and Social Sciences 57 (6-A), 2596.
Peek, Lori A./Mileti, Dennis S. (2002): The History and Future of Disaster Research. In: Bechtel, Robert B./Churchman, Arza (Hrsg.) (2002): Handbook of Environmental Psychology. Hoboken, NJ: John Wiley & Sons Inc., 511-524.
Perrez, Meinard/Baumann, Urs (Hrsg.) (2005): Lehrbuch Klinische Psychologie. Psychotherapie. 3. Aufl. Bern: Hans Huber.
Poumadère, Marc/Mays, Claire/Le Mer, Sophie et al. (2005): The 2003 Heat Wave in France: Dangerous Climate Change Here and Now. In: Risk Analysis 25 (6), 1483-1494.
Read, Daniel/Bostrom, Ann/Morgan, M. Granger et al. (1994): What do People Know about Global Climate Change? 2. Survey Studies of Educated Lay People. In: Risk Analysis 14 (6), 971-982.
Rios, Jazmín Mora/Palacios, Fátima Flores/de Alba González, Martha (2003): Construcción de significados acerca de la salud mental en poblacion adulta de una comunidad urbana marginal. In: Salud Mental 26 (5), 51-60.
Rogers, Ronald W. (1983): Cognitive and physiological processes in fear appeals and attitude change: A revised theory of protection motivation. In: Cacioppo, John T./Petty, Richard E. (Hrsg.) (1983): Social psychophysiology: A sourcebook. London: Guilford, 153-176.
Ruff, Frank M. (1993): Risikokommunikation als Aufgabe der Umweltmedizin. In: Aurand, Karl/Hazard, Barbara/Tretter, Felix (Hrsg.) (1993): Umweltbelastungen und Ängste. Opladen: Westdeutscher Verlag, 327-364.
Salomone, Kandice L./Greenberg, Michael R./Sandman, Peter M. et al. (1990): A Question of Quality: How Journalists and News Sources Evaluate Coverage of Environmental Risk. In: Journal of Communication 40 (4), 117-130.
Sandman, Peter M/Sachsman, David B./Greenberg, Michael R. et al. (1987): Environmental Risk and the Press: An Explanatory Assessment. New Brunswick: Transaction Books.
Sanoff, Henry (1999): Community participation methods in design and planning. New York: Wiley.
Schuler, Heinz (2007): Lehrbuch Organisationspsychologie. 4. Aufl. Bern: Huber.
Schwarz, Nina/Ernst, Andreas (2008): Die Adoption von technischen Umweltinnovationen. Das Beispiel Trinkwasser. In: Umweltpsychologie 12 (1), 28-48.
Sherif, Muzafer/Sherif, Carolyn W. (1969): Social Psychology. New York: Harper & Row.
Siddiqui, Roomana N./Pandey, Janak (2003): Coping with Environmental Stressors by Urban Slum Dwellers. In: Environment and Behavior 35 (5), 589-604.
Simmons, James/Stark, Nancy (1993): Backyard Protest: Emergence, Expansion, and Persistence of a Local Hazardous Waste Controvers. In: Political Studies Journal 21 (3), 470-491.
Singer, Eleanor/Endreny, Phyllis M. (1993): Reporting on risk: How the Mass Media Portray Accidents, Diseases and other Hazards. New York: Russel Sage Foundation.

Smith, Joe (2005): Dangerous News: Media Decision Making about Climate Change Risk. In: Risk Analysis 25 (6), 1471-1482.
Sommer, Gert (2004): Krieg und Frieden : Handbuch der Konflikt- und Friedenspsychologie. 1. Auf. Weinheim u.a.: Beltz, PVU.
Spada, Hans/Opwis, Klaus (1985): Ökologisches Handeln im Konflikt. Die Allmende-Klemme. In: Day, Peter/Fuhrer, Urs/Laucken, Uwe (Hrsg.) (1985): Umwelt und Handeln. Tübingen: Attempto, 63-85.
Suar, Damodar/Mandal, Manas K./Khuntia, R. (2002): Supercyclone in Orissa: An Assessment of Psychological Status of Survivors. In: Journal of Traumatic Stress 15 (4), 313-319.
Syme, Geoffrey J./Beven, Cynthia E./Sumner, Neil R. (1993): Motivation for Reported Involvement in Local Wetland Preservation: The Roles of Knowledge, Disposition, Problem Assessment, and Arousal. In: Environment and Behavior 25 (4), 586-606.
Thompson, Suzanne C./Stoutemyer, Kirsten (1991): Water Use as a Commons Dilemma: The Effects of Education that Focuses on Long-Term Consequences and Individual Action. In: Environment and Behavior 23 (3), 314-333.
Ulich, Eberhard (2005): Arbeitspsychologie. 6. Aufl. Zürich: vdf, Hochschulverlag an der ETH.
Van Vugt, Mark/Biel, Anders/Snyder, Mark et al. (2000): Perspectives on Cooperation in Modern Society: Helping the Self, the Community, and Society. In: Van Vugt, Mark/Snyder, Mark/Tyler, Tom R. et al. (Hrsg.) (2000): Cooperation in Modern Society: Promoting the Welfare of Communities, States and Organizations. New York: Routledge, 3-24.
Van Vugt, Mark/Snyder, Mark/Tyler, Tom R. et al. (Hrsg.) (2000): Cooperation in Modern Society: Promoting the Welfare of Communities, States and Organizations. New York: Routledge.
Vining, Joanne/Ebreo, Angela (1991): Are You Thinking What I think You Are? A Study of Actual and Estimated Goal Priorities and Decisions of Resource Managers, Environmentalists, and the Public. In: Society and Natural Resources 4 (2), 177-196.
Vining, Joanne (1992): Environmental Emotions and Decisions: A Comparison of the Responses and Expectations of Forest Managers, an Environmental Group, and the Public. In: Environment and Behavior 24 (1), 3-34.
Vlek, Charles (2000): Essential Psychology for Environmental Policy Making. In: International Journal of Psychology 35 (2), 153-167.
Wates, Nick (2000): The Community Planning Handbook: How People can Shape their Cities, Towns, and Villages in Any Part of the World. London: EarthScan.
WBGU (Wissenschaftlicher Beirat der Bundesregierung Globale Umweltveränderungen) (1993): Welt im Wandel: Grundstruktur globaler Mensch-Umwelt-Beziehungen. Jahresgutachten des Wissenschaftlichen Beirats der Bundesregierung Globale Umweltveränderungen 1993. Bonn: Economica.
West, Jonathan P./Lee, Stephanie J./Feiock, Richard. C. (1992): Managing Municipal Waste: Attitudes and Opinions of Administrators and Environmentalists. In: Environment and Behavior 24 (1), 111-133.
Wilcox, David (1994): The Guide to Effective Participation. Brighton, England: Partnership Books.
Witte, Kim (1998): Fear as Motivator, Fear as Inhibitor: Using the Extended Parallel Process Model to Explain Fear Appeal Successes and Failures. In: Andersen, Peter A./Guerrero Laura K. (Hrsg.) (1998): The Handbook of Communication and Emotion: Research, Theory, Applications, and Contexts. San Diego: Academic Press, 423-450.
Zhu, Jian-hua/Watt, James H./Snyder, Leslie B. et al. (1993): Public Issue Priority Formation: Media Agenda-Setting and Social Interaction. In: Journal of Communication 43 (1), 8-29.

Hybrid oder autofrei? – Klimawandel und Lebensstile[1]

Falk Schützenmeister

1 Lebensstile als *boundary concept* interdisziplinärer Umweltforschung

Die Maßnahmen gegen den Klimawandel haben sich in ein Konjunkturprogramm verwandelt: es werden Innovationen gefördert, die die wirtschaftliche Prosperität sichern sollen.[2] Die Einbettung von Infrastrukturen in alltägliche Praktiken wird dagegen kaum in Frage gestellt: So werden umweltfreundlichere Autos diskutiert, seltener dagegen die Modifizierung eines tief in der Gesellschaft verankerten soziotechnischen Systems, dessen negativen Effekte über die CO_2-Emissionen hinausgehen. Auch Hybrid-Autos ermöglichen nicht-nachhaltige, z.B. suburbane Lebensstile und „ökologische" Lebensstile sind oft nicht umweltfreundlich, z.B., wenn der Bioladen nur durch eine lange Autofahrt zu erreichen ist. Die Attraktivität des Klimathemas in der Öffentlichkeit ergibt sich aus einer einfachen Ursache-Wirkungs-Beziehung: Treibhausgase führen zur Klimaerwärmung. Neue Technologien ermöglichen es, Konsumentscheidungen auf die Umwelt zu beziehen, ohne Lebensstile grundlegend ändern zu müssen. Dieserart technologiezentrierte Umweltpolitiken zielen auf die Vermeidung sozialen Wandels, der als ein aus dem Klimawandel resultierendes Risiko wahrgenommen wird. So ist heute ein Ökorealismus verbreitet, in dem der lustvolle Konsum und „grüner" Luxus mit dem umweltpolitischen Engagement nicht im Widerspruch zu stehen scheinen (Rink 2002a: 11f.).

Selten wurde dagegen versucht, die ökologische Bilanz von Lebensstilen zu erfassen. Es gibt aber vielversprechende Ansätze, Umwelteffekte von Alltagspraktiken zu quantifizieren. Beispiele sind der ökologische Fußabdruck (Wiedmann/Minx/Barret et al. 2006),[3] die Erfassung des CO_2-Haushaltausstoßes (Lutzenhiser/Hackett 1993) oder auch der Haushaltenergieverbrauch (O'Neill/Chen 2002).

Denn auch grüne Lebensstile sind Ausdruck von Moden, der Zugehörigkeit zu subkulturellen Milieus oder Strategien gesellschaftlicher Distinktion. Liegt dies in der sozialen „Natur" der Sache, stellt sich für die *Umweltsoziologie* die Frage, wie die expressive Seite von Lebensstilen durch Politiken adressiert werden kann. Interessant ist dies besonders für soziale Bewegungen, die nicht über legale oder monetäre Steuerungsinstrumente verfügen. So hat z.B. die *voluntary simplicity movement* versucht zu zeigen, dass die Abkehr von

---

[1] Eine englische Fassung dieses Beitrages diente als *Discussion Paper* für einen Workshop mit dem Thema „Climate Change Mitigation: Considering Lifestyle Options in the US and Europe" der am 1. Mai 2009 an der *University of California* in Berkeley abgehalten wurde. Auf dem Workshop wurden vor allem die unterschiedlichen Traditionen, über Lebensstile nachzudenken (individualistisch vs. sozialstrukturell), deutlich (für einen zusammenfassenden Bericht siehe Schützenmeister 2009).

[2] Z.B. investiert der Ölkonzern BP 500 Millionen Dollar in die Suche nach biologischen Kraftstoffalternativen an der University of California in Berkeley. Auch im Rahmen des vom Bundesministerium für Bildung und Forschung (BMBF) initiierten Programms klimazwei wird vor allem eine Hightech-Strategie verfolgt (http://www.klimazwei.de, 24.09.2009).

[3] Mit dem Konzept des ökologischen Fußabdrucks wird der Verbrauch von natürlichen Ressourcen auf der Basis der Biokapazität in eine äquivalente Fläche Land umgerechnet (Wackernagel/Lewan/Hansson 1999).

konsumorientierten Lebensstilen und ein umweltverträglicheres Leben möglich sind (Maniates 2002a).

Mittlerweile bildet die Konsumgesellschaft die Referenz für das Umwelthandeln: Neue Normen sollen Kaufentscheidungen beeinflussen. Die Umweltpolitiken von Regierungen zielen überwiegend auf die Seite der Produktion. Konsumgüter sollen „grüner", umweltfreundlicher oder effizienter werden. Der individuelle Konsum bleibt unangetastet oder wird bestenfalls durch Preisanreize und Steuern beeinflusst, an die sich Konsumenten schnell gewöhnen (Princen/Maniates/Conca 2002a). Sozialer Wandel als eine Strategie der Einsparung von Treibhausgasen ist jedoch relevant, weil die Kosten technischer Innovationen mit höheren Reduktionszielen überproportional steigen dürften. Zudem gibt es Dämpfer der technologischen Euphorie. Der Einspareffekt von Hybrid-Autos wird oft überschätzt (Høyer 2008) und die EU hat ihr Biosprit-Programm zurückgefahren, weil es in Konkurrenz zur Lebensmittelproduktion oder dem Schutz des Regenwaldes gerät. Wie kann erreicht werden, dass Autos nicht nur weniger (oder „besseres") Benzin verbrauchen, sondern dass seltener Auto gefahren wird? In Abb. 1 wird mit hypothetischen Zahlen das Potential einer Umweltpolitik illustriert, die auf das Zusammenwirken technologischer Innovationen *und* der Reduktion des Konsums (z.B. durch Lebensstiländerungen) setzen würde.

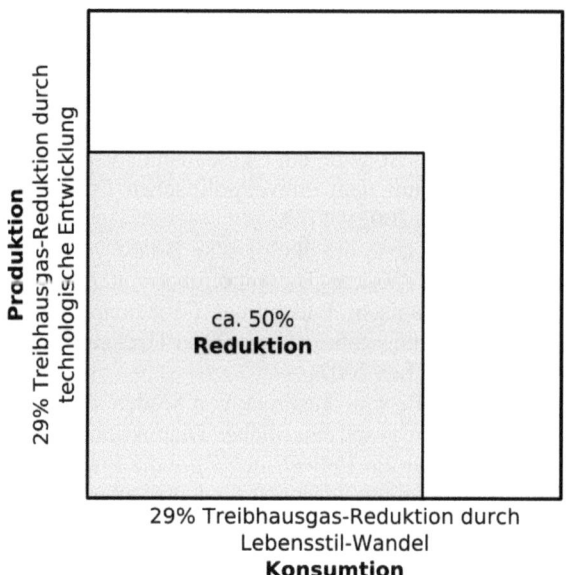

Abbildung 1: Schematische Darstellung des Zusammenwirkens von Innovationen und Lebensstiländerungen zur Erreichung eines hypothetischen Reduktionsziels von 50%.

Im Rahmen von *rational choice*-Ansätzen (z.B. Diekmann/Preisendörfer 1992, 2001) wurden wichtige Determinanten des Umweltverhaltens isoliert, während die Umweltpsychologie fragte, warum Individuen nur unter spezifischen Umständen rational entscheiden oder entsprechend ihrer Wertepräferenzen und Einstellung handeln (Gärling/Gärling/Loukopoulos 2002; Bartiaux 2007). Die Untersuchung von Lebensstilen kann diesen Erkenntnissen neue Facetten hinzufügen. Mit der sozialstrukturellen und kulturellen Einbettung von Entscheidungen – z.B. über die Wohnlage, Freizeitaktivitäten aber auch über alltägliche Gebrauchsgüter – werden nicht nur die Befriedigung materieller Bedürfnisse in den Blick genommen, sondern auch die sozialen Ausdrucksfunktionen des Konsums (bzw. des Nicht-Konsums). Diese wurde in der ökologischen Forschung bisher verkürzt thematisiert. Es wurde gefragt, unter welchen Umständen die Ökologie zum zentralen Moment der Lebensgestaltung werden kann. Die ökologischen Effekte anderer Lebensentwürfe wurden dagegen seltener untersucht.

Das Appeal des Lebensstilkonzepts besteht – trotz seiner theoretischen Schwierigkeiten (Lange 2005) – in der Mehrdimensionalität, die es zu einem geeigneten *boundary concept* (Star/Griesemer 1988) interdisziplinärer Forschung machen könnte: Lebensstile werden im Alltag und in den Sozialwissenschaften thematisiert und sie können an die „Stellgrößen" der Umweltpolitik – z.B. Treibhausgasemissionen und Kilowattstunden – angeschlossen werden.[4] In einer darauf aufbauenden Umweltsoziologie könnte berücksichtigt werden, dass Treibhausgasemissionen nicht durch Meinungen und Einstellungen, sondern durch Praktiken entstehen (Bartiaux 2008: 1171; Princen/Maniates/Conca 2002a: 14f.), die in ihrem kulturellen Kontext betrachtet werden müssen.

Ihre kulturelle Rückbindung erfordert es, Lebensstile *innerhalb* von Nationalstaaten, Regionen oder ethnischen Gruppen zu erforschen. Dennoch haben Lebensstile – nicht nur auf der Seite des Ressourcenverbrauchs – *globale* Konsequenzen (Giddens 1991: 2). Die Folgen des Klimawandels schränken die Lebenschancen von Menschen in Entwicklungsländern und in Küstenregionen ein. Deren Lebensstile sind bedroht, wenn es nur noch ums bloße Überleben geht, weil die Meeresspiegel steigen, Ernten zurückgehen oder regionale Konflikte ausbrechen.[5] Die Übernahme westlicher Lebensstile durch die Mehrheit der Menschen ist ohnehin unmöglich; mehr als fünf Planeten Erde wären dazu nötig (Duchin 1996). Auf der anderen Seite haben viele nichtnachhaltige Elemente westlicher Lebensstile, z.B. das eigene Auto, eine hohe Attraktivität für die Mittelschichten aufstrebender Industrienationen wie Indien oder China. Mit dem Thema der Lebensstile sind damit auch Fragen der Umweltgerechtigkeit berührt.

Im folgenden Abschnitt werden einige Lebensstilkonzepte der Soziologie skizziert. Dabei geht es weniger um eine Klassifizierung sozialstruktureller Milieus, vielmehr wird die Stilisierung des Lebens als ein aktiver, expressiver Prozess verstanden. Daran angeschlossen wird eine ökologische Kritik des Lebensstilkonzepts. Im vierten Abschnitt werden am Beispiel der Autonutzung die Potentiale der Lebensstilanalyse für die ökologische Forschung ausgelotet. Diese werden darin gesehen, dass Lebensstilkonzepte eine Integration verschiedener sozialwissenschaftlicher Perspektiven (z.B. der Geographie, Ökonomie und Kulturanthropologie) sowie einen direkten Bezug auf den Ressourcenverbrauch erlauben.

---

4   Der Erfolg der naturwissenschaftlichen Klimaforschung beruht auf einer Vielzahl solcher Schnittstellen (Simulationsmodelle, standardisierte *frameworks* und *interfaces* für den Datenaustausch, Plattformen für Messkampagnen, Szenarien für den Austausch mit anderen Disziplinen, s. Schützenmeister 2008).

5   Das Lebensstilkonzept wurde dafür kritisiert, dass es oft nur die Modernisierungsgewinner im Blick habe, die über die ökonomischen, kulturellen und sozialen Ressourcen verfügen, ihr Leben auch tatsächlich aktiv zu gestalten (Friedrich/Blasius 2000; Scheiner/Kasper 2003).

2 Lebensstile in der Soziologie

Mit dem Lebensstilkonzept können verschiedene Dimensionen aufeinander bezogen werden, die für die Frage nach den Zusammenhängen von Klimaänderung, individuellem Handeln und gesellschaftlichem Wandel wichtig sind: *Erstens* stellen Lebensstile „(…) ökologisch voraussetzungs- und folgenreiche soziale Sinngebilde [dar], in denen die stofflichen-energetischen und die sozialsymbolische Seite des individuellen Lebens in der Gesellschaft verknüpft sind" (Reusswig 1994: 42). *Zweitens* erfassen Lebensstile das kulturell überformte Verhältnis von Gesellschaft und Individualität. *Drittens* kann die Tatsache beschrieben werden, dass Individuen nur unter spezifischen Umständen (zweck-) rational entscheiden. Vor allem in *low-cost* Situationen, in denen umweltgerechtes Verhalten mit einem nur geringen Verzicht einhergeht (z.B. Recycling), kann dies mit Umwelteinstellungen erklärt werden. Steht dagegen mehr, z.B. Lebensziele, auf dem Spiel müssen sozialpsychologische und soziokulturelle Faktoren herangezogen werden, um die Diskrepanz zwischen Umwelteinstellungen und Umweltverhalten zu erklären (Diekmann/Preisendörfer 1992; Ungar 1994). Lebensstile erweisen sich, wenn sie einmal adaptiert und geformt wurden, als außerordentlich stabile soziokulturelle *und* handlungspraktische Muster (Reusswig 1994: 127; Lange 2005: 4).

Dass ökonomische Lebenslagen, die sich in der Klassen- oder Schichtzugehörigkeit manifestieren, verschiedene Formen sozialen Ausdrucks, des Status' oder des Milieus hervorbringen, hat die Soziologie seit jeher interessiert (Holt 1997: 326). Mit dem Bedeutungsverlust traditionaler Sinnstrukturen wurde die Lebensgestaltung Gegenstand individueller Entscheidungen. Ein Berufswechsel oder auch Statuspassagen führen oft zur Formung neuer Lebensstile. Max Weber hat Lebensstile neben den sozioökonomisch bestimmten Klassen als eine zweite – kulturelle – Dimension sozialer Stratifikation eingeführt. Die Stilisierung des Lebens erfolge durch verschiedene Formen des Güterkonsums, mit denen die Zugehörigkeit zu einer Gruppe, z.B. zu einem Berufsstand, markiert werde (Weber 1972: 538). Im Rahmen der sich aus den gesellschaftlichen Strukturen ergebenden Lebenschancen sind Lebensstile ein Resultat des individuellen Strebens nach einer sinnvoll geordneten Lebensführung (ebd.: 308).

Bourdieu (1984) hat die Klassen- bzw. Schichtabhängigkeit kultureller Präferenzen und des resultierenden Konsumverhaltens belegt und deren Distinktionsfunktionen herausgearbeitet. In Deutschland rückten Lebensstile in den 1980er Jahren in das Zentrum der Sozialstrukturanalyse. Im Gegensatz zu Bourdieu wurde dabei davon ausgegangen, dass die Schichtzugehörigkeit die Vielfalt der Lebenslagen nicht mehr erklären könne (Schulze 1997). Die Diversifizierung von Lebensstilen wurde auf die Ausweitung von Lebenschancen zurückgeführt, die sich aus der Bildungsexpansion und den steigenden Reallöhnen ergab (Beck 1986: 121f.). Ungleichheiten wurden nun vor allem im Konsumverhalten beobachtet und eine zunehmend horizontale Differenzierung als Resultat des sozialen Ausdrucks von Identität (und Gruppenzugehörigkeit) interpretiert („expressive Ungleichheit", Lüdtke 1989). Die Auflösung der Korrelation zwischen sozioökonomischen Variablen und dem Konsumverhalten galt als zentraler Indikator für die Postmodernisierung (Beck 1986: 124ff.; Holt 1997: 327). Die Euphorie, die das Lebensstilkonzept in der Sozialstrukturanalyse auslöste, ist verflogen (Otte 2005); die soziale Ungleichheit nimmt inzwischen wieder zu.⁶ Zudem gerät die Klassifizierung der Gesellschaft in zehn bis zwölf Lebensstiltypen (Spellerberg/Berger-Schmitt 1998) oder Lebensstilmilieus (Schulze 1997) in einen Widerspruch zur zugrunde liegenden Individualisierungsthese, die eine fortschreitende Fragmentierung voraussagt (Rössel 2005).⁷ Bei genauerem Hinsehen erweisen sich verschiedene Milieu-Klassifizierungen immer noch als Binnendifferenzierungen *innerhalb* der Schichten.⁸

Mit dem im vorliegenden Beitrag vorgeschlagenen Lebensstilkonzept wird nicht an die Sozialstrukturanalyse angeschlossen, sondern eine funktionale Perspektive eingenommen. Die Stilisierung des Lebens wird als ein Entscheidungsprozess verstanden, der den Bemühungen, bestimmte Lebensziele zu erreichen, Bedeutung verleiht („Sinnbasteln", Hitzler 1994). Giddens (1991: 80f.) fasst Lebensstile als ein Set von Praktiken, die angesichts der unübersichtlichen Zahl möglicher Entscheidungen Orientierung im täglichen Leben bieten. Solche Praktiken dienen nicht nur der Befriedigung von elementaren Bedürfnissen, sondern sie repräsentieren die Identität eines Individuums in einer materiell-symbolischen Form.

Neben dieser Sinndimension gilt es aber auch, die Lebenschancen in den Blick zu nehmen, die sich aus den Positionen eines Individuums in der Gesellschaft ergeben. Besonders wenn Umweltgerechtigkeit thematisiert werden soll, ist es wichtig zu untersuchen, welche Spielräume der Lebensstilisierung aus verschiedenen sozioökonomischen Lagen resultieren. Die Schichtzugehörigkeit kann also gerade in der Diskussion von Umweltthemen nicht durch das Lebensstilkonzept ersetzt werden. Lebenschancen können z.B. durch das zur Verfügung stehende ökonomische, kulturelle (Bourdieu 1984) und soziale Kapital (Bourdieu 1984; Putnam 2000) operationalisiert werden. Ob auch das natürliche Kapital (Wackernagel/Lewan/Hansson 1999) in ein ökologisches Lebensstilkonzept integriert werden könnte, muss vorerst offen bleiben. Eine solche Perspektive wäre wichtig, um die These einer (teilweisen) Substituierbarkeit verschiedener Kapitalsorten für die Entwicklung nachhaltiger Lebensstile fruchtbar zu machen.

In der Lebensstilforschung wurde bisher vor allem das Freizeit- und Konsumverhalten untersucht (Degenhardt 2007: 36) und herausgestellt, dass Konsumobjekte nicht nur nützlich sind, sondern soziale und kulturelle Bedeutungen transportieren (Bourdieu 1984; Barthes 1990). Mit der wachsenden Vielfalt von Konsumangeboten entwickelte sich das Medium, innerhalb dessen eine Pluralisierung von Lebensstilen erst möglich wurde. Es gibt aber nur wenige Konsumobjekte, die symbolisch so aufgeladen sind, dass sie soziale Kategorien z.B. Klasse, Geschlecht (*gender*), Berufsgruppen oder politische Überzeugungen präsentieren könnten. Konsumentscheidungen werden subtil und kreativ eingesetzt, um die Span-

---

6   Dass die Selbstbeschreibung der Gesellschaft in Zeiten wirtschaftlicher Prosperität entlang von Lebensstilen, in Zeiten der Krise aber entlang von Klassen verläuft, wurde schon von Weber prognostiziert (Weber 1972: 538).

7   Für die USA war das Lebensstilkonzept als Mittel der Sozialstrukturanalyse nie besonders plausibel. Die Lebenslagen konnten dort durch Variablen wie Schicht und ethnische Zugehörigkeit relativ gut erklärt werden. Lebensstile wurden dort daher überwiegend individualistisch interpretiert (siehe Lipschutz 2009).

8   Die SINUS-Milieus sind: konservativ gehobenes Milieu, technokratisch liberales Milieu, hedonistisches Milieu, alternatives linkes Milieu, aufstiegsorientiertes Milieu, kleinbürgerliches Milieu, traditionelles Arbeitermilieu und traditionsloses Arbeitermilieu. Schulze unterscheidet Niveaumilieu, Selbstverwirklichungsmilieu, Integrationsmilieu, Harmoniemilieu und Unterhaltungsmilieu (beide Klassifizierungen bei Schulze 1997: 393, eine Übersicht über weitere Klassifizierungen bei Degenhardt 2005). Die Bennung der durch Faktoren- und Clusteranalysen entlang der Dimension Schicht und Wertehaltung gewonnenen Milieus spiegelt ohne Zweifel auch Mittelschichtsvorurteile wieder.

nung zwischen Individualität und der Identifikation mit einer sozialen Gruppe auszubalancieren. In einem Prozess der Aneignung erhalten Konsumobjekte ihre Bedeutung durch die Einbettung in die spezifischen Praktiken einer (oft massenmedial vermittelten) Gruppe. Die soziale Bedeutung eines Produkts ist also höchst variabel (Holt 1997: 328). Ein Kleinwagen kann in einer Arbeiterfamilie die automobile Freiheit symbolisieren, während die Nutzung desselben Modells als Zweitwagen in einer wohlhabenden Mittelschichtfamilie als ein Beitrag zum Umweltschutz betrachtet wird.

Längst hat die Werbeindustrie die gut verdienenden Mittelschichtler mit einer ökologischen Wertehaltung als eine lukrative Zielgruppe identifiziert und mit einem Label versehen. LOHAS (*Lifestyles of Health and Sustainability*) werden als Avantgarde einer nachhaltigeren Wirtschaft gefeiert, nicht ohne die hohe Kaufkraft dieser Gruppe unerwähnt zu lassen (Howard 2007). Weil sie bereit sind, mehr Geld für gesündere Produkte, alternative Medizin, Biolebensmittel und sanfte Beauty-Artikel auszugeben, seien LOHAS Pioniere einer nachhaltigen Wirtschaft. Vorläufig bilden sie aber erst einmal nur ein neues Marktsegment, dessen Nachhaltigkeit aufgrund des hohen Konsumniveaus in Frage gestellt werden darf.

Die Umweltsoziologie kann Lebensstile nicht auf Konsummuster beschränken. Es stellt sich die Frage, ob die sozialen Funktionen von Lebensstilen – besonders der Ausdruck von Individualität, aber auch die Markierung der Gruppenzugehörigkeit oder soziale Distinktion – durch andere, nachhaltigere Aktivitäten realisiert werden können. Vor allem in der *Deep Ecology* wurde die Forderung erhoben, neue Formen der Selbstverwirklichung an die Stelle des Konsums zu setzen (Naess 1990). Inglehart (1997) hat belegt, dass die Bedeutung des Güterkonsums für Menschen mit einer postmodernen Wertehaltung abnimmt und die Selbstverwirklichung zu einem wichtigeren Lebensziel wird. Auch wenn diese Hypothese u.a. auch mit der Zunahme des Umweltbewusstseins belegt wird, ist sie noch keine gute Nachricht. Die subjektiv geringere Bedeutung des Konsums führt nicht automatisch zum Verzicht. Die Zuwendung zu einer Lebensgestaltung, in der soziales Engagement, Bildung, Kultur und vielleicht der Umweltschutz einen wichtigeren Platz einnehmen, erfolgt oft vor dem Hintergrund der Befriedigung – wenn nicht der Übersättigung – materieller Bedürfnisse.

3   Ökologische Kritik des Lebensstilkonzeptes

Die Erkenntnis, dass die nachhaltige Entwicklung einen Wandel der Lebensstile erfordert, ist nicht neu (World Commission on Environment and Development 1987; Giddens 1991: 221; Brand/Fischer/Hofmann 2003: 7). In der Ökologiedebatte wurde die Änderung von Lebensstilen oft gefordert aber selten problematisiert (oder verengt individualistisch gedeutet, siehe Lipschutz 2009). Dass Lebensstile trotz der potentiell katastrophalen Auswirkungen eines Klimawandels nicht geändert werden, wird mit Defiziten des Umweltbewusstseins oder einer verbreiteten Bequemlichkeit begründet. Aus soziologischer Sicht scheint eine gezielte, durch Leitbilder vermittelte Lebensstilpolitik dagegen schwierig, weil sie – im Rahmen begrenzter Lebenschancen – in Konkurrenz zu bestehenden Lebensmustern und Lebenszielen tritt (Lange 2005: 8ff.). Die tiefe Einbettung von Praktiken in Lebensstile ist ein Grund dafür, dass allzu naive normative Forderungen nach der Änderung des Umweltverhaltens meist verhallen. Technologische Innovationen bieten dagegen Chancen im Rahmen bereits gewählter Lebensstile, ökologiebezogene Normen durch die Wahl von Produkten zu erfüllen. An dieser Stelle setzt das technokratische Modell der Umweltpolitik an (Abb. 2a).

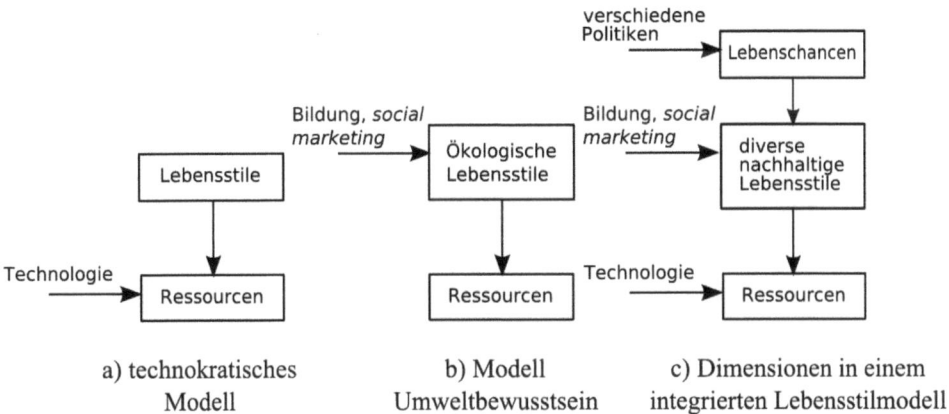

Abbildung 2: Verschiedene Möglichkeiten, Lebensstile auf die Schonung von Ressourcen und die Reduktion von Treibhausgasemissionen zu beziehen.

In der Umweltsoziologie wurde auf zweierlei Weise versucht, das Lebensstilkonzept fruchtbar zu machen. *Erstens* wurden die Lebensstilklassifizierungen der Sozialstrukturanalyse als unabhängige Variablen verwendet und geschaut, in welchen Milieus ein Umweltbewusstsein verbreitet und eine höhere Bereitschaft zu einem umweltfreundlicheren Verhalten zu erwarten ist. Oder es wurden Naturbilder, Einstellungen zum Umweltschutz und das Umweltverhalten gemessen, um Umweltmentalitäten (Brand/Fischer/Hofmann 2003), umweltorientierte Lebensstile (Preisendörfer 1999) oder ökologieorientierte Konsummuster (Empacher 2003) zu erfassen. Zwar gibt es Überschneidungen mit den Klassifizierungen der Sozialstrukturanalyse (z.B. SINUS), von einer eindeutigen Beziehung von Umweltmentalitäten und Lebensstilmilieus kann aber keine Rede sein. Erst wenn zentrale Lebensziele zugunsten der Nachhaltigkeit zurückgestellt werden müssen, wird das Vorhandensein oder das Nichtvorhandensein ökologischer Orientierungen und Wertehaltungen für Lebensstilentscheidungen wichtiger. *Zweitens* wurde aus der Erkenntnis, dass eine nachhaltige Gesellschaft einen Wandel der Lebensstile erfordert, der Schluss gezogen, dass die Ökologie selbst zu einem stilprägenden Lebensziel werden muss. Für die Etablierung neuer Lebensstile wird dabei auf die Vorbildwirkungen von Öko-Pionieren (Degenhardt 2007), das möglichst zielgruppengenaue Sozialmarketing (Empacher 2003) oder eine Lebensstilpolitik gesetzt (Modell Umweltbewusstsein, Abb. 2b). Allerdings wird dabei verkannt, dass der individuelle und expressive Charakter von Lebensstil-Entscheidungen, die gezielte Schaffung von neuen Lebensstilen geradezu ausschließt. Mit der Durchsetzung *eines* einheitlichen ökologischen Lebensstils durch die Politik ginge die zentrale Distinktionsfunktion verloren (Lange 2005: 10). Diversität ist dem Lebensstilkonzept inhärent, weil Sinn aus Differenzen bezogen wird. Dies schließt nicht aus, dass einzelne Lebensstilelemente eine

Vorbildwirkung haben können (für *health life styles*, siehe Cockerham/Abel/Lüschen 1993). Politische Gestaltungsmöglichkeiten bestehen also vor allem auf der Ebene der Lebenschancen. Es gilt, die institutionellen, ökonomischen und materiellen Rahmenbedingungen so zu verändern, dass die Ressourcen zur individuellen Gestaltung neuer, umweltfreundlicher Lebensstile zur Verfügung stehen bzw. die strukturellen Zwänge bestehender sozio-technischer Systeme reduziert werden.

Soziologisch genauer formuliert müssen also nicht die Lebensstile sondern einzelne Lebenspraktiken (als Elemente von Lebensstilen) nachhaltiger werden. Im Anschluss an die Giddens'sche Fassung, in der Lebensstile als sinnvoll geordnete Bündel von Praktiken zum Ausdruck von Identität gefasst werden, kann das Problem nachhaltiger Lebensstile neu formuliert werden. Welche alternative Formen individueller Expressivität können zu einer Reduktion von Treibhausgasen beitragen? Oder: Wie sind zentrale – nicht unbedingt ökologiebezogene – Lebensziele auf eine nachhaltigere Weise erreichbar? Welche Lebensziele müssen aufgegeben werden? In einer ökologischen Lebensstilforschung gilt es also das Verhältnis der Sinn- und der Ressourcenebene von Lebensstilen genauer in den Blick zu nehmen, um die Verkürzung, ökologisches Bewusstsein gleich ökologischer Lebensstil gleich Ressourcenschonung, aufzulösen.

Die Fixierung des Lebensstilkonzeptes auf den Konsum materieller Güter, auf das „we are what we consume" muss somit hinterfragt werden (zu dieser Kritik siehe Princen/Maniates/Conca 2002a: 11). Giddens (1991: 198) hat darauf hingewiesen, dass die Fokussierung auf den Konsum von Produkten zu einer „Korrumpierung" durch die Werbeindustrie geführt hat. In Hochglanzanzeigen versucht die Auto- und gar die Ölindustrie ihre Produkte mit Attributen zu versehen, die sie mit dem *mainstream environtalism* kompatibel machen (*green washing*). In dieser Logik wird Umweltengagement auf (alternative) Kaufentscheidungen reduziert. Individuen werden als Konsumenten, nicht aber als Bürger in einer demokratischen Gesellschaft, betrachtet. Mit Appellen, grüne Produkte zu kaufen, zu recyceln und hin und wieder einen Baum zu pflanzen wird die Verantwortung für die Umwelt radikal individualisiert (Maniates 2002b). Es gilt also gerade in der Lebensstilforschung, den ökologischen Wert gemeinschaftlicher Aktivitäten in der Nachbarschaft oder gar der aktiven Partizipation im politischen Prozess stärker zu berücksichtigen (ebenda: 47). Zweifelsfrei ist es schwierig, die Einsparung von Treibhausgasemissionen durch ein aktives, nicht konsumorientiertes Umweltengagement abzuschätzen. Diese Perspektive ist mit der Logik quantifizierbarer Kohlendioxidemissionen und Kilowattstunden kaum kompatibel. Dennoch sind gerade gemeinschaftliche Aktivitäten ökologisch relevant. Selbst wenn sie keinen Bezug zum Umweltschutz haben, bieten sie Alternativen zum Konsum und könnten zu einer Entkopplung von individuellem Ausdruck und Ressourcenkonsum führen. Unzweifelhaft: Dieser Schluss scheint utopisch. Doch werden in der Debatte über die Minderung des Klimawandels unablässig technische Utopien produziert, während soziale immer noch als ein Tabu erscheinen.

In einem integrierten Lebensstilmodell (siehe Abb. 2c) müssen – neben der effizienten Nutzung von Ressourcen durch technologische Innovation, der Ausbildung des Umweltbewusstseins und ökonomischen Anreizen – drei neue Dimensionen eingeführt werden: *Erstens* gilt es den Ressourcenverbrauch bestimmter Aktivitäten zu analysieren. *Zweitens* müssen die Lebenschancen in den Blick genommen werden. Aus diesen ergeben sich die Spielräume, Lebensziele in einer nachhaltigen Weise zu erreichen oder gar neue Lebensziele zu entwickeln. *Drittens* muss die soziale Funktion von Lebensstilen analysiert werden, um Alternativen zu entwickeln.

4 Das Auto, Lebensstile in einem soziotechnisches System

Am Beispiel des automobilen Individualverkehrs kann diese Perspektive gut demonstriert werden. Der Transportsektor trägt mit 13,1% zu den weltweiten Treibhausgasemissionen bei (IPCC 2007: 36), wobei die private Autonutzung den größten Anteil hat (Urry 2004).[9] Die Notwendigkeit den Lebensstil zu ändern, wird daher oft in „weniger Autofahren" übersetzt. Das Auto selbst begründet aber noch keinen Lebensstil. Vielmehr hat sich ein soziotechnisches System herausgebildet (Urry 2005; Geels 2005), das – durch die Erschließung des Raums und die Flexibilisierung von Zeit – neue Lebenschancen erzeugte. Es beschränkt aber auch – nicht erst seit dem Klimawandel – andere Lebenschancen. Neben der Zerschneidung des öffentlichen Raums durch Straßen und der Marginalisierung von Fußgängern und Radfahrern (Sheller/Urry 2003), hat der Autoverkehr ökologische, soziale und gesundheitliche Folgen. Dennoch hat sich das System Auto als überaus stabil erwiesen, nicht zuletzt weil die Lebenspraktiken moderner Gesellschaften tief in dieses eingebettet sind (*lock-in*-Effekt). Alternativen (ÖPNV, Fahrrad, zu Fuß gehen) werden überwiegend am Maßstab Auto gemessen (Urry 2008) und nicht an den sich ergebenden neuen Lebenschancen wie z.B. einer besseren Gesundheit oder sauberer Luft. In einer britischen Studie gaben 80% der Autobesitzer an, dass sie es sehr schwierig finden würden, ihren Lebensstil so zu ändern, dass sie auf das Auto verzichten könnten (Cooper/Ryley/Smyth 2003).[10] Das automobile System erweist sich im wörtlichen Sinne als *iron cage* (Urry 2004: 28).

Dementsprechend wurde die Autonutzung oft in den bestehenden räumlich-sozialen Settings untersucht und geschaut wie Umwelteinstellungen, finanzielle Anreize (Ryley 2008) oder das umweltpolitische Klima eines Landes (Borek/Bohon 2008)[11] die Entscheidungen beeinflussen, das Auto doch einmal stehen zu lassen. Die Fragestellung des ISSP[12]: „How often do you cut back on driving a car for environmental reasons?" ist symptomatisch für diese Perspektive. Autofreie Lebensstile werden dabei ebenso ausgeblendet wie die Tatsache, dass auch andere Gründe, nicht Auto zu fahren, einen positiven Umwelteffekt haben können. Dass vor allem die Bildung der Befragten mit einem gelegentlichen Autoverzicht korreliert, belege die Wirksamkeit von Umwelbildung (ebd.). Infrastrukturen, die individuelle Spielräume begrenzen, werden als Grund für die geringe Erklärungskraft des Modells betrachtet, seltener aber als der Kern des Problems.

Die Grenzen zwischen den sozialökonomisch und infrastrukturell bestimmten Lebenschancen und den Spielräumen der individuellen Gestaltung von Lebensstilen sind aber

---

9   Zahlen für den gesamten Treibhauseffekt des Autoverkehrs sind relativ schwer zu finden. Der IPCC-Bericht erfasst nur die direkten Emissionen, während die Treibhauseffekte der Autoproduktion, der Flächenverbrauch und mit dem Auto verbundene nicht-nachhaltige Lebensstile in anderen Kategorien versteckt sind. Auf der Seite der Konsumenten ist das Auto aber ohne Zweifel der größte Einzelverursacher von Treibhausgasemissionen (insbesondere CO_2, Urry 2004; Chapman 2006).
10 Zustimmung zu dem Statement: „I would find it very difficult to adjust my lifestyle to being without a car."
11 Dabei ist Ursache und Wirkung keinesfalls eindeutig zuordnen. Ein umweltfreundliches politisches Klima kann auch auf eine umweltbewusste Bevölkerung hinweisen. Der Zusammenhang zwischen der Umweltpolitik und der Autonutzung wäre dann eine klassische Scheinkorrelation.
12 International Social Science Survey Programme (2001 und 2002).

unscharf. Die Freiheiten, sich aus strukturellen Zwängen zu lösen, sind sozial ungleich verteilt (Friedrich/Blasius 2000: 34ff.). Aus der Verfügbarkeit verschiedener Kapitalformen resultieren die Chancen, sich den *lock-in* Effekten des automobilen Systems zu entziehen. Der Bildungseffekt könnte also auch ein Schichteffekt sein. Dafür sprechen Studien, in denen der gelegentliche Verzicht auf das Auto positiv mit dem Einkommen korreliert (Engel/Potschke 1998). Menschen, die mehr konsumieren, haben höhere Einsparpotentiale. Trotz der relativ häufigeren Entscheidung für ein umweltfreundliches Verhalten in der Mittelschicht ist das Einkommen (neben dem Alter) ein starker Prädiktor für die tatsächlichen Kohlendioxidemissionen (Lutzenhiser/Hacker 1993: 60). Es besteht also eine erhebliche Differenz zwischen ökologieorientierten (Sinnebene: Umweltbewusstsein) und nachhaltigen Lebensstilen (Ressourcenebene: geringer Verbrauch).

Die für die Gestaltung von Lebensstilen wichtigen Beziehungen zwischen der Wahl des Arbeitsplatzes, des Wohnortes und des Mobilitätsverhaltens wurde vor allem in der Sozialgeographie untersucht (Scheiner/Kaspar 2003). In Ansätzen wie „smart growth", „transit villages" und „new urbanism" geht es darum, nachhaltigere Lebensstile mit den Mitteln der Stadtplanung zu *ermöglichen* (Cervero 2002). Dabei wird eine Verkehrplanung kritisiert, die unter der Annahme rational entscheidender Individuen davon ausgeht, dass die Autofahrt von A nach B, durch andere Transportmodi ersetzt werden könne (Skepsis auch bei Poudenx 2005) und müsse. Die Mobilitätsforschung hat gezeigt, dass Autos (zumindest in Europa) weniger öffentliche Verkehrsmittel ersetzten als neue Wege generierten, die vorher nicht zurückgelegt wurden (Urry 2004: 28). Eine Ausweitung des ÖPNV auf diese Wege scheint aufgrund der resultierenden sozial-räumlichen Struktur (z.B, Suburbanisierung) oft nur bedingt möglich (Poudenx 2008).

Das Auto ist ein Generator von Lebenschancen, weil es Wahlmöglichkeiten im Raum erschließt: Ein gutbezahlter Arbeitsplatz und der Kauf eines preiswerteren Hauses wurden mit dem Auto vereinbar. Sozialkontakte können über große Distanzen aufrechterhalten werden und Shopping-Malls erweiterten das Konsumangebot. Bedürfnisse nach Fortbewegung müssen selbst als ein Ergebnis von Lebensstilentscheidungen analysiert werden. So dient der Familien-Van, mit dem Mittelschichtkinder vom Reiten zum Schwimmen und danach zum Musikunterricht gefahren werden, vor allem der Akkumulation kulturellen Kapitals und der Distinktion im Sinne Bourdieus.

Auf die negativen Seiten autozentrierter Lebensstile hat bspw. Putnam (2000: 204ff.) hingewiesen. Sein Ausgangspunkt war ein dramatischer Rückgang sozialen Engagements in den USA. Neben dem Fernsehen identifizierte er die Suburbanisierung als Ursache. Die Menschen, die in den Vorstädten wohnen, verbringen viel Zeit damit, die Seiten eines imaginären Dreiecks zwischen Arbeiten, Wohnen und Einkaufen abzufahren. Suburbs werden zu *life style communities*, in denen die Menschen zwar ähnlich sind, weil sie ihre Nachbarn wählen (Segregation), aber nur wenig persönliche Kontakte haben. Der steigende Konsum, mit dem die Zugehörigkeit zu medial konstruierten Gruppen ausgedrückt wird, scheint so ein Effekt des Rückgangs von persönlichen Kontakten und lokalen Gemeinschaftsaktivitäten (Maniates 2002a: 45).

Auch wenn sich das Auto als ein Treiber für die Pluralisierung von Lebensstilen erwies, beschränkte es gleichzeitig die Chancen autofreier Lebensstile. Weil die gebaute Umwelt einen Einfluss auf die Wahl der Verkehrsmittel hat, reproduziert sich das System Auto durch die infrastrukturelle Überformung der Städte und Landschaften. In den USA sind das Vorhandensein von Fußwegen, die soziale Diversität und eine heterogene Landnutzung, d.h. die Nähe von Wohn- und Geschäftsvierteln sowie Arbeitsplätzen, die stärksten Determinanten für eine geringere Autonutzung (Cervero 2002: 271ff.). Aus dieser Diversität resultiert eine höhere Wahrscheinlichkeit, dass tägliche Wege zu Fuß oder mit dem Fahrrad zurückgelegt werden, weil Services, Einkaufsmöglichkeiten und Kulturangebote vor Ort zu erreichen sind. Längst hat die Fußgängerfreundlichkeit (*walkability*) einen Einfluss auf die Grundstückspreise einer Nachbarschaft (Cervero 2002).[13] Häufig sind „*walkability*-Inseln" innerhalb der ausufernden Städte auch durch den öffentlichen Nahverkehr miteinander verbunden, weil sie die notwendige Dichte bieten.[14]

Der Blick auf die (sozial und infrastrukturell bestimmten) Lebenschancen zeigt, dass alternative Transportmodi, die zentrale Rolle des Autos innerhalb vieler Lebensstile nicht kompensieren können. Aufgrund des Systemcharakters erscheint eine Substitution des Autos durch den öffentlichen Nahverkehr oft als eine Krücke. So ist die Häufigkeit des als unangenehm empfundenen Umsteigens ein Zeichen dafür, dass die räumlichen Dimensionen eines Lebensstils dem öffentlichen Nahverkehr nicht angemessen sind (Chapman 2006). Eine grundlegende Änderung von Verkehrssystemen dürfte also ohne einen Wandel von Lebensstilen kaum möglich sein. Um die Potentiale für einen solchen Wandels abzuschätzen, ist es nötig, die sozial-kulturelle Bedeutungen von Autos sowie die Ausdrucksfunktionen ihrer Nutzung zu untersuchen.

Ein Auto scheint oft mehr über eine Person zu verraten als ihre Kleidung. Dass sich die Menschen legerer anziehen, als noch in den 1950er Jahren, könnte auch auf dieses funktionale Äquivalent und auf die (Halb-) Privatheit des Autofahrens zurückgehen (Sheller/Urry 2003). Für die Soziologie ist es sehr schwer vorherzusagen, wie solche Ausdrucksfunktionen substituiert werden könnten. Führen autofreie Lebensstile zu einem stärkeren Modebewusstsein? Könnten elektronische Gadgets, wie teuere Mobiltelefone, Funktionen der Statusmarkierung übernehmen?

Ein Beispiel für die teilweise Substitution der materiellen Autokultur ist das Fahrrad. Fahrräder taugen nicht nur als Medium zur Formung eines umweltgerechten Lebensstils oder dem Ausdruck politischer Überzeugungen (Horton 2006). Mit der zunehmenden Popularität des Fahrrads hat auch eine Ausdifferenzierung verschiedener Fahrradkulturen und -moden stattgefunden, in denen Wert auf Distinktion gelegt wird. Das Fahrrad garantiert im Stadtverkehr eine hohe Flexibilität und die bisher durch das Auto symbolisierte Freiheit. Eine fahrradfreundliche Verkehrsplanung ist dort erfolgreich, wo das Fahrrad wie das Auto als Komponente eines soziotechnischen Systems begriffen wird, das neue Lebenschancen und Gemeinschaft eröffnet. Neben dem Ausbau von Infrastrukturen spielen dabei *advocacy groups* eine wichtige Rolle, in denen das Fahrradfahren als Lebensstil gedeutet und zelebriert wird (Hanson/Young 2008; Pucher/Buehler 2008).

Im Gegensatz dazu wurden bei der bisher überwiegend technokratischen Planung des ÖPNV die Lebensstil-Dimension weitgehend vernachlässigt. Unwirtliche Stationen, eine hohe Kontroll- und Überwachungsdichte sowie Personal, das vor allem Kontrollfunktionen ausübt, bieten nur wenige Chancen, die Fahrt mit dem Bus oder der Bahn als Element zur Formung individueller Lebensstile zu betrachten. Weil das Auto mit Freiheit konnotiert

---

13 Auf einer Internetseite kann die *walkability* für jede Adresse in den USA berechnet werden. Dabei ist *walkability* ein Index, der die Verfügbarkeit von Geschäften, Cafes, Postämtern, Nahverkehrs-, Freizeitangeboten usw. in einer Laufdistanz von einer Meile erfasst (http://www.walkscore.com, 24.09.2009).
14 Die Kehrseite dieser Entwicklung ist, dass sie eng mit der Gentrification verbunden ist. Auch hier zeigt sich, dass die Ressourcen zur Gestaltung ökologischer Lebensstile sozial ungleich verteilt sind.

wird, fällt der ÖPNV u.a. mit Konsumverboten, z.B. zu essen oder Kaffee zu trinken hinter dieses zurück. Gerade dieses Beispiel zeigt die Wichtigkeit von Lebensstildimensionen in der Umweltplanung.

Bevor Autos zum Allgemeingut wurden, bewarben die Hersteller sie in Bezug auf automobile Lebensstile. Ironischerweise spielte die „Natur" dabei eine zentrale Rolle. Das Auto ermöglichte die Suburbanisierung, die subjektiv oft mit dem Häuschen im Grünen verbunden wurde. Henry Ford sagte einst: „we shall solve the city problem by leaving the city" (zitiert nach Gunster 2004). In der Freizeit wurde die Natur, die lange nur Abenteurern offen stand, für alle erreichbar. Die Liebe zur Natur ist vielleicht eine notwendige aber keine hinreichende Voraussetzung für eine nachhaltige Gesellschaft. Inzwischen gilt es die Probleme der Umwelt in den Städten zu lösen. Neben planerischen Maßnahmen (z.B. *compact cities*, Jenks/Burton/Williams 1996), die vor allem Lebenschancen eröffnen, erfordert dies einen tiefgreifenden soziokulturellen Wandel (Wolch 2007: 374).

5 Schluss

In der Umweltsoziologie wurde die Ausblendung der Natur in der Gesellschaftstheorie beklagt (Catton/Dunlap 1979; Goldman/Schurman 2000; Lever-Tracy 2008). Die abgeleitete Notwendigkeit einer grundlegenden Theorie des Natur-Gesellschafts-Verhältnisses muss relativiert werden. Der Erfolg der Naturwissenschaften besteht in der Ausblendung desselben. „Natur" wird auf komplexe aber unentrinnbar selektive Beziehungen zwischen wenigen Variablen reduziert. Auch für die Soziologie stellt sich die Frage: Welche Strategien der Reduktion und Selektion erlauben den Aufbau komplexer Theorien, die die ökologische Bedingtheit der Gesellschaft in den Blick nehmen?

In diesem Beitrag wurden Lebensstile als ein *boundary concept* mittlerer Reichweite empfohlen. Das Resultat der spotlight-artigen Sondierung ist, dass bisher entweder der Einfluss von Einstellungen und Werten auf die Lebensgestaltung oder der ökologische Effekt individueller Lebenspraktiken untersucht wurde. Die Sinnebene von Lebensstilen inklusive ihrer Rückbindung an soziale Gruppen und resultierende ökologische Effekte wurden dagegen vernachlässigt und meist nur im Sinne „ökologiezentrierter" Lebensstile untersucht. Die Schließung dieser Lücke ist eine Herausforderung für die Soziologie und eine Notwendigkeit, um soziologisches Wissen für die tatsächliche Reduktion von Treibhausgasemissionen fruchtbar zu machen.

Gegen die Ansicht, dass zur Herausbildung nachhaltiger Lebensstile vor allem das Umweltbewusstsein gestärkt werden muss, wurden einige Einwände hervorgebracht. Könnte die Etablierung der „Natur" als ein zentraler Wert die ökologische Krise lösen? In der Konsumgesellschaft wäre es das erste Mal, dass ein geschätztes Gut nicht konsumiert würde. Bestünde nicht die Gefahr, dass die Wünsche nach naturnahem Wohnen oder Fernreisen zunähmen? Solche Effekte wären nicht durch Recycling und Energiesparlampen zu kompensieren. Aber das kann man nur wissen, wenn die Umwelteffekte von Lebensstilentwürfen auch quantifiziert würden.

Für die Umweltpolitik ergeben sich aus dem Lebensstilkonzept interessante Ansatzpunkte, weil sich der Klimawandel eben nicht nur als ein technisches Problem sondern auch als ein kulturelles erweist. Mehr noch, nichtnachhaltige Techniken sind tief in kulturelle Praktiken eingebunden. Daher reproduzieren die resultierenden materiellen Verfestigungen nichtnachhaltige Lebensstile. Es gilt die Lebenschancen als eine Voraussetzung für die Formung individueller Lebensstile stärker in den Blick zu nehmen. Eine resultierende ökologische Lebensstilpolitik könnte die individuelle Freiheit erhöhen anstatt sie zu beschränken.

Es ist zu optimistisch, auf eine schnelle Überwindung eines technischen Systems wie des Autos zu hoffen. Technische Maßnahmen zur Reduktion von CO_2-Emission bleiben ebenso unverzichtbar wie eine Beschränkung des Konsums. Ein Ziel der Umweltpolitik könnte aber darin bestehen, sozio-technische Systeme, die bestimmte Lebensstile erlauben, andere aber unmöglich machen, zu öffnen, damit neue Variationen produziert und anhand ihrer Nachhaltigkeit beurteilt werden können. Zudem könnten nicht-konsumorientierte Wege sozialen Ausdrucks gefördert werden, selbst dann, wenn sie nicht unmittelbar mit dem Umweltschutz im Zusammenhang stehen. Forderungen wie eine Wiederbelebung des öffentlichen Raumes oder gemeinschaftlichen bzw. politischen Engagements werden seit längerem und aus verschiedenen Gründen erhoben. Warum ihre Umsetzung sich als schwierig erwiesen hat, ist nicht zuletzt eine Frage an die Lebensstilforschung. Sicher kann sie nicht von ihr allein beantwortet werden.

Literatur

Bartiaux, Françoise (2008): Does Environmental Information Overcome Practice Compartmentalisation and Change Consumers' Behaviours? In: Journal of Cleaner Production 16 (11), 1170-1180.
Barthes, Roland (1990): The Fashion System. Berkeley: University of California Press.
Beck, Ulrich (1986): Die Risikogesellschaft. Frankfurt a.M.: Suhrkamp.
Borek, Erika/Bohon, Stephanie A. (2008): Policy Climate and Reductions of Automobile Use. In: Social Science Quarterly 89 (5), 1293-1311.
Bourdieu, Pierre (1984): Distinction. Cambridge: Harvard University Press.
Brand, Karl-Werner/Fischer, Corinna/Hofmann, Michael (2003): Lebensstile, Umweltmentalitäten und Umweltverhalten in Ostdeutschland. UFZ-Bericht 11/2003, Leipzig: UFZ, http://www.hdg.ufz.de/data/ufz-bericht-11-031102.pdf (24.09.2009).
Catton, William R./Dunlap, Riley (1979): Environmental Sociology. In: Annual Review of Sociology 5, 243-273.
Cervero, Robert (2002): Build Environments and Mode Choice: Toward a Normative Framework. In: Transportation Research Part D 7 (4), 265-284.
Cockerham, William C./Abel, Thomas/Lüschen, Günther (1993): Max Weber, Formal Rationality, and Health Lifestyles. In: The Sociological Quarterly 34 (3), 413-425.
Cooper, James/Ryley, Tim/Smyth, Austin (2001). Contemporary Lifestyles and the Implications for Sustainable Development Policy: Lessons from the UK's Most Car Dependent City: Belfast. In: Cities 18 (2), 103-113.
Chapman, Lee (2006): Transport and Climate Change: A Review. In: Journal of Transport Geography 15 (5), 354-367.
Degenhardt, Lars (2007): Pioniere nachhaltiger Lebensstile. Kassel: Kassel University Press.
Diekmann, Andreas/Preisendörfer, Peter (1992): Persönliches Umweltverhalten. Diskrepanzen zwischen Anspruch und Wirklichkeit. In: Kölner Zeitschrift für Soziologie und Sozialpsychologie (KZfSS) 44 (2), 226-251.
Diekmann, Andreas/Preisendörfer, Peter (2001): Umweltsoziologie: Eine Einführung. Reinbek: Rowohlt.
Duchin, Faye (1996): Population Change, Lifestyle, and Technology: How Much Difference Can They Make? Population and Development Review 22 (2), 321-330.
Empacher, Claudia (2003): How can target-group-specific strategies contribute to the promotion of sustainable consumption patterns? A German Example'. Konferenzbeitrag, 6th Nordic Conference on Environmental Social Sciences (NESS), June 2003, Turku/Abo, Finland, http://www.risoe.dk/rispubl/art/2006_117_proceedings.pdf (24.09.2009).
Engel, Uwe/Potschke, Manuela (1998): Willingness to Pay for the Environment: Social Structure, Value Orientations and Environmental Behavior in a Multilevel Perspective. In: Innovation 11 (3), 315-32.
Friedrichs, Jürgen/Blasius, Jörg (2000): Leben in benachteiligten Wohngebieten. Opladen: Leste + Budrich.

Gärling, Tommy/Gärling, Anita/Loukopoulos, Peter (2002): Forecasting Psychological Consequences of Car Use Reduction: A Challenge to an Environmental Psychology of Transportation. Applied Psychology 51 (1), 90-106.

Geels, Frank W. (2005): The Dynamics of Transition in Socio-technical Systems: A Multi-level Analysis of the Transition Pathway from Hors-drawn Carriages to Automobiles (1860-1930). In: Technology Analysis & Strategic Management 17, 445-476.

Giddens, Anthony (2001): Modernity and Self-Identity. Self and Society in the Late Modern Age. Stanford: Stanford University Press.

Goldmann, Michael/Schurman, Rachel A. (2000): Closing the ‚Great Divide': New Social Theory on Society and Nature. In: Annual Review of Sociology 26, 563-584.

Gunster, Shane (2004): 'You Belong Outside' Advertising, Nature, and the SUV. In: Ethics & the Environment 9 (2), 4-31.

Hanson, Royce/Young, Garry (2006): Active Living and Biking: Tracing the Evolution of a Biking System in Arlington, Virginia. In: Journal of Health Politics, Policy & Law 33 (3), 387-406.

Hitzler, Ronald (1994): Sinnbasteln. In: Mörth, Ingo/Fröhlich, Gerhard (Hrsg.): Das symbolische Kapital der Lebensstile. Frankfurt a.M: Campus, 75-92.

Holt, Douglas B. (1997): Poststructuralist Lifestyle Analysis: Conceptualizing the Social Patterns of Consumption in Postmodernity. In: The Journal of Consumer Research 23 (4), 326-350.

Horton, Dave (2006): Environmentalism and the Bicycle. In: Environmental Politics 15 (1), 41-58.

Howard, Barbara (2007): LOHAS Consumers are taking the world by storm. In: Total Health 29 (3), 58.

Høyer, Karl-Georg (2008): The History of Alternative Fuels in Transportation: The Case of Electric and Hybrid Cars.Utilities Policy 16 (2), 63-71.

Inglehart, Ronald (1997): Modernization and Postmodernization. Cultural, Economics, and Political Change in 43 Societies. Princeton: Princeton University Press.

Jenks, Mike/Burton, Elizabeth/Williams, Katie (Hrsg.) (1996): The Compact City. A Sustainable Urban Form. London: Spon Press.

IPCC (2007): Climate Change 2007: Synthesis Report. Contribution of Working Groups I, II and III to the Fourth Assessment Report of the Intergovernmental Panel on Climate Change. Geneva: IPCC.

Lange, Hellmuth (2005): Lebensstile. Der sanfte Weg zu mehr Nachhaltigkeit?. Artec-paper 122. Bremen: Universität Bremen, http://www.artec.uni-bremen.de/files/papers/paper_122.pdf (25.09.2009).

Lever-Tracy, Constance (2008): Global Warming and Sociology. In: Current Sociology 56 (3), 445-466.

Lipschutz, Ronnie (2009): The Governmentalization of "Lifestyle" and the Biopolitics of Carbon. IES Working Paper, Berkeley, http://repositories.cdlib.org/ies/090827/ (01.10.2009).

Lüdtke, Hartmut (1989), Expressive Ungleichheit. Zur Soziologie der Lebensstile. Opladen: Leske + Budrich.

Lutzenhiser, Loren/Hackett, Bruce (1993): Social Stratification and Environmental Degradation: Understanding Household CO_2 Production. In: Social Problems 40 (1), 50-73.

Maniates, Michael (2002a): In Search of Consumptive Resistance: The Voluntary Simplicity Movement. In: Princen, Thomas/Maniates, Michael/Conca, Ken (Hrsg.) (2002b): Confronting Consumption. Cambridge u.a.: MIT Press, 200-235.

Maniates, Michael (2002b): Individualization: Plant a Tree, Buy a Bike, Save the World? In: Princen, Thomas/Maniates, Michael/Conca, Ken (Hrsg.) (2002b): Confronting Consumption. Cambridge u.a.: MIT Press, 43-66.

Mörth, Ingo/Fröhlich, Gerhard (Hrsg.) (1994): Das symbolische Kapital der Lebensstile. Frankfurt a.M: Campus.

Naess, Arne (1990): Ecology, Community, and Lifestyle: Outline of an Ecosophy. Cambridge: Cambridge University Press.

O'Neill, Brian C./Chen, Belinda, S. (2002): Demographic Determinants of Household Energy Use in the United States. In: Population and Development Review 28, Supplement: Population and Environment: Methods of Analysis, 53-88.

Otte, Gunnar (2005): Hat die Lebensstilforschung eine Zukunft? In: Kölner Zeitschrift für Soziologie und Sozialpsychologie (KZfSS) 57 (1), 1-32.

Poudenx, Pascal (2005): The Effect of Transportation Policies on Energy Consumption and Greenhouse Gas Emission from Urban Passenger Transportation. In: Transportation Research Part A 42 (5), 901-909.

Princen, Thomas/Maniates, Michael/Conca, Ken (2002a): Confronting Consumption. In: Princen, Thomas/Maniates, Michael/Conca, Ken (Hrsg.) (2002b): Confronting Consumption. Cambridge u.a.: MIT Press, 1-20.

Princen, Thomas/Maniates, Michael/Conca, Ken (Hrsg.) (2002b): Confronting Consumption. Cambridge u.a.: MIT Press.

Preisendörfer, Peter (1999): Umwelteinstellungen und Umweltverhalten in Deutschland. Opladen: Leske + Budrich.

Pucher, John/Buehler, Ralph (2008): Making Cycling Irresistible: Lessons from The Netherlands, Denmark and Germany. In: Transport Reviews 28 (4), 495-528.

Putnam, Robert D. (2000): Bowling Alone. The Collapse and Revival of American Community. New York: Simon and Schuster.

Reusswig, Fritz (1994), Lebensstile und Ökologie. Gesellschaftliche Pluralisierung und alltagsökologische Entwicklung unter besonderer Berücksichtigung der Energiebranche. Frankfurt a.M.: Verlag für Interkulturelle Kommunikation.

Rink, Dieter (2002a): Nachhaltige Lebensstile zwischen Ökorevisionismus und neuem Fundamentalismus, ‚grünem Luxus' und ‚einfacher Leben'. In: Rink, Dieter (Hrsg.) (2002b): Lebensstile und Nachhaltigkeit: Konzepte, Befunde und Potentiale. Opladen: Leske + Budrich, 7-23.

Rink, Dieter (Hrsg.) (2002b): Lebensstile und Nachhaltigkeit: Konzepte, Befunde und Potentiale. Opladen: Leske + Budrich.

Rössel, Jörg (2005): Plurale Sozialstrukturanalyse. Eine handlungstheoretische Konstruktion der Grundbegriffe der Sozialstrukturanalyse. Wiesbaden: Verlag für Sozialwissenschaften.

Ryley, Timothy J. (2008): The Propensity for Motorists to Walk for Short Trips: Evidence from West Edinburgh. In: Transportation Research Part A 42 (4), 620-628.

Scheiner, Joachim/ Kaspar, Birgit (2003): Lifestyles, Choice of Housing Location and Daily Mobility: The Lifestyle Approach in the Context of Spatial Mobility and Planning. In: International Social Science Journal 55 (176), 319-332.

Schulze, Gerhard (1997): Erlebnisgesellschaft. Kultursoziologie der Gegenwart. Frankfurt a.M.: Campus.

Schützenmeister, Falk (2008): Zwischen Problemorientierung. und Disziplin. Ein koevolutionäres Modell der Wissenschaftsentwicklung. Bielefeld: Transcript.

Schützenmeister, Falk (2009): Workshop Report: Climate Change Mitigation: Considering Lifestyle Options in Europe and the US. IES Working Paper, Berkeley, http://repositories.cdlib.org/ies/090723/ (01.10.2009).

Sheller, Mimi/Urry, John (2003): Mobile Transformation of ‚Public' and ‚Private' Life. In: Theory, Culture & Society 20 (3), 107-125.

Spellerberg, Anette/Berger-Schmitt, Regina (1998): Lebensstile im Zeitvergleich: Typologien für West- und Ostdeutschland 1993 und 1996. WZB-Arbeitspapier FS III: 98-403. Berlin: WZB, http://skylla.wz-berlin.de/pdf/1998/iii98-403.pdf (25.08.2009).

Star, Susan Lee/Griesemer, James R. (1989): Institutional Ecology, ‚Translations', and Boundary Objects: Amateurs and Professionals in Berkeley's Museum of Vertebrate Zoology, 1907-1939. In: Social Studies of Science 19 (3), 387-420.

Ungar, Sheldon (1994): Apples and Oranges: Probing the Attitude-Behaviour Relationship for the Environment. Canadian Review of Sociology & Anthropology 31 (3), 288-304.

Urry, John (2004): The ‚System' of Automobility. In: Theory, Culture & Society 21 (4-5), 25-39.

Urry, John (2008): Climate Change, Travel and Complex Futures. The British Journal of Sociology 59 (2), 261-279.

Wackernagel, Mathis/Lewan, Lillemor/Hansson, Carina B. (1999): Evaluating the Use of Natural Capital With the Ecological Footprint. In: Ambio 28 (7), 604-612.

Weber, Max (1972): Wirtschaft und Gesellschaft. Tübingen: J.C.B. Mohr (Paul Siebeck).

Wiedmann, Thomas/Minx, Jan/Barret, John et al. (2006): Allocating Ecological Footprints to Final Consumption Categories with Input-Output Analysis. In: Ecological Economics 56 (1), 28-48.

Wolch, Jennifer (2007): Green Urban Worlds. In: Annals of the Association of American Geographers 97 (2), 373-384.

World Commission on Environment and Development (1987): Our Common Future. New York: Oxford University Press.

Unruhe und Stabilität als Form der massenmedialen Kommunikation über Klimawandel

Cristina Besio, Andrea Pronzini

1 Einleitung: Der soziologische Blick auf die mediale Konstruktion des Klimawandels

Seitdem die sozialen Bewegungen auf die Risiken und Folgen der Umweltzerstörung aufmerksam gemacht haben, sind für die Soziologie neue Herausforderungen erwachsen: Ihre Analysen müssen nicht nur in der Lage sein, innere gesellschaftliche Verhältnisse zu erläutern, sondern sie müssen auch die Einwirkungen der Gesellschaft auf die natürliche Umwelt analysieren können. Inzwischen ist die soziologische Forschung, die sich mit Umweltfragen befasst, kaum mehr zu überschauen (siehe u.a. Diekmann/Jaeger 1996; Redclift/Woodgate 2000; Dunlap/Buttel 2002). Allerdings ist die *soziologische* Beschreibung der Umweltfrage in unserer Gesellschaft nicht die einzige. Die prominenteste Beschreibung von Umweltrisiken liefern vielmehr die Massenmedien. Die gesellschaftliche Wahrnehmung von Umweltproblemen und damit auch der spezifischen Frage des „Klimawandels" verdankt sich in hohem Maße massenmedialen Erzählungen. Sie fokussieren gesellschaftliche Ängste und Sorgen bezüglich der Umwelt auf ein bestimmtes Thema. Sie entwerfen Szenarien, die Anlass für Diskussionen oder sogar Streit sein können, die aber grundsätzlich nicht ignoriert werden können.

Massenmediale und soziologische Beobachtungen von Umweltproblemen können sehr unterschiedlich ausfallen. Während die Massenmedien Umweltprobleme als objektive Tatsachen behandeln, gilt für die Soziologie, zumindest in ihrer systemtheoretischen Variante Luhmann'scher Prägung, dass die Bezeichnung „Klimawandel" zwar etwas Treffendes über den Zustand der Erde auszudrücken mag, vor allem aber kann man soziologisch daran beobachten, wie die Gesellschaft ihr Verhältnis zur Umwelt gestaltet. Anders gesagt, die Soziologie bewegt sich im Beobachtungsmodus zweiter Ordnung (Luhmann 1985): Sie kann beobachten, nach welchen Logiken die Politik Umweltrisiken definiert und in allgemein bindende Entscheidungen überführt, nach welchen Kriterien Gesetze zum Umweltschutz erlassen werden, wie die Wirtschaft Umweltfragen als Chance für neue Gewinne oder umgekehrt als Hindernis wahrnimmt, usw. Schließlich kann die Soziologie auch die massenmedialen Beschreibungen beobachten. Sie kann deren Dynamik und Eigenschaften analysieren und damit die Grundzüge der durch die Massenmedien entworfenen Diagnosen als kontingent, also als „eine mögliche Form der Diagnose unter anderen möglichen" beschreiben. Angesichts der Resonanz der gesellschaftlichen Selbstbeschreibung, welche die Massenmedien erzeugen, ist eine solche Analyse für die Soziologie, letztlich aber auch für die Gesamtgesellschaft unentbehrlich.

Der vorliegende Beitrag analysiert einige Aspekte der massenmedialen Berichterstattung über den Klimawandel. Wir zeigen, wie das Risiko „Klimawandel" in eine Spannung zwischen Entscheidern und Betroffenen umgeformt und der Klimawandel als ein anthropogenes Problem aufgefasst wird. So wird der gegenwärtige Zustand der Erde weitgehend als Resultat von Entscheidungen von Akteuren geschildert. Die Folgen dieser Entscheidungen betreffen die ganze Menschheit, auch diejenigen, die an den Entscheidungen nicht beteiligt waren. Der Diskurs lebt aber nicht nur von Verantwortungsträgern und Betroffenen, sondern dazwischen nisten sich moderne und als solche immer auch fehlbare „Helden" ein: die Problemlöser. Die in den Medien am meisten debattierte Lösung des Problems „Klimawandel" ist die Stabilisierung bzw. die Reduktion von Treibhausgasemissionen. Verschiedene Akteure werden dazu als mögliche Lösungsträger unterschiedlich angesprochen. So sollen etwa Staaten verpflichtende internationale Grenzwerte fixieren und Unternehmen aus eigener Initiative neue energiesparende Produkte und Verfahren entwickeln, während von der Bevölkerung ein „Wertewandel" eingefordert wird. Dabei lassen die Massenmedien hoch gesteckte Erwartungen und Hoffnungen in die Lösungsfähigkeit insbesondere von politischen und ökonomischen Akteuren in die Gesellschaft einfliessen. Im Anschluss aber werden von denselben Medien regelmässig nüchterne Berichte geliefert, in denen Misserfolge und die Unzulänglichkeit der relevanten Akteure beklagt werden.

Die massenmedialen Beschreibungen werden in der Regel keiner Konsistenzprüfung unterzogen. Die Soziologie kann jedoch den Stellenwert dieser Beschreibung präzisieren und zeigen, dass die medial konstruierten Handlungen von Akteuren nicht die einzig Möglichen sind und sie nicht einmal eine plausible Beschreibung gesellschaftlicher Dynamiken liefern. Zudem kann die Soziologie zeigen, dass diese Beschreibungen gerade in ihrer gegebenen Beschaffenheit eine wichtige Rolle spielen. Das Ergebnis des medialen Diskurses über Klimawandel fassen wir systemtheoretisch als eine Form, dessen zwei Seiten Unruhe und Stabilität sind. Die *Unruhe* ergibt sich aus der Tatsache, dass die Massenmedien über viel versprechende Maßnahmen und gleichzeitig über ihr Fehlschlagen berichten. Die *Stabilität* ergibt sich aus der Wiederholung von Beobachtungsschemata: Risiken werden ausgemacht, einfache Verantwortungen zugewiesen und Problemlösungen entwickelt, die regelmässig scheitern. Der Dynamik, in der Hoffnungen und Enttäuschungen aufeinander folgen, steht die relative Stabilität von Deutungsmustern gegenuber. Die Massenmedien schaffen *Unruhe*, indem sie immer neue Informationen über das Phänomen „Klimawandel" erzeugen, und sie schaffen gleichzeitig Stabilitäten, indem sie immer wiederkehrende Deutungsmuster aktivieren. Diese Form fungiert als eine in der innergesellschaftlichen Umwelt wirksame Quelle von Irritation.

Dieser Beitrag ist wie folgt gegliedert: Zuerst werden einige Vorüberlegungen zur massenmedialen Konstruktion von Risiken angestellt und gezeigt, wie die Massenmedien Risiken als Unterscheidung zwischen Entscheidern und Betroffenen behandeln. Dem folgen einige Bemerkungen zur gesellschaftlichen Konstruktion von Akteuren. Ausgehend von diesen theoretischen Prämissen wird dann die spezifische Konstruktion von Akteuren als Entscheidern und Betroffenen im medialen Diskurs in zwei schweizerischen Tageszeitungen über die Periode 1987-2006 analysiert. Schliesslich werden einige Gedanken zu Unruhe und Stabilität als Folge der massenmedialen Berichterstattung ausgearbeitet.

2 Die massenmediale Konstruktion von Risiken

Eine zentrale Eigenschaft des massenmedialen Diskurses über Klimawandel ist die Spannung zwischen Entscheidern und Betroffenen. Diese Form, die Luhmann für die konstitutive Unterscheidung moderner Risiken hält (Luhmann 1991), taucht in einer spezifisch verarbeiteten Form im medialen Diskurs auf.

Zwar beschäftigen sich die Sozialwissenschaften seit langem mit modernen Risiken (Beck 1986; Adam/Beck/van Loon 2000; Giddens 1990; Luhmann 1991), viele Analysen des Klimawandels verzichten jedoch auf eine soziologische Charakterisierung des Phänomens. In Anlehnung an Luhmann (1991) definieren wir Risiko im Unterschied zu Gefahr. Bei einer Gefahr werden mögliche Schäden auf externe Ereignisse zurückgeführt; bei einem Risiko werden mögliche Schäden einer Entscheidung zugerechnet. So klar diese Unterscheidung auch ist, kann kein Sachverhalt eindeutig als Risiko oder als Gefahr bezeichnet werden. Die Spezifität der Moderne ist vielmehr gerade, dass es immer weniger Schäden gibt, die *nicht* auf Entscheidungen zurückgeführt werden können. Aber während etwas für diejenigen Akteure, die die Entscheidungen getroffen haben (Entscheider), als Risiko erscheint, kann derselbe Sachverhalt für diejenigen, die lediglich den möglichen Schäden ausgesetzt und an den Entscheidungsprozessen nicht beteiligt sind (Betroffene), gleichzeitig eine Gefahr darstellen. Diese führen mögliche Schäden nämlich auf externe Faktoren zurück: die Entscheidungen Dritter (Luhmann 1991a: 117). Folglich hängt es von der Perspektive des Beobachters ab, ob ein Sachverhalt als Risiko oder als Gefahr bezeichnet wird.

Mit dieser Definition wird Risiko nicht mehr als eine ontologisch gegebene Tatsache oder als eine objektive Grösse beschrieben. Risiko ist hier weder thematisch noch durch einen bestimmten Wahrscheinlichkeitsgrad mit dem Eintreten ungewollten Schadens verbunden. In dieser Fassung kann Risiko als generalisiertes Medium auf eine virtuell unbegrenzte Anzahl von Phänomenen angewendet werden, so auch auf den Klimawandel als eine spezifische Form im Medium Risiko.

Risiko basiert auf einem Paradox: das Gleiche ist zersplittert in verschiedene Positionen. Diese Spannung und damit verbundene Komplexität kann eigentlich nie behoben werden. Jedoch kann die Unterscheidung Risiko/Gefahr durch andere Unterscheidungen substituiert werden. So werden im heutigen Umweltdiskurs Akteure als Entscheider oder Betroffene festgelegt. Man unterscheidet dann etwa zwischen Umweltzerstörern und Umweltschützern. Das Problem des Risikos wird, in anderen Worten, auf Personen und Organisationen bezogen und auf ihre Interessenkonflikte zurückgeführt und somit handhabbar gemacht (ebd.: 118).

Bei der Analyse des Klimawandels in den Massenmedien geht es dann darum zu untersuchen, welche spezifischen Verarbeitungen der Unterscheidung Entscheider/Betroffene stattfinden und wie das Medium Risiko durch die Massenmedien in Formen bestimmt wird. Die Massenmedien metabolisieren nämlich das in der Gesellschaft schwebende Medium Risiko und rahmen (Framing) es mittels eigener Strukturen neu ein. Diese Wiedereinrahmung ist wesentlicher Bestandteil der massenmedialen Kommunikation über Klimawandel, welchem sich andere, aus der Forschung schon bekannte, strukturelle Besonderheiten hinzufügen: Etwa die Darstellung von Opfern, der moralische Diskurs (Willke 1984; Dahinden 2002) und die Dramatisierung von Geschichten (Mc Comas/Shanahan 1999: 35-36).

3 Die soziale Konstruktion von Akteuren

Ausgehend von diesen Überlegungen wundert der Befund nicht, dass im medialen Diskurs über Klimawandel „Akteure" eine zentrale Rolle spielen (Trumbo 1996; Klinsky 2007; Carvalho 2008). Bevor wir jedoch auf die spezifische Konstruktion von Akteuren in den Massenmedien eingehen, müssen wir zuerst beschreiben, wie die moderne Gesellschaft überhaupt Akteure konstruiert. Die soziologische Reflexion hat in jüngster Zeit eine Wiedergeburt der Begriffe von Akteur und Handlung erlebt. Hieran schließen wir an, indem wir einige Gedanken aus der neoinstitutionalistischen Theorie (Meyer/Jepperson 2000; Meyer/Boli/Thomas et al. 2005) aufnehmen, sie in systemtheoretischer Begrifflichkeit umformulieren und mit der Idee der Differenzierung der modernen Gesellschaft kombinieren.

In seinen Schriften zur „world polity" betont John Meyer, dass auf gesellschaftlicher Ebene eine Konvergenz in Richtung standardisierter und allgemeingültiger kultureller Muster wie z.B. Werten zu beobachten ist. Diese Konvergenz sei auch auf der Ebene der Akteure feststellbar. Dem Neoinstitutionalismus verdankt man die Einsicht, dass es auf gesellschaftlicher Ebene eine kollektive Art und Weise gibt, um Bezug auf die Akteure zu nehmen: Akteure sind Entitäten, welchen die Fähigkeit zur Generierung und Begründung der eigenen Aktionen zugeschrieben wird. Die sogenannten „agentic actors" werden als hoch standardisiert angesehen. Individuen, Staaten und Organisationen werden als Akteure konstruiert, die in der Lage sind, mit Intentionalität zu handeln, eigene Ziele zu definieren und Entscheidungen zu treffen.

Systemtheoretisch kann man dies wie folgt formulieren: Akteure sind das Ergebnis von Zuschreibungsprozessen, welche auf der operativen Ebene der Gesellschaft, d.h. in Kommunikationen, stattfinden. Die Gesellschaft konstruiert Akteure, indem im rekursiven Bezug von Kommunikationen auf Kommunikationen handlungsfähige Entitäten herauskristallisiert werden. Mit anderen Worten, Handelnde sind eine Form der Kommunikation.[1] Die funktional differenzierte Gesellschaft ersetzt ältere Orientierungsformen wie die Zugehörigkeit zu Gruppen und Schichten mit der Semantik der Individualität, so dass Individuen als handlungsfähige und sogar verantwortliche Wesen behandelt werden. Die moderne Gesellschaft nimmt nicht nur Individuen, sondern auch andere Entitäten als Akteure wahr, wie z.B. Organisationen.

Das, was vom Neoinstitutionalismus nicht pointiert wird, ist, dass verschiedene Gesellschaftsbereiche Akteure jeweils unterschiedlich konstruieren. Wenn man von der funktionalen Differenzierung (Luhmann 1997: 743-776) ausgeht, stellt man fest, dass jedes Funktionssystem Akteure in einer spezifischen Art und Weise beobachtet: für das ökonomische System z.B. agieren Akteure aufgrund gewinnmaximierender Entscheidungen (Hutter/Teubner 1994), das Rechtssystem unterscheidet zwischen Schuldigen und Unschuldigen (Teubner 2006), die moralische Kommunikation identifiziert zu lobende und zu tadelnde Personen (Luhmann 1996b: 29), usw. Anders gesagt: einerseits sind Akteure auf der Ebene der globalen Weltgesellschaft konstruiert, aber da jedes System aufgrund einer eigenen spezifischen Logik operiert, werden Akteure in verschiedenen Funktionssystemen ganz anders berücksichtigt. Paradoxerweise sind die gleichen Akteure verschieden, je nach dem, welches System ihnen Handlungsfähigkeit zuschreibt. Einige Akteure tauchen als solche nur in spezifischen Systemen auf und kommen in anderen überhaupt nicht vor. Welche Entitäten als Akteure betrachtet werden, ist ein historisches und kontextgebundenes Ergeb-

---

1 Handlung ist die elementare Einheit der Selbstbeobachtung sozialer Systeme (Luhmann 1984: 241).

nis: im Mittelalter konnten Tiere vor Gericht gebracht werden. Heutzutage wäre das eher gewagt. Dagegen sind wir weniger überrascht von der Diskussion, ob Computern Denkfähigkeiten zugeschrieben werden können (Pronzini 2002).

Darüber hinaus kann man innerhalb eines Systems eine hohe Varietät in der Konstruktion von Akteuren finden. Z.B. kann das Rechtssystem nur partielle Rechte zuweisen und die Fähigkeit zur Handlung kann auch unterschiedlich zugewiesen werden: Tiere haben nur Recht auf Schutz, Menschen können völlig oder nur partiell (wie z.B. Kinder) verantwortlich sein (Teubner 2006). Zudem unterscheiden Systeme zwischen Akteuren, die als *Kommunikationspartner* fungieren können, und Akteuren, die ausschliesslich als *Thema von Kommunikation* ins Spiel kommen. Beispielsweise kann wohl von der Wirtschaft die Rede sein, man kann jedoch mit der Wirtschaft nicht kommunizieren, sondern man muss sich stellvertretend an Unternehmen, also ökonomische *Organisationen*, wenden.[2]

Aus den obigen Überlegungen kann man die Schlussfolgerung ziehen, dass die moderne Gesellschaft eine ausgeprägte Pluralität und Heterogenität der Akteure aufweist. Darunter findet man auch die Konstruktion von Akteuren durch die Massenmedien. Wie alle Systeme, so konstruieren auch die Massenmedien Akteure in einer spezifischen Art und Weise und liefern damit eine höchst selektive Beschreibung der Gesellschaft. Wie und mit welcher Resonanz das für andere Systeme geschieht, das kann die Soziologie beleuchten.

Die Soziologie kann aber noch mehr leisten: Sie ist nämlich in der Lage, die Beschreibung der Gesellschaft, die die Massenmedien anbietet, mit der eigenen Beschreibung der Gesellschaft zu vergleichen. In der neoinstitutionalistischen Begrifflichkeit hiesse das möglicherweise, Entkopplungsprozesse zu analysieren und zwischen gesellschaftlichen Mythen (in diesem Fall *massenmedialen* Mythen) und tatsächlichen Handlungen, etwa von Unternehmen, zu unterscheiden[3]. Systemtheoretisch impliziert dies Folgendes: eine Beschreibung, die die soziale Welt als Ergebnis von Handlungen auffasst (massenmediale Inszenierung), mit einer Beschreibung zu vergleichen, die das Soziale ausgehend von Kommunikationsprozessen beschreibt (systemtheoretische Analyse). Dieser Vergleich ist ein wesentlicher Bestandteil einer Methodologie, welche dem Nicht-kommunizierten eine wichtige Rolle zuordnet (Besio/Pronzini 2008: 24) und ist daher besonders hilfreich für die Analyse von dem, was in den Massenmedien nicht vorkommt. Eine solche Analyse ermöglicht Überlegungen zur Plausibilität der massenmedialen Beschreibung.

---

2 Systemtheoretisch sind Organisationen die einzigen sozialen Systeme, die als Kommunikationspartner fungieren können (Luhmann 1997: 834; Luhmann 2000a: 388-390).

3 Die Kluft zwischen rationalen Mythen und Operationen von Organisationen ist ein bekanntes Phänomen. Die moderne Gesellschaft insgesamt lebt von rationalen Mythen, deren Diskrepanz mit „Realität" durch die Bewahrung von Hoffnungen gemildert wird (Brunsson 2006). Bei der Reproduktion von Hoffnungen auf sozialer Ebene, so vermuten wir, spielen die Massenmedien eine zentrale Rolle.

4 Methoden

Die folgenden Überlegungen basieren auf einer Inhaltsanalyse der Berichterstattung über Klimawandel von zwei Tageszeitungen der Schweizer Presse[4] über die Periode 1987-2006 sowie auf einer Diskursanalyse von einer begrenzten Anzahl von Artikeln, die typische Argumentationsmuster enthalten.[5] Da wir uns hauptsächlich auf Ergebnisse dieser zweiten Analyse beziehen, sind dazu einige Anmerkungen voranzustellen.

Die Diskursanalyse ist eine im Prinzip auf Foucault zurückgehende, jedoch in ihrem Verständnis und ihrer Anwendung bei weitem noch zersplitterte Methode (Diaz-Bone/Bührmann/Gutièrrez Rodrìguez et al. 2008). Wir wenden diskursanalytische Techniken an, aber wir modellieren sie aufgrund unseres theoretischen Rahmens. Wir untersuchen die Eigenschaften von „Narrationen", d.h. auf bestimmte Ereignisse aufbauende Geschichten. Systemtheoretisch handelt es sich um eine Semantikanalyse (Luhmann 1993: 9-71). Allerdings werden nicht Begrifflichkeiten in einer historisch weit gestreckten Periode in Bezug auf gesellschaftliche Strukturänderungen untersucht, sondern der Blick wird auf spezifische, begrenzte Diskurse gerichtet, welche aber auch eine zugrunde liegende soziale Struktur voraussetzen. Diskursanalytisch rückt eine solche Herangehensweise die so genannten „frames" ins Zentrum der Aufmerksamkeit, die Interpretationsraster also, mittels derer Fakten Sinn verliehen wird (Scheufele 2004; Reese 2007). „Frames" bestehen aus verschiedenen Elementen: Problemdefinition, kausale Verhältnisse, Werte usw. (Entman 1993). Sie verbinden Ereignisse, Akteure, Ursachen oder Effekte, indem sie eine kohärente Geschichtskonstruktion entwerfen. Deswegen ermöglichen sie es, Identitäten, Unterscheidungen und Beurteilungsmassstäbe aufzuzeigen. D.h. sie ermöglichen es, semantische Konstrukte zu untersuchen.

Einerseits leisten die Massenmedien einen wichtigen Beitrag zur gesellschaftlichen Konstruktion der Realität (Luhmann 1996a). Das erzielen sie, weil verschiedene Instanzen unterstellen können, dass das Wissen, das von den Massenmedien verbreitet wird, allen bekannt und damit geteilt ist. Massenmedien produzieren so einen Wissenshintergrund, ein Gedächtnis an das andere Instanzen anschliessen können (Esposito 2002). Andererseits können Massemedien weder die Agenda anderer Systeme bestimmen, noch können sie anderen Systemen ihre eigenen Beurteilungsstandards aufzwingen. Mediale Deutungsmuster ermöglichen eine Strukturierung des gesellschaftlichen Gedächtnisses ohne Festlegung des Handelns (Luhmann 1996a: 198). Dieses Gedächtnis verbreitet Interpretationsmuster in die Gesellschaft, es ist aber nicht in der Lage, andere Funktionssysteme festzulegen. Das, was diese Funktion als Gedächtnis „ermöglicht", sind letztendlich „frames". Dies bedeutet, dass wenn man methodologisch die Aufmerksamkeit auf „frames" fokussiert, man sich den Weg ebnet, die Bedingungen des Verhältnisses zwischen Massenmedien und anderen

---

[4] Es handelt sich um eine Analyse im Rahmen des Forschungsprojektes „Constructing research problems while addressing society's concerns. The public communication on climate change in Switzerland and its impact on science" (Leiter Prof. Dr. Gaetano Romano, Soziologisches Seminar der Kultur- und Sozialwissenschaftlichen Fakultät der Universität Luzern). Das Projekt wird vom Schweizerischen Nationalfonds zur Förderung der wissenschaftlichen Forschung (SNF) finanziert.

[5] Unsere Untersuchungseinheiten sind einzelne, zwischen 1987 und 2006 erschienene Artikel von zwei Tageszeitungen der deutschsprachigen Schweiz: Die Neue Zürcher Zeitung (NZZ) und der Tages-Anzeiger (TA). Letzterer ist politisch und wirtschaftlich unabhängig, weist jedoch eine politische Mitte/Links-Haltung auf. Die NZZ versteht sich als „Qualitätszeitung", hat einen starken Fokus auf die Wirtschaft und vertritt politisch eine liberal-bürgerliche Position.

Funktionssystemen zu beobachten. Die mehrmals betonte Kluft zwischen wissenschaftlicher Auffassung und medialer Repräsentation von der Unsicherheit des Klimawandels (Boykoff/Boykoff 2004; Oreskes 2007) und deren Wechselwirkung etwa könnte anhand einer Analyse von „frames" im hier skizzierten Sinn näher analysiert werden.[6] Im Folgenden beschränken wir uns auf eine sehr selektive Wiedergabe unserer Forschungsergebnisse.

5 Der massenmediale Diskurs über Klimawandel

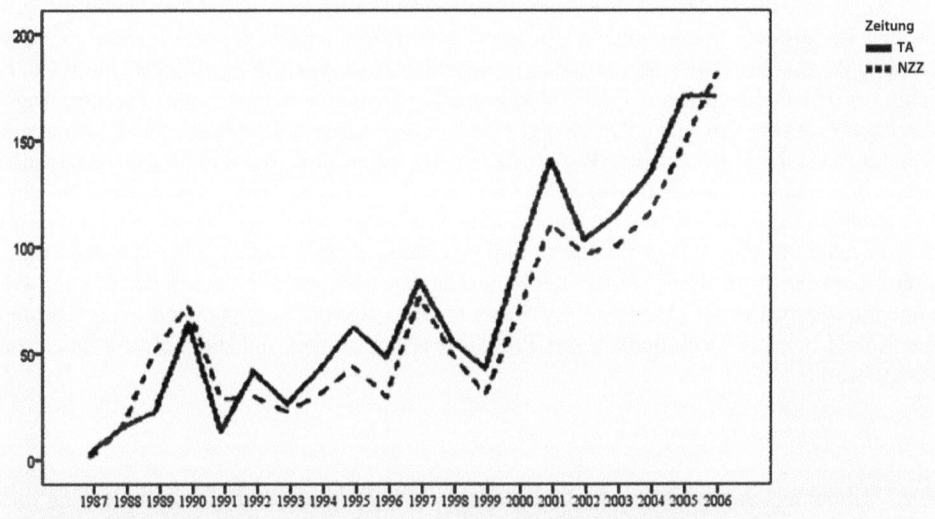

Abbildung 1: Anzahl der Artikel über Klimawandel, 1987-2006

Das massenmediale Interesse am Thema Klimawandel hat über die vergangenen zwei Jahrzehnte zugenommen. Doch war dies kein kontinuierlicher Prozess, vielmehr schwankte das Interesse stark (Abb. 1). Solche Schwankungen werden oft bei medialen Diskursen beobachtet und werden z.B. in Anlehnung an die Arbeiten von Anthony Downs (1972) als Aufmerksamkeitszyklen interpretiert. So wird der Diskurs über Klimawandel als zyklisch gelesen[7]: die Erzählung fängt mit dramatischen Appellen an, verschiebt sich in Richtung Problemlösung und mündet in einer Auflösung der Geschichte, oft im Scheitern, wobei dieses dann als Neuanfang für einen neuen Zyklus dienen kann (McComas/Shanahan 1999). Während diese Beschreibung auf inhaltliche Unterschiede in den Phasen eines Zyk-

---

6 Anabela Carvalho (2008) hat darauf aufmerksam gemacht, dass eine vollständige Analyse der öffentlichen Konstruktion von Klimawandel nicht nur berücksichtigen soll, wie Akteure in den Medien konstruiert werden, sondern auch wie andere Instanzen diese „Repräsentationen" mitgestalten: „Rarely do journalists witness events or get to know reality in a way that does not involve the mediation of others. A variety of social actors serve as a source of information for media professionals (...)" (164). Im vorliegenden Beitrag können wir nicht auf diese Wechselwirkungen eingehen.

7 Andere nehmen an, dass die Entwicklung des Diskurses über Klimawandel durch verschiedene Phasen charakterisiert ist, die etwa durch die Dominanz bestimmter Akteuren gekennzeichnet sind (Trumbo 1996; Weingart/Engels/Pansegrau 2002; Carvalho/Burgess 2005).

lus hindeutet, zeigt Klinsky (2007), dass die Höhen und Tiefen rein quantitativer Art sein können: diesen entspräche kein thematischer Schub. Unsere Analyse des schweizerischen medialen Diskurses[8] zeigt, dass Höhen und Tiefen zwar unterschiedlichen Themenschwerpunkten in verschiedenen Momenten der Narrationen entsprechen (Unruhe), allerdings bleiben die massenmedialen Frames unverändert (Stabilität). Die Ergebnisse der Diskursanalyse ermöglichen es, diese Unruhe und Stabilität als Anwendung der Unterscheidung von Entscheidern/Betroffenen zu analysieren: das Thema Klimawandel wird in die Geschichte von Akteuren verwandelt, in die zuerst grosse Hoffnungen projiziert werden, die dann jedoch enttäuscht werden.[9]

Schon die quantitative Verteilung im Zeitverlauf zeigt, dass die Höhen wichtigen politischen Ereignissen auf nationaler und auch internationaler Ebene entsprechen. Der erste Höhepunkt im Jahr 1990 ist das Jahr, in dem der First Assessment Report des IPCC erschien. 1992 stellt sich mit der Weltkonferenz von Rio ein Höhepunkt für den Tages-Anzeiger (TA) ein. Im Jahr 1995 erfolgt eine Wiederbelebung des Diskurses aus Anlass des Second Assessment Report des IPCC. 1997 ist das Jahr von Kyoto und im Jahr 2001 finden neben dem Third Assessment Report des IPCC in der Schweiz Diskussionen über das am 1. Mai 2000 in Kraft getretene CO_2 Gesetz statt. Die letzten Jahre sind durch eine stetige Zunahme gekennzeichnet. Hier kommt es auf nationaler Ebene zu einer intensivierten Diskussion über die Einführung einer Lenkungsabgabe und international finden zwei UN-Klimakonferenzen statt (Montreal 2005 und Nairobi 2006). Die genannten Ereignisse sind der Anlass, um die Dringlichkeit des Problems Klimawandel und die Notwendigkeit zum Handeln zu betonen.

5.1 Wer sind die Akteure?

Die Massenmedien bearbeiten die Unterscheidung Entscheider/Betroffene, indem sie diese an bestimmten Akteuren verankern. Wir wollen zuerst nennen, welche Akteure im Diskurs zum Klimawandel genannt werden, um dann zu zeigen, auf welcher Seite dieser Unterscheidung sie angesiedelt werden.

Fragt man nach den relevanten Akteuren im massenmedialen Diskurs über Klimawandel lautet die Antwort ganz klar: die Hauptrolle in den Artikeln wird über alle Jahre hinweg von politischen Akteuren gespielt (siehe u.a. Carvalho 2000). Im Durchschnitt der Jahrgänge 1987-2006 sind politische Akteure in 48% der Artikel der „wichtigste" Akteur. Dann folgen die Naturwissenschaftler mit durchschnittlich 27%. Auch wirtschaftliche Akteure und NGO's werden thematisiert, aber sie spielen eher eine untergeordnete Rolle.

Besonders interessant dabei ist, dass die Massenmedien den Grad der Spezifizierung von Akteuren ganz deutlich variieren können: sehr abstrakte Akteure wie die „Menschheit"

---

[8] Unsere Ergebnisse beziehen sich auf die Schweiz. Da unsere empirischen Ergebnisse auf einer theoretischen Hypothese basieren, vermuten wir, dass ähnliche Schemata auch von anderen Medien angewandt werden. Allerdings ist bei Verallgemeinerungen hinsichtlich des Klimawandels Vorsicht geboten, denn neuere Studien haben gezeigt, dass die Presse das Thema in verschiedenen Ländern recht unterschiedlich behandelt (Brossard/Shanahan/McComas 2004).

[9] Es soll noch angemerkt werden, dass in den beiden Tageszeitungen zwei voneinander fast abgekoppelte Diskurse verlaufen. Einerseits gibt es einen rein an der Wissenschaft orientierten Diskurs, der in entsprechenden Wissenschaftsrubriken entfaltet wird. Andererseits gibt es einen von wissenschaftlichen Überlegungen eher unabhängigen Diskurs, welcher überwiegend auf den politischen oder auch wirtschaftlichen Seiten Platz findet. Die hier präsentierten Ergebnisse beziehen sich auf diesen zweiten Diskurs.

oder die „Wirtschaft" kommen oft ins Spiel, aber auch eindeutiger definierbare Akteure wie spezifische ökonomische Branchen z.B. die Autoindustrie oder der Energiesektor. Dagegen findet man Akteure wie einzelne Unternehmen oder Manager eher selten. Im politischen Bereich wird die Verantwortung für die globale Erwärmung oft einzelnen Staaten oder Gruppen von Nationen zugewiesen – typischerweise Nationen des Nordens. Im Fall der Politik können auch einzelne Regierungen als relevante Akteure auf der globalen Ebene ausgemacht werden. Die amerikanischen Regierungen stehen spätestens seit Kyoto im Zentrum der Debatte.

Eine hohe und besonders bemerkenswerte Abstraktion wird durch die Darstellung von Akteuren erreicht, die als Thema von Kommunikation, aber nicht als Kommunikationspartner fungieren können. Da das System der Massenmedien Informationen über die Gesellschaft produziert, ist diese Form der Kommunikation dort allgegenwärtig. Die Konsequenz davon ist, dass Entitäten wie „die Menschheit" als handlungsfähige Akteure, als koordinierbare Einheit, dargestellt werden; die Menschheit als solche ist so repräsentiert, als wäre sie in der Lage, Entscheidungen zu treffen, ihr Verhalten zu steuern oder zu ändern.

5.2 Entscheider und Betroffene

Wenn man dann genauer schaut, welche Rolle die konstruierten Akteure spielen, muss man als erstes hervorheben, dass Akteure als Verantwortliche inszeniert werden. Das System der Massenmedien vereinfacht die komplexen, wechselseitigen Beziehungen zwischen verschiedenen Systembereichen und zwischen der Gesellschaft und ihrer Umwelt, indem es verantwortungsbewusste, zu Entscheidungen fähige Entitäten, konstituiert. Die Massenmedien neigen also dazu, den Zustand der Welt als Ergebnis des Willens von Entscheidungsträgern (etwa Staaten oder ökonomischen Akteuren) zu erzählen. Das kann man anhand von zwei Beispielen zeigen:

> „Angesprochen [von der Klimakonvention der Vereinten Nationen] sind vorerst insbesondere die Industrieländer, die für den Grossteil der bisherigen weltweiten Emissionen von Kohlendioxid, dem wichtigsten Treibhausgas, verantwortlich sind. Sie haben gemäß der Konvention bei der Bekämpfung von Klimaänderungen die Führung zu übernehmen" (NZZ 1994).

> „Der größte Beitrag zu den schweizerischen Treibhausgasemissionen stammt mit 27,2 Prozent aus dem Verkehr. Es folgen mit 19,7 Prozent die Privathaushalte und mit 18,8 Prozent die Landwirtschaft, aus der der größte Teil des Methans und des Lachgases stammen. Die Industrie kommt auf 13,9 Prozent, Gewerbe und Dienstleistungen vereinen 10,2 Prozent der Treibhausgasemissionen auf sich. Die Abfallwirtschaft ist für 5,4 Prozent verantwortlich" (NZZ 1996).

Im zweiten Zitat wird der Beitrag einzelner Akteure zu den schweizerischen Emissionen sogar quantitativ ausgedrückt. Das vermittelt den Eindruck einer Messbarkeit und Vergleichbarkeit der Verantwortung und suggeriert zugleich, welche Akteure zum Handeln aufgefordert sind.

Die Massenmedien geben auch der Kategorie der Betroffenen, d.h. denjenigen, die den Risiken ausgesetzt sind, eine gewisse Substanz. Auch im Fall von Akteuren, die als Opfer herangezogen werden, bemerkt man verschiedene Grade der Generalisierung: wieder können hoch generalisierte Akteure wie die Menschheit, eine Region oder die gesamte Dritte Welt genannt werden. In Bezug auf die Dritte Welt wird eine Spannung zwischen den Staaten des Nordens (auch Industrieländer) und des Südens (auch Entwicklungsländer) konstruiert und der Diskurs wird insofern moralisiert (Besio/Corti 2005), als zwischen Schuldigen und unschuldigen Opfern unterschieden wird.

Eine Leistung der Medien besteht darin, dass sie den so genannten „information suppliers" (d.h. auf die Herstellung von Informationen spezialisierten Akteuren) besondere Aufmerksamkeit widmen (Meyer/Boli/Ramirez 2005: 117). Diese werden als ethisch motivierte und neutral handelnde Akteure aufgefasst, die aus diesen Gründen legitimiert sind, zur Beschreibung des Phänomens Klimawandel beizutragen. Darunter sind Wissenschaftler aber auch NGO's zu verstehen. Um eine Idee der Relevanz solcher Akteure zu haben, kann man bemerken, dass Informanten in 34% der Fälle die wichtigsten Akteure sind, die die Zeitungen nennen. Besonders wichtig sind sie, wenn Maßnahmen entworfen werden, wie z.B. im Zuge des Kyoto Protokolls. Diese Akteure können auch an Stelle der Betroffenen auftreten. Sie übernehmen dann sozusagen eine Repräsentationsrolle. Dabei hinterfragen die Massenmedien kaum, ob sie die Sorgen der Opfer korrekt wiedergeben oder inwieweit gerade diese Akteure imstande sind, die „richtigen" Vorschläge zur Verbesserung der Lage der Betroffenen zu entwickeln.

In ihren Narrationen bestimmen die Massenmedien auch, wer als „problem solver" gilt. Diese Konstruktion ist insofern wichtig, als dass die Massenmedien die Klimafrage damit als ein lösbares Problem konstruieren und dadurch versuchen, Sicherheit zu schaffen. Die größten Erwartungen der Medien sind an die Politik gerichtet. Die Politik ist in der Tat das System, das in unserer Gesellschaft für die Lösung allgemeiner Probleme verantwortlich gemacht wird (Luhmann 2000b). Über die gesamten Jahre wurden etwa 70% der Akteure, die als Problemlöser in den Medien auftraten, von der schweizer- und der internationalen Politik abgedeckt.

Schon Ende der 80er Jahre gilt, dass das Problem des Klimawandels von der Politik auf internationaler Ebene angegangen werden soll. Bei dem folgenden Beispiel handelt es sich um einen in der NZZ erschienenen Beitrag des damaligen Vizedirektors der Universität Genf: „Der Treibhauseffekt bedroht die ganze Welt. Darum ist eine konzentrierte Politik aller Länder, oder zumindest der Industriestaaten, die Vorbedingung eines Aktionsprogrammes; sie muss vor allem zu klaren Zielsetzungen führen" (NZZ 1989). Daran kann man beobachten, wie die Massenmedien Staaten als rationale Akteure behandeln, die in der Lage sind, einen Konsens zu finden, klare Zielsetzungen festzulegen und gemeinsam zu handeln.

In zahlreichen Artikeln wird betont, dass auch die nationale Politik handeln muss. Für eine Zeitung wie die NZZ muss jedoch die Politik nicht so sehr Maßnahmen zur Bewältigung des Klimawandels ergreifen, sondern eher einen Mentalitätswechsel in Wirtschaft und Öffentlichkeit initiieren. Das kann am folgenden Beispiel verdeutlicht werden, in dem die Zeitung über die Lösungsvorschläge einer am „Umweltprogramm für Gesamteuropa" arbeitenden Gruppe im Rahmen der Uno-Wirtschaftskommission für Europa (ECE) berichtet. Die NZZ nimmt keinen Abstand von diesem Vorschlag:

> „Ein verstärkter Ausbau und eine Vereinheitlichung bei den zu beschaffenden Umweltinformationen, mit dem auch eine bewusst breite und offene Information der Öffentlichkeit einhergehen soll (…), sind weitere Anliegen, die für die ECE-Experten im Rahmen einer umfassenden Konsensbildung wesentlich sind. Die Sensibilisierung und Information der Bevölkerung soll zum einen durch öffentlichen Druck die Entwicklung in Richtung einer langfristig umweltverträglichen Wirtschaft und Gesellschaft beschleunigen – ‚Sündenböcke', seien es einzelne Unternehmen

oder auch ganze Staaten, riskieren, dann an den Pranger gestellt zu werden oder müssen ihr abweichendes Verhalten zumindest begründen. Zum anderen sollen damit aber auch das Verständnis und die Zustimmung der Bevölkerung für notwendige Maßnahmen wie Umweltabgaben und anderes mehr gestärkt werden (...)" (NZZ 1993).

Auf eine Reflexion über die Schwierigkeiten einer Aufgabe wie der Umorientierung des Verhaltens von Millionen Menschen und einer Konsensbildung in verschiedenen Bevölkerungsschichten und -gruppen wird schlicht verzichtet. Zu betonen ist auch, dass in diesem Beispiel nicht nur die Politik Entscheidungsträger ist. Die Bevölkerung, die in anderen Fällen als betroffen thematisiert wird, wird ebenfalls selbst zu einem Entscheider, indem ihr die Fähigkeit zugeschrieben wird, verantwortungsbewusst ihr Verhalten zu ändern.

5.3 Hoffnungen und Enttäuschungen

Unsere Analyse zeigt, dass die Massenmedien der Politik ein Janusgesicht verleihen: einerseits setzen sie grosse Erwartungen in die Lösungsfähigkeit politischer Akteure bezüglich des Problems „Klimawandel", um andererseits dann über deren Fehlschläge zu berichten. Oft wird beklagt, dass internationale Abmachungen schwer zu erreichen sind; dass Konferenzen ergebnislos enden; dass die Implementierung von internationalen Abkommen zum Scheitern verurteilt ist. Auf diese Weise inszenieren die Massenmedien, die zuerst als Problemlöser deklarierten Akteure als riskante Entscheider. In einem Artikel des Tages-Anzeigers zu Kyoto liest man beispielsweise Folgendes:

> „Verbindliche Reduktionen von Treibhausgasen: das war das Ziel dieser dritten Klimakonferenz in Kyoto. (...). Reduktionsziele sind zwar bestimmt, aber noch nicht unterschrieben worden. Damit alle Staaten diese erreichen können, sind unzählige Schlupflöcher in das Protokoll eingebaut worden – ein Kuhhandel um Prozentzahlen. Das Ende dieser dritten Klimakonferenz ist der Beginn des Handels mit ‚heisser Luft'. Ein Land, das wegen schrumpfender Wirtschaft weniger schadstoffreiche Luft produziert, kann das nicht ausgeschöpfte Kontingent an andere verkaufen. So ist Russland in der Lage, eingesparte CO_2-Emissionen an die USA zu veräussern. Und die Amerikaner sind richtig heiss auf diese Luft" (TA 1997).

Daraus wird ersichtlich, wie der TA sich im Spagat zwischen Hoffnungen und Enttäuschungen befindet: einerseits hat man in Kyoto eine Einigung erzielt, andererseits sieht die Zeitung schon Möglichkeiten, das Abkommen zu umgehen.

Die NZZ, welche bekanntlich die Stimme der Wirtschaftselite ist, betont wieder und wieder, dass im Fall des Klimawandels die Politik die Verantwortung zu übernehmen habe. Sodann werden die von der Politik vorgeschlagenen Maßnahmen jedoch fortwährend kritisiert. Obwohl diese Zeitung sich klar von boulevardistischen Tageszeitungen abhebt, sind auch ihre Erklärungen für die Unzulänglichkeit und den Misserfolg der Akteure meistens auf eine starke Reduktion der Komplexität des gesellschaftlichen Geschehens angewiesen: Ungerechtfertigte Verteidigung nationaler Interessen, die Tendenz zur Bürokratisierung oder Inkompetenz sind rekurrierende semantische Konstrukte. Im folgenden Ausschnitt wird z.B. behauptet, dass CO_2-Abgaben keine positiven Wirkungen für das Klima haben, sondern nur eine Erhöhung der staatlichen Einkommen bewirken können. Dadurch wird suggeriert, dass der Staat entweder inkompetent ist und diesen Zusammenhang nicht sieht, oder sich unmoralisch verhält und hinter den guten Absichten das Ziel einer Steuererhöhung verbirgt:

> „Ein Patentrezept sind die CO_2-Abgaben allerdings nicht. Bei der praktischen Anwendung treten gewichtige Nachteile in der Form von sozialen, energie- und wettbewerbspolitischen Problemen auf, die bald einmal eine internationale Dimension erhalten. Einmal wirken solche Abgaben nur, wenn die Energienachfrage preisempfindlich ist und wenn ökologisch wie wirtschaftlich bessere Alternativen vorhanden sind. Sind die Elastizitäten relativ klein und die Steuersätze gemässigt, wird der Anreiz zur raschen Erneuerung der vorhandenen Energiestrukturen in Richtung CO_2-armer Systeme limitiert sein. Die Natur würde jedenfalls nicht profitieren, dafür aber der Staat, der zu neuen Einnahmen kommt (…)" (NZZ 1995).

Jedoch sind Enttäuschungen für die analysierten Printmedien keineswegs Anlass dafür, die „Geschichte" zu beenden und *ad acta* zu legen. Im Gegenteil können Enttäuschungen Anlass zur Generierung neuer Hoffnungen sein: z.B. kann die „Inkompetenz" der Politik neue Erwartungen in die Problemlösungskompetenz der sich selbst steuernden Wirtschaft entstehen lassen. Wie man aufgrund ihrer klaren liberalen Orientierung erwarten kann, vertraut die NZZ insbesondere Unternehmen und Privatinitiativen: Mechanismen wie das „voluntary agreement" (freiwillige Vereinbarungen) gelten für die Zeitung als angemessene Strategien, um die Emissionen zu reduzieren.

> „Die bisherigen Erfahrungen zeigten, dass (…) die Wirtschaft in Eigenregie viel effizienter zu handeln vermöge als im Dickicht staatlicher Ge- und Verbote. (…) Wie im Fall der Niederlande, wo man (…) über freiwillige Verträge zwischen der Regierung und bestimmten Branchen spürbar ambitiösere Ziele habe vereinbaren können, als man je unter staatlicher Ägide durchzusetzen vermocht hätte" (NZZ 1995).

Diesem Zitat ist deutlich zu entnehmen, wie enttäuschend die Aktion der Politik dargestellt und welche Hoffnung zugleich an die Unternehmen geknüpft wird.

Was folgt aus dem Vertrauen in die Handlungsfähigkeit wirtschaftlicher Akteure? Diesbezüglich sieht man ganz deutlich die Stabilität, welche aus der stetigen Anwendung derselben „frames" entsteht. In der Tat: auch diese übertriebenen Hoffnungen führen wiederum mit der Zeit zu Enttäuschungen. Dass die NZZ eine offene Kritik der Wirtschaft vermeidet, mag nicht allzu sehr erstaunen, allerdings erscheinen z.B. im Jahr 2005 mehrere Beiträge, die die Probleme einer ausschliesslich wirtschaftlich orientierten Lösung hervorheben. Dabei wird vor allem betont, dass die Wirtschaft eine Reduktion von Emissionen überhaupt nur durch Projekte in Drittweltländern erreicht. Strukturelle Innovationen innerhalb der Schweiz sind im Gegenzug eher bescheiden. Erwartungsgemäß zeigt sich der TA kritischer gegenüber der Wirtschaft und plädiert für mehr Handeln im Inland und weniger „Scheinhandeln" im Ausland. Des Weiteren betont der TA immer wieder die Notwendigkeit einer CO_2-Abgabe:

> „(…) anders als der Klimarappen[10], der seine Wirkung fast zu 90 Prozent im Ausland erzielen darf, wird sich die CO^2-Abgabe primär im Inland auswirken. Auch deshalb bleibt sie nötig: damit die Schweiz ihre Verpflichtung im Klimaschutz nicht nur auf dem Papier im Ausland erfüllt, sondern durch eigene Anstrengungen glaubwürdig bleibt" (TA 2005).

---

10 Es handelt sich um eine freiwillige Maßnahme der schweizerischen Wirtschaft. Die Stiftung Klimarappen wird durch eine Abgabe von 1,5 Rappen pro Liter auf alle Benzin- und Dieselimporte finanziert. Sie hat sich verpflichtet im Zeitraum 2008 bis 2012 neun Millionen Tonnen CO_2 einzusparen.

Die Zeitungen machen zwar auf das Fehlschlagen von einzelnen Projekten aufmerksam, die mitlaufende Erklärung ist aber in den meisten Fällen ein unzureichender Wille der Wirtschaft, das Problem ernsthaft in Angriff zu nehmen. Dies ist jedoch nicht überzeugend. Genau wie bei vielen Entwicklungsprojekten, die in der Peripherie der Moderne versucht worden sind – man denke nur an die „questione meridionale" in Süditalien (De Giorgi/Corsi 1998) – könnte man soziologisch zeigen, wie solche Interventionen an der Komplexität des Zusammenhanges zwischen funktionaler Differenzierung und Spezifizität der lokalen Kontexte scheitern.

6   Massenmedien und Soziologie

Soziologie und Massenmedien liefern Beschreibungen der Gesellschaft. Beide tragen damit zur Reproduktion des Beobachteten, also der Gesellschaft, bei. Wesentliche Unterschiede liegen aber in den Kommunikationsstrukturen, aus welchen diese Beschreibungen hervorgehen: mediale „frames" und Nachrichtenwerte auf der einen Seite, wissenschaftliche Theorien und Methoden auf der anderen (Kieserling 2004). Es handelt sich um zwei inkommensurable Weltbeschreibungen.

Diese Differenz kann die Soziologie beobachten. Sie kann die Kontingenz der massenmedialen Beschreibung hervorheben, ihr die eigene Beschreibung der Gesellschaft und ihrer Umwelt gegenüberstellen und zeigen, dass die durch die Massenmedien ausgelösten Hoffnungen, ausgehend von wissenschaftlichen Kriterien, unplausibel sind. Die Erwartungen an die medial dargestellten Akteure sind so gebaut, dass eine Enttäuschung vorprogrammiert ist. Eine soziologische Analyse des gesellschaftlichen Umgangs mit dem Klimawandel kann zeigen, dass Misserfolge der Akteure auf Kommunikationsdynamiken zurückzuführen sind. Z.B. geht die Fokussierung auf partikularistische Interessen und auf Verteilungsfragen seitens der Politik keineswegs auf übel gesinnte Politiker zurück, wie oft in den Massenmedien beklagt wird, sondern auf die internen Dynamiken der politischen Kommunikation. Das, was die Politik machen kann, ist, Risiken, so wie sie in den Massenmedien thematisiert werden, in politisch handhabbare Risiken zu überführen. Dass sich das politische System dabei um die Erhaltung der politischen Macht, der Demokratie, des Friedens, usw. kümmern muss (Luhmann 2000b) wird von den Massenmedien nicht berücksichtigt. Auch die Beschreibung der internationalen Politik als Arena, in der die Staaten als rationale Akteure verhandeln, bleibt im Vergleich zu soziologischen Analysen von weltgesellschaftlichen Dynamiken eindimensional (Greve/Heintz 2005). Ähnliche Überlegungen gelten für das Funktionssystem Wirtschaft. Aus der Sicht der Soziologie ist nämlich auch das in der Presse immer wieder formulierte Vertrauen in die Lösungsfähigkeit der privaten Initiative bloß eine anziehende Komplexitätsreduktion. Wie kann eigentlich eine immer mehr auf kurzfristige Gewinne orientierte Wirtschaft profitable Optionen in klimatischen Anliegen identifizieren? Warum sollte die Wirtschaft (die ganze Wirtschaft!) überhaupt in der Lage sein, Interdependenzen zu sehen, die die Politik nicht beobachten kann? All dieses sind spezifische Probleme einer funktional differenzierten Gesellschaft. Dazu kommt, dass sich die Mehrheit der von uns untersuchten Artikel in der Berichterstattung über Klimawandel nur mit einzelnen Aspekten des Problems beschäftigt und die Vernetzungen und Wechselwirkungen zwischen verschiedenen Sphären selten thematisieren. Aber die Schwierigkeit der modernen Gesellschaft, mit globalen Risiken wie dem Klimawandel umzugehen, ist genau darauf zurückzuführen, dass die Gesellschaft aufgrund der funktionalen Differenzierung nicht eine einzige Umwelt, sondern mehrere interne, innergesellschaftliche Umwelten hat (Baecker 2007).

Soziologisch könnten Begriffe wie Resonanz, strukturelle Kopplung, die Unterscheidung zwischen Funktionssystemen und Organisationen höchst ungewöhnliche, aber dafür plausible Beschreibungen und Erklärungen liefern. Dass solche Beschreibungen gesellschaftlich randständig bleiben werden, ist höchst wahrscheinlich. Da über die Erfolge von Zeitdiagnosen massgeblich die Massenmedien entscheiden, findet man im Fach oft eine Anpassung der eigenen Beschreibungen an die Selektionskriterien der Massenmedien. Aber gesellschaftliche Resonanz ist im Endeffekt ein sich jeder Steuerung entziehender Prozess. Was die Erfolgschancen einer soziologischen Analyse in der Gesellschaft betrifft, kann man eher ein „loose coupling" zwischen soziologischer Beschreibung und öffentlichen Zeitdiagnosen erwarten. So wäre die Soziologie besser beraten, wenn sie sich um rigorose, intern konsistente, wenn auch unwahrscheinliche Beschreibungen bemühte. Nur auf diese Weise kann die Soziologie eine spezifische, alternative Form der Beobachtung der Gesellschaft bleiben. Nur so kann sie informativ und überraschend werden.

7   Schlussbemerkungen

Die Soziologie kann auch die Funktion der Massenmedien in unserer Gesellschaft reflektieren. Für ihre Reproduktion setzen die Massenmedien auf Information. Da aber jede Information, einmal veröffentlicht, nicht mehr informativ ist, sind die Massenmedien auf der ständigen Suche nach neuen Informationen. Somit produzieren sie Variationen für die Gesellschaft (und nicht Konsens oder Übereinstimmung) (Luhmann 1996a: 173-174). Die Massenmedien erzählen Geschichten, welche Unsicherheiten enthalten, und diese Unsicherheiten müssen sozusagen behoben werden durch neue Informationen, die ihrerseits aber neue Unsicherheit eröffnen. Anders gesagt: die Massenmedien gewährleisten, dass es immer einen offenen Horizont von Unsicherheit gibt (Luhmann 1996a: 149). Dank der Massenmedien ist eine gesellschaftliche Unruhe immer da. So machen sie auf Pathologien, Probleme und Unzulänglichkeiten aufmerksam: „Unruhe wird gegenüber Ruhe (…) bevorzugt. (…) Mit dieser Art Selbstbeobachtung reizt die Gesellschaft sich selbst zu ständiger Innovation" (ebd.: 141). Die Massenmedien setzen nämlich Prozesse in anderen Kontexten frei, die zur Infragestellung von Routinen und Praktiken und eventuell zu ungeplanten Änderungen führen können. Die hergestellte Unruhe wird somit zur Bedingung von Evolution.

Die Unruhe wird jedoch durch die Anwendung spezifischer, immer gleicher Schemata ermöglicht. Die Erzählstruktur der Medien bleibt erhalten. In diesem Sinne gewährleisten sie eine gewisse Stabilität. Die „frames", die Kausalmodelle bleiben dieselben, und die narrativen Strukturen sind den gesellschaftlichen Akteuren bekannt. Auch in diesem Sinne schaffen die Massenmedien eine gemeinsame Welt, die nicht immer neu hinterfragt werden muss.

Die Massenmedien irritieren andere Systeme, können sie aber nicht determinieren. Die verschiedenen Akteure können auf dieses Wissen, welches als vorausgesetzt gilt, Bezug nehmen. Aber sie bleiben ganz frei in der Art und Weise, wie sie darauf reagieren. Die Massenmedien haben nicht die Macht, sie zu einer konsensuellen Aktion zu zwingen. „Der Effekt, wenn nicht die Funktion der Massenmedien, scheint deshalb in der Reproduktion von *Intransparenz der Effekte* durch Transparenz des *Wissens des Wissen* zu liegen" (Luhmann 1996a: 183). Die Form Unruhe/Stabilität ist letztendlich eine unterdefinierte Irritationsform, die, trotz des Ausmaßes ihrer gesellschaftlichen Verbreitung, keine spezifischen Hinweise auf die Dynamiken anderer Systeme gibt. Andere Systeme reagieren mit jeweils anderen Logiken und Mitteln auf die massenmediale Irritation und respezifizieren sie nach Modalitäten, die nicht auf die *massenmedial umgeformte Unterscheidung Entscheider/Betroffener* zu reduzieren sind.

Literatur

Adam, Barbara/Beck, Ulrich/van Loon, Jost (Hrsg.) (2000): The Risk Society and Beyond. Critical Issues for Social Theory. London: Sage.
Baecker, Dirk (2007): Die große Moderation des Klimawandels. In: Die Tageszeitung, v. 17.02.2007, 21.
Beck, Ulrich (1986): Risikogesellschaft. Auf dem Weg in die andere Moderne. Frankfurt a.M.: Suhrkamp.
Besio, Cristina/Corti, Alessandra (2005): Die Medienwirksamkeit von Betroffenheit oder weshalb Ethikkommissionen mit Risikofragen betraut werden. In: Medienwissenschaft Schweiz 1, 47-56.
Besio, Cristina/Pronzini, Andrea (2008): Niklas Luhmann as an Empirical Sociologist. Methodological Implications of the System Theory of Society. In: Cybernetics & Human Knowing 15 (2), 9-31.
Boykoff, Maxwell B./Boykoff, Jules M. (2004): Balance as Bias: global warming and the US prestige press. In: Global Environmental Change 14 (2), 125-136.
Brossard, Dominique/Shanahan, James/McComas, Katherine (2004): Are Issue-Cycles Culturally Constructed? A Comparison of French and American Coverage of Global Climate Change. In: Mass Communication & Society 7 (3), 359-377.
Brunsson, Niels (2006): Mechanism of Hope. Maintaining the Dream of the Rational Organization. Oslo: Universitetsforlaget.
Carvalho, Anabela (2000): Climate change in the news: a study of the British press. In: Wickremaratne, Dharman (Hrsg.) (2000): Climate Change and Small Islands: The Role of the Media: Proceedings of the 12th Asia-Pacific and 3rd Commonwealth Congress of Environmental Journalists. Sri Jayawardenapura: APFEJ, 108-114, https://repositorium.sdum.uminho.pt/bitstream/1822/2785/1/acarvalho_Fiji-paper_2000.pdf (09.09.2009).
Carvalho, Anabela (2008): Media(ted) Discourse and Society. In: Journalism Studies 9 (2), 161-177.
Carvalho, Anabela/Burgess, Jacquelin (2005): Cultural Circuits of Climate Change in U.K. Broadsheet Newspapers, 1985-2003. In: Risk Analysis 25 (6), 1457-1469.
Dahinden, Urs (2002): Biotechnology in Switzerland. Frames in a Heated Debate. In: Science Communication 24 (2), 184-197.
De Giorgi, Raffaele/Corsi, Giancarlo (1998): Ridescrivere la Questione Meridionale. Lecce: Pensa Multimedia.
Di Mento, Joseph F./Doughman, Pamela (Hrsg.) (2007): Climate Change. Cambridge: MIT Press.
Diekmann, Andreas/Jaeger, Carlo C. (Hrsg.) (1996): Umweltsoziologie. Opladen: Westdeutscher Verlag.
Diaz-Bone, Rainer/Bührmann, Andrea D./Gutiérrez Rodríguez, Encarnacion et al. (2008): The Field of Foucaultian Discourse Analysis: Structures, Developments and Perspectives. In: Historical Social Research 33 (1), 7-28 (Special Issue: Discourse Analysis in the Social Sciences).
Downs, Anthony (1972): Up and Down With Ecology. ‚The Issue-Attention Cycle'. In: The Public Interest 28 (2), 38-50.
Dunlap, Riley E./Buttel, Frederick H. (Hrsg.) (2002): Sociological Theory and the Environment: Classical Foundations, Contemporary Insights. Lanham: Rowman & Littlefield Publishers.
Entman, Robert M. (1993): Framing: Toward Clarification of a Fractured Paradigm. In: Journal of Communication 43 (4), 51-58.
Esposito, Elena (2002). Soziales Vergessen: Formen und Medien des Gedächtnisses der Gesellschaft. Frankfurt a.M.: Suhrkamp.
Fuchs, Peter/Göbel, Andreas (Hrsg.) (1994): Der Mensch - das Medium der Gesellschaft. Frankfurt a.M.: Suhrkamp.
Giddens, Anthony (1990): The Consequences of Modernity. Cambridge: Polity Press.
Greve, Jens/Heintz, Bettina (2005): Die ‚Entdeckung' der Weltgesellschaft. Entstehung und Grenzen der Weltgesellschaftstheorie. In: Heintz, Betina/Münch, Richard/Tyrell, Hartmann (Hrsg.) (2005): Weltgesellschaft.

Theoretische Zugänge und empirische Problemlagen. Sonderband der Zeitschrift für Soziologie. Stuttgart: Lucius&Lucius, 89-119.

Heintz, Bettina/Münch, Richard/Tyrell, Hartmann (Hrsg.) (2005): Weltgesellschaft. Theoretische Zugänge und empirische Problemlagen. Sonderband der Zeitschrift für Soziologie. Stuttgart: Lucius&Lucius.

Hutter, Michael/ Teubner, Gunther (1994): Der Gesellschaft fette Beute: *Homo juridicus* und *homo oeconomicus* als kommunikationserhaltende Fiktionen. In: Fuchs, Peter/Göbel, Andreas (Hrsg.): Der Mensch – das Medium der Gesellschaft. Frankfurt a.M.: Suhrkamp, 110-145.

Kieserling, André (2004): Selbstbeschreibungen und Fremdbeschreibungen. Beiträge zur Soziologie soziologischen Wissens. Suhrkamp: Frankfurt a.M.

Klinsky, Sonja (2007): Mapping Emergence: Network Analysis of Climate Change Media Coverage. In: The Integrated Assessment Journal. Bridging Science & Policy 7 (1), 1-24, http://journals.sfu.ca/int_assess/index.php/iaj/article/viewFile/261/228 (09.09.2009).

Luhmann, Niklas (1984): Soziale Systeme. Grundriß einer allgemeinen Theorie. Frankfurt a.M.: Suhrkamp.

Luhmann, Niklas (1985): Ökologische Kommunikation. Kann die moderne Gesellschaft sich auf ökologische Gefährdungen einstellen? Opladen: Westdeutscher Verlag.

Luhmann, Niklas (1991): Soziologie des Risikos: Berlin: De Gruyter.

Luhmann, Niklas (1993): Gesellschaftsstruktur und Semantik. Studien zur Wissenssoziologie der modernen Gesellschaft. Band I. Frankfurt a.M.: Suhrkamp.

Luhmann, Niklas (1996a): Die Realität der Massenmedien. Olpaden: Westdeuscher Verlag.

Luhmann, Niklas (1996b): „The Sociology of the Moral and Ethics". In: International Sociology 11 (1), 27-36.

Luhmann, Niklas (1997): Die Gesellschaft der Gesellschaft. Frankfurt a.M.: Suhrkamp.

Luhmann, Niklas (2000a): Organisation und Entscheidung. Olpaden: Westdeuscher Verlag.

Luhmann, Niklas (2000b): Die Politik der Gesellschaft. Frankfurt a.M.: Suhrkamp.

McComas, Katherine/Shanahan, James (1999): Telling Stories About Global Climate Change. Measuring the Impact of Narratives on Issue Cycles. In: Communication Research 26 (1), 30-57.

Meyer, John W. /Scott, Richard W. (Hrsg) (1992): Organizational Environments. Ritual and Rationality. Newbury Park: Sage.

Meyer, John W./Rowan, Brian (1992 [1977]): Institutionalised Organizations: Formal Structure as Myth and Ceremony. In: In: Meyer, John W./Scott, Richard W. (Hrsg): Organizational Environments. Ritual and Rationality. Newbury Park, Sage, 21-44.

Meyer, John W./Jepperson, Ronald, L. (2000): The ‚Actors' of Modern Society: The Cultural Construction of Social Agency. In: Sociological Theory 18 (1), 100-120.

Meyer, John W./Boli, John/Thomas, George M. et al. (2005): „Die Weltgesellschaft und der Nationalstaat". Meyer, John W. (Hrsg.): Weltkultur. Wie die westlichen Prinzipien die Welt durchdringen. Frankfurt a.M.: Suhrkamp, 85-132.

Meyer, John W. (Hrsg.) (2005): Weltkultur. Wie die westlichen Prinzipien die Welt durchdringen. Frankfurt a.M.: Suhrkamp.

NZZ (1989): Giovannini, Bernard: Wie den Treibhauseffekt verringern? In: Neue Zürcher Zeitung, v. 17.10.1989, 23.

NZZ (1993): Blattmann, Heidi: Für konvergierende Umweltanforderungen. Langfristiges Programm für Gesamteuropa. Internationale Aspekte immer wichtiger . In: Neue Zürcher Zeitung, v. 24.04.1993, 23.

NZZ (1994): Blattmann, Heidi: Die Klimakonvention in Kraft getreten. Hürden für eine weltweite Klimapolitik. In: Neue Zürcher Zeitung v. 21.03.1994, 3.

NZZ (1995): Frenkel, Max: Rezepte der Wirtschaft in der Klimadebatte. CO2-Abgaben im Gegenwind. In: Neue Zürcher Zeitung v. 30.03.1995, 23.

NZZ (1995): Serna, A.: Welches Umweltinstrument soll's denn sein? Plädoyer der Wirtschaft für freiwillige Vereinbarungen. In: Neue Zürcher Zeitung v. 30.11.1995: 27.

NZZ (1996): Schweizerische Depeschenagentur: Stabilisierter CO2-Ausstoss. Schweiz kann Verpflichtung erfüllen. In: Neue Zürcher Zeitung v. 22.04.1996, 19.

Oreskes, Naomi (2007): The scientific consensus on climate change; How do we know we're not wrong? In: Di Mento, Joseph F./Doughman, Pamela (Hrsg.): Climate Change. Cambridge, MIT Press, 65-99.

Pronzini, Andrea (2002): First-order Semantics and Artificial Intelligence. In: Journal of Sociocybernetics 3 (1), 1-20, http://www.unizar.es/sociocybernetics/Journal/Jos3-1.pdf (09.09.2009).

Redclift, Michael R./Woodgate, Graham (Hrsg.) (2000): The International Handbook Of Environmental Sociology. Northampton: Edward Elgar.

Reese, Stephen D. (2007): The Framing Project: A Bridging Model for Media Research Revisited. In: Journal of Communication 57 (1), 148-154.

Scheufele, Bertram (2004): Framing-Effekte auf dem Prüfstand. Eine theoretische, methodische und empirische Auseinandersetzung mit der Wirkungsperspektive des Framing-Ansatzes. In: Medien & Kommunikationswissenschaft 52 (1), 30-55.
TA (1997): Kunz, André: Kuhhandel. In: Tagesanzeiger, v. 11.12.1997, 1.
TA (2005): Vanoni, Bruno: Hohe Ölpreise sind kein Grund zum Nichtstun. In: Neue Zürcher Zeitung, v. 02.09.2005, 11.
Teubner, Gunther (2006): Elektronische Agenten und große Menschenaffen: Zur Ausweitung des Akteursstatus in Recht und Politik. In: Zeitschrift für Rechtssoziologie 27, 5-30.
Trumbo, Craig (1996): Constructing Climate Change: Claims and Frames in US News Coverage of an Environmental Issue. In: Public Understanding of Science 5 (3), 269-283.
Weingart, Peter/Engels, Anita/Pansegrau, Petra (2002): Von der Hypothese zur Katastrophe. Der anthropogene Klimawandel im Diskurs zwischen Wissenschaft, Politik und Massenmedien. Opladen: Leske + Budrich.
Wickremaratne, Dharman (Hrsg.) (2000): Climate Change and Small Islands: The Role of the Media: Proceedings of the 12th Asia-Pacific and 3rd Commonwealth Congress of Environmental Journalists. Sri Jayawardenapura: APFEJ.
Wilke, Jürgen (1984): Nachrichtenauswahl und Medienrealität in vier Jahrhunderten. Berlin: de Gruyter.

Wiederentdeckung des teleologischen Denkens? Der anthropogene Klimawandel aus ethnologisch-psychologischer und wissenschaftsgeschichtlicher Perspektive

Bernd Rieken

1 Epistemologischer Egozentrismus und Drei-Berge-Versuch

Um sich in der Welt zu orientieren, stellt man sie sich in der Regel sinnvoll geordnet vor. Das gilt für populäre genauso wie für wissenschaftliche Vorstellungsbilder. „Sinnvoll" heißt primär, dass sie uns selbst so erscheinen, sie muss für uns sinnvoll sein. Das wiederum bedeutet, dass wir erst einmal von uns ausgehen und die Dinge dieser Welt zu uns in Beziehung setzen, sodass sie mit uns zu tun zu haben scheinen. Mit Blick auf das Individuum haben Weltbilder daher zunächst eine egozentrische Aufbaustruktur und mit Blick auf Gruppen eine ethnozentrische (Müller 1987: 198f.).

Der Begriff „Egozentrismus" ist hier nicht moralisch zu verstehen, sondern epistemologisch, es geht um Bedingungen der Erkenntnis. In diesem Sinn hat ihn der Entwicklungspsychologe Jean Piaget in die wissenschaftliche Welt eingeführt. Ein anschauliches Beispiel ist sein Drei-Berge-Versuch. Man zeigt vier bis sechs Jahre alten Kindern das Modell einer Landschaft mit drei unterschiedlich hohen, verschieden geformten Bergen und bittet sie, diese von ihrer Position aus zu beschreiben. Danach werden sie gefragt, wie die Landschaft aus der Sicht einer anderen Position ausschaut, doch sie werden sie genauso beschreiben wie zuerst, das heißt aus jener Perspektive, in welcher sie sich gerade befinden. Erst Kinder im Alter von sieben bis zwölf Jahren beginnen zu verstehen, dass das Modell einer Landschaft unterschiedlich aussieht, wenn man die Perspektive wechselt (Piaget/Inhelder 1999: 251-254).

Man glaubt zunächst, dass die Welt so ist, wie man sie vom eigenen Standpunkt aus sieht. Ein typisches Beispiel ist die Geschichte der Astronomie seit dem klassischen Griechenland. Das ptolemäische Weltbild als erster Versuch, den Aufbau des Himmels zu verstehen, war egozentrisch getönt, indem es, entsprechend dem Augenschein, die Erde als Mittelpunkt des Weltalls ansah. Erst die „kopernikanische Wende" löste das geozentrische durch das heliozentrische Weltbild ab, dem später die Erkenntnis folgte, dass der Mensch nur mehr ein „Zigeuner am Rande des Universums" sei (Monod 1971: 211).

2 Subjekt und Objekt in der neuzeitlichen Wissenschaft

Die Konsequenz ist klar: Man darf, um zu verlässlicher Erkenntnis zu gelangen, Subjekt- und Objektwelt nicht mehr miteinander vermischen. Kaum jemand hat das bündiger, wenngleich etwas einseitig, formuliert als der Kulturhistoriker Jacob Burckhardt:

"Im Mittelalter lagen die beiden Seiten des Bewusstseins – nach der Welt hin und nach dem Innern des Menschen selbst – wie unter einem gemeinsamen Schleier träumend oder halbwach. Der Schleier war gewoben aus Glauben, Kindesbefangenheit und Wahn; durch ihn hindurchgesehen erschienen Welt und Geschichte wundersam gefärbt, der Mensch aber erkannte sich nur als Rasse, Volk, Partei, Korporation, Familie oder sonst in irgendeiner Form des Allgemeinen. In Italien zuerst verweht dieser Schleier in die Lüfte; es erwacht eine objektive Betrachtung des Staates und der sämtlichen Dinge dieser Welt überhaupt; daneben aber erhebt sich mit voller Macht das Subjektive, der Mensch wird geistiges Individuum und erkennt sich als solches" (Burckhardt 1976: 123).

Das klingt auf den ersten Blick paradox, weil „subjektiv" und „objektiv" Gegensätze zu sein scheinen, doch das Gegenteil ist der Fall: Subjektivität und Objektivität bedingen einander. Indem ich mir meiner Subjektivität bewusst werde, beginne ich nämlich zu erkennen, dass ich die Welt aus einer bestimmten Perspektive betrachte. Tue ich das nicht, dann vermische ich, wie der Drei-Berge-Versuch oder das geozentrische Weltbild deutlich machen, die subjektive Sichtweise mit einer allgemeinen. Charakteristisch dafür sind auch Analogiebeziehungen, und diese spielten in der antiken und mittelalterlichen Naturphilosophie eine große Rolle, weil man glaubte, der Mensch als Mikrokosmos sei ein Abbild des Makrokosmos. In der Welt hänge alles auf sympathetische Weise miteinander zusammen, vor allem bestimmt durch die Ähnlichkeits- (Simile-) und Gegensatzregel (Bach 1960: 288-306; Müller 1987: 198-216). Prominentestes Beispiel war wohl die auf dem Vierersystem der Elemente (Feuer, Wasser, Erde, Luft) beruhende Humoralpathologie, die bis in die Neuzeit hinein Gelehrtenmedizin war. Im Gegensatz zum naturwissenschaftlichen Modell der modernen Medizin wurde nicht das Hauptaugenmerk auf isolierte Symptome gelegt, sondern der „Körper im Durchzug der Elemente" betrachtet, wie es die Brüder Böhme treffend formulieren (Böhme/Böhme 2004: 169).

Als man im Zeitalter der Renaissance begann, von der spekulativen Naturphilosophie Abschied zu nehmen, stand man vor der Frage, wie man die die Erkenntnis begrenzende subjektive Perspektive, nachdem sie einmal entdeckt war – bestes Beispiel ist die Zentralperspektive in der Bildenden Kunst –, überwinden könne. Die Antwort lautet: Man muss das Subjektive ausschalten und Distanz zum untersuchten Gegenstand gewinnen. Das geschah mittels systematischer Beobachtung und Experiment, die intersubjektiv wiederholbar und nachprüfbar sein müssen. Dadurch wollte man eindeutige Kausalzusammenhänge zwischen Ursache und Wirkung ermitteln. Die Natur wird erklärt, indem die Gesetze erkannt werden, nach denen sie funktioniert. Ist dieser Schritt einmal vollzogen, lässt die praktische Verwertung nicht lange auf sich warten. Wer die Natur durchschaut, kann sie beeinflussen und sich gefügig machen – „Wissen ist Macht", eine eingängige Formulierung, die Furore machte und auf Francis Bacon zurückgeht (Bacon 1990: Aphorismus 3).[1] Fernrohr, Mikroskop, Kompass und Schießpulver waren jene Erfindungen, mit denen man die Welt erklärte bzw. sich untertan machte. Später kamen Dampfmaschine und Elektrizität hinzu; sie veränderten die Erde grundlegend, indem sie sie industrialisierten und mechanisierten

---

1 Die genaue Formulierung lautet: „Scientia et potentia humana in idem coincidunt, quia ignoratio causae destituit effectum. Natura enim non nisi parendo vincitur: et quod in contemplatione instar causae est, id in operatione instar regulae est" („Menschliches Wissen und menschliche Macht treffen in einem zusammen; denn bei Unkenntnis der Ursache versagt sich die Wirkung. Die Natur kann nur beherrscht werden, wenn man ihr gehorcht; und was in der Kontemplation als Ursache auftritt, ist in der Operation die Regel").

(Dijksterhuis 2002; Giedion 1987). Theoretische Basis war die Physik, genauer die Mechanik, und ihre Erfolge überzeugten bzw. überzeugen Generationen von Wissenschaftlern sosehr, dass sie auch zum Vorbild für verschiedene Humanwissenschaften wurde, die sich als „empirisch" verstehen, etwa Medizin, Psychologie oder Soziologie.

Die radikale Trennung von Subjekt und Objekt im Erkenntnisprozess und die Isolation von einzelnen Faktoren zum Zweck präziser Analyse ist daher Teil des wissenschaftlichen Mainstreams seit der Frühen Neuzeit. Als geisteswissenschaftliches Pendant kann man die Philosophie der Aufklärung betrachten, denn an die Stelle von vorurteilsbehaftetem oder affektgetriebenem Denken sollte die Vernunft treten. Kühl, sachlich und „objektiv" galt es, Mensch und Umwelt zu analysieren und sich dabei „seines Verstandes ohne Leitung eines anderen zu bedienen", um die berühmte Formel Immanuel Kants aufzugreifen (Kant 1784: 481). Auch hier also der Rückgriff auf das Individuelle, vereinigt mit einer Distanzierung gegenüber der Objektwelt, um zu klarer Erkenntnis zu gelangen. Verbunden ist damit ein Machbarkeitsglaube, der sich nicht nur auf die Gesellschaft bezieht, sondern auch auf die Beherrschung der Natur. Ein typisches Beispiel, das für viele steht, sind die „Anfangs-Gründe der Deich- und Wasser-Baukunst" des ostfriesischen Gelehrten Albert Brahms, in denen er schreibt, dass eine Sturmflut kein „Wunderwerk" sei, sondern „(...) ihre in der Natur gegründete Ursachen [hat], wie ja wohl keiner leugnen wird" (Brahms 1767: 37). Da Gott die Natur nur mit einer „endlichen Kraft" versehen habe, könne ihr „(...) durch eine endliche Kraft, dergleichen der Mensch ist, wol widerstanden werden; mithin die Bemühung, sich dawider Sicherheit zu verschaffen, ihren gewünschten Endzweck erreicht" (ebd.).

3 Katastrophen, Klimawandel und transzendente Mächte

Derartige „Aufklärung" hatten die Menschen nach Meinung der Gelehrten bitter nötig. Zu sehr waren sie in Vorurteilen und Aberglauben befangen. Gottergeben nähmen sie ihr Schicksal hin, statt nach vernunftgemäßen Prinzipien zu handeln, um so die Gesellschaft humaner zu gestalten und den Unbilden der Natur besser zu trotzen. Als nach der großen Sturmflut von 1825 der hamburgische Direktor für Wasserbau, Reinhart Woltmann, sich vor Ort über den Zustand der Deiche informieren wollte, sah er sich mit einem Problem konfrontiert, das seinem Fortschrittsoptimismus einen gehörigen Dämpfer versetzte:

> „Was ist leichter als genugsam hohe Deiche mit ausgedehnten flachen Böschungen vorzuschreiben und abzudecken? Aber es fehlt, ich will nicht sagen, den ganzen Landschaften, jedoch sehr vielen einzelnen Deichpflichtigen das Vermögen der Ausführung (...). Wir müssen und wollen thun, sagen die Deichpflichtigen, was nach den bisherigen Erfahrungen nothwendig ist; aber warum sollen wir mehr tun? Dem lieben Gott können wir doch nicht entlaufen; wenn er uns strafen will, findet er uns überall" (Woltmann 1825: 699).

Die Bezugnahme auf den christlichen Gott ist ein altes Interpretationsmuster bei Katastrophen, das tief in der europäischen Kultur verwurzelt und in erzählenden Quellen seit dem Mittelalter zu finden ist (Rieken 2005). Es handelt sich um die alte egozentrische Perspektive, nach welcher der Mensch im Mittelpunkt des Geschehens steht und alles, was sich um ihn herum ereignet, mit ihm zu tun hat. Alles ist mit allem verbunden, der Mensch hat teil am kosmischen Geschehen, die Dinge dieser Welt laufen nicht unabhängig von ihm ab.

Daher braucht es nicht zu überraschen, dass in der populären Überlieferung auch ausgeprägte klimatische Veränderungen auf das Wirken höherer Mächte bezogen wurden. In den älteren Sagensammlungen stoßen wir immer wieder auf Hinweise, dass einstmals in den Alpen paradiesische Zustände geherrscht hätten, die später von einer markanten Verschlechterung des Klimas abgelöst worden seien. Reale Hintergründe sind wahrscheinlich das mittelalterliche Wärmeoptimum (Lamb 1989: 196–201) und die nachfolgende Kleine Eiszeit der Frühen Neuzeit (Behringer/Lehmann/Pfister 2005), in der hochgelegene Ortschaften entvölkert wurden und die Anbaugrenze von Getreide um mehrere hundert Meter sank. Spätestens seit 1700, zu einer Zeit also, da es besonders kalt war, ist nämlich im gesamten alpinen Raum ein Sagentyp[2] nachweisbar, der in die volkskundliche Literatur unter dem Titel „Übergossene Alm" eingegangen ist. Es handelt sich um Erzählungen, in denen aufgrund eines Frevels transzendente Mächte ehemals fruchtbares Gebiet in eine Eiswüste verwandeln (Lüthi 1980; Rieken 2008, 2009). Ein Beispiel, welches der Volkskundler Theodor Vernaleken um 1850 aufgezeichnet hat – während einer Zeit, da die Gletscher vielfach ihren Höchststand erreicht hatten –, mag das illustrieren:

> „Die Bergseite des Unteraargletschers ist mit einzelnen Arven (Zirbelkiefer) geziert, als Überbleibsel und Zeugen einer ehemals reicheren Vegetation, die dieses Berggelände schmückte. Denn auch von dieser Gegend geht die Sage von einer ehemals schöneren Zeit. Der nun von der Aare zerfressene, vom Geschiebe und den Eislasten eines Gletschers bedeckte Talboden soll einst eine fruchtbare Alpe gewesen sein. Die Ursache ihrer Zerstörung bildet den Stoff zu einer ähnlichen Sage, wie sie von dem benachbarten Gauligletscher erzählt wird. Hin und wieder sollen die Hirten der Aaralp mit der Erscheinung eines kopflosen Walliser-Weibleins überrascht werden und ein Knecht behauptete in allem Ernste, als er einmal die Ziegen gemolken, sei jenes kopflose Weiblein dicht zu ihm hingetreten.
>
> Da, wo jetzt der mächtige Gauligletscher den breiten Talgrund ausfüllt, war vor Zeiten, als Besitztum einer reichen Sennerin, die schöne Blümlisalp gelegen. Noch vor wenigen Jahren soll das Gletscherwasser Holz von einer Sennhütte aus dem Inneren der Gletschermasse hervorgespült haben. Schlechte Handlungen zogen jener Sennerin die Strafe des Himmels zu. Die Alpe ward auf ewige Zeiten verflucht und unter der Eisdecke des Gletschers begraben. Die Sennerin, ein kleiner Hund, eine fremde Person und die ganze schöne Herde gingen zugrunde" (Vernaleken 1858: 22f.).

„Schlechte Handlungen" sind es, die den Zorn transzendenter Mächte hervorrufen und die reiche Sennerin bestrafen. In vielen anderen Sagen werden die Verfehlungen konkret benannt, oftmals handelt es sich um den gedankenlosen Umgang mit natürlichen Gaben – heute würden wir sagen: natürlichen Ressourcen –, etwa Milch oder Butter, die sorglos weggeschüttet werden, weil sie im Überfluss vorhanden sind. Die Handelnden werden zwar zunächst gewarnt, doch hören sie nicht auf die mahnenden Stimmen und finden ihren baldigen Tod im Schneegestöber oder unter Lawinen (siehe Lüthi 1980; Rieken 2008).

In einer anderen Volkssage heißt es, dass „auf der jetzt vergletscherten Oberplegi-Alp am Glärnisch" ein Senn gewesen sei, der sich versündigt habe, indem er für seine Geliebte „eine Treppe aus Käse erbaut und seiner alten Mutter Mist zur Speise vorgelegt" habe. Daraufhin sei der „übermütige Frevler" zusammen mit seiner Geliebten in eine Gletscherspalte gestürzt und müsse bis heute als Ruheloser umgehen (Vernaleken 1858: 24). Die

---

2 Dass die Sage einen großen Erkenntniswert für soziologische Fragestellungen hat, wird mittlerweile auch von der Soziologie gewürdigt; vgl. am Beispiel der modernen Sage Stehr 1998.

Botschaft ist klar: Aus traditioneller Sicht versündigt sich der Senn in doppelter Hinsicht gegen die christliche Ordnung, indem er zum einen mit Gottes Gaben verschwenderisch umgeht und zum anderen gegen das vierte Gebot verstößt, weil er seine Mutter erniedrigt. Daher muss er durch göttliches Eingreifen bestraft werden, und das geschieht, indem er nebst seiner Geliebten in eine Gletscherspalte stürzt und nie seine Ruhe finden wird, sondern als Untoter umgehen muss. Dadurch und durch sein vormaliges Treiben ist die gesamte Alp verflucht, gewissermaßen mit Übel infiziert, weswegen sie durch Vergletscherung unfruchtbar gemacht wird. Wenn wir die Sage auf heutige Verhältnisse beziehen, können wir sie in einen ökologischen Kontext stellen. In dieser Perspektive geht es um den verschwenderischen Umgang mit Ressourcen und um den despektierlichen Umgang mit schwachen Geschöpfen, symbolisiert durch die alte Mutter, zum Beispiel die Ausbeutung von Flora und Fauna oder die Verschmutzung der Umwelt, die durch menschliches Wirken ähnlich wie die Oberplegi-Alp mit „Übel infiziert" wird.

Der Zusammenhang zwischen Verfehlung und Bestrafung ist ubiquitär, wir finden ihn zum Beispiel auch in Zusammenhang mit Sturmflutkatastrophen, etwa dem Untergang Rungholts, des „friesischen Atlantis", einer Hafenstadt auf der ehemaligen Insel Alt-Nordstrand, die anno 1362 in den Fluten versunken ist, weil der sagenhafte Reichtum der Einwohner sie zu gotteslästerlichem Verhalten verführt hatte (siehe Rieken 2005: 169–199).[3]

Entsprechendes gilt für gegenwärtige Katastrophen, die im Kontext des Klimawandels betrachtet werden. Als im August 2005 New Orleans überschwemmt wurde, fehlte es nicht an Stimmen religiöser Fundamentalisten, welche meinten, der Stadt sei die gerechte Strafe Gottes zuteil geworden, weil sie ein dekadenter Sündenpfuhl sei und auch Voodoo-Kulte gepflegt würden. In gleicher Weise und doch umgekehrt argumentierte der afroamerikanische demokratische Bürgermeister von New Orleans, indem er erklärte, der Hurrikan sie die gerechte Strafe Gottes für den Einmarsch der USA im Irak und dafür, dass die Afro-Amerikaner ihre Frauen und Kinder vernachlässigten (Rieken 2007: 160). Man mag als aufgeklärter Zeitgenosse darüber den Kopf schütteln, aber hinter derartigen Statements steht ein starker Impetus, nämlich dem Geschehen um sich herum Sinn zu verleihen. So waren, als am 26.12.2004 die Nachricht vom verheerenden Tsunami im Indischen Ozean Deutschland erreichte, die führenden Medien zunächst fassungslos ob des Ereignisses. Der „Spiegel" beklagte, dass es keine befriedigende Erklärung für die Flutwelle gebe (Beste/Brinkbäumer/Dahlkamp et al. 2005: 96f.), und die „Zeit" schrieb in pathetischen Worten: „Es drängt uns, der Heimsuchung einen Sinn zu geben – und wir entdecken doch nur unsere Verwundbarkeit" (Leicht 2004: 1). Erst nachdem eine mentale Ordnung hergestellt war, indem man verschiedene Umweltsünden sowie den Einfluss des Klimawandels bzw. – aus traditionalistischer Sicht – den Einfluss transzendenter Mächte festgestellt hatte, beruhigten sich die Gemüter wieder ein wenig (Rieken 2005: 343–362).

---

3 In der naturgeschichtlichen Literatur der Aufklärung wird der Untergang Rungholts mit keiner Silbe erwähnt, weil die populäre Überlieferung zu phantastisch klang, um ernst genommen zu werden. Erst im 20. Jahrhundert konnte seine Existenz durch archäologische Funde und eine zeitgenössische schriftliche Quelle zweifelsfrei erwiesen werden (siehe ebd.).

4   Causa efficiens und Causa finalis – das Problem der Teleologie

Wenn wir das systematischer verstehen wollen, ist es sinnvoll, historisch zu denken und darauf hinzuweisen, dass das uns geläufige Kausalitäts- und Rationalitätsverständnis nur *eine* Form systematischen Denkens ist, aber nicht *die* Form schlechthin. Die erste durchdachte Untersuchung zur Kausalität finden wir bei Aristoteles. Er unterscheidet vier verschiedene Ursachen voneinander, nämlich Stoff-, Form-, Beweg- und Zweckursache (Aristoteles 1999: I, 3; siehe Gloy 1995: 116-124). In der neuzeitlichen Wissenschaft wurde dagegen einzig der Beweg- oder Wirkursache Seriosität zugesprochen; sie ist es, die vor allem im mechanistischen Denken zum universellen Erklärungsmodell erhoben wurde, und sie gibt Auskunft auf die Frage, woher etwas kommt und warum etwas geschieht. In der scholastischen Rezeption durch Thomas von Aquin wird sie als Causa efficiens bezeichnet (Thomas von Aquin 2000: lib. 1 l. 4 n. 2). Demgegenüber hatte für Aristoteles nicht die Frage nach dem Warum, sondern nach dem Wozu, also die Zweck- oder Zielursache – bei Thomas Causa finalis (ebd.) –, zentralste Bedeutung, weil menschliches Verhalten oftmals erst dann verständlich wird, wenn man um das Ziel weiß, das angestrebt wird. Im Hinblick auf bewusste Ziele ist das in der Regel evident; manchmal erscheint Verhalten jedoch nicht ganz verständlich, und dann kann es sinnvoll sein, nach dem unbewussten Zweck zu fragen. Dazu ein Beispiel:

Oliver Kahn, Torhüter der deutschen Nationalmannschaft gegen Brasilien im Endspiel der Fußball-Weltmeisterschaft 2002, nahm alle Schuld für die 2:0-Niederlage auf sich, als er in einem Interview mit der Zeitschrift „Kicker" meinte: „Da gibt es keinen Trost. Ich selbst muss mit diesem Fehler leben. Dadurch ist alles nichts" (Kahn 2002). Unter dem Gesichtspunkt der Wirkursache übernimmt er Verantwortung, *weil* er einsichtig und selbstkritisch ist. Doch wenn wir uns fragen, was er damit unter der Hand erreichen will, worin die unbewusste Zielursache besteht, dann können wir auf das Machtpotential hinweisen, dass er sich indirekt zuschreibt, denn Schuld ist gleichbedeutend mit Ursache, und Ursache gleichbedeutend mit Macht.

Im Zuge des Erfolges moderner Naturwissenschaft, verbunden mit der Reduktion des Kausalitätsverständnisses auf die Wirkursache, wurde die Zielursache obsolet; sie galt als rückständig und metaphysisch belastet. Und tatsächlich ist es aus wissenschaftlicher Perspektive nicht sinnvoll, sich zu fragen, *zu welchem Zweck* zum Beispiel ein ICE in Eschede anno 1998 entgleist und gegen einen Brückenpfeiler gestoßen ist, sondern nur *warum*. Allenfalls im ideologischen Kontext ist das noch möglich, wenn etwa Kardinal Christoph Schönborn vom göttlichen Design spricht und vom höheren, nämlich göttlichen Ziel der Evolution, das „mit letzter Ursache, Zweck oder Plan gleich bedeutend ist", wobei er sich ausschließlich auf thomistische, das heißt mittelalterliche Philosophie beruft und diese als immerwährende Wahrheit betrachtet (Schönborn 2005).

Doch im Bereich des menschlichen Fühlens, Denkens und Handelns hat nicht die Wirkursache allein, sondern auch die Zweckursache, das heißt die Frage nach dem unbewussten oder bewussten *Sinn*, große Bedeutung. Der Germanist Wilhelm Köller hat das Bedürfnis nach Erklärung und Interpretation in seinem Opus magnum „Perspektivität und Sprache" besonders treffend formuliert:

„Da Menschen isolierte Tatsachen letztlich nicht ertragen können, weil uninterpretierte Tatsachen von ihnen als Bedrohung empfunden werden, haben die Wahrnehmungssubjekte immer eine unaufhebbare Neigung, die ihnen begegnenden Phänomene in Sach- und Entwicklungszusammenhänge einzuordnen, um ihnen dadurch den Stachel der Bedrohlichkeit zu nehmen" (Köller 2004: 837).

Bedrohliches Geschehen wie Katastrophen oder die Folgen des Klimawandels sind aus gesellschaftswissenschaftlicher Sicht Teil einer Kulturgeschichte der Angst. In permanenter Angst zu leben, ist kaum erträglich; sie kann reduziert werden, wenn man um ihre Ursachen weiß (wirkkausal) und wenn einem klar wird, was man tun kann, um die Angst erzeugenden Phänomene künftig zu vermeiden oder zumindest zu reduzieren (zielkausal). Beide Aspekte lassen sich kaum trennen: Im traditionellen, egozentrisch getönten Erleben haben metaphysische Instanzen Rungholt zerstört, Almen mit ewigem Eis „übergossen" oder New Orleans überschwemmt, *weil* die Menschen gesündigt haben bzw. *um sie zu* bestrafen. Bezogen auf die christliche Kultur steht dahinter der volkspädagogische Impetus des zunächst mahnenden und dann auch strafenden Gottes. Wirkkausal handelt er so, weil er sündiges Geschehen nicht ungesühnt lassen kann. Aber er handelt auch intentional, zielkausal, um die Menschen zur Besinnung zu bringen, damit sie künftig in Einklang mit der kirchlichen Moral leben.

Fassen wir, mit Blick auf das Individuum, zusammen: Die Katastrophe trifft mich, weil ich gesündigt habe (wirkkausal), und um mich zur Besinnung zu bringen (intentional), doch kommt für die subjektive Perspektive ein weiteres Motiv hinzu, das am ehesten aus tiefenpsychologischer Sicht verständlich wird. Monods bereits zitierte Auffassung, der Mensch gleiche einem Zigeuner am Rande des Universums, weil er „für seine Musik taub ist und gleichgültig gegen seine Hoffnungen, Leiden oder Verbrechen" (Monod 1971: 211), ist eine intellektuelle Stellungnahme, die im persönlichen Denken nicht recht nachvollzogen werden kann, weil es schwer zu ertragen ist, mit Bedeutungs- oder Sinnlosigkeit konfrontiert zu werden. Das gilt umso mehr für Situationen, die sich jedweder Kontrolle entziehen, was bei katastrophalem Naturgeschehen oftmals der Fall ist. Mangelnde Kontrolle erzeugt Unsicherheit, diese rüttelt an tief sitzenden Minderwertigkeitsgefühlen, die ihren Ursprung in den Bedingungen der Kindheit haben, und lässt uns möglicherweise auf eine infantile Stufe regredieren. Minderwertigkeitsgefühle bedürfen daher der Kompensation; sie schreien geradezu nach Ausgleich durch ein Streben nach Geltung und Macht (siehe Adler 2007: 73-79). Wenn man den Naturgewalten hilflos ausgeliefert ist, kann es daher tröstlich sein, wenn man nicht zur Gänze unbedeutend ist, wenn himmlische Mächte ihr Augenmerk auf uns richten, auch wenn dies in zürnender Absicht geschieht. Mit anderen Worten: Die theozentrische Ursachenzuschreibung im Fall blindwütiger Naturgewalten kann der Kompensation des Minderwertigkeitsgefühls dienlich sein.

5 Klimawandel als „Strafe" der Natur für Umweltsünden

Damit eröffnet sich aus ethnologisch-psychologischer und wissenschaftstheoretischer Sicht ein möglicher Zugang auf die Diskussion um den anthropogenen Klimawandel. Erinnern wir uns: Zu den Standards neuzeitlicher Wissenschaft gehört die Trennung von forschendem Subjekt und zu erforschendem Objekt. Natürliches Geschehen läuft unabhängig vom Menschen ab, es hat mit ihm nichts zu tun. Er beobachtet und analysiert es, er macht sich die Natur untertan, und sie wird zu seinem Nutzen verfügbar. Im populären und vorneuzeitlich-wissenschaftlichen Diskurs ist der Mensch demgegenüber in das Wirken der Objektwelt involviert. Wenn etwas in der Natur geschieht, hat das auch mit ihm zu tun, sei es, dass er Urheber ist, sei es, dass ihm etwas mitgeteilt oder etwas mit ihm gemacht werden soll. In dieser Hinsicht existieren Gemeinsamkeiten mit dem Diskurs um den Klimawandel: Der Mensch ist nicht mehr der nüchterne Beobachter, sondern ursächlich verantwortlich für das Naturgeschehen, die Trennung von Subjekt und Objekt ist bis zu einem gewissen Grad wieder aufgehoben. Der Mensch hat die gegenwärtigen klimatischen Veränderungen mit verschuldet, und sie sind deutlich genug, um ihm mitzuteilen, dass er sein Verhalten zu ändern hat. Damit taucht eine Struktur von langer Dauer („longue durée") auf, die im populären Denken nie versiegt und im 2000-jährigen wissenschaftlichen Denken erst vor 500 Jahren verabschiedet worden ist: Die Natur ist nicht ausschließlich passiv verfüg- und planbar, sondern sie möchte uns aktiv etwas mitteilen. *Klimatische Veränderungen, die negative Folgen für Betroffene haben, sind nicht mehr Mahnung oder Strafe transzendenter Mächte für sündhaftes Verhalten, sondern Strafe der Natur für „sündhaftes" Umweltverhalten.*

Der hohe Lebensstandard, auf den kaum jemand in unseren Breiten verzichten möchte, wird erkauft durch Umweltverschmutzung, Ressourcenvergeudung, Ausbeutung armer Regionen – und durch den Anstieg der Temperaturen. Das muss innere Konflikte erzeugen, Konflikte zwischen Über-Ich und Bequemlichkeit, die das Ich kaum in Einklang zu bringen vermag. Solche Antagonismen evozieren Ängste, auch in Wissenschaftlern, und dann tendieren sie möglicherweise zu Ansichten, die zum rationalen Grundverständnis ihrer Profession in Widerspruch stehen. Ein Beispiel, das um viele vermehrt werden könnte, soll illustrieren, was gemeint ist. Als der Grazer Soziologe Manfred Prisching im Sommer 2005 an der Universität in New Orleans forschen wollte und die Folgen des Hurrikans Katrina unfreiwillig miterlebte, führte ihn der Wunsch, vom steigenden Wasser Fotos zu machen, zu einem Parkplatz, wo er auf einen afro-amerikanischen Sicherheitsbeamten stieß. Dieser erklärte ihm unmissverständlich, nun sei ein neues Sodom und Gomorrha angebrochen, diesmal allerdings nicht mit Feuer, sondern mit Wasser. Prisching belächelt derartigen Aberglauben, welcher die Überflutung der Stadt als Strafe Gottes für unmoralisches Verhalten versteht, und distanziert sich damit von metaphysisch-zielkausalen Interpretationen (Prisching 2006: 18f.). Doch an anderer Stelle schreibt er:

> „Katrina war nun tatsächlich der große Sturm, der oft angekündigt worden war. Er kam eines Tages. Katrina ging mit ökologischer Heimtücke ans Werk. Sie schlug im ‚ökologischen Sündenpfuhl' zu, an einer der wichtigsten Produktionsstätten für Amerikas Öl und Gas, also an jenen Stellen, wo wesentliche Beiträge zur globalen Erwärmung und zur Vergiftung der Umwelt geleistet werden. Sie traf jene Regionen Amerikas, in denen sich die Umweltsünden häufen" (ebd.: 146).

Implizit konstruiert Prisching einen Zusammenhang zwischen „sündhaftem" Verhalten und „gerechter" Strafe durch eine „höhere Instanz", nämlich Katrina. Gleichzeitig wird der Hurrikan anthropomorphisiert, er wird mit menschlichen Zügen ausgestattet – ein typisches Muster bei der Schilderung von Naturkatastrophen –, denn er ist „heimtückisch", indem er just dort „zuschlägt", wo die Natur am meisten malträtiert wird. Die implizite Botschaft, die jeder versteht, ist klar: Eigentlich geschieht es dieser Gegend recht, dass sie bestraft worden ist! Man könnte einwenden, dass es doch nur um metaphorische Sprache gehe und darum, einen bemerkenswerten Zusammenhang, der rational betrachtet nicht eigentlich existiere, zur Sprache zu bringen. Aber das wäre oberflächlich gedacht, weil Emotionen im Spiel sind – Prisching hat die Katastrophe selbst erlebt –, und da verlieren Eindeutigkeiten rasch an Leuchtkraft. Es handelt sich wohl eher um eine Mischung aus Spiel und Ernst, sodass eindeutige Grenzziehungen nicht leicht möglich sind. Das legt auch die Entwicklungspsychologie nahe, wenn man davon ausgeht, dass die Phase des epistemologischen Egozentrismus ubiquitär ist. Er wird durch Reifungsprozesse, soziale Interaktion und die Begegnung mit Wissenschaft im Laufe des Lebens reduziert, aber er verschwindet nicht zur Gänze, weil er gewissermaßen den geistigen Bodensatz individuellen Erlebens bildet. Der Egozentrismus ist aber, indem subjektive und Objektwelt vermischt werden, unentwirrbar mit magischem Denken verbunden: Im sympathetischen Sinn steht alles mit allem in Verbindung, der Mensch ist ein offenes System, das auf intime Weise mit der Umwelt interagiert. Psychologisch betrachtet wird die eigene Vorstellungswelt unbewusst auf die Außenwelt projiziert, der dann mannigfache Einflussmöglichkeiten auf das Individuum zugeschrieben werden. Wer zum Beispiel Angst vor dem bösen Blick hat, projiziert möglicherweise seine eigenen Aggressionen oder Neidgefühle auf andere.

Da der Egozentrismus Teil jeder Ontogenese ist, braucht es nicht zu überraschen, wenn man in kritischen Phasen, die mit großer Angst einhergehen, auf eine Stufe der psychischen Entwicklung regrediert, auf der man sich seit alters her auskennt und auf der wieder vermeintliche Sicherheit möglich wird, und das ist in dem Fall das magisch getönte intentionale Denken. Darum ist es nicht verwunderlich, dass der so genannte Aberglaube ein weit verbreitetes Phänomen ist (Vyse 1999). Er taucht vor allem in Angst erzeugenden Situationen bzw. in Zusammenhang mit Berufen auf, die mit spezifischen Gefahren verbunden sind. Daher neigen zum Beispiel Studenten in Prüfungssituationen, Sportler oder Spieler, aber auch Bergmänner oder Seefahrer zu mannigfachen magischen Praktiken (ebd.: 36–49). Zu akzeptieren, dass in jedem von uns ein magischer „Bodensatz" schlummert,[4] stößt in intellektuellen und Wissenschaftskreisen mitunter auf emotionale Widerstände, da es zu deren Selbstverständnis gehört, „rational" zu denken und zu handeln. Das hat mit Angstabwehr zu tun, und Wissenschaft ist davon insofern betroffen, als es ihr Anliegen ist, die Natur zu *beherrschen* – statt die Angst haben zu müssen, von ihr beherrscht zu werden. In dieser Hinsicht ist auch die strikte Trennung von Subjekt und Objekt im Forschungsprozess von Bedeutung, da Distanz bedeuten kann, nicht zu sehr mit seinen Ängsten und Emotionen in den Forschungsprozess involviert zu werden, ein Problem, das vor allem, aber längst nicht nur, im Bereich der Feldforschung auftritt (Devereux 1992; Vinnai 2005: 57–62).

6 Zusammenfassung und Ausblick: Zur Problematik des radikalen Konstruktivismus

Der Diskurs um den anthropogenen Klimawandel ist, wenn man eine längerfristige historische Perspektive einnimmt, zugleich ein altes und ein neues Phänomen. Aus ethnologisch-psychologischer Perspektive handelt es sich um eine alte Auffassung, dass Mensch und Natur auf mannigfache Weise miteinander verschränkt sind und dass all das, was um uns herum geschieht, Zeichencharakter hat. Klimatische Veränderungen werden als mahnender Fingerzeig interpretiert, der rücksichtslosen Umweltverschmutzung Einhalt zu gebieten.

---

[4] Pointiert hat das bereits Goethe formuliert: „Der Aberglaube gehört zum Wesen des Menschen und flüchtet sich, wenn man ihn ganz und gar zu verdrängen denkt, in die wunderlichsten Ecken und Winkel, von wo er auf einmal, wenn er einigermaßen sicher zu sein glaubt, wieder hervortritt" (Maximen und Reflexionen Nr. 909, HA, Bd. 12: 494, siehe Goethe 2005).

Gemäß der Logik des epistemologischen Egozentrismus gelten die Zeichen uns, sie sind für uns bestimmt. Früher waren sie Reaktionen Gottes oder anderer metaphysischer Instanzen, um uns zur Besinnung zu bringen oder um sündhaftes Tun zu bestrafen, während sie heute Ausdruck einer geschundenen Natur sind, die sich gegen „sündhaftes" Umweltverhalten wehrt.

In wissenschaftsgeschichtlicher Hinsicht ist mit Blick auf die Naturforschung der vergangenen 500 Jahre die Debatte um den anthropogenen Klimawandel hingegen ein neues Phänomen, weil nicht mehr eine strikte Zäsur zwischen Subjekt und Objekt vorgenommen wird. Der emotional unbeteiligte Forscher, der nüchtern die Natur analysiert und sie für den Menschen verfügbar macht, ist in diesem Bereich der Forschung obsolet geworden. Denn jeder einzelne wird durch seinen Lebensstil zum Mitverursacher des gegenwärtigen Klimawandels, und alle zusammen, auch jeder einzelne Wissenschaftler, ist Teil des Naturprozesses, den es zu erforschen gilt. Damit ist das Subjekt als Akteur in den Forschungsprozess wieder eingeführt worden.

Was bedeutet das in Hinblick auf die Konstruktivismus-Debatte? Man könnte zu dem Schluss gelangen, dass im Fall des anthropogenen Klimawandels zwischen wissenschaftlichem und populärem Denken keine prinzipiellen Unterschiede bestehen, da beide mit der Interaktion zwischen Subjekt und Objekt rechnen. Man könnte darauf hinweisen, dass in der Physik als *der* grundlegenden Naturwissenschaft der Moderne dieser Schritt schon längst vollzogen sei, weil seit den Entdeckungen der Quantenphysik bekannt ist, dass der Beobachter durch seine Beobachtung das Beobachtete verändert. Darüber hinaus hätten neuere Theorien wie Fuzzy logic oder Chaostheorie gezeigt, dass die Idee der mechanisch-präzisen Naturerfassung eine Illusion sei, genauso wie das Ideal der Objektivität, das keineswegs „schon immer" gilt, sondern als historisches Phänomen sehr jung ist (siehe Daston/Galison 2007). Und wenn zwischen wissenschaftlicher Sicht und populärem Diskurs, dessen Erkenntnisvermögen ohnehin auf recht tönernen Füßen ruhe, kein grundlegender Unterschied bestehe, dann könne man auch die Frage stellen, ob der gegenwärtige Klimawandel überhaupt anthropogen hervorgerufen sei.

Das ist eine mögliche Sichtweise, und sie hat prinzipiell dann ihre Berechtigung, wenn es darum geht, dem Essentialismus als Ausdruck des epistemologischen Egozentrismus entgegenzutreten. Aber mit Blick auf die Diskussion um den anthropogenen Klimawandel ist sie problematisch, da sie weder ungefährlich noch hinreichend befriedigend ist. Gefährlich kann sie sein, wenn sie zu moralischer Indifferenz führt. Dann ist es nämlich gleichgültig, ob man im Biologieunterricht Kreationismus oder Evolutionstheorie lehrt. Dann ist es auch gleichgültig, ob sich Pharmafirmen indigene Arzneien patentieren lassen oder nicht. Und dann kann es möglich sein, dass man Vorkehrungen zum Schutz des Klimas unterlässt, die sich im Nachhinein als notwendig herausstellen könnten. Wer handelt, kann sich zwar täuschen, wenn er von fälschlichen Prämissen ausgeht, aber wer nicht handelt, kann sich auch täuschen, indem er der Indifferenz verfällt und mögliche Folgelasten ignoriert. Darüber hinaus ist der Konstruktivismus eine in sich widersprüchliche Theorie, weil er mit Essentialismus einhergehen muss, nämlich *dass* Konstruktion eine unverrückbare „Wahrheit" ist. Es ist das gleiche Paradoxon wie das des Epimenides, jenes Einwohners von Kreta, der behauptete, alle Einwohner Kretas seien Lügner. Widersprüchlich ist er außerdem, weil sich kein Konstruktivist im alltäglichen Leben an seine theoretischen Vorgaben halten kann, da es der Orientierung und Wertabwägung bedarf, um handlungsfähig und glaubwürdig zu sein. Angemessener erscheint es mir stattdessen, von der *Perspektivität* des menschlichen Erkenntnisvermögens auszugehen (siehe Köller 2004). Das Ganze, das „Ding an sich", lässt sich nie erfassen, das wissen wir seit Kants „Kritik der reinen Vernunft", aber ob nicht mögliche Ausschnitte intersubjektiv erkenn- und vermittelbar sind, ist einer Erwägung wert.

Wenn man das akzeptiert, ist man nahe an der Sinnfrage. Weder der radikale Konstruktivismus noch die neuzeitliche Naturwissenschaft mit ihrem einseitigen Kausalitätsverständnis können ihr in hinreichender Weise dienlich sein. Man muss sich und den anderen Zwecke und Absichten unterstellen, damit das Leben verständlich wird und einen Sinn ergibt. „Die Not ist die ökologische Krise", meinten die Philosophen Spaemann und Löw bereits 1985, „die Tugend ein neues teleologisches Denken" (Spaemann/Löw 1985: 287). Zur Ideologie der Naturbeherrschung, wie sie seit 500 Jahren von der Naturwissenschaft betrieben wird, ist eine solche Sicht ein Korrektiv, und die Debatte um anthropogene Einflüsse auf den Klimawandel könnte ihr neuen Auftrieb verleihen.

Literatur

Adler, Alfred (2007): Menschenkenntnis. Studienausgabe, Bd. 5. Göttingen: Vandenhoeck und Ruprecht.
Aristoteles (1999): Metaphysik. 2. Aufl. Reinbek bei Hamburg: Rowohlt.
Bach, Adolf (1960): Deutsche Volkskunde. 3. Aufl. Heidelberg: Quelle und Meyer.
Bacon, Francis (1990): Novum Organum Lateinisch–deutsch. Herausgegeben von Wolfgang Krohn. Hamburg: Meiner.
Behringer, Wolfgang/Lehmann, Hartmut/Pfister, Christian (Hrsg.) (2005): Kulturelle Konsequenzen der „Kleinen Eiszeit". Veröffentlichungen des Max-Planck-Instituts für Geschichte. Bd. 212. Göttingen: Vandenhoeck und Ruprecht.
Beste, Ralf/Brinkbäumer, Klaus/Dahlkamp, Jürgen et al. (2005): Wand aus Wasser. In: Der Spiegel 1, 03.01.2005: 96ff., http://wissen.spiegel.de/wissen/dokument/dokument.html?id=38785542&top=SPIEGEL (23.09.2009).
Böhme, Gernot/Böhme, Hartmut (2004): Feuer, Wasser, Erde, Luft. Eine Kulturgeschichte der Elemente. München: C. H. Beck.
Brahms, Albert (1767): Anfangs-Gründe der Deich- und Wasser-Baukunst, oder Gründliche Anweisung, wie man tüchtige haltbare Dämme wider die Gewalt der grössesten See-Fluthen bauen... könne. 2. Aufl. Aurich 1767 [Nachdruck Leer: Schuster 1989; darin auch 2. Teil, 2. Aufl. Aurich 1773].
Burckhardt, Jacob (1976): Die Kultur der Renaissance in Italien. 10. Aufl. Stuttgart: Kröner.
Daston, Lorraine/Galison, Peter (2007): Objektivität. Frankfurt a.M.: Suhrkamp.
Devereux, Georges (1992): Angst und Methode in den Verhaltenswissenschaften. 3. Aufl. Frankfurt a.M.: Suhrkamp.
Dijksterhuis, Eduard Jan (2002): Die Mechanisierung des Weltbildes. Berlin/Heidelberg/New York: Springer.
Giedion, Sigfried (1987): Die Herrschaft der Mechanisierung. Ein Beitrag zur anonymen Geschichte. Frankfurt a.M.: Athenäum.
Gloy, Karen (1995): Das Verständnis der Natur. Bd. 1: Die Geschichte des wissenschaftlichen Denkens. München: C. H. Beck.
Goethe, Johann Wolfgang von (2005): Goethes Werke. Hamburger Ausgabe in 14 Bänden. 14. Aufl. München: C. H. Beck.
Hartmann, Andreas/Meyer, Silke/Mohrmann, Ruth E. (Hrsg.) (2007): Historizität. Vom Umgang mit Geschichte Hochschultagung „Historizität als Aufgabe und Perspektive" der Deutschen Gesellschaft für Volkskunde vom 21.–23.09.2006 in Münster. Münster u.a.: Waxmann.
Kahn, Oliver (2002): Wir sind da, wo wir hingehören. Interview v. 30.06.2002. kicker-online 2002 (Archiv).
Kant, Immanuel (1784): Beantwortung der Frage: Was ist Aufklärung? Berlinische Monatsschrift, Dezember-Heft 1784: 481-494.
Köller, Wilhelm (2004): Perspektivität und Sprache. Zur Struktur von Objektivierungsformen in Bildern, im Denken und in der Sprache. Berlin/New York: De Gruyter.
Lamb, Hubert H. (1989): Klima und Kulturgeschichte. Der Einfluss des Wetters auf den Gang der Geschichte. Rowohlts Enzyklopädie, Kulturen und Ideen, Bd. 478. Reinbek bei Hamburg: Rowohlt.
Leicht, Robert (2004): Schuldlos in der Sintflut. In: Die Zeit 1, v. 30.12.2004, 1.

Lüthi, Max (1980): Aspekte der Blümlisalpsage. Schweizerisches Archiv für Volkskunde 76 (1-2), 229-243.
Monod, Jacques (1971): Zufall und Notwendigkeit. Philosophische Fragen der modernen Biologie. München: Piper.
Müller, Klaus E. (1987): Das magische Universum der Identität. Elementarformen sozialen Verhaltens. Ein ethnologischer Grundriss. Frankfurt a.M./New York: Campus.
Piaget, Jean/Inhelder, Bärbel (1999): Die Entwicklung des räumlichen Denkens beim Kinde. Gesammelte Werke / Jean Piaget, Studienausgabe. Bd. 6. 3. Aufl. Stuttgart: Klett-Cotta.
Prisching, Manfred (2006): Good Bye New Orleans. Der Hurrikan Katrina und die amerikanische Gesellschaft. Graz: Leykam.
Psenner, Roland/ Lackner, Reinhard/Walcher, Maria (Hrsg.) (2008): Ist es der Sindtfluss? Kulturelle Strategien und Reflexionen zur Prävention und Bewältigung von Naturgefahren. 2. ExpertInnentagung im Rahmen der UNESCO-Konvention zum Schutz des Immateriellen Kulturerbes: ‚Wissen und Praktiken im Umgang mit der Natur und dem Universum'. Innsbruck: Innsbruck University Press.
Rieken, Bernd (2005): Nordsee ist Mordsee. Sturmfluten und ihre Bedeutung für die Mentalitätsgeschichte der Friesen. Abhandlungen und Vorträge zur Geschichte Ostfrieslands. Bd. 83. Nordfriisk Instituut Nr. 186. Münster u.a.: Waxmann.
Rieken, Bernd (2007): Vom Nutzen volkskundlich-historischer Zugänge für die Katastrophenforschung: New Orleans 2005. In: Hartmann, Andreas/Meyer, Silke/Mohrmann, Ruth E. (Hrsg.) (2007): Historizität. Vom Umgang mit Geschichte. Hochschultagung „Historizität als Aufgabe und Perspektive" der Deutschen Gesellschaft für Volkskunde vom 21.–23.September 2006 in Münster. Münster u.a.: Waxmann, 149-162.
Rieken, Bernd (2008): Wütendes Wasser, bedrohliche Berge. Naturkatastrophen in der populären Überlieferung am Beispiel südliche Nordseeküste und Hochalpen. In: Psenner, Roland/ Lackner, Reinhard/Walcher, Maria (Hrsg.) (2008): Ist es der Sindtfluss? Kulturelle Strategien und Reflexionen zur Prävention und Bewältigung von Naturgefahren. 2. ExpertInnentagung im Rahmen der UNESCO-Konvention zum Schutz des Immateriellen Kulturerbes: 'Wissen und Praktiken im Umgang mit der Natur und dem Universum'. Innsbruck: Innsbruck University Press, 99-119.
Rieken, Bernd (2009): Klimawandel, Kulturerbe und Angst. Volkskundlich-psychologische Zugänge zu einem brisanten Thema. In: Schneider, Ingo/Schindler, Margot/Berger, Karl (Hrsg.) (2009): Erb.gut? Kulturelles Erbe in Wissenschaft und Gesellschaft. Referate der 25. Österreichischen Volkskundetagung 2007 in Innsbruck. Innsbruck: Buchreihe der Österreichischen Zeitschrift für Volkskunde.
Schneider, Ingo/Schindler, Margot/Berger, Karl (Hrsg.) (2009): Erb.gut? Kulturelles Erbe in Wissenschaft und Gesellschaft. Referate der 25. Österreichischen Volkskundetagung 2007 in Innsbruck. Innsbruck: Buchreihe der Österreichischen Zeitschrift für Volkskunde.
Schönborn, Christoph (2005): Den Plan in der Natur entdecken. In: Stephansdom.com.at, Erzdiözese Wien. Deutsche Übersetzung von Schönborn, Christoph: „Finding Design in Nature". In: New York Times, v. 07.07.2005, http://stephanscom.at/evolution/0/articles/2005/07/11/a8800/ (23.09.2009).
Spaemann, Robert/Löw, Reinhard (1985): Die Frage Wozu? Geschichte und Wiederentdeckung des teleologischen Denkens. München/Zürich: Piper.
Stehr, Johannes (1998): Sagenhafter Alltag. Über die private Aneignung herrschender Moral. Frankfurt a.M./New York: Campus.
Thomas von Aquin (2000): Sancti Thomae de Aquino Sententia libri Metaphysicae. In: Corpus Thomisticum S. Thomae de Aquino Opera Omnia. Recognovit ac instruxit Enrique Alarcón electronico Pampilonae ad Universitatis Studiorum Navarrensis aedes A.D. MM, http://www.corpusthomisticum.org/cmp0104.html (23.09.2009).
Vernaleken, Theodor (1858): Alpensagen. Volksüberlieferungen aus der Schweiz, aus Vorarlberg, Kärnten, Steiermark, Salzburg, Ober- und Niederösterreich. Wien: Seidel [Nachdruck Graz: Verlag für Sammler 1993].
Vinnai, Gerhard (2005): Die Austreibung der Kritik aus der Wissenschaft: Psychologie im Universitätsbetrieb, http://psydok.sulb.uni-saarland.de/volltexte/2005/547/ (23.09.2009). Buchfassung: Frankfurt a.M./New York: Campus 1993.
Vyse, Stuart A. (1999): Die Psychologie des Aberglaubens. Schwarze Kater und Maskottchen. Basel/Boston/Berlin: Birkhäuser.
Woltmann, Reinhart (1825): Einige Bemerkungen über die hohe Sturmfluth in der Nacht vom 3ten auf den 4ten Februar 1825, und über die dadurch verursachten Deichbrüche und Ueberschwemmungen. Hannoversches Magazin 88, v. 02.11.1825, 693-700.

Endogenes oder exogenes Lernen? Globale Wege zur Problematisierung des Klimawandels am Beispiel Argentiniens und Deutschlands

Alejandro Pelfini[1]

Wenn Gesellschaften aus ihrer Vergangenheit und ihren Fehlern lernen, dann handelt es sich nach der heute gängigen Vorstellung im Kern um *interne* Lernprozesse. Kollektives Lernen ist das Produkt der Konfrontation einer Gruppe, Gemeinschaft oder Gesellschaft mit sich selbst. Im Verlauf eines Lernprozesses sind zwar gewisse externe Einflüsse identifizierbar, insgesamt jedoch bleibt dieser Prozess eher geschlossen. Dies hat zumindest die Analyse von Lernprozessen im Rahmen der Aufarbeitung der Vergangenheit oder im Umgang mit Umweltkrisen gezeigt (Arenhövel 2000; Eder 1988, 2000; Habermas 2003a). Als eine Erfahrung der Selbstkonfrontation ist das kollektive Lernen zugleich ein Prozess der Identitätskonstruktion. Es wird davon ausgegangen, dass das Subjekt dieser Konstruktion hauptsächlich eine Gesellschaft ist, die mit den Grenzen des Nationalstaats übereinstimmt. Diese Selbstbeobachtung bildet die Basis des kollektiven Lernens. Erst nach einer langwierigen Konfrontation mit den eigenen Überzeugungen, Interessen und Routinen beginnen innerhalb dieses Konstruktes geronnene Lernerfahrungen, auch nach außen zu wirken.

Weitgehend ununtersucht sind bis heute Lernprozesse, die den umgekehrten Verlauf nehmen, die also weniger „von innen nach außen" sondern eher „von außen nach innen" verlaufen. Manchen Ländern erscheint der Klimawandel – insbesondere in Relation zu anderen Alltagsproblemen – nicht als dringende Bedrohung, im Gegenteil profitieren sie von den Klimaverhandlungen in gewissem Maße sogar (wie die tropenwaldreichen Länder Brasilien[2] und Indonesien). Sie sehen die Erwärmung der Erdatmosphäre primär als ein gravierendes *globales*, eher die Menschheit *als Ganze* betreffendes Problem, die Folgen für die eigene Bevölkerung und die nationale Wirtschaft erscheinen dagegen zu wenig konkret, um Handlungen und Gegenmaßnahmen auch auf regionaler oder lokaler Ebene auszulösen. Wichtiger als die Frage, wie Umweltprobleme global werden (Wehling 2001), erscheint daher die im Folgenden behandelte Frage, wie globale Probleme zu nationalen und lokalen Faktoren werden, nachdem sie global waren bzw. sind.

Ich halte Gesellschaften immer noch für die Hauptsubjekte kollektiven Lernens. Ich vertrete nicht die These, dass der Globalisierungsprozess alle räumlichen Bestimmungen und nationalen Referenzen erodiert hätte. Letztendlich sind es eingrenzbare politische Gemeinschaften, die etwas lernen. Doch unterscheiden sich diese Subjekte kollektiven Lernens in verschiedenen Graden von Konsolidierung und Stabilität ihrer jeweiligen politischen Systeme, Akteurkonstellationen, Elitengruppierungen und sozialen Bewegungen. Diese unterschiedlichen Konsolidierungsgrade führen zu gänzlich unterschiedlichen Lernprozessen. So macht es einen bedeutenden Unterschied, wie im Folgenden am Beispiel des

---

1   Ich danke Hermann Schwengel für seine stimulierenden Anregungen.
2   [Siehe hierzu auch den Beitrag von Christoph Görg in diesem Band, Anm. d. Hrsg.].

Klimawandels gezeigt wird, ob entweder *bereits existierende* Akteure ihre jeweilige Einstellung gegenüber einem neuen Problem ändern und praktische Lösungen anwenden oder ob eine Akteurkonstellation sich *erst nach* der Problematisierung des Themas bildet und unerwartete Reaktionen darauf stattfinden. Es ist dabei zu fragen, zum einen, welche der beiden letztgenannten idealtypischen Alternativen (bestehende oder neue Akteure) zu einem höheren Grad an Innovation oder zu angemesseneren Reaktionen auf das identifizierte Problem führt und, zum anderen, inwiefern sich in der einen oder der anderen Form sedimentierte Hindernisse in den kognitiven und kulturellen Schemata der Beteiligten, aber auch im policy-making insgesamt mehr oder weniger stark strukturierend und hemmend auf Lernprozesse auswirken.

An den Beispielen von Argentinien und Deutschland wird im Weiteren untersucht, welchen Verlauf kollektive Lernprozesse bezüglich des Klimawandels nehmen. Deutschland gilt als ein Land, dessen Bereitschaft, dem Klimawandel zu begegnen, nach Außen ausstrahlt. Argentinien erscheint im Gegenteil als ein Land, das sich eher passiv verhält und sich mit dem Klimawandel erst auseinandergesetzt hat, nachdem das Thema auf der globalen Ebene – politisch oder massenmedial – behandelt wurde. Aus diesem Vergleich können mehrere Aspekte gewonnen werden, die das nationalstaatlich zentrierte Model des kollektiven Lernens erweitern.

1 Kollektive Lernprozesse im Umweltbereich

Kollektive Lernprozesse (KLP) umfassen grundsätzlich den Erwerb und die Entwicklung sozio-moralischer und praktischer Kompetenzen bei einem bestimmten Kollektiv: die Erweiterung der Wahrnehmung und Wertbindung; die Fähigkeit, Verantwortung zu übernehmen und Normen durch Deliberation zu setzen; und diese Kapazitäten in konkrete operative Handlungen umzusetzen. Darüber hinaus beruht alles auf der Bildung einer Identität in einer sozialen Gruppe, in einer Gemeinschaft oder in einer ganzen Gesellschaft, die sich selbst als narrativ und reflexiv versteht (Eder 1999). Was in einem KLP gelernt wird, sind fundamentale Aspekte der Organisation gemeinsamen Lebens, welche die kognitiven Grenzen individuellen Bewusstseins und die partikulären Interessen überschreiten, wie bei der Nachhaltigkeit und Reproduktion eigener Lebensformen sowie bei der Bereitstellung und Bewahrung öffentlicher Güter.[3]

Gesellschaften lernen nicht selbst, sondern vermittelt über ihre Mitglieder im Rahmen ihrer Interdependenzen und Kommunikationen. In Kürze seien die vier wichtigsten Momente des Lernprozesses hervorgehoben, die allerdings nicht immer die gleiche Sequenz verfolgen:

1. die Phase der Aufmerksamkeitserregung, hauptsächlich durch soziale Bewegungen initiiert;
2. die Diffusion durch die Medien und ihre Inszenierung und Verbreitung neuer Werte und Lebensstile;
3. die Implementierung der Themen in die Entscheidungsprozesse des politischen Systems und in die Kommunikation und Darstellung der Eliten; und

---

3 Siehe dazu ausführlicher Pelfini 2005.

4. ihr *output* durch Institutionalisierung, das allerdings viel breiter gefasst ist als beim klassischen policy-making. Die Interaktion in Institutionen (nicht nur, jedoch besonders in den politischen) ist entscheidend für die Entwicklung von kollektiven Lernprozessen mit Wirkung auf das gesellschaftliche Lernen. Es ist zu erwarten, dass die Beteiligung an einem bestimmten institutionellen Arrangement bedeutende Bewusstsein- und Verhaltensänderungen in Individuen und Organisationen verursacht, so dass im Endeffekt die einzelnen Lernsubjekte tatsächlich etwas Neues erreichen können.

Im Kontrast zu anderen Gegenständen des kollektiven Lernens, die sich eher an Gesichtspunkten einer intersubjektiven Moral ausrichten, resultiert Lernen im Umweltbereich hauptsächlich aus einer Selbstkonfrontation mit den eigenen Kommunikationen und Handlungen, die naturschädlich sein können oder Naturressourcen in einer nicht nachhaltigen Form nutzen. Der Erfolg solcher Lernprozesse hängt ab von der Überbrückung der Kluft zwischen reflexivem Umweltbewusstsein und individuellem umweltschonendem Verhalten, mehr noch aber von der Umsetzung des Gelernten im Bereich des strukturellen wirtschaftlichen Handelns. Hauptadressat des Lernens ist daher die Wirtschaft, oder genauer der gesamte Prozess der Produktion, des Konsums und Vertriebs in einer Zivilisation, welcher der Traum des Wachstums zugrunde liegt.

In Industriegesellschaften sind umweltbezogene Lernprozesse gerahmt von den fundamentalen institutionellen Arrangements, Spannungsfeldern und kulturellen bzw. kognitiven Repräsentationsschemata der ökologischen Modernisierung. Damit ist eine Konstellation gemeint, in der Ökologie und Wirtschaft einander nicht unbedingt feindlich gegenüberstehen, sondern die vielmehr – weniger radikal – auf Verhandlungen und Übersetzungen von Wissen und Repräsentationen über die Folgen und Nebenfolgen des Wirtschaftshandelns und ihrer Wirkung in der Steigerung des Umweltrisikos beruht (Prittwitz 1993a). Innerhalb dieses institutionellen Rahmens werden Bedrohungen wie der Klimawandel wissenschaftlich fundiert behandelt und immer mehr Ereignisse, so auch der Klimawandel, werden auf menschliche Entscheidungen zurückgeführt, also als *Risiken* im Sinne Luhmanns (1991) gedacht (während bspw. Inselstaaten im Indischen Ozean den Klimawandel als extern verursachte *Gefahr* erleben). Sowohl für Argentinien als auch für Deutschland gilt dieses industriegesellschaftliche Setting, in dem die Konzeption der Bedrohung als selbst generiertes *Risiko* eine Selbstkonfrontation mit den eigenen Überzeugungen, Wertvorstellungen und Routinen, bewirkt, die sich allerdings in beiden Fällen unterschiedlich gestaltet, wie im Folgenden erörtert wird.

2 Deutschland: Der Weg zum „Weltmeister" im Klimaschutz

Die Wahrnehmung des Klimawandels in Deutschland steht in Kontinuität mit dem spezifisch deutschen Umgang mit anderen Umweltproblemen. Das Thema wurde im internationalen Vergleich frühzeitig von der Politik als Antwort auf die steigende Ökosensibilität aufgenommen. Unternehmensverbände begannen ebenfalls relativ zeitig, sich argumentativ und technisch auf die sich abzeichnenden Herausforderungen und Anstrengungen vorzubereiten. Als ein Land, das Energie importiert und über keine eigenen Öl- und Gasquellen verfügt, spielte Deutschland in der europäischen und internationalen Klimapolitik eine

Vorreiterrolle. Allerdings wurde dieser viel versprechende Anfang durch die Wiedervereinigung Deutschlands im Jahr 1991 beeinträchtigt. Die positive Tatsache, dass mit dem Kollaps der DDR-Industrie die CO_2-Emissionen bezogen auf das vereinigte Deutschland gesunken sind, hatte einen doppelten negativen Effekt für die Entwicklung der deutschen Klimapolitik (Huber 1997): Einerseits zog dieses Geschehen so viel Aufmerksamkeit auf sich und vereinnahmte so große Ressourcen, dass die beginnenden Impulse für die Klimapolitik vernachlässigt wurden. Andererseits hatten die neuen Bundesländer in der CO_2-Bilanz einen so positiven Einfluss, dass Anstrengungen in den alten Bundesländern nicht für so nötig und dringend gehalten wurden, wie noch Ende der `80er Jahre. Mit den steigenden Kosten der Wiedervereinigung und der Verlangsamung des Wachstums wurde die Rede über den Standort Deutschland zum bevorzugten Verteidigungsargument der deutschen Wirtschaft in jeder Auseinandersetzung um klimapolitische Regulierung.

Im Jahr 2000 wurde das Nationale Klimaschutzprogramm verabschiedet. Um die CO_2 Emissionen bis 2005 gegenüber 1990 um 25% zu vermindern, wurden Maßnahmen zur Steigerung der Energieeffizienz und zur Substitution von kohlenstoffhaltigen durch -arme oder -freie Energieträger beschlossen. Diese Maßnahmen bezogen sich insbesondere auf die Bereiche der Energieversorgung, des Verkehrs und des Bauwesens. Wie erwartet, wurden die Reduktionsziele in dieser kurzen Frist nicht erreicht, was unfangreichere Maßnahmen erfordern würde, wie bspw. eine nachträgliche Wärmedämmung des gesamten Altbaubestandes, die Umstellung der Autoindustrie auf verbrauchärmere Pkws oder der Umbau des Verkehrsbereichs. Allerdings stellt die enge Verflechtung von Bundesregierung und Industrieverbänden einen bedeutenden Faktor in der deutschen Klimapolitik dar, in dem wiederum verschiedene Instrumente und Praktiken der ökologischen Modernisierung angewandt wurden, wie z.B. die Kooperation zwischen öffentlichen und privaten Akteuren sowie die Implementierung alternativer Formen der Regulierung (darunter marktanreizende Instrumente), welche letztendlich das Ideal der Selbstregulierung anstreben.

Die Basis dieser Kooperation zwischen Bundesregierung und Industrieverbänden bildet die „Selbstverpflichtungserklärung der deutschen Wirtschaft zur Klimavorsorge" von 1996 (SVE-Klima) und – in ihrer gestärkten Version – von 2000. Bei der SVE-Klima geht es in der Regel um unverbindliche Vereinbarungen zwischen Staat und (Teilen der) Wirtschaft, in denen die Wirtschaftsakteure zusagen, bestimmte Umweltziele zu erreichen, und der Staat darauf verzichtet, diese Ziele mit anderen Maßnahmen (Gesetzte oder Steuern) durchzusetzen (Knebel/Wicke/Michael 1999; Rosenkötter 2001). Bei der SVE-Klima verpflichten sich 19 Industrieverbände – die zusammen verantwortlich sind für mehr als 70% des industriellen Energiekonsums – eine 28%-ige Verminderung der CO_2 Emissionen bis zum Jahre 2005 auf der Basis von 1990 zu erreichen. Das Rheinisch-Westfälische Institut für Wirtschaftsforschung in Essen (RWI) überprüft als neutraler Dritter die abgegebenen Emissionserklärungen der Industrie zur Klimavorsorge. Das RWI hat bewiesen, dass die Wirtschaft insgesamt in der Zeit zwischen 1990 und 1998 spürbare Fortschritte erzielt hat, wenngleich zwischen den einzelnen Branchen nach wie vor erhebliche Unterschiede bestehen. Die Art und Weise, wie dieses Instrument tatsächlich entwickelt wird, ist allerdings weit von einem reflexiven und demokratiefördernden Instrument entfernt: Die Ziele waren *a priori* festgelegt, aber gleichzeitig wenig konkret formuliert, die Transparenz und die öffentliche Partizipation und Kommunikation waren minimal und die wechselseitigen Kontrollen gering. Angesichts der Tatsache, dass ein Lernprozess eine mühevolle, mit einigem Kosten- und Zeitaufwand verbundene Aufgabe ist, deren Abschluss und Resultate zudem unabsehbar sind, sind Bequemlichkeit und reziproke Delegation von Kompetenzen und Verantwortungen nicht besonders lernfördernd (Ramehsol/Kristof 2001). Die geringe Reflexivität der SVE-Klima scheint kaum in der Lage zu sein, Lerneffekte zu erzeugen und klimaschutzrelevante Verhaltens- und Bewusstseinsveränderungen in den kognitiven und kulturellen Schemata der Protagonisten zu fördern.

Die SVE-Klima bietet nicht nur einen Orientierungsrahmen für das korrekte Verhalten der Beteiligten, sondern auch gemeinsame Repräsentationsschemata für die Interpretation des Problems des Klimawandels sowie zur Rechtfertigung klimapolitischer Ziele und Anstrengungen. Das kooperative Verhältnis zwischen Bundesregierung und Wirtschaftsverbänden besteht aus einem Konsens, der sich als *Diskurskoalition* bezeichnen lässt.[4] Was die Akteure miteinander teilen, ist viel mehr als eine Interessenübereinstimmung, nämlich eine narrative Struktur, durch die Probleme gemeinsam wahrgenommen und definiert, Lösungsstrategien bestimmt und gemeinsame Leitbilder und Prinzipien gerechtfertigt werden. Thematisch beruht die Diskurskoalition auf einer Serie von Lernschritten: Zunächst wird das Problem des Klimawandels als eine wichtige Herausforderung auch für die Unternehmer anerkannt; zweitens werden alle Arten von Regulationsinstrumenten außer den Selbstverpflichtungen abgelehnt; drittens, die umgesetzten Lösungsstrategien beruhen nur auf Öko-effizienz und technischen Operationen; zuletzt, werden anderer Akteure in der Gestaltung der Klimapolitik kategorisch ausgeschlossen.

Neben anderen Faktoren (wie bspw. der Aufschwung der Branche der erneuerbaren Energien) ist mit der Einführung eines EU-Emissionshandels im 2005 eine gewisse Erosion bei den herrschenden Kräften der deutschen Klimapolitik beobachtbar (Böckem 2000). Neue Akteure mit einer risikofreundlichen Position plädieren für die Einführung innovativer und offener Verfahren in der Klimapolitik. Es handelt sich dabei um eine noch nicht konsolidierte Aggregation von Interessengruppen, die eine diffuse und heterogene Konstellation von Akteuren bilden und labile Verbindungen miteinander unterhalten. Allerdings konnten sie zumindest Alternativen für die enge und nicht immer transparente Kooperation mit dem Staat erforschen, und zugleich die Klimaverhandlungen insgesamt wieder dynamisieren. Europaweit agierende Unternehmen, Verbände und „think tanks" sowie dieselben EU-Regulationen lassen sich daher als Kräfte der Innovation und des liberalen Progressivismus betrachten (Schwengel 2001). Allerdings, scheint die Anwendung des Emissionshandels in dieser jüngsten Form seinen Versprechungen immer noch nicht gerecht zu werden (Schüle 2008).

3 Argentinien: Die „Emissionen" der Kühe und der Sojaboom

Argentinien gehört bemessen an seiner industriellen Produktionskraft und der Bevölkerungszahl nicht zu den Klimasündern in der Gruppe der Schwellenländer. In dem Agrarland mit – im historischen Vergleich – relativem Wohlstand bilden der Energieverbrauch und der Konsumstil der Mittel- und Oberschichten (der Pro Kopf Emission, 1,5 CO_2 Tonnen, ist höher als der von China und Indien, aber erheblich geringer als die der USA mit 7 Tonnen)

---

[4] „Discourse-coalitions are defined as the ensemble of (1) a set of story-lines; (2) the actors who utter these story-lines; and (3) the practices in which this discoursive activity is based. Story-lines are here seen as the discoursive cement that keeps a discours-coalition together" (Hajer 1995: 65).

sowie die hohe Viehpopulation (etwa 50 Millionen Kühe in einem Land mit 36 Mio. Bevölkerung) die Hauptfaktoren für Treibhausgasemissionen.[5]

Die Klimapolitik in Argentinien befindet sich – wie im Grunde der Umweltschutz insgesamt – noch im Anfangsstadium. Allerdings hat Argentinien bereits sehr früh eine aktive Rolle in den Klimaverhandlungen eingenommen. Der wichtigste Grund dafür lag in der Person des Botschafters Raúl Estrada Oyuela, der die Verhandlungen zur Etablierung des Kyoto Protokolls leitete.[6] Um der vermeintlichen Isolierung des Landes und der Neigung zum Protektionismus entgegenzutreten, war die Regierung Menems zudem daran interessiert, sich als ein international offenes Land zu profilieren, welches sich an der Agenda der G-8 Nationen orientiert. Vor diesem Hintergrund fand in Buenos Aires im November 1998 die Vertragskonferenz (COP-4) statt, deren Aufgabe die Ausarbeitung der Regeln und des Verfahrens zur Einführung der so genannten Kyoto-Mechanismen (*Joint Implementation*, *Clean Development Mechanism* und Emmissionshandel) war. Eine weitere COP (die COP-10) hat im Dezember 2004 in Buenos Aires stattgefunden.

Diese globale Ebene bildet den Ursprung der Klimapolitik in Argentinien. Die Kompromisse und die Kyoto Mechanismen versprechen längerfristig Vorteile für das Land. So wurden damit verschiedene Initiativen eingeführt, wie die Gründung des Büro für *Joint Implementation in 1998*, heute OAMDL, sowie die Unidad de Cambio Climático in 2003. Ziel dieser Einheit ist die Formulierung einer nationalen Strategie für die Verminderung der Treibhausgasemissionen.

Die Wahrnehmung des Klimawandels in der Bevölkerung steht allerdings nicht im Einklang mit dieser aktiven Rolle in den internationalen Verhandlungen. Sie kann eher auf die globale Medienresonanz zurückgeführt werden, die der Klimawandel in den letzten zwei Jahren erfahren hat. Die Sorge um die Erwärmung des Klimas addiert sich zu anderen Umweltproblemen wie Wasserverschmutzung, Bodenerosion und Abfallentsorgung in den Metropolen, die akuter und unmittelbarer erscheinen und plötzlich in der Öffentlichkeit als gesamtes „Paket" von Risiken auftauchen. Zwei miteinander verbundene Ereignisse in der jüngsten Vergangenheit haben die Thematisierung ökologischer und anderer Risiken forciert: Zunächst, der radikale Protest einer sozialen Bewegung in Gualeguaychú gegen die Einrichtung einer großen Papierfabrik auf dem gegenüberliegenden Ufer in Uruguay, die eine bis heute ungelöste Krise mit dem Nachbarstaat hervorrief. Um diesen spontanen, schwer zu zähmenden Protest zu institutionalisieren und die internationalen Reklamationen glaubwürdigeren zu vermitteln, hat zweitens die Regierung Kirchners ein Sekretariat für Umwelt eingerichtet, das mit mehr Funktionen, Budget und Personal ausgestattet ist als das existierende Subsekretariat, das bisher vorrangig für Naturreservoirs und Nationalparks zuständig war. Von Anfang an hat sich das Sekretariat von der medialen Präsenz und dem radikalen Diskurs der Umweltbewegung in Gualeguaychú kaum distanziert.

Zwei Trends haben sodann den Fokus der Aufmerksamkeit auf die Erwärmung der Atmosphäre gelenkt, die allerdings nicht nur in Argentinien beobachtet wurden, sondern in verschiedenen Weltregionen:

---

5 Nach dem Energiesektor ist die Viehzucht für die 35% der Treibhausgasemissionen verantwortlich (Berna/Finster 2002). 60% dieser Emissionen sind Methan und der Rest fast ausschließlich N_2O.
6 Seine Rolle war jedoch nicht unumstritten und wurde als „Estrada Faktor" ernannt (Oberthür/Ott 2000).

a. Die Zunahme der Häufigkeit von Unwetterphänomenen, wie die Paraná Überschwemmung in Santa Fe in 2003 und 2007 oder steigende Temperaturen und Starkstürme, die die Bevölkerung im Norden und Zentrum des Landes befürchten lassen, dass Argentinien „allmählich ein Tropenland wie Brasilien" werde, und
b. die sich verschärfende Energiekrise: seit dem Jahr 2003 erlebt die argentinische Volkswirtschaft einen weitgehend unerwarteten Aufschwung in „chinesischen Raten"[7]. Er betrifft nicht nur den traditionellen exportorientierten Primärsektor. Durch die Liberalisierung und Öffnung der Märkte wurde auch die in den 90er Jahren totgesagte Industrie wieder belebt. Unter diesen Bedingungen erweist sich die Energieversorgung des Landes als unzureichend.

Politik und Medien haben in Argentinien einen Zusammenhang zwischen Klimawandel und menschlichen Aktivitäten nie geleugnet. Firmen beginnen nunmehr, ihre Waren und Produktionsmechanismen als klimafreundlich zu vermarkten. Verschiedene Bildungsprogramme zur Sensibilisierung und Bewusstseinsbildung wurden in den vergangenen Jahren eingeführt.[8] Auch andere Ministerien mit klimapolitischer-Relevanz setzen nach und nach Klimaschutzprogramme auf, wie die Förderung von erneuerbaren Energien, die Wiederbelebung der Kernenergie, die in der 90er Jahren zurückgefahren wurde, sowie Maßnahmen zur Expansion der Forstbestände als CO_2-Senken. Allerdings haben solche Initiativen noch zu wenig Gewicht, als dass sie eine bedeutende Emissionsreduktion erreichen könnten. Außerdem hat sich der Konsumstil der Bevölkerung kaum klimafreundlich verändert: einerseits schreitet die private Motorisierung im Land trotz der von der Regierung angetriebenen Revitalisierung der Eisenbahn ungebremst fort; andererseits, rüsten sich die wohlhabenden Einwohner gegen den Klimawandelbedingten Temperaturanstieg mit mehr und größeren Klimaanlagen...

So geht es bei der Klimapolitik in Argentinien insgesamt eher um die Anpassung (Adaptation) an den Klimawandel als um die Reduktion von Emissionen (Mitigation). Da das Land kein großer Emittent ist und keinen großen Industriesektor besitzt, konzentrieren sich die Maßnahmen auf die Erweiterung der Forstbestände, auf die Entwicklung lokalisierter Klimaszenarien, die Bewahrung von Feuchtgebieten und natürlichen Flussläufen. Erstere Maßnahmen haben zum Ziel, so viel CO_2 wie möglich zu fixieren, um das Land als Empfänger von Emissionsrechten zu profilieren. Letztere Maßnahmen richten sich auf die Vermeidung von Naturkatastrophen. Zu fragen ist nun, ob in beiden Strategien kollektive Lernprozesse zu finden sind, wenn es sich nicht um eine Kooperation mit wirtschaftlichen Akteuren innerhalb funktionierender institutioneller Arrangements handelt: Inwiefern wirkt sich das Streben nach wirtschaftlichem Wachstum restriktiv auf klimarelevante Lernprozesse aus? Wer sind die Adressaten bzw. die Protagonisten des kollektiven Lernens, wenn die Konturen der Klimapolitik so diffus sind?

Eine Konfliktlinie ist dabei besonders hervorzuheben, die im Zuge der Durchsetzung des Anpassungsimperativs immer deutlicher wird: Die Notwendigkeit, Forstbestände zu vergrößern und weitere Bodenflächen in ihrem „natürlichen" Zustand zu erhalten, steht im Widerspruch zu der fortgeschrittenen Expansion des Ackerbaus in Folge des (internationalen) Sojabooms und der stark gewachsenen Nachfrage nach–Biokraftstoff. Forciert durch

---

7 Etwa 8,50% p.A. seit 2004.
8 Die Universidad de Buenos Aires hat jüngst ein Forschungs- und Sensibilisierungsprogramm für alle Fakultäten eingeführt.

das globalisierte, gentechnikintensive und hochtechnisierte Agrobusiness kommt es gegenwärtig zu einer weiteren Welle dieser Expansion. Da Soja in Nährstoffärmeren und wärmeren Böden angebaut werden kann, geraten einheimische Völker und Kleinproduzenten und ihre traditionellen Anbau- oder Viehzuchtmethoden auf teils gemeinschaftlich genutzten Flächen unter erheblichen Druck (Aranda 2008). Soziale Bewegungen beginnen gegen diese Entwicklung zu agieren. Im Nachbarland Brasilien lassen sich ähnliche Entwicklungen beobachten. Allerdings ist die Lage der betroffenen Bevölkerung dort schlechter, die Aktionen sozialer Bewegungen wie das berühmte „Movimento Sim Terra" sind besser organisiert und radikaler. Ein anderer Unterschied besteht darin, dass für Argentinien die Agrarwirtschaft nicht nur wichtigster Exportfaktor ist, sondern dass sie auch symbolisch einen Träger nationaler Werte darstellt. Vor diesem Hintergrund versucht die aktuelle Regierung – offensichtlich nicht hauptsächlich umweltpolitisch motiviert – dem Sojaanbau und den damit verbundenen Profiten Einhalt zu gebieten. Der durch diese Politik ausgelöste Konflikt schwächt die argentinische Regierung gegenwärtig, während er eine bisher diffuse Opposition zusammenschweißt; gleichzeitig werden alte Feindbilder gegenüber den Peronisten in den Ober- und Mittelschichten reaktiviert.

Vor dem Hintergrund der Klimadebatte finden kollektive Lernprozesse somit nicht im Bezug auf den Energiekonsum oder auf die Steigerung der Ökoeffizienz in der industriellen Produktion statt, wie zu erwarten wäre. Neu ausgehandelt wird vor diesem Hintergrund vielmehr das, was stets als Grundkonflikt zwischen Industriesektor und Agrarwirtschaft stand:[9] die Akzeptanz von Beschränkungen der Profitmaximierung, Gewinnumverteilung, Inflationskontrolle und Begrenzungen von Anbauflächen; dies alles in einer Branche wie die Agrarwirtschaft, die bisher ungeahnte Renditen generiert, die nationalstaatlich kaum zu regulieren ist, die aber zur Monokultur tendiert, die Bodenerosion verschärft, die Biodiversität reduziert und vor allem klimapolitischen Anpassungsmaßnahmen zuwiderläuft.

Angesichts der regionalen Gemeinsamkeiten mit Brasilien (Goldemberg/Lucon 2007) aber auch der eher schwachen Position der Staatsapparate in beiden Ländern im Bezug auf ihre Fähigkeiten, strengere klimapolitische Regulierungen einzuführen, scheint die Vertiefung kollektiver Lernprozesse von der Konsolidierung regionaler Institutionen und Normen innerhalb des MERCOSUR abhängig zu sein. Zumindest zeigen dies die aktuellen Entwicklungen im Energiesektor, der voranschreitenden Integration von Gas und Erdölproduktion und -Verteilung.

4 Welche Konstellation fördert Lernen?

Auf den ersten Blick scheint die Frage, welche Konstellationen lernförderlich sind, einfach zu beantworten zu sein, wenn man den „Weltmeister" im Klimaschutz (Deutschland) mit einem wenig relevanten Land (wie Argentinien) vergleicht, das der Klimapolitik scheinbar keine besondere Bedeutung zuweist. Wenn man allerdings nicht nur den Status Quo, sondern auch -Potentiale und Innovationsmöglichkeiten berücksichtigt, ist das Bild nicht mehr so eindeutig.

In beiden Ländern werden Problemlösungsstrategien entworfen, die mit enormen ökonomischen Kosten verbunden sind und die den Bereich des gegenwärtigen technischen

---

9   Es handelt sich um einen Konflikt, der vor allem vom Populismus (sei es von Perón oder neuerdings von den Kirchners) hervorgerufen wurde.

Wissens überschreiten. Damit wird das bisherige Akkumulationsmodell grundlegend in Frage gestellt. Die erforderlichen Maßnahmen zur Bewältigung bzw. Verminderung eines vom Menschen selbst verursachten Problems konfligieren mit tief verankerten Interessen, Präferenzen und Grundüberzeugungen, auf denen eine ganze Wirtschaftsordnung und eine auf Wachstum und Fortschritt orientierte Lebensform beruhen. Die Adressaten des kollektiven Lernens sind jeweils andere, abhängig von der Wirtschaftsstruktur eines Landes: In Deutschland insbesondere der Industriesektor, in Argentinien das Agrobusiness. Beide Länder unterscheiden sich auch in ihren Akteurskonstellationen und dem Niveau der Transnationalisierung. Als „Berliner Blockade" wird die Schattenseite des deutschen politischen Systems bezeichnet: eine Resistenz gegenüber jedem Wandel (Stark 1988). Verantwortlich dafür seien die übermäßige Präsenz korporativer Interessenvertretung und die langwierigen Verfahren zur Konsensfindung und zur Formulierung und Implementation politischer Programme (Dahrendorf 1965; Reutter 2001). Wie bereits ausgeführt, bleibt die tradiert enge und „bequeme" Zusammenarbeit zwischen Bundesregierung und Wirtschaftsverbänden von der Klimadebatte nicht unberührt. Die Einführung des EU-weiten Emissionshandels und der Aufschwung der Branche der erneuerbaren Energien bringen neue Akteure ins Spiel, sie erweitern die klimapolitische Agenda und führen zu einer kritischen Reflexion bei den Konsumenten. Allerdings sind die Automobilindustrie und die Energiekonzerne kaum bereit, strengere klimapolitische Regulierungen zu akzeptieren.

Solche Resistenzen sind in Argentinien weniger häufig anzutreffen, wohl aber eine gewisse Gleichgültigkeit gegenüber Emissionsreduktionen. Auch bleibt der Klimawandel hier ein weitgehend abstraktes Phänomen, seine möglichen Konsequenzen werden eher ausgeblendet. Was die Art und Weise der Zusammenfügung von Interessen, die Kooperation zwischen relevanten Akteuren und die Bildung von institutionellen Arrangements angeht, zeichnet sich ebenfalls ein eher negatives Bild. Im Unterschied zur deutschen Konsens-Demokratie und seiner konsolidierten Form der Aggregation von Interessen, herrscht in Argentinien eher ein konfrontativer Stil in der politischen Kultur, in welchem sich Null-Summen-Spiele multiplizieren. Die Spontaneität der Proteste, die geringe Institutionalisierung bei der Konsensfindung und die Instabilität aller *public policies* sind eher die Regel als die Ausnahme.

Lerntheoretisch lässt sich der Vergleich Argentinien/Deutschland anhand Piagets Kategorien „Assimilation" und „Akkomodation" vertiefen. Mit dem ersten Mechanismus bezeichnet Piaget die Aufnahme neuer Schemata in die existierende Operationalstruktur, die dabei weitgehend unverändert bleibt. Führt die Integration neuer Schemata hingegen zu einer tiefen Reorganisation der existierenden Struktur, die zugleich eine starke kognitive Destabilisierung bewirkt, spricht Piaget von Akkomodation. Während klimabezogene Lernprozesse sich in Deutschland eher darum drehen, dass konsolidierte Akteurkonstellationen durch solide Kooperationsstrukturen Regulationsmaßnahmen in Bezug auf ein bisher unbekanntes Problem ergreifen (Assimilation bzw. Internalisierung), handelt es sich in den klimabezogenen Lernprozessen in Argentinien um die Herausbildung von bisher unbekannten Akteurkonstellationen bei der Behandlung eines wohl bekannten, aber bisher nicht akuten Problems (Akkomodation). Die Frage, in welcher Konstellation letztendlich am meisten gelernt wird, lässt sich dann nicht so einfach beantworten, vor allem wenn Lernen nicht nur als Adaptation an komplexere Kontexte oder als Internalisierung neuer Inhalte, sondern auch als die Entwicklung von etwas Neuem im Bereich des öffentlichen Lebens verstanden wird.

Zwei Grundannahmen der Theorie des kollektiven Lernens spricht der angestellte Vergleich zwischen Deutschland und Argentinien an. Zunächst die Annahme, dass die fundamentalen Subjekte des Lernens Gesellschaften sind, die im Wesentlichen mit den Grenzen eines Nationalstaats übereinstimmen. Dies wird nicht grundsätzlich in Frage gestellt. Letztendlich geht es darum, dass bestimmte Gesellschaften etwas Neues im Bereich der Gestaltung des Zusammenlebens entwickeln. Was jedoch der Vergleich Argentinien/Deutschland gezeigt hat, ist, dass die Kräfte, die Innovation und Transformation sedimentierter Überzeugungen und etablierter Praktiken fördern, eher transnationale als nationale Akteure sind. Transnational heißt hier allerdings nicht global oder etwas anderes Abstraktes, sondern jeweils bezogen auf den institutionell-politischen Rahmen der Regionen, in der die jeweiligen Länder verankert sind: Die EU für Deutschland und der MERCOSUR für Argentinien, sei es in seiner ursprünglichen Form mit vier Mitgliedern (Argentinien, Brasilien, Paraguay und Uruguay) oder in der aktuellen mit dem Nichtvollmitglied Venezuela.

Die zweite angesprochene Annahme ist, dass kollektive Lernprozesse einer universalen Sequenz folgen. Die Funktion der Eliten und der Regierung beschränkt sich nicht auf die Verarbeitung von Klagen und Inputs untergeordneter Akteure, sie kann auch das Einbringen neuer Themen und die Transkription globaler in lokale Probleme umfassen. Ein geringer Institutionalisierungsgrad kann dabei hinderlich sein, solide Institutionen reduzieren aber zugleich auch die Experimentierfreudigkeit und Innovationsbereitschaft eines Landes. Soziale Bewegungen beschränken sich nicht auf das Erregen von Aufmerksamkeit, sie können auch ein Teil der Problemlösung sein. So wird die damit verbundene Grundannahme in Frage gestellt, der zufolge umweltbezogenes Lernen erst als Produkt postmaterialistischer Wertorientierungen erscheinen kann. Die Wissenszirkulation, die Werteverbreitung und die Diffusion von Konsumweisen steigern sich im Zuge der Globalisierung in einem Ausmaß, dass die Abgrenzung zwischen endogenem und exogenem Lernen zunehmend schwerer fällt. Solide Institutionalisierung, deliberative Verfahren und Kooperationsstrukturen in den Grenzen des Nationalstaats scheinen unter diesen Bedingungen nicht mehr der privilegierte Weg zu sein, um kollektive Lernprozessen anzutreiben.

Literatur

Allmendiger, Jutta (Hrsg.) (2001): Gute Gesellschaft? Verhandlungen des 30. Kongresses der Deutschen Gesellschaft für Soziologie in Köln 2000. Opladen: Leske + Budrich.
Aranda, Darío (2008): El lado oscuro del boom de la soja. In: Página 12, v. 31.03.08.
Arenhövel, Mark (2000): Demokratie und Erinnerung. Der Blick zurück auf Diktatur und Menschenrechtsverbrechen. Frankfurt a.M.: Campus.
Berna, Guillermo/Finster, Laura (2002): Emisión de gases de efecto invernadero. In: IDIA XXI-INTA 2, 212-215.
Böckem, Alexandra (2000): Klimapolitik in Deutschland: Eine Problemanalyse aus Expertensicht. Discussion Paper Nr. 91. Hamburg: Hamburgisches Welt-Wirtschafts-Archiv (HWWA).
Cohen, Maurie (Hrsg.) (2000): Risk in the Modern Age. Social Theory, Science and Environmental Decision-Making. London: Macmillan.
Collier, Ute/ Löfstedt, Ragnar (Hrsg.) (1997): Cases in Climate Policy. London: Earthscan.
Dahrendorf, Ralph (1965): Gesellschaft und Demokratie in Deutschland. München: Piper.
Eder, Klaus (2000): Taming Risks through Dialogues: The Rationality and Functionality of Discoursive Institutions in Risk Society. In: Cohen, Maurie (Hrsg.) (2000): Risk in the Modern Age. Social Theory, Science and Environmental Decision-Making. London: Palgrave Macmillan, 225-248.
Eder, Klaus (1999): Kulturelle Identität zwischen Tradition und Utopie. Soziale Bewegungen als Ort gesellschaftlicher Lernprozesse in Europa. Frankfurt a.M.: Campus.

Eder, Klaus (1988): Die Vergesellschaftung der Natur. Studien zur sozialen Evolution der praktischen Vernunft. Frankfurt a.M.: Suhrkamp.
Engels, Anita/Weingart, Peter (1997): Die Politisierung des Klimas. Zur Entstehung von anthropogenem Klimawandel als politischem Handlungsfeld. In: Hiller, Petra/Krücken, Georg (Hrsg.) (1997): Risiko und Regulierung. Frankfurt a.M.: Suhrkamp, 90-115.
Goldemberg, José/Lucon, Oswald (2007): Energia e meio ambiente no Brasil. In: Estudos Avançados 21 (59). Universidade de São Paulo, Januar/April, 7-20.
Grundmann, Reiner (1999): Transnationale Umweltpolitik zum Schutz der Ozonschicht, Frankfurt a.M.: Campus.
Habermas, Jürgen (2003a) Aus Katastrophen lernen? Ein zeigdiagnostischer Rückblick auf das kurze 20. Jahrhundert. In: Habermas, Jürgen (2003b): Zeitdiagnosen. Zwölf Essays, Frankfurt a.M.: Suhrkamp, 204-223.
Habermas, Jürgen (2003b): Zeitdiagnosen. Zwölf Essays, Frankfurt a.M.: Suhrkamp, 204-223.
Hiller, Petra/Krücken, Georg (Hrsg.) (1997): Risiko und Regulierung. Frankfurt a.M.: Suhrkamp.
Huber, Michael (1997): Leadership and Unification: Climate Change Policies in Germany. In: Collier, Ute/ Löfstedt, Ragnar (Hrsg.) (1997): Cases in Climate Policy. London: Earthscan, 65.
Knebel, Jürgen/Wicke, Lutz/Michael, Gerhard (1999): Selbstverpflichtungen und normersetzende Umweltverträge als Instrumente des Umweltschutzes. Berichte 5/99. Berlin: Umweltbundesamt.
Liberatore, Angela (1994): Facing Global Warming: The interactions between science and policy-making in the European Community. In: Redclift, Michael/Benton, Ted (Hrsg.) (1994): Social Theory and the Global Environment. London: Routledge, 190-204.
Luhmann, Niklas (1991): Soziologie des Risikos. Berlin: De Gruyter.
Miller, Max (1986): Kollektive Lernprozesse. Studien zur Grundlegung einer soziologischen Lerntheorie. Frankfurt a.M.: Suhrkamp.
Oberthür, Sebastian/Ott, Hermann (2000): Das Kyoto-Protokoll. Internationale Klimapolitik für das 21. Jahrhundert. Opladen: Leske + Budrich.
Pelfini, Alejandro (2005): Kollektive Lernprozesse und Institutionenbildung. Die deutsche Klimapolitik auf dem Weg zur ökologischen Modernisierung. Berlin: Weißensee.
Pochat, Víctor/Natenzon, Claudia/Murgida, Ana M. (2006): Argentina Country Case Study on Domestic Policy Frameworks for Adaptation in the Water Sector. Presentation given at the Annex I Expert Group Seminar in Conjunction with the OECD Global Forum on Sustainable Development, 28.03.2006.
Prittwitz, Volker von (1993a): Reflexive Modernisierung und öffentliches Handeln. In: Prittwitz, Volker von (Hrsg.) (1993b): Umweltpolitik als Modernisierungsprozess. Opladen: Leske + Budrich.
Prittwitz, Volker von (Hrsg.) (1993b): Umweltpolitik als Modernisierungsprozess. Opladen: Leske + Budrich.
Ramesohl, Stephan/ Kristof, Kora (2001): The Declaration of German Industry on Global Warming Prevention – a dynamic analysis of current performance and future prospects for development. In: Journal of Cleaner Production 9 (5), 437-446.
Reutter, Werner (2001): Verbände zwischen Pluralismus, Korporatismus und Lobbysmus. In: Reutter, Werner/ Rietters, Peter (Hrsg.) (2001): Verbände und Verbandsysteme in Westeuropa. Opladen: Leske + Budrich, 75-101.
Redclift, Michael/Benton, Ted (Hrsg.) (1994): Social Theory and the Global Environment. London: Routledge.
Rosenkötter, Annette (2001): Selbstverpflichtungsabsprachen der Industrie im Umweltrecht. Frankfurt a.M.: Peter Lang.
Schüle, Ralf (Hrsg.) (2008): Grenzenlos handeln? Emissionsmärkte in der Klima- und Energiepolitik. München: oekom verlag.
Schwengel, Hermann (2001): Wahl, Identität und Gemeinwohl. Werte- und Machteliten im Konflikt um den Charakter der guten Gesellschaft. In: Allmendinger, Jutta (Hrsg.) (2001): Gute Gesellschaft? Verhandlungen des 30. Kongresses der Deutschen Gesellschaft für Soziologie in Köln 2000. Opladen: Leske + Budrich, 267-278.
Stark, Carsten (1988): Die blockierte Demokratie. Kulturelle Grenzen der Politik im deutschen Immissionsschutz. Baden Baden: Nomos.
Wehling, Peter (2001): Die Konstruktion ökologischer Globalität: Globale Umweltprobleme und transnationale Umweltpolitik. In: Allmendinger, Jutta (Hrsg.) (2001): Gute Gesellschaft? Verhandlungen des 30. Kongresses der Deutschen Gesellschaft für Soziologie in Köln. Opladen: Leske + Budrich, 723-747.

Anpassung an den Klimawandel

Social Capital, Collective Action, and Adaptation to Climate Change[1,]

W. Neil Adger[2]

1 Introduction

The effects of observed and future changes in climate are spatially and socially differentiated. The impacts of future changes will be felt particularly by resource-dependent communities through a multitude of primary and secondary effects cascading through natural and social systems. Given that the world is increasingly faced with risks of climate change that are at the boundaries of human experience[3], there is an urgent need to learn from past and present adaptation strategies to understand both the processes by which adaptation takes place and the limitations of the various agents of change – states, markets, and civil society – in these processes. Societies have inherent capacities to adapt to climate change. In this article, I argue that these capacities are bound up in their ability to act collectively.

Decisions on adaptation are made by individuals, groups within society, organizations, and governments on behalf of society. But all decisions privilege one set of interests over another and create winners and losers. Thus, the effectiveness of strategies for adapting to climate change depend on the social acceptability of options for adaptation, the institutional constraints on adaptation, and the place of adaptation in the wider landscape of economic development and social evolution. The effectiveness of adaptation also depends on the compounding factors of economic globalization and other trends (see O'Brien/Leichenko 2000).

It is clear that individuals and societies have adapted to climate change over the course of human history and will continue to do so – climate is part of the wider environmental landscapes of human habitation (e.g., de Menocal 2001). Thus, individuals and societies have been at risk of climatic hazards and other factors, and this vulnerability can act as a driver for adaptive resource management. There are various scales and actors involved in

---

[1] This article is a reprint from *Economic Geography* with permission of Clark University.
[2] This article forms an output from the project, New Indicators of Vulnerability and Adaptive Capacity, funded through the Tyndall Centre for Climate Change Research. My thanks to participants at a seminar at the University of Sussex and at a session on Analysing Institutional Arrangements for Environmental Governance, convened by Jouni Paavola at the biennial Congress of the International Society for Ecological Economics in Sousse, Tunisia, in March 2002. I also thank Nick Brooks, Mike Hulme, and two anonymous referees for their helpful comments. This version remains my own responsibility.
[3] The evidence for significant warming in this century on a scale unprecedented in the era of modern human history (in the range of 1,1 °C to 6,4 °C by 2100) was summarized by the Intergovernmental Panel on Climate Change (IPCC 2007). Novel and largely unknown risks include those associated with the expansion of the range of pathogens, diseases, and pests affecting human and nonhuman populations and with a significant change in sea level caused by the collapse of the West Antarctic Ice Sheet (see, e.g., Harvell/Mitchell/Ward et al. 2002; Vaughan/Spouge 2002; Schneider 2001). Increasingly, adaptation is understood as a process that is precipitated by the need to cope with extremes within such changes (see Kelly/Adger 2000; Jones 2001).

adaptation. Some types of adaptation are undertaken by individuals in response to threats to the climate, often triggered by individual extreme events. Others are undertaken by governments on behalf of society, sometimes in anticipation of change but, again, often in response to individual events. Key vulnerable groups are often excluded from making decisions on the public management of climate-related risks. Poor households are, for example, forced to live in hazardous areas on the margins of urban settlements, which puts them at risk of flooding, and are frequently ignored when the infrastructure is designed to alleviate such vulnerabilities. The space occupied by socially marginalized groups itself becomes invisible (cf. Scott 1998). The vulnerability of marginalized groups and their exclusion from decision making has been documented throughout the world, from Japan to the United States and the Caribbean, for instance (Uitto 1998; Cutter/Mitchell/Scott 2000; Pelling 1999, 2002).

Therefore, adaptation processes involve the interdependence of agents through their relationships with each other, with the institutions in which they reside, and with the resource base on which they depend. The nature of these relationships has been central to human ecology and geography, microeconomics, and the anthropological and political sciences. Each discipline has theorized relations of trust, the nature of exchange relations, and the cultural significance of and institutional constraints on the use of the natural environment. But the different emphasis of each discipline has led to a piecemeal view of the importance of connectedness and networks and the role of institutions. Proponents of some economic and political science models have argued that institutions are merely an outcome of individual exchange and of the state's provision of frameworks to provide stability for these exchanges. Advocates of structural approaches have contended that institutions are embedded in the antecedent decisions and cultures of the societies in which they emerge. They have explained such phenomena as economic performance, the resilience and stability of societies, and cultural attitudes toward the environment in different ways (e.g. Bray 1986; North 1990; Wilbanks 1994; Adger/Brown/Fairbrass et al. 2003).

In resolving some of these dilemmas, the concept of social capital appears to have purchase across the range of social sciences. At its core, social capital describes relations of trust, reciprocity, and exchange; the evolution of common rules; and the role of networks. It gives a role to civil society and collective action for both instrumental and democratic reasons and seeks to explain differential spatial patterns of societal interaction. With the promise of and claims to integration, no wonder social capital is so seductive (see, e.g., Pretty/Ward 2001; Mohan/Mohan 2002; Sobel 2002; Bebbington/Perreault 1999; Durlauf 2002). But like the term *sustainable development*, the term *social capital* is interpreted across the social science disciplines, and investigated empirically, using different models and data. Economics has been sceptical about the efficacy of the concept: Arrow (2000) argued that social capital is, indeed, a misnomer and does not share the fundamental characteristics of other forms of capital. I contend that social capital has explanatory power specifically in the area of collective action for environmental management. From the civil society's response to the impacts of Hurricane Andrew to the networks of reciprocity and exchange in pastoralist economies, it has long been recognized that social capital is central to the lived experience of coping with risk (Zeigler/Brunn/Johnson 1996; Cantor/Rayner 1994; Platteau 1994, 2000). But the concept of social capital also promises to explain how the civil society interacts with the institutions of market and state in a systematic manner, one that is relevant to the nature of the climate-related risks outlined earlier.

This article first discusses the major features and debates in the literatures on social capital and on adaptive management to environmental risks. Analyses of social capital are diverse and range from research on community and associations to economic analyses of well-being and the role of trust in economic transactions. The article presents pertinent lessons from geographic and other research on how social capital can facilitate security and resilience, particularly in the context of resource-dependent livelihoods, by reference to its interactions with natural capital. A framework is developed that classifies social capital as bonding or networking and highlights the relationship of these aspects of social capital as oppositional or synergistic to the state. The next section presents examples of how social capital is central to adaptive capacity, using insights from previous studies of coping with extremes in climate or managing vulnerable resources.

2   Social Capital and Collective Action – Controversies and Positions

Collective action is at the heart of many decisions on the management of natural resources. In agriculture, forestry, and other resource-dependent livelihoods, resources frequently exist under multiple propertyrights regimes. There are many different users, and there is limited information about the impacts of environmental change on sustainability. Diverse social sciences, from anthropology to psychology, have explored how societies choose to allocate scarce resources in the face of limited information and uncertain futures. The underlying theories are distinct and are often in conflict about the methods, scope, and framing of questions – that is, Whose decisions? and What decisions? Thus, the processes of and outcomes of decision making, from the efficiency, equity, and legitimacy perspectives, have all been contested (Adger/Brown/Fairbrass et al. 2003). Common to all theories of social interaction, however, is the recognition that collective action requires networks and flows of information between individuals and groups to oil the wheels of decision making. These sets of networks are usefully described as an asset of an individual or a society and are increasingly termed social capital.

At its core, social capital theory provides an explanation for how individuals use their relationships to other actors in societies for their own and for the collective good. This collective good, or welfare, has both material elements and wider spiritual and social dimensions. Hence, social capital captures the nature of social relations and uses it to explain outcomes in society. The greatest criticisms of the writings on social capital are that they conflate cause and effect, particularly when they are used to explain economic performance, educational attainment, or patterns of regional economic growth (Harriss/de Renzio 1997; Paldam 2000; Arrow 2000; Sobel 2002; Durlauf 2002). Further critiques have stemmed from the apparent capture of noninstrumental or „social" aspects of life into a „capital" framework, which some economists have viewed as imperialism (see Fine 1999; Ruttan 2001).

Thus, the bringing together of all elements of social life into an economic framework under social capital is both a strength and a weakness. But social capital spans the domains of many social sciences. Since it is created through interactions between individuals, "(…) it would seem reasonable to argue that the quality of these relationships is shaped by, and itself shapes the character of and the contexts in which they live"; hence, by reference to its grounded location in place and time, it is argued, social capital is a geographic concept

(Mohan/Mohan 2002: 193; see also Bebbington/Perreault 1999). Geographic applications have shown the power of the concept of social capital in determining both the political spaces of voluntarism and association and have investigated geographic determinants of the formation of social capital in a civil society (Mohan/Mohan 2002). But geographic analyses have also emphasized the importance of the scale and location of social relationships and have explored how social capital is directly linked to rights to access and development in resource-dependent societies (Pretty/Ward 2001; Bebbington 1999; Bebbington/Perreault 1999; Brown/Rosendo 2000; Berkes 2002).

Following from these contestations across disciplines, I argue that the contested nature of social capital is due, in part, to what Dasgupta (2003) identified as the conflation of institutions with different forms of social capital. Some elements of social capital are quasi-private and hence can be traded, invested in, and inherited. This type of social capital is familiar to economists as being closely related to human capital (Glaeser/Laibson/Sacredote 2002). This quasiprivate social capital is an attribute of an individual but one that cannot be evaluated without knowledge of the society in which the individual operates (Sobel 2002). But „public" social capital resides collectively in the networks of individuals and communities. These sets of collectively held networks shape different institutional forms. Dasgupta (2003) argued that multiple equilibria or institutional forms are derived from the networks and trust generated through collective social capital. A major point of dispute is whether the presence of public or private social capital actually explains social outcomes, such as regional economic performance, the performance of democratic systems, or other social phenomena.

Although many economists and geographers have agreed that empirical studies are weak on explanation (Durlauf 2002; Sobel 2002; Castle 2002), I argue that these insights offer the greatest explanatory power in explaining the evolution of the collective management of environmental resources. And this area is of the greatest relevance to managing the risks of climate change. Social capital is an integral part of theories of adaptive management in the context of environmental risks. The concept allows for a consideration of social practices and collective action in relation to both other forms of capital, particularly natural capital, and the performance of institutions in coping with the variability and uncertainty that are inherent in interactions with the natural world. I consider each issue in turn.

First, social capital is a necessary element of economic transactions and collective action on scarce environmental resources. But Dasgupta (2003) argued that most definitions and analyses of social capital have conflated its private and public dimensions. Private dimensions of social capital reside with individuals and are already incorporated within economic models. Indeed, economics can provide a theoretical basis for analyzing this type of social capital if it is assumed to be a private good. In this formulation, repeated social interaction has direct welfare value in overcoming the incentives for free riding and in building trust (Glaeser/Laibson/Sacredote 2002). The collective or community dimensions of social capital, however, relate to networks that are public goods. This type of social capital enhances the overall economic performance, rather than that of specific agents. It is an empirical question whether, in a given set of circumstances, social capital is bound up with institutions or is an asset that can be created and passed on by individuals. The private and public aspects of social capital have been studied in many empirical analyses (e.g., Narayan/Pritchett 1999; Fafchamps/Minten 2002) of resource-dependent societies. Many of these studies have pointed to collective and quasi-private elements of social capital coexisting in parallel. Networks of trust and reciprocity can, in fact, be created by individual leaders in their own interests and are not held exclusively by communities.

Second, social capital is an important determinant of human well-being, along with the traditional factors of production and natural capital. Natural capital is the set of unpriced environmental goods and services on which both economic processes and the basis of human and nonhuman life depend (Ekins 2000; Daily 1997). Social capital, even if it does not share the same characteristics as other forms of capital, plays an important role in obtaining and providing access to natural capital for individuals and societies. For example, the collective traditional management of fisheries, forests, and rangelands under informal institutions provide rules, knowledge, and obligations that are mediated through social capital. If individuals' traditional ecological knowledge of the environment is human capital (Berkes/Colding/Folke 2000), then traditional management of the environment is a manifestation of social capital. Bebbington (1999) and others have argued that social capital brings with it an inherent capability to gain access to resources and hence to enhance the security of livelihoods and well-being. In this sense, social capital, in enhancing security and reducing risk directly or through interactions with the state, market, and other parts of the civil society, is likely to be a key element in any strategy for adapting to climatic hazards. Given the potential interaction with other forms of capital and its various manifestations in the private and public sphere, the following section disaggregates social capital into important components to illuminate the possibilities of adaptation.

3 Social Capital, the State, and Policy

3.1 Social Capital as Bonds, Networks, and Synergies between the State and Civil Society

As I alluded to earlier, social capital is made up of "(…) the norms and networks that enable people to act collectively" (Woolcock/Narayan 2000: 226). However, it does not exist in a political vacuum, and its existence alters the power relationships between civil society and the state (Bebbington/Perreault 1999). The key issues are, therefore, whether social capital exists only outside the state and whether social capital is a cause or simply a symptom of a progressive (and perhaps flexible and adaptive) society. Each controversy is important for understanding the adaptive capacity for climate change. The importance of the state in facilitating social capital relates to the importance of strategic environmental planning for climate change. If a government can provide a physical or regulatory infrastructure to minimize the potential impacts of floods or droughts, for example, will this infrastructure ever be sufficient for adaptation if its use does not resonate with social norms?

Although the idea that social interaction oils the wheels of collective action is intuitively appealing, it has been articulated in different ways by different disciplines (see, e.g, Dasgupta/Serageldin 2000; Putnam 2000; Coleman 2000). As I mentioned earlier, the role of social capital in the management of natural resources and in the collective handling of environmental risks is most pertinent in the area of climate change. Social capital is a necessary „glue" for adaptive capacity, particularly in dealing with unforeseen and periodic hazardous events (see also Burton/Kates/White 1993), but the prevalence of different types of social capital is important at different times to different social groups.

In Figure 1, social capital is shown as the arrows between individuals in a social group – the arrows represent the sharing of knowledge, the sharing of financial risk, the sharing of market information, or claims for reciprocity in times of crisis. Ties within a defined socio-economic group, as shown in the left panel, have come to be known as *bonding social capital* and may be based on family kinship and locality. By contrast, the right panel in Figure 1 demonstrates *networking social capital,* which is made up of economic and other ties that are external to the group.

While bonding social capital is based on friendship and kinship, networking social capital is based on the weaker bonds of trust and reciprocity. Hence, networking social capital tends to rely not on the rules of enforcement and sanction of informal collective action, but on legal and formal institutions. An analysis of social capital in these forms thus moves beyond a consideration of social relations as deviations from the rational allocation of resources (implied in neoclassical economics). This notion, that social relations always constitute an economic constraint, has long been questioned by theories and observations of beneficial patron-client relations in agrarian societies (Scott 1976; Platteau 1994). Social capital relations that are generated and maintained for noneconomic purposes are often a necessary component of coping with extremes in weather and other hazards and their impacts (Adger 1999; Ribot 1996; Pelling 1998).

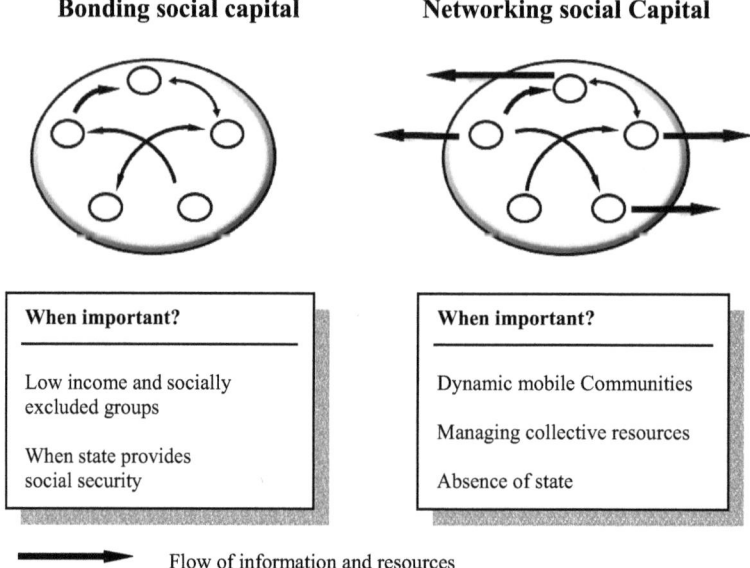

Figure 1: Circumstances in which bonding and networking social capital are important for adaptive capacity.

But this does not mean that more networks, greater reciprocal relations and commitments, and generally "more" social capital are always beneficial for all individuals or all situations. It is the different combinations of bonding and networking social capital that allow communities to confront poverty and vulnerability, resolve disputes, and take advantage of new opportunities (Woolcock/Narayan 2000). Not all social networks are harmonious with good governance and the operation of society, however. As Woolcock (1998) and Portes (1998) pointed out, criminal gangs and other groups have strong social capital, but their objectives subvert the social capital of others in society and ultimately constitute "social disorganisation" (Arrow 2000).

The discussion so far has been on the social capital of nonstate actors. But this view, it is argued, fails to account for the role of higher-level formal institutions in promoting and facilitating social capital. Another issue in the area of social capital is, therefore, the interaction of individuals and groups with the organizations of the state. Those who hold the institutional view of social capital have argued that "(…) the very capacity of social groups to act in their collective interest depends on the quality of the formal institutions under which they reside" (Woolcock/Narayan 2000: 234; Evans 1996; Ostrom 1996).

Potential interactions between networks and the state are shown in Figures 2 (beneath) and 3 (following page), building on the ideas of Woolcock and Narayan (2000). For both figures, the extreme cases of bonding social capital with low levels of networking social capital (left) and high networking social capital (right) are represented. On the left, individual social capital is constituted as "private" bonding ties. On the right, greater networking social capital is in place.

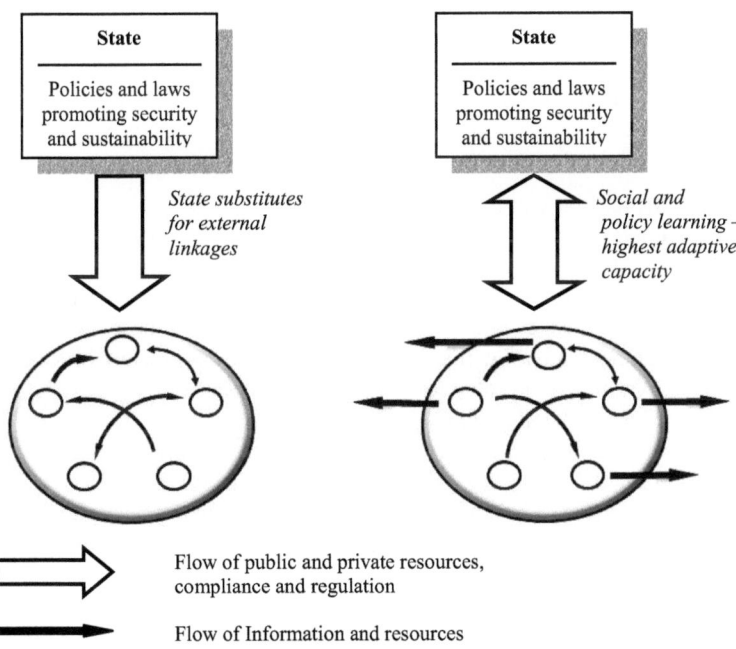

Figure 2: Vertical linkages between state and society with a "well-functioning" state.

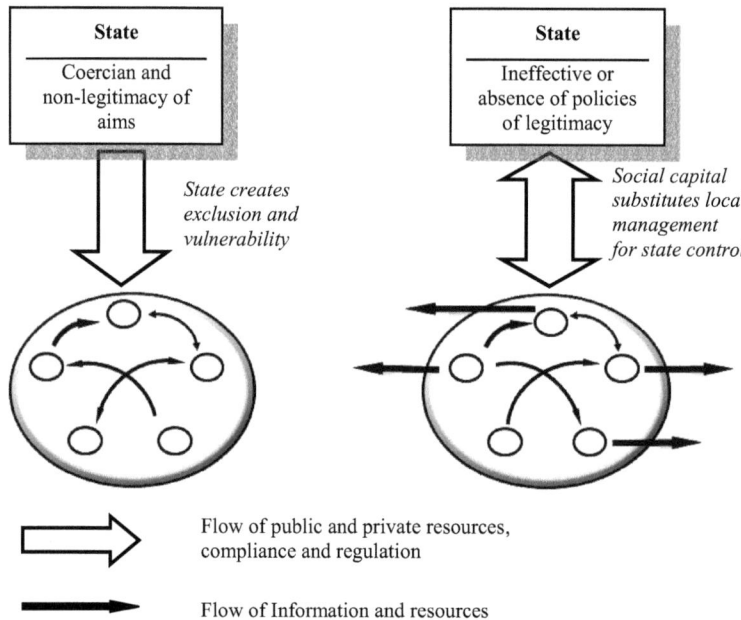

Figure 3: Vertical linkages between state and society with a dysfunctional or absent state.

These figures depict four extreme cases:

A „well-functioning" state with low levels of networking social capital (Figure 2). In this case the state can provide the necessary underpinning and social security for marginalized groups, although some social groups are inevitably excluded from all formal social security. Many societies characterize state welfare systems as crowding out individual community insurance and collective behavior. In the environmental sphere, states regulate and invest in environmental protection on behalf of civil society; for example, they provide backstop insurance for weatherrelated risks to property.

A „well-functioning" state with high levels of networking social capital (Figure 2). The idealized situation is a synergy between the state and civil society (Evans 1996) that promotes social and policy learning. Open processes of democratic participation and environmental governance can promote both self-regulation and the sustainable use of environmental resources (Agrawal 2001).

A dysfunctional or absent state with low levels of networking social capital (Figure 3). Coercive states often deliberately exclude or undermine social capital. When a state is driven by ideology, subjected to colonialism, or provoked by other circumstances to be at odds with the civil society, conflict ensues, and the most marginal sections of the society are made vulnerable. In these circumstances, civil strife and displacement of the population can occur, sometimes triggering famine even in the absence of a drop in the production of food or an environmental catastrophe. This situation explains some of the major famines of the twentieth century (Sen 1981).

A dysfunctional or absent state with high levels of networking social capital (Figure 3). In the absence of an effective state, networking social capital is forced to substitute for some or many of the roles provided by governments. But the outcomes are often far from desirable. The most widely discussed example of such a situation is the collapse of many aspects of government at the breakup of the Soviet Union. In this case, a new network economy was identified (Grabhe/Stark 1998) in which criminal and corruption networks dominate aspects of this economic system to the detriment of virtually the entire population.

3.2 Implications for Environmental Risks and Adaptation to Climate Change

Each of the four circumstances outlined in the framework and illustrated in Figures 2 and 3 is observed today. The nature of the relationship between social capital and the state has profound implications for environmental and other governance issues. The implications of these situations and types of social capital and the state interactions are hypothesized in Table 1.

Table 1: Types of Social Capital, Links to the State, and Implications for Adaptive Capacity in the Context of Climate Change

Aspects of Social Capital	Features Applied to Well-Being and Welfare	Implications for Adaptive Capacity
Bonding and networking social capital	Stresses horizontal linkages and the role of nonstate actors. The density of social capital leads to measurable outcomes of material well-being.	The social capital of individuals and groups is important for geographic and social manifestations of vulnerability and coping with risks.
State limitations on the formation of social capital	The civil society operates to the degree that institutions of the state facilitate it.	The role of the state remains important for planned adaptation and sustainable development. Governance is vital in managing global environmental risks and in promoting sustainable technologies.
Synergy between social capital and the state	Argues that state-society links and density are key. Addresses the complementarity and potential substitution of state and nonstate and the normative issues of promoting environment for social learning.	State-society linkages are important both for wider sustainable development and for the comanagement of resources. States can facilitate sustainable and resilient resource management and enhance adaptive capacity.

This table outlines the pertinent features (following Woolcock/Narayan 2000) of the horizontal bonding and networking aspects of social capital, the institutional limitations on the formation of social capital, and the potential for synergy between the state and civil society. It also outlines the implications for adaptive capacity to climate change.

First, the networks view assumes that social capital is a phenomenon beyond the reaches of the state – social capital often substitutes for the state's involvement in the provision of public goods and is synonymous with what we normally refer to as a civil society. This perspective on social capital has widespread currency in diverse social science disciplines and has been used in the analyses of comparative performance economic systems. Second, institutional approaches to social capital emphasize structure, rather than agency. These insights are also used in comparative analyses of national economic performance, but only as macrovariables (e.g. Knack/Keefer 1997). The macrovariables, such as political freedom, bureaucratic performance, and participation in political processes, are readily measurable at the national level and are more easily quantifiable than are civil-society phenomena. Third, the synergistic approaches to social capital recognize the limitations of both but are focused less on measuring the presence, absence, or density of social capital than on measuring the processes by which the state and civil society interact through their embeddedness and complementarity (Evans 1996).

Social capital, although not specifically designed for the purpose, can also play an important role in coping with environmental stresses and can be encouraged through appropriate interventions. For example, social capital, together with the institutions within which it resides, contributes to risk management in agriculture, forestry, and fisheries (Pretty/Ward 2001). Networks of reciprocity, for example, are important for coping with the impacts of extremes in weather and other catastrophic environmental events. But although important for coping, social capital does not necessarily facilitate pro-active adaptation and the enhancement of well-being (Dasgupta 2003) and can curtail innovation and adaptation.

Social learning and adaptation include such collective activities as discourse, imitation, and conflict resolution. As I highlighted earlier, collective action is not necessarily for everyone's benefit (Portes 1998). Social hierarchies and inequalities in resources and entitlements are rarely overturned in the course of adaptation, and external changes, such as extremes in climate and other natural hazards, tend to reinforce these inequalities (Adger/Kelly/Ninh 2001). As individuals and groups interact synergistically with the state, so the institutions of the state also evolve in a process of policy learning. Adaptation in the political sphere involves periodic shocks to ideologies and paradigms of policy intervention such that these external shocks are conduits of social learning and adaptation.

These perspectives on the interaction between the state and social capital are not mutually exclusive and all have, I argue, useful perspectives on adaptive capacity in the area of climate change. Networking social capital is clearly important at the local level for understanding social differentiation in vulnerability. Bonding social capital within families and households can be an important asset for coping with the impacts of extremes in weather and catastrophic events. Networked social ties to external agents are also important both for coping and for evolutionary adaptation. In the case of the small island microstates, for example, international migration assists in both coping when extreme weather events occur and in furthering the stability and resilience of island populations. Such migratory strategies have been used throughout human history in the Pacific Islands to promote resilience, even though they have been portrayed negatively in terms of promoting dependency (see Barnett

2001; Connell/Conway 2000). Institutions of the civil society and related practices, such as seasonal migration, can play an important role in coping with the impacts of the variability of and changes in climate and can be encouraged through appropriate interventions (see, e.g., Little/Smit/Cellarius et al. 2001; Roncoli/Ingram/Kirshen 2001).

But there are some public goods that can only easily be provided by the state. These goods include major infrastructural investment in flood defense, the management of water resources, and spatial planning that become necessary when the impacts of climate change are significant and risky for large populations. The synergistic approaches to social capital suggest that the implementation of investment and planned adaptation to climate change is best brought about by the comanagement of resources. Thus, stakeholders from the civil society buy into a shared vision of risk and adaptation in the long run and sustainable resource management in the immediate term.

4 Social Capital and Adaptation to Climate Risks

The foregoing sections have argued that the social dynamics of adaptive capacity are defined by the ability to act collectively. Resource-dependent communities have historically acted collectively to manage weather-dependent, fluctuating, and seasonal resources, such as fish, livestock, and water resources, on which their livelihoods depend. At the same time, governments intervene to manage and regulate resources. When the vertical linkages between the civil society and the state, portrayed in Figures 2 and 3, are strengthened, novel institutional arrangements like comanagement emerge. Such synergistic social capital promotes the adaptive capacity of societies to cope with climate change.

In the case of coping with weather-related hazards, social networks play a primary role in adaptation and recovery. When governmental intervention to plan for and forewarn communities in disaster planning, or to assist in recovery is largely absent, social capital, in effect, takes over as a substitute for help from the state. The rolling back of the state in times of crisis or "adjustment" often means that this substitution of social capital is a necessity, rather than a choice. The two cases presented in the following sections illustrate contrasting situations, levels of social capital, and adaptative outcomes with regard to present-day weather-related risks and resource management. The first is a case of the formation of social capital and state–civil society synergies in coastal resource management in Trinidad and Tobago. The second demonstrates the emergence of networking social capital to substitute for the state's provision of hazard management in Vietnam following decentralization and retrenchment in the 1990s (derived from Adger 1999, 2000a; Adger/Kelly/Ninh 2001).

What elements of social capital were measured in these studies? In the study of the management of coastal resources in Trinidad and Tobago, the relevant public social capital was bound up in the establishment of new institutions for resource management. Since the previous sections have argued that social capital can result in different institutional forms (i.e., they are not synonymous), this study examined the presence and evolution of institutions as an outcome of changing social relations and trust between the state and civil society. In the case of the management of climate risks in Vietnam, the social capital has both private elements and community elements. The private elements are observed through the emergence of credit and exchange networks, while the public elements are bound up in individuals' perceptions of trust that they will have resources to call on in times of crisis.

Both case studies demonstrate major challenges to the evolution of new institutions (as outcomes of social capital) to provide social resilience in the face of climatic risks.

4.1 Synergy Between Social Capital and Comanagement of Protected Marine Areas in Tobago

Marine resources are central to the livelihoods of a significant and growing proportion of the world's populations who live in coastal regions and are frequently governed through state agency and regulation, overlaid with informal local institutions. The management of fisheries and other resources by governmental agencies is often based on zoning and the exclusion of local users. These regulations may be aimed at sustaining resources for users or privileging important economic sectors, such as tourism. Comanagement arrangements between governmental agencies and local stakeholders are in vogue because they are perceived as reducing conflict between users (Singleton 1998). In effect, the comanagement of coastal resources offers institutional arenas whereby synergism between the state and social groups can occur and can promote sustainable utilization (Pomerory/Berkes 1997; McCay/Jentoft 1996; Berkes 2002). There are incidental benefits to such synergistic relationships: networks of resource users can assist in adaptation and coping strategies for extreme events and shocks.

These hypotheses have been tested in the case of action research in Trinidad and Tobago that examined how synergistic social capital emerged and the institutional constraints and opportunities for such social capital to promote adaptive capacity (derived from Brown/Adger/Tompkins et al. 2001; Brown/Tompkins/Adger 2002; Tokins/Adger/Brown 2002).

In Tobago, positive learning relationships between the government and local stakeholders in the management of a protected marine area (Buccoo Reef Marine Park) have been facilitated by governmental initiatives, conflict resolution, and a new institutional design. A new management plan for the marine park coalesced the interests of diverse user groups in the late 1990s. As trust developed among the parties, social capital within the civil society emerged, and the state regulatory authorities considered comanagement arrangements. By informing all stakeholders about the implications of using resources and the acceptability of changing practices, directly resolving conflicts among users of the resource and building trust between the stakeholders, it was possible for the stakeholders themselves to have an input into the management of the protected marine area.

The civil society stakeholders (village councils, dive operators, government regulators, local tourism interests, and others) formed a Buccoo Reef Action Group in 1999. Through negotiation with the government, this group began to discuss the possibilities of comanagement arrangements, such as voluntary wardens, lobbying for improvements in the disposal of sewage, and other regulatory tasks. Tompkins, Adger, and Brown (2002) described this formation of social capital. They distinguished between institutions at the community, formal-organizational, and national-regulatory levels and characterized the means by which institutions adapt to and learn about new issues in terms of networks of dependence and exchange. The evolving networks of the Buccoo Reef residents and activists involved both local place-based contacts that were used to resolve conflicts over fishing and other resources and more distant external networks to nongovernmental organizations and other advocacy groups throughout the Caribbean. This case suggests that networking social capital can be facilitated in a synergistic manner by the state, with many of the networks and contacts being with individuals and institutions outside the local resource-management scale.

But a key question, in the context of this article, is whether the networking social capital, built up in this case through synergy with state agencies, enhances adaptive capacity in the context of climate change. From the example in Tobago, it appears that inclusionary and integrated coastal management contributes to adaptive capacity in two ways. First the networking social capital can act as a resource in coping with extremes in weather. Although Trinidad and Tobago only rarely experience hurricane landfall, many of the individuals who are responsible for disaster planning are the same ones who now work more closely to promote the management of the protected marine area. Thus, the existence of the networks themselves promotes adaptive capacity.

Second, the legitimate and proactive institutions promote the sustainable management of resources, which in effect, maintains the resilience of the social-ecological systems on which the population of Tobago depends and ultimately enhances adaptive capacity. For coral reef ecosystems, for example, it is clear that high sea-surface temperatures, such as those experienced in El Niño years and that may become more frequent over time with climate change, pose a threat to these ecosystems' continued widespread existence in tropical coastal waters (Reaser/Pomerance/Thomas 2000). Sea-surface temperatures reached the highest on record during the major El Niño/La Niña event of 1998 (Reaser/Pomerance/Thomas 2000). In the same year, coral reefs around the world suffered the most severe bleaching on record. Although coral and species composition can quickly recover from bleaching (Brown/Dunne/Goodson et al. 2000), evidence suggests that corals that have been weakened by other stressors may be more susceptible to bleaching events and hence less able to recover. By resolving conflict and creating the environment for sustainable use, networking social capital and comanagement institutions enhance the capacity to adapt to the impacts of changes in climate as manifested in periodic extremes in sea-surface temperatures and gradual changes in sea level.

4.2 Networking Social Capital as a Substitute for Government

Like social and ecological resilience, social capital is often observable only when there is some perturbation to the social or ecological system (cf. Carpenter/Walker/Anderies et al. 2001). The changing ability of the state to provide security is one such perturbation.

The retrenchment of the state has been the most starkly evident in the postsocialist countries, where many functions that were previously provided by the state collapsed during the 1990s (see Grabher/Stark 1998). In the mid-1990s, the local-level hazard planning and coastal defense system in Vietnam was suddenly confronted with decentralization and the breakup of agricultural cooperatives. The resulting institutional response proved to be an example of social capital substituting for the state.

Sea dikes that were constructed for coastal defense in coastal northern Vietnam are the principal investment in the physical infrastructure to ameliorate the threat of climatic hazards associated with typhoons and coastal storms, and until the mid-1990s, they were the major responsibility of the coastal communes and districts. Agricultural cooperatives during the collectivization period were responsible for managing these defenses. Each adult allocated ten days of labor each year to repairing and maintaining the sea-dike system.

Since the decollectivization of agriculture, this role of the agricultural cooperatives has largely been made redundant, and the sea defenses in many areas were not maintained for a number of years, exacerbating vulnerability to presentday extremes in climate.

Qualitative data collected in households in coastal areas in 1996 and 1997 examined the trust and reciprocity in coping with the impacts of typhoons and new networks for the collective maintenance of coastal defenses (detailed in Adger 2000a). Decentralized communes engaged in obfuscation and nondecision making to divert the remaining resources from coastal defense toward their higher priorities of aquaculture development. The decentralization process, far from increasing local accountability, further exacerbated the social vulnerability to coastal storms.

The findings of a household survey showed that social capital emerged in the wake of economic liberalization in the 1990s for both instrumental reasons (in credit systems) and for cultural purposes (in reestablishing church and other activities). Networks and social capital resulted in new credit and insurance schemes. In the collectivized period before Vietnam's 1992 Constitution, formal credit was permissible only through agricultural cooperatives run by the state. The role of credit in recovery from stress and the disruption of livelihoods was perceived by householders to be particularly important when external assistance was not available for the immediate injection of resources. These findings mirror earlier observations of the use of kinship and community networks to cope with economic crises and reform (Luong 1992). In the localities surveyed, street associations – informal associations of neighbours within hamlets who have traditionally maintained religious buildings and funeral and marriage ceremonies – reemerged. Associations, along with reciprocal feasting and the exchange of gifts, have become revitalized in northern Vietnam; it has long been recognized that these processes promote security in times of crisis. Sikor (2001) pointed out, however, that these networks have significant implications for social exclusion and differentiation within localities in Vietnam.

In this instance, informal collective decision making for coastal defense and new bonding and networking social capital both substituted for the loss of state planning. The adaptive strategies of many areas of the world that are faced with climatic risks have been based on local-level social networks and evolving indigenous management practices. The research from Vietnam suggests that these strategies could become more prevalent and necessary for marginalized communities. Governments increasingly do not have the resources or frameworks to provide security to marginalized groups in the face of unknown environmental and other risks (see also Berkes/Jolly 2001; Little/Smith/Cellarius et al. 2001; Roncoli/Ingram/Kirshen 2001). Hence, sustaining the preconditions for the emergence and promotion of social capital remains an important element in overall resilience.

5 Conclusions

This article has proposed that social capital has both public and quasi-private elements that can be further characterized in their role in bonding and networking. Furthermore, horizontal linkages in social capital are predicated on the legal and institutional structures that facilitate community association and networking. Thus, there are potential conflicts and synergies between the state and civil society in generating and maintaining social capital. In the context of climate change, many potential risks necessarily involve intervention and planning by the state, yet adaptation strategies are equally dependent on the ability of individuals and communities to act collectively in the face of risks. This interdependence between social capital and the state is particularly the case for resource-dependent communities in the developing world that already require dense social capital to manage resources effectively.

The case studies demonstrate positive elements in the formation of social capital – communities find strategies to manage risks through strategic and local networks and interactions. But the two cases also demonstrate diverse manifestations of the forms of social capital in different circumstances. In Tobago, positive networks sprang up in conjunction with the government, while in Vietnam, adaptation strategies were facilitated by social capital that emerged in the absence of governmental support or frameworks. The decentralization of the government and the liberalization of product and factor markets in Vietnam in the 1990s allowed and, to some extent, tolerated the emergence of new networks and forms of social capital. But both cases highlight the synergistic nature of social capital-governmental structures and institutions are vital to the promotion of social capital. At the least, governments have to be tolerant of the emergence of social capital in alternative networks to provide social security and resilience.

The examples presented are, of course, cases of coping with present-day vulnerability to variability in weather, rather than cases of strategies for adapting to changes in climate per se. Nevertheless, I argue that they provide useful analogues and insights into the use of social capital and collective action to adapt to the risks posed by climate change. I highlight three lessons from this rich agenda on collective action, social capital, and adaptation. First, the nature of adaptive capacity is such that it has culture and place-specific characteristics that can be identified only through culture and placespecific research. In addition, policy interventions for planned adaptation at the national and other levels of policy making may not be sensitive to these nuances. Hence, adaptive capacity will be differentially affected by such policies. But this does not mean that the lessons learned from research on social capital cannot be generalized.

Therefore, the second lesson is that to generalize, one needs to learn from theoretical insights into institutions. In particular, there are the institutional prerequisites for the evolution and persistence of collective action and its relative importance compared to state intervention. From the cases presented here, it is clear that the nature of weather-related risk, the institutional context (whether hierarchical, rigid governmental, or more fluid and synergistic governance structures), the homogeneity of the decision-making group, and the distribution of the benefits of management and other factors are all important in collective action for adaptation. Greater insights can be gleaned on how collective action is central to adaptive capacity at various scales by casespecific research.

The third lesson is that institutional theories of social capital provide a means to generalize the macrolevel determinants of adaptive capacity. But the measurement and observation of social capital remain problematic. Bonding and networking social capital are not easily quantifiable phenomena. In many studies, their presence or absence is approached through the number and extent of contacts, memberships, and other proxies. At the macrolevel, there are more easily quantifiable proxies, but these proxies are more loosely correlated with the social capital phenomenon in question. In terms of adaptation to climate change, many activities that enhance social resilience (e.g., spreading risk over time) are not obviously climate related.

Assessing vulnerability, options for adaptation, and the contribution that social capital makes to adaptive capacity to climate change are, therefore, contested policy and research areas. Assessments of the future impacts of climate change often use the modeling of alternative future scenarios to quantify the effects, risks, or people at risk from particular impacts (Arnell/Cannell/Hulme et al. 2002). From this review, I argue that many aspects of adaptive capacity reside in the networks and social capital of the groups that are likely to be affected. This capacity to adapt suggests that some groups within society may be less at risk than modelling studies have portrayed because of their latent ability to cope in times of stress. It will always be difficult to test this proposition because future changes in climate are likely to be outside the range of institutional memory or lived experience.

Although insights from social capital and collective action can inform the processes of adaptation, societies that are dependent on climate-sensitive resources are themselves heterogeneous and will have variable experience and success in coping with stress that is brought about by changes in climate. So when they are faced with significant changes in climate regimes and extremes in weather in the future, different societies will clearly adopt radically different strategies. Their ability to make a sustainable transition will, I argue, be determined, in part, by their networks and social capital. Different types of networks will settle on different types of strategies for adaptation, depending on their adaptation space. As is becoming clear with coevolving social and ecological systems in general (Folke/Carpenter/Elmqvist et al. 2002; Adger 2000b), social and institutional diversity itself promotes resilience.

Building trust and cooperation between actors in the state and civil society over adaptation has double benefits. First, from an instrumentalist perspective, synergistic social capital and inclusive decision-making institutions promote the sustainability and legitimacy of any adaptation strategy. Second, adaptation processes that are built from the bottom up and are based on social capital can alter the perceptions of climate change from a global to a local problem. When actors perceive adaptation to and the risk of climate change as being within their powers to alter, they will be more likely to make the connection to the causes of climate change, thereby enhancing their mitigative, as well as adaptive, capacity.

References

Adger, W. Neil (1999): Social vulnerability to climate change and extremes in coastal Vietnam. In: World Development 27 (2), 249-269.
Adger, W. Neil (2000a): Institutional adaptation to environmental risk under the transition in Vietnam. In: Annals of the Association of American Geographers 90 (4), 738-758.
Adger, W. Neil (2000b): Social and ecological resilience: Are they related? In: Progress in Human Geography 24 (3), 347-364.
Adger, W. Neil/Kelly, P. Mick/Ninh, Nguyen Huu (eds.) (2001): Living with environmental change: Social resilience, adaptation and vulnerability in Vietnam. London: Routledge.
Adger, W. Neil/Brown, Katrina/Fairbrass, Jenny et al. (2003): Governance for sustainability: Towards a ‚thick' analysis of environmental decisionmaking. In: Environment and Planning A 35 (6), 1095-1110.
Agrawal, Arun (2001): Common property institutions and sustainable governance of resources. In: World Development 29, 1649-1672.
Arnell, Nigel W./Cannell, Melvin G. R./Hulme, Mike et al. (2002): The consequences of CO_2 stabilisation for the impacts of climate change. In: Climatic Change 53 (4), 413-446.
Arrow, Kenneth (2000): Observations on social capital. In: Dasgupta, Partha/Serageldin, Ismail (eds.): Social capital: A multi-faceted perspective. Washington, D.C.: World Bank, 3-5.

Barnett, Jon (2001): Adapting to climate change in Pacific island countries: The problem of uncertainty. In: World Development 29 (6), 977-993.
Bebbington, Anthony (1999): Capitals and capabilities: A framework for analysing peasant viability, rural livelihoods and poverty. In: World Development 27 (12), 2021-2044.
Bebbington, Anthony J./Perreault, Thomas (1999): Social capital, development, and access to resources in highland Ecuador. In: Economic Geography 75 (4), 395-418.
Berkes, Fikret/Colding, Johan/Folke, Carl (2000): Rediscovery of traditional ecological knowledge as adaptive management. In: Ecological Applications 10 (5), 1251-1262.
Berkes, Fikret/Jolly, Dyanna (2001): Adapting to climate change: Social-ecological resilience in a Canadian western Arctic community. In: Conservation Ecology 5 (2), 18, http://www.ecologyandsociety.org/vol5/iss2/art18/print.pdf (10.10.2009).
Berkes, Fikret (2002): Cross-scale institutional linkages for commons management: Perspectives from the bottom up. In: Ostrom, Elinor (ed.) (2002): The drama of the commons. Washington, D.C.: National Academy Press, 293-321.
Bray, Francesca (1986): The rice economies: Technology and development in Asian societies. Oxford: Blackwell.
Brown, Barbara E./Dunne, Richard P./Goodson, M. S. et al. (2000): Bleaching patterns in reef corals. In: Nature 404 (6774), 142-143.
Brown, Katrina/Rosendo, Sergio (2000). The institutional architecture of extractive reserves in Rondônia, Brazil. In: Geographical Journal 166 (1), 35-48.
Brown, Katrina/Adger, W. Neil/Tompkins, Emma L. et al. (2001): Trade-off analysis for marine protected area management. In: Ecological Economics 37 (3), 417-434.
Brown, Katrina/Tompkins, Emma L./ Adger, W. Neil (2002): Making waves: Integrating coastal conservation and development. London: Earthscan.
Burton, Ian/Kates, Robert William/White, Gilbert F. (1993): The environment as hazard. 2d ed. New York: Guilford Press.
Cantor, Robin/Rayner, Steve (1994): Changing perceptions of vulnerability. In: Soclow, Robert/Andrews, Clinton/Berkhout, Frans et al. (eds.) (1994): Industrial ecology and global change. Cambridge: Cambridge University Press, 69-83.
Carpenter, Steve/Walker, Brian/Anderies, J. Marty et al. (2001): From metaphor to measurement: Resilience of what to what? In: Ecosystems 4 (8), 765-781.
Castle, Emery N. (2002): Social capital: An interdisciplinary concept. In: Rural Sociology 67 (3), 334-349.
Coleman, James S. (2000): Social capital in the creation of human capital. In: Dasgupta, Partha/Serageldin, Ismail (eds.) (2000): Social capital: A multi-faceted perspective. Washington, D.C.: World Bank, 13-39.
Connell, John/Conway, Dennis (2000): Migration and remittances in island micro-states: A comparative perspective on the South Pacific and the Caribbean. In: International Journal of Urban and Regional Research 24 (1). 52-78.
Cutter, Susan L.;/Mitchell, Jerry T./ Scott, Michael S. (2000): Revealing the vulnerability of people and places: A case study of Georgetown County, South Carolina. In: Annals of the Association of American Geographers 90 (4), 713-737.
Daily, Gretchen C. (ed.) (1997): Nature's services: Societal dependence on natural ecosystems. Washington, D.C.: Island Press.
Dasgupta, Partha (2003): Social capital and economic performance: Analytics. In: Ostrom, Elinor/Ahn, Toh-Kyeong (eds.) (2003): Foundations of social capital. Cheltenham, U.K.: Edward Elgar, 238-257.
Dasgupta, Partha/Serageldin, Ismail (eds.) (2000): Social capital: A multi-faceted perspective. Washington, D.C.: World Bank.
Durlauf, Steven N. (2002): On the empirics of social capital. In: Economic Journal 112 (483), F459-F479.
Ekins, Paul (2000): Economic growth and environmental sustainability: The prospects for green growth. London: Routledge.
Evans, Peter (1996): Government action, social capital and development: Reviewing the evidence on synergy. In: World Development 24 (6), 1119-1132.
Fafchamps, Marcel/Minten, Bart (2002): Returns to social network capital among traders. In: Oxford Economic Papers 54 (2), 173-206.
Fine, Ben (1999): The development state is dead: Long live social capital? In: Development and Change 30 (1), 1-19.
Folke, Carl/Carpenter, Steve/Elmqvist, Thomas et al. (2002): Resilience and sustainable development: Building adaptive capacity in a world of transformations. Report 2002: 1. Stockholm: Swedish Environmental Advisory Council.

Glaeser, Edward L./Laibson, David/Sacerdote, Bruce (2002): An economic approach to social capital. In: Economic Journal 112 (483), F437-F458.
Grabher, Gernot/Stark, David (1998): Organising diversity: Evolutionary theory, network analysis and post-socialism. In: Pickles, John/Smith, Adrian (eds.) (1998): Theorising transition: The political economy of post-Communist transformations. London: Routledge, 54-75.
Harriss, John C. (1997): Missing link or analytically missing? The concept of social capital. A bibliographic essay. In: Journal of International Development 9 (7), 919-37.
Harvell, C. Drew/Mitchell, Charles E./Ward, Jessica R. et al. (2002): Climate warming and disease risks for terrestrial and marine biota. In: Science 296 (5576), 2158-2162.
IPCC (2007a): Summary for Policymakers. In: IPCC (2007): Climate Change 2007: Impacts, Adaptation and Vulnerability. Contribution of Working Group II to the Fourth Assessment Report of the Intergovernmental Panel on Climate Change. Cambridge: Cambridge University Press.
Jones, Roger N. (2001): An environmental risk assessment/management framework for climate change impact assessments. In: Natural Hazards 23 (2-3), 197-230.
Kelly, P. Mick/Adger, W. Neil (2000): Theory and practice in assessing vulnerability to climate change and facilitating adaptation. In: Climatic Change 47 (4), 325-352.
Knack, Steven/Keefer, Philip E. (1997): Does social capital have an economic payoff? A cross-country investigation. In: Quarterly Journal of Economics 112 (4), 1251-1288.
Little, Peter D./Smith, Kevin/Cellarius, Barbara A. et al. (2001): Avoiding disaster: Diversification and risk management among East African herders. In: Development and Change 32 (3), 401-433.
Luong, Hy V. (1992): Revolution in the village: Tradition and transformation in North Vietnam 1925-1988. Honolulu: University of Hawaii Press.
McCay, Bonnie J./Jentoft, Svein (1996): From the bottom up: Participatory issues in fisheries management. In: Society and Natural Resources 9 (3), 237-250.
de Menocal, Peter B. (2001): Cultural responses to climate change during the late Holocene. In: Science 292 (5517), 667-673.
Mohan, Giles/Mohan, John (2002): Placing social capital. In: Progress in Human Geography 26 (2), 191-210.
Narayan, Deepa/Pritchett, Lant (1999): Cents and sociability: Household income and social capital in rural Tanzania. In: Economic Development and Cultural Change 47 (4), 871-897.
North, Douglas C. (1990): Institutions, institutional change, and economic performance. Cambridge: Cambridge University Press.
O'Brien, Karin L./Leichenko, Robin M. (2000): Double exposure: Assessing the impacts of climate change within the context of economic globalisation. In: Global Environmental Change 10 (3), 221-232.
Ostrom, Elinor (1996): Crossing the great divide: Coproduction, synergy and development. In: World Development 24 (6), 1073-1087.
Ostrom, Elinor (ed.) (2002): The drama of the commons. Washington, D.C.: National Academy Press.
Ostrom, Elinor/Ahn, Toh-Kyeong (eds.) (2003): Foundations of social capital. Cheltenham: Edward Elgar.
Pickles, John/Smith, Adrian (eds.) (1998): Theorising transition: The political economy of post-Communist transformations. London: Routledge.
Paldam, Martin (2000): Social capital: One or many? Definition and measurement. In: Journal of Economic Surveys 14 (5), 629-653.
Pelling, Mark (1998): Participation, social capital and vulnerability to urban flooding in Guyana. In: Journal of International Development 10 (4), 469-486.
Pelling, Mark (1999): The political ecology of flood hazard in urban Guyana. In: Geoforum 30 (3), 240-261.
Pelling, Mark (2002): Assessing urban vulnerability and social adaptation to risk: Evidence from Santo Domingo. In: International Development Planning Review 24 (1), 59-76.
Platteau, Jean-Philippe (1994): Behind the stage where real societies exist: The role of public and private order institutions. In: Journal of Development Studies 30 (Part I and Part II), 533-577.
Platteau, Jean-Philippe (2000): Institutions, Social Norms and Economic Development. London: Routledge.
Pomeroy, Robert S./Berkes, Fikret (1997): Two to tango: The role of government in fisheries comanagement. In: Marine Policy 21 (5), 465-480.
Portes, Alejandro (1998): Social capital: Its origins and applications in modern sociology. In: Annual Review of Sociology 24 (1), 1-24.
Pretty, Jules/Ward, Hugh (2001): Social capital and the environment. In: World Development 29 (2), 209-227.
Putnam, Robert D. (2000): Bowling alone: The collapse and revival of American community. New York: Simon and Schuster.
Reaser, Jamie K./Pomerance, Rafe/Thomas Peter O. (2000): Coral bleaching and global climate change: Scientific findings and policy recommendations. In: Conservation Biology 14 (5), 1500-1511.

Ribot, Jesse Craig (1996): Climate variability, climate change and vulnerability: Moving forward by looking back. In: Ribot, Jesse C./Magalães, Anthonio R./Panagides, Stahis S. (eds.) (1996): Climate variability, climate change and social vulnerability in the semi arid tropics. Cambridge: Cambridge University Press, 1-10.

Ribot, Jesse C./Magalães, Anthonio R./Panagides, Stahis S. (eds.) (1996): Climate variability, climate change and social vulnerability in the semi arid tropics. Cambridge: Cambridge University Press.

Roncoli, Carla/Ingram, Keith/Kirshen, Paul (2001): The costs and risks of coping with drought: Livelihood impacts and farmers' responses in Burkina Faso. In: Climate Research 19 (2), 119-132.

Ruttan, Vernon W. (2001): Imperialism and competition in anthropology, sociology, political science and economics: A perspective from development economics. In: Journal of Socio-Economics 30 (1), 15-29.

Schneider, Stephen H. (2001): What is dangerous climate change? In: Nature 411 (6833), 17-19.

Scott, James C. (1976): The moral economy of the peasant: Rebellion and subsistence in southeast Asia. New Haven: Yale University Press.

Scott, James C (1998): Seeing like a state: How certain schemes to improve the human condition have failed. New Haven: Yale University Press.

Sen, Amartya K. (1981): Poverty and famines: An essay on entitlement and deprivation. Oxford, U.K.: Clarendon.

Sikor, Thomas (2001): Agrarian differentiation in postsocialist societies: Evidence from three upland villages in north-western Vietnam. In: Development and Change 32 (5), 923-949.

Singleton, Sara (1998): Constructing cooperation: The evolution of institutions of comanagement. Ann Arbor: University of Michigan Press.

Sobel, Joel (2002): Can we trust social capital? In: Journal of Economic Literature 40 (1), 139-154.

Soclow, Robert/Andrews, Clinton/Berkhout, Frans et al. (eds.) (1994): Industrial ecology and global change. Cambridge, U.K.: Cambridge University Press.

Tompkins, Emma L./Adger, W. Neil/Brown, Katarina (2002): Institutional networks for inclusive coastal zone management in Trinidad and Tobago. In: Environment and Planning A 34 (6), 1095-1111.

Uitto, Juha I. (1998): The geography of disaster vulnerability in megacities: A theoretical framework. In: Applied Geography 18 (1), 7-16.

Vaughan, David G./Spouge, John R. (2002): Risk estimation of collapse of the West Antarctic Ice Sheet. In: Climatic Change 52 (1-2), 65-91.

Wilbanks, Thomas J. (1994): Sustainable development in geographic perspective. In: Annals of the Association of American Geographers 84 (4), 541-556.

Woolcock, Michael (1998): Social capital and economic development: Toward a theoretical synthesis and policy framework. In: Theory and Society 27 (2), 151-208.

Woolcock, Michael/Narayan, Deepa (2000): Social capital: Implications for development theory, research and policy. In: World Bank Research Observer 15 (2), 225-249.

Zeigler, Donald J./Brunn, Stanley D./Johnson, James H. (1996): Focusing on Hurricane Andrew through the eyes of the victims. In: Area 28 (2), 124-129.

Vom Klimaschutz zur Anpassung: gesellschaftliche Naturverhältnisse im Klimawandel

Christoph Görg

1 Einleitung: Klimahype und Wirtschaftskrise

Der kurze Frühling der Klimapolitik scheint sich schon wieder dem Ende zuzuneigen. Waren zunächst alle Beobachter davon überrascht worden, wie schnell das Thema Klimawandel nach der Publikation des „Stern-Reports" (Stern 2007) sowie des letzten Sachstandsberichts des „Weltklimarates" (IPCC 2007) die politische Agenda erreicht hatte,[1] wird es nur wenig später wieder von der Finanz- und Wirtschaftskrise überlagert. Man kann diese schnelle Abfolge von Themen als Warnung davor verstehen, solche medial vermittelten Aufmerksamkeitszyklen allzu ernst zu nehmen: man sieht ja, wie schnell solche Konjunkturen auch wieder auslaufen können. Aber diese abgeklärte Haltung kann doch den Problemlagen, um die es geht, nicht ganz gerecht werden. Zumindest sollten mediale Aufmerksamkeitszyklen und dahinter stehende gesellschaftliche Problemlagen unterschieden werden, auch wenn sich beides nicht fein säuberlich trennen lässt. Geht man jedoch von den Problemlagen aus, dann haben Finanz- und Wirtschaftskrise das Thema Klimawandel nicht völlig verdrängt, wohl aber in der öffentlichen Diskussion eine neue Prioritätensetzung bzw. einen dominanten Deutungsrahmen etabliert. Demnach kommt es nun vordringlich darauf an, die Weltwirtschaftskrise in den Griff zu kriegen – und in diesem vorgegebenen Rahmen kann man sich auch dem Klimawandel widmen. Bei dieser Prioritätensetzung wird jedoch der immanente Zusammenhang zwischen diesen beiden Prozessen ausgeblendet und das ganze Ausmaß der sozialökologischen Krise unterschätzt: als Krise eines globalen Entwicklungsmodells, das nicht nur sein Wachstumspotential aufgezehrt hat, sondern auch zunehmend seine eigene Natur- und Gesellschaftsbasis untergräbt. Worum es letztlich geht, das ist nicht weniger als der dringend nötige Umbau kapitalistischer Industriegesellschaften im Weltmaßstab.

Vor diesem Hintergrund soll hier die These vertreten werden, dass gerade das Thema „Adaptation", die Notwendigkeit einer Anpassung an den Klimawandel, eine Chance dafür eröffnet, das „Klima neu zu denken" (Brunnengräber/Dietz/Hirschl et al. 2008) und die Notwendigkeit einer umfassenden Transformation der Naturverhältnisse offen zu legen. Ausgangspunkt ist die Beobachtung, dass der Klimawandel seit dem letzten IPCC-Report (IPCC 2007) weitgehend als Realität betrachtet wird, dessen Folgen zwar noch zu mildern, der aber nicht mehr völlig abzuwenden und dessen Auswirkungen auch längst schon weltweit zu beobachten sind. Gerade deswegen kommt dem Thema Anpassung eine besondere Brisanz zu. Ob und in welcher Weise der (anthropogene) Klimawandel aber *als Realität* angesehen wird, das ist keineswegs trivial, sondern muss ein Ausgangspunkt sozialwissenschaftlicher Untersuchungsstrategien sein. Denn letztlich handelt es sich dabei um eine *symbolisch-sprachliche Konstruktion* der Problemlage, die durchaus weiter strittig bleiben

---

1 Vgl. dazu die Kontroverse zwischen Egner (2007) und Luks (2008).

wird, insbesondere auch in ihren normativen Implikationen: was folgt daraus, was wäre zu tun und von wem mit welcher Lastenverteilung? Die medialen Aufmerksamkeitszyklen sind nur der sichtbarste Ausdruck davon, dass der „Zwang zur Anpassung" diskursiv konstruiert wird. Daher muss genauer analysiert werden, was mit dem Begriff der Anpassung gemeint ist, und in welcher Weise ein Zwang zur Anpassung begründet und gesellschaftlich etabliert wird.

Dieser *diskursiven Konstruktion* des Klimawandels muss schon deshalb nachgegangen werden, weil auf dieser Ebene die politischen Konflikte um das genaue Verständnis der Problemlage und ihrer Implikationen ausgetragen werden. Und diese Konflikte sind, bei aller Anerkennung der Realität des Klimawandels, keineswegs geringer geworden.[2] Schon bei einer oberflächlichen Betrachtung stellt man nämlich fest, dass trotz einer prinzipiellen Anerkennung der Realität des Klimawandels die alten Streitthemen weiterhin virulent sind, so der Streit um die vom Menschen verursachten Anteile und vor allem um die Konsequenzen aus dieser anthropogenen Verursachung („Klimagerechtigkeit"; siehe Khor/Raman/ Giegold et al. 2007; [auch Kartha/Baer/Athanasiou et al. in diesem Band, Anm. d. Hrsg.]). Gleichwohl lässt sich in diesen Debatten ein neuer Ton vernehmen, denn das Thema der Anpassung an diese neue Realität hat in Deutschland und Europa, mehr noch vielleicht in anderen Regionen der Welt, einen sicheren Platz auf der Agenda erhalten (KOM 2007; BMU 2008; Swart/Biesbroeck/Binnerup et al. 2009). Gleichzeitig zeichnet sich ab, dass andere Themen im Kontext des Klimawandels in neuer Weise diskutiert werden, so die Verknappung und Verteuerung von Erdöl und fossilen Energieträgern („Peak Oil"), die (vermeintliche oder tatsächliche) Renaissance der Atomenergie oder auch die Folgen der steigenden Produktion von Bioenergie und deren Folgen (vor allem von Bio- oder Agrokraftstoffen und deren Folgen für die Nahrungsmittelproduktion und die Verteuerung von Lebensmitteln). Diese verschiedenen Beispiele zeigen auf, worum es in den aktuellen Debatten vor allem geht – und dabei ergibt sich schnell eine Verbindung zum Thema Weltwirtschaftskrise. Als das zentrale Problem im Kontext des Klimawandels entpuppt sich mehr und mehr die Abhängigkeiten von „natürlichen" Rohstoffen[3], deren Verknappung und Verteuerung, sowie die negativen sozialen Nebeneffekte wie auch die Auswirkungen auf das Funktionieren von Ökosystemen. Was im Kontext der Diskussionen um die Anpassung an den Klimawandel auf der Tagesordnung steht, das betrifft damit den Kern der *gesellschaftlichen Abhängigkeiten von „Natur"*, die Abhängigkeit der vorherrschenden gesellschaftlichen Entwicklungsmodelle von ihrer materiell-stofflichen Umwelt, den biophysikalischen Vorrausetzungen gesellschaftlicher Entwicklung. Nimmt man beide Aspekte zusammen, die diskursive Konstruktion der Problemlage und die biophysikalischen Abhängigkeiten von „Natur", dann wird deutlich: was im Kontext der Diskussionen um den Kli-

---

2 Diese Einsicht scheint sich in der Community der Klimaforscher noch nicht so recht durchgesetzt zu haben. Nach einer Beobachtung von Mike Hulme (2009) kämpft sie überwiegend immer noch darum, den Klimawandel ernst zu nehmen und mahnt die Notwendigkeit schnellen Handelns an. Dabei geht es heute immer mehr darum, was denn genau und mit welcher Lasten- bzw. Gewinnverteilung von wem getan werden sollte – und dies sind in der Tat hoch politische Fragen.

3 Es geht hier natürlich nicht um eine (vermeintlich) unberührte Natur, sondern um eine gesellschaftlich angeeignete; schon die Definition von (Roh-)Stoffen als Ressourcen setzt eine wissenschaftlich-technische Vermittlung voraus (vgl. Heins/Flitner 1998 für genetische Ressourcen). Gleichwohl soll der Begriff der Natur darauf hindeuten, dass biophysikalische Ressourcen Eigenschaften haben, die vom Menschen in seiner Aneignung berücksichtigt werden müssen, weil ansonsten negative Konsequenzen drohen (vgl. zum Begriff der gesellschaftlichen Naturverhältnisse ausführlicher: Görg 2003).

mawandel verstärkt auf die Tagesordnung kommt, ist die Frage nach der *Gestaltbarkeit gesellschaftlicher Naturverhältnisse im Weltmaßstab*.

Im Folgenden soll diese Fragestellung in drei Schritten verfolgt werden. In einem ersten Schritt werden die Implikationen des Wandels von Mitigation zu Adaptation genauer untersucht. Im Kern dieser Begriffsverschiebung steht aber keinesfalls eine Ablösung der einen durch die andere Strategie als vielmehr eine Neujustierung der Klimadiskussion im größeren Kontext des globalen Umweltwandels mit Blick auf die von diesem Wandel ausgelösten bzw. verschärften sozialen Verwundbarkeiten. Im zweiten Schritt wird auf unterschiedliche Ausprägungsformen dieser Verwundbarkeiten in Entwicklungs- bzw. Industrieländern eingegangen. Verschärft der globale Wandel in Entwicklungsländern oftmals schon bestehende soziale Problemfelder, verweist in den Industrieländern das Thema Klimaanpassung als komplexes Querschnittsthema auf die ganze Breite des gesellschaftlichen Reproduktionsprozesses. Und diese Herausforderung übersteigt erheblich die institutionellen Reaktionskapazitäten. Im dritten Schritt soll abschließend gezeigt werden, dass die Institutionen, die in der Folge des Rio-Prozess ausgebildet wurden, hier an eine Grenze geraten. Obwohl im Klimadiskurs und gerade beim Thema Anpassung und Verwundbarkeit Konflikte um die globale Gestaltung gesellschaftlicher Naturverhältnisse aufbrechen, und insofern eine gewisse Chance besteht, die umfassende Herausforderung eines gesellschaftlichen Umbaus im globalen Rahmen aufzunehmen, mehren sich die Zweifel, ob die bestehenden Governancestrukturen und -strategien dieser Herausforderung angemessen sind. Die neue Konjunktur von Umweltthemen ist vielmehr mit einer Krise transnationaler Umweltgovernance verbunden, die gerade bei diesem Querschnittscharakter des globalen Umweltwandels zu Tage tritt.

2 Von Mitigation zu Adaptation – Umwege des Klimadiskurses

Eine Botschaft hat sich seit der Publikation des letzten IPCC-Berichts schell verbreitet: dass es nicht mehr darum gehen kann, den Klimawandel präventiv zu verhindern, sondern nur noch darum, sein Ausmaß zu begrenzen und seine Folgen zu bewältigen. Doch diese simple Botschaft hat Implikationen, die bislang noch nicht völlig überschaubar sind. Lange Zeit war die Frage der Anpassung verpönt, galt sie doch als Ausdruck des Scheiterns aller Anstrengungen um den „Klimaschutz". Dieses Tabu (Pielke/Prins/Rayner et al. 2007) ist inzwischen überwunden; mehr noch: der Begriff der Anpassung mutierte in den letzten Jahren zu einem der zentralen strategischen Leitbegriffe in Forschung und Politik. Der Wandel von Strategien der Abschwächung (mitigation) zu Strategien der Anpassung (adaptation) hat dabei aber weitreichende Auswirkungen im Hinblick auf eine Regulation der Naturverhältnisse. So wird gefordert, die enge Kopplung zwischen Klima- und Energiepolitik zugunsten eines breiteren Fokusses aufzulösen, der eine Vielzahl anderer gesellschaftlicher Bereiche berücksichtigt (Pielke 2005; Mickwitz/Aix/Beck et al. 2009) und zudem von einem verengten „end-of-the-pipe" Denken mit Blick auf die Treibhausgas*emissionen* loszukommen und stärker bei der gesellschaftlichen *Verursachung* anzusetzen (Brunnengräber/Dietz/Hirschl et al. 2008).

Darüber hinaus kommen in Mitigation und Adaptation sehr unterschiedliche Relationen von Natur und Gesellschaft zum tragen. Nico Stehr und Hans von Storch haben den Unterschied von Mitigation- und Adaptation prägnant zugespitzt: „protecting nature from society or protecting society from nature?" (Stehr/von Storch 2005). Müssen wir also im Kontext der Anpassungsdiskussion vom „Klimaschutz" zum „Gesellschaftsschutz" übergehen? Doch diese Gegenüberstellung ist bei genauerer Betrachtung fragwürdig. Schon die Formulierung „Klimaschutz" kann allerhöchstens als populäre Vereinfachung einer komplizierten Rückwirkung von Treibhausgasemissionen auf das globale Klima Bestand haben. Nicht nur gibt es Diskussionen darüber, ob Menschen schon sehr viel länger das Klima verändert haben und man aufgrund der fortschreitenden Veränderung der Oberflächengestalt der Erde von tiefgreifenden Wechselwirkungen zwischen menschlichen Aktivitäten und dem „Erdsystem" ausgehen muss (Behringer 2007). Der Begriff Klimaschutz steht damit quer zur steilen These, dass wir aufgrund dieser Wechselwirkungen schon von einem neuen Erdzeitalter, dem „Anthropozän" sprechen sollten (ebd.: 278ff.). Unabhängig davon, ob man diese These teilt oder nicht: selbst das Klima scheint nicht mehr diese unberührte Natur zu sein, die man vor menschlichen Eingriffen schützen muss oder auch nur schützen kann[4].

Stärker noch ist die Idee eines Schutzes der Gesellschaft vor dem Klima irreführend. Menschliche Gesellschaften wurden schon immer von Wandlungen des Klimas massiv beeinflusst, im Positiven wie im Negativen (vgl. die „stabile Warmzeit" der Jungsteinzeit bzw. die „kleine Eiszeit" ab dem 13. Jahrhundert, dazu Behringer 2007) – und ob die derzeitige Erwärmung wirklich so viel dramatischer ausfällt als die verschiedenen Kalt- und Warmzeiten der Geschichte ist noch keineswegs ausgemacht. Was sich geändert haben dürfte ist weniger das pure Ausmaß der zu erwartenden Klimaänderungen (obwohl diese noch nicht abschließend zu beurteilen sind und noch von den zu ergreifenden oder ausbleibenden Maßnahmen abhängen) als die *gesellschaftliche Verwundbarkeit*. Diese Verwundbarkeiten ergeben sich jedoch nicht allein aus dem puren Ausmaß von Umweltdegradationen, sondern müssen immer im Zusammenhang mit potentiellen gesellschaftlichen Schädigungen und vorhandenen oder nicht vorhandenen Reaktionspotentialen gesehen werden.

Um diese verstärkten Verwundbarkeiten in ihrem ganzen Ausmaß zu verstehen, ist es hilfreich, zwei unterschiedliche Definitionen des Begriffs Klimawandel und das sich daraus ergebende Verständnis von Anpassung zu unterscheiden (siehe zum Folgenden auch Pielke 2005 und Pielke/Prins/Rayner et al. 2007). Nach der weiten Definition des IPCC ist Klimawandel „change arising from any source" (IPCC 1996: 13). Dies schließt anthropogene und „natürliche" Ursachen (natürliche Variabilitäten einschließlich vermehrter Sonnenaktivitäten) mit ein. Nach der engeren Definition der Klimarahmenkonvention wird dagegen der Focus auf die anthropogenen Ursachen gelegt:

> „(…) a change of climate which is attributed directly or indirectly to human activity that alters the composition of the global atmosphere and which is in addition to natural climate variability observed over comparable time periods" (UNFCCC 1992: Artikel 1 Abs. 2).

Während das IPCC also alle Ursachen des Klimawandels berücksichtigt, konzentriert sich die FCCC auf die anthropogenen Ursachen. Beide Definitionen machen durchaus Sinn,

---

4   Ähnlich argumentiert McKibben schon 1989, der diese Beobachtung zur These vom „Ende der Natur" zuspitzte, eine These, die allerdings nur auf einen bestimmten Naturbegriff zutrifft – Natur als eine Kraft, die die Fähigkeiten des Menschen unendlich übersteigt – und diese Konnotation des Naturbegriffs wird schon sehr viel länger in Frage gestellt.

aber sie führen unterschiedliche Implikationen mit sich. Aus politischen Gründen erscheint die Einengung der internationalen Konvention auf „menschliche Aktivitäten" durchaus sinnvoll zu sein, denn nur für menschliche Aktivitäten, die unternommen oder unterlassen werden können, kann und muss auch eine politische Verantwortung übernommen werden. Diese Einengung hat allerdings zwei Implikationen, die für die politische und wissenschaftliche Diskussion nicht unproblematisch sind: die enge Definition der FCCC verschärft zum einen den Streit, ob der Klimawandel allein Menschengemacht ist oder ob andere, „natürliche" Faktoren ebenfalls dafür verantwortlich gemacht werden können, ein Streit, der die Klimapolitik lange Zeit geprägt hat (gibt es einen Beweis für die anthropogenen Ursachen, einen „fingerprint"; Beck 2009). Erst mit einem solchen Beweis sind dann konkrete Maßnahmen zu rechtfertigen. Mit einer weiten Definition kann dagegen die natürliche Variabilität durchaus akzeptiert werden, ohne dass damit die gesellschaftliche Verantwortung geleugnet werden müsste (denn die anthropogenen Faktoren kommen allemal hinzu).

Weitergehend ist die zweite Implikation der engen Definition der FCCC, die nun stärker die Frage nach der Anpassung berührt: nach dieser engen Definition ergibt sich die Notwendigkeit einer Anpassung erst aus einem Scheitern des Klimaschutzes, denn der Übergang von Mitigation zu Adaptation ist Resultat einer verfehlten oder unzureichenden Klimapolitik. Und dieser Nexus war dafür verantwortlich, dass Maßnahmen zur Anpassung an den Klimawandel lange Zeit Tabu waren (Pielke/Prins/Rayner et al. 2007). Akzeptiert man dagegen die breite Definition, dann müsste eine Anpassung an den Klimawandel auf jeden Fall erfolgen. Demnach spielt es keine Rolle, ob den beobachtbaren Klimaänderungen ausschließlich anthropogene Ursachen zu Grunde liegen, oder ob sie teilweise auch natürlichen Klimaschwankungen geschuldet sind. Das macht die Frage nach der internationalen Verantwortung keineswegs überflüssig, denn anthropogene Ursachen verschärfen die natürlichen Variabilitäten. Mitigation und Adaptation können jedoch nach dieser weiten Definition nicht mehr abstrakt gegenüber gestellt werden. Vielmehr wären wir mit der Herausforderung einer Anpassung an Klimavariabilität konfrontiert, die sowohl natürliche als auch gesellschaftliche Ursachen hat.

Die Bedeutung dieses breiteren Verständnisses zeigt sich vor allem bei den Auswirkungen des und den Reaktionsmöglichkeiten auf den Klimawandel. Denn gesellschaftliche wie natürliche Faktoren spielen besonders bei klimabedingten Vulnerabilitäten ineinander (dazu O'Brien/Eriksen/Nygaard et al. 2007; Dietz 2006; Brunnengräber/Dietz/Hirschl et al. 2008). Wie der Klimawandel sich in bestimmten Regionen auswirkt und welche Anpassungserfordernisse und -möglichkeiten dort jeweils bestehen, das hängt ab

a. vom Ausmaß des *globalen Klimawandels*, damit neben „natürlichen" Ursachen des Klimawandels auch
b. von der *Wirksamkeit von Klimaschutzmaßnahmen*, die den (globalen) Klimawandel abschwächen oder, bei steigenden Treibhausgasemissionen, verstärken.
c. Daneben spielen jedoch *regionale Ausprägungen* des Klimawandels eine entscheidende Rolle: welche Regionen sind besonders betroffen und in welcher Weise?
d. Für die Frage nach der Verwundbarkeit spielen darüber hinaus die *möglichen Schadenswirkungen* eine entscheidende Rolle: welche gesellschaftlichen Prozesse sind durch die regionalen Auswirkungen bedroht? Das kann von hohen ökonomischen Schäden (bspw. durch Stürme oder Überflutungen in stark besiedelt Regionen) bis zur

Infragestellung der Lebensgrundlagen reichen (bspw. in landwirtschaftlich geprägten semi-ariden Gebieten).

e. Und letztlich sind existierende oder eben fehlende gesellschaftliche Reaktionskapazitäten (Anpassungskapazitäten) entscheidend: welche Regionen haben die entsprechenden Ressourcen, das Know-how und den politischen Willen, den neuen Herausforderungen zu begegnen? Wobei zu berücksichtigen ist, dass diese Verwundbarkeiten oftmals bestehende Probleme (wie Gefahr von Dürreereignissen, aber auch soziale Verwundbarkeiten wie ungleiche Einkommensverteilungen, etc.) verstärken.

Fasst man diesen Gesamtzusammenhang in den Blick, dann ist im Grunde das Ziel einer nachhaltigen Entwicklung in neuer Form auf die Agenda gesetzt: Inwieweit sind Gesellschaften in der Lage, mit diesen Vulnerabilitäten umzugehen und dem Klimawandels in einer langfristigen Perspektive zu begegnen? Um diese Frage beantworten zu können, muss sowohl die Beeinträchtigung der „natürlichen" Umwelt (inkl. des Klimas) durch menschliche Aktivitäten als auch die Rückwirkungen dieser Umwelt auf die verschiedenen gesellschaftlichen Teilbereiche in ihrer ganzen Breite Berücksichtigung finden. Und sie kann nicht mehr auf einer bloß globalen, nationalen oder regionalen Skala verhandelt werden, weil es zunehmend die Wechselwirkungen zwischen globalem Klima, nationalen Maßnahmen und regionaler Betroffenheit sind, die im Zentrum des Problems stehen. Das Thema der Anpassung an den Klimawandel wirft damit die weitreichende Herausforderung einer Gestaltung gesellschaftlicher Entwicklung und insbesondere ihrer gesellschaftlichen Naturverhältnisse im globalen Rahmen auf. Was diese Herausforderung allerdings konkret bedeutet, das unterscheidet sich erheblich zwischen den verschiedenen Gesellschaften. Auch dabei sind naturräumliche und klimatische Bedingungen genauso zu berücksichtigen wie konkrete soziale Verwundbarkeiten. Im Folgenden sollen insbesondere unterschiedliche Ausprägungsformen dieser Verwundbarkeiten in Entwicklungs- bzw. Industrieländern untersucht werden, und zwar mit Blick auf ein Problemfeld, das wie kaum ein anderes für die enge Verbindung von Klimaschutz und Klimaanpassung steht: die Produktion von Bioenergie.

3 Gesellschaften im globalen Umweltwandel: das Beispiel Bioenergie

Für ein angemessenes Verständnis der Herausforderungen des Klimawandels ist ein dialektisches Verständnis des Verhältnisses von Natur und Gesellschaft erforderlich, das wechselseitige Abhängigkeiten sowie Wechselwirkungen zwischen verschiedenen biophysikalischen und gesellschaftlichen Prozessen genauso zu erfassen vermag wie die diskursive Konstruktion der Problemlage. Dieses dialektische Verständnis steht damit nicht nur der Einschätzung entgegen, dass man angesichts der Klimaanpassung vom Klimaschutz zum Gesellschaftsschutz übergehen müsse, noch beschränkt es das Verständnis von Anpassung auf ein vorliegendes Problem, das als gegeben angenommen wird. Im Folgenden wird auf das Konzept der gesellschaftlichen Naturverhältnisse zurückgegriffen,[5] um sowohl die wechselseitigen Abhängigkeiten von Natur/Klima und Gesellschaft (Wirtschaft, Politik etc.) als auch die machtförmige Konstruktion eines hegemonialen Problemverständnisses wenigstens in Ansätzen zu erfassen. Dass eine solche Ausweitung der Untersuchungsper-

---

5 Vgl. für eine ausführliche Darstellung dieses Konzepts. Görg 2003; Becker/Jahn 2006.

spektive um diskursive Untersuchungsansätze und mit Blick auf hegemoniale Problemdeutungen notwendig ist, das belegen insbesondere Strategien des Einsatzes von Bioenergie und Biokraftstoffen im Kontext des Klimawandels. Zudem zeigt dieses Beispiel auch, dass die Unterschiede zwischen den verschiedenen naturräumlichen und gesellschaftlichen Kontexten genau analysiert werden müssen. Denn letztlich haben wir es hier mit z.T. gegensätzlichen Auswirkungen und Interessenlagen zwischen Nord und Süd zu tun, die sogar die Frage nach einer neo-imperialistischen „Produktion des Raumes" (Laschefski 2007) aufwerfen: inwieweit werden bestimmte Regionen der Erde zu Zulieferern von Agrotreibstoffen für die globale Mittelklasse degradiert – mit allen sozialen und ökologischen Folgen?

Lange Zeit war das Thema nachwachsende Rohstoffe und Bioenergie uneingeschränkt positiv gesehen worden, als Alternative zu fossilen Brennstoffen und damit als Strategie zum Umbau der Energieversorgung genauso wie als innovativer und zukunftsweisender Industriesektor. Letzteres hat sich trotz Wirtschaftskrise weitgehend gehalten, ersteres ist inzwischen etwas in Verruf gekommen und wird zumindest differenzierter betrachtet (vgl. als Überblick: Koh/Ghazoul 2008, WBGU 2008). Der Ausgangspunkt für diesen Wandel in der Einschätzung war eigentlich ein Erfolg: die Anerkennung dieses Energiezweiges als Strategie zur Verminderung der Abhängigkeit von fossilen Energieträgern und zur Verminderung der Treibhausgasemissionen in den USA und in Europa. Gerade das Ziel der EU, bis zum Jahr 2020 20% der Energie mit nachhaltigen Energieträgern zu erzeugen – und dabei 10% der Kraftstoffe im Verkehrsbereich aus Biokraftstoffen (KOM 2008) – und ein ähnlicher Beschluss der US Regierung (BRDI 2008) trugen zu diesem Wandel bei. Zur selben Zeit, als diese Beschlüsse erlassen wurden, gelang es jedoch einer globalen Kampagne von NGOs und sozialen Bewegungen ihre ökologischen und sozialen Folgen zu problematisieren, und zwar mit einem solchen Erfolg, dass sowohl Deutschland als auch die EU inzwischen ihre ehrgeizigen Pläne zu revidieren begonnen hat. Selten hat eine diskursive Strategie einer globalen Allianz schwächerer Akteure in so kurzer Zeit einen solchen internationalen Erfolg gehabt.[6] So weit die diskursive Seite, die sicherlich noch genauer zu analysieren wäre.

Im Kontext dieser diskursiven Auseinandersetzungen wurde aber schnell zweierlei klar – und diese beiden Punkte zielen auf die materialen Abhängigkeiten in den Naturverhältnissen: erstens wurden wohl zum ersten Mal die Grenzen des verfügbaren und nutzbaren Bodens in dieser Weise problematisiert. So könnte die EU ihr ehrgeiziges Ziel wohl nicht innerhalb der eigenen Region erfüllen, selbst wenn sie den gesamten landwirtschaftlich nutzbaren Boden für die Produktion von Biokraftstoffen verwenden würde. Darüber hinaus wurde weltweit die Konkurrenz zwischen „Tank und Teller" kritisiert und damit die Nutzung von Ackerland für die Produktion von Kraftstoffen statt für die Nahrungsmittelproduktion, eine Landnutzungskonkurrenz, die den Biokraftstoffen von Seiten der NGOs die Bezeichnung Agrokraftstoffe eingebracht hat (GRAIN 2007). Zweitens wurde schnell deutlich, wie notwendig eine differenzierte Einschätzung der Bioenergie wie der Folgen aus ihrer Förderung für die Landnutzung ist. Wir haben es beim Thema Bioenergie nicht nur mit einer großen Palette von Ausgangspflanzen, technischen Verfahren und Endprodukten zu tun, bei denen einige durchaus höchst sinnvolle Anwendungsformen sanfter Energieerzeugung darstellen, während andere noch nicht mal eine positive Treibhausgasbilanz haben, also selbst zum Klimaschutz nichts beitragen können (Smith/Martino/Cai et al. 2006). Mehr noch unterscheiden sich die Folgen für andere ökosystemare Dienstleistungen wie Versor-

---

6   Vgl. Stellvertretend für viele Publikationen: Seedling 2007; Jhamtani/Dan (2007).

gungsdienstleistungen (die Produktion von Lebensmitteln) oder regulative Dienstleistungen (inkl. Treibhausgassenken; Hassan/Scholes/Ash et al. 2005). Zudem wurden in diesem Zusammenhang auch die Folgen des Landnutzungswandels für den Klimawandel, sowohl im Hinblick auf den Klimaschutz als auch im Hinblick auf Anpassungsmaßnahmen deutlich (IPCC 2007; Lambin/Geist 2006; Foley/DeFries/Asner et al. 2005) – und es wurde deutlich, wie viel Forschungsbedarf hier noch besteht, um diese Wechselwirkungen und die materialen Abhängigkeiten zwischen verschiedenen Formen menschlicher Nutzung und dem Funktionieren von Ökosystemen abschätzen zu können (Seppelt/Kühn/Klotz et al. 2008).

Ein weiterer Punkt kommt hier noch hinzu – und damit weiten wir das Thema in Richtung Anpassung an den Klimawandel aus. Einige Regionen, in denen die Produktion von Biokraftstoffen gefördert wird, gelten als besonders verwundbar. Dies gilt insbesondere für semiaride Regionen, die sowieso empfindlich unter den Auswirkungen geänderter Niederschlagsmengen leiden (IPCC 2007). In diesen Regionen sind also die Wechselwirkungen zwischen Mitigation und Adaptation besonders problematisch. Dies gilt selbst dann, wenn diese Regionen selbst gar nicht so stark in die Produktion von Agrokraftstoffen einbezogen sind, sondern eher indirekt betroffen sind, wie z.B. der Nordosten Brasiliens. Brasilien ist schon seit langem der größte Produzent von Agrokraftstoffen, was überwiegend mit der Produktion für den heimischen Markt zusammenhängt.[7] Im Zuge des Bioenergiebooms möchte das Land nun zum führenden Exporteur auf dem Weltmarkt aufsteigen; in den Worten von Präsident Lula da Silva, zum „Saudi-Arabien des Bioenergiezeitalters" werden (Embrapa 2006). Während die Produktion von Bioethanol aus Zuckerrohr, das den Hauptteil der Agrokraftstoffproduktion ausmacht, aber vor allem im Süden des Landes angesiedelt ist, werden dort andere Landnutzungsformen (u.a. Weidewirtschaft, aber auch die Produktion von Nahrungsmittelpflanzen) langsam in andere Teile des Landes verlagert. Dies betrifft insbesondere das Amazonasgebiet, das von der derzeitigen Regierung, hierin in voller Übereinstimmung mit allen Vorgängerregierungen der letzten Jahrzehnte (Novy 2001), als ungenutzte und unproduktive Reserve an Land angesehen wird. Die ökologischen Folgen dürften dramatisch sein, sollten diese Strategien Wirklichkeit werden.

Ebenfalls gravierend, wenn auch in kleinerem, aber für unser Thema nicht weniger wichtigen Ausmaß, sind die Auswirkungen auf den Nordosten Brasiliens. Diese Region, die sich bis auf einen kleinen Küstenstreifen weitgehend aus ariden und semiariden Landschaften des Sertao zusammensetzt, gehört zu den besonders verwundbaren Gebieten im Klimawandel – aus ökologischen bzw. klimatischen Bedingungen genauso wie aus sozioökonomischen und politischen. Neben unfruchtbaren und nur schwer zu bewirtschaftenden Böden und einer ausgeprägten Armut an Niederschlägen, die zudem sehr unregelmäßig auftreten, sind es die extrem ungleichen Landbesitzverhältnisse und die damit verbundene politische Unsicherheit, die der Armut in der Region ein selbst für lateinamerikanische Verhältnisse extremes Ausmaß zukommen lassen. Und diese Region wird nicht nur durch den Klimawandel noch verwundbarer – sie wird durch die direkten und mehr noch die indirekten Folgen des Anbaus von Agrokraftstoffen (Landnutzungswandel, weitere Bodenkonzentrati-

---

[7] Brasilien hat eine lange Tradition der Förderung von Bioethanol und Biodiesel, was natürlich auch mit den besonderen naturräumlichen Bedingungen des Landes zu tun hat. Seit einiger Zeit wird auch versucht, die sozialen und ökologischen Auswirkungen dieser Produktion abzufedern, z.B. mit einem Sozialsiegel für die Produktion von Biodiesel aus Soja – allerdings bislang mit mäßigem Erfolg (Fatheuer 2007; Laschefski 2007; Fritz 2008).

on, Verteuerung von Lebensmitteln etc.) nochmals zusätzlich belastet (Teixera Assis/Zucarelli 2007; Fatheuer 2007; Laschefski 2007; Franik/Müller/Müller et al. 2009).

Dieses Beispiel kann deutlich machen, dass Strategien des Klimaschutzes die Verwundbarkeit von bestimmten Regionen nochmals erhöhen und ihre Anpassungskapazitäten reduzieren können. Bei genauerer Betrachtung lassen sich diese Auswirkungen in vier Punkten zusammenfassen:

1. Es zeigen sich erstens Unterschiede hinsichtlich der Verwundbarkeit zwischen Nord und Süd. Insofern nördliche Industrieländer in klimatisch gemäßigten Zonen liegen, scheint sich auch ihre Verwundbarkeit im einigermaßen überschaubaren Rahmen zu halten. Allerdings spielen auch hier naturräumliche Unterschiede innerhalb der Industrieländer eine Rolle, wie schon die Unterschiede in Europa zwischen der Mittelmeerregion (die zunehmende Trockenheit befürchten muss) und den nordeuropäische Regionen (die sich durchaus Hoffnungen auf bessere klimatische Bedingungen machen) zeigt. Ähnliches gilt im kleineren Maße für Deutschland, wobei schon im nationalen Rahmen erwartet wird, dass sowieso ärmere Länder auch stärker unter den Folgen des Klimawandels zu leiden haben werden (daher wird z.B. eine Anpassung des Länderfinanzausgleichs gefordert; Kemfert 2008). Generell muss aber festgehalten werden, dass die Verwundbarkeit hier einmal durch die drohenden ökonomischen Schäden (z.B. bei Extremereignissen) an Gebäuden oder Infrastruktur bedingt ist. Gleichzeitig haben die erwarteten Klimafolgen selbst innerhalb von einzelnen Regionen höchst unterschiedliche Auswirkungen auf verschiedene Wirtschaftssektoren. Z.B. erhofft man sich in Nordhessen durchaus Chancen für bestimmte Industriezweige (für den Sommer- und Wellness-Tourismus und die Produktion erneuerbarer Energien), während oftmals die gleichen Regionen in anderen Sektoren negative Auswirkungen befürchten müssen (z.B. in der Landwirtschaft oder im Wintertourismus). So oder so: selbst in begünstigten Regionen werden Ziel- und Verteilungskonflikte auftreten, die das Problem der Politikintegration in der Klimapolitik noch weiter verschärfen werden. War schon im Bereich des Klimaschutzes offenkundig geworden, dass die Integration von Maßnahmen des Klimaschutzes in die verschiedenen Politikfelder und gesellschaftlichen Sektoren ein nach wie vor ungelöstes Problem darstellt (vgl. für Europa: Mickwitz/Aix/Beck et al. 2009, für Deutschland Beck/Kuhlicke/Görg et al. 2009), dann verschärft sich dieses Problem bei Anpassungsstrategien (Swart/Biesbroek/Binnerup et al. 2009).

   In Ländern des politischen Südens sieht es dagegen etwas anders aus, wie beim Beispiel Brasilien kurz ausgeführt (und Brasilien ist immerhin noch ein in Teilen hochindustrialisiertes Schwellenland!). Hier können wir schon heute eine z.T. dramatische Überlagerung mit bzw. Verschärfung von existierenden Verwundbarkeiten beobachten, insbesondere im Hinblick auf Ernährung, Versorgung mit Trinkwasser etc. Vieles davon ist also nicht neu und auch nicht unbedingt dem Klimawandel zuzuschreiben (Bohle/Downing/Watts 1994; für unterschiedliche Erscheinungsform von Umweltproblemen in Nord und Süd; Bryant/Bailey 1997). Dafür sind die Befürchtungen nicht weniger dramatisch, sowohl was die Folgen für ärmere Bevölkerungsgruppen (bspw. im Rahmen der Subsistenzlandwirtschaft) angeht als auch was die ökonomischen Belastungen dieser Länder im

Rahmen der Weltwirtschaft betrifft (Adger/Huq/Brown et al. 2003; Dietz 2006). Obwohl also die rein quantitativen Schädigungen möglicherweise geringer ausfallen, sind die Auswirkungen auf betroffene Bevölkerungskreise und die Entwicklungschancen dieser Länder erheblich.

2. Zweitens haben wir es nicht nur mit unterschiedlichen Auswirkungen zu tun, sondern die Maßnahmen der Industrieländer beeinträchtigen z.T. noch zusätzlich die Reaktionsstrategien des Südens, und in einigen Fällen durchaus negativ: Mitigationsstrategien im Norden können Adaptionsprobleme im Süden noch verschärfen, wie zumindest das 10%-Ziel der EU zeigt. Dies ist besonders brisant bei Landnutzungsstrategien, bei denen der Kraftstoffverbrauch des industrialisierten Nordens in Konkurrenz steht mit der Ernährungssicherheit in Entwicklungs- oder Schwellenländern. Gerade der Einsatz von Bio- bzw. Agrokraftstoffen als direkter Ersatz für fossile Kraftstoffe ist hierbei besonders problematisch – unabhängig davon, ob nun tatsächlich der Klimaschutz das zentrale Ziel darstellt oder nicht doch eher die Sicherheit der Energieversorgung. oder die Versorgung mit billigen Kraftstoffen. Die Funktionalisierung des Klimathemas für andere Zwecke (Sicherung der Energieversorgung; geostrategische Überlegungen etc.), nicht nur in den USA, kommt zwar verschärfend hinzu, stellt aber nicht das eigentliche Problem dar.

3. Drittens steht beim Thema Anpassung immer stärker der Zusammenhang zwischen Klimawandel und anderen Aspekten des Globalen Wandels im Zentrum. Dies bedeutet, dass die Wechselwirkungen zwischen dem Klimawandel und dem Wandel der Biodiversität, dem Wandel der Ökosysteme, der Verfügbarkeit von Wasser, der Landnutzung und der Qualität der Böden unter einer integrativen Perspektive betrachtet werden müssen. Das hat zwei komplementäre Aspekte: zum einen wird der Klimawandel immer mehr als einer der Triebkräfte des Wandels der Biodiversität, von Ökosystemen oder der Wasserverfügbarkeit angesehen. Zum anderen werden auch die Rückwirkungen dieser Aspekte des globalen Wandels auf den Klimawandel immer mehr thematisiert. Das hat sich darin niedergeschlagen, dass die Forschung zum globalen Umweltwandel immer stärker in gemeinsamen Projekten zwischen den verschiedenen Forschungsprogrammen organisiert wird – z.B. in dem vom geo- und sozialwissenschaftlichen Programm gemeinsam organisierten Global Land Project (Ojima/Moran/McConnell et al. 2005) – und dass die vier großen Forschungsprogramme zu Klima, Biodiversität, Geowissenschaften und Gesellschaft in einer globalen Partnerschaft zusammengefasst wurden (ESSP 2009).

4. Der globale Klima- und Umweltwandel wird damit viertens zu einem komplexen interdisziplinären Forschungsfeld, wobei besonders die Wechselwirkungen mit dem gesellschaftlichen Wandel, d.h. die „Kopplungen" zwischen biophysikalischen und sozioökonomischen bzw. kulturellen Prozessen (ökonomische, politische und kulturelle Globalisierung und Fragmentierung), noch große Forschungsdefizite aufweist. So wird die Notwendigkeit betont, die komplexe Dynamik von „social-ecological systems" zu verstehen (Carpenter/Mooney/Agard et al. 2009), einschließlich der Skalenübergreifenden Wechselwirkungen z.B. zwischen globalen Umweltproblemen und regionalen bzw. lokalen Ausprägungen bzw. zwischen Regionen in verschiedenen Teilen der Welt (cross-scale dynamics und räumliche

Externalisierungen von ökologischen Schäden; Görg/Rauschmayer 2009). Mehr und mehr wächst das Bewusstsein dafür, dass Maßnahmen in bestimmten Regionen erhebliche Auswirkungen auf die Gestaltung der Naturverhältnisse in Regionen in anderen Teilen der Welt haben, ohne dort auch wirklich kontrolliert und gestaltet werden zu können (vgl. mit Blick auf die Abhängigkeit Deutschlands von anderen Teilen der Welt: Wuppertal Institut 2008). Was diesen letzten Punkt angeht, haben wir es im Kern mit Formen des „politicised environment" zu tun (siehe dazu Bryant/Bailey 1997), d.h. mit der Frage, in welcher Weise Machtverhältnisse zwischen Nord und Süd in die Naturverhältnisse in Nord und Süd eingeschrieben sind? Wie das Beispiel Agrokraftstoffe zeigt, steht im Zentrum dieses „politicised environment" die Nutzung von Land für unterschiedliche Zwecke, damit die Konflikte zwischen diesen Nutzungsformen und die damit einhergehende Produktion des Raumes!

4   Gestaltung der Naturverhältnisse? Die Krise transnationaler Umweltgovernance

Das Thema Anpassung an den Klimawandel setzt also das Thema der gesellschaftlichen Abhängigkeiten von „Natur" und ihrer daraus folgenden Verwundbarkeiten in neuer Form auf die Tagesordnung. Nicht alle inhaltlichen Aspekte sind dabei neu, wohl aber ist die Vulnerabilität selbst ein Skandalon, wenn auch in unterschiedlicher Weise. Für nördliche Industriegesellschaften liegt die Ironie darin, dass der Mensch, wie sehr er auch das Klima inzwischen selbst zu beeinflussen vermag, die Abhängigkeit vom Klima durch allen wissenschaftlich-technologischen Fortschritt keineswegs überwunden hat. Bei den Industrieländern ist die Verwundbarkeit durch den Klimawandel vielmehr selbst der Skandal: Sollte die Industrialisierung einmal die Abhängigkeit der Menschen von den „Launen der Natur" aufheben, gilt sie inzwischen als Hauptursache für den Klimawandel (Behringer 2007: 225). Zwar haben industrialisierte Länder vielleicht weniger unter den unmittelbaren Erscheinungsformen des Klimawandels (höhere Durchschnittstemperaturen und steigender Meeresspiegel) zu leiden, weil sie beiden aufgrund ihrer Ressourcenausstattung (bzgl. Know-how, Technik und Geld) und damit den höheren Reaktionskapazitäten leichter mit technischen Maßnahmen begegnen können. Wohl aber steigt gerade aufgrund dieser Ressourcenausstattung (bzw. der Investitionen in Bauten und Infrastruktur) auch die Verwundbarkeit gegenüber Extremereignissen. Dies belegt erneut, dass die soziale Verwundbarkeit gesellschaftlich hergestellt wird, aber längst nicht immer von den gleichen Akteuren und Prozessen, die ihnen dann später begegnen müssen. Zugleich darf nicht vergessen werden, dass die Industrieländer ihre Folgen leichter externalisieren können als z.B. Entwicklungs- oder Schwellenländer. Gerade für die ärmeren Entwicklungsländer liegt die Provokation des globalen Klima- und Umweltwandels denn auch darin, dass sie diesen Wandel nur zu geringerem Maße selbst verursacht haben, dass er aber gleichzeitig alle ihre Maßnahmen, z.B. zur Reduzierung der Armut, zu untergraben droht (vgl. für den Wandel der Ökosysteme: MA 2005).

Das Thema Anpassung thematisiert also die Notwendigkeit einer gesellschaftlichen Veränderung und mystifiziert sie zugleich. Denn es geht nicht um eine Anpassung an Natur zum Schutz der Gesellschaft, sondern um die Veränderbarkeit und Gestaltbarkeit globaler Gesellschaften selbst. Ob aber diese Herausforderung tatsächlich aufgenommen und ob sie entsprechend umgesetzt werden kann, das ist mehr als fraglich. Für die Frage nach der Gestaltbarkeit der Naturverhältnisse muss die Transformation des Politischen berücksichtigt werden, die wir in den letzten Jahren im Kontext der Globalisierung beobachten konnten (siehe dazu Görg 2007a; Brand/Görg 2008; Brand/Görg/Hirsch et al. 2008). Die Erwartungen auf die Herausbildung neuer Steuerungsformen jenseits des Nationalstaats, die sich im Begriff Governance gebündelt haben, werden jedoch zunehmend auch kritisch hinterfragt.[8] Schlimmer noch steht es um den vielbeschworenen „Geist von Rio", der in den 1990-Jahren die internationale Umweltpolitik vorangetrieben hat. Standen Anfang der 1990er Jahre globale Umweltprobleme paradigmatisch für die Hoffnung auf eine neue kooperative Bearbeitung globaler Problemlagen, dann haben diese Hoffnungen zwanzig Jahre später einer großen Ernüchterung Platz gemacht. Denn obwohl inzwischen zu den meisten globalen Umweltproblemen auch internationale Abkommen verabschiedet wurden, sind diese Umweltregime von einer befriedigenden Bearbeitung oder gar Lösung der zugrundeliegenden Problemlagen weit entfernt. Dafür sind eine Fülle von Faktoren verantwortlich zu machen (Park/Conca/Finger 2008). Nicht nur brach sich die Hoffnung auf eine kooperative Problemlösung immer wieder an der Realität einer zunehmend fragmentierten und tiefgreifend gespaltenen Weltgesellschaft, eine Realität, die sich u.a. bei den Problem der Klimarahmenkonvention und des Kyoto-Protokolls deutlich zu Tage tritt und die die Forderung nach völlig neuen Bearbeitungsformen hat aufkommen lassen (Prins/Rayner 2007). Auch die Biodiversitätskonvention kann ihr selbstgesetztes Ziel, den Verlust der Biodiversität bis 2010 wenigstens signifikant zur reduzieren, wohl kaum noch erreichen und die Wasserversorgung gilt als eines der zentralen Konfliktfelder des 21. Jahrhunderts. Darüber hinaus werden auch die Problemlagen selbst längst nicht nur global, sondern in ihrer ganzen Anlage als multi-scalar geprägt interpretiert, was die Wirksamkeit internationaler Abkommen zusätzlich beeinträchtigt. Denn es müssen verschiedene Handlungsebenen berücksichtigt werden, die in komplexen Wechselverhältnissen zueinander stehen (MA 2005; McCarthy 2005). Statt von einer Vereinheitlichung der Weltgesellschaft im Zuge der neuen Runde kapitalistischer Globalisierung müssen wir von einer wachsenden Pluralität von Naturverhältnissen ausgehen, die untereinander wie mit der natürlichen Umwelt in komplexe und zunehmend konfliktreiche Wechselbeziehungen eingelassen sind.

In globaler Perspektive, aber selbst im Rahmen einzelner Nationalstaaten, haben wir es mit wachsenden Ungleichheiten auf und zwischen den Ebenen zu tun (Görg 2007b). An die Stelle einer globalen Abhängigkeit vom „System Erde", wie sie im Rahmen des Klimadiskurses oftmals konstruiert wurde und wird, tritt damit eine andere Perspektive, bei der die *selektive und konfliktreiche Nutzung* der Natur im Vordergrund steht. Dabei sind – und dies ist der Kern der Rede von Kopplungen oder Wechselwirkungen zwischen Natur und Gesellschaft – eine Vielzahl von gesellschaftlichen Abhängigkeiten von biophysikalischen Prozessen zu konstatieren, wobei es große Unterschiede im Hinblick auf unterschiedliche soziale Gruppen auf den verschiedenen gesellschaftlichen Ebenen zu konstatieren gilt: von transnationalen Rohstoffkonzernen bis zur lokalen Subsistenzlandwirtschaft und vom Luxuskonsum der globalen Oberschicht bis zu besonders vulnerablen BewohnerInnn marginalisierter semiarider Regionen. Der Versuch einer Gestaltung dieser komplexen Gesamtdynamik muss die Interessen und Machtverhältnisse zwischen den verschiedenen Interessengruppen, die auf unterschiedlichen räumlichen Skalen agieren, ernst nehmen: von global

---

8   Vgl. zu den Grenzen von Multi-Level Governance jenseits der EU die Beiträge in Brunnengräber/Burchardt/Görg et al. (2008).

agierenden Konzernen, internationalen und nationalen NGOs, den Regierungen mächtiger und weniger mächtiger Staaten und lokalen, evtl. aber translokal vernetzten Basisbewegungen lokaler Akteure. Die Machtverhältnisse dieser Akteursgruppen sind in die globalen Naturverhältnisse eingeschrieben. Wenn der brasilianische Staat um seine Führungsrolle auf den globalen Märkten für Ethanol auszubauen lokale Kleinbauern vertreibt und stattdessen Zuckerrohr anbauen lässt, dann kollidieren hier unterschiedliche Weisen der kulturellen und sozioökonomischen Konstruktion der Natur. Umgekehrt ist der globale Norden offenkundig nicht in der Lage, seine Nutzung und seine Abhängigkeiten von den Leistungen der „Natur" innerhalb seines eigenen Territoriums zu decken. Verstärkt greift er zur Befriedigung seiner eigenen Bedürfnisse auf ökosystemare Dienstleistungen zurück, die in anderen Regionen der Welt erbracht werden – von Versorgungsdienstleistungen (wie Nahrungsmitteln oder Bioenergie) über regulierende Dienstleistungen (z.B. CO_2-Absorption und Klimawandel) bis zu kulturellen Dienstleistungen (z.B. im Tourismus; Ma 2005). Die dabei auftretenden Wechselwirkungen über räumliche Skalen hinweg werden jedoch meist ignoriert und sind damit ein Beispiel dafür, wie sich globale Machtverhältnisse in die gesellschaftlichen Naturverhältnisse einschreiben: z.B. als Degradierung von Mangrovenwäldern für den Shrimpskonsum im reichen Norden (Görg/Rauschmayer 2009).

Weil die Gesamtdynamik dabei weit von einer befriedigenden Bearbeitung oder gar Lösung entfernt ist, können wir von einer umfassenden Krise gesellschaftlicher Naturverhältnisse sprechen, die mit der globalen gesellschaftlichen Entwicklung (hierfür steht der Begriff einer neoliberalen Globalisierung) eng verbunden ist. Hinter dem Thema Anpassung an den Klimawandel steht damit die weit reichende Herausforderung, inwieweit der Prozess der neoliberalen Globalisierung tatsächlich überwunden werden kann.[9] An dieser Stelle ergibt sich wiederum notwendigerweise der Link zur globalen Wirtschafts- und Finanzkrise – und wenig Anlass für größere Hoffnung. Ernüchterung und Realismus sind angesagt. Ein Ausgangspunkt für eine Restrukturierung und Gestaltung gesellschaftlicher Naturverhältnisse könnte sein, Widersprüche in der Aneignung und Nutzung der Natur zu erkennen und ernst zu nehmen. Welche teilweise absurden Folgen z.B. die Strategie, einer Ersetzung fossiler Brennstoffe durch Biokraftstoffe nach sich zieht – und warum trotzdem erhebliche Anstrengungen in diese Richtung unternommen werden. Eine Regulation gesellschaftlicher Naturverhältnisse steckt so gesehen voller Widersprüche und ihre Gestaltung müsste von diesen Widersprüchen ausgehend integrative Strategien entwickeln, die normative Aspekte (inkl. Verteilungs- und Gerechtigkeitsfragen) ebenso einschließen wie eine genaue Analyse der Wechselwirkungen zwischen den verschiedenen biophysikalischen Prozessen (vgl. für die Landnutzung im Klimawandel z.B. Seppelt/Kühn/Klotz et al. 2009). Insofern ist eine solche Gestaltung kein rein wissenschaftliches Konzept mehr, auch wenn sie natur- wie sozialwissenschaftliche Forschungsanstrengungen einschließt.

---

9   Vgl. dazu die Debatte in Development Dialogue (2009) zum Begriff des Post-Neoliberalismus.

Literatur

Adger, Neil/Huq, Saleemul/Brown, Katrina et al. (2003): Adaptation to Climate Change in the Developing World. In: Progress in Development Studies 3 (3), 179-195.
Beck, Silke (2009): Das Klimaexperiment und der IPCC. Schnittstellen zwischen Wissenschaft und Politik in den internationalen Beziehungen. Marburg: Metropolis.
Beck, Silke/Kuhlicke, Christian/Görg, Christoph (2009): Climate Policy Integration, Coherence, and Governance in Germany. PEER Climate Change Initiative Project 2: Climate Policy Integration, Coherence and Governance. UFZ-Bericht 1. Leipzig: Helmholtz-Zentrum für Umweltforschung.
Becker, Egon/Jahn, Thomas (Hrsg.) (2006): Soziale Ökologie. Grundzüge einer Wissenschaft von den gesellschaftlichen Naturverhältnissen. Frankfurt a.M./New York: Campus Verlag
Behringer, Wolfgang (2007): Kulturgeschichte des Klimas. Von der Eiszeit bis zur globalen Erwärmung. München: C. H. Beck, 279f.
BMU (2008): Deutsche Anpassungsstrategie an den Klimawandel, http://www.bmu.de/files/pdfs/allgemein/application/pdf/das_gesamt_bf.pdf (15.10.2009).
Bohle, Hans G./Downing, Thomas E./Watts, Michael. J. (1994): Climate Change and social vulnerability. Toward a sociology and geography of food insecurity. In: Global Environmental Change 4 (1), 37-48.
Brand, Ulrich/Görg, Christoph (2008): Sustainability and globalisation. A theoretical perspective. In: Park, Jacob/Conca, Ken/ Finger, Mathias (Hrsg.) (2008): The Crisis of Global Environmental Governance. Towards a new political economy of sustainability. London/New York: Routledge, 13-33.
Brand, Ulrich/Görg, Christoph/Hirsch, Joachim et al. (2008): Conflicts in Environmental Regulation and the Internationalization of the State. Contested Terrains. London: Routledge
BRDI (2008): National Biofuels Action Plan. Biomass Research and Development Board, Washington DC.
Brunnengräber, Achim/Walk, Heike (Hrsg) (2007): Multi-Level-Governance. Klima-, Umwelt- und Sozialpolitik in einer interdependenten Welt. Baden-Baden: Nomos.
Brunnengräber, Achim/Dietz, Kristina/Hirschl, Bernd et al (2008): Das Klima neu denken. Eine sozialökologische Perspektive auf die lokale, nationale und internationale Klimapolitik. Münster: Westfälisches Dampfboot.
Brunnengräber, Achim/Burchardt, Hans-Jürgen/Görg, Christoph (Hrsg.) (2008): Mit mehr Ebenen zu mehr Gestaltung? Multi-Level-Governance in der transnationalen Sozial- und Umweltpolitik. Baden-Baden: Nomos.
Bryant, Raymond L./Bailey, Sinead (1997): Third World Political Ecology. London/New York: Routledge.
Carpenter, Stephen R./Mooney, Harold A./Agard, John et al. (2009): Science for managing ecosystem services: Beyond the Millennium Ecosystem Assessment. In: PNAS 106 (5), 1305-1312.
Development Dialogue (2009): Dag Hammarskjöld Foundation (Hrsg.): Development Dioalogue 51 (1), http://www.openj-gate.org/browse/ArticleList.aspx?issue_id=997912&Journal_id=103820 (15.10.2009).
Dietz, Kristina (2006): Vulnerabilität und Anpassung gegenüber Klimawandel aus Sozial-ökologischer Perspektive. Diskussionspapier 01/06 des BMBF-Projektes „Global Governance und Klimawandel". Berlin.
Egner, Heike (2007): Überraschender Zufall oder gelungene wissenschaftliche Kommunikation: Wie kam der Klimawandel in die aktuelle Debatte? In: GAIA 16 (4), 250-254.
Embrapa (2006): Brazilian Agroenergy Plan 2006-2011. Ministry of Agriculture, Livestock and Food Supply, Brasilia.
ESSP (2009): Earth System Science Partnership (ESSP), http://www.essp.org (15.10.2009).
Fatheuer, Thomas (2007): Mit Agrotreibstoffen aus Brasilien gegen den Klimawandel? In: Gabbert, Karin/Gabbert, Wolfgang/Godeking, Ulrich et al. (Hrsg.) (2007): Rohstoffboom mit Risiken. Jahrbuch Lateinamerika 31. Münster: Westfälisches Dampfboot, 63-74.
Flitner, Michael/Görg, Christoph/Heins, Volker (1998): Konfliktfeld Natur. Biologische Ressourcen und globale Politik. Opladen: Leske + Budrich.
Foley, Jonathan A./DeFries, Ruth/Asner, Gregory P. et al (2005): Global Consequences of Land Use. In: Science 309 (5743), 570-574.
Franik, Dietmar/Müller, Ramona/Müller, Sophie et al. (Hrsg.) (2009): Biokraftstoffe und Lateinamerika. Globale Zusammenhänge und regionale Auswirkungen. Berlin: Wissenschaftlicher Verlag.
Fritz, Thomas (2008): Agroenergie in Lateinamerika. Fallstudie anhand vier ausgewählter Länder: Brasilien, Argentinien, Paraguay und Kolumbien. Stuttgart/Berlin: Brot für die Welt, Forschungs- und Dokumentationszentrum Chile-Lateinamerika (FDCL).
Gabbert, Karin/Gabbert, Wolfgang/Godeking, Ulrich et al. (Hrsg.) (2007): Rohstoffboom mit Risiken. Jahrbuch Lateinamerika 31. Münster: Westfälisches Dampfboot.
Görg, Christoph (2003): Regulation der Naturverhältnisse. Zu einer kritischen Theorie der ökologischen Krise. Münster: Westfälisches Dampfboot.

Görg, Christoph (2007a): Multi-Level Environmental Governance. Transformation von Staatlichkeit – Transformation der Naturverhältnisse. In: Brunnengräber, Achim/Walk, Heike (Hrsg.) (2007): Multi-Level-Governance. Klima-, Umwelt- und Sozialpolitik in einer interdependenten Welt. Baden-Baden: Nomos, 75-98.

Görg, Christoph 2007b: Räume der Ungleichheit. Die Rolle gesellschaftlicher Naturverhältnisse in der Produktion globaler Ungleichheiten am Beispiel des Millennium Ecosystem Assessments. In: Klinger, Cornelia/Knapp, Gudrun-Axeli/ Sauer, Birgit (Hrsg.) (2007): Achsen der Ungleichheit. Zum Verhältnis von Klasse, Geschlecht und Ethnizität. Frankfurt a.M./New York: Campus Verlag, 131-150.

Görg, Christoph/Rauschmayer, Felix (2009): Multi-level-governance and the politics of scale – the challenge of the Millennium Ecosystem Assessment. In: Kütting, Gabriela/Lipschutz, Ronnie (Hrsg.) (2009): Environmental governance. Power and knowledge in a local-global world. London: Routledge, 81-99.

Hassan Rashid/Scholes, Robert/Ash, Neville (2005): Millennium Ecosystem Assesssment – Ecosystem and Human Well-being: Current State and trends 1, Chapter 28 – Synthesis: Condition and Trends in Systems and Services, Trade-offs for Human Well-being, and Implications for the Future, 827-838.

Heins, Volker/Flitner, Michael (1998): Biologische Ressourcen und Life Politics. In: Flitner, Michael/Görg, Christoph/Heins, Volker (1998): Konfliktfeld Natur. Biologische Ressourcen und globale Politik. Opladen: Leske + Budrich, 13-38.

Hulme, Mike (2009): What was the Copenhagen Climate Change Conference really about? In: Prometheus – The Science-Policy-Blog and Seedmagazine.com, 13.03.2009, http://sciencepolicy.colorado.edu/prometheus/what-was-the-copenhagen-climate-change-conference-really-about-5055 (15.10.2009).

IPCC (1996): Climate Change 1995. Contribution of Working Group I to the Second Assessment Report of the Intergovernmental Panel on Climate Change: The Science of Climate Change. Cambridge: Cambridge University Press.

IPCC (2007): Climate Change 2007: Mitigation of Climate Change. Contribution of Working Group III to the Fourth Assessment Report of the Intergovernmental Panel on Climate Change. Cambridge: Cambridge University Press.

Jhamtani, Hira/Dan, Elenita (2007): Resurgence: Biofuels. An illusion and a threat. Third World Network, http://www.twnside.org.sg/title2/resurgence/200/cover1.doc (15.10.2009).

Kemfert, Claudia (2008): Kosten des Klimawandels ungleich verteilt: Wirtschaftsschwache Bundesländer trifft es am härtesten. In: Wochenbericht des Deutschen Instituts für Wirtschaftsforschung 75 (12-13), 137-148.

Khor, Martin/Raman, Meena/Giegold, Sven et al. (Hrsg.) (2007): Klima der Gerechtigkeit. Hamburg: Vsa Verlag.

Klinger, Cornelia/Knapp, Gudrun-Axeli/Sauer, Birgit (Hrsg.) (2007): Achsen der Ungleichheit. Zum Verhältnis von Klasse, Geschlecht und Ethnizität. Frankfurt a.M./New York: Campus Verlag.

Koh, Lian Pin/Ghazoul, Jaboury (2008): Biofuels, biodiversity, and people: Understanding the conflicts and finding opportunities. In: Biological Conservation 141 (10), 2450-2460.

KOM (2007): Grünbuch der Kommission an den Rat, das Europäische Parlament, den Europäischen Wirtschafts- und Sozialausschuss und den Ausschuss der Regionen. Anpassung an den Klimawandel in Europa - Optionen für Maßnahmen der EU. Kommission der Europäischen Gemeinschaften, Brüssel.

KOM (2008): 20 und 20 bis 2020. Chancen Europas im Klimawandel. Mitteilungen der Kommission an das Europäische Parlament, den Rat, den Europäischen Wirtschafts- und Sozialausschuss und den Ausschuss der Regionen. Kommission der Europäischen Gemeinschaften, Brüssel.

Kütting, Gabriela/Lipschutz, Ronnie (Hrsg.) (2009): Environmental governance, power and knowledge in a local-global world. London: Routledge.

Lambin, Eric F./Geist, Helmut J. (2006): Land Use and Land-Cover Change. Berlin: Springer, 222f.

Laschefski, Klemens (2007): Weltmarkt für Bioenergie: Ein grüner Imperialismus? Erfahrungen aus Brasilien. In: Zeitschrift marxistischer Erneuerung 71, 128-140.

Luks, Fred (2008): Der Diskurs über das Klima und das Klima des Diskurses. In: Gaia-Ecological Perspectives for Science and Society 17 (2), 186-188.

MA (2005): Millennium Ecosystem Assessment Synthesis Report. Washington DC: Island Press.

McCarthy, James (2005): Scale, Sovereignty, and Strategy in Environmental Governance. In: Antipode 37 (4), 731-753.

McKibben, Bill (1989): The end of nature. New York: Random House.

Mickwitz Per/Aix, Francisco/Beck, Silke et al. (2009): Climate Policy Integration, Coherence and Governance. PEER-Report 2. Helsinki: Partnership for European Environmental Research (PEER).

Novy, Andreas (2001): Brasilien: Die Unordnung der Peripherie. Von der Sklavenhaltergesellschaft zur Diktatur des Geldes. Wien: Promedia.

O'Brien, Karen/Eriksen, Siri/Nygaard, Lynn P. et al. (2007): Beyond Semantics. Why different interpretations of vulnerability matter in climate change discourses. In: Climate Policy 7 (1), 73-88.

Ojima, Dennis/Moran, Emilio/McConnell, William et al. (Hrsg.) (2005): Global Land Project. Science Plan and Implementation Strategy. IGBP Report 53 / IHDP Report 19. Stockholm: IGBP Secretariat,

Park, Jacob/Conca, Ken/Finger, Matthias (Hrsg.) (2008): The Crisis of Global Environmental Governance. Towards a New Political Economy of Sustainability. London: Routledge.

Pielke, Roger A. Jr. (2005): Misdefining "climate change": consequences for science and action. In: Environmental Science & Policy 8 (6), 548-561.

Pielke, Roger A. Jr./Prins, Gwyn/Rayner, Steve et al. (2007): Lifting the taboo on adaptation. In: Nature 445 (7128), 597-598.

Prins Gwyn/Rayner, Steve (2007): Time to ditch Kyoto. In: Nature 449 (7165), 973-975.

Seppelt, Ralf/ Eppink, Florian/Führer, Christoph (2008): Forschungsempfehlungen für den Komplex Landnutzungsoptimierung im Konfliktfeld THG-Emissions-Reduktion, Ressourcenschonung und menschliches Wohlergehen. Zwischenbericht des BMBF-Projekts „Potenzialanalyse zur Beeinflussung von Landnutzungssystemen und deren biogeochemischen Kreisläufe zur Erreichung der Treibhausgas- Reduktionsziele" (FKZ 01LG0801A). Leipzig: Helmholtz Zentrum für Umweltforschung.

Seedling (2007): Stop the agrofuels craze. July 2007, http://www.grain.org/seedling_files/seed-07-07-2-en.pdf (15.10.2009).

Seppelt, Ralf/Kühn, Ingolf/Klotz, Stefan et al. (2009): Land Use Options – Strategies and Adaptation to Global Change: Terrestrial Environmental Research of the Helmholtz Association. In: GAIA 18 (1), 77–80.

Smith, Pete/Martino, Daniel/Cai, Zucong et al. (2006): Policy and technological constraints to implementation of greenhouse gas mitigation options in agriculture. In: Agriculture, Ecosystems & Environment 118 (1-4) (2007), 6-28.

Stehr, Nicholas/Storch, Hans von (2005): Introduction to papers on mitigation and adaptation strategies for climate change: protecting nature from society or protecting society from nature? In: Environmental Science & Policy 8 (6), 537-540.

Stern, Nicholas (2007): The Economics of Climate Change: The Stern Review. Cambridge: Cambridge University Press.

Swart, Rob/Biesbroek, Robbert/Binnerup, Svend et al. (2009): Europe Adapts to Climate Change: Comparing National Adaptation Strategies. PEER-Report 1. Helsinki: Partnership for European Environmental Research (PEER).

Teixeira Assis, Wendell.Ficher/Zucarelli, Marcos Cristiano (2007): De-polluting Doubts: Territorial Impacts of the Expansion of Energy Monocultures in Brazil, http://www.natbrasil.org.br/Docs/biocombustiveis/depolluting_doubts.pdf (15.10.2009).

UNFCCC (1992): United Nations Framework Conventions on Climate Change. New York.

WBGU (2008): Welt im Wandel – Zukunftsfähige Bioenergie und nachhaltige Landnutzung. Wissenschaftlicher Beirat der Bundesregierung Globale Umweltveränderungen (WBGU). Berlin: WBGU

Wuppertal Institut für Klima, Umwelt, Energie (2008): Zukunftsfähiges Deutschland in einer globalisierten Welt. Ein Anstoß zur gesellschaftlichen Debatte. Brot für die Welt, Evangelischer Entwicklungsdienst, BUND (Hrsg.). Frankfurt a.M.: Fischer Taschenbuch Verlag.

Der Klimawandel als Auslöser eines rapiden Wandels im „Naturgefahrenmanagement"

Klaus Wagner[1]

1 Einführung

Stellt man einem Praktiker der Wasserwirtschaftsverwaltung die Frage, ob sich derzeit das Naturgefahrenmanagement grundlegend ändert, wird er dies aller Wahrscheinlichkeit nach verneinen. Er wird auf die kleinen Veränderungsschritte der letzten Jahre hinweisen, vor allem aber die rechtlichen und institutionellen Rahmenbedingungen als grundsätzlich gleich bleibend empfinden. Im historischen Rückblick können dagegen Phasen relativer Stabilität im Naturgefahrenmanagement und Phasen rapiden Wandels ausgemacht werden (siehe Gliederungspunkt 3).

Aufgrund der relativ kurzen Beobachtungszeit eines einzelnen menschlichen Wesens gehen viele Alltagstheorien aber auch wissenschaftliche Ansätze implizit von der Stabilität der beobachteten Zustände oder Prozesse aus. So verdeutlicht der Begriff des Klimawandels, dass Klima im Prinzip eine raum-zeitlich invariante Größe darstellt, dessen Bestimmung also über einen längeren Messzeitraum hinweg erfolgt. So erläutert z.B. Joussaume (1996: 20) in einem Buch über die Klimageschichte: „Die Einführung des Begriffs Klima basiert auf der Annahme, dass das Zusammenspiel von Temperatur, Niederschlägen und Wind von einem Jahr zum anderen gleichsam im Rahmen der natürlichen unvorhersehbaren Variationen um einen *quasi festen* mittleren Zustand schwanken" (Hervorhebung durch den Verfasser). Wie aber die Betrachtung der Klimageschichte der Erde zeigt, unterschied sich das Klima deutlich in Erdgeschichtlichen Dimensionen, erwähnt seien nur die letzten Eiszeiten bzw. die Warmphase im Holozän. Dasselbe gilt für eine Schlüsselgröße des Naturgefahrenmanagement, die so genannte Jährlichkeit[2] eines Ereignisses (Samuels 1999). Sie kann gerade für seltene, große Ereignisse nur durch lange Beobachtungsreihen bestimmt werden, die möglichst homogen sein sollten[3].

Um also *Wandel* beschreiben zu können, bedarf es Theorien, die sowohl Phasen der Stabilität bzw. langsamen Wandels, als auch Phasen des schnellen Wandels bis hin zu Pa-

---

1   Die Überlegungen dieses Beitrags sind in einen Antrag für das dem BMBF zur Förderung empfohlene Projekt „Alpine Naturgefahren im Klimawandel: Deutungsmuster und Handlungspraktiken vom 18. bis zum 21. Jahrhundert" eingeflossen. An dem Antrag haben u.a. Josef Bordat, Undine Frömming, Richard Hölzl, Sylvia Kruse und Martin Voss mitgewirkt. Die Diskussionen während der Antragserstellung haben wiederum diesen Beitrag beeinflusst.
2   Für alle Naturgefahren besteht ein Zusammenhang zwischen Magnitude, der Stärke bzw. des Ausmaßes eines Ereignisses und der Frequenz, der Häufigkeit des Auftretens. Die Jährlichkeit ist eine statistische Größe, die das Wiederkehrintervall für ein Ereignis gleicher Größenordnung angibt. Sie ist der Kehrwert der Eintrittswahrscheinlichkeit. Der Bemessung von Verbauungsmaßnahmen wie auch der Ausdehnung von Gefahrenzonen bzw. Überschwemmungsgebieten orientieren sich in der Regel an der Jährlichkeit der Ereignisse.
3   Mit Hilfe statistischer Verfahren können Brüche in Beobachtungszeitreihen, die z.B. aufgrund veränderter Nutzung im Einzugsgebiet eines Flusses erkannt werden.

radigmenwechseln (Kuhn 1996) unterscheiden können. Ich möchte im Zuge dieses Artikels zwei solcher Theorien heranziehen, einerseits das makrosoziologische FAKKEL-Modell von Clausen (2003a) als auch die politikwissenschaftliche Theorie von Baumgartner und Jones (2009). Während mit Hilfe der FAKKEL-Theorie die Entwicklung des Naturgefahrenmanagement seit Beginn der Neuzeit nachgezeichnet werden soll, dient das Modell des „punctuated equilibrium", des unterbrochenen Gleichgewichts, von Baumgartner und Jones zur Analyse der Änderungen der letzten Jahre. Mit Hilfe dieser beiden Ansätze lässt sich meine These erörtern, nach der es aufgrund des Klimawandels in naher Zukunft wieder zu einem grundlegenden Wandel des Naturgefahrenmanagements kommen wird.

2 Theoretische Ansätze

Clausen (2003a) klärt die endogene Entstehung von gesellschaftlichen Katastrophen, die er als radikale, rapide und ritualisierte soziale Wandelprozesse versteht. Die Dimension der Radikalität „reicht von je und je ganz unvernetzt (äußerst begrenzt) wirksam bis voll vernetzt (allumfassend, intensiv) wirksam" (Clausen 2003a: 53). Die Katastrophe vernetzt gesellschaftliche Teilbereiche, die sich in den Phasen vor der Katastrophe funktional differenziert haben. Auf die Dimension der Rapidität bin ich oben bereits eingegangen, sie reicht mit den Worten von Clausen (2003a: 57) „(…) von extrem verlangsamt (‚unveränderlich') bis extrem beschleunigt (‚aus heiterem Himmel')". Die letzte Dimension ist für meine Argumentation nicht von Bedeutung und wird daher nicht näher dargestellt. Katastrophen brechen im Sinne von Clausen nicht von Außen, d.h. z.B. durch ein schweres Regenereignis bzw. durch die unberechenbare Natur, über die Gesellschaft herein, vielmehr differenziert sich die Gesellschaft so lange aus, bis sie katastrophenanfällig ist. In der FAKKEL-Theorie werden, ihrem Namen entsprechend, sechs Phasen unterschieden (siehe Tab. 1), wobei ich hier nur auf die Phasen Alltagsbildung, Klassenformation und Katastropheneintritt näher eingehen möchte.

Tabelle 1: Phasen der Katastrophenentstehung entsprechend der FAKKEL-Theorie nach Clausen (2003a)

Phase	**Radikalität**	**Rapidität**	**Ritualität**
Friedensstiftung	extrem vernetzend	extrem beschleunigend	Säkularisierend
Alltagsbildung	entnetzend	Verlangsamend	Magisierend
Klassenformation	stark vernetzend	noch langsam	Magisiert
Katastropheneintritt	hoch vernetzt	hoch beschleunigt	hoch magisiert
Ende aller Sicherheit	stark entnetzend	hoch beschleunigt	hoch magisiert
Liquidation der Werte	entnetzt	Beschleunigt	hoch säkularisierend

Außerdem nimmt die Differenzierung in Experten für bestimmte Themenfelder und Laien, die sich damit nicht mehr beschäftigen (wollen) zu. Die Phase der Alltagsbildung kann sich über mehrere 100 Jahre erstrecken, in der auch ex post nur geringe Veränderungen innerhalb eines Managementsystems bzw. einer gesellschaftlichen Gruppe konstatiert werden können. In der Phase der Klassenformation dreht sich diese Entnetzung um. Aufgrund von offensichtlichem Versagen der Experten kommt es zu Konflikten innerhalb der Expertengruppen und zwischen Experten und Laien. Dabei kann mit Hilfe der von Clausen (2003: 70) so genannten „fachreformatorischen Lösungen" auch wieder der Schritt zurück zur Alltagsbildung beschritten werden oder es folgt die Phase des Katastropheneintritts, in der das angewandte Management bzw. die gesamte Gesellschaft „realfalsifiziert" (Dombrowsky 1989: 258) wird und es somit zu starken gesellschaftlichen Wandel kommt.

Baumgartner und Jones (2009) gehen der Frage nach, wieso trotz starker Thematisierungswellen in der medialen und politischen Agenda, die zu grundlegendem Politikwandel führen können, in bestimmten Politikbereichen über längere Zeiträume *stabile* Politikmonopole vorkommen. Politikmonopole haben in der Regel eine institutionellen Struktur, die den Zugang zum politischen Prozess reguliert: Akteure, die sich außerhalb des Politikmonopols befinden, haben dadurch erschwert Zugang, um innerhalb des politischen Prozesses neue Problemlösungsvarianten zu präsentieren. Die politischen Ideen, die ein Politikmonopol zusammenhalten sind meist mit grundlegenden politischen Werten verknüpft, die einfach kommuniziert werden können. Im Naturgefahrenmanagement steht z.B. die Sicherheit der Bürger als grundlegender Wert im Vordergrund (Lange/Garrelts 2007: 269ff.). Innerhalb eines solchen Politikmonopols kommt es nur zu inkrementellem Wandel, d.h. die grundlegende Struktur der Problem- und Lösungsdefinitionen wird nicht in Frage gestellt. Eine grundlegende Neudefinition von Problemen oder neue Kombinationen von Problemfeldern erfolgt normalerweise nicht durch das Politikmonopol selbst, sondern dadurch, dass sich neue Akteure im Politikfeld etablieren konnten oder erfolgreiche Problemlösungskonzepte aus anderen Politikbereichen übernommen werden.

In den folgenden Gliederungspunkten wird nun dargestellt, wie das derzeit vorherrschende Naturgefahrenmanagement entstanden ist, unter welchen Anpassungsdruck es derzeit steht und wie die Wahrnehmung des Klimawandels darauf einwirkt.

3 Von der „Sündenökonomie" zur „Gefahrenabwehr"

Zu Beginn der Neuzeit ordneten religiöse Deutungs- und Erklärungsmuster Witterungsextreme und Klimaanomalien als Teil einer „Sündenökonomie" ein, die natürliche Phänomene in die komplexe Beziehung zwischen „sündigen" Menschen und einem strafenden Gott integrierte. Unter Bezug auf die biblische Sintfluterzählung schuf die religiöse Deutung von Naturkatastrophen einen Zusammenhang zwischen Vergehen gegen Gebote Gottes als „Sünde" und den katastrophischen Folgen als „Strafe". Aus diesem *malum physicum* sollte die Menschheit geläutert hervorgehen und künftig kein neues *malum morale* in die Welt setzen (Bordat 2007). Strafpredigten der Theologen, Prozessionen und die Einführung von Buß- und Bettagen dienten im Mittelalter und der frühen Neuzeit als zentrale Bewältigung der Schadenereignisse (Jakubowski-Tiessen 2003a). Schutzmaßnahmen im Sinne eines Naturgefahrenmanagements wie Deiche und Dämme gegen Überschwemmungen waren aus Sicht vieler Theologen – der Gruppe der Experten im Sinne von Clausen (2003a) –

nicht erlaubt, da sie Gott in seiner gerechten Züchtigung des Menschen behindern würden (Allemeyer 2003: 222ff.). Das christliche Deutungsmuster lässt in seiner Reinform somit kein zielgerichtetes menschliches Vorsorgehandeln zu. Im christlichen Bild ist konsequent gedacht als Reaktion nur Beten erlaubt, da aber der Mensch grundsätzlich ein sündiges Wesen ist, bestehen immer Gründe für ein Strafgericht Gottes. Das Deutungsmuster ist damit hoch veränderungsresistent bzw. selbst bestätigend. Nichtsdestotrotz waren Handlungspraktiken etabliert, mit deren Hilfe die Auswirkungen der natürlichen Prozesse eingedämmt werden sollten. Gegen Binnenhochwässer und alpine Naturgefahren wurden diese Handlungspraktiken aber nicht systematisch eingesetzt.

Abbildung 1: Intensität des Wandels der Deutungen von Natur und Naturgefahren

Im Zuge des Aufstrebens der Wissenschaften geriet das christliche Deutungsmuster unter starken Anpassungsdruck. Während einzelne Theologen weiterhin offensiv die Reinform der „Sündenökonomie" vertraten[4], versuchten vor allem die Physikotheologen fachreformatorische Lösungen zu verbreiten. Sie „(...) zogen für ihre Reflexionen die neuesten wissenschaftlichen Erkenntnisse heran, um Gottes Allmacht, Weisheit und Güte (...) aufzuzeigen" (Jakubowski-Tiessen 2003a: 110f.). So deuteten sie Sturmfluten als ein Zeichen der Allmacht Gottes und nicht als ein Strafgericht. Auch konnte so das Unterlassen von Schutzmaßnahmen wie die Erhaltung von Deichen als Versuchung Gottes gedeutet werden. „In der Konsequenz dieses Denkens kam die Vernachlässigung der Deicherhaltung und des Deichbaus einer Sünde gleich, die mit dazu beitragen konnte, die Strafe Gottes heraufzubeschwören" (Jakubowski-Tiessen 2003a: 113).

Die Gegenposition zu diesen christlichen Deutungen nahmen die Wissenschaftler und Ingenieure ein, die auf der Basis der Naturgesetze den Naturgewalten nur eine endliche Macht zuordneten, die vom Mensch beherrscht werden konnte. Im 17. und 18. Jahrhundert finden sich aber auch viele Schriften, in denen – sich eigentlich widersprechende – christliche Deutungen und wissenschaftliche Handlungsempfehlungen konfliktfrei nebeneinander standen (Allemeyer 2003: 222).

In einem längeren Prozess vom 16. bis zum 18. Jahrhundert wandte sich der Blick also von Gott weg und ging direkt auf die sich dadurch erst schärfer konturierende „Natur" als ein sich selbst bestimmendes Phänomen, das es möglichst gut zu kennen galt. Aufgrund des nun *naturwissenschaftlichen* Deutungsmusters konnte sich ab dem Beginn des 19. Jahrhun-

---

4 So z.B. der Jesuitenpater Malagrida nach dem Erdbeben von Lissabon 1755 (Löffler 2003: 258ff.).

derts ein auf technische Schutzmaßnahmen ausgerichtetes System der Naturgefahrenabwehr etablieren. Grundlegend waren dafür z.B. im Alpenraum die großen, staatlich finanzierten Flusskorrektionen an Rhein, Isar, Aare usw. (Vischer 2003). Die Gesellschaft hatte dabei das Ziel, die dem Ordnungsanspruch des Menschen feindlich gegenüberstehende Natur einzudämmen (Pfister 2002a: 213). In dieser Zeit wurden zum Teil heute noch relevante Gesetze (z.B. Wassergesetze in Bayern 1852 und der Schweiz 1877; das k. u. k. Wildbachverbauungs-Gesetz 1884 in Österreich; Forstgesetz der Schweiz 1876) erlassen und zuständige Behörden geschaffen (z.B. in Bayern die Oberste Baubehörde 1830). Es entwickelten sich damit neue Expertengruppen um deren Zuordnung intensiv gestritten wurde. Das Management von Lawinen, Rutschungen und Wildbachgefahren obliegt z.B. in der Schweiz und Österreich den Forstbehörden, in Bayern setzte sich dagegen bei der Gründung der Sektionen für Wildbachverbauungen im Jahr 1902 (heute sind diese in die Wasserwirtschaftsämter integriert) die Bauverwaltung gegen die Forstverwaltung durch (Pröbstle/Seyberth/Hach 1981: 28).

Mit all diesen Handlungen übernahm der Staat zunehmend die Verantwortung für die Naturgefahrenabwehr. Dieser Schritt der Verantwortungsübernahme soll exemplarisch an Bayern verdeutlicht werden. Das Bayerische Wassergesetz unterscheidet seit 1962 die Gewässer bezüglich ihrer Bedeutung für die Wasserwirtschaft. Dies hat vor allem auch Auswirkung auf die Unterhaltslast für diese Gewässer: Gewässer I. Ordnung (z.B. Donau, Main) mit staatlicher Unterhaltslast, Gewässer II. Ordnung (z.B. Amper) mit Unterhaltslast der Regierungsbezirke und Gewässer III. Ordnung (alle übrigen Gewässer) mit gemeindlicher Unterhaltslast. Die Wassergesetze von 1852 und 1907 nahmen eine Trennung entsprechend des Eigentums in öffentliche Flüsse (Nutzung für Schifffahrt und Flößerei) und Privatflüsse vor. Im Wassergesetz von 1907 wurde zusätzlich die Kategorie der Privatflüsse mit erheblicher Hochwassergefahr geschaffen, worunter überwiegend südbayerische Flüsse wie die Mangfall und die Oberläufe von Iller und Lech fielen. Auch bei diesen Einteilungen war entscheidend, wer die Unterhaltslast trägt bzw. für die Kosten von Ausbaumaßnahmen aufkommt. Insgesamt verlagerte sich die finanzielle und fachliche Zuständigkeit für Unterhalt und Ausbau der Gewässer kontinuierlich in Richtung staatlicher Stellen. So umfassen die Gewässer I. und II. Ordnung heute bei weitem mehr Flusskilometer (4200 km bzw. 4800 km; LfU 2007) als die Einteilungen der älteren Gesetze (2367,5 km öffentliche Flüsse und 410 km Privatflüsse mit erheblicher Hochwassergefahr; Harster/Cassimir 1908: 10 und 503). Diese Entwicklung findet sich auch bei den Wildbächen. Die oben genannten Sektionen für Wildbachverbauungen sollten Anfangs die Gemeinden durch Planung und Überwachung von Wildbachverbauungsmaßnahmen unterstützen. Die Verantwortung blieb aber vorerst bei den Gemeinden. Dies änderte sich mit dem Bayerischen Wassergesetz von 1962, das den „Ausbau von Wildbächen und die Unterhaltung der ausgebauten Wildbachstrecken" in Art. 54, Abs. 2, Nr. 3 zur staatlichen Aufgabe erklärte.

Zu Beginn des 20. Jahrhunderts begannen mit der Ausweisung von Überschwemmungsgebieten staatliche Ansätze der Raumordnung (Wagner 2009), die nach dem zweiten Weltkrieg besonders im Alpenraum an Bedeutung gewannen (Peyke/Sauerbrey/Wagner 2008; Sauerbrey 2005). Wie Weiss (1999: 260) für Österreich zeigen konnte, diente die Gefahrenzonenplanung aber stärker der Datenbeschaffung für Verbauungen bzw. der Begründung des Verbauungsbedarfs als der Steuerung der Siedlungsentwicklung.

Im Licht der FAKKEL-Theorie kann die geschilderte Entwicklung wie folgt zusammengefasst werden: Im späten Mittelalter findet sich die für die Alltagsbildung klare Trennung in (klerikale) Experten – die die Deutungshoheit über die abgelaufenen Katastrophen hatten – und Laien, die sich mit mehr oder minder bewussten Maßnahmen an die Gefährdungslage anpassten[5]. Im Zuge des Erstarkens der Wissenschaften kam es zu vermehrten Konflikten um die Deutungshoheit der Katastrophen (Klassenformation), die schließlich in einer neuen Friedensstiftung mündete, nämlich der Überzeugung mit menschlicher Ingenieurskunst die Naturgewalten beherrschen zu können. Daraufhin bildete sich die Expertengruppe der Wasserbau- und Forstingenieure, die wie am Beispiel Bayerns gezeigt, ihren Arbeitsrahmen immer weiter ausdehnten. Die Gruppe der sekundären Laien, die also vom Thema des Naturgefahrenmanagements weitgehend ausgeschlossen wurden, wurde so immer größer und die Verständigung aufgrund der Fachsprache der Experten – das Konzept der Jährlichkeit ist dabei besonders unverständlich (Wagner 2004: 116f.; Weiss 1999: 266f.) – erschwert.

Seit ca. 30 Jahre nehmen mit dem Erstarken der Umwelt- und Naturschutzbewegung und aufgrund der Häufung von großen Schadenereignissen seit 1993 (Barredo 2007: 142)[6] die Konflikte um das Naturgefahrenmanagement zu. Diese erneute Phase der Klassenformation soll im nächsten Gliederungspunkt genauer betrachtet werden.

4 Von der Gefahrenabwehr zum integralen Naturgefahrenmanagement am Beispiel Bayerns

Im Naturgefahrenmanagement bildet(e) die Ministerialbürokratie mit der zugehörigen Fachverwaltung, in Bayern der Wasserwirtschaftsverwaltung[7], das Zentrum eines Politikmonopols. Wie Lange und Garrelts (2007: 270) am Beispiel Niedersachsens zeigen konnten, dient dabei die fachinterne Ressortforschungseinrichtung einerseits zur Generierung fachspezifischen wissenschaftlichen Wissens und andererseits zur Filterung der wissenschaftlichen Diskurse, die für die eigene Verwaltungen aufgearbeitet werden. Durch die Ländcrarbcitsgcmcinschaft Wasscr (LAWA), dic intcrnationalc Forschungsgcmcinschaft INTERPRAEVENT und das europäische Netzwerk CRUE Era-Net findet eine Vernetzung mit Verwaltungen anderer (Bundes-)Länder statt. Diese Organisationen dienen auch dazu, wissenschaftliche Forschung nach den Bedürfnissen der Verwaltungen anzustoßen. Zentrales Leitmotiv dieses Politikmonopols ist die Schaffung von Sicherheit. So arbeiten die Veröffentlichungen zu zwei Maßnahmenprogrammen im alpinen Naturgefahrenmanagement der bayerischen Wasserwirtschaft (Alpenplan; Programm 2000) zentral mit dem Begriff des Schutzes: „Schutz dem Bergland" (OBB/BayStMELF 1969: 1) bzw. „Das Programm 2000 dient dem Schutz vor zerstörerischen Naturgewalten im Alpenraum" (OBB 1992: 3). Der in der bayerischen Wasserwirtschaft verbreitete Begriff der Hochwasserfreilegung geht dabei

---

5   Darunter fallen angepasste Bauweise und temporäre Nutzung z.B. als Lawinenschutz bzw. geeignete Bauplatzwahl – diese entstand häufig nicht aufgrund guter Naturbeobachtung sondern durch langjährige Erfahrung mit Schadenereignissen, so dass nur Gebäude an relativ sicheren Plätzen langfristig erhalten wurden (Keller-Lengen/Keller/Leergerber 1998; Weiss 1999: 244).
6   Diese Häufung großer Schadenereignisse ist bei Betrachtung eines langen Zeitraums nicht ungewöhnlich – sie kann eine statistische Häufung darstellen (Pfister 1999: 243ff.; Barredo 2007: 143f.). Unterschiedliche gesellschaftliche Akteure können aber trotzdem diese „focusing events" nutzen, ihre Deutung des Schadenereignisses im politischen Prozess durchzusetzen (Birkland 2006).
7   Im Management alpiner Naturgefahren spielt die Forstverwaltung durch Sanierungsmaßnahmen im Schutzwald ebenfalls eine bedeutende Rolle.

sogar einen Schritt weiter, indem er vollständige Sicherheit vor Hochwasser suggeriert.[8] Der Wandel im Problemverständnis wird anhand der beiden genannten Maßnahmenprogramme und dem Aktionsprogramm 2020 für das Donau- und Maingebiet, das nach dem Pfingsthochwasser 1999 von der bayerischen Staatsregierung beschlossen wurde, in der folgenden Tabelle 2 dargestellt.

Tabelle 2: Vergleich zeitlich aufeinander folgender Maßnahmenprogramme im Hochwasserschutz in Bayern. Die Auswertung basiert auf den Programmdokumenten OBB/BayStMELF (1969), OBB (1992), BayStMLU (2002a, b) und BayStMUGV (2005).

	Schutzstrategie	**Schutzmaßnahmen**	**Geplante Kosten**
Alpenplan	Sicherheitsansatz	Sanierung der Einzugsgebiete	155 Mio. DM
		Technische Schutzmaßnahmen	515 Mio. DM
Programm 2000	Sicherheitsansatz, Verweis auf Restrisiko	Verbesserung natürlicher Rückhalt	157 Mio. DM
		Technische Schutzmaßnahmen	475 Mio. DM
		Flächenvorsorge	keine Kosten genannt
Aktionsprogramm 2020	Sicherheitsansatz, Betonung des Restrisikos	Verbesserung natürlicher Rückhalt	115 Mio. €/Jahr
		Technische Schutzmaßnahmen	
		weitergehende Hochwasservorsorge	ca. 4,4 Mio. €/Jahr

Mit Hilfe des Alpenplans sollten die Folgen des Strukturwandels in der Land- und Forstwirtschaft ausgeglichen und Voraussetzungen für die weitere wirtschaftliche Entwicklung geschaffen werden. Die Aufgabe der Wasserwirtschaft war es, Siedlungen und Infrastruktureinrichtungen zu schützen. Vergangene Schadenereignisse wurden dabei nicht als Zeichen eines nur begrenzten Schutzes gedeutet, sondern als Aufforderung, mehr Geld in die Schutzmaßnahmen zu investieren. Neben den technischen Maßnahmen wurde auch der Sanierung der Einzugsgebiete der Wildbäche großes Gewicht beigemessen. Als gefahrenverschärfende Prozesse wurden vor allem der Nutzungswandel in der Landwirtschaft, der sich negativ auf die Vegetationsbedeckung und die Bodenentwicklung auswirkt und somit für eine Intensivierung der Erosion verantwortlich gemacht wird, und zu hohe Schalenwildbestände aufgrund ungenügender Jagd, die eine natürliche Verjüngung der Schutzwälder behindern, ausgemacht. Es wurden im Alpenplan nur die gesellschaftlichen Prozesse als

---

8   Im Bayerischen Landesentwicklungsprogramm (LEP) von 1984 und 1994 wird als Ziel formuliert, dass landwirtschaftliche Flächen „in der Regel nicht hochwasserfrei gelegt werden" sollen. Der Begriff „hochwasserfrei" wird in den LEP von 2003 und 2006 durch „hochwassergeschützt" ersetzt. Eine Internetrecherche am 14.11.08 mit Hilfe von Google erbrachte für den Begriff „Hochwasserfreilegung" 5.330 Fundstellen (zum Vergleich: Hochwasservorsorge 21.500 Fundstellen; Hochwasserschutz 622.000 Fundstellen). Die Kombination der Begriffe „Hochwasserfreilegung" und „Bayern" ergab 2.880 Fundstellen. Für Kombinationen mit anderen Bundesländer lagen die Zahlen im zwei- bis unteren dreistelligen Bereich.

gefahrenverschärfend berücksichtigt, die zu einer Veränderung der natürlichen Prozesse beitragen, nicht aber die Prozesse thematisiert, die das *Schadenpotential* verschärfen.

Diese Blickrichtung änderte sich nur geringfügig im Programm 2000. Die Steigerung des Schadenpotentials wurde zwar als mögliche Entwicklung erwähnt, spielt aber mit insgesamt einer halben Seite Text in einer Broschüre von über 100 Seiten nur eine marginale Rolle. Dies zeigt sich auch an der vorgesehen Maßnahme der Flächenvorsorge, für die es zu diesem Zeitpunkt keine klare Planungsgrundlage (Gefahrenkarten, Gefahrenhinweiskarten, festgesetzte Überschwemmungsgebiete) gab; auch wurden in dem Programm keine Kosten für diese Maßnahme vorgesehen. Den größten Unterschied zum Alpenplan stellt die starke Betonung der Ökologie dar. Während im Alpenplan die Argumentation am „Wirtschaftsraum Gebirge" (OBB/BayStMELF 1969: 9) ansetzt, baut das Programm 2000 auf dem Verständnis des „Naturraum(s)" auf (OBB 1992: 7). Am deutlichsten wird diese Sichtweise im Kapitel Grundsätze in dem es u.a. heißt:

> „Zwischen den abiotischen und biotischen Faktoren des Ökosystems Alpen bestehen intensive Wechselwirkungen. Wildbäche und Lawinen sind Teile dieses Ökosystems und stellen funktionelle Einheiten dar. Ihre gesamtheitliche Betrachtung ist Grundvoraussetzung für Schutz- und Sanierungsmaßnahmen" (OBB 1992: 132).

In diesem Kapitel wird auch auf ein „Restrisiko" hingewiesen, das „so weit wie möglich zu vermindern" ist (OBB 1992: 134). Als gefahrenverstärkende Faktoren traten neben die schon im Alpenplan genannten die Immissionsbelastung der Wälder bzw. Böden sowie der Klimawandel.

Das Aktionsprogramm 2020 wurde dagegen ganz im Sinne des LAWA-Konzepts (LAWA 1995) geschrieben, das die LAWA nach dem Rheinhochwasser von 1993 erarbeitete. Der Hochwasserschutz setzt sich nun aus drei Handlungsfeldern – natürlicher Rückhalt, technischer Hochwasserschutz und weitergehender Hochwasservorsorge – zusammen. Während in den Graphiken und Darstellungen der Wasserwirtschaft diese Handlungsfelder als gleich wichtig wiedergegeben werden[9], werden die finanziellen Mittel fast ausschließlich in Maßnahmen investiert, die in das natürliche System eingreifen (siehe Tab. 2). An den Gewässern I. Ordnung, für die jährlich 51 Mio. € eingeplant sind, sollen laut BayStMLU (2002b) über 40% der Mittel in den natürlichen Rückhalt fließen, für die anderen Gewässerkategorien werden dazu keine detaillierten Aussagen gemacht. Das sog. Restrisiko ist nun ein integraler Bestandteil der Schutzstrategie, auf das die Bevölkerung hingewiesen werden soll (Verhaltens- und Risikovorsorge). Trotzdem herrscht noch ein Sicherheitsansatz vor, da die Maßnahmen auf ein einheitliches Schutzniveau, das sog. 100-jährliche Hochwasser, ausgerichtet sind und das Schadenpotential nicht systematisch berücksichtigt wird.[10]

---

9   So werden die Handlungsfelder des Aktionsprogramms 2020 in BayStMLU (2002a: 3) als drei gleich große Säulen bzw. in BayStMUGV (2005: 7) als drei gleich große Sektoren eines Kreises visualisiert.

10 Das Bayerische Landesentwicklungsprogramm von 1994 formuliert dazu in Kapitel B, XII, 4.1, S. 2. folgende Ausnahme: „In Kernzonen der Verdichtungsräume und unter besonderen Voraussetzungen kann auch ein höherer Ausbaugrad in Betracht kommen". Durch den Ausbau des Sylvensteinspeichers ist z.B. ein solch höherer Ausbaugrad für München realisiert. Der Einfluss von Schadenereignissen und nicht rationaler Planung, wie es z.B. der Risikoansatz (Merz 2006; Merz/Emmermann 2006; Hollenstein 1997) vorsieht, wird am Ausbau der Iller deutlich. Dort fanden in den Jahren 1999, 2002 und 2005 schwere Hochwasserereignisse statt. Dies führte zur Umsetzung einer Ausbauplanung, die für Immenstadt (14.000 Einwohner) einen Schutz gegen ein 300-jährliches Hochwasser garantiert – in der Großstadt Regensburg, in der das letzte

Mit Hilfe der dargestellten Beispiele sollte verdeutlicht werden, dass in den letzten 30 Jahren sowohl eine Ökologisierung des Naturgefahrenmanagements stattgefunden hat als auch eine Diversifizierung der eingesetzten Vorsorge- und Schutzmaßnahmen. Ersteres kann mit dem Erstarken der Umweltbewegung in den 1980er Jahren erklärt werden. In der politischen Auseinandersetzung bildete sich eine eigene Diskurskoalition[11] heraus, die die menschlichen Eingriffe in den Naturhaushalt als schadenverursachend darstellt und dementsprechend Gegenkonzepte unter dem Motto „Breitwasser statt Hochwasser" zum etablierten Hochwasserschutz entwickelt. Die Diskurskoalition setzt sich vor allem aus Natur- und Umweltschutzverbänden und der Partei Bündnis90/die Grünen zusammen. Einflussreich waren aber auch der Sachverständigenrat für Umweltfragen mit seinem Umweltgutachten 1996 (RSU 1996) und das Umweltbundesamt (UBA). Die Novelle des Wasserhaushaltsgesetzes (WHG) im Jahr 1996 entwickelte sich vor allem aufgrund der Stellungnahmen des UBA in Richtung einer Ökologisierung des Gesetzes (Geiler 1997: 75). Ziel war nun nicht mehr der schnelle und möglichst schadlose Hochwasserabfluss, sondern eine möglichst hohe Retention des Wassers, um die als schädlich erkannte Beschleunigung und Verstärkung der Hochwasserwelle an großen Flüssen zu verhindern. Die Veränderung des WHG stellte ein sog. policy window (Kingdon 1984: 173ff.) dar. Die Überarbeitung des WHG war bereits im parlamentarischen Verfahren, als die Bundesregierung durch die wiederholten Rheinhochwässer 1993 und 1995 einen starken Problemdruck erkannte, der durch die spezifische Situation am Rhein beeinflusst war (grundlegende Veränderungen des Abflussregimes durch den Rheinausbau, Probleme der Koordinierung der Länder). Die im selben Zeitraum erarbeiteten Lösungsvorschläge der LAWA (1995), die auch das gesellschaftliche System als schadenverursachend erkannten, fanden erst im Artikelgesetz zum vorbeugenden Hochwasserschutz ihren Niederschlag.[12] So betont das Artikelgesetz einerseits die Verantwortlichkeit jedes Einzelnen für die Eigenvorsorge, eine Forderung, die aufgrund der herrschenden Verantwortungsübernahme durch staatliche Verwaltungen auf relativ großes Unverständnis bei der lokalen Bevölkerung trifft (Kuhlicke/Steinführer 2007: 92). Andererseits werden die Flächenvorsorge sowohl im Wasserrecht als auch im Raumordnungs- und Baurecht verstärkt und Hochwasseraktionspläne eingefordert, an denen die Bevölkerung zu beteiligen ist. Die Bundesländer konnten im Vermittlungsausschuss einige Regelungen lockern, so z.B. das absolute Bauverbot in Überschwemmungsgebieten oder die Ausrichtung der Hochwasseraktionspläne an einem 200-jährlichen Ereignis. Auch das rechtlich bindende Verbot des Ackerbaus in den Überschwemmungsgebieten wurde durch eine schwache Regelung ersetzt, die wahrscheinlich nur geringe Veränderungen der Landnutzung anstoßen wird.

Zusammenfassend betrachtet fand über die letzten 30 Jahre hinweg trotz sich grundlegend wandelnder Diskursmuster nur ein inkrementeller Wandel der eingesetzten Politikinstrumente statt. Zentrales, rechtlich normiertes Instrument im Hochwasserschutz blieb das festgesetzte Überschwemmungsgebiet, wobei es sich von einem reinen Instrument der Wasserwirtschaft zu einem der Raumordnung wandelte (Wagner 2009). Das gesamte Vor-

---

schwere Hochwasser über 100 Jahre zurückliegt, wird derzeit ein Ausbau gegen ein 100-jährliches Ereignis umgesetzt.
11 Lange und Garrelts (2008: 86ff.) konnten in Bremen und Hamburg klar zwischen dieser Diskurskoalition und dem herrschenden Politikmonopol, das sowohl aus den zuständigen Verwaltungen als auch den Parteien SPD und CDU besteht, unterscheiden.
12 Dieses Gesetz wurde wiederum durch eine Hochwasserkatastrophe, diesmal das Elbehochwasser 2002, angestoßen.

sorgehandeln bleibt überwiegend einem Sicherheitsdenken verhaftet, in dem die Maßnahmen an dem „(...) in der bisherigen Praxis bereits weitgehend als maßgebliches Bemessungshochwasser bewährte[n]" (Sieder/Zeitler/Dahme et al. 2007, §31b, Rdnr. 26) 100-jährlichen Hochwasserereignis ausgerichtet sind. Die tatsächlichen Handlungen der Wasserwirtschaftsverwaltung, die überwiegend auf technische Schutzmaßnahmen ausgerichtet sind, werden jedoch durch die rechtlichen Vorgaben fast nicht normiert. Die oben dargestellten Maßnahmenprogramme sind z.B. verwaltungsintern entstanden und beeinflussen das Naturgefahrenmanagement deutlich stärker, als die Zielformulierungen der Wassergesetze.

In die bestehende institutionelle Struktur des Naturgefahrenschutzes in Deutschland bzw. Bayern greift nun das Europäische Umweltrecht ein. Die Richtlinie 2007/60/EG über die Bewertung und das Management von Hochwasserrisiken basiert dabei auf dem in den Wissenschaften verbreiteten Risikodiskurs (Wagner 2008) und verpflichtet die Länder, auf der Basis einer detaillierten Gefahren- und Risikokartierung Maßnahmenpläne zu erstellen, die „(...) alle Aspekte des Hochwasserrisikomanagements [umfassen], wobei der Schwerpunkt auf Vermeidung, Schutz und Vorsorge, einschließlich Hochwasservorhersagen und Frühwarnsystemen, liegt" (Art. 7, Abs. 3: 3). Die Gefahren- und Risikokarten müssen dabei auch seltene bzw. Extremereignisse berücksichtigen. Inwieweit die grundlegende Idee des wissenschaftlichen Risikodiskurses, nämlich die Aufgabe eines einheitlichen Sicherheitsstandards (Merz 2006; Merz/Emmermann 2006), sich mit Hilfe dieser Richtlinie in Deutschland durchsetzen wird, darf angesichts vieler kritischer Kommentare (z.B. Breuer 2006; Reinhardt 2008) und der wahrscheinlich ungenügenden Umsetzung ins deutsche Recht[13] bezweifelt werden.

Wie oben bereits angedeutet, führte die Häufung der Hochwasserereignisse in Deutschland[14] und Europa zu verstärkten Diskursen über das Hochwassermanagement und zu Veränderungen der politischen Programme. Dabei nehmen in Sinne der Klassenformation die Konflikte zwischen zuständigen Eliten und sekundären Laien zu: Folgende Konfliktfelder stehen, wie oben beschrieben, im Mittelpunkt:

- Ökologischer Diskurs vs. traditioneller Wasserwirtschaft/Landnutzung
- Staatliche Verantwortungsübernahme vs. Eigenverantwortung
- Vorrang Flächenvorsorge vs. traditioneller Landnutzung und regionaler Siedlungsentwicklung

5 Das Naturgefahrenmanagement im Klimawandel

Voraussetzung für das integrale Naturgefahrenmanagement ist eine möglichst gute Prozesskenntnis, damit z.B. Gefahrenzonen möglichst exakt die tatsächliche Gefährdungslage widerspiegeln. Der Klimawandel konterkariert diese Anstrengungen aus folgenden Gründen: Die Bemessung bestehender technischer Schutzeinrichtungen und auch von Gefahren-

---

13 Im Referentenentwurf für das Umweltgesetzbuch II ersetzen die Hochwasserrisikomanagmentpläne die im WHG festgeschriebenen Hochwasseraktionspläne. Für Binnenhochwässer müssen dabei Extremereignisse aber nicht berücksichtigt werden, was der Logik der EU-Richtlinie vollkommen widerspricht (Wagner 2008: 778).
14 1993 und 1995 am Rhein, 1997 an der Oder, 1999 in Südbayern, 2002 in Südbayern und an der Elbe, 2005 in Südbayern

zonenplänen basiert derzeit auf dem Jährlichkeitskonzept. Dieses setzt, wie oben beschrieben, im Prinzip eine stationäre Umwelt voraus. Durch den Klimawandel verändern sich aber die bekannten Magnitude-Frequenz-Verhältnisse der Naturgefahrenprozesse, neue, bisher unbekannte Extreme können auftreten, die aufgrund der ungenügenden Genauigkeit regionaler Klimamodelle auch nur unzureichend modelliert werden können (Stötter/Fuchs 2006). Dies trifft aufgrund der komplexen Orographie vor allem für die Alpen zu. In Folge der erwarteten Intensivierung des Wasserkreislaufs ist davon auszugehen, dass Intensität und Häufigkeit von Starkniederschlägen zunehmen. Dies führt im Alpenraum einerseits zu verstärkten Massenbewegungen wie z.B. Muren oder Lawinen, andererseits aber auch zu einem erhöhten Hochwasserrisiko in den sehr schnell reagierenden Flussgebieten mit engen Tälern und vernachlässigbaren Retentionsflächen (OcCC 2003, 2007). Die Veränderung der Niederschlagsverteilung aufgrund des Klimawandels wird sich im Alpenraum kleinräumig stark unterscheiden (Formayer/Rudolf-Miklau 2007).

Diese Erhöhung der Variabilität im Bereich der „natürlichen" Prozesse wird zu einer Verstärkung der Konflikte im Naturgefahrenmanagement führen:

- Das Vertrauen in die staatlichen Schutzmaßnahmen wird aufgrund unerwartet schwerer Ereignisse abnehmen. Aufgrund des weiter steigenden Schadenspotentials werden aber trotzdem die Ansprüche an Schutzmaßnahmen zunehmen.
- Die Ausweisung von Gefahrenzonen wird aufgrund der inhärenten Unsicherheit über die Frequenz der Ereignisse und den dadurch ausgelösten Rechtsfolgen zu verstärktem Widerstand der betroffenen Normadressaten führen (Wagner 2009).
- Weitergehende Konzepte der Klimawandelanpassung wie „green rivers" – Korridore, die normalerweise überwiegend land- und forstwirtschaftlich genutzt werden, sollen bei extremen Ereignissen als Ersatzflussläufe zur Verfügung stehen (De Bruijn 2004) – oder „sandy rivers" im Küstenschutz – die Küstenlinie sollte als ein dynamisches Fließgleichgewicht aus Sand verstanden werden (Helmer/Vellinga/Litjens et al. 1996) – werden aufgrund notwendiger Enteignungen und Ausgleichszahlungen sehr teuer und politisch schwer durchsetzbar sein. Wie große Infrastrukturprojekte würden diese Konzepte auf den erbitterten Widerstand der betroffenen Grundeigentümer stoßen.

6 Mögliche Entwicklungspfade

Wie im dritten Gliederungspunkt dieses Beitrags dargestellt, fand der letzte grundlegende Wandel des Naturgefahrenmanagements zu Beginn der Neuzeit statt. Aufgrund grundlegenden gesellschaftlichen Wandels wurde das christliche Deutungsmuster der Naturgefahren durch naturwissenschaftlich-technische Deutungen ersetzt. Die fachreformatorischen Lösungen, die – wie am Beispiel der Physikotheologen gezeigt – christliche und naturwissenschaftliche Deutungen verbinden wollten, setzten sich nicht durch. Vielmehr etablierte sich mit Unterstützung der staatlichen Obrigkeit eine neue Expertengruppe – die Wasserbau- und Forstingenieure, die damit die Deutungshoheit über die Gefahren und notwendige Schutzmaßnahmen gewannen.

In diesem Artikel vertrete ich die These, dass aufgrund des Klimawandels sich in naher Zukunft wieder ein grundlegender Wandel des Naturgefahrenmanagements vollziehen wird, wobei im Sinne der FAKKEL-Theorie zwei Wege aus der derzeitigen Phase der Klassenformation offen stehen:

1. Fachreformatorische Lösungen wie einer konsequenten Umsetzung des Risikoansatzes. Die zuständigen Verwaltungen würden dabei ihre zentrale Position im Naturgefahrenmanagement behalten, die lokalen Akteure aber stärker in den Zielfindungs- und Entscheidungsprozess eingebunden werden (Merz/Emmermann 2006). Die Verwaltungen werden sich dabei weiterhin technischer Schutzmaßnahmen bedienen, um Konflikte mit lokalen Akteursgruppen zu vermeiden bzw. zu minimieren (Weiss 1999).
2. Der Katastropheneintritt mit anschließender neuer Friedensstiftung, d.h. die Entstehung eines politischen Konsenses, dass die derzeitig herrschenden Deutungsmuster von Naturgefahren und die zugehörigen Handlungspraktiken unzureichend sind. Dazu sind weitere schwere Großschadenereignisse wie das Elbehochwasser 2002 notwendig, die als focusing events policy windows öffnen, in deren Zuge das bestehende Politikmonopol seine Deutungsmacht verliert. Dabei können neue institutionelle Strukturen entstehen, z.B. die Auflösung der Trennung in fachspezifische, auf Vorsorge und Schutzmaßnahmen ausgerichtete Institutionen auf der einen und Akteure des Katastrophenschutzes auf der anderen Seite. Auch könnte die Förderung der Resilienz, also die Vorbereitung auf unbekannte bzw. mit großer Unsicherheit behaftete Gefahren (Voss 2008), ein neues Paradigma im Umgang mit den „Gesellschaftsgefahren" bilden.

Literatur

Allemeyer, Marie L. (2003): ‚Daß es wohl recht ein Feuer vom Herrn zu nennen gewesen.': Zur Wahrnehmung, Deutung und Verarbeitung von Stadtbränden in norddeutschen Schriften des 17. Jahrhunderts. In: Jakubowski-Tiessen, Manfred/Lehmann, Hartmut (Hrsg.) (2003b): Um Himmels Willen: Religion in Katastrophenzeiten. Göttingen: Vandenhoeck & Ruprecht, 201-234.
Barredo, José I. (2007): Major flood disasters in Europe: 1950–2005. In: Natural Hazards 42 (1), 125-148.
Baumgartner, Frank R./Jones, Bryan D. (2009): Agendas and instability in American politics. 2nd ed. Chicago: The University of Chicago Press.
Bayerisches Landesamt für Wasserwirtschaft/Technische Universität München (Hrsg.) (1981): Seminar Geschichtliche Entwicklung der Wasserwirtschaft und des Wasserbaus in Bayern am 30.04.1981, Teil 2. München.
BayStMLU (Bayerisches Staatsministerium für Landesentwicklung und Umweltfragen) (2002a): Hochwasserschutz in Bayern: Aktionsprogramm 2020. Faltblatt in der Reihe Daten + Fakten + Ziele, München.
BayStMLU (Bayerisches Staatsministerium für Landesentwicklung und Umweltfragen) (2002b): Nachhaltiger Hochwasserschutz in Bayern: Aktionsprogramm 2020 für Donau und Maingebiet. Nicht mehr zugängliche Internetquelle. Zit. n. Wagner, Klaus (2004): Naturgefahrenbewusstsein und -kommunikation am Beispiel von Sturzfluten und Rutschungen in vier Gemeinden des bayerischen Alpenraums. Dissertation an der Studienfakultät Forstwissenschaft und Ressourcenmanagement der TU München. München.
BayStMUGV (Bayerisches Staatsministerium für Umwelt, Gesundheit und Verbraucherschutz) (2005): Schutz vor Hochwasser in Bayern: Strategie und Beispiele. München.
Birkland, Thomas A. (2006): Lessons of Disaster: Policy Change after Catastrophic Events. Washington: Georgetown University Press.
Bordat, Josef (2007): Technodizee. Über die Bedeutung von ‚gut' und ‚böse' in der Technik. In: Aurora. Magazin für Kultur, Wissen und Gesellschaft, http://www.aurora-magazin.at/gesellschaft/bordat_technik_frm.htm. (18.09.2009).
Breuer, Rüdiger (2006): Der Vorschlag für eine EG-Hochwasserrichtlinie – eine kritische Würdigung. In: Zeitschrift für europäisches Umwelt- und Planungsrecht (EurUP) 4 (4), 170-177.

Clausen, Lars (2003a): Reale Gefahren und katastrophensoziologische Theorie: Soziologischer Rat im FAKKEL-Licht. In: Clausen, Lars/Geenen, Elke M./Macamo, Elísio (Hrsg.) (2003b): Entsetzliche soziale Prozesse: Theorie und Empirie der Katastrophen. Münster: LIT-Verlag, 51-76.
Clausen, Lars/Geenen, Elke M./Macamo, Elísio (Hrsg.) (2003b): Entsetzliche soziale Prozesse: Theorie und Empirie der Katastrophen. Münster: LIT-Verlag.
De Bruijn, Karin M. (2004): Resilience and Flood Risk Management. In: Water Policy 6 (1), 53-66.
Dombrowsky, Wolf R. (1989): Katastrophe und Katastrophenschutz: Eine soziologische Analyse. Wiesbaden: Deutscher Universitäts-Verlag.
Formayer, Herbert/Rudolf-Miklau, Florian (2007): Ability of Climate Models to Quantify the Effects of Climate Change on Meteorological and Hydrological Extreme Events: Consequences for Preventive Strategies in Natural Hazard Protection. Konferenzpapier: Managing Alpine Future, Innsbruck, 15.-17.10.07.
Fuchs, Sven/Khakzadeh, L./Weber Karl (Hrsg.) (2006): Recht im Naturgefahrenmanagement. Innsbruck: Studien-Verlag.
Geiler, Nikolaus (1997): Die Chronologie des Hochwasserschutzes in der 6. WHG-Novelle. In: Zeitschrift für Umweltrecht 8, 75-78.
Groh, Dieter/Kempe, Michael/Mauelshagen, Franz (Hrsg.) (2003): Naturkatastrophen: Beiträge zu ihrer Deutung, Wahrnehmung und Darstellung in Text und Bild von der Antike bis ins 20. Jahrhundert. Tübingen: Gunter Narr.
Harster, Theodor/Cassimir, Josef (1908): Kommentar zum Bayerischen Wassergesetz vom 23.03.1907, zur Verordnung vom 01.12.1907 und zur Vollzugsbekanntmachung vom 03.12.1907. München: Schweitzer.
Helmer, Wouter/Vellinga, Pier/Litjens, Gerard et al. (1996): Growing with the Sea: Creating a Resilient Coastline. Zeist: WWF Netherlands.
Hollenstein, Kurt (1997): Analyse, Bewertung und Management von Naturrisiken. Zürich: vdf, Hochschulverlag an der ETH.
Jakubowski-Tiessen, Manfred (2003a) Gotteszorn und Meereswüten: Deutungen von Sturmfluten vom 16. bis 19. Jahrhundert. In: Groh, Dieter/Kempe, Michael/Mauelshagen, Franz (Hrsg.) (2003): Naturkatastrophen: Beiträge zu ihrer Deutung, Wahrnehmung und Darstellung in Text und Bild von der Antike bis ins 20. Jahrhundert. Tübingen: Gunter Narr, 101-118.
Jakubowski-Tiessen, Manfred/Lehmann, Hartmut (Hrsg.) (2003b): Um Himmels Willen: Religion in Katastrophenzeiten. Göttingen: Vandenhoeck & Ruprecht.
Joussaume, Sylvie (1996): Klima: Gestern Heute Morgen. Berlin: Springer.
Keller-Lengen, Charis/Keller, Felix/Ledergerber, Roland (1998): Die Gesellschaft im Umgang mit Lawinengefahren: Fallstudie Graubünden. Zürich: vdf, Hochschulverlag an der ETH.
Kingdon, John W. (1986): Agendas, alternatives, and public policies. Boston u.a.: Little, Brown and Co.
Kuhlicke, Christian/Steinführer, Annett (2007): Wider die Fixiertheit im Denken: Risikodialoge über Naturgefahren – Reaktion auf B. Merz, R. Emmermann. In: GAIA 15 (4), 265-274 und GAIA 16 (2), 91-92.
Kuhn, Thomas S. (1996): Die Struktur wissenschaftlicher Revolutionen. Frankfurt a.M.: Suhrkamp.
Lange, Hellmuth/Garrelts, Heiko (2007): Risk Management at the Science–Policy Interface: Two Contrasting Cases in the Field of Flood Protection in Germany. In: Journal of Environmental Policy & Planning 9 (3-4), 263–279.
Lange, Hellmuth/Garrelts, Heiko (2008): Risikomanagement extremer Hochwasser RIMAX, Projekt: Integriertes Hochwasserrisikomanagement in einer individualisierten Gesellschaft (INNIG). Teilprojekt 4: Politisch-administrative Steuerung. Endbericht, http://www.innig.uni-bremen.de/endbericht_tp4.pdf (25.09.2009).
LAWA (Länderarbeitsgemeinschaft Hochwasser) (1995): Leitlinien für einen zukunftsweisenden Hochwasserschutz: Hochwasser - Ursachen und Konsequenzen. Bonn.
LfU (Landesamt für Umwelt) (2007): Wichtige Zahlen & Karten zum Wasser in Bayern, http://www.bayern.de/lfw/daten/zahlen/welcome.htm (25.09.2009).
Löffler, Ulrich (2003): ‚Erbauliche Trümmerstadt'? Das Erdbeben von 1755 und die Horizonte seiner Deutung im Protestantismus des 18. Jahrhunderts. In: Jakubowski-Tiessen, Manfred/Lehmann, Hartmut (Hrsg.) (2003b): Um Himmels Willen: Religion in Katastrophenzeiten. Göttingen: Vandenhoeck & Ruprecht, 253-274.
Merz, Bruno/Emmermann, Rolf (2006): Zum Umgang mit Naturgefahren in Deutschland: Vom Reagieren zum Risikomanagement. In: GAIA 15 (4), 265-274.
Merz, Bruno (2006): Hochwasserrisiken: Grenzen und Möglichkeiten der Risikoabschätzung. Stuttgart: Schweizerbart'sche Verlagsbuchhandlung.
OBB (Oberste Baubehörde im Bayerischen Staatsministerium des Innern)/BayStMELF (Bayerisches Staatsministerium für Ernährung, Landwirtschaft und Forsten) (Hrsg.) (1969): Schutz dem Bergland: Alpenplan. München.

OBB (Oberste Baubehörde im Bayerischen Staatsministerium des Innern) (1992): Wildbäche, Lawinen: Programm 2020. In: Wasserwirtschaft in Bayern 24. München.

OcCC (Organe consultatif sur les changements climatiques) (2007): Klimaänderung und die Schweiz 2050. Erwartete Auswirkungen auf Umwelt, Gesellschaft und Wirtschaft. Bern, http://proclim4f.scnat.ch/4dcgi/proclim/en/Media?291 (25.09.2009).

OcCC (Organe consultatif sur les changements climatiques) (2003): Extreme Events and Climate Change. Bern.

Peyke, Gerd/Sauerbrey, Kerstin/Wagner, Klaus (2008): Naturgefahrenmanagement in dynamischer Umwelt: Entwicklungspotentiale der Raumplanung. In: Geographica Helvetica 63 (2), 76-84.

Pfister, Christian (1999): Wetternachhersage: 500 Jahre Klimavariationen und Naturkatastrophen (1496 - 1995). Bern: Haupt.

Pfister, Christian (2002a): Strategien zur Bewältigung von Naturkatastrophen seit 1500. In: Pfister, Christian (Hrsg.) (2002b): Am Tag danach: Zur Bewältigung von Naturkatastrophen in der Schweiz 1500-2000. Bern: Haupt, 209-255.

Pfister, Christian (Hrsg.) (2002b): Am Tag danach: Zur Bewältigung von Naturkatastrophen in der Schweiz 1500-2000. Bern: Haupt.

Pröbstle, Erwin/Seyberth, Max/Hach, Gottfried (1981): Zur Geschichte der Wildbachverbauung in Bayern. In: Bayerisches Landesamt für Wasserwirtschaft/Technische Universität München (Hrsg.) (1981): Seminar Geschichtliche Entwicklung der Wasserwirtschaft und des Wasserbaus in Bayern am 30.04.1981, Teil 2. München, 7-99.

Reinhardt, Michael (2008): Der neue europäische Hochwasserschutz. In: Natur und Recht 30 (7), 468-473.

RSU (Rat von Sachverständigen für Umweltfragen) (1996): Umweltgutachten 1996: Zur Umsetzung einer dauerhaft umweltgerechten Entwicklung. Stuttgart: Metzler-Poeschel.

Samuels, Paul (1999): Ribamod: River basin modelling, management and flood mitigation. Final report, http://www.hrwallingford.co.uk/projects/RIBAMOD/sr551.pdf (25.09.2009).

Sauerbrey, Kerstin (2005): Das Konzept raumplanerischer Naturgefahrenprävention im Schweizer Kanton Graubünden. In: Geographica Helvetica 60 (1), 44-53.

Sieder, Frank/Zeitler, Herbert/Dahme, Heinz et al. (2007): Wasserhaushaltsgesetz, Abwasserabgabengesetz, Loseblattsammlung. 34. Ergänzungslieferung. München: C. H. Beck.

Stötter, Johann/Fuchs, Sven (2006): Umgang mit Naturgefahren – Status quo und zukünftige Anforderungen. In: Fuchs, Sven/Khakzadeh, L./Weber Karl (Hrsg.) (2006): Recht im Naturgefahrenmanagement. Innsbruck: Studien-Verlag, 19-34.

Vischer, Daniel L. (2003): Die Geschichte des Hochwasserschutzes in der Schweiz. Von den Anfängen bis ins 19. Jahrhundert. Berichte des Bundesamtes für Wasser und Geologie (BWG), Serie Wasser 5. Bern: Bundesamt für Wasser und Geologie.

Voss, Martin (2008): The vulnerable can't speak. An integrative vulnerability approach to disaster and climate change research. In: Behemoth 3, 39-71.

Wagner, Klaus (2004): Naturgefahrenbewusstsein und -kommunikation am Beispiel von Sturzfluten und Rutschungen in vier Gemeinden des bayerischen Alpenraums. Dissertation an der Studienfakultät Forstwissenschaft und Ressourcenmanagement der TU München. München.

Wagner, Klaus (2008): Der Risikoansatz in der europäischen Hochwassermanagementrichtlinie. In: Natur und Recht 30 (11), 774-779.

Wagner, Klaus (2009): Konflikte bei der Festsetzung von Überschwemmungsgebieten: Die Schwierigkeit bestehende Schutzstrategien zu verändern. In: Zeitschrift für Umweltpolitik und Umweltrecht 32 (1), 93-115.

Weiss, Gerhard (1999): Die Schutzwaldpolitik in Österreich: Einsatz forstpolitischer Instrumente zum Schutz vor Naturgefahren. Schriftenreihe des Instituts für Sozioökonomik der Forst- und Holzwirtschaft, Bd. 39. Wien.

Religion as an integral part of determining and reducing Climate Change and Disaster Risk: An agenda for research

E. Lisa F. Schipper

1 Introduction: Expanding the Knowledge

Following decades of research, the dynamics and causes of natural hazards have increasingly well-understood scientific explanations. Techniques for monitoring, assessing and understanding natural hazards – including floods, droughts, earthquakes, and storms of all types – have emerged from scientific research, offering extensive scientific insights into the causes of these hazards. Simultaneously, the understanding that physical and socioeconomic vulnerability to hazards plays a more important role in determining the experienced impact than do the hazards themselves is becoming established wisdom (Wisner/Blaikie/Cannon et al. 2004). Despite this, many societies worldwide continue to believe strongly in a divine explanation for natural hazards and their consequences, reflecting attempts in earlier civilisations to explain the "inexplicable". Historically, disaster events have been characterised as a threat resulting from transgression of moral codes (Fountain/Kindon/Murray 2004). These explanations have cultural significance, with disaster events and explanations playing a role in defining societies' social and cultural heritage by featuring in folklore, traditional music and festivals, but they can also be detrimental to the well-being of many poor people because they circumvent arguments about causes of risk and approaches to its reduction. Although perceptions are a vital focus of studies on hazards and disasters (Gaillard 2007), belief systems including religion rarely feature in discussions about reducing risk. This often-forgotten aspect could have fundamental implications for how successful societies are at reducing risk from natural hazards, including climate change, because of the differential ways in which belief systems influence attitudes and behaviour (Chester 2005), and ultimately vulnerability to hazards.

This chapter explores the role that religious belief plays in the context of risk, with an aim to contributing a new aspect of the growing research agenda on the topic. While research can be found on the topics of perceptions and risk (e.g., Gaillard 2007; de Silva 2006), the role of faith in the recovery process following a disaster (e.g., Massey/Sutton 2007; Davis/Wall 1992), religious explanations of nature (e.g., Orr 2003; Peterson 2001), and the role of religion in influencing positions on environment and climate change policy (e.g., Kintisch 2006; Hulme 2009), little of this provides guidance to policy and decision makers about how to take belief systems into account when assessing vulnerability and designing policy, projects and programmes on disaster risk reduction and adaptation to climate change. The discussion in this chapter suggests that religion could contribute both to determining and reducing vulnerability to climate change and disaster risk. The discussion is supported by evidence from El Salvador, where religious beliefs define not only perceptions of floods and droughts, but also characterise reactions and responses to the hazards, including whether or not preventive or preparedness measures are taken. The case study provides a concrete example of the complexity of belief systems, and shows that political ideology and beliefs can be difficult to distinguish from one another. Religion has been a strong force in improving the lives of many poor, but this chapter suggests that different religious interpretations of disasters may also be detrimental to sustainable development. The chapter concludes with a discussion about research areas to take forward.

2   Religion and Perceptions of Risk

Religion refers to all forms of belief systems based on spirituality, mysticism, and faith in divinity, enshrined in formal institutions in organised religions and expressed in devolved form through superstitions, mythology and folktales. Any conviction or set of principles shared among individuals or groups can be considered religion. However, in contrast with secular philosophy, which can also unite and identify groups, religious belief systems are those that centre around some form or forms of the divine. While this chapter specifically addresses religious belief, there are other belief systems that are not based specifically on religion that could be treated similarly. These include other philosophies, ideologies and world views that have socio-cultural significance.

Around the world, religious faith remains a source of support and hope for people facing adverse living conditions. The links between development and risk have been given greater attention as the costs of recovery following disasters are rising (DfID 2004; Schipper/Pelling 2006). Simultaneously, religion has played an important role in development and development assistance efforts for decades, as a significant source of strength and solidarity in improving the lives of many poor. Compassion, particularly in the context of shared devotion, serves as a platform for religious groups to take on humanitarian tasks, including development work. This is most prominently evidenced by the numerous faith-based aid organisations that can be found at any one time in the most conflict- and disease-ridden locations around the world. Indeed, the World Faiths Development Dialogue specifically addresses development and religious faith (Marshall 2004). Environmental issues have also been the topic of religious groups, but this has neither been as prominent nor as resourced as development activities. Nevertheless, religious groups such as Tearfund and Christian Aid address the two issues in their disaster risk reduction efforts, which address environmental degradation, disaster risk and poverty issues simultaneously.

How to reduce "suffering" is a central theme in numerous religions, including Buddhism, Christianity, Hinduism and Islam (Chester 2005). Indeed, Buddhism was explicitly born out of a desire to find a remedy for human suffering (Trainor 2001). Simultaneously, religious rituals, customs and traditions structure social systems and define identity for many individuals and groups of diverse income levels and social strata. Historically, religion has also proven one of the most powerful influences in creating or dividing nations, underpinning ideological differences that have been the trigger for numerous wars fought worldwide, never "entirely absent from the stage of international relations and world politics" (Elliott 2006a: 1). Thus, religion continues to be a central human security issue (Elliott 2006a). Beyond faith and duties that are ascribed to individual denominations, religion both intentionally and indirectly influences and defines social status, ethnic affiliation, cultural identity as well as political beliefs and attitudes about environment (Guth/Green/Kellstedt et al. 1995). Everything from livelihoods and behaviour to traditions and cuisine is intertwined with religion.

Not surprisingly, numerous fields of academic enquiry have emerged to understand the role of religion in culture and society, such as sociology of religion, cultural anthropology and ethnology, addressing issues such as religion and its interactions with, among other things, science, technology, education and politics. This research has enhanced our knowledge on the role played by belief systems in economic growth, development, conflict and conflict resolution and numerous social issues, such as overcoming trauma following terrorism or disasters (de Silva 2006). Nevertheless, religion is rarely the focus of such studies, rather they emphasise religion's role vis-à-vis these other processes, in order to gain better knowledge of them. Unfortunately, this means that the important role of religion in shaping perceptions and attitudes and influencing key decisions is frequently forgotten. Particularly in anthropogenic interactions with ecosystems, including behaviour and attitudes towards nature, religion is a significant factor that is usually not discussed in mainstream debates.

This misses not only explanations for certain perceptions about environment, but it also fails to take advantage of opportunities. Clearly, part of the reasons for their universal appeal is that religious belief systems have proven significant for explaining the world, including the dynamics and causes of natural hazards. Many societies worldwide continue to believe strongly in a divine rationalisation of natural hazards and their consequences, reflecting attempts in earlier civilisations to justify adverse consequences of natural processes. De Silva (2006) suggests that differences in culture influence exposure and sensitivity to a hazard; certainly different cultures have different interpretations of divine acts, including why they are caused and what can be done to respond to them. At the same time, these perspectives can lead to scientifically incorrect conclusions, misleading perceptions and interfering with decision-making processes. Despite these concerns, Mitchell (2000) notes that little research has studied the influence of religion on the perception of hazards and the implications of those perceptions on responses to reduce or mitigate risk. Indeed, Hutton and Haque make the point that "(…) without taking into account (…) socio-cultural beliefs, it is difficult to understand the manner in which the poor perceive and respond to natural hazards and disasters" (2003: 417).

This chapter discusses climate change and disaster risk under the rubric "risk", which refers to the threat posed by slow- and rapid-onset natural hazards as well as incremental change to communities that are vulnerable to these. Climate change is both a risk and a cause of risk, because it will increase the magnitude and frequency of natural hazards and reduce natural buffers to these hazards, which will likely result in more disasters because a large portion of the global population is becoming vulnerable to such hazards. Disaster risk is not the hazard itself, but the potential for a disaster to occur. Therefore, reducing disaster risk means reducing both vulnerability and hazards. Risk is considered to be a component of a natural hazard and vulnerability to this hazard, as expressed by the conceptual equation Risk = Hazard x Vulnerability (Wisner/Blaikie/Cannon et al. 2004). Key definitions are described in Table 1.

Despite growing scientific consensus on the causal relationships between behaviour and risk, there is considerable evidence of a continued belief in a "divine explanation" of disasters. Even in the time of the first researchers, hazards were considered acts of God or his adversaries, under the pretext that nature was created and controlled by God (Binde 2001). Hazards were associated and made synonymous with disasters (McEntire 2001), meaning that there was no distinction between a flood and its adverse impacts (see Table 1).

Table 1:   Key definitions

Key definitions

Climate change and climate variability: Climate change involves a change in climate parameters, such as temperature and precipitation, in terms of timing, magnitude, distribution or all three. This change is measured in terms of how it differs from average values, as well as discrepancy with "normal" climate variability, which refers to the "variations in (…) climate (…) beyond that of individual weather events" (IPCC 2007a: 872). The Intergovernmental Panel on Climate Change (IPCC) defines climate change as "a change in the state of the climate that can be identified (e.g., by using statistical tests) by changes in the mean and/or the variability of its properties, and that persists for an extended period, typically decades or longer. Climate change may be due to natural internal processes or external forcings, or to persistent anthropogenic changes in the composition of the atmosphere or in land use" (IPCC 2007b: 812).

Disaster: A serious disruption of the functioning of a community or a society causing widespread human, material, economic or environmental losses which exceed the ability of the affected community or society to cope using its own resources. A disaster results from the combination of hazards, conditions of vulnerability and insufficient capacity or measures to reduce the potential negative consequences of risk.

Hazard: Hazard is a physical event or development (natural hazard) such as a flood, drought, earthquake or typhoon, which can pose a threat to a system if the system is vulnerable to the hazard. Hazard is often used in a way that implies risk, but in reality if a flood occurs in an area that is not vulnerable to floods, there is no risk involved. Risk without hazard is not possible, and therefore hazard is conceptually linked with damage and loss. Hazard frequency and magnitude is among other things influenced by climate change.

Impact: Impact refers to the adverse consequence of a hazard, including climate change.

Risk: Risk is used in many different contexts. In terms of environmental change, it either refers to the threat posed by a change, i.e. the probability of an adverse impact. Disaster risk is a function of the magnitude of an individual hazard and degree of vulnerability of a system in question to that hazard, according to the conceptual equation Risk = f(Hazard, Vulnerability). Generally, unless a system is vulnerable to the hazard, there is no risk implied.

Vulnerability: Vulnerability describes how susceptible an individual or system is to a specific hazard. Vulnerability depends on sensitivity, exposure and resilience. Vulnerability is determined by numerous factors, including geographical location, gender, age, political affiliation, livelihood, access to resources and wealth (entitlements). The most useful element of the concept is the notion that a hazard does not translate directly into risk, but instead is qualified by the degree of vulnerability of the individual or system in question to that hazard.

Thus, nature was controlled by divine or mystical agents and resulted in disasters, over which humans could have little, or no, influence, as they were simply "beyond human control" (Binde 2001: 23). This view continues to exist among some communities. In scientific circles and among practitioners, use of the expression "natural disasters" has been heavily criticised as erroneous and misleading (i.e. International Strategy for Disaster Reduction

2003), because disasters are not "natural", but instead result from the interaction between natural hazards and failed development (Cardona 2004; Bankoff 2001; Blaikie/Cannon/Davies et al. 1994; Cannon 2000, 1994; O'Keefe/Westgate/Wisner 1976). Spiritual explanations of disasters may compete with this understanding to the point that socio-economic factors that underlie vulnerability are not considered relevant.

Religion has clearly been documented as a force that draws people together and builds social capital to overcome development challenges (Hays 2002) and promotes social cohesion (de Silva 2006). Churches and other spiritual gathering places have been venues for social interaction, leading to strengthened sense of community belonging, which can ultimately result in greater collaboration to achieve common goals, particularly development goals. Over the last few years, religious groups have taken a stance on climate change as a major risk to society (Kintisch 2006). Many active groups support extensive policy action to minimise the adverse effects based on the belief that nature should be protected as a divine creation. In this way, religion can be seen as an important arena for taking action to reduce risk from climate change and disasters.

At the same time, Hays (2002) points to instances where communities of a certain belief isolate or marginalise groups who are not dedicated to the same belief, resulting in the breakdown of the fabric that could otherwise build social capital, which is vital for responding to disaster risk (Dynes 2002). Certain belief systems may furthermore advocate policies that can be destructive or harmful to human well-being on an individual or community level, although these views are often extremely controversial, for example with respect to contraception, population growth and the spread of HIV/AIDS. Some aspects of religious belief directly go against necessary responses to reducing vulnerability to climate hazards, increasing exposure and vulnerability to hazards through activities related to expressing devotion and faith. For example, some denominations base their beliefs in principles that encourage fatalistic attitudes, which support views that individuals should not interfere with the impacts of natural hazards. Principles of certain faiths may be conflicting with a risk-averse approach needed to reduce the impacts of natural hazards on humans. Because many people identify strongly with their faiths, and because of its often very personal nature, religion is a touchy and awkward subject to broach. Nevertheless, it is because of this that it is often overlooked in development projects or interventions, when it is instead a fundamental aspect needing to be incorporated into project design (Fountain/Kindon/Murray 2004).

In order to understand how religion plays out vis-à-vis risk and efforts to reduce risk, it is useful to examine an example. The case study from El Salvador indicates findings that emerged in a study carried out in 2002. The purpose of the research was to understand how processes of adaptation to climate change occur on the ground. Interestingly, the research had not set out to examine religious perspectives at all, however these emerged during the course of the study, as it became evident that fatalism was a major obstacle to reducing risk. Nevertheless, had this aspect of the results not been examined more closely, the study would have missed a significant factor influencing adaptive capacity in El Salvador. The case of El Salvador also contains an additional layer of complexity, namely the dramatic history of Salvadoran politics. It shows that religion and political identity can be closely linked – indeed they cannot be easily separated in discussing motivation for many opinions and attitudes.

3 Perceptions and Risk: The Case of El Salvador

"After God, the dyke will protect us" – *(Farmer in El Salvador, 2002)*

The study in El Salvador examined recent settlers in the lower valley of the Lempa river in eastern El Salvador, known as *Bajo Lempa*. The people in focus are subsistence farmers and livestock keepers who were given land through the peace agreements ending the civil war in 1992. Many farmers were unfamiliar with the climatic and environmental conditions in the area, and had experienced several floods and droughts since settling there in the early 1990s. In 1998, the settlers experienced unprecedented floods resulting from Hurricane Mitch, which hit Honduras and Nicaragua directly, but affected El Salvador indirectly because the river basin became overfilled. The people are highly politically aware, and most have deep-rooted mistrust in the Government's policies – a legacy of the war. Another legacy of the war is the growing membership in the evangelical Protestant church. Interestingly, there is a linkage between the two. This recently introduced faction of Christianity contrasts distinctly from the Roman Catholic perspective in El Salvador that was strongly influenced by liberation theology prior to and during the war. Liberation theology, "(...) a consequence of the wish of Churches and groups within Churches to modify Christian thought and message so as to be credible and relevant to people facing the questions and problems of a rapidly modernising world" (Binde 2001: 20), has its roots in earlier discourse but developed extensively in the Roman Catholic Church in the 1970s and 1980s. Liberation theology puts emphasis on individual self-actualisation as part of God's divine purpose for humankind. As such, obstacles or oppressions must be resisted and abolished. During the period of socialist revolutionary attitudes in Latin America, liberation theology was quickly absorbed into the predominantly Roman Catholic society fighting against oppression of the poorest, because of the emphasis placed in social analysis (Allen Jr. 2000). Latin American liberation theology pivots around four principles (Allen Jr. 2000):

- *The preferential option for the poor:* the church must align itself with poor people as they demand justice.
- *Institutional violence:* there is a hidden violence in social arrangements that create hunger and poverty.
- *Structural sin:* there is a social dimension that is more than the sum of individual acts. By extension, the redemption from sin won by Christ must be more than the redemption of individual souls. It must redeem, transform the social realities of human life.
- *Orthopraxis:* correct action leading to human liberation is the key, in contrast from Christian inclination to overemphasize belief at the expense of action.

In Latin America, liberation theology came to be identified with the base communities, small groups who came together for scripture study and reflection leading to action (Allen Jr. 2000). Because of this, the Vatican felt that liberation theology represented and advocated "church from below", which existed without clerical oversight, causing alarm among traditionalists and resulting in the Vatican distancing itself from the movement in the 1980s. In El Salvador, as in other places, it was particularly the Jesuits who adopted the liberation theology doctrine, and were active in supporting the guerrilla fighters.

With respect to natural climate hazards, religious faith clearly influenced the degree to which individuals in Bajo Lempa take action to respond to floods and droughts in two ways: first, individuals considered that events were "sent" by some force, such as God, and did not put this into question; and second, individuals believed that, due to this "supernatural force", precautionary preparedness efforts could influence the actual events. As expressed by one farmer: "For droughts we cannot do anything, only God can help us", and another: "There is nothing to do [to protect our crops]: God sends that [hazard], so we cannot do anything other than suffer in poverty". Upon examination of relevant literature, and as a result of informal discussions with key informants in the field, it appears that the decisive factor for motivation to respond to floods and droughts in the context of religion in El Salvador is whether individuals belong to either the Catholic Church or the evangelical Protestant Church, where the liberation theology Catholics are more proactive[1], and the Protestant evangelicals more passive and fatalistic.

Related to education and awareness, as well as the perception of the "naturalness" of disasters, religious faith has implications for motivation to respond to risk in Bajo Lempa. God is seen as a protector against the impacts of floods and droughts: "If God doesn't want the water to come over the borda[2], it won't". Although only a few respondents directly attributed floods and droughts to God, the importance of religion in defining understandings of risk is clear. Some interviewees rejected the perception that God was the cause of hazards, but in their responses reflected the perception that God has that power: "Some say God brings droughts, but I don't think that he is punishing us"; "[The cause of the impacts from the devastating Hurricane Mitch in 1998] was not God, it was man. It is man who does the things". Other respondents viewed God as the direct cause of droughts and floods. Some individuals who held a fatalistic view of the causes of the climatic events also associated the impacts with a divine power rather than with other causes of vulnerability: "These are things caused by God (...). I think these are signals from God. There are many other signs, like war, earthquakes". Ibarra Turcios/Campos/Pereira Rivera (2002) also note a high incidence of individuals in El Salvador who believe natural hazards and disasters are a product of "supernatural forces" sent to castigate the people, and are associated with "divine will" and "diabolical and uncontrollable" powers (2002: 31). From her study of Bajo Lempa, Moisa also concludes that the expressions of fatalism and resignation when faced with floods indicate a "high level of individual ideological vulnerability" (1996: 28).

4   Two Religious Perspectives on Life

Discussions about beliefs and their role in determining perceptions of disaster risk cannot be discussed without understanding the link between politics and religion in El Salvador. This is because politics play an important role in triggering behaviour with respect to disaster risk, and is simultaneously inherently linked with religion. Many of the grassroots organisations that have been working in El Salvador during and since the war have religious

---

1   Although Catholics may also believe in the influence of a divine power (as indicated by some farmers). An example of belief in divine powers, and yet a proactive attitude is expressed in particular by one Catholic interviewee: "During droughts we do not have any options. We just have to overcome what God sends us. But during floods, the *borda* [flood barriers bordering both sides of the Lempa river] makes us feel safe. We have built a second floor [on our house] to put the most necessary there."
2   See note above regarding the definition of the *borda*.

affiliations, primarily Catholic, but they are often also highly politically engaged or aware, serving as base organisations during the 1970s and 1980s. This stems from the activist role encouraged through raised social awareness in the Catholic Church in the 1960s (Haggarty 1988) associated with liberation theology, which teaches that suffering is not caused by God, but rather by other factors part of "the system" (Brockett 1990: 150). This view was influenced by an aim to improve living conditions of the lower classes, encouraging social justice, grassroots clergy, and lay organisations to call for "(…) changes in social and political structures and encouraged the laity to take an active role in bringing them about" (Haggarty 1988). The spreading of the message raised awareness among the Salvadoran rural farmers and poor about the "unjust nature of the Salvadoran political and economic system" (Booth/Walker 1999: 42). As a result, also the "radical Christian groups" in El Salvador initiated peasant mobilisation leading up to the war (Baumeister 2001: 69). In the 1970s, violence by right-wing groups took place against individuals involved in this Catholic grass-roots work, claiming that "assisting the poor constituted subversive activity" against the state (Haggarty 1988). The activist movement became all the more politicised, and Monseñor Oscar Romero's election as San Salvador's Archbishop contributed to this further. Romero's strong statements to the poor in El Salvador reflected, among other things, his belief in the Church's involvement in addressing the plight of the people, and his dislike of the tactics of the military and Government of El Salvador, as expressed on 22 January 1978:

> "A church that suffers no persecution but enjoys the privileges and support of the things of the earth – beware! – is not the true church of Jesus Christ. A preaching that does not point out sin is not the preaching of the gospel. A preaching that makes sinners feel good, so that they are secured in their sinful state, betrays the gospel's call".

The assassinations of Romero in March 1980, four US churchwomen in December 1980, and six Jesuit priests at the University of Central America in San Salvador in 1989 by anti-guerrilla groups is evidence that the Catholic Church – and more specifically the liberation theology doctrine and its awareness of the factors causing poverty and inequality – was perceived as a threat by the Salvadoran military during the war, and similarly underscores the highly precarious role taken on by the Church in supporting and motivating the guerrillas and their peasant supporters. As a result of Romero's murder, some clergy members held that the function of the Church should remain traditional, thereby being less politically involved. It was mainly Jesuits who continued to work in guerrilla-controlled areas, emphasising the "social and political importance of organised communities" (Haggarty 1988). Consequently, the understanding of organisation as a condition for attaining progress – one of the principles of liberation theology – has filtered through widely in Salvadoran peasant society. Despite that it is rejected by Coleman/Aguilar/Sandoval et al. (1993), some hold that the rise in popularity of evangelical Protestantism in El Salvador, as an alternative to the activist Catholic Church, may have contributed to the rejection of organisation and collective responses which are evident on the community level in the context of floods and droughts (Haggarty 1988).

Williams and Peterson (1996) identify a distinction between the evangelical Protestants and Catholics in El Salvador that is linked strongly with organisation and activism, according to a perspective that supports that different religions offer "different sets of resources for responding to political and social conditions" (1996: 873). Roman Catholicism is considered to have been the peasant religion in Latin America (Peterson 2005). In Latin American Catholicism, environmental problems are considered significant in relation to human needs and interests, although social and economic inequities dominate the attention of the clergy (Peterson 2005). Evangelism grew in the United States in particular during the 1970s and 1980s. While Haggarty (1988) asserts that the evangelical Protestant movement in El Salvador was "developed and packaged in the US" to push the "(...) fundamentalist message of personal salvation through belief in Jesus, a salvation not to be gained in this world but in the afterlife", Coleman/Aguilar/Sandoval et al. observe that it is "(...) conspirational interpretations [that] would have it that Central American protestants are a tool of US foreign policy" (1993: 129). Nevertheless, the attitude is well reflected in this statement by an evangelical Protestant in El Salvador: "We're not feeding the poor to change society. Why change the structures of society? We don't believe the Kingdom can begin here on Earth. Even if 95 percent of the people converted, there would still be human failure and sin" (quoted in Williams/Peterson 1996: 882).

Williams and Peterson (1996) note that the political violence by the time of Romero's assassination in 1980 left many Catholics fearful of being associated with the Catholic Church, thereby augmenting the appeal of the non-activist evangelical approach, and facilitating the tasks of the evangelical missionaries. In fact, they claim that the evangelical churches were "launching an offensive to win converts" (Williams/Peterson 1996: 877). They characterised the war as an indication of the second coming of Christ (Haggarty 1988; Williams/Peterson 1996), thereby justifying the crisis of war, and removing the need to question and respond to it. Because some feel that the evangelical churches and missionaries "(...) were part of a larger strategy by US conservatives to defeat leftist political movements in Central America" (Williams/Peterson 1996: 875), this indicates that the war was clearly being fought on the level of Catholics versus Protestants as well. Nevertheless, this view is denied by Coleman/Aguilar/Sandoval et al., who observe that:

> "Evangelical growth is so dramatic that throughout Latin America, Catholic authorities are decrying the 'invasion of the sets' (...). Underlying the denunciations is the suspicion that Protestant expansion is another form of North American imperialism. Many critics in the Catholic Church and on the left presume that the Central Intelligence Agency is bankrolling evangelism, to soften up popular resistance to US foreign policy" (1993: 112).

According to evangelical doctrine, "efforts to achieve social gains by working for change in this life [are] inappropriate" (Haggarty 1988). Another important characteristic of evangelist Protestantism is the emphasis on individual, rather than collective actions through organisation, which is supported by the Catholic Church (Williams/Peterson 1996). Evangelicals do not search for blame within existing society, instead believing that suffering in this life will be worthwhile for a salvation in the next life (Haggarty 1988).

5 Two Perspectives on Risk

These two differences in approach regarding self-help and collective action also influence how Catholics and Protestants in Bajo Lempa interpret and react to floods and droughts. One interviewee, a Jesuit, noted the distinction, and underscored the Catholic belief that humans have to take responsibility for their actions: "God gives us nature and everything so that man can use it, but man has managed to transform the world, and we won't have any place to live if we continue this way". This comment reflects the concept that there are underlying factors driving poverty, inequality and environmental degradation. In reference to evangelicals, he noted that "giving God the blame is easy". During the study, interviews with evangelical Protestants indicated less involvement in community activities, and a greater sense of helplessness.

While the belief that floods and droughts may be caused by God is not exclusive to evangelicals, the perceptions about whether these are sent to chastise humans or not, and to what extent the impacts of such events may be influenced appears to be related to the distinction between evangelical and Catholic perspectives. Moisa's (1996) findings, that fatalism leads to ideological vulnerability supports the findings in this study. Fatalism acts as a constraint, because individuals who believe that precautionary action cannot influence the impacts of floods and droughts, as they are "God's will", may not be inclined to take measures to reduce their vulnerability to hazards. Evangelicals take this a step further, and believe that the impacts are also caused by God, so therefore nothing can be done in response, apart from having greater faith in God. This perspective could explain why people rebuild their houses in the same high risk location as before, without making the connection between location and vulnerability to hazards.

This difference in perspective has implications for community-level organisation and initiatives to address the impacts of floods and droughts. Researchers in the area found that predominantly evangelical communities more often resisted significant participation in awareness-raising projects with the purpose of minimising the impacts of floods and droughts. Furthermore, the concept of *organisation* does not appear to represent the same importance for evangelicals as it appears to do for Catholics, although some ex-guerrilla combatants might continue to have faith in the concept of organisation, regardless of religion, as this factor is a significant characteristic of war-time combat.

Following the end of the war, Gómez notes that churches in El Salvador, including the Catholic Church, emphasised "quality of life issues" over structural problems in the country (1999: 54), and focused on issues related to the renewal of Salvadorans' identity after the war. Despite this shift in the role of the Catholic Church, the legacy of war implies that the tensions have not been settled entirely, and religion appears to be another feature of this legacy, influencing perceptions of threats – including both political and natural hazard related.

This case demonstrates how differences in religious beliefs have created two distinct views of risk, including both how to reduce risk and how to respond to impacts. This example shows that:

- Religion determines how people understand the causes of floods and droughts;
- Religion determines how people interact in society;
- Beliefs play out differently for different groups: Catholics appear to gain capacity to adapt as a result of their religious ideology, and evangelical Protestants appear to lose out;
- Religion determines how empowered or vulnerable people feel with regard to hazards; and
- Religion is intertwined with political ideology.

Clearly, vulnerability to hazards in El Salvador must be placed in the wider context of political, social and economic changes that are occurring at a rapid pace throughout the country (O'Brien/van Niekerk 2007). Importantly, although El Salvador represents a rather extreme case, this layer of "complexity" is frequently present in most situations where people are highly vulnerable to hazards. What comes out strongly, however, is the role that religion plays and its close linkage with politics, making it one of the most important factors determining vulnerability in the case studied. The case study also shows that vulnerability is a central aspect of the differences between the two religious perspectives. Interestingly, liberation theology picks up on the idea of "root causes" of poverty, similar to "root causes" of vulnerability. These also tend to be many of the same factors.

6   Religion in the Context of Vulnerability: Building a Research Agenda

This chapter has focused primarily on the importance of religion in influencing perceptions and attitudes as well as behaviour and responses. Beliefs influence how people interpret cause and impacts of a hazard. This translates into beliefs determining how people perceive the risks to which they are exposed, and the reasons for a disaster (see Table 2 on the following page). The discussion has indicated that there are many different ways in which religion plays out in the context of risk. For example, religious beliefs can translate into perspectives that humans are helpless victims, at nature's (God's) mercy. This reasoning can lead to a perspective that either there is no point to reducing exposure and sensitivity to hazards, because they will affect the person regardless of changes and choices that are made (fatalistic perspective), or that exposure and sensitivity are predetermined, and nothing should be done to consciously reduce these, because people are placed in these situations for a reason determined by God.

This indicates the importance of the link between religion and vulnerability. The study of vulnerability has emerged as a useful approach through which to address links between development and impacts of global environmental and climate change. The concept has been explored extensively, and numerous scholarly contributions have suggested that vulnerability is caused by individual or group characteristics, such as class, wealth, poverty, gender, occupation, ethnicity or other aspects based on which individuals or groups can be discriminated against and thereby marginalised (Blaikie/Cannon/Davies et al. 1994) (see Table 1). Governance and political ideology also play an important role in generating vulnerability (Wisner 2003). Based on the above discussion, religion can influence all of these factors, and indeed be a driver of vulnerability on its own. Clearly, religion – and belief systems in general – need to be considered in vulnerability assessments. In certain societies, religion may not play a significant role, but other ideologies may be significant drivers of either vulnerability or adaptive capacity. Certainly, the issue of religion is difficult to broach, as it is an awkward subject that is a very personal issue, and it may not always be relevant. However, in those cases where religion appears to play a determining role in vulnerability, the various belief systems must be borne in mind when examining and assessing vulnerability, as well as in considering its reduction.

Table 2: Different religious approaches to perceptions/attitudes and behaviour/responses.

Linkages	Possible approaches			
Beliefs and perceptions/ attitudes	Religious beliefs determine attitudes about hazards: cause, reason, magnitude, location, adverse consequences	Religious beliefs determine attitudes about risk: cause, degree of danger, people at risk	Religious beliefs determine attitudes about disaster: cause, magnitude, impact, location, people affected	Religious beliefs determine attitudes about responding to risk: spiritual consequences, effectiveness of responding
Beliefs and behaviour/ response	Religious beliefs require behaviour that increases vulnerability to hazards: e.g. requiring certain attire that restricts swimming during floods, requiring prayer during dry periods that takes time away from finding alternative income.	Religious beliefs include activities that directly address environmental degradation and factors that increase risk	Religious beliefs implicitly or explicitly discourage/ encourage anticipatory behaviour to reduce vulnerability to hazards	Religious beliefs implicitly or explicitly discourage/encourage reactive behaviour to respond to impacts

As described by the case study, fatalism is an aspect of Christian belief that plays an important role, because it dictates attitudes about responding to anticipated or experienced hazards and risk. Consequently, it also appears to contribute significantly to vulnerability to hazards. Fatalism is a challenging concept, because studies of various religions suggest that fatalism is understood differently in different religions. A study of reactions to the 2004 Indian Ocean tsunami among Buddhist in Sri Lanka indicates that the Buddhist belief in impermanence and karma influenced perceptions of the disaster (de Silva 2006). Impermanence is one of the principles of Buddhism that says that everything is in constant flux, and consequently, attachment is pointless. Karma is the notion that all action is part of a cause and effect cycle. De Silva points out that some of those who were affected by the tsunami in Sri Lanka "found partial explanation of the events and losses" through the idea of karma (2006: 284). This can be interpreted as fatalism, however karma can be influenced and changed – it is not predetermined – so it cannot "promote inaction and helplessness" (de Silva 2006: 285). Similarly, impermanence does not justify inaction or lack of effort.

Hutton and Haque (2003) show that in Bangladesh, villagers may attribute a hazard to the will or punishment of Allah. But they also note the Islamic perspective that "Allah helps those who help themselves", which the poor counter with "Allah gave us this position, so how can we change it?" (Hutton/Haque 2003: 417). This is similar to theodicy, the Christian tradition to reconcile God's love, justice and omnipotence on the one hand and human suffering on the other. In Islam in Bangladesh, fatalism is a way for villagers to understand the challenge that they are facing (Hartmann/Boyce 1990, cited in Hutton/Haque 2003), rather than a Christian perspective that things have been predetermined by God and cannot be changed (Mitchell 2000). Mitchell (2000: 27) notes that in Christianity, fatalism implies putting "fate in the hands of an external force such as God", resulting in being passive or choosing prayer as a response.

Table 3: Different perspectives of causes of hazard and risk and attitudes about responding

Perspective	Cause	Response 1	Response 2	Response 3	Comments
Hazards and disasters cannot be controlled	*Fatalistic:* God punishes bad behaviour by sending hazards and disasters	Good behaviour	Do nothing: fate cannot be changed	God is testing humans; vulnerability to hazards should be reduced to avoid disasters	For some, there is no difference between hazards and disasters, because the causal linkage between hazards and disasters is decided by God. Another view is that suffering is not caused by God, it is a consequence of human actions. Good and moral behaviour will eliminate suffering.
People are victims	God	Do nothing: suffering is necessary	Do nothing: fate cannot be changed	Pray to avoid losses and loss of life	People are helpless victims. Humans must experience suffering to appreciate the difficulties in life and value positive situations. For some, good comes out of suffering. This attitude also reflects the view that hazards cannot be controlled, and consequently disasters cannot be controlled.
Disasters are not natural	Hazards are natural but disasters are a consequence of high vulnerability determined by social, political and economic factors	Reduce vulnerability to hazards	Reduce factors that cause hazards (greenhouse gas emissions for climate change; soil erosion for landslides and floods, etc.)	Build infrastructural defences	Religious beliefs often focus on hazards or disasters, but rarely consider vulnerability to them as a cause of disasters. Vulnerability does not appear frequently in religious discourses, which focus more on capacity to overcome difficulties than on reasons underlying difficulties.

While meteorologists, hydrologists and other scientists may explain occurrences of natural hazards through changes in wind patterns, temperature or currents, those with less understanding of natural sciences and strong faith may attribute events and changes to a chastising God. On the other hand, some explanations may stem from politically motivated propaganda or political ideology (Wisner 2003: 2001). In the past, political figures have been able to take advantage of a general lack of awareness and knowledge in society, in order to avoid blame for lack of appropriate precautionary action prior to a disaster. Chester notes how "(…) across a range of religious traditions humans project the causes of suffering on to deities who are thereby transformed into scapegoats for disaster" (2005: 324). This notion is important, because it demonstrates an abuse of belief systems to justify inaction, or diffuse responsibility for causing factors that raised disaster risk. It also picks up on the findings from El Salvador, where politically motivated groups took advantage of a religious movement to isolate and remove support from their adversaries. Religious belief can also be used to justify actions that suit a certain political agenda.

How can these interpretations of cause be reconciled in order to ensure that vulnerability reduction stands at the centre of efforts to reduce risk? People's perceptions of the risks to which they are exposed appear to influence strongly whether and how they will react (Fountain/Kindon/Murray 2004; Hutton/Haque 2003; Mitchell 2000). Table 3 above indicates different perspectives on responding to risk, based on understandings of the cause. Clearly, this table is limited to the discussions and case studies reviewed in this chapter, and could be expanded considerably. However, it serves to demonstrate that fatalistic attitudes about the cause of a hazard do not necessarily result in inaction, as also described by the case in Sri Lanka (de Silva, 2006) as well as for the Catholics in El Salvador.

Table 4: Entry points for examining religion in the context of disaster risk reduction and adaptation to climate change.

Focus on capacity	Focus on reducing risk	Focus on responding to disasters
A-1. Role of religion in supporting development	B-1. Role of religion in influencing policy on environment and climate change (positively)	C-1. Role of religion in help people to emotionally overcome disaster (mental health)
A-2. Role of religion in encouraging social capital (organisation) for coping during difficult times	**B-2. Role of religion in raising vulnerability to hazards**	C-2. Role of religious institutions in supporting disaster relief and recovery processes
A-3. Role of religion in influencing preventive and reactive responses to disaster risk and climate change	**B-3. Role of religion in reducing vulnerability to hazards**	C-3. Role of religion in influencing relief and recovery processes (rebuilding, planning)

There are many other possible entry points for examining religion in the context of vulnerability, including those outlined in Table 4 above. This chapter has identified other studies concerned with a number of these entry points. However, the main emphasis of the research agenda proposed here is understanding how religious beliefs play out vis-à-vis adaptation to climate change and reduction of disaster risk. At the heart of this are questions about the role that religion plays in reducing and enhancing vulnerability to hazards, and perceptions and attitudes about whether and how to take action to reduce exposure and sensitivity to current and future hazards. Such a research agenda would thus primarily address A-3, B-2, and B-3, because the focus is on preparedness and adaptation, rather than responding to the impacts of an extreme event.

Responses to hazards are determined by a conceptual understanding of the reason for the hazards – for some it means more prayers, for others it means being better prepared. The religious doctrine by which individuals and societies live determines their perspectives on risk, which thus influences whether they decide to make changes that will minimise current and future risk, or whether they decide not to take any action because they do not think they can change their fate, or because they believe that more prayer and "good" behaviour is sufficient. All of these possible perspectives are described in Table 3 above. The important point is that the factors that are causing vulnerability to hazards are not always part of this picture.

As one of many potential stressors that influence how vulnerable people are to disasters and climate change, religious belief must be seen from its role in motivating understandings of hazards to driving interest in taking action to reduce sensitivity and exposure to them. In order to incorporate these understandings in policy and decision making, it will be useful to have a more established methodology for identifying the role that religion plays in determining attitudes and perceptions, as well behaviour and response. Religion must also be recognised as an institution that must be part of the process to reduce vulnerability, and this will be more important for some religious beliefs than for others. But integrating religion into this framework must be done with sensitivity. Although God might be seen as the cause of a drought, there are clearly widely differing attitudes about what this means. Finally, the strengths of religious belief – its unifying nature and its role as a shaper of attitudes and perceptions – must not be forgotten. Instead, when possible, religious beliefs must be seen as a positive factor that can be used as a vehicle for disseminating information, encouraging risk reduction and providing a vision of a safer future.

References

Bankoff, Greg (2001): Rendering the World Unsafe: 'Vulnerability' as Western Discourse. In: Disasters 25 (1), 19-35.
Bankoff, Greg/Frerks, Georg/Hilhourst, Dorothea (eds.) (2004): Mapping Vulnerability: Disasters, Development & People. London: Earthscan.
Baumeister, Eduardo (2001): Peasant Initiatives in Land Reform in Central America. In: Ghimire, Krishna B. (ed.) (2001): Land Reform and Peasant Livelihoods: The Social Dynamics of Rural Poverty and Agrarian Reforms in Developing Countries. London: ITDG Publishing, 65-85.
Binde, Per (2001): Nature in Roman Catholic Tradition. In: Anthropological Quarterly 74 (1), 15-27.
Blaikie, Piers M./Cannon, Terry/Davies, Ian et al. (1994): At Risk: Natural Hazards, People's Vulnerability, and Disasters. 1st Edition. London: Routledge.
Booth, John A./Walker, Thomas W. (1999): Understanding Central America. 3rd Edition. Boulder: Westview Press.

Cannon, Terry (1994): Vulnerability Analysis and the Explanation of 'Natural' Disasters. In: Varley, Ann (ed.) (1994): Disasters, Development and Environment. Chichester: John Wiley & Sons, 13-30.

Cannon, Terry (2000): Vulnerability Analysis and Disasters. In: Parker, Dennis J. (ed.) (2000): Floods. London: Routledge, 45-55.

Cardona, Omar D. (2004): The Need for Rethinking the Concepts of Vulnerability and Risk from a Holistic Perspective: A Necessary Review and Criticism for Effective Risk Management. In: Bankoff, Greg/Frerks, Georg/Hilhourst, Dorothea (eds.) (2004): Mapping Vulnerability: Disasters, Development & People. London: Earthscan, 37-51.

Chester, David K. (2005): Theology and Disaster Studies: the Need for Dialogue. In: Journal of Volcanology and Geothermal Research 146 (4), 319-328.

Coleman, Kenneth C/Aguilar, Edwin Eloy/Sandoval, José Miguel et al. (1993): Protestantism in El Salvador: versus the Survey Evidence. In: Garrard-Burnett, Virginia/Stoll, David (eds.) (1993): Rethinking Protestantism in Latin America. Philadelphia: Temple University Press, 119-140.

Davis, Ian/Wall, Michael (1992): Christian Perspectives on Disaster Management: A Training Manual. Teddington: Interchurch Relief and Development Alliance and Tearfund.

de Silva, Padmal (2006): The tsunami and its aftermath in Sri Lanka: Explorations of a Buddhist perspective. In: International Review of Psychiatry 18 (3), 281-287.

DfID (Department for International Development) (2004): Disaster Risk Reduction: A Development Concern. London: DfID.

Dynes, Russell R. (1998): Noah and Disaster Planning: The Cultural Significance of the Flood Story. Working Paper. Delware: Disaster Research Center, University of Delaware.

Dynes, Russell R. (2002): The Importance of Social Capital in Disaster Response. Preliminary Paper No. 327. Delaware: Disaster Research Center, University of Delaware.

Elliott, Lorraine (2006a): Introduction. In: Elliot, Lorraine/Beeson, Mark/Akbarzadeh, Shahram et al. (2006b): Religion, Faith and Global Politics. Canberra: Department of International Relations, 1-4.

Elliot, Lorraine/Beeson, Mark/Akbarzadeh, Shahram et al. (2006b): Religion, Faith and Global Politics. Canberra: Department of International Relations.

Foutain, Philip M./Kindon, Sara L./Murray, Warwick E. (2004): Christianity, Calamity, and Culture: The Involvement of Christian Churches in the 1998 Aitape Tsunami Disaster Relief. In: The Contemporary Pacific 16 (2), 321-355.

Gaillard, Jean-Christophe (2007): Alternative paradigms of volcanic risk perception: The case of Mt. Pinatubo in the Philippines: In: Journal of Volcanology and Geothermal Research 172 (3-4), 315-328.

Garrard-Burnett, Virginia/Stoll, David (eds.) (1993): Rethinking Protestantism in Latin America. Philadelphia: Temple University Press.

Ghimire, Krishna B. (ed.) (2001): Land Reform and Peasant Livelihoods: The Social Dynamics of Rural Poverty and Agrarian Reforms in Developing Countries. London: ITDG Publications.

Gómez, Ileana (1999): Religious and Social Participation in War-Torn Areas of El Salvador. In: Journal of Interamerican Studies and World Affairs 41 (4), 53-71.

Guth, James L./Green, John C./Kellstedt, Lyman A. et al. (1995): Faith and the Environment: Religious Beliefs and Attitudes on Environmental Policy. In: American Journal of Political Science 39 (2), 364-382.

Haggarty, Richard A. (ed.) (1988): El Salvador: A Country Study. Washington: Federal Research Division, Library of Congress.

Hays, R. Allen (2002): Habitat for Humanity: Building Social Capital Through Faith Based Service. In: Journal of Urban Affairs 24 (3), 247-269.

Hulme, Mike (2009): Why We Disagree About Climate Change. Cambridge: Cambridge University Press.

Hutton, David/Haque, C. Emdad (2003): Patterns of Coping and Adaptation Among Erosion-Induced Displacees in Bangladesh: Implications for Hazard Analysis and Mitigation. In: Natural Hazards 29, 405-421.

Ibarra Turcios, Aangel .Maria/Campos, Ulises Milton/Pereira Rivera, David (2002): Hacia una Gestión Ecológica de Riesgos. San Salvador: UNES.

IPCC (2007a): Climate Change 2007: Impacts, Adaptation and Vulnerability. Contribution of Working Group II to the Fourth Assessment Report of the Intergovernmental Panel on Climate Change. Cambridge: Cambridge University Press.

IPCC (2007b): Climate Change 2007: Mitigation of Climate Change. Contribution of Working Group III to the Fourth Assessment Report of the Intergovernmental Panel on Climate Change. Cambridge: Cambridge University Press.

International Strategy for Disaster Reduction (ISDR) (2003): Living with Risk. Geneva: ISDR.

Kintisch, Eli (2006): Evangelicals, Scientists Reach Common Ground on Climate Change. In: Science 311 (5764): 1082-1083.

Marshall, Katherine (2004): The Ethics of Hunger: Development Institutions and the World of Religion. Paper prepared for workshop on 'Ethics, Globalisation and Hunger: In Search of Appropriate Policies'. November 2004, Cornell University, Ithaca, New York.

Massey, Kevin/Sutton, Jeannette (2007): Faith community's role in responding to disasters. In: Southern Medical Journal 100 (9), 944-945.

McEntire, David A. (2001): Triggering Agents, Vulnerabilities and Disaster Reduction: Towards a Holistic Paradigm. In: Disaster Prevention and Management 10 (3), 189-198.

Mitchell, Jerry T. (2000): The hazards of one's faith: hazard perceptions of South Carolina Christian clergy. In: Environmental Hazards 2 (1), 25-41.

Moisa (1996): Desastres y Relaciones en Género en Comunidades del Bajo Lempa, Departamento de Usulután. San Salvador: CEPRODE Unidad de Investigación.

O'Brien, Karen/van Niekerk, Michael (2007): From Populations to People: An Integral Approach to Human Security and Natural Hazards' Paper prepared for PERN. Cyberseminar on Population and Natural Hazards, http://www.populationenvironmentresearch.org/papers/OBrien_vulnerability.pdf (15.09.2009).

O'Keefe, Phil/Westgate, Ken/Wisner, Ben (1976): Taking the Naturalness out of Natural Disasters. In: Nature 260 (5552), 566-567.

Orr, Matthew (2003): Environmental Decline and the Rise of Religion. In: Zygon 38 (4), 895-910.

Parker, Dennis J. (ed.) (2000): Floods. London: Routledge.

Pelling, Mark (ed.) (2003): Natural Disasters and Development in a Globalising World. London: Routledge.

Peterson, Anna Lisa (2001): Being Human: Ethics, Environment, and Our Place in the World. Berkeley: University of California Press.

Peterson, Anna Lisa (2005): Roman Catholicism and Nature in Latin America. In: Taylor, Bron (ed.) (2005): Encyclopaedia of Religion and Nature. London: Continuum.

Schipper, Lisa/Pelling, Mark (2006): Disaster Risk, Climate Change and International Development: Scope for, and Challenges to, Integration. In: Disasters (special issue) 30 (1), 19-38.

Taylor, Bron (ed.) (2005): Encyclopaedia of Religion and Nature. London: Continuum.

Trainor, Kevin (ed.) (2001): Buddhism. London: Duncan Baird Publishers.

Varley, Ann (ed.) (1994): Disasters, Development and Environment. Chichester: John Wiley & Sons.

Williams, Philip J./Anna Lisa Peterson (1996): Evangelicals and Catholics in El Salvador: Evolving Religious Responses to Social Change. In: Journal of Church and State 38 (4), 873-897.

Wisner, Ben (2001): Socialism and Storms. In: The Guardian, 14.11.2001, http://www.guardian.co.uk/comment/story/0,3604,592992,00.html (22.09.2009).

Wisner, Ben (2003): Changes in Capitalism and Global Shifts in the Distribution of Hazard and Vulnerability. In: Pelling, Mark (ed.) (2003): Natural Disasters and Development in a Globalising World. London: Routledge, 43-56.

Wisner, Ben/Blaikie, Piers/Cannon, Terry et al. (2004): At Risk: Natural Hazards, People's Vulnerability and Disasters. 2nd Edition. London: Routledge.

Verzeichnis der Autorinnen und Autoren

Neil W. Adger, Prof. PhD, Professor für Umweltökonomie am Tyndall Centre for Climate Change Research der University of East Anglia in Norwich. Co-Autor des vierten Sachstandberichts des IPCC (2007), Mitglied der Resilience-Aliance. Arbeitsschwerpunkte: Klimawandelanpassung, sozial-ökologische Resilienz, soziale Vulnerabilität, Institutionenökonomie, Uweltökonomie. Wichtige Publikationen: (mit Lorenzoni, Irene/O´brien Karen) (Hrsg.) (2009): Adapting to Climate Change: Thresholds, Values, Governance, Cambridge: Cambridge University Press; (mit Jordan, Andrew) (Hrsg.) (2009): Governing Sustainability. Cambridge: Cambridge University Press; (mit Eakin, Hallie/ Winkels, Alexandra) (2009): Nested and teleconnected vulnerabilities to environmental change. Frontiers in Ecology and the Environment 7 (3), 150-157.

Tom Athanasiou, Mitbegründer und Geschäftsführender Direktor von EcoEquity. Arbeitsschwerpunkte: Klimagerechtigkeit, Klimapolitik, Umweltschutz, Umweltrecht, nachhaltige Entwicklung. Wichtige Publikationen: (mit Athanasiou, Tom/Kartha, Sivan) (2007): The right to development in a climate constrained world: The Greenhouse Development Rights Framework, Berlin: Heinrich Böll Foundation; (mit Baer, Paul) (2002): Dead Heat: Global Justice and Global Warming, New York: Seven Stories Press; (1996): Divided Planet: The Ecology of Rich and Poor, Boston: Little, Brown, and Company.

Paul Baer, Ph.D., Mitbegründer und Forschungsleiter von EcoEquity. Arbeitsschwerpunkte: Klimawandel und -politik, Risikoanalyse, Wirtschaftsökologie, Ethik, Wissenschaftsphilosophie. Wichtige Publikationen: (mit Athanasiou, Tom/Kartha, Sivan) (2007): The right to development in a climate constrained world: The Greenhouse Development Rights Framework, Berlin: Heinrich Böll Foundation; (mit Mastrandrea, Michael) (2006): High Stakes: Designing Emissions Pathways to Reduce the Risk of Dangerous Climate Change, International Public Policy Research Report http://www.ippr.org/members/download.asp?f=/ecomm/files/high_stakes.pdf&a=skip; (mit Athanasiou, Tom) (2002): Dead Heat: Global Justice and Global Warming, New York: Seven Stories Press.

Cristina Besio, Dr., Wissenschaftliche Mitarbeiterin am Institut für Soziologie der Technischen Universität Berlin. Arbeitsschwerpunkte: Systemtheorie, Wissenschaftskommunikation, Organisationen und Ethik. Wichtige Publikationen: (mit Morici, Luca) (2005): Auf dem Weg zu einer entgrenzten Wissenschaft? Irritationen, die Massenmedien in der Forschung auslösen, in: Schweizerische Zeitschrift für Soziologie 31 (3), 487-506; (mit Pronzini, Andrea) (2008): Niklas Luhmann as an Empirical Sociologist. Methodological Implications of the System Theory of Society, in: Cybernetics & Human Knowing 15 (2), 9-31.

Katharina Beyerl, Dipl.-Psych., Stipendiatin am Graduiertenkolleg 780/3 „Stadtökologische Perspektiven III – Optimierung urbaner Naturentwicklung" an der Humboldt-Universität zu Berlin. Arbeitsschwerpunkte: Umweltpsychologie, Klimawandel, Megastädte.

Josef Bordat, Dr., Publizist. Arbeitsschwerpunkte: Ethik, Moralphilosophie, Geschichtsphilosophie, Umweltforschung, Katastrophenforschung. Wichtige Publikationen: (2009): Ethik für heute – Moraltheoretische Überlegungen zu Terrorismus, Menschenrechten und Klimawandel, London: Turnshare Ltd. Publisher; (2008): Annexion – Anbindung – Anerkennung. Globale Beziehungskulturen im frühen 16. Jahrhundert, Hamburg: Tredition Gmbh; (2006): Gerechtigkeit und Wohlwollen. Das Völkerrechtskonzept des Bartolomé de Las Casas, Aachen: Shaker Verlag.

Jobst Conrad, Dr., Privatdozent am Institut für Landschaftsarchitektur und Umweltplanung der TU Berlin. Arbeitsschwerpunkte: technik- und umweltbezogene Sozialforschung, vergleichende Politikanalysen. Wichtige Publikationen: (2008): Von Arrhenius zum IPCC. Wissenschaftliche Dynamik und disziplinäre Verankerungen der Klimaforschung, Münster: Monsenstein und Vannerdat; (2008): Von der Entdeckung des Ozons bis zum Ozonloch. Disziplinäre Verankerungen theoretischer Erklärungen in der Ozonforschung. Schriftenreihe des IÖW 190/08, Berlin: IÖW; (2008): Ozonforschung und Klimaforschung im Vergleich: Wissenschaftliche Entwicklungsdynamik und disziplinäre Verankerungen. Schriftenreihe des IÖW 191/08, Berlin: IÖW.

Felix Ekardt, Prof. Dr., Professor für Umweltrecht und Rechtsphilosophie an der Universität Rostock, Leiter der Forschungsgruppe Nachhaltigkeit und Klimapolitik, ständiger Gastdozent der Philosophischen Fakultät in Leipzig und Autor. Arbeitsschwerpunkte: Umwelt- und Klimaschutzrecht, WTO-Recht, Theorie der Nachhaltigkeit. Wichtige Publikationen: (2007): Wird die Demokratie ungerecht?, München: Beck; (Hrsg.) (2006): Generationengerechtigkeit und Zukunftsfähigkeit: philosophische, juristische, ökonomische, politologische und theologische Neuansätze, Hamburg: Lit; (2005): Das Prinzip Nachhaltigkeit, München: Beck.

Klaus Eisenack, Prof. Dr., Juniorprofessor für Umwelt- und Entwicklungsökonomik an der Universität Oldenburg und Leiter der BMBF-geförderten Forschungnachwuchsgruppe Chamäleon. Arbeitsschwerpunkte: Klimawandel (v.a. Adaptation), Instrumente des Klimaschutzes, Management natürlicher Ressourcen, Muster des globalen Wandels, Modellierung von Institutionen. Wichtige Publikationen: (2009): Archetypes of adaptation to climate change, in: Glaser, Marion/Krause, Gesche/Ratter, Beate/Welp, Martin (Hrsg.) (im Erscheinen): Human/Nature Interactions in the Anthropocene: Potentials of Social-Ecological Systems Analysis, München: oekom verlag; (mit Kalkuhl, Matthias/Edenhofer, Ottmar) (2009): Energy taxes, resource taxes and quantity rationing for climate protection, eingereicht bei Journal of Economic Dynamics and Control; (mit Tekken, Vera/Kropp, Jürgen) (2007): Stakeholder Perceptions of Climate Change in the Baltic Sea Region Region, in: Coastline Reports 8, 245-255.

Arved Fuchs, Polarabenteurer und Autor. Wichtige Publikationen: (2007): Die Spur der weißen Wölfe – Mit dem Hundeschlitten in die hohe Arktis, Bielefeld: Delius Klasing Verlag; (2006): Der Weg in die weiße Welt – Mit der Dagmar Aaen nach Grönland, Bielefeld: Delius Klasing Verlag; (2005): Nordwestpassage – Der Mythos eines Seeweges, Bielefeld: Delius Klasing Verlag.

Christoph Görg, Prof. Dr., Professor für politikwissenschaftliche Umweltforschung am Fachbereich Gesellschaftswissenschaften der Universität Kassel und Leiter der Abteilung Umweltpolitik am Helmholtz-Zentrum für Umweltforschung-UFZ in Leipzig. Arbeitsschwerpunkte: Environmental Governance in der Biodiversitäts- und Klimapolitik, Multi-Level-Governance im globalen Wandel, Schnittstelle Wissenschaft/Politik, Theorien gesellschaftlicher Naturverhältnisse, Staats- und Regulationstheorie. Wichtige Publikationen: (mit Burchardt, Hans-Jürgen/Brunnengräber, Achim) (2008): Mit mehr Ebenen zu mehr Gestaltung? Multi-Level-Governance in der transnationalen Sozial- und Umweltpolitik, Baden-Baden: Nomos-Verlag; (mit Brand, Ulrich/Hirsch, Joachim/Wissen, Markus) (2008): Conflicts in Environmental Regulation and the Internationalization of the State. Contested Terrains, London/New York: Routledge; (2003): Regulation der Naturverhältnisse. Zu einer kritischen Theorie der ökologischen Krise, Münster: Verlag Westfälisches Dampfboot.

Christian Holz, Ph.D. cand. am Department of Sociology, Anthropology and Applied Social Sciences der University of Glasgow. Arbeitsschwerpunkte: soziale Bewegungen und transnationale NGO-Netzwerke (insbesondere der Umweltbewegung), internationale Klimaverhandlungen. Wichtige Publikationen: (2005): The Effect of Youth Transition and Resource Base on the Labour Market Success of Descendants of Turkish Migrants to Germany, Norderstedt: GRIN Verlag.

Sivan Kartha, Ph.D., Senior Scientist am Stockholm Environment Institute (SEI). Arbeitsschwerpunkte: Strategien nachhaltiger Entwicklung, erneuerbare Energien, Klimawandel und Klimapolitik. Wichtige Publikationen: (mit Stanton, Elizabeth/Ackermann, Frank) (2009): Inside the Integrated Assessment Models: Four Issues in Climate Economics, in: Climate and Development 1 (2), 166-184; (mit Baer, Paul/Athanasiou, Tom) (2007): The right to development in a climate constrained world: The Greenhouse Development Rights Framework, Berlin: Heinrich Böll Foundation; (mit Leach, Gerald/ Rajan, Sudhir Chella) (2004): Advancing Bioenergy for Sustainable Development: Roles for Policymakers and Entrepreneurs. Report prepared for ESMAP, World Bank. Stockholm: Stockholm Environment Institute.

Eric Kemp-Benedict, Dr., Senior Scientist am Stockholm Environment Institute (SEI). Arbeitsschwerpunkte: Interdisziplinarität, nachhaltige Entwicklung, Methodologie, Bildung, Szenario- und Softwareentwicklung. Wichtige Publikationen: (2009): Converting qualitative assessments to quantitative assumptions assumptions: Bayes' rule and the pundit's wager, in: Technological Forecasting and Social Change, doi:10.1016/j.techfore.2009.06.008; (mit Agyemang-Bonsu, William Kojo) (2008): The Akropong approach to multi-sector project planning, in: Futures 40 (9), 834-840; (mit Raskin, Paul D.) (2004): Global Environment Outlook Scenario Framework: Background Paper for UNEP's Third Global Environmental Outlook Report (GEO-3), United Nations Environment Program Division of Early Warning and Assessment, Nairobi: UNEP.

Larry Lohmann, Mitbegründer der Durban Group for Climate Justice und der NGO The Corner House. Arbeitsschwerpunkte: Rassismus, Umweltkonflikte in Südost Asien, Bevölkerungsdiskurs, Neoklassische Ökonomie. Wichtige Publikationen: (2009): Toward a

Different Debate in Environmental Accounting: The Cases of Carbon and Cost-Benefit. Accounting, Organisations and Society, in: Accounting, Organizations and Society 34 (3-4), 499-534; (2006): Carbon Trading. A Critical Conversation on Climate Change, Privatisation and Power, Uppsala: Dag Hammerskjöld Foundation.

Stephan Lorenz, Dr., DFG-Projektleiter am Institut für Soziologie der Universität Jena. Arbeitsschwerpunkte: Überfluss, Konsum, Ernährung, Zivilgesellschaft, Nachhaltigkeit, Qualitative Methodik, Kultursoziologie, Gesellschaftstheorie. Wichtige Publikationen: (2009): Prozeduralität als methodologisches Paradigma – Zur Verfahrensförmigkeit von Methoden, in: Forum Qualitative Sozialforschung / Forum: Qualitative Social Research 11(1), Art. 14, http://nbn-resolving.de/urn:nbn:de:0114-fqs1001142; (2007): Unsicherheit und Entscheidung – Vier grundlegende Orientierungsmuster am Beispiel des Biokonsums, in: Schweizerische Zeitschrift für Soziologie 33 (2), 213-235; (2005): Natur und Politik der Biolebensmittelwahl – Kulturelle Orientierungen im Konsumalltag, Berlin: Wiss. Verl.

Angela Oels, Dr., Wissenschaftliche Assistentin im Teilbereich Internationale Politik am Institut für Politische Wissenschaft der Universität Hamburg. Arbeitsschwerpunkte: Internationale Umwelt- und Klimapolitik, Poststrukturalismus, Machttheorien, Diskursanalyse, Welthandel, Partizipation. Wichtige Publikationen: (2008): Asylum rights for climate refugees? From Agamben's bare life to the autonomy of migration, paper presented at the 49th Annual Convention of the International Studies Association ‚Bridging multiple divides', San Francisco, 26.-29.03.2008; (2005): Rendering climate change governable: From biopower to advanced liberal government?, in: Journal of Environmental Policy and Planning 7 (3), 185-208; (mit Altvater, Elmar/Brunnengräber, Achim) (2002): Globaler Klimawandel, gesellschaftliche Naturverhältnisse und (inter-)nationale Klimapolitik, in: Balzer, Ingrid/Wächter, Monika (Hrsg.): Sozial-ökologische Forschung. Ergebnisse der Sondierungsprojekte aus dem BMBF-Förderschwerpunkt, München: oekom Verlag, 111-130.

Jan-Hendrik Passoth, Dr., wissenschaftlicher Mitarbeiter an der Fakultät für Soziologie an der Universität Bielefeld. Arbeitsschwerpunkte: Mediensoziologie, Techniksoziologie, Soziologie der Dinge. Wichtige Publikationen: (2009): Aktanten, Assoziationen, Mediatoren – Wie die ANT das Soziale neu zusammensetzt, in: Albert, Gert/Greshoff, Rainer/Schützeichel, Rainer (Hrsg.) (im Erscheinen): Dimensionen und Konzeptionen von Sozialität. Wiesbaden: VS-Verlag für Sozialwissenschaften; (2009): Postmodernity as a selfdescription of a society that has never been modern. Some remarks on the concepts of social structure and semantics, in: Farias, Ignacio/Ossandon, Jose (Hrsg.) (im Erscheinen): Observando Sistemas II. New Approaches to Systems Theory; (2007): Technik und Gesellschaft – Sozialwissenschaftliche Techniktheorien und die Transformationen der Moderne, Wiesbaden: VS-Verlag für Sozialwissenschaften.

Alejandro Pelfini, Dr., Wissenschaftlicher Mitarbeiter am Institut für Soziologie der Universität Freiburg und Koordinator des lateinamerikanischen Moduls des Masters in Global Studies im FLACSO-Argentina, Buenos Aires, in Zusammenarbeit mit der Universität Freiburg, der KwaZulu-Natal University (Durban, Südafrika) und der Jawaharlal Nehru University (Neu Delhi, Indien). Arbeitsschwerpunkte: Theorie kollektiver Lernprozesse, Umweltsoziologie, Eliten und Globalisierung, Populismus in Lateinamerika. Wichtige

Publikationen: (2007): Entre el temor al populismo y el entusiasmo autonomista. La reconfiguración de la ciudadanía en América Latina, in: Nueva Sociedad 212, 22-34; (2006): Bruno Latours politische Ökologie als Beitrag zu einer reflexiven ökologischen Modernisierung, in: Voss, Martin/Peuker, Birgit (Hrsg.) (2006): Verschwindet die Natur?, Bielefeld: Transcript; (2005): Kollektive Lernprozesse und Institutionenbildung. Die deutsche Klimapolitik auf dem Weg zur ökologischen Modernisierung, Berlin: Weißensee, 151-164.

Andrea Pronzini, lic. phil., Forschungsmitarbeitende am Soziologischen Institut der Universität Luzern. Arbeitsschwerpunkte: Systemtheorie, Politik und Massenmedien, Kommunikation von Organisationen. Wichtige Publikationen: (mit Besio, Cristina) (2008): Niklas Luhmann as an Empirical Sociologist. Methodological Implications of the System Theory of Society, in: Cybernetics & Human Knowing 15 (2), 9-31; (2002): First-order Semantics and Artificial Intelligence, in: Journal of Sociocybernetics 3 (1), 1-20.

Fritz Reusswig, Dr., Wissenschaftlicher Mitarbeiter am Potsdam-Institut für Klimaforschung (PIK). Arbeitsschwerpunkte: Global Change Forschung, Konsum- und Lebensstilforschung, Klimawandel und Stadtentwicklung. Wichtige Publikationen: (mit Isensee, André) (2009): Rising Capitalism, Emerging Middle-Classes and Environmental Perspectives in China, in: Lange, Hellmuth/Meier, Lars (Hrsg.): The New Middle Classes. Globalizing Lifestyles, Consumerism and Environmental Concern. Dordrecht: Springer, 119-142; (mit Brand, Karl-Werner) (2006): The Social Embeddedness of Global Environmental Institutions, In: Winter, Gerd (Hrsg.): Multilevel Governance of Global Environmental Change. Perspectives from Science, Sociology and the Law, Cambridge: Cambridge University Press, 79-105; (mit Haan, de Gerhard/Linneweber, Volker/Lantermann, Ernst-Dieter) (2001): Typenbildung in der sozialwissenschaftlichen Umweltforschung, Opladen: Leske + Budrich.

Bernd Rieken, Prof. Dr. Dr., Professor für Psychotherapiewissenschaft und Leiter der Abteilung Doktoratsstudium in Wien, freiberuflicher Psychoanalytiker. Arbeitsschwerpunkte: Erzählforschung, Mentalitätsgeschichte, Katastrophenforschung, Individualpsychologie, Psychoanalyse, Ethnopsychoanalyse. Wichtige Publikationen: (2005): Nordsee ist Mordsee – Sturmfluten und ihre Bedeutung für die Mentalitätsgeschichte der Friesen, Münster: Waxmann; (2003): Arachne und ihre Schwestern. Eine Motivgeschichte der Spinne von den „Naturvölkermärchen" bis zu den „Urban Legends", Münster u.a.: Waxmann; (2000): Wie die Schwaben nach Szulok kamen. Erzählforschung in einem ungarndeutschen Dorf. Frankfurt a.M./New York: Campus

E. Lisa F. Schipper, PhD, Wissenschaftliche Mitarbeiterin am Stockholm Environment Institute (SEI) Asia Centre, in Bangkok, Thailand. Arbeitsschwerpunkte: Klimawandel, Umgang mit Gefahren, soziale Vulnerabilität. Wichtige Publikationen: (mit Burton, Ian) (2009): The Earthscan Reader in Adaptation to Climate Change, London: Earthscan Publications Ltd.; (mit Pelling, Mark) (2006): Disaster Risk, Climate Change and International Development: Scope for, and Challenges to, Integration, in: Disasters 30 (1), 19-38; (mit Smakhtin, Vladimir U.) (2006): Droughts: The impact of semantics and perceptions, in: Water Policy 10 (2), 131-143.

Falk Schützenmeister, Dr., Postdoc-Gastwissenschaftler an der UC Berkeley. Arbeitsschwerpunkte: Wissenschaftssoziologie, Open Science, Umweltsoziologie, Methoden der empirischen Sozialforschung. Wichtige Publikationen: (mit Halfmann, Jost) (2009): Organisationen der Forschung - Der Fall der Atmosphärenwissenschaft, Wiesbaden: VS-Verlag für Sozialwissenschaften; (2008): Zwischen Problemorientierung und Disziplin – Ein koevolutionäres Modell der Wissenschaftsentwicklung, Bielefeld: Transcript; (2008): Disziplinarität und Interdisziplinarität in der atmosphärischen Chemie, in: Mayntz, Renate/Neidhardt, Friedhelm/Weingart, Peter et. al. (Hrsg.): Wissensproduktion und Wissenstransfer, Bielefeld: Transcript.

Martin Voss, Dr., Leiter der Katastrophenforschungsstelle (KFS) am Institut für Sozialwissenschaften der Universität Kiel. Arbeitsschwerpunkte: Katastrophenforschung, Vulnerabilitäts- und Resilienzforschung, Soziologie des globalen Wandels, Umweltsoziologie, transdisziplinäre Methoden. Wichtige Publikationen (2008): The vulnerable can't speak. An integrative vulnerability approach to disaster and climate change research, in: Behemoth 3, 39-71; (2008): Globaler Umweltwandel und lokale Resilienz am Beispiel des Klimawandels, in: Rehberg, Karl-Siegbert (Hrsg.): Die Natur der Gesellschaft. Verhandlungen des 33. Kongresses der Deutschen Gesellschaft für Soziologie in Kassel 2006, Frankfurt a.M.: Campus, 2860-2876; (2006): Symbolische Formen. Grundlagen und Elemente einer Soziologie der Katastrophe, Bielefeld: Transcript.

Klaus Wagner, Dr., Wissenschaftlicher Mitarbeiter und Assistent am Lehrstuhl für Wald- und Umweltpolitik der TU München. Arbeitsschwerpunkte: Naturgefahrenpolitik, Landnutzungskonflikte, Partizipation. Wichtige Publikationen: (mit Gydesen, Anne) (2009): Coastal Defence Strategies in the Wadden Sea Region: Coping with Climate Change, in: Natural Hazards Review 10 (4), 126-135. (2009): Konflikte bei der Festsetzung von Überschwemmungsgebieten: Die Schwierigkeit, bestehende Schutzstrategien zu verändern, in: Zeitschrift für Umweltpolitik und Umweltrecht 32 (1), 93-115; (2009): Mental models of flash floods and landslides, in: Risk Analysis 27 (3), 671-682.

If you have any concerns about our products,
you can contact us on
ProductSafety@springernature.com

In case Publisher is established outside the EU,
the EU authorized representative is:
**Springer Nature Customer Service Center GmbH
Europaplatz 3, 69115 Heidelberg, Germany**

Printed by Libri Plureos GmbH
in Hamburg, Germany